中央预算行政事业类项目（水土保持业务）资助

俄罗斯第三代沙棘良种引进试验示范

胡建忠　单金友　张东为　闫晓玲　王东健　著

中国环境出版集团·北京

图书在版编目（CIP）数据

俄罗斯第三代沙棘良种引进试验示范/胡建忠等著. —
北京：中国环境出版集团，2021.12
ISBN 978-7-5111-4828-5

Ⅰ. ①俄…　Ⅱ. ①胡…　Ⅲ. ①沙棘—引种试验—俄
罗斯　Ⅳ. ①S793.604

中国版本图书馆 CIP 数据核字（2021）第 253285 号

出 版 人　武德凯
策划编辑　周　煜
责任编辑　王宇洲　张　佳
责任校对　薄军霞
封面设计　岳　帅

出版发行　中国环境出版集团
　　　　　（100062　北京市东城区广渠门内大街 16 号）
　　　　　网　　　址：http://www.cesp.com.cn
　　　　　电子邮箱：bjgl@cesp.com.cn
　　　　　联系电话：010-67112765（编辑管理部）
　　　　　发行热线：010-67125803，010-67113405（传真）
印　　刷　北京中科印刷有限公司
经　　销　各地新华书店
版　　次　2021 年 12 月第 1 版
印　　次　2021 年 12 月第 1 次印刷
开　　本　787×1092　1/16
印　　张　33.5
字　　数　700 千字
定　　价　138.00 元

中国环境出版集团郑重承诺：
中国环境出版集团合作的印刷单位、材料单位均具有中国环境标志产品认证；
中国环境出版集团所有图书"禁塑"。

主要编写人员名单

水利部沙棘开发管理中心：胡建忠、殷丽强、温秀凤

黑龙江省农业科学院乡村振兴科技研究所：单金友、唐克、吴雨蹊

辽宁省旱地农林研究所：张东为、戈素芬

黄河水利委员会西峰水土保持科学试验站：闫晓玲、段景峰

新疆农垦科学院林园研究所：王东健

沈阳农业大学：刘丽颖、夏博

青海省农林科学院青藏高原野生植物资源研究所：赵越

新疆生产建设兵团第九师 170 团：张伟

前　言

　　植物引种是从外地或外国引进一个本地区或本国没有的植物，经过驯化培育，使其成为本地或本国的一种栽培植物。有些引进植物长成后能够开花结实，自行繁衍传播，成为当地的当家植物，实现所谓的"乡土化"。世界各个地区的植物种类有它们自己的进化体系和分布领域。对于一种植物来说，它的自然分布范围与该种的发生历史、适应能力、传播能力和条件、分布障碍以及分布区中适宜该植物的范围大小等因素有关。植物引种就是运用人为传播的方法，克服植物在传播上的距离障碍，扩大植物的栽培范围，使许多地区和国家增加新的外来植物。国际上成功引种外来植物、被驯化利用的优良植物大量推广，使得农业、林业、牧业生产迅速发展的例子不胜枚举。植物引种已经被越来越多的国家和地区重视，无论是植物资源丰富的国家，还是乡土植物资源十分稀少的国家，概不例外。

　　1997年，我主持了国家"948"项目（引进国际先进农业科学技术项目）的一个课题——"水土保持优良植物引进"（975143）。该课题由水利部黄河水利委员会承担，参加单位有黄河水利委员会下属西峰水土保持科学试验站、天水水土保持科学试验站、绥德水土保持科学试验站，以及山西省水土保持科学研究所。该课题根据黄土高原的资源环境特征，以及生态建设对植物种质资源的迫切需要，以"气候相似论"为主要依据，于1998年从美国引进了15种水土保持优良植物的种子，1998—2001年在黄土高原地区的甘肃西峰、天水，陕西绥德，山西离石开展了引种试验研究，初步筛选出了14种生态效益和经济效益俱佳、适宜栽培的优良植物，为黄土高原大面积治理开发提供了优质的种植材料。

2005 年调入水利部沙棘开发管理中心（以下简称沙棘中心）以来，我主要承担高效水土保持植物资源配置与开发利用工作，特别是沙棘的品种选育、快繁和模式种植工作。2012 年我有幸再次申请主持了国家"948"项目的一个课题——"俄罗斯第三代沙棘良种引进"（201216），这一课题由沙棘中心承担，黑龙江省农业科学院乡村振兴科技研究所、辽宁省旱地农林研究所、黄河水利委员会西峰水土保持科学试验站、青海省农林科学院青藏高原野生植物资源研究所、新疆农垦科学院林园研究所等单位参加实施。这一课题基于"三北"地区对国外良种沙棘的迫切需求，结合以往引种的经验，于 2013 年年初从德国、年底从俄罗斯引进了 51 种良种资源（包括无性系苗木和种子），重点在黑龙江绥棱、辽宁朝阳、甘肃庆阳、青海大通、新疆额敏 5 个试点定植，并于 2013—2020 年（共 8 年）陆续开展了初选试验、区域性试验和生产性试验，筛选出了 21 种大果、无刺、产量高的良种雌株沙棘及 1 种优良授粉雄株，为"三北"地区开展工业原料林建设提供了优质的种植材料。

在开展区域性试验和生产性试验的过程中，中国林业科学研究院沙漠林业实验中心、吉林省水土保持科学研究院、新疆维吾尔自治区林木种苗管理总站、黄河水利委员会天水水土保持科学试验站、山西省岚县森生财扶贫攻坚造林专业合作社、沈阳农业大学等单位，从 2017 年起陆续承担了吉林东辽、内蒙古磴口、新疆吉木萨尔、新疆青河、甘肃天水、山西岚县、辽宁铁岭共 7 个副点的试验示范任务；沈阳农业大学还承担了干旱胁迫、病虫害防治方面的研究任务。

从俄罗斯引进沙棘品种的试验工作按 3 个阶段（初选试验、区域性试验、生产性试验）有所交叉的办法开展。初选试验的年份确定为 2014 年（1 年），区域性试验的年份确定为 2014—2018 年（5 年），生产性试验的年份确定为 2014—2020 年（7 年）。这种分阶段的试验可称为"交叉式"试验，可以有效地节省试验时间，早出成果。每年开展的工作几乎千篇一律，从试验观测项目上来看，先是物候观测，再是树高、地径、冠幅的生长观测，然后在植株进入生殖期后记载结实节律、测定果型参数、测产等，之后是取样测定果实和叶子营养成分，还有贯穿全程的抗逆性观察等；从田间管理上来看，有土肥水管理、病虫害防治，以及防鸟、防兽、防人为破坏等。虽然工作较为单调，但工作量十分巨大，特别烦琐。各个试点的科技人员不辞辛苦，任劳任怨，夜以继日，八年如一日，保质保量地完成了课题组交给的试验任务。作为课题负责人，我向参加这项工作的各位科技人员表示由衷的感谢，也向支持这项工作、使这项工作能够顺利开展的各单位领导表示敬意。感谢中央预算行政事业类项目"水土保持业务"（126216223000180001）提供的出版资助！

　　沙棘优良品种引进工作有别于其他项目之处，除了坚持长达 8 年的常规性试验研究外，还在以下 4 个方面有所创新：一是将初选试验、区域性试验、生产性试验结合起来，缩短了试验时间，试验过程更加紧凑；二是同步引入了以前引种成功的大果沙棘作为对照，消除了因苗木不同而造成的影响，设立了多个主点、副点，以提高结果的代表性，进行了多维度、多角度的指标测试设定，构成了较为系统完整的试验体系；三是将引进的沙棘雌株根据利用方向分为大果型、高产型、高油型、高黄酮型、高胡萝卜素型、高白雀木醇型、矮生型、早熟型和红果型共 9 个雌株类型，并首次计算了单位面积沙棘工业原料林可以提供的可溶性固形物、油和黄酮等营养物质的产量，为以各类干物质产量作为主要评价指标，分类管理、有的放矢、综合利用提供了科学依据；四是根据不同区域，提出了不同的育苗、种植技术规程，及时总结了最新技术特别是困难立地种植技术，研发了有关的专用工具，从而可以快速有效地指导生产实践。

　　引进国外优良沙棘资源，可以为林牧业生产建设提供优良品种，治理我国"三北"地区严重的生态环境问题，很好地促进这些生态环境脆弱地区各业生产的蓬勃发展，特别是可以适度丰富我国的植物基因资源库。基因资源是当今社会一类十分重要的资源，拥有了种类繁多的基因，就拥有了对生物工程的控制权。从国外引进不同品种的沙棘资源，进行异地保存，防止基因资源的丧失，并通过基因资源相互之间的嫁接、融合、重组等，可为综合开发利用沙棘资源提供丰富的物质材料。本书尽最大努力，将 8 年引种试验研究工作的成果呈献在各位读者面前，以文会友，以期得到读者对沙棘种植开发工作的青睐，身体力行地投身于"绿水青山"向"金山银山"的伟大变革中。

　　书中难免有疏漏和不足之处，敬请广大读者提出宝贵意见，以便作者及时更正并应用于工作实践。来信请发至：bfuswc@163.com。

胡建忠

2020 年 10 月 1 日

目　录

绪　论

我国从 20 世纪 80 年代开展沙棘育种工作，经相关部门和科技工作者的不懈努力，在沙棘良种引进、沙棘优良品系选择、沙棘杂交育种等方面取得了长足的进步，选育出一批果实较大、产量较高、棘刺较少、营养品质较好的优良品种，对我国沙棘生态经济建设起到了很好的推动作用。但是，与世界上开展此项工作较早的国家（特别是俄罗斯）相比，我国的沙棘育种工作还存在明显的差距，亟须在沙棘引种及后续的选育、杂交等方面有所突破。

第一节　沙棘属植物资源分类与分布

沙棘属（*Hippophae*）归胡颓子科（Elaeagnaceae），广泛分布于欧亚大陆温带地区。南起喜马拉雅山脉南坡的尼泊尔和印度，北至斯堪的纳维亚半岛（Scandinavia peninsula）大西洋沿岸的挪威，东抵我国内蒙古通辽，西达地中海沿岸的西班牙，居东经 2°～123°、北纬 27°～69°，其垂直分布从北欧及西欧海滨到海拔 3 000 m 的高加索山脉，再到青藏高原地区及海拔 5 200 m 的喜马拉雅山区。

按照西北师范大学廉永善教授 20 世纪 90 年代的分类结果，沙棘属包含无皮、有皮两个组，有 6 种、12 亚种。无皮组包括鼠李沙棘（*H. rhamnoides*）、柳叶沙棘（*H. salicifolia*），其中鼠李沙棘又包括 8 个亚种：中国沙棘（*H. rhamnoides* ssp. *sinensis*）、云南沙棘（*H. rhamnoides* ssp. *yunnanensis*）、中亚沙棘（*H. rhamnoides* ssp. *turkestanica*）、蒙古沙棘（*H. rhamnoides* ssp. *mongolica*）、高加索沙棘（*H. rhamnoides* ssp. *caucasia*）、喀尔巴阡山沙棘（*H. rhamnoides* ssp. *carpatica*）、海滨沙棘（*H. rhamnoides* ssp. *rhamnoides*）、溪生沙棘（*H. rhamnoides* ssp. *fluviatilis*）。有皮组包括棱果沙棘（*H. goniocarpa*）、江孜沙棘（*H. gyantsensis*）、肋果沙棘（*H. neurocarpa*）、西藏沙棘（*H. tibetana*）4 种，其中棱果沙棘又包括 2 个亚种：理塘沙棘（*H. goniocarpa* ssp. *litangensis*）、棱果沙棘（*H. goniocarpa* ssp. *goniocarpa*）；肋果沙棘也包括 2 个亚种：密毛肋果沙棘（*H. neurocarpa* ssp. *stellatopilosa*）、肋果沙棘（*H. neurocarpa* ssp. *neurocarpa*）。具体情况见表 0-1、图 0-1。

表 0-1　沙棘属分类系统

科	属	组	种	亚种
胡颓子科	沙棘属	无皮组	鼠李沙棘	中国沙棘
				云南沙棘
				中亚沙棘
				蒙古沙棘
				高加索沙棘
				喀尔巴阡山沙棘
				海滨沙棘
				溪生沙棘
			柳叶沙棘	—
		有皮组	棱果沙棘	理塘沙棘
				棱果沙棘
			江孜沙棘	—
			肋果沙棘	密毛肋果沙棘
				肋果沙棘
			西藏沙棘	—

西藏沙棘（西藏墨竹工卡）

肋果沙棘（青海达日）

江孜沙棘（西藏错那）

云南沙棘（西藏林芝）

中亚沙棘（新疆温宿）

蒙古沙棘（新疆哈巴河）

中国沙棘（甘肃山丹）

图 0-1   我国分布的主要沙棘种和亚种

欧洲仅分布有鼠李沙棘种下的高加索沙棘、喀尔巴阡山沙棘、溪生沙棘、海滨沙棘 4 个亚种，均属无皮组。其中，高加索沙棘主要分布于高加索地区；喀尔巴阡山沙棘、溪生沙棘分布于阿尔卑斯山地区；海滨沙棘分布于波罗的海、北海海滨及大西洋挪威海岸。

亚洲分布的沙棘属植物很多，在沙棘属所有 6 种、12 亚种中，亚洲分布有 6 种、8 亚种。蒙古沙棘分布于阿尔泰、西伯利亚、蒙古等地区；中亚沙棘分布于中亚地区；柳叶沙棘分布于喜马拉雅山脉南坡；云南沙棘、密毛肋果沙棘、理塘沙棘分布于横断山脉地区；中国沙棘分布于我国横断山脉及"三北"地区；肋果沙棘、棱果沙棘分布于横断山脉及青藏高原地区（祁连山区也有肋果沙棘分布）；江孜沙棘分布于横断山脉及喜马拉雅山脉；西藏沙棘分布于青藏高原和喜马拉雅山脉、祁连山脉。横断山脉至青藏高原地区是沙棘属植物分布最为集中的地区。

从对沙棘属植物果实、叶的初步分析化验结果来看，云南沙棘干全果含油率达 11%～12%，黄酮含量为 6.9%～8.8%，β-胡萝卜素含量为 31～39 mg/100 g，维生素 E（简称 VE）含量为 211～1 206 mg/100 g。云南沙棘的黄酮含量在我国沙棘属植物中名列第一，不过果实很小，百果重仅 7～9 g。

　　西藏阿里地区普兰县仁贡村自然分布的西藏沙棘天然林，其沙棘果实的果味酸甜可口，百果重 25～28 g，仅次于蒙古沙棘；干全果含油率达 26.4%～34.0%，黄酮含量为 2.6%～3.3%，β-胡萝卜素含量为 116～252 mg/100 g，VE 含量为 891～1 401 mg/100 g。西藏沙棘除黄酮含量低于云南沙棘、中国沙棘等外，其余各个指标含量均为最高。

　　2019 年 9 月中旬取样时，课题组注意到墨竹工卡、隆子和错那三地的沙棘果实均已干瘪并收缩为阳桃状，对干果取样分析后发现，干全果含油率达 14%（10%～17%），黄酮含量为 3.1%（2.59%～3.51%）。其含油率明显低于西藏沙棘，黄酮含量相差不多，但需要补充取样测定。

　　西藏札达自然分布的中亚沙棘果实分异很大，果色有红、橙、黄等，果形有圆球体、长圆台体、长纺锤体等，果味苦涩，产量很高，适于剪枝采果。果实百果重 10～20 g，干全果含油率达 13%（10%～15%），黄酮含量为 2.7%（2.4%～3.2%），β-胡萝卜素含量为 71 mg/100 g（42～127 mg/100 g），VE 含量为 711 mg/100 g（288～1 066 mg/100 g）。生化分析结果中，此地分布的中亚沙棘的油、β-胡萝卜素、VE 含量仅次于西藏沙棘，经济价值高是其卖点。而在南疆地区自然分布的野生中亚沙棘，其果实颜色以橙黄、红色为主，且红色比例能占到 20%～30%，果实形状以椭球体和圆球体两类为主，百果重 18 g 左右，干全果含油率为 25% 以上，干全果总黄酮含量在 2.2% 以上，干叶油含量为 5.8%，干叶总黄酮含量高达 4.4%～5.8%（样品取自喀什）。此地分布的中亚沙棘的果、叶含油率均高于西藏札达的中亚沙棘和北疆分布的野生蒙古沙棘。

　　从新疆布尔津、青河等蒙古沙棘自然分布地区来看，其果实种类比较多样化，有类似大果沙棘的长圆柱体形状的类型，也有呈短圆柱体形状甚至圆球体形状的类型，果实颜色多为橙黄色，偶尔也有呈红色的，百果重 30 g 以上，是我国野生沙棘资源中果实最大的品种；干全果含油率为 20%～24%，干全果总黄酮含量达 2.3%～2.6%；干叶含油率为 5%，干叶总黄酮含量高达 5%～6%（样品取自青河）。

　　从陕甘交界的子午岭林区取样的野生中国沙棘果实，其百果重很小，为 8～13 g，仅高于云南沙棘；干全果含油率为 8%～11%；干全果总黄酮含量达 2.8%～4.4%，仅次于云南沙棘，稍高于西藏沙棘；干叶油含量为 3.6%～7.6%，干叶总黄酮含量为 5.5%～6.3%。

　　我国不仅是世界上沙棘属植物类群分布最多的国家，而且沙棘资源面积也最大，占全世界的 90% 以上。我国丰富的沙棘属植物种质资源，为沙棘育种和改良奠定了丰富的资源基础。我国沙棘资源 80% 以上的面积为中国沙棘林，并以人工林为主。

第二节   俄罗斯的沙棘育种成果

俄罗斯的沙棘育种工作开展得较早，其品种成为世界上许多国家引种的首选。俄罗斯沙棘育种开展的主要地区为西伯利亚，该地区的特点是极端的低温、潮湿到半湿润的湿度条件以及土壤肥力低。俄罗斯主要的沙棘研究单位，如利萨文科园艺研究所（LRIHS）、新西伯利亚细胞学和遗传学研究所、下诺夫哥罗德州农业科学院（NNSAA）、布里亚特水果和浆果种植实验站（BFBGES）、诺沃布瑞斯克水果和浆果种植实验站（NFBGES）等，均坐落在这一地区。俄罗斯的沙棘良种，在沙棘的分类上属于无皮组鼠李沙棘种下的蒙古沙棘亚种，分布纬度较高，在北纬 45°以北。蒙古沙棘的自然分布范围包括气候较为寒冷的我国新疆维吾尔自治区阿勒泰地区、蒙古国、俄罗斯、哈萨克斯坦东部地区，一般在海拔 1 200～1 800 m 的河谷阶地或河漫滩。这一亚种多呈灌木状，生长期较短，抗寒性较强。

20 世纪 30 年代，苏联列宁农科院利萨文科园艺研究所从野生沙棘的引种驯化栽培开始，陆续收集和种植了采自天山、阿尔泰山、高加索、布里亚特、后贝加尔及蒙古国等地的野生沙棘种子，采用分析育种法，选育出第一批栽培沙棘品种。在之后的 60 多年里，该所先后培育出 150 多个沙棘优良品种，并有 50 多个进入国家品种名录。根据育种方法的不同，俄罗斯的沙棘育种工作可划分为 3 个阶段。

第一阶段（1933—1958 年），苏联的沙棘育种工作主要采用的是分析育种法，也就是选择育种法。苏联先后收集了天山、萨彦岭、高加索、多瑙河三角洲、后贝加尔和日德兰半岛等地的生态型沙棘种子育苗定植，经过多年的观测分析，于 1950 年从 2 500 株实生苗中选出了 21 个类型。1954 年苏联又从这 21 个类型中经过分析对比，选出了 5 个较为优良的类型。通过嫁接、繁殖试种，苏联于 1959 年再次经过综合分析，选出了表型最好的 3 个个体，并定名为"阿尔泰新闻""卡图尼礼品""金穗"。1956—1959 年苏联又从"卡通"种群的实生苗中选育出了 2 个优良单株，定名为"维生素"和"油用"。因此，苏联第一阶段的分析育种，共选育出了上述 5 个沙棘新品种。

从 1958 年至 20 世纪 90 年代初，苏联开始采用生态地理型沙棘进行地理远缘杂交的第二阶段沙棘育种工作，这一阶段把病虫害的综合抗性、无刺、油脂含量、类胡萝卜素含量和果酸等成分含量，以及适合于工业化栽培和机械采收等的性状作为沙棘育种的目标。此阶段苏联在育种方法上采用了地理和属间的远缘杂交，并尝试了辐射和化学诱变及多倍体等新的方法。杂交母本主要是在第一阶段选育出的优良个体，包括来自"卡通""丘伊斯克""楚雷什曼"的生态类型；父本来自萨彦岭、赤塔、图瓦、蒙古国、天山、高加索等地理生态型。第二阶段的沙棘育种，苏联得到了一些较好的杂交组合，如"谢尔宾卡1号"×"楚雷什曼"、"谢尔宾卡1号"×"巴什考斯"、"谢尔宾卡1号"×"阿尔泰新闻"、"谢尔宾卡1号"×"库德尔格"、"油用"×"卡通"等，并从中分离出了许多选择类型，诸如果粒大、果柄长、生物活性物质含量和含油量高、产量高、抗病、耐寒的品种。这一阶段苏联从西伯利亚生态型和欧洲生态型的杂交组合中选育出了50多个新品种，其中利萨文科园艺研究所就选育出19个新品种："鄂毕""浑金""西伯利亚""丘伊斯克""琥珀""巨人""金色的西伯利亚""光明""潘杰列也夫""丰收""优胜""爱好者""橙色""楚雷什曼""捷尼格""车臣""日夫科""阿尤拉""阿列伊"。50多个品种中产量高、果大、少刺或无刺的品种有"阿尔泰新闻""维生素""巨人""车臣""丘伊斯克""优胜""潘杰列娃"等。表0-2是利萨文科园艺研究所培育的一些沙棘优良品种的果实成分含量数值，从表0-2中可以看出，果实单产从7.5～18.0 t/hm² 不等，百果重从37～120 g不等，果柄长度3～6 mm，鲜果含油率为4.0%～8.0%，β-胡萝卜素含量为10.6～48.2 mg/100 g，总糖含量为4.0%～9.7%，总酸含量为1.0%～1.9%，且大多数品种无刺或少刺。

表 0-2　利萨文科园艺研究所培育的一些沙棘品种果实特征

沙棘优良品种	鲜果含油率/%	VC*/(mg/100 g)	β-胡萝卜素含量/(mg/100 g)	总糖含量/%	总酸含量/%	百果重/g	果实单产/(t/hm²)
阿尔泰新闻	4.5	50	14.3	5.5	1.6	50	9.8
橄榄	5.7	64	10.6	4.0	1.5	37	10.2
卡图尼礼品	6.9	66	13.0	5.3	1.6	40	9.6
金穗	7.1	68	12.8	4.8	1.5	40	10.2
维生素	5.9	125	13.0	4.6	1.6	57	10.0
日夫科	6.3	53	48.2	6.2	1.2	56	13.0
丘伊斯克	6.2	134	13.7	6.4	1.7	89	18.0
楚雷什曼	6.2	169	23.3	8.0	1.4	62	12.5
契切克	7.8	157	24.7	7.8	1.3	77	15.1
腾加	4.9	110	21.0	7.0	1.3	67	13.0
伊尼亚	4.0	80	25.0	5.2	1.7	85	14.9
伊丽莎白	4.8	80	19.0	6.2	1.3	100	12.7
阿尔泰	7.0	98	18.0	9.7	1.1	75	13.0
八月鲜	6.7	82	20.0	9.6	1.6	120	7.5
阿古尔纳	6.2	112	12.7	8.3	1.9	110	7.5
卡纸	8.0	154	29.3	7.6	1.0	75	7.5

注：* VC为维生素C的简称。

　　20世纪90年代，俄罗斯开始了第三代沙棘育种工作，将食用品种和药用品种作为第三阶段的育种目标。与前两代相比，第三代的沙棘育种工作在育种方向和目标上发生了根本的变化，即从第一代、第二代的大果、高产育种阶段，转向了提高果实内含物含量、易采收、抗病虫等的精深育种阶段。俄罗斯利萨文科园艺研究所选育出了"红果型""抗果蝇型""鲜食甜果型""早熟型""特晚熟型""矮生型""易采收型"等性状优良的沙棘品种或优良类型。十几年来，俄罗斯初步选育了 50 多种新型沙棘品种和类型（还在选育中），以提高沙棘加工工业产品的品质。

第三节　我国的沙棘育种工作

从 20 世纪 80 年代初期开始，黑龙江省农业科学院浆果研究所、中国林业科学研究院等单位陆续从俄罗斯（苏联）等引进了沙棘优良品种的苗木或穗条，如 1987 年引进了多个沙棘优良品种的种子，1989 年又从蒙古国引入了"乌兰格木""川人"等 3 个品种。1992 年，齐齐哈尔市园艺研究所也引入了 10 个俄罗斯沙棘品种（含 1 个雄性品系）。这些品种有西伯利亚利萨文科园艺研究所选育的"丘伊斯克""橙色""浑金""巨人""优胜""太阳"等（图 0-2），以及布里亚特浆果研究所选的"阿楚拉""阿亚甘卡""萨彦那""巴音郭尔"等，在东北等地种植比较成功。

丘伊斯克　　　　　　　　　　　　　　橙色

浑金　　　　　　　　　　　　　　巨人

优胜   太阳

图 0-2　黑龙江省引进的部分俄罗斯大果沙棘良种

自 1985 年起，中国林业科学研究院等单位就开始系统地研究沙棘遗传改良的问题，取得了较为丰硕的成果。该院以中国沙棘野生资源为基础，选育出了"桔丰""桔大""红霞""丰宁雄""蛮汉山雄"等品种或类型（图 0-3），并通过小群体比较试验，筛选出了辽宁罗扶沟、河北丰宁、山西太岳、陕西黄龙、甘肃关山梁、青海大通 6 个采种基地，与其他非采种基地相比，环效指数提高了 20%～40%，经济效益提高了 10%以上。

桔大   桔丰

红霞   丰宁雄

图 0-3　中国林业科学研究院牵头从中国沙棘中选育的优良沙棘品种

我国科学家以从俄罗斯引进的"丘伊斯克"为育种材料,直接选育出了"辽阜 1 号""棕丘""白丘";以从蒙古国引进的"乌兰格木"为育种材料,选育出了"乌兰沙林"等;以从北欧引进的混杂品种为育种材料,选育出了"深秋红""壮圆黄""无刺丰"等。与我国沙棘自然类型相比,特用经济型品种的百果重提高了 1～4 倍,产果量提高了 10～20 倍,亩①产达到了 0.5～0.8 t,有 4 个品种达到了无刺选育目标(图 0-4)。

辽阜 1 号　　　　　　　　　　　　　　棕丘

乌兰沙林　　　　　　　　　　　　　　深秋红

图 0-4　中国林业科学研究院牵头从引进沙棘中选育出的优良沙棘品种

我国科学家利用引进的沙棘良种资源,开展了蒙古国沙棘与中国沙棘优良个体之间的杂交育种研究,选育出了几十个果实经济性状以及生态适应性都较为优良的个体。例如,沙棘中心从蒙古国"乌兰沙林"和中国"丰宁雄"杂交群体子一代中选育出了"蒙中黄""蒙中红""达拉特""蒙中雄",从俄罗斯"太阳""丘伊斯克""优胜"和中国"蛮汉山雄"的杂交群体中选育出了"俄中黄""俄中鲜"等(图 0-5),其生态适应性和果实经济性状表现都十分优良,百果重达 26～35 g,株产 2.63～3.25 kg,每公顷产 4 500～6 000 kg,产量较高,抗逆性强,适用于辽西(阜新、朝阳等)、冀北(承德、张家口等)、蒙东(赤峰等)以及黄土高原等有灌溉条件或自然降水较多的地区,是建设沙棘工业原料林和生态经济林的优质主栽材料。

———————————

① 1 亩≈0.066 7 hm²。

蒙中黄

蒙中红

达拉特

蒙中雄

俄中黄

俄中鲜

图 0-5　沙棘中心主导选育的杂交沙棘品种

第四节　开展沙棘引种工作的意义

我国的沙棘育种虽然取得了长足的进展，但与国际先进水平特别是与俄罗斯相比，还有很大差距，具体体现在两个方面：一是对国外优良沙棘资源的引进与利用不足，我们目前只引进了俄罗斯一代、二代的少量良种，如"丘伊斯克""太阳"等沙棘良种，对俄罗斯第三代良种或育种材料尚未给予高度重视；二是对我国丰富而特有的沙棘属植物遗传资源，即乡土资源的挖掘、研究和利用也不足。因此，近年来我国与国际沙棘育种先进水平的差距不仅没有缩小，反而明显拉大了，这在一定程度上影响了我国沙棘产品出口，也说明我国未能充分利用国际优良沙棘品种和先进技术，不能从更高水平上促进我国沙棘资源建设的良性发展。

引种工作虽然不是创造新品种，但却是解决生产发展迫切需要新品种问题的最为迅速有效的途径。引种的目的不仅是直接用于生产，更重要的是充实育种的物质基础和遗传资源，为开展选择、杂交等育种工作提供基础。我国多年来开展的沙棘引种工作，不仅直接丰富了我国的沙棘良种种质资源（引种），而且也从中选育出了一些适合我国情况的优良沙棘品种（选种），通过杂交手段培育出了一批生态功能、经济功能俱佳的优良沙棘品种（育种）。但目前我国仍然需要从俄罗斯引进具有独特品质的沙棘优良材料，以缩短育种周期，加快我国沙棘生态建设和产业发展的步伐。

开展优良沙棘引种工作是我国彻底改良目前沙棘良种资源的一条捷径。俄罗斯近30多年来在沙棘良种选育研究上投入了大量的人力和财力，而且选育出了最新的50多种沙棘品种和类型，更加适宜于工业加工，诸如"大果型""果实易脱粒型""矮生型""早熟型""晚熟型""极晚熟型""红果型""抗病型"等类型。品种性状非常适合我国沙棘工业加工利用，具有先进的沙棘良种品质和优良的种质资源品质。俄罗斯的沙棘良种及相应技术，代表着目前国际上沙棘产品工业加工资源的先进水平。通过积极引进俄罗斯第三代沙棘优良品种，从中开展选择育种，并与当地中国沙棘优良品种相结合，开展生态经济型沙棘品种的杂交选育，是加快我国沙棘育种进程的重要手段，对我国沙棘资源建设和开发具有非常重要的意义。

虽然我国沙棘资源品种丰富、种植面积很大，但运用到生产实践中的大部分沙棘为土生土长的中国沙棘，虽生态效益显著，但经济效益体现得并不充分。俄罗斯在沙棘育种上处于国际领先地位，拥有大量的优质沙棘品种。为了有效地提升我国沙棘工业原料林建设所用的优质资源，进一步从俄罗斯引进优良沙棘品种，在此基础上做一些适合于工业加工良种的选育和培育，不仅是沙棘良种选育的国际发展趋势，而且也是我国沙棘市场对沙棘品种和资源的迫切需求的体现。

据此，沙棘中心于 2012 年从水利部申请立项并承担了国家"948"项目（引进国际先进农业科学技术项目）——"俄罗斯第三代沙棘良种引进"（201216），2013 年年初和年底从德国、俄罗斯分别引进了一些优良沙棘品种，在我国"三北"地区不同气候地理区开展了引种试验，以便从中优选出适应性强且经济性状优良的沙棘材料，通过无性系繁育推广种植，缓解生产实践的燃眉之需；同时，可用这些优良材料作为亲本，与中国沙棘优良品种（类型）进行远缘杂交育种，培育我国自主创新的新一代沙棘良种。

第一章　国外沙棘良种选择与引进

绪论部分对沙棘引种的目的和意义做了阐述，指出通过引种手段，从俄罗斯等国将优良沙棘资源引入我国，以丰富沙棘种质资源，促进我国生态经济可持续发展。

第一节　沙棘引种原则与要求

沙棘引种属于植物引种的范畴。植物引种是指从外地（包括外国）引进一个本地区（或本国）没有的植物物种，经过驯化培育，使其成为本地（或本国）的一种栽培植物物种。国内成功引种外来植物物种、被驯化利用的优良植物大量推广，使得当地农、林、牧业生产迅速发展的例子不胜枚举。植物引种已得到越来越多国家和地区的重视。

一、引种原则

沙棘引种遵循传统的植物引种原则。植物引种就是运用人为传播的方法，克服植物在传播距离上的障碍，扩大植物的栽培范围，使许多地区和国家增加新的外来植物物种。植物引种一般按照气候相似论、风土驯化学说、生态历史分析法、栽培植物起源中心说、生态因子综合分析法等学说进行。引种的植物应该首先根据生态因子和引种目的而定，同时还应结合植物的适应性、种苗供应情况等来综合评判（图1-1）。

引种植物选择的原则，首先，考虑需要因子，有生产实践的迫切需要，这是开展引种工作之源，种源区要有引入地区所需要的植物。其次，引入地区与种源区的生态因子应该比较接近或相似。在生态因子中，气候因子最为重要；在气候因子中，温度、水分是主要衡量因子。再次，引种植物在种源区应表现较为优秀，如抗逆性强，易繁殖等。最后，要有生态历史综合分析。因为现有植物分布并不能说明它们在古代的分布情况，许多植物现代的分布范围是经历冰川期后形成的，把它们引种到一些地区可能会出现惊人的表现，获得意外收获，所以引种时应考虑某种植物的发生历史，充分发挥其综合潜力。

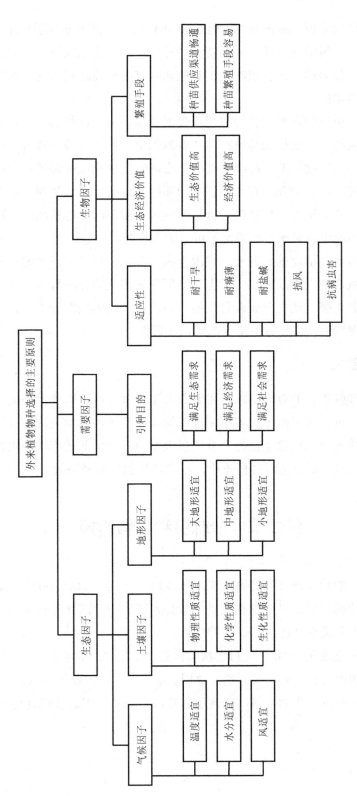

图1-1 引种植物物种选择原则的层次结构

对于沙棘属植物来说，我国从 20 世纪 80 年代起陆续开展沙棘引种工作，已经引进了许多俄罗斯、蒙古国的优良沙棘种质资源，并在"三北"地区开展了引种试验，结果证明我国东北地区最为适宜，新疆次之，其他地区有待继续观察。这为继续开展沙棘引种工作提供了实践依据。

虽然从俄罗斯引进的良种沙棘与我国新疆阿勒泰地区的沙棘具有一定的亲缘关系，但还是属于外来植物。外来植物是植物遗传资源的重要组成部分，具有一些本地植物难以替代的优势。外来植物资源可持续经营的核心问题是植物或种源的正确选择。外来植物具有一定的环境风险，但并没有人们想象的那样大，它对当地生物多样性的影响有利有弊，关键是如何科学运作，包括确定合适的地域范围，与当地植物的合理空间布局，以及如何使之在当地生态系统中形成密不可分的生物链。

青藏高原是沙棘属植物的起源地，我国也因此分布有世界上最多的沙棘种和亚种。目前社会上最受欢迎的大果沙棘，实际上是俄罗斯等国从蒙古沙棘这一亚种中选育出来的优良品种。我国新疆等地也分布着野生的蒙古沙棘，果实相对较大，只是由于我国沙棘育种工作开展得较迟，才让俄罗斯等国走在了前面。

二、引种要求

现阶段我国沙棘引种的首要需求，主要着力于经济效益，即满足果大、果柄长、无刺或少刺等要求即可。俄罗斯等国多年来选育的沙棘良种，基本上均可以达到我国的要求。我国所需要的就是引进这些良种，开展相关试验，验证其适应性等生物表现，探讨适宜的栽培措施，以在适宜地区种植推广，获取理想的生态经济效益。

第二节　沙棘引种材料选择

在俄罗斯新西伯利亚州召开的第四届国际沙棘协会大会（ISA2009）上，我们注意到了俄罗斯第三代沙棘良种，当然这些良种多数尚在试验中，因此品种多以编号命名，但品种的经济性状十分优异（图 1-2），值得引进。

因此，利用实施国家"948"项目之机，课题组于 2012 年年初首先与俄罗斯进行了沙棘良种引进的接洽工作，同时也分别与德国、瑞典、罗马尼亚等国进行了相关的工作，在做了大量的前期咨询工作后，最终确定了从德国和俄罗斯引进沙棘良种的方案。

图 1-2　ISA2009 会议上俄罗斯参展的部分沙棘品种

一、从德国引进品种

经过与德国方面洽谈决定，2013 年年初由德国提供 7 种沙棘品种，包括 6 种苗木（"Hergo""Leikora""Pollmix 1""Pollmix 3""Pollmix 4""Pollmix 5"）和 1 种插穗（"Frugana"）。见表 1-1。

表 1-1　引进的德国沙棘品种

品种名称	有关特性
Hergo	适合于种植园种植和作为围栏种植，生物产量较高；总酸含量为 3.5%，抗坏血酸含量为 150 mg/100 g，胡萝卜素含量为 5 mg/100 g，果油含量为 4.3%；可以速冻后剪枝和震动采收果实
Leikora	适合于种植园种植、围栏种植、公园和庭院绿化种植，果实鲜艳，而且在入冬后仍然悬挂于果枝；果实枝条可以扭曲，可以作为装饰用材；果实产量较高，果实总酸含量为 3.4%，抗坏血酸含量 240 mg/100 g，胡萝卜素含量为 6 mg/100 g，果油含量为 4.9%；果实可以剪枝或冰冻后震动采收
Pollmix	4 个无性系雄株（"Pollmix 1""Pollmix 3""Pollmix 4""Pollmix 5"）的花期不同，在不同温度条件下可以保证其中 2 个无性系开花传粉；4 个无性系可以同时种植，做到花期和传粉期互补
Frugana	适合于种植园种植，果实成熟期较早；果实总酸含量为 3.5%，抗坏血酸含量为 160 mg/100 g，胡萝卜素含量为 9 mg/100 g，果油含量为 4.1%，具有良好的潜在果实产量；老植株砍伐后再生能力较弱，果实可以剪枝或冰冻后震动采收

二、从俄罗斯引进品种

经过与俄罗斯方面协商洽谈决定，2013 年年底由俄罗斯提供 22 种沙棘优良品系的无性系苗木和 22 种优良品系的种子。这 22 种沙棘优良无性系品种中，有 10 种为已鉴定推广的第三代或第二代沙棘良种，有 12 种为编号品种（正处于试验中），见表 1-2。

由俄罗斯引进的 22 种沙棘优良无性系品种，按其特性可分为七大类：

（1）"大果型"沙棘：新培育的大果型沙棘（"125-90-3""13-95-2""49-96-1""722-96-1"）在俄罗斯的性状表现非常突出，百果重为 106.0～111.4 g，沙棘果实单产为 3.8～7.6 t/hm^2。

（2）"红果型"沙棘：包括"Etna""4-93-7""779-81-5""989-88-1"等，果实通红，观赏价值大。

（3）"甜果型"沙棘：包括"Altaiskaya"和"Chuyskaya"等，总糖含量为 8.5%～9.7%，可口性好。

（4）"高胡萝卜素型"沙棘：包括"Inya"和"779-81-5"等，胡萝卜素含量为 25.3～48.3 mg/（100 g）。

表 1-2　引进的俄罗斯优良沙棘品种（俄罗斯方面提供信息）

品种名称	果色	果实味道	果柄长/mm	百果重/g	果实单产/(t/hm²)	VC含量/(mg/100 g)	胡萝卜素含量/(mg/100 g)	总糖含量/%	果实脱离应力/g	沙棘蝇侵害程度/%	备注
Klavdiya	橙色	甜酸	4~5	75.0	9.5				128		表中为 5 龄产量；易脱粒；比"丘伊斯科"采摘效益高 25%~30%
Elizaveta	橙色	甜酸	4~5	77.0	14.0				197		高生产力（表中为 8 龄产量）
Altaiskaya	橙色	甜	5~6	78.5	7.5			7.4~9.3			可口性好，极甜（甜酸指数后风达 12.5）；但采摘两三周后风味锐减；产量低（表中为 8 龄产量）
Inya	橙色	酸	4~5	83.0	9.5		25.3		148	40	进入结果期早（4 年）；高生产力（表中为 8 龄产量）；易采摘
Chuyskaya	橙色	酸甜	4~5	60.0	15.0	129.5		8.5	156	34	中晚熟（8 月 20—30 日）；表中为 8 龄产量，甜酸指数为 3.5；易感染枯萎病
Gnom											传粉雄株，由"维生素"ד楚雷什曼"杂交而来
Etma	橙红色	酸	4~5	83.5	11.0						极早熟；表中为 5 龄产量
125-90-3	橙黄色	酸	4~5	108.0	6.4						
Jessel	橙色	甜	4~5	80.0	10.5						表中为 5 龄产量
Sudarushka	橙色	酸	5~6	84.5	12.5						高生产力（表中为 8 龄产量）
Zhemchuzhnica	橙色	甜			12.5						高生产力（表中为 8 龄产量）

品种名称	果色	果实味道	果柄长/mm	百果重/g	果实单产/(t/hm²)	VC含量/(mg/100 g)	胡萝卜素含量/(mg/100 g)	总糖含量/%	果实脱离应力/g	沙棘蝇侵害程度/%	备注
4-93-7	红橙色	酸甜	4~5	72.6	14.2				126		易脱粒
12-96-6	橙色	酸	4~5	89.0							
13-95-2	橙色	酸	5~6	106.0	7.6						
49-96-1	橙色	酸甜	4~5	110.0	3.8						
64-97-3	橙色	酸	5~6	95.8							
70-96-4											
76-96-1											
722-96-1	橙色	甜酸	4~5	111.4	5.7						
779-81-5	红色	酸	4~5	42.0	11.9		48.3			20	高胡萝卜素
989-88-1	红色	酸	4~5	44.0	15.5						
1428-85-1	橙色	甜酸	4~5	85.9	3.8	78.5			152		矮生

（5）"果实易脱粒型"沙棘：包括"Klavdiya""Inya""4-93-7"等，果实脱离应力只有 110 g 左右，较现有的任何品种都要小。

（6）"晚熟型"沙棘：包括"125-90-3"等，9—10 月成熟。

（7）"矮生型"沙棘：包括"1428-85-1"等，高度不超过 2 m，非常适合于种植园种植和管理，更适合于人工和机械果实采收。

第三节　沙棘优良无性系引进

沙棘良种的引进工作是一项系统工程，需要开展商业洽谈、贸易购买，然后根据选定的实施单位系统，制定管理办法，开展相关的技术培训和阶段性的引种消化工作。

一、贸易购买

沙棘引进采用贸易购买的手段，委托中国林木种子公司代理。

（一）相关材料准备

初选试验种植地选定在位于黑龙江省绥棱县的黑龙江省农业科学院浆果研究所（后改为"乡村振兴科技研究所"）试验场。

沙棘中心及协作单位提供给委托方——中国林木种子公司引种申请所需的文件，包括：①关于沙棘良种引种的申请；②黑龙江省农业科学院浆果研究所引种试种苗圃简介及示意图；③黑龙江省农业科学院浆果研究所引种试种苗圃病虫害防治人员名单；④黑龙江省农业科学院浆果研究所引种试种管理制度；⑤黑龙江省农业科学院浆果研究所引种试种苗圃检疫和除治病虫害设施、设备清单；⑥引进林木种子、苗木及其他繁殖材料检疫审批申请表（苗子、种子、穗条等）；⑦引进材料病虫害名录。

需要种植地提供的关于引进的文件还有：①关于黑龙江省农业科学院浆果研究所国外引种试种条件的认定书（林防检便字〔2012〕25 号）；②关于黑龙江省农业科学院浆果研究所科研需要从国外引种的请示（黑林防检函〔2012〕34 号）；③关于黑龙江省农业科学院浆果研究所沙棘种质资源引种试种苗圃调查结果的函；④引进林木种子、苗木及其他繁殖材料检疫审批申请表（苗子、种子、穗条等）；⑤允许调入函。

以下为从德国、俄罗斯引进沙棘良种所办有关手续的扫描件（图 1-3、图 1-4）。

图 1-3　从德国引进沙棘苗木的部分文件

图 1-4　从俄罗斯引进沙棘苗木的部分文件

所有文件，都由引进地黑龙江省林业病虫害防疫部门签署，并通过进口代理机构——中国林木种子公司，上报国家林业和草原局有关管理部门进行审核、批准后，才可引进。审批文件传至国外代理机构，对方开始办理相关的出口手续，苗木才起运。起运文件包括植物检疫证、原产地证明、直航主单、包裹单和发票共 5 个文件。苗木入我国（首都机场）海关后，进行海关检疫，检疫合格后代理机构将苗木自海关处提出。最后，引进苗木种植地检疫部门提供允许调入函，引进沙棘苗木才最终运抵黑龙江绥棱。整个过程繁杂、费时，特别是苗木检疫时间长，造成一定程度的苗木失水，影响了其种植后的成活率。

（二）引进材料及编号

2013 年年初，课题组从德国引进了 6 种 2 年生沙棘扦插苗 561 株，1 种沙棘插穗 176 条。扦插苗中包括 4 种雄株（"Pollmix 1""Pollmix 3""Pollmix 4""Pollmix 5"），所有引进品种均按"引入年+序号"做了品种编号（为与当年年底从俄罗斯引进的沙棘品种编号有所区别，从德国引进的沙棘品种编号采用合同生效的 2012 年作为引入年），见表 1-3、图 1-5。

表 1-3　从德国引进沙棘良种无性系（苗木和插穗）数量

品种类型	品种编号	品种名称	数量/株（条）
扦插苗	201201	Hergo	200
	201202	Leikora	200
	201203	Pollmix 1	50
	201204	Pollmix 3	50
	201205	Pollmix 4	50
	201206	Pollmix 5	11
插穗	201207	Frugana	176
合计	—	—	737

Hergo

Leikora

| Pollmix 1 | Pollmix 3 | Pollmix 4 | Pollmix 5 |

图 1-5　从德国引进的沙棘良种无性系苗木（黑龙江绥棱）

2013 年年底，课题组从俄罗斯引进了 22 个品种的无性系苗木，共计 19 954 株。苗木最多的品种"Klavdiya"有 4 800 株，最少的"13-95-2"只有 54 株。"201306"为雄株，其余均为雌株（图 1-6）。

图 1-6 从俄罗斯引进的沙棘良种无性系部分苗木（甘肃庆阳）

所有引进品种按"引入年+序号"做了品种编号，见表 1-4。

引进的沙棘无性系中，一些为之前已引进的良种，如"201305"（"丘伊斯克"）。这次重新引进，一是考虑到品种复壮的需求，因为国内以前引进后经过多年种植，品种已经十分混杂，需要重新引进；二是作为其他引进品种的对照，因为俄罗斯大果沙棘是引入品种，直接用国内的中国沙棘实生苗无法进行对照（国内无中国沙棘扦插苗，生长初期难分雌雄株），用国内前期引进的大果沙棘直接进行对比也不可行（国内提供的苗木较为粗壮，且根系发达，而引入的沙棘苗木经过长途运输一般失水严重，特别是根系不发达）；三是以往从俄罗斯引进的大果沙棘，以"丘伊斯克"的种植范围最大，生长结实也最好，因此同步从俄罗斯引进这一品种作为对照，各引进品种的苗木来源于同一个产地，经过同样的长途运送，对比所得数据具有参考价值。因此，引进品种的对照品种统一选用"201305"。

表 1-4   从俄罗斯引进的沙棘良种无性系品种编号与数量

品种编号	品种名称	苗木数量/株	品种编号	品种名称	苗木数量/株
201301	Klavdiya	4 800	201312	4-93-7	100
201302	Elizaveta	4 000	201313	12-96-6	100
201303	Altaiskaya	4 000	201314	13-95-2	54
201304	Inya	1 800	201315	49-96-1	100
201305	Chuyskaya	1 000	201316	64-97-3	100
201306	Gnom	1 000	201317	70-96-4	100
201307	Etna	800	201318	76-96-1	100
201308	125-90-3	600	201319	722-96-1	100
201309	Jessel	500	201320	779-81-5	100
201310	Sudarushka	200	201321	989-88-1	100
201311	Zhemchuzhnica	200	201322	1428-85-1	100

同时，课题组通过与俄罗斯有关单位的种质资源交换的方式，于 2013 年年底获得了 22 个沙棘优质资源的实生种子 2 200 g（每种 100 g）。

二、引种安排

根据《林木引种》（GB/T 14175—1993）的有关规定，沙棘品种引进后的引种试验包括初选试验、区域性试验和生产性试验 3 个阶段，经过这 3 个阶段的试验后，方能得到引种结论。

（一）阶段要求

对于引进的外来植物，如果时间允许，应按照 3 个阶段进行引种（图 1-7），依次为初选试验、区域性试验、生产性试验。循序渐进，也称为"接序式"。如果试验按第一阶段 1 年（2014 年），第二阶段 5 年（2015—2019 年），第三阶段 7 年（2020—2026 年），完成试验总共需要 13 年（2014—2026 年）。显然，如果等待每一个试验完毕后，再从头开始下一个试验内容，费时太长，从经济角度及生产实践的迫切要求来看，只有 1 次引进费用，但需要引进 3 次，均不相符合，从理论上来讲也没有必要。

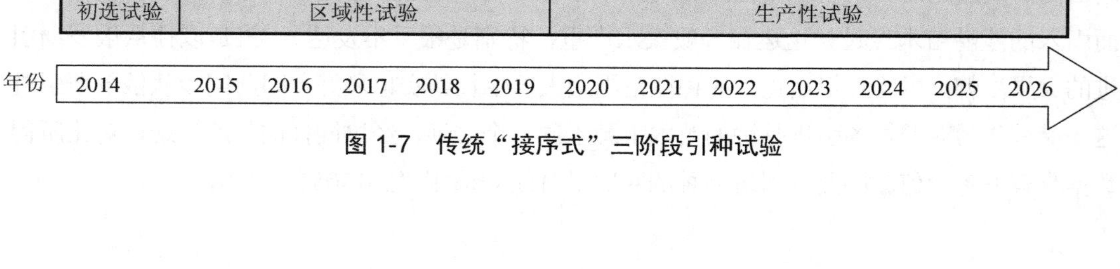

初选试验	区域性试验	生产性试验

年份   2014   2015   2016   2017   2018   2019   2020   2021   2022   2023   2024   2025   2026

图 1-7   传统"接序式"三阶段引种试验

因此，俄罗斯第三代沙棘良种的引种工作，确定了把初选试验、区域性试验以及生产性试验交叉结合进行，以求尽量缩短试验时间的方案。课题组按 3 个阶段互有交叉的方式，同步开展有关试验，初选试验的年份确定为 2014 年（时间为 1 年），区域性试验的年份确定为 2014—2018 年（时间为 5 年），生产性试验的年份确定为 2014—2020 年（时间为 7 年），这种分阶段试验的方式可称为"交叉式"或"包含式"，可以有效节省试验时间，早出成果（图 1-8）。

图 1-8　改进的"交叉式"三阶段引种试验

每个试验区用于引种试验的土地面积，原则上要求初选试验为 4～5 亩，区域性试验为 20～30 亩，生产性试验为 200～300 亩。具体实施时，2014 年各点按 20～30 亩定植（满足了初选试验、区域性试验的要求，满足了生产性试验的部分要求），随后于 2017 年起，陆续补充试点定植沙棘试验林，面积逐步达到了 200～300 亩，彻底满足了生产性试验的全部要求。

（二）承担单位

沙棘引种课题由沙棘中心牵头负责实施。沙棘中心在 1997 年前完成了有关沙棘品种及设备引进的两个国家"948"项目及后续两个转化项目后，积累了引进、推广优良沙棘品种的经验，加之通过组织实施"沙棘生态建设与技术推广""水土保持植物资源可持续利用"等有关项目，已经积累了项目管理的丰富经验，为开展类似项目的管理奠定了良好的基础。

课题选定国内沙棘研究成效比较突出的一些单位，开展沙棘引进后的各项试验。主要承担初选试验（主点）的单位有 1 家：黑龙江省农业科学院浆果研究所；主要承担区域性试验（主点）的单位有 5 家：黑龙江省农业科学院浆果研究所、辽宁省水土保持研究所、黄河水利委员会西峰水土保持科学试验站、青海省农林科学院青藏高原野生植物资源研究所、新疆农垦科学院林园研究所；这 5 家单位同时也承担生产性试验（主点）。随后，根据工作进展于 2017 年起，逐步增加了 7 个试验点（副点）协助开展生产性试验有关工作，见表 1-5。

表 1-5 全国沙棘引种协作单位

引种阶段	试验主点		试验副点	
	协作单位	试验地区	协作单位	试验地区
初选试验	黑龙江省农业科学院浆果研究所	黑龙江绥棱	—	—
区域性试验	黑龙江省农业科学院浆果研究所	黑龙江绥棱	—	—
	辽宁省水土保持研究所	辽宁朝阳	—	—
	黄河水利委员会西峰水土保持科学试验站	甘肃庆阳	—	—
	青海省农林科学院青藏高原野生植物资源研究所	青海大通	—	—
	新疆农垦科学院林园研究所	新疆额敏	—	—
生产性试验	黑龙江省农业科学院浆果研究所	黑龙江绥棱	吉林省水土保持科学研究院	吉林东辽
	辽宁省水土保持研究所	辽宁朝阳	中国林业科学院沙漠林业实验中心	内蒙古磴口
	黄河水利委员会西峰水土保持科学试验站	甘肃庆阳	新疆维吾尔自治区林木种苗管理总站	新疆吉木萨尔
	青海省农林科学院青藏高原野生植物资源研究所	青海大通	新疆维吾尔自治区林木种苗管理总站	新疆青河
	新疆农垦科学院林园研究所	新疆额敏	黄河水利委员会天水水土保持科学试验站	甘肃天水
	—	—	沈阳农业大学	辽宁铁岭
	—	—	山西省岚县"森生财"扶贫攻坚造林专业合作社	山西岚县

此外，主要协作单位黑龙江省农业科学院浆果研究所在课题临近结束的 2019 年，名称改为黑龙江省农业科学院乡村振兴科技研究所，同年辽宁省水土保持研究所在机构改革后加挂了辽宁省旱地农林研究所牌子。

特别需要说明的是，在全书叙述各项引种试验工作时，用"××试点"代替了试点单位，发挥主语作用。

（三）课题管理

"948"引进项目涉及主要承担单位和众多的协作单位，课题组与各方协商后，采纳了以下组织管理办法：

（1）课题由沙棘中心总体负责，各协作单位（包括主点、副点）共同承担，有主有次，分工协作。

（2）课题的实行采用课题负责人总负责，各协作主点、副点负责人分片负责，知名专家参加咨询的集体负责制，研究方案和技术细节由集体讨论、审核并确定。

（3）课题实施期间课题组每年年初召开一次工作部署会（或发出有关通知要求），年底召开一次工作总结会。课题组通过这些会议，交流工作经验，安排部署有关工作，特别是对出现的问题采取有力的措施，及时加以妥善解决。

（4）课题负责人在各项目区进行不定期检查，及时了解课题进展情况；各协作单位（主点、副点）及时反馈课题进展信息，定期提交试验材料（观测记录表格、照片等）、技术总结和工作总结报告。

（5）承担单位的课题负责人、协作单位（主点）的分片负责人要与各自的财务部门密切配合，按照"948"项目的财务管理规定，管理好每一笔费用，坚决不能出现违反财务制度的现象。

（6）课题成果（包括奖项和专著等）完成单位和人员的排序，由协作单位推荐各自单位人员，再由课题负责人根据各试点（包括主点和副点）的实际工作量、业绩情况等综合考虑，确定课题成果中的单位和人员排名次序。

三、技术培训

在水利部批准由沙棘中心承担"948"项目——"俄罗斯第三代沙棘良种引进"（201216）后，为了做好"948"项目引进后的消化吸收工作，课题组于2012年7月9—13日在内蒙古鄂尔多斯市召开了"948"项目研讨会（图1-9），由与会专家具体商定了初选试验、区域性试验和生产性试验的相关程序和方法，确定了观测记载的具体要求，统一了记载表格形式与时间等。随后由相关专家对承担单位的人员开展了专题技术培训，使承担单位的技术人员掌握了有关技能，为顺利开展沙棘引种工作奠定了基础。

图1-9 沙棘引进之前开展的研讨与培训

第二章　引进沙棘初选试验

上一章对沙棘引种的原则、要求等做了说明，并就拟引俄罗斯等国的沙棘优良品种做了介绍，然后通过贸易等手段引进了俄罗斯等国的第三代沙棘良种无性系等资源。课题组将良种沙棘引进国内后，就要开展科学试验，第一阶段试验就是初选试验。初选试验也叫淘汰试验，即在某一地对引进沙棘和对照沙棘进行对比观察试验，淘汰表现极差的，选择表现尚好良种进入下一阶段区域性试验。通过初选试验，可以初步了解引进沙棘在引入地区的适应性，总结初步的栽培技术，为开展区域性试验提供试验材料，并提供有关技术贮备。

第一节　引进沙棘初选试验布设

根据常规要求，植物初选试验应满足环境封闭、检疫方便等条件。考虑到以往沙棘引种经验、技术力量等因素，初选试验选定在与俄罗斯第三代沙棘良种种源地区——阿尔泰边疆区巴尔瑙尔生态条件最为接近、位于黑龙江省绥棱县的黑龙江省农业科学院浆果研究所试验场。

一、初选试验地区选择

黑龙江省绥棱县地处我国小兴安岭南端西麓，位于东经 127°30′44″～127°43′00″、北纬 47°30′24″～47°43′40″，海拔 400～500 m。该地区年平均气温为 2.0℃，极端最高气温为 37.7℃，极端最低气温为-42.4℃，年平均降水量为 570 mm，无霜期为 127 天，不小于 10℃积温为 2 460℃，日照时数为 2 822 h，年平均蒸发量为 1 242 mm，属大陆性季风气候。该地区的土壤类型为淋溶黑钙土，较黏重，pH 为 6.8～7.3，有机质含量为 4%。

初选试验地区黑龙江省绥棱县与原产地俄罗斯阿尔泰边疆区巴尔瑙尔市的主要地理位置和气象指标对比见表 2-1。

表 2-1　沙棘良种原产地与引入初选试验地区的基础资料对比

项目	黑龙江绥棱	俄罗斯巴尔瑙尔
东经	127°33′	83°31′
北纬	47°34′	53°26′
海拔高度/m	200	183
日照时数/h	2 822	2 204
年均气温/℃	2.0	2.4
1 月气温/℃	−25.0	−17.6
7 月气温/℃	22.0	20.0
极端最高气温/℃	37.7	38.3
极端最低气温/℃	−42.4	−48.2
≥10℃积温/℃	2 460	—
年均降水量/mm	570	424.7
年均蒸发量/mm	1 242	—
无霜期/d	127	165

可见，除经纬度两者相差较大外，海拔、气温、降水等相差不大，而且沙棘良种原产地巴尔瑙尔的无霜期较绥棱多了 1 个多月。巴尔瑙尔分月基本气象资料见表 2-2。

表 2-2　沙棘种源地俄罗斯巴尔瑙尔的基本气象资料

月份	日均最低气温/℃	日均最高气温/℃	月均降水量/mm	平均月降水天数/d
1 月	−20.3	−11.1	28.0	7.0
2 月	−19.9	−9.5	18.0	6.0
3 月	−12.3	−1.8	17.0	5.0
4 月	−1.7	8.9	25.0	6.0
5 月	5.8	18.9	40.0	8.0
6 月	11.7	24.5	44.0	7.0
7 月	14.1	26.2	64.0	8.0
8 月	11.3	23.3	43.0	8.0
9 月	5.7	17.7	28.0	6.0
10 月	−1.3	7.7	44.0	10.0
11 月	−10.7	−2.7	28.0	9.0
12 月	−18.3	−9.5	24.0	8.0

实际上，本次将黑龙江绥棱选为初选试验点，既考虑到该点与俄罗斯沙棘原产地气候、土壤最为接近，符合"气候相似论"的有关原则，又考虑到该点是我国早期引进俄罗斯大果沙棘的主要试验区，已经开展过多次沙棘引种，取得过不错的成绩，人员配备齐全，经验较为丰富。

二、初选试验田间布设与管理

引进沙棘良种资源的田间布设考虑了多重复、随机区组设计等要求，试验结果消除了各种自然、人为的影响；同时，初选试验的田间管理措施十分精细，通过实施各种特殊措施，保证了引进沙棘种质资源的正常生长发育。

（一）田间布设

引进沙棘良种试验材料包括两批：一批为 2013 年年初引进的德国材料；另一批为 2013 年年底引进的俄罗斯材料。

1．从德国引进沙棘

2013 年 4 月初引进的德国沙棘材料到达首都机场海关，经过近 1 个月的检疫后，于 5 月初得以放行。课题组得到了第一批沙棘优良品种苗木和插穗，共 7 份材料，其中：引进 2 年生苗木"Hergo""Leikora""Pollmix 1""Pollmix 3""Pollmix 4""Pollmix 5"（依次编号为 201201～201206）共计 561 株；引进"Frugana"（编号为 201207）插穗 176 条。

2013 年 5 月中旬课题组在黑龙江绥棱开展了引进沙棘定植工作。试验采用 10 株单行小区、随机区组设计，5 次重复；苗木定植采用穴栽，南北行向，株行距为 2 m×3 m，栽后灌水一次；6 月初调查成活率及生长情况。苗木及插穗定植明细见图 2-1。

第 1 行	201201	201201	201204	201204
第 2 行	201201	201202	201203	201204
第 3 行	201205	201206	201201	201203
第 4 行	201204	201202	201205	201201
第 5 行	201205	201203	201204	201202
第 6 行	201201	201201	201201	201201
第 7 行	空	空	空	空
第 8 行	201204	201204	201204	201204
第 9 行	201201	201201	201201	201201
第 10 行	201204	201203	201202	201201
第 11 行	201205	201202	201203	201204
第 12 行	201201	201205	201204	201201
第 13 行	201204	201204	201204	201204
第 14 行	201201	201201	201201	201201
第 15 行	201204	201204	201204	201204

图 2-1　从德国引进 6 种沙棘良种无性系苗木试验定植图

注：图 2-1 中加不同底色的行为 5 个重复，第 1 行为保护行，第 6～9 行地势低洼较涝，故未布设品种或布设了苗木较多的一些品种；第 12 行的后两块地及第 13～15 行布设了苗木较多的一些品种。

2. 从俄罗斯引进沙棘

2013 年 12 月，苗木经首都机场海关检疫后放行，绥棱试点得到了引进的俄罗斯沙棘 1 年生扦插苗，共 22 种 2 718 株（表 2-3）。引进的 22 种俄罗斯沙棘编号依次为 201301～201322。

表 2-3　绥棱试点定植的引进俄罗斯沙棘无性系

品种编号	株数	品种编号	株数	品种编号	株数
201301	600	201309	65	201317	35
201302	500	201310	50	201318	35
201303	500	201311	50	201319	35
201304	200	201312	35	201320	25
201305（CK）	100	201313	35	201321	35
201306	100	201314	28	201322	20
201307	100	201315	35	合计	2 718
201308	100	201316	35		

绥棱试点收到引进沙棘无性系苗木后先进行冬藏，并于 2014 年 4 月初取出开展了有关定植工作。试验采用单行小区设计，小区长 20 m，每小区 1 份试材 20 株，随机排列，3～5 次重复。定植株行距为 2 m×3 m，见图 2-2。图中不同底色代表不同重复，括号中的数据为定植株数，无括号的全为定植 20 株。苗木株数较多的"201301""201302""201303"在试验小区外，另外选地栽植，未在图中表示。

3. 对照沙棘

试验地区无沙棘自然分布，生产上种植品种全为引进的俄罗斯或蒙古国的大果沙棘。因此，如前所述，课题组选用了同期从俄罗斯引进的"丘伊斯克"（"201305"）作为对照。"丘伊斯克"是我国引进大果沙棘中的当家种植品种，用作对照可以选择出比其更好的引进沙棘品种。

此外，2014 年年初课题组在黑龙江绥棱选地对引进的 22 份沙棘种子进行了实生育苗。

201301	201302	201303	201304	201305（CK）	201307	201306	201308	201309	201310	201311	201312	201313	201314
201312（14）	201313（22）	其他	其他	其他	其他	201322（17）	201321	201320（23）	201319	201318	201317（26）	201316	201315
201311	201310	201309	201308	201307	201305（CK）	201306	201304	201303	201302	201301	201314（10）	201315（16）	201316
201308	201307	201305（CK）	201304	201303	201302	201306	201301	其他	其他	其他	201321（15）	201319（15）	201318（26）
201309（25）	201310（11）	201311（10）	201316（13）	201319（17）	其他	201306	其他	其他	201301	201302	201303	201304	201305（CK）
其他	201308（21）	201307（22）	201305（CK）（15）	201304	201303	201306	201302	201301	其他	其他	其他	201308	201307
其他	其他	201301	201301	201301	201302	201302	201302	201303	201303	201303	201304	201304	201304
201304（41）201301（19）	201303（84）	201303（84）	201303（85）	201303（85）	201302（83）	201302（84）	201302（85）	201302（85）	201301（86）	201301（86）	201301（86）	201301（86）	201301（86）

图 2-2　绥棱试点从俄罗斯引进 22 种沙棘良种无性系苗木试验定植图

（二）管理措施

初选试验的管理措施包括土地准备、苗木处理、定植及抚育管理等。

土地准备：前一年秋季整好土地，当年种植时需待土壤解冻 20 cm 左右，按布设图定点放线，按株行距测点挖穴，穴深至化冻土层，直径 30 cm。

苗木处理：收到沙棘苗木后先行假植，种植前先用 1/1 000 高锰酸钾溶液浸泡苗木 10 min，然后用清水冲洗，将其浸泡于 ABT 生根粉溶液中，浓度为 50 mg/kg，浸泡 4～8 h，然后顶浆栽植。

定植：2013 年 5 月初定植从德国引进的沙棘苗木，2014 年 4 月初定植从俄罗斯引进的沙棘苗木。将沙棘苗木植于穴内，扶正覆土踏实，培土修成 80 cm 宽的树行（图 2-3）。

图 2-3　绥棱试点引进沙棘初选试验田

抚育管理：沙棘苗木定植后，根据土壤墒情适当浇水。抚育重点是杂草的人工防除、沙棘树行内人工除草及行间机械旋耕。

第二节　引进沙棘物候期表现

观察和了解引进沙棘的物候期，目的在于了解不同沙棘品种能否在引入地区生长，科学判断引进沙棘所需的环境条件，为引进沙棘品种的适应性评价、选优和繁育等提供科学依据。

从俄罗斯引进的沙棘物候期观测结果（表 2-4）显示，绥棱试点各引进沙棘良种无性系萌动期在 5 月 7—25 日，盛期在 5 月中旬；展叶期在 5 月 12—30 日，盛期在 5 月中下旬；新梢生长期在 6 月 5—23 日，盛期在 6 月中旬；叶变色期在 9 月 26 日至 10 月 12 日（"201315"叶变色始期在 9 月 14 日），盛期在 9 月底至 10 月上旬；落叶期在 10 月 12 日至 11 月 8 日，一场降温造成沙棘快速落叶，盛期与始期几乎同步，集中于 10 月中旬。

表2-4　绥棱试点从俄罗斯引进沙棘良种无性系种植后当年的物候期表现（2014年）

品种编号	萌动期			展叶期			新梢生长期			叶变色期			落叶期		
	始期	盛期	末期	始期	盛期	末期	始期	盛期	末期	始期	盛期	末期	始期	盛期	末期
201301	5月11日	5月13日	5月23日	5月16日	5月18日	5月28日	6月9日	6月16日	6月21日	9月28日	10月2日	10月8日	10月12日	10月12日	10月22日
201302	5月9日	5月13日	5月19日	5月14日	5月18日	5月24日	6月7日	6月13日	6月17日	9月26日	9月30日	10月6日	10月12日	10月14日	10月21日
201303	5月9日	5月13日	5月20日	5月14日	5月18日	5月25日	6月7日	6月11日	6月21日	9月26日	10月2日	10月8日	10月12日	10月17日	10月21日
201304	5月9日	5月13日	5月20日	5月14日	5月18日	5月30日	6月7日	6月11日	6月23日	9月26日	10月2日	10月12日	10月12日	10月12日	10月24日
201305（CK）	5月9日	5月20日	5月21日	5月14日	5月20日	5月26日	6月7日	6月13日	6月19日	9月26日	10月2日	10月8日	10月12日	10月12日	10月21日
201306	5月9日	5月13日	5月23日	5月14日	5月18日	5月28日	6月7日	6月13日	6月21日	9月26日	9月30日	10月10日	10月12日	10月12日	10月22日
201307	5月11日	5月15日	5月23日	5月16日	5月20日	5月28日	6月7日	6月13日	6月21日	9月27日	9月30日	10月7日	10月12日	10月12日	10月22日
201308	5月10日	5月15日	5月25日	5月15日	5月20日	5月30日	6月8日	6月13日	6月23日	9月27日	10月2日	10月12日	10月12日	10月14日	10月24日
201309	5月12日	5月15日	5月23日	5月17日	5月20日	5月28日	6月9日	6月13日	6月21日	9月28日	10月2日	10月8日	10月14日	10月14日	10月22日
201310	5月14日	5月18日	5月25日	5月19日	5月23日	5月30日	6月7日	6月11日	6月23日	9月26日	9月30日	10月10日	10月12日	10月15日	10月22日
201311	5月9日	5月15日	5月20日	5月14日	5月20日	5月25日	6月7日	6月13日	6月19日	9月26日	10月2日	10月8日	10月12日	10月14日	10月22日
201312	5月9日	5月13日	5月20日	5月14日	5月18日	5月25日	6月7日	6月11日	6月18日	9月26日	9月30日	10月7日	10月12日	10月15日	10月22日
201313	5月10日	5月13日	5月15日	5月15日	5月18日	5月20日	6月8日	6月11日	6月18日	9月27日	9月30日	10月7日	10月14日	10月17日	10月18日
201314	5月10日	5月13日	5月23日	5月15日	5月18日	5月20日	6月7日	6月9日	6月21日	9月26日	9月28日	10月10日	10月12日	10月14日	10月21日
201315	5月7日	5月13日	5月19日	5月12日	5月18日	5月24日	6月5日	6月9日	6月17日	9月14日	9月28日	10月6日	10月12日	10月12日	10月19日
201316	5月9日	5月11日	5月21日	5月14日	5月16日	5月26日	6月7日	6月11日	6月19日	9月26日	9月30日	10月8日	10月12日	10月17日	11月7日
201317	5月11日	5月18日	5月23日	5月14日	5月23日	5月26日	6月7日	6月13日	6月19日	9月26日	10月2日	10月8日	10月12日	10月25日	11月8日
201318	5月10日	5月13日	5月19日	5月16日	5月18日	5月28日	6月9日	6月13日	6月21日	9月28日	9月30日	10月7日	10月12日	10月20日	11月2日
201319	5月10日	5月15日	5月18日	5月15日	5月20日	5月24日	6月8日	6月13日	6月18日	9月27日	10月2日	10月7日	10月12日	10月14日	10月19日
201320	5月10日	5月13日	5月18日	5月15日	5月18日	5月23日	6月9日	6月11日	6月18日	9月27日	9月30日	10月7日	10月12日	10月17日	10月19日
201321	5月13日	5月15日	5月19日	5月18日	5月20日	5月24日	6月9日	6月12日	6月17日	9月29日	9月30日	10月6日	10月12日	10月15日	10月19日
201322	5月11日	5月13日	5月19日	5月12日	5月16日	5月24日	6月9日	6月11日	6月19日	9月30日	9月30日	9月30日	10月12日	10月12日	10月12日

沙棘种植后的第一个物候期是萌动期，由于定植时间是 5 月初，可能会影响到这一物候期并使其推迟，但是之后年份的这一物候期是准确的。

其他物候期在不同引进沙棘品种间存在些微差异。调查发现，除材料自身的特性外，苗木的强壮程度、根系的发达程度也影响着物候期的早晚。苗木枝条壮、根系自身水分和养分充足，芽萌动快，展叶生长也快；反之，即使芽萌动，展叶也慢。这也为壮苗的种植和选用提供了科学依据。

物候期的初步观察表明，从俄罗斯引进的良种沙棘无性系，对于当地气候还是比较适应的。不过沙棘材料在种植第一年的物候期表现还不能准确代表其特性，有待进一步观测，这也是区域性试验继续观察物候期的依据。

第三节　引进沙棘营养生长表现

引进沙棘定植后当年树高、地径、冠幅的逐月生长变化，既是其潜在适应性的一种直接表现，也是衡量其未来生态经济功能的前期重要指标。

一、从德国引进沙棘

引自德国的优良沙棘材料于 2013 年 5 月初运抵试验地——黑龙江绥棱。所有引进品种在短暂假植后，于 5 月 14 日定植。虽然这些苗木的根系表象和土壤含水量均较好，但由于苗木入境后检疫时间过长（近 1 个月），苗木失水过多，其根系、枝芽活动能力降低。试验发现，定植 1 周后，有部分苗木芽苞干缩；3 周后，许多苗木梢部干枯，甚至死亡。

定植 1 个月后（2013 年 6 月 10 日）课题组对沙棘生长情况进行了调查。定植后沙棘的平均树高为 22～68 cm，平均地径为 0.39～0.44 cm。当年停止生长（2013 年 10 月）后，沙棘（除"201207"外）的平均树高为 35.63～49.27 cm，地径为 0.55～0.60 cm，冠幅为 15.76 cm×15.35 cm。"201207"扦插后当年平均株高为 17.47 cm，地径为 0.20 cm，新梢数量为 1.5 个（表 2-5）。

2014 年初春，课题组发现定植的引进德国沙棘材料的抗寒性很差，春季地上部枝条大部抽干死亡，仅保存 59 株，占定植总量 561 株的 10.5%，其中"201202"2 株、"201203"5 株、"201204"19 株、"201205"12 株。不过课题组剖开土壤后发现，部分苗木的地下根系仍然成活。2014 年 4 月，课题组将引进"201207"扦插材料繁殖的 62 株苗木，按 2 m×3 m 株行距定植于直接引进苗木品种试验区的一侧，当年的生长情况见表 2-6。与表 2-5 对比可以发现，由于越冬时树条抽干，第二年的树高甚至低于第一年，冠幅明显低于第一年，地径与第一年相仿或略高。

表 2-5   绥棱试点从德国引进沙棘良种无性系当年生长表现（2013 年）

品种编号	树高/cm	地径/cm	冠幅/cm	
			东西	南北
201201	49.27	0.59	19.33	20.00
201202	48.60	0.60	15.57	18.40
201203	42.03	0.57	15.80	12.93
201204	45.30	0.55	14.73	13.20
201205	35.63	0.58	13.37	12.23
201206	—	0.57	—	—
201207	17.47	0.20	—	—

表 2-6   绥棱试点从德国引进沙棘良种无性系第二年生长表现（2014 年）

品种编号	株高/cm	地径/cm	冠幅/cm	
			东西	南北
201201	—	—	—	—
201202	41.5	0.6	15.6	12.7
201203	35.6	0.6	13.4	12.2
201204	48.6	0.6	15.6	18.4
201205	45.3	0.6	14.7	13.2
201206	—	—	—	—
201207	36.8	0.6	26.7	25.9

综合两年的生长表现来看，黑龙江绥棱从德国引种沙棘品种并不成功，虽然可以将其归因于海关检查时间过长（1 个月），但保存下来的植株还是承受不了当地的严冬气候，越冬后干条、死亡现象严重。另外，德国对沙棘优良品种的控制过严，课题组选择的较好品种不放行，放行的 7 个品种中雄株品种高达 4 种，无法满足生产实践的需要。因此，课题组放弃了区域性试验，并停止从德国引进沙棘品种。

二、从俄罗斯引进沙棘

课题组对从俄罗斯引进的沙棘良种无性系定植后，即对树高、地径开展了测定，同时也对冠幅测定做了安排。

（一）树高

绥棱试验区定植沙棘后，从缓过苗后幼株正常生长 1 个月左右的 7 月底开始第一次观测，连续测了 3 个月 5 次不同沙棘品种的高生长数据（表 2-7）。

表 2-7　绥棱试点从俄罗斯引进沙棘良种无性系第一年高生长表现（2014 年）　　单位：cm

品种编号	7 月 30 日	8 月 15 日	8 月 30 日	9 月 15 日	9 月 30 日
201301	47.24	51.38	56.14	58.16	59.40
201302	34.54	51.94	56.72	63.40	63.96
201303	33.26	36.32	40.14	43.04	44.14
201304	46.28	59.38	66.74	68.96	70.38
201305（CK）	31.24	46.82	52.54	54.72	55.32
201306	32.16	44.94	47.48	51.90	53.60
201307	56.40	73.80	92.78	100.00	106.66
201308	45.16	50.72	56.62	61.32	64.62
201309	36.07	38.60	43.30	46.70	46.63
201310	37.63	42.28	45.67	50.07	53.10
201311	48.40	57.37	63.37	65.70	70.60
201312	32.30	46.90	51.40	52.65	56.90
201313	45.20	48.30	51.95	55.15	58.80
201314	20.80	35.30	37.60	39.80	41.50
201315	33.70	42.90	50.15	53.85	36.35
201316	31.27	39.13	43.70	46.83	48.20
201317	25.20	31.90	36.60	37.80	40.30
201318	28.10	28.25	32.30	33.85	34.50
201319	29.37	37.03	43.27	47.93	49.47
201320	46.00	69.70	81.50	85.50	88.30
201321	28.90	41.40	53.55	60.90	65.25
201322	23.50	28.50	32.50	50.00	50.00
平均	36.03	45.58	51.64	55.83	57.18

从表 2-7 中可以看出，引进俄罗斯沙棘良种无性系在定植当年高生长情况较好，但品种之间差别较大。对比 7 月底与 9 月底的高生长数据可以发现，"201321""201322""201314"这 3 个品种增长了 1.00～1.26 倍；"201307""201320""201321"这 3 个品种分别增长了 50.26 cm、42.30 cm、36.35 cm；"201304""201320""201307"的高生长分别达到了 70.38 cm、88.30 cm、106.66 cm。综合来看，"201304""201307""201314""201320""201321""201322"这 6 个品种的高生长表现最为突出；表现一般的有 2 个品种，分别是"201315"和"201318"，仅增长了 0.08 倍、0.23 倍，绝对增长值分别为 2.65 cm、6.40 cm。

用 9 月底的树高测定值来对比时发现，"201303""201306""201309""201310""201314""201315""201316""201317""201318""201319""201322"等 11 个引进品种的树高小于对照"201305"（CK），其余 10 个品种的树高大于对照"201305"（CK）。

据此可以得出结论：对照"丘伊斯克"的生长情况基本上处于中位数水平；引进的各无性系中，树高大于和小于"丘伊斯克"的品种数基本一致。

（二）地径

地径的测定与树高生长测定同步开展，从缓过苗后沙棘幼株正常生长 1 个月左右的 7 月底开始第一次观测，连续测定 3 个月 5 次不同沙棘品种的地径生长数据（表 2-8）。

表 2-8　绥棱试点从俄罗斯引进沙棘良种无性系第一年地径生长表现（2014 年）　　单位：cm

品种编号	7 月 30 日	8 月 15 日	8 月 30 日	9 月 15 日	9 月 30 日
201301	0.67	0.80	0.87	0.90	0.92
201302	0.61	0.73	0.71	0.84	0.91
201303	0.47	0.53	0.59	0.64	0.67
201304	0.62	0.86	0.90	0.92	0.94
201305（CK）	0.54	0.71	0.75	0.77	0.78
201306	0.60	0.73	0.78	0.82	0.85
201307	0.73	0.93	1.13	1.26	1.35
201308	0.67	0.76	0.82	0.87	0.99
201309	0.59	0.61	0.68	0.70	0.72
201310	0.56	0.71	0.71	0.79	0.83
201311	0.72	0.80	0.94	0.96	1.10
201312	0.50	0.71	0.81	0.81	0.91
201313	0.60	0.73	0.78	0.82	0.89
201314	0.56	0.64	0.70	0.72	0.74
201315	0.59	0.68	0.80	0.89	0.92
201316	0.58	0.70	0.72	0.78	0.80
201317	0.49	0.60	0.66	0.70	0.76
201318	0.53	0.53	0.62	0.71	0.74
201319	0.56	0.60	0.67	0.71	0.75
201320	0.74	0.94	1.15	1.25	1.38
201321	0.55	0.59	0.82	0.92	0.98
201322	0.38	0.46	0.62	0.76	0.78
平均	0.58	0.70	0.78	0.84	0.90

从表 2-8 中可以看出，引进的俄罗斯沙棘良种无性系在定植当年的地径生长情况较好，品种之间差别不大。对比 7 月底与 9 月底的地径生长数据可以发现，"201322""201320""201307""201312"这 4 个品种增长了 0.82～1.05 倍；"201320""201307"

"201321""201312"这 4 个品种的增长值达到了 0.40～0.64 cm;"201320""201307"
"201311""201308""201321"的地径生长达到了 0.98～1.38 cm。总体来看,"201307"
"201308""201311""201312""201320""201321""201322"这 7 个品种的地径生长表
现最为突出;相对生长一般的仅有"201309"这 1 个品种,其相对生长率为 0.22 倍,绝
对生长值为 0.13 cm。

用 9 月底的地径测定值来对比时发现,"201303""201309""201314""201317"
"201318""201319"等 6 个引进品种的地径值小于对照"201305"(CK),其余 15 个品
种的地径值大于或等于对照"201305"(CK)。可见就地径而言,引进沙棘中大多数品种
的生长比对照要好。

(三)冠幅

冠幅的测定与树高、地径生长测定同步开展,从缓过苗后沙棘幼株开展正常生长 1 个
月左右的 7 月底开始第一次观测,连续测定 3 个月 5 次不同沙棘品种的冠幅生长数据(表
2-9)。不同于前两个指标的是,冠幅数值低的原因有可能是窄冠幅的数值,也有可能是种
植后当年侧枝尚未形成。

表 2-9 绥棱试点从俄罗斯引进沙棘良种无性系第一年冠幅生长表现(2014 年) 单位:cm

品种编号	7 月 30 日	8 月 15 日	8 月 30 日	9 月 15 日	9 月 30 日
201301	20.44	35.20	36.66	38.72	41.26
201302	19.40	34.44	33.06	36.00	36.58
201303	14.00	16.68	18.32	19.38	20.68
201304	20.88	33.82	33.78	34.30	35.26
201305(CK)	17.38	27.44	29.62	30.78	32.06
201306	17.28	23.84	25.52	26.96	28.38
201307	25.08	43.70	46.52	54.80	60.72
201308	17.20	27.18	30.86	32.38	34.50
201309	15.00	19.33	21.23	24.30	24.83
201310	12.87	19.87	21.00	22.03	23.10
201311	20.53	27.27	33.27	34.87	36.00
201312	16.00	20.10	21.95	21.95	25.20
201313	18.90	20.35	21.05	24.65	26.60
201314	8.30	17.00	16.90	18.10	18.90
201315	17.20	22.45	23.65	28.55	30.95

品种编号	7月30日	8月15日	8月30日	9月15日	9月30日
201316	13.13	15.53	17.13	18.30	18.77
201317	11.80	14.10	15.20	15.60	17.30
201318	11.40	12.05	12.30	12.50	14.10
201319	14.77	17.77	20.57	21.80	22.73
201320	23.00	33.00	37.60	45.40	50.90
201321	13.60	15.25	16.75	18.00	19.25
201322	3.00	4.00	8.00	8.00	8.00
平均	15.96	22.74	24.59	26.70	28.46

从表 2-8 中可以看出，引进俄罗斯沙棘良种无性系在定植当年冠幅生长不大。对比 7 月底与 9 月底的冠幅生长数据可以发现，"201322""201307""201314""201320"这 4 个品种增长了 1.21～1.67 倍；绝对增长值普遍很低，只有"201307""201320""201301"这 3 种达到了 20 cm 以上；冠幅停止生长时数据达到 50 cm 的只有"201307""201320"两种；有 10 种年相对增长值低于 10 cm，有 6 种冠幅达不到 10 cm。

用 9 月底（9 月 30 日）冠幅测定值来对比，发现"201303""201306""201309""201310""201312""201313""201314""201315""201316""201317""201318""201319""201321""201322"这 14 个引进品种的冠幅小于对照"201305"（CK），只有 7 个品种树冠生长大于对照"201305"（CK）。可见就冠幅而言，引进品种的树冠普遍较对照小。不过，相对于树高、地径的重要性，树冠为次一级指标。

此外，2014 年课题组对引进的 22 份种子进行了实生育苗，共获得苗木 1 188 株。

第四节　引进沙棘适应性初步评判

一般来说，保存率是反映适应性的最佳指标。此外，生长因素，特别是树高、地径两指标，也可作为适应性初步评价的重要指标。

一、通过保存率初步判断

沙棘种植一两年后的保存率，基本上可以初步衡量引进和对照沙棘诸品种在引种地的适应性。保存率数据需要刨除其他因素的影响，如苗木本身细弱、根系少、栽植技术差以及立地条件等造成的影响，可使各引进沙棘品种和对照品种在相同条件下进行对比。

（一）从德国引进沙棘

2013 年 5 月引进的德国良种沙棘定植后，"201201"品种的苗木栽植数量最多（200株），但当年保存率仅为 2%，4 种雄株 ["201303""201304""201305"（CK）"201306"]的保存率依次为 26%、60%、36%、20%，"201302"的保存率为 24%，"201307"扦插后成苗率为 35%。引进沙棘品种普遍较低的保存率或成苗率主要与机场检查时间过长（近 1个月）有关。

2014 年秋季沙棘生长停止后，课题组发现"201202"保存有 2 株，"201203"保存有5 株，"201204"保存有 19 株，"201205"保存有 12 株，"201201"和"201206"全部死亡，引进的 6 种无性系仅保存了 4 种 38 株；另外，"201207"扦插苗种植后保存了 39 株。当年越冬前引进的德国沙棘资源共保存了 77 株，仅占引进沙棘材料数 737 株（6 个品种苗木 561 株；1 个品种插穗 176 穗）的 10.4%。

2015 年课题组进行春季检查时发现，越冬前保存的 5 个品种多数植株抽条死亡。这种情况说明，从德国引进品种的越冬能力和抗寒性差，不适应黑龙江绥棱的低温环境条件，没有开展以下阶段试验的必要性，因此放弃了引种试验。

（二）从俄罗斯引进沙棘

2014 年 10 月 9 日，课题组对从俄罗斯引进的沙棘苗木的保存率进行了调查，具体情况见表 2-10。保存率达到 66.7%（即 2/3）的引进品种仅 8 种（"201308""201301""201320""201311""201315""201304""201307""201313"），占引进品种总数（22 种）的 36.4%；保存率在 33.3%（即 1/3）以下的引进品种有 5 种（"201319""201309""201310""201321""201322"），占引进品种总数的 22.7%；介于 33.3%和 66.7%之间的有 9 种，占引进品种总数的 40.9%。所有引进的 22 种沙棘良种无性系的保存率平均值为 58.6%。

表 2-10　绥棱试点引进俄罗斯沙棘良种无性系种植当年保存率（2014 年）

品种编号	定植株数/株	保存株数/株	保存率/%	排序
201301	120	100	83.3	2
201302	153	89	58.2	11
201303	169	100	59.2	10
201304	144	100	69.4	6
201305（CK）	95	63	66.3	9
201306	100	47	47.0	13
201307	102	69	67.6	7
201308	101	88	87.1	1
201309	65	20	30.8	19

品种编号	定植株数/株	保存株数/株	保存率/%	排序
201310	51	14	27.5	20
201311	50	36	72.0	4
201312	34	14	41.2	15
201313	42	28	66.7	8
201314	30	11	36.7	17
201315	36	25	69.4	5
201316	53	20	37.7	16
201317	26	12	46.2	14
201318	46	22	47.8	12
201319	52	17	32.7	18
201320	23	17	73.9	3
201321	35	8	22.9	21
201322	17	2	11.8	22
平均	70	41	58.6	—

从表 2-10 中可以看出，用于对照的"201305"（CK）的保存率排名第 9，说明有 13 个引进品种的保存率不如对照品种，有 8 个品种的保存率高于对照品种，对照品种较引进品种总体略好。

二、多因素综合评价

如前所述，由德国引进的沙棘良种材料，从引进品种类型来说，雄株太多；从越冬率表现来看，抽条严重，保存性差。据此可以认为，从德国引进的沙棘品种并不适应黑龙江绥棱的环境，引种失败。之后可以多引进一些雌株，并在黄土高原等气温较高的地区开展有关试验。

保存率本身是一个综合性的指标，植株适应与否基本上可由保存率决定；但植株的生长状况是一个影响其生态经济功能的重要指标，所以课题组将树高、地径、冠幅也一并作为衡量指标，与保存率一起对引进沙棘的适应性进行多因素综合评价。

根据初选试验的目的，选择保存因素和生长因素两类指标来综合衡量，其权重各占50%；保存因素用保存率这一指标来反映，生长因素用树高、地径和冠幅 3 个指标（权重分别为 45%、45%、10%）来反映，具体公式如下所示。以综合指数 E 来评价各类材料的适应性。

保存率指数：$E_S = S_i / S_{max}$ （2-1）

树高指数：$E_H = H_i / H_{max}$ （2-2）

地径指数：$E_D = D_i / D_{max}$ （2-3）

冠幅指数：$E_C = C_i / C_{max}$ （2-4）

综合指数：$E=（E_S+0.45E_H+0.45E_D+0.1E_C）/2$ （2-5）

上面几个函数中，S、H、D、C 分别代表保存率、树高、地径、冠幅；i 代表某一引进沙棘品种；max 代表保存率、树高、地径、冠幅中的最大值。

引进沙棘的综合指数计算结果排序见表 2-11。排名第一的品种编号为"201307"，E 值为 0.88；排名最末（22 位）的品种编号为"201322"，E 值仅为 0.31。

表 2-11 绥棱试点从俄罗斯引进沙棘良种无性系初选试验适应性综合评价

品种编号	保存率/%	E_S/%	树高/cm	E_H/%	地径/cm	E_D/%	冠幅/cm	E_C/%	E	排序
201301	83.3	95.6	59.40	55.7	0.92	66.7	41.26	68.0	0.79	4
201302	58.2	66.8	63.96	60.0	0.91	65.9	36.58	60.2	0.65	10
201303	59.2	68.0	44.14	41.4	0.67	48.6	20.68	34.1	0.56	11
201304	69.4	79.7	70.38	66.0	0.94	68.1	35.26	58.1	0.73	6
201305（CK）	66.3	76.1	55.32	51.9	0.78	56.5	32.06	52.8	0.65	8
201306	47.0	54.0	53.60	50.3	0.85	61.6	28.38	46.7	0.55	12
201307	67.6	77.6	106.66	100.0	1.35	97.8	60.72	100.0	0.88	1
201308	87.1	100.0	64.62	60.6	0.99	71.7	34.50	56.8	0.83	3
201309	30.8	35.4	46.63	43.7	0.72	52.2	24.83	40.9	0.41	21
201310	27.5	31.6	53.10	49.8	0.83	60.1	23.10	38.0	0.42	20
201311	72.0	82.7	70.60	66.2	1.10	79.7	36.00	59.3	0.77	5
201312	41.2	47.3	56.90	53.3	0.91	65.9	25.20	41.5	0.53	13
201313	66.7	76.6	58.80	55.1	0.89	64.5	26.60	43.8	0.67	7
201314	36.7	42.1	41.50	38.9	0.74	53.6	18.90	31.1	0.43	18
201315	69.4	79.7	36.35	34.1	0.92	66.7	30.95	51.0	0.65	9
201316	37.7	43.3	48.20	45.2	0.80	58.0	18.77	30.9	0.46	16
201317	46.2	53.0	40.30	37.8	0.76	55.1	17.30	28.5	0.49	14
201318	47.8	54.9	34.50	32.3	0.74	53.6	14.10	23.2	0.48	15
201319	32.7	37.5	49.47	46.4	0.75	54.3	22.73	37.4	0.43	19
201320	73.9	84.8	88.30	82.8	1.38	100.0	50.90	83.8	0.88	2
201321	22.9	26.3	65.25	61.2	0.98	71.0	19.25	31.7	0.44	17
201322	11.8	13.5	50.00	46.9	0.78	56.5	8.00	13.2	0.31	22

将从俄罗斯引进的沙棘材料按适应性大小划分为适应性强（$E \geq 0.67$）、较强（$0.33 \leq E < 0.67$）、较弱（$E < 0.33$）3 个等级，由此得到的 3 个类别品种编号如下：

适应性强的材料有 7 份，包括"201307""201320""201308""201301""201311""201304""201313"（按适应性由大到小排列）。

适应性较强的材料有 14 份，包括"201305"（CK）、"201315""201302""201303""201306""201312""201317""201318""201316""201321""201314""201319""201310""201309"（按适应性由大到小排列）。

适应性较弱的材料仅 1 份，为"201322"。这个品种适应性较弱的原因之一是定植保存率最低；另外，"201322"属于"矮生型"品种，树体形质指标数值偏小，一定程度上也造成了 E 值偏低的现象。

从表 2-11 中可以看出，适应性综合评价中，用于对照的"201305"（CK）排名第 8，为适应性较强的材料，说明就定植第一年的初选试验来看，只有 7 个引进品种的适应性好于对照，有 14 个品种较对照稍差，其中"201322"适应性排在最后一位。

课题组通过综合指标排序工作，对各类沙棘品种进行了排序，初步掌握了引进沙棘良种无性系的总体适应性状况，但由于观测资料仅是 1 年的，加之引进苗木质量、跨国长途运输等因素的影响，这些排序状况仅为进入第二阶段提供了一些参考依据。根据排序状况，课题组将在区域性试验工作中采取更加精准的措施，对各类沙棘资源测定更加多样化的数据，进行更加综合的评判，优中选优，确定出可进入生产性试验并可推广的优良沙棘资源。

第五节　进入区域性试验的引进沙棘品种推荐

如前所述，从德国引进的 7 个沙棘品种经初选试验后，其表现均不理想，全部舍弃。

对于从俄罗斯引进的 22 个沙棘良种，课题组考虑到沙棘引种不仅是引入生态经济性状好的良种沙棘，同时也应兼顾生物多样性，尽可能引入多种多样的沙棘品种，同时考虑到引进材料十分不易，虽然其中的"201322"适应性较弱，综合评价排名最为靠后，但其是"矮生型"品种，十分难得，故也安排与其他引进品种一起进入下一步区域性试验。因此课题组确定，从俄罗斯引入的 22 个品种全部进入下一阶段区域性试验。22 个引进沙棘品种（包括对照）在绥棱试验区定植生长 1 年后的照片见图 2-4。

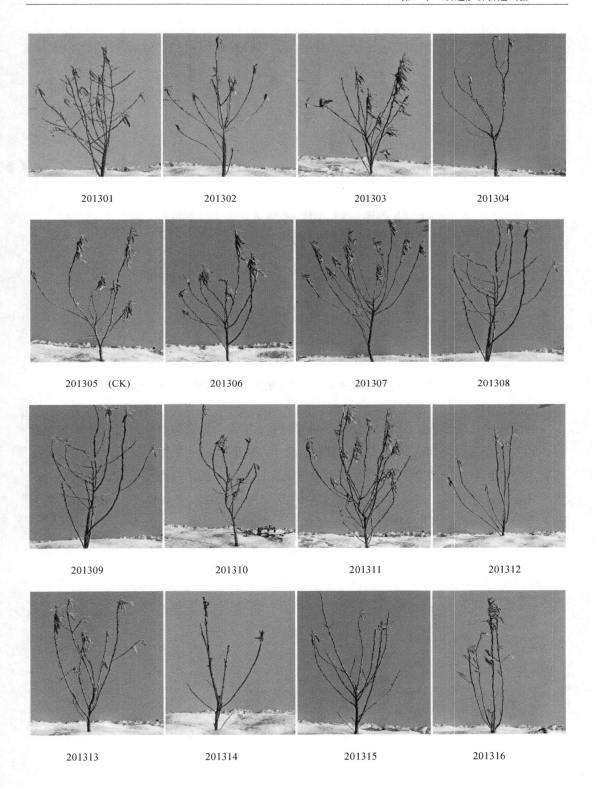

201301   201302   201303   201304

201305 （CK）   201306   201307   201308

201309   201310   201311   201312

201313   201314   201315   201316

201317   201318   201319   201320

201321   201322

图 2-4   从俄罗斯引进的沙棘良种无性系定植 1 年的植株外观（黑龙江绥棱）

而课题组从俄罗斯引进的 22 份沙棘种子材料，重点作为资源收集利用。2014 年课题组开展实生育苗后，年底获得了实生苗木，次年在田间定植实生苗，开展子代测定，待有果实产量且至少持续 3 年后，再从中选育出优良单株。优良单株要繁育无性系苗木，然后开展区域性试验，最后获得优良新品种。这一进程很慢，至少 15 年，所以不能与引进无性系一起进行有关的技术总结，包括提出初选试验的有关评定。

第三章 引进沙棘区域性试验

上一章是对引进沙棘初选试验工作的总结，随着这项工作的结束，将进入第二阶段试验——区域性试验。区域性试验是沙棘引种三个阶段中最为重要的一个阶段，也叫测验阶段，可理解为引进第三代沙棘无性系表现阶段或适应性阶段。根据《林木引种》（GB/T 14175—1993）的有关规定，以初选试验表现较好的沙棘品种或类型为主，开展不同区域试种。了解试验品种或类型的生长和适应性、遗传变异及其与引入地区环境条件的交互作用，比较、分析其在新环境条件下的适应能力。对引进品种或类型进行科学的评价，初步判断其推广种植范围与适生条件。这个阶段的持续时间为 5 年左右。

第一节 区域性试验地区选择与试验点布设

选择试验地既要考虑到区域代表性，即能代表一定地区的气候、土壤等条件，更应考虑引种沙棘的生物学特征及其对生态条件的具体要求。

一、试验地区选择

从 20 世纪 80 年代以来，我国"三北"地区已经开展过多次俄罗斯大果沙棘的引种工作，其中以黑龙江、新疆最为成功。为了试验从俄罗斯引进的第三代良种沙棘无性系在我国不同气候和生态区域的生长适应性，课题组依然以黑龙江、新疆为主要区域，从东向西依次初步选择了黑龙江绥棱、黑龙江齐齐哈尔、辽宁朝阳、内蒙古准格尔、甘肃庆阳、青海大通、新疆布尔津、新疆额敏共 8 个主要引种试验地区。后因各种原因，从 2014 年起承担区域性试验主要任务的地区最终确定为 5 个：黑龙江绥棱、辽宁朝阳、甘肃庆阳、青海大通、新疆额敏。5 个主要试验地区的地理位置、气候和土壤特征见表 3-1。

表 3-1　区域性试验主要试点地理坐标和气象土壤资料

项目	黑龙江绥棱	辽宁朝阳	甘肃庆阳	青海大通	新疆额敏
东经	127°3′36″	120°21′52″	107°32′13″	101°33′16″	84°36′45″
北纬	47°8′28″	41°29′08″	35°42′5″	37°2′55″	47°19′32″
海拔高度/m	200	186	1 030	2 573	650
日照时数/h	2 822	2 752	3 060	2 671	2 941
年均气温/℃	2.0	8.3	8.3	2.0	4.1
极端最高气温/℃	37.7	43.3	39.6	29.0	41.1
极端最低气温/℃	−42.4	−34.4	−22.6	−33.0	−42.0
≥10℃积温/℃	2 460	3 500	3 000	1 510	2 673
无霜期/d	127	155	162	100	135
年均降水量/mm	570	450	562	510	200
年均蒸发量/mm	1 242	2 000	1 475	1 800	2 300
种植地块土壤或母质类型	黑土	冲积土	淤积土	冲积土	戈壁滩

从地区数量上来看，虽然试验地区由 8 个降为 5 个，但各引种地基本布设在我国北方从东到西的主要沙棘种植地区。各试验区域生态环境差异很大，基本可以代表"三北"地区的自然情况，满足区域性试验要求，有利于评价引种沙棘的遗传适应性，进而开展下一阶段生产性试验的工作。

二、试点布设

引进大果沙棘（含对照）的定植工作统一于 2014 年春季开始。各试点于种植前一年（2013 年）冬季从北京拿到引进沙棘良种无性系苗木后，迅速带回各自试验地区假植。2014 年春季土壤解冻后，在已经提前整好的地块，开展沙棘定植及随后的抚育管护等田间工作。

（一）黑龙江绥棱

试验地设在黑龙江省农业科学院浆果研究所的试验场里，为东北平原黑土地。

试验设计采用单行小区设计，小区长 20 m，每小区 1 份试材 20 株；不同小区之间随机排列，3～5 次重复。定植株行距为 2 m×3 m，占地面积为 25 亩，见图 2-2（图中未绘出辅助观测区）。

在做好土地和苗木准备的基础上，按设计开展定植及其后的田间抚育管理等工作。

土地准备：根据上一年秋季整地情况，进一步平整土地，测量区划小区，按株行距测点挖穴，穴深至化冻土层（20 cm 左右），直径 30 cm。

苗木准备：收到沙棘无性系苗木（图 3-1）后，先进行冬藏，于 4 月种植时取出，先用 1/1 000 高锰酸钾溶液浸泡苗木 10 min，然后用清水冲洗，将其浸泡于 ABT 生根粉溶液（浓度为 50 mg/kg）中 4～8 h，然后顶浆种植。

图 3-1 绥棱试点用于区域性试验的部分参试沙棘无性系苗木

定植：2014 年 4 月 9 日，绥棱试点将处理好的苗木带至田间先行假植，然后按设计区划图定植，扶正覆土踏实，再培土修成 80 cm 宽的树行（图 3-2）。

全面整地   挖栽植穴

放苗栽植   当年幼林

图 3-2 绥棱试点沙棘无性系大田定植当年有关工作（2014 年）

田间管理：苗木定植后，因当地土壤较为湿润，暂时不需灌水，后期视土壤墒情，适当浇水；重点是杂草的人工防除，树行内人工除草，行间机械旋耕。田间除草是每年田间管理的重点。绥棱试点在生长季节除草 4 次，行间采用小型机械旋耕除草，每次行间除草后，随即进行树行内人工除草。当地土壤水肥条件好，生长季内均可自然生长，基本无须人工施肥灌水。

需要说明的是，根据 2014 年保存的试材数量及原定植的行株距，2015 年 4 月 10 日课题组进行移栽并区，依据试验材料的数量归并为不同的重复区。调整后，5 份材料 1次重复，6 份材料 2 次重复，2 份材料 4 次重复，9 份材料 5 次重复。通过移栽并区，各移栽材料成活率平均在 98%以上，而且生长发育正常，试点也趋于完整。2016 年至 2018年，全年都开展常规的土肥水常理工作。

此外，2015 年春课题组对从俄罗斯引进的 22 份种子实生育苗的苗木进行了定植，定植后当年保存了 354 株，保存率为 30%。定植后课题组开展了子代测定。

（二）辽宁朝阳

试验地位于辽宁省水土保持研究所（后经合并改为"辽宁省旱地农林研究所"）设在辽宁省朝阳县的试验场里，为川滩地。

引进的第三代沙棘无性系苗木经冬藏后于 2014 年 4 月 12 日栽植。栽植前朝阳试点首先对苗木进行了修根处理，剪掉坏死的须根，对过长的须根进行适当修剪，然后用 ABT生根粉（有效成分为 20%萘乙酸、30%吲哚乙酸）浸泡苗木根系 5 h 以上。

栽植采取机械开沟、人工栽植的方法。机械开沟深度为 25 cm，沟宽为 40 cm。栽植株行距为 2.0 m×1.5 m，后逐渐调整为 2 m×3 m，共占地约 20 亩。不同沙棘无性系种植布设见图 3-3，图中方向为上北下南。

图 3-3 朝阳试点引进沙棘良种无性系配置情况

苗木栽植后立即大水漫灌，4 月 14 日重新回填表土；4 月 22 日用黑膜进行行间覆盖，地膜宽度为 1.2 m。夏季朝阳试点又在种植穴内追施了化肥，见图 3-4。

土肥水管理、除草、病虫害防治贯穿于区域性试验全过程的每个年份。

2014 年 11 月末朝阳试点进行了冬灌，地上部 30 cm 以下主干进行了涂白防寒。

2015 年朝阳试点进行了正常的松土除草，没有进行灌溉。

开沟定植　　　　　　　　　　　　　穴内施肥

图 3-4　朝阳试点沙棘无性系大田定植当年有关工作（2014 年）

2016 年全年除正常的松土除草外，朝阳试点在春季土壤化冻前进行了灌溉。由于 6 月末至 7 月中旬降水量不充分，所有植株均出现了旱象，因此课题组在 7 月 14 日进行了补充灌溉。

2017 年年初朝阳试点发现大多数沙棘无性系长势较旺，已经郁闭，因此春季进行了修剪，主要是对底部枝条进行了疏除，增强通风透光；并对林下杂草进行刈割，全年除草 4 次。当年春夏连旱，除正常冬灌及春灌外又灌溉了 2 次。

2018 年朝阳试点春季继续对各沙棘无性系树体底部枝条及枯枝进行了疏除，增强通风透光，地下的杂草全部刈割，全年除草 4 次。全年灌溉 4 次，除冬灌及春灌外，6 月及 8 月分别进行了灌溉。

（三）甘肃庆阳

试验地位于甘肃庆阳的黄河水利委员会西峰水土保持科学试验站（简称"黄委西峰水保站"）南小河沟试验场里，为一淤积而成的坝地。

由于试验地盐碱化严重，庆阳试点在试验地中间按南北方向和东西方向修两条排盐碱水渠，借此将地分为 3 块。2014 年按株行距 1 m×1 m 进行布设（后逐渐调整为 2 m×3 m），共占地约 25 亩。由于其中一块试验地盐碱化较为严重，于 2016 年将试验地苗木挪至附近另一块地上。2014 年定植情况，见图 3-5，图中方向为上北下南。

试验地块为撂荒地，杂草较多，其种类多为芦苇、白蒿、苦苣菜、刺儿菜、冰草等。2014 年庆阳试点早春采用烧荒的办法，将杂草清除。由于栽植地逐渐消冻，所以从 3 月 29 日至 4 月 2 日每天下午进行栽植，前后共用 5 天时间完成了挖穴和栽植工作。各生产过程照片见图 3-6。

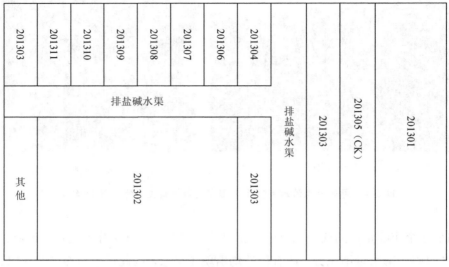

图 3-5　庆阳试点引进沙棘良种无性系配置情况

烧荒　　　　　　　　　　　　挖栽植穴

栽植　　　　　　　　　　　　病虫害防治

除草　　　　　　　　　　　　　　　　当年幼林

图 3-6　庆阳试点沙棘无性系大田定植当年有关工作（2014 年）

庆阳试点的土肥水管理、除草，特别是病虫害防治贯穿于试验全过程，特别是病虫危害每个年份均有发生。每年 5 月中旬和 7 月下旬，部分苗木出现叶子变黄和卷叶等现象，系发生白粉病、叶斑病和蚜虫等，选用"多菌灵"、"三唑酮"灭菌，用"啶虫脒"、"高效氯氟氰菊酯"杀虫。灭菌药和杀虫药分开喷洒，一般需喷洒 6～8 次，效果明显，病虫害一般能得到有效防治。对地边杂草用"草甘膦"进行喷洒，试验地内杂草再进行人工锄草，地边杂草喷洒"草甘膦"清除杂草。7—8 月天气炎热出现干旱时，多次锄草，松土保墒，试验地杂草得到一定控制。5 月中旬对沙棘地施二胺、尿素，每亩地施二胺 20 kg，尿素 10 kg。6 月上旬用新型液体肥"壮多收"喷洒苗木，促进苗木生长。

基于试验地山鸡、野鸡等鸟类比较多，2016 年沙棘果被鸟食严重的现象，庆阳试点于 2017 年起每年都搭建防鸟网，保证了果实产量。

（四）青海大通

试验地设在大通县城关苗圃，为川滩地。

栽植前大通试点进行试验地土壤的深翻、平整、水渠及栽植地塄坎的打制。栽植时间为 2014 年 4 月 15 日，按沙棘无性系系号单行栽植，见图 3-7，图中行为上东下西向，定植株行距为 0.5 m×1.5 m，后逐渐调整为 2 m×3 m，共占地约 20 亩。

大通试点栽植前先对苗干 1/3 处进行截干，并用万分之五的 GGR 生根粉进行蘸根。栽植时保持根系舒展，深度为原种苗的深度。栽植后立即灌水。当年在幼树生长期内灌水 4 次，以保证种苗的正常用水。在 6—7 月结合中耕管理及灌水进行 2 次磷酸二胺、尿素的施入，每次每亩 5 kg。11 月中旬灌足冬水。见图 3-8。

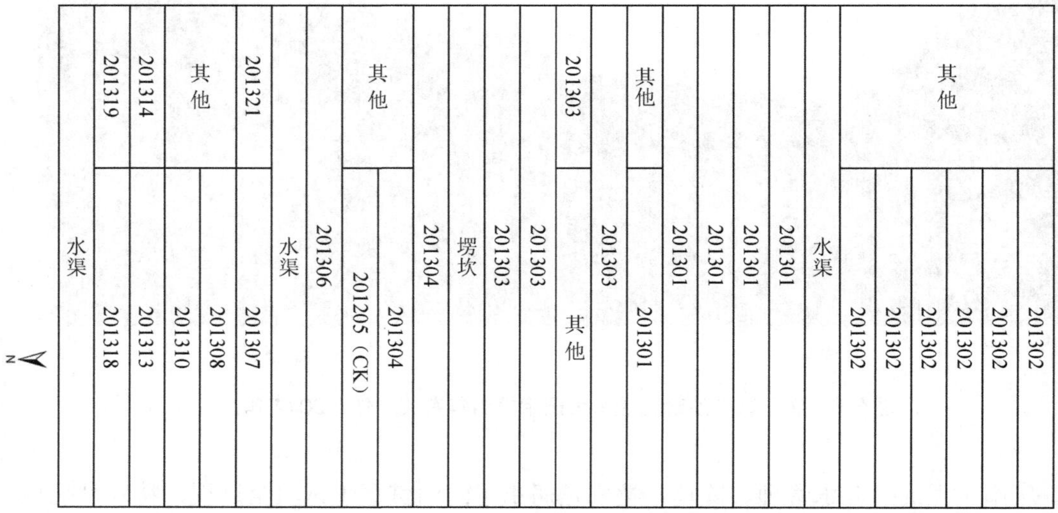
N
水渠
201319
201318
201314
201313
其他
201310
201308
201321
201307
水渠
201306
其他
201205（CK）
201304
201304
埂坎
201303
201303
201303
201303
其他
其他
201301
201301
201301
201301
201301
水渠
其他
201302
201302
201302
201302
201302
201302

图 3-7　大通试点引进沙棘良种无性系配置情况

整地

灌水

栽植

当年幼林

图 3-8　大通试点沙棘无性系大田定植当年有关工作（2014 年）

2017年9月秋天大通试点连续降雨2周，到9月底10月初天气转晴时，发现引种的沙棘叶变黄、变黑，当时采回病株样品送交有关单位分析。随后参试沙棘正常落叶，和往年一样进行冬灌后，试验植株进入冬眠。

2018年春季大通试点同往年一样进行了春季管理，除少数参试沙棘品种或部分枝条发芽外，大部分树体均未发芽，但春季树体枝条柔软。时间推移至7月，参试沙棘枝条变干，整个试点所栽沙棘无性系全部死亡，只能将死苗挖出全部焚烧。

后经沈阳农业大学分析，造成大通试点沙棘无性系全部死亡的原因，应为枝干枯萎病。

（五）新疆额敏

试验地位于新疆额敏的新疆生产建设兵团第九师170团，为山前冲积平原（戈壁滩）。沙棘引种前的土地粗沙砾石居多，地表只有少数的耐旱植物梭梭等。种植前一年秋季，额敏试点在选定用于试验的地块进行了带状整地工作，整好待种。

额敏试点分配到引种俄罗斯大果沙棘品种22个。引进的俄罗斯沙棘苗木，从北京拿回来后已是严冬，因此就在日光温室里开沟，打开苗木包装袋，把苗木在沟里摊开，浇水埋土假植，以缓解苗木在首都机场检疫时间长造成的失水状况。定植株行距为2 m×1.5 m，后逐渐调整为2 m×3 m，共占地约30亩，见图3-9，图中方向为上北下南。

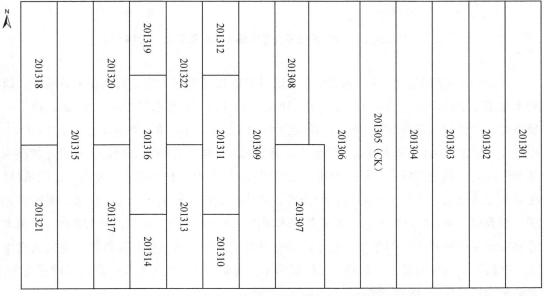

图3-9　额敏试点引进沙棘良种无性系配置情况

由于戈壁滩土质十分瘠薄，额敏试点在整地开沟后，种植穴都施有充足的厩肥。4月12日定植，之后随即进行滴水灌溉，见图3-10。

开沟滴灌　　　　　　　　　　　　　　　人工整地

节水滴灌　　　　　　　　　　　　　　　当年幼林

图 3-10　额敏试点沙棘无性系大田定植当年有关工作（2014 年）

在整个区域性试验期间，额敏试点重点开展的田间管理工作是滴灌和配方施肥，原则上是干旱了就浇水，全年 12 次（结实期增至 14 次），亩灌水量 150～200 m³；由于土质瘠薄，化肥随水耦合使用，年亩施氮肥 8.3～13.2 kg，氮、磷、钾的配比为 N：P_2O_5：K_2O=1：0.52：0.41。从 3 月底开始解冻，就要对林地浇水并随水施肥，一是可缓解漫长冬季干旱对沙棘的影响；二是可为速生期的到来，做好肥水供应准备，使苗木速生成林。在灌水上注意几个生长关键环节，即开春、萌芽、生长高峰期、开花、坐果、果实膨大期，都要灌好水，9 月停水，以促进苗木木质化，入冬前的 11 月再灌一次透水，使苗木能够安全度过漫长干旱的冬季。在年内施肥种类上，额敏试点前期施氮肥，促进植株生长，并根据已结果情况，中期施肥以磷肥为主、氮肥为辅，促进结果；后期以钾肥为主、氮磷肥为辅，促进优质高产。

额敏试点野兔啃食果实情况时有发生，盛果期发现有野猪毁坏树体的现象。通过冬季在试验地投放毒饵、建设围栏等办法，额敏试点减轻了危害程度。

第二节　不同区域引进沙棘物候期表现

植物每年都有与外界环境条件相适应的形态和生理机能的变化，并呈现一定的生长发育的节律，这种与季节性气候变化相应的植物器官的动态时期，称为生物气候学时期，简称物候期。物候期观察也叫生育期观察，可对植物生长发育过程中，在形态上显著的各个不同时期加以记载。植物在不同的发育时期，不仅形态上有了显著变化，而且在对外界环境条件的要求方面也发生了改变，据此应采取不同的栽培管理措施。

在"948"项目——"俄罗斯第三代沙棘良种引进"（201206）实施中，一个很重要的环节就是沙棘物候期观测，其目的既为了掌握各引进沙棘良种生长节律与开花结实规律，了解其在我国"三北"引入地区生长发育各时期的表现及其与环境条件的关系，作为分析引种成败的重要参考依据；同时也为了进一步掌握引进大果沙棘品种的特征，以便及时采取相应的措施而获得丰产，为选择育种、杂交育种、品种繁育以及制订正确的技术措施等提供必要的材料。沙棘田间物候期的科学测定，对于不同沙棘品种区域化制定、品种推广和科学研究等都具有重要意义。

引进大果沙棘良种扦插苗在不同区域栽植后，观测的物候期主要包括萌动期、展叶期、新梢生长期、开花期、结实期、叶变色期和落叶期等。这一记载顺序基本上是按营养生长、生殖生长和落叶 3 个时期而分类记录的，事实上物候期发生的次序与此不同，有些物候期是同步出现的（图 3-11）。

图 3-11　沙棘物候期出现阶段示意图

各试点物候期记载连续开展不少于 3 个年份，包括定植当年（2014 年）记载，一般每个品种选 10 个固定株进行观测（缺失时就近选择相似植株代替）。但开花期和结实期，只有当植株进入开花、结实年龄时，才开始记载此 2 个物候期。这时每个品种重新选择了 10 株用于开花期记载，雌株还用于结实期记载（这 2 个物候期比其他物候期到达的年份一般晚 2~3 年时间，也连续记载不少于 3 个年份）。

在引进大果沙棘无性系物候期的观测中，最重要的是如实记录物候始期，绝不漏测任何一个物候期。为了不错过这个时期，观测时各试点人员保证了足够的细致、耐心的态度，如实加以记载。5 个试点的科技人员能多看几个枝条就多看几个枝条，特别关注到了沙棘树体南面部位的枝条，因为这个部位的发育期出现较早。由于沙棘为雌、雄异株树木，加之雄株一般开花较早，科技人员观察记录开花期时，特别注意了对雄株和雄花序的观察，这样就保证了不漏掉沙棘开花的始期、盛期、末期。

引进大果沙棘物候期的观测，各个试点事先保证了随身携带所有仪器设备及记录用具，严格遵守了随看随记的原则，并坚持了及时统计、整理，填入观测记录表格中的习惯，防止了事后追忆补记可能造成的错误。沙棘物候期观测完后，各试点也及时按照不同品种加以整理，记录在有关汇总表中。

区域性试验各物候期，涉及营养生长范畴的，如萌动期、展叶期、新梢生长期、落叶期，课题组重点分析定植后连续 3 年（2014—2016 年）的物候期情况；涉及生殖生长范畴的，如开花期、结实期，重点分析有稳定果实产量的连续 3 年（2016—2018 年）的物候期情况。

一、萌动期

萌动期始于芽开始膨大期，终于芽开放期：

（1）芽开始膨大期：对于沙棘，要看鳞片是否开始分离以及鳞片间是否显示出淡色部分等。

（2）芽开放期：鳞芽的鳞片裂开、顶端出现鲜绿色，是叶芽开放期的特征。

这一时期主要观测并记录了沙棘植株的芽开始膨大和开放日期。当然，在此前的一两周各试点就已经常赴田间，熟悉了沙棘的冬态，尤其关注到冬芽的特征，这样判断起来就比较容易了。

（一）各试点表现

萌动期与早春气温密切相关，因此，不同试点的萌动期并不完全一致。第一年（2014年）由于沙棘定植以及其后的缓苗等，一定程度上造成了相应萌动期到来较迟。因此，重点是对第二、第三年（2015 年、2016 年）萌动期资料的对比分析。

1. 黑龙江绥棱

绥棱试点连续 3 年（2014—2016 年）进行了参试沙棘萌动期物候观测。经过整理后的沙棘萌动期概括情况见表 3-2。

绥棱试点的纬度为北纬 47°08′，是 5 个主点中纬度第二靠北的地区，仅比最北的新疆额敏试点偏南 11′。由于 2014 年为定植年，萌动受制于种植时间，故不参与分析（下同）。从 2015—2016 年的观测情况（图 3-12）来看，引进大果沙棘萌动期（盛期）基本上为 4 月底至 5 月初，两年间基本相差不大，2016 年个别品种稍有推迟。"201305"（CK）与其他引进沙棘的萌动期基本相仿，无明显差异。

表 3-2　绥棱试点引进大果沙棘引种前 3 年的萌动期表现

品种编号	2014 年			2015 年			2016 年
	始期	盛期	末期	始期	盛期	末期	盛期
201301	5 月 11 日	5 月 13 日	5 月 23 日	4 月 25 日	4 月 28 日	5 月 2 日	5 月 2 日至 4 日
201302	5 月 9 日	5 月 13 日	5 月 19 日	4 月 24 日	4 月 28 日	5 月 4 日	4 月 26 日至 5 月 2 日
201303	5 月 9 日	5 月 13 日	5 月 20 日	4 月 29 日	5 月 1 日	5 月 4 日	4 月 27 日至 5 月 3 日
201304	5 月 9 日	5 月 13 日	5 月 20 日	4 月 29 日	5 月 2 日	5 月 5 日	5 月 3 日至 6 日
201305（CK）	5 月 9 日	5 月 20 日	5 月 21 日	4 月 23 日	4 月 26 日	4 月 29 日	4 月 25 日至 29 日
201306	5 月 9 日	5 月 13 日	5 月 23 日	4 月 27 日	4 月 29 日	5 月 3 日	4 月 24 日至 27 日
201307	5 月 11 日	5 月 15 日	5 月 23 日	4 月 29 日	5 月 1 日	5 月 2 日	4 月 30 日至 5 月 4 日
201308	5 月 10 日	5 月 15 日	5 月 25 日	4 月 28 日	5 月 1 日	5 月 5 日	4 月 30 日至 5 月 4 日
201309	5 月 12 日	5 月 15 日	5 月 25 日	4 月 27 日	5 月 1 日	5 月 3 日	4 月 30 日至 5 月 2 日
201310	5 月 14 日	5 月 18 日	5 月 25 日	4 月 27 日	4 月 28 日	4 月 29 日	4 月 27 日至 29 日
201311	5 月 9 日	5 月 15 日	5 月 20 日	4 月 26 日	4 月 28 日	4 月 30 日	5 月 2 日至 4 日
201312	5 月 9 日	5 月 13 日	5 月 20 日	4 月 29 日	5 月 3 日	5 月 6 日	5 月 2 日至 5 日
201313	5 月 10 日	5 月 13 日	5 月 15 日	4 月 24 日	4 月 29 日	5 月 2 日	4 月 25 日至 28 日
201314	5 月 10 日	5 月 13 日	5 月 23 日	4 月 29 日	5 月 2 日	5 月 6 日	4 月 27 日至 29 日
201315	5 月 7 日	5 月 13 日	5 月 19 日	4 月 28 日	4 月 29 日	4 月 30 日	4 月 30 日至 5 月 3 日
201316	5 月 9 日	5 月 11 日	5 月 21 日	4 月 29 日	5 月 3 日	5 月 6 日	5 月 2 日至 5 日
201317	5 月 9 日	5 月 18 日	5 月 21 日	4 月 27 日	4 月 29 日	5 月 2 日	4 月 27 日至 29 日
201318	5 月 11 日	5 月 13 日	5 月 23 日	4 月 29 日	5 月 3 日	5 月 5 日	4 月 29 日至 5 月 2 日
201319	5 月 10 日	5 月 15 日	5 月 19 日	4 月 29 日	5 月 2 日	5 月 6 日	5 月 2 日至 5 日
201320	5 月 10 日	5 月 13 日	5 月 18 日	4 月 28 日	4 月 30 日	5 月 1 日	5 月 2 日至 3 日
201321	5 月 13 日	5 月 15 日	5 月 18 日	4 月 27 日	5 月 2 日	5 月 4 日	4 月 25 日至 26 日
201322	5 月 11 日	5 月 13 日	5 月 19 日	4 月 28 日	4 月 29 日	4 月 30 日	4 月 26 日

| 201301 | 201314 | 201316 | 201320 |

图 3-12　绥棱试点引进大果沙棘萌动期形态

2．辽宁朝阳

朝阳试点连续 3 年（2014—2016 年）进行了沙棘萌动期物候观测。经过整理后的沙棘萌动期概括情况见表 3-3。

表 3-3　朝阳试点引进大果沙棘引种前 3 年的萌动期表现

品种编号	2014 年			2015 年	2016 年
	始期	盛期	末期	盛期	盛期
201301	4 月 20 日	4 月 21 日	4 月 22 日至 23 日	4 月 1 至 10 日	3 月 31 日至 4 月 3 日
201302	4 月 20 日	4 月 21 日	4 月 22 日至 23 日	4 月 3 至 20 日	3 月 29 日至 4 月 1 日
201303	4 月 20 日	4 月 20 日	4 月 21 日	4 月 1 至 16 日	3 月 31 日至 4 月 3 日
201304	4 月 19 日	4 月 20 日	4 月 21 日	4 月 1 至 18 日	3 月 31 日至 4 月 3 日
201305（CK）	4 月 19 日	4 月 20 日	4 月 21 日	3 月 28 日至 4 月 18 日	3 月 31 日至 4 月 3 日
201306	4 月 19 日	4 月 20 日	4 月 21 日	3 月 28 日至 4 月 18 日	4 月 3 日至 10 日
201307	4 月 20 日	4 月 21 日	4 月 22 日至 23 日	4 月 1 至 10 日	3 月 31 日至 4 月 3 日
201308	4 月 20 日	4 月 21 日	—	3 月 28 日至 4 月 1 日	3 月 31 日至 4 月 5 日
201309	4 月 19 日	4 月 20 日	4 月 21 日	4 月 1 至 18 日	4 月 1 日至 11 日

朝阳试点的纬度为北纬 41°29′，是 5 个主点中纬度居中的地区。从 2015—2016 年的观测情况（图 3-13）来看，引进大果沙棘萌动期（盛期）基本上为 3 月底至 4 月上中旬前后，大部分品种在 2016 年的萌动期较 2015 年稍有提前。"201305"（CK）与其他引进沙棘的萌动期基本相仿，无明显差异。

201301　　　　　　　　　　　　　　　201302

图 3-13　朝阳试点引进大果沙棘萌动期形态

3．甘肃庆阳

庆阳试点连续 3 年（2014—2016 年）进行了沙棘萌动期物候观测。经过整理后的沙棘萌动期概括情况见表 3-4。

表 3-4　庆阳试点引进大果沙棘引种前 3 年的萌动期表现

品种编号	2014 年			2015 年			2016 年		
	始期	盛期	末期	始期	盛期	末期	始期	盛期	末期
201301	—	4 月 9 日	—	3 月 23 日	3 月 30 日	4 月 3 日	3 月 28 日	4 月 2 日	4 月 8 日
201302	4 月 9 日	4 月 14 日	4 月 30 日	3 月 30 日	4 月 3 日	4 月 8 日	4 月 8 日	4 月 12 日	4 月 14 日
201303	4 月 9 日	4 月 14 日	4 月 20 日	3 月 23 日	3 月 30 日	4 月 10 日	3 月 28 日	4 月 2 日	4 月 6 日
201304	4 月 9 日	4 月 14 日	4 月 26 日	3 月 23 日	4 月 3 日	4 月 12 日	4 月 8 日	4 月 14 日	4 月 18 日
201305（CK）	4 月 9 日	4 月 14 日	4 月 20 日	3 月 23 日	3 月 30 日	4 月 8 日	3 月 28 日	4 月 2 日	4 月 8 日
201306	4 月 14 日	4 月 26 日	4 月 30 日	3 月 23 日	3 月 30 日	4 月 8 日	4 月 8 日	4 月 12 日	4 月 14 日
201307	4 月 9 日	4 月 14 日	4 月 30 日	3 月 23 日	3 月 30 日	4 月 8 日	4 月 8 日	4 月 12 日	4 月 14 日
201308	4 月 9 日	4 月 26 日	4 月 30 日	3 月 23 日	3 月 30 日	4 月 8 日	4 月 12 日	4 月 20 日	4 月 26 日
201309	4 月 9 日	4 月 20 日	4 月 30 日	3 月 23 日	4 月 8 日	4 月 10 日	4 月 18 日	4 月 18 日	4 月 20 日
201310	4 月 14 日	4 月 26 日	4 月 30 日	3 月 23 日	3 月 30 日	4 月 8 日	4 月 8 日	4 月 8 日	4 月 14 日
201311	4 月 9 日	4 月 14 日	4 月 26 日	3 月 23 日	3 月 30 日	4 月 8 日	4 月 10 日	4 月 12 日	4 月 14 日

　　庆阳试点的纬度为北纬 35°43′，是 5 个主试点中纬度最南的地区，其海拔较高（1 222 m），这也是本次引种选为最南界点的依据所在。从观测情况来看，2015 年，引进大果沙棘萌动期基本上为 3 月下旬至 4 月上旬；2016 年，引进大果沙棘萌动期基本上为 3 月底至 4 月上旬或 4 月上旬至 4 月中旬，仅一个品种"201308"出现更迟，为 4 月上旬至 4 月下旬。2016 年较 2015 年的萌动期，普遍有所推迟，推迟天数最多达 10 天以上。"201305"（CK）与其他引进沙棘的萌动期基本同步，无明显差异。

　　4．青海大通

　　大通试点连续 3 年（2014—2016 年）进行了沙棘萌动期物候观测。经过整理后的沙棘萌动期概括情况见表 3-5。

　　大通试点的纬度为北纬 37°02′，比庆阳试点纬度偏北约 2°，是 5 个主点中纬度较为偏南的地区，但由于海拔在 5 个主点中最高，达 2 573 m，因此物候期比纬度偏北但海拔较低的朝阳试点出现还晚一些。从记载情况来看，2015 年引进大果沙棘萌动期均为 4 月上旬，2016 年基本上为 3 月底至 4 月初。"201305"（CK）与其他引进沙棘的萌动期基本相仿，无明显差异。

　　5．新疆额敏

　　额敏试点连续 3 年（2014—2016 年）进行了沙棘萌动期物候观测。经过整理后的沙棘萌动期概括情况见表 3-6。

表 3-5　大通试点引进大果沙棘引种前 3 年的萌动期表现

品种编号	2014 年	2015 年			2016 年		
	盛期	始期	盛期	末期	始期	盛期	末期
201301	4 月 17 日	4 月 3 日	4 月 5 日	4 月 7 日	4 月 1 日	4 月 3 日	4 月 5 日
201302	4 月 15 日	4 月 2 日	4 月 4 日	4 月 6 日	3 月 29 日	4 月 2 日	4 月 4 日
201303	4 月 13 日	4 月 2 日	4 月 4 日	4 月 6 日	4 月 1 日	4 月 2 日	4 月 4 日
201304	4 月 14 日	4 月 1 日	4 月 4 日	4 月 6 日	3 月 29 日	4 月 1 日	4 月 3 日
201305（CK）	4 月 14 日	4 月 2 日	4 月 4 日	4 月 6 日	3 月 30 日	4 月 2 日	4 月 4 日
201306	4 月 13 日	4 月 4 日	4 月 6 日	4 月 8 日	4 月 1 日	4 月 4 日	4 月 5 日
201307	4 月 13 日	4 月 2 日	4 月 4 日	4 月 6 日	3 月 30 日	4 月 2 日	4 月 5 日
201308	4 月 14 日	4 月 4 日	4 月 6 日	4 月 8 日	3 月 30 日	4 月 4 日	4 月 5 日
201309	4 月 15 日	4 月 4 日	4 月 6 日	4 月 8 日	4 月 1 日	4 月 4 日	4 月 5 日
201310	4 月 14 日	4 月 2 日	4 月 4 日	4 月 6 日	3 月 30 日	4 月 2 日	4 月 4 日
201311	4 月 14 日	4 月 2 日	4 月 4 日	4 月 6 日	3 月 29 日	4 月 2 日	4 月 4 日
201312	4 月 16 日	4 月 4 日	4 月 6 日	4 月 8 日	4 月 1 日	4 月 4 日	4 月 6 日
201313	4 月 13 日	4 月 4 日	4 月 6 日	4 月 8 日	4 月 1 日	4 月 4 日	4 月 6 日
201314	4 月 15 日	4 月 5 日	4 月 7 日	4 月 8 日	—	—	—
201316	4 月 14 日	4 月 5 日	4 月 7 日	4 月 9 日	—	—	—
201317	4 月 16 日	4 月 5 日	4 月 7 日	4 月 9 日	4 月 1 日	4 月 5 日	4 月 7 日
201318	4 月 14 日	4 月 3 日	4 月 5 日	4 月 7 日	3 月 30 日	4 月 3 日	4 月 5 日
201319	4 月 13 日	4 月 4 日	4 月 6 日	4 月 8 日	—	—	—
201321	4 月 16 日	4 月 5 日	4 月 7 日	4 月 9 日	4 月 1 日	4 月 5 日	4 月 7 日

表 3-6　额敏试点引进大果沙棘引种前 3 年的萌动期表现

品种编号	2014 年	2015 年	2016 年
	盛期	盛期	盛期
201301	4 月 15 日	4 月 2 日	3 月 24 日
201302	4 月 15 日	4 月 1 日	3 月 24 日
201303	4 月 16 日	4 月 1 日	3 月 24 日
201304	4 月 16 日	4 月 1 日	3 月 24 日
201305（CK）	4 月 16 日	4 月 1 日	3 月 24 日
201306	4 月 16 日	4 月 1 日	3 月 23 日
201307	4 月 15 日	4 月 1 日	3 月 23 日
201308	4 月 16 日	4 月 1 日	3 月 28 日
201309	4 月 16 日	4 月 1 日	3 月 25 日
201310	4 月 15 日	4 月 1 日	3 月 25 日
201311	4 月 15 日	4 月 1 日	3 月 25 日
201312	4 月 15 日	4 月 1 日	3 月 25 日
201313	4 月 16 日	4 月 2 日	3 月 25 日
201314	4 月 16 日	4 月 1 日	3 月 25 日
201315	4 月 15 日	4 月 1 日	3 月 24 日
201316	4 月 16 日	4 月 1 日	3 月 24 日
201317	4 月 16 日	4 月 1 日	3 月 25 日
201318	4 月 15 日	4 月 1 日	3 月 25 日
201319	4 月 15 日	4 月 1 日	3 月 24 日
201320	4 月 15 日	4 月 1 日	3 月 24 日
201321	4 月 16 日	4 月 1 日	3 月 24 日
201322	4 月 16 日	4 月 1 日	3 月 25 日

额敏试点的纬度为北纬 47°20′，是 5 个主点中纬度最靠北的地区，且与俄罗斯阿尔泰边疆区相距不是太远。在额敏试点，考虑到第一年栽种时间的影响，暂不比较其有关数据。从 2015 年、2016 年的记载情况来看，引进大果沙棘萌动期（盛期）2 年间变动近 1 周时间，2016 年出现期明显提前，从 4 月初变为 3 月下旬。"201305"（CK）与其他引进沙棘的萌动期基本相仿，无明显差异。

（二）综合分析

引进大果沙棘萌动期的对比，既包括与种源地同种植物的对比，也包括不同引入地之间的相互对比，还包括与当地主要植物间的对比。由于第一年属于定植年，萌动期受其影响，因此主要以种植后的第二、第三年数据进行分析对比。

1. 引进大果沙棘与种源地沙棘萌动期对比

在原产地俄罗斯阿尔泰边疆区巴尔瑙尔市，沙棘一般萌动期为 5 月上旬（1—10 日）。

与原产地沙棘物候期最为接近的引入地区为黑龙江绥棱，萌动期为 4 月下旬至 5 月上旬；其他 4 个试点的萌动期为 3 月下旬至 4 月上中旬，其中以青海大通相对出现较晚。新疆额敏受沙漠气候的影响，白天升温快，萌动期出现较早，与庆阳、朝阳试点基本相差无几。

5 个试验点，沙棘萌动期出现时间均较原产地提前，最晚的黑龙江绥棱也提前 1 旬左右。

2. 不同引入地区之间沙棘萌动期对比

如前所述，新疆额敏、辽宁朝阳、甘肃庆阳、青海大通 4 地，萌动期为 3 月下旬，黑龙江绥棱萌动期最迟，为 4 月下旬至 5 月上旬。通过表 3-7 中试验 3 年（2014—2016 年）年平均气温的对比可以发现，黑龙江绥棱气温最低，仅为 2.0℃，与俄罗斯接为接近（种源区俄罗斯巴尔瑙尔年平均气温为 2.4℃），因此萌动期最迟。甘肃庆阳、辽宁朝阳两地，气温相对较高，萌动期理应早一些。最不太合常理的是新疆额敏，年平均气温不高，但萌动期却很早。

表 3-7　各试点 2014—2016 年平均气温对比　　　　单位：℃

地区	2014 年	2015 年	2016 年	3 年平均
黑龙江绥棱	1.7	1.7	2.6	2.0
辽宁朝阳	10.4	10.5	10.0	10.3
甘肃庆阳	10.2	10.3	10.7	10.4
青海大通	5.6	6.1	6.3	6.0
新疆额敏	6.7	8.6	7.6	7.6

除了年平均气温，事实上影响萌动期更为重要的指标应为月平均气温。因此，对这 3 年，特别是 2015—2016 年两年 3—5 月的月平均气温进行统计，见表 3-8、表 3-9。

表 3-8 2015 年各试点 3—5 月平均气温 单位：℃

月份	绥棱	朝阳	庆阳	大通	额敏
3 月	−4.3	4.8	5.7	3.7	−1.7
4 月	5.9	12.9	11.4	8.0	9.7
5 月	11.9	19.7	16.5	11.6	15.0

表 3-9 2016 年各试点 3—5 月平均气温 单位：℃

月份	绥棱	朝阳	庆阳	大通	额敏
3 月	−3.1	5.5	6.5	1.4	−3.5
4 月	5.9	13.2	13.3	6.5	10.4
5 月	14.2	19.9	14.7	11.5	12.9

不过，各地在 3—5 月平均气温与年均气温的变化趋势也是一致的。额敏 2016 年 3 月平均气温为−3.5℃，但由于中下旬升温快，萌动期也在这个阶段出现了。

从随后几年的观测来看，额敏除了萌动期之外，其他许多物候期也一样出现比较早，可能与当地沙漠效应的影响有关。

3. 不同年份之间沙棘萌动期对比

从 2014—2016 年这 3 年情况来看，在前面分区域叙述沙棘萌动期时，已经谈到各点种植第一年（2014 年），萌动期均出现较迟，受制于苗木定植后缓苗造成的影响；第二年（2015 年）均有所提前，较好地反映了沙棘品种与当地气候之间的适应关系；第三年（2016 年）与第二年基本接近或稍有提前（个别稍有推迟），基本反映了在当地沙棘的萌动期正常情况（已完全消除了种植时间所造成的影响）。

3 年间，5 个试点年度间的萌动期变化，出现了两类情况：一类是萌动期逐年提前，如辽宁朝阳、青海大通、新疆额敏；另一类是萌动期在第二年提前、第三年又推后，如黑龙江绥棱、甘肃庆阳。

事实上，2016 年后的一些年份，也观测了不同区域不同沙棘品种的萌动期情况，发现沙棘萌动期与 2016 年还是基本接近的。沙棘引进定植后的第 3 个年份起，萌动期出现时间已经基本上比较稳定，年度间变动不是太大。

4. 引进大果沙棘与当地植物萌动期对比

黑龙江绥棱属北温带温凉半湿润大陆性季风气候，四季分明。春季较短，一般 2 月中旬左右大地开始解冻，昼夜融冻交替，气温逐渐回升，一般风多雨少，平均气温5℃左右。3月中下旬山区冰凌花顶雪而出，在断断续续未化尽的冰雪带中，开出金黄色花朵。4月中旬后柳树开始出芽，结花穗。5月中旬左右各种树木开始叶芽放叶，终霜期一般在5月中旬（最早在5月上旬）。1983年对山丁子物候观测结果表明，芽开放期为4月14日。引进大果沙棘萌动期为4月下旬至5月上旬，稍迟于柳树、山丁子，基本上与当地主要植物一致，由此可以表明单从萌动期这一物候来看，引进沙棘还是非常适应当地气候条件的。

在辽宁朝阳，苹果（国光）芽开放期为4月13日，小白杨树芽开放期为3月25日，白榆芽开放期为4月14日，山杏芽开放期为4月23日。引进大果沙棘萌动期为3月下旬，与小白杨接近，属于早萌动树种，早于苹果、白榆、山杏等当地主栽林果树种。

在甘肃庆阳，柳树、杨树先后于3月上旬萌芽，桃、杏均于3月底发芽，白榆、核桃、苹果4月上旬发芽，其他树木大多4月下旬前后发芽。引进大果沙棘萌动期为3月下旬至4月上旬，也基本上属于萌动期早的树种。

在青海大通，气候特征是长冬无夏，春秋相连，四季很不分明。故有"春已暮而草始生，秋未深而霜已降""六月暑天犹着棉，终年多半是寒天"之说。清明前后（4月5日或6日）百草发芽，树枝发青。引进大果沙棘萌动期大约为3月下旬，与作物、牧草接近，早于一般树木。

新疆额敏所在地为荒凉的戈壁滩，暂无有关植物物候期记载资料。故未进行有关对比（下同）。

二、展叶期

展叶期是萌动期后随之出现的一个物候期，这一时期辨认较为容易。

（1）展叶始期。当被观测沙棘植株上第一片叶子完全展开时的日期，即第一批从芽苞中发出卷曲着的小叶，有一片的叶片平展时，即为展叶始期。

（2）展叶盛期。被观测的沙棘植株上有半数枝条的叶子完全展开的日期。

这一物候期，重点记载了早春时期的沙棘展叶物候，不记载夏季甚至秋季的展叶情况。因为沙棘从展叶一直到落叶期前，叶子一直在动态变化中，即部分老叶落掉，部分新枝上的新叶展开，一直到秋季停止生长，才会进入落叶期。

（一）各试点表现

展叶期紧随萌动期出现，本课题第一年（2014年）种植时间造成的萌动推迟，影响到展叶期出现时间，因此，重点仍是对第二年、第三年（2015年、2016年）资料的对比分析。

1. 黑龙江绥棱

绥棱试点连续 3 年（2014—2016 年）进行了沙棘展叶期物候观测。经过整理后的引进大果沙棘展叶期情况见表 3-10。

表 3-10　绥棱试点引进大果沙棘引种前 3 年的展叶期表现

品种编号	2014 年			2015 年			2016 年
	始期	盛期	末期	始期	盛期	末期	盛期
201301	5 月 16 日	5 月 18 日	5 月 28 日	4 月 30 日	5 月 3 日	5 月 6 日	5 月 10 至 13 日
201302	5 月 14 日	5 月 18 日	5 月 24 日	4 月 30 日	5 月 4 日	5 月 10 日	5 月 2 日至 12 日
201303	5 月 14 日	5 月 18 日	5 月 25 日	5 月 3 日	5 月 6 日	5 月 9 日	5 月 4 日至 12 日
201304	5 月 14 日	5 月 18 日	5 月 30 日	5 月 4 日	5 月 8 日	5 月 11 日	5 月 10 日至 13 日
201305（CK）	5 月 14 日	5 月 20 日	5 月 26 日	5 月 4 日	5 月 6 日	5 月 8 日	5 月 1 日至 13 日
201306	5 月 14 日	5 月 18 日	5 月 28 日	5 月 4 日	5 月 8 日	5 月 11 日	4 月 30 日至 5 月 6 日
201307	5 月 16 日	5 月 20 日	5 月 28 日	5 月 1 日	5 月 3 日	5 月 6 日	5 月 8 日至 12 日
201308	5 月 14 日	5 月 20 日	5 月 30 日	5 月 4 日	5 月 8 日	5 月 11 日	5 月 8 日至 12 日
201309	5 月 17 日	5 月 20 日	5 月 28 日	5 月 3 日	5 月 6 日	5 月 9 日	5 月 4 日至 5 日
201310	5 月 19 日	5 月 23 日	5 月 30 日	5 月 3 日	5 月 4 日	5 月 5 日	5 月 1 日至 3 日
201311	5 月 14 日	5 月 20 日	5 月 25 日	5 月 2 日	5 月 4 日	5 月 5 日	5 月 6 日至 10 日
201312	5 月 14 日	5 月 18 日	5 月 25 日	5 月 5 日	5 月 8 日	5 月 12 日	5 月 10 日至 12 日
201313	5 月 15 日	5 月 18 日	5 月 20 日	5 月 2 日	5 月 5 日	5 月 9 日	5 月 1 日至 3 日
201314	5 月 15 日	5 月 18 日	5 月 20 日	5 月 5 日	5 月 8 日	5 月 12 日	5 月 2 日至 4 日
201315	5 月 12 日	5 月 18 日	5 月 24 日	4 月 5 日	5 月 5 日	5 月 6 日	5 月 5 日至 9 日
201316	5 月 14 日	5 月 16 日	5 月 26 日	5 月 5 日	5 月 9 日	5 月 12 日	5 月 8 日至 11 日
201317	5 月 14 日	5 月 23 日	5 月 26 日	5 月 3 日	5 月 5 日	5 月 8 日	5 月 4 日至 6 日
201318	5 月 16 日	5 月 18 日	5 月 28 日	5 月 4 日	5 月 7 日	5 月 11 日	5 月 4 日至 12 日
201319	5 月 15 日	5 月 20 日	5 月 24 日	5 月 5 日	5 月 8 日	5 月 12 日	5 月 2 日至 10 日
201320	5 月 15 日	5 月 18 日	5 月 23 日	5 月 5 日	5 月 7 日	5 月 8 日	5 月 2 日至 3 日
201321	5 月 18 日	5 月 20 日	5 月 24 日	5 月 4 日	5 月 7 日	5 月 11 日	5 月 1 日至 3 日
201322	5 月 12 日	5 月 16 日	5 月 24 日	5 月 5 日	5 月 6 日	5 月 7 日	5 月 3 日至 4 日

在绥棱试点，从 2015 年、2016 年的记载情况来看，引进大果沙棘展叶期（盛期）2 年间多位于 5 月上旬，年度间无明显变化规律，2016 年有些品种出现稍迟，有些稍早。"201305"（CK）与其他引进沙棘的展叶期基本相仿，无明显差异。图 3-14、图 3-15 分别为引进沙棘展叶始期、展叶盛期的形态。

201301　　　　　　201306　　　　　　201317　　　　　　201321

图 3-14　绥棱试点引进沙棘展叶始期形态

201305　　　　　　　　　　　201320

图 3-15　绥棱试点引进沙棘展叶盛期形态

2. 辽宁朝阳

　　朝阳试点连续 3 年（2014—2016 年）进行了沙棘展叶期物候观测。经过整理后的沙棘展叶期概括情况见表 3-11。

表 3-11　朝阳试点引进大果沙棘引种前 3 年的展叶期表现

品种编号	2014 年			2015 年	2016 年
	始期	盛期	末期	盛期	盛期
201301	4 月 23 日	4 月 24 日至 25 日	4 月 26 日	4 月 16 日至 22 日	4 月 3 日至 6 日
201302	4 月 22 日	4 月 23 日至 24 日	4 月 25 日	4 月 16 日至 28 日	4 月 3 日
201303	4 月 22 日	4 月 23 日至 24 日	4 月 25 日	4 月 16 日至 25 日	4 月 3 日至 10 日
201304	4 月 22 日	4 月 23 日	4 月 24 日至 25 日	4 月 20 日至 28 日	4 月 3 日至 11 日
201305（CK）	4 月 21 日	4 月 22 日至 23 日	—	4 月 3 日至 25 日	4 月 3 日至 8 日
201306	4 月 22 日	4 月 23 日至 24 日	4 月 25 日	4 月 3 日至 30 日	4 月 8 日至 13 日
201307	4 月 23 日	4 月 24 日至 25 日	4 月 26 日	4 月 16 日至 22 日	4 月 3 日至 6 日
201308	—	4 月 23 日	4 月 24 日至 26 日	4 月 6 日至 14 日	4 月 3 日至 8 日
201309	—	4 月 23 日至 24 日	4 月 25 日	4 月 16 日至 25 日	4 月 6 日至 13 日

在朝阳试点，从 2015 年、2016 年的记载情况（图 3-16）来看，2015 年引进大果沙棘的展叶期（盛期）多在 4 月中旬，2016 年多位于 4 月上旬。"201305"（CK）与其他引进沙棘的展叶期基本相仿，无明显差异。

201303（始期）

201305（盛期）

图 3-16　朝阳试点引进沙棘展叶期形态

3. 甘肃庆阳

庆阳试点连续 3 年（2014—2016 年）进行了沙棘展叶期物候观测。经过整理后的沙棘展叶期概括情况见表 3-12。

表 3-12　庆阳试点引进大果沙棘引种前 3 年的展叶期表现

品种编号	2014 年			2015 年			2016 年		
	始期	盛期	末期	始期	盛期	末期	始期	盛期	末期
201301	—	4 月 26 日	—	4 月 2 日	4 月 12 日	4 月 16 日	4 月 4 日	4 月 8 日	4 月 12 日
201302	4 月 26 日	4 月 30 日	—	4 月 3 日	4 月 16 日	4 月 20 日	4 月 14 日	4 月 18 日	4 月 26 日
201303	—	4 月 26 日	—	4 月 3 日	4 月 10 日	4 月 12 日	4 月 4 日	4 月 8 日	4 月 12 日
201304	—	4 月 26 日	—	4 月 3 日	4 月 12 日	4 月 16 日	4 月 16 日	4 月 26 日	4 月 28 日
201305（CK）	—	4 月 14 日	4 月 26 日	4 月 3 日	4 月 12 日	4 月 16 日	4 月 4 日	4 月 10 日	4 月 12 日
201306		5 月 6 日	—	4 月 3 日	4 月 10 日	4 月 12 日	4 月 14 日	4 月 20 日	4 月 26 日
201307	—	4 月 26 日	4 月 30 日	4 月 3 日	4 月 12 日	4 月 18 日	4 月 14 日	4 月 26 日	4 月 28 日
201308	4 月 30 日	5 月 4 日	5 月 6 日	4 月 3 日	4 月 12 日	4 月 20 日	4 月 24 日	4 月 28 日	4 月 30 日
201309	—	4 月 26 日	4 月 30 日	4 月 3 日	4 月 18 日	4 月 20 日	4 月 14 日	4 月 24 日	4 月 30 日
201310	—	4 月 26 日	4 月 30 日	4 月 3 日	4 月 12 日	4 月 20 日	4 月 20 日	4 月 26 日	4 月 30 日
201311	—	4 月 26 日	4 月 30 日	4 月 3 日	4 月 18 日	4 月 20 日	4 月 22 日	4 月 26 日	4 月 28 日

在庆阳试点，2015 年引进大果沙棘展叶期（盛期）多在 4 月中旬，2016 年多在 4 月下旬（但个别品种甚至出现在上旬）。"201305"（CK）与其他引进沙棘的展叶期基本相仿，无明显差异。

庆阳试点引进大果沙棘，许多品种的展叶期在 2016 年要晚于 2015 年，与绥棱相似，而与朝阳不同。

4．青海大通

大通试点连续 3 年（2014—2016 年）进行了沙棘展叶期物候观测。经过整理后的沙棘展叶期概括情况见表 3-13。

表 3-13　大通试点引进大果沙棘引种前 3 年的展叶期表现

品种编号	2014 年			2015 年			2016 年		
	始期	盛期	末期	始期	盛期	末期	始期	盛期	末期
201301	4 月 20 日	4 月 24 日	4 月 26 日	4 月 7 日	4 月 18 日	4 月 25 日	4 月 5 日	4 月 17 日	4 月 24 日
201302	4 月 20 日	4 月 23 日	4 月 26 日	4 月 6 日	4 月 15 日	4 月 23 日	4 月 4 日	4 月 16 日	4 月 23 日
201303	4 月 18 日	4 月 22 日	4 月 25 日	4 月 6 日	4 月 13 日	4 月 23 日	4 月 4 日	4 月 16 日	4 月 23 日
201304	4 月 20 日	4 月 23 日	4 月 26 日	4 月 6 日	4 月 13 日	4 月 25 日	4 月 4 日	4 月 16 日	4 月 23 日
201305（CK）	4 月 19 日	4 月 24 日	4 月 26 日	4 月 5 日	4 月 12 日	4 月 20 日	4 月 4 日	4 月 16 日	4 月 22 日
201306	4 月 19 日	4 月 22 日	4 月 26 日	4 月 8 日	4 月 15 日	4 月 25 日	4 月 6 日	4 月 18 日	4 月 25 日
201307	4 月 18 日	4 月 20 日	4 月 24 日	4 月 6 日	4 月 14 日	4 月 23 日	4 月 4 日	4 月 16 日	4 月 23 日
201308	4 月 17 日	4 月 20 日	4 月 26 日	4 月 8 日	4 月 15 日	4 月 25 日	4 月 6 日	4 月 18 日	4 月 25 日
201309	4 月 18 日	4 月 22 日	4 月 25 日	4 月 8 日	4 月 16 日	4 月 25 日	4 月 6 日	4 月 18 日	4 月 25 日
201310	4 月 18 日	4 月 22 日	4 月 26 日	4 月 8 日	4 月 14 日	4 月 23 日	4 月 4 日	4 月 16 日	4 月 23 日
201311	4 月 18 日	4 月 22 日	4 月 25 日	4 月 8 日	4 月 15 日	4 月 23 日	4 月 4 日	4 月 16 日	4 月 23 日
201312	4 月 20 日	4 月 22 日	4 月 26 日	4 月 8 日	4 月 15 日	4 月 23 日	4 月 6 日	4 月 18 日	4 月 25 日
201313	4 月 20 日	4 月 22 日	4 月 26 日	4 月 8 日	4 月 15 日	4 月 25 日	4 月 6 日	4 月 18 日	4 月 25 日
201314	4 月 18 日	4 月 22 日	4 月 26 日	4 月 8 日	4 月 15 日	4 月 25 日	—	—	—
201316	4 月 18 日	4 月 22 日	4 月 24 日	4 月 9 日	4 月 15 日	4 月 25 日	—	—	—
201317	4 月 18 日	4 月 22 日	4 月 24 日	4 月 7 日	4 月 14 日	4 月 23 日	4 月 7 日	4 月 19 日	4 月 25 日
201318	4 月 18 日	4 月 22 日	4 月 24 日	4 月 7 日	4 月 15 日	4 月 22 日	4 月 5 日	4 月 17 日	4 月 24 日
201319	4 月 18 日	4 月 22 日	4 月 24 日	4 月 8 日	4 月 14 日	4 月 20 日	—	—	—
201321	4 月 18 日	4 月 22 日	4 月 24 日	4 月 9 日	4 月 15 日	4 月 25 日	4 月 7 日	4 月 19 日	4 月 26 日

在大通试点，引进大果沙棘展叶期 2015 年与 2016 年较为接近。"201305"（CK）与其他引进沙棘的展叶期基本相仿，无明显差异。见图 3-17。

201306（始期）   201311（盛期）   201313（盛期）

图 3-17   大通试点引进沙棘展叶期形态

2014—2016 年的 3 年间，引进大果沙棘的展叶期，后面年份较前面年份不断提前，与朝阳的趋势相同。

5. 新疆额敏

额敏试点连续 3 年（2014—2016 年）进行了沙棘展叶期物候观测。经过整理后的引进大果沙棘的展叶期概括见表 3-14。

表 3-14   额敏试点引进大果沙棘引种前 3 年的展叶期表现

品种编号	2014 年			2015 年			2016 年
	始期	盛期	末期	始期	盛期	末期	盛期
201301	4 月 16 日	4 月 17 日	4 月 18 日	4 月 2 日	4 月 6 日	4 月 8 日	3 月 27 日
201302	4 月 16 日	4 月 17 日	4 月 18 日	4 月 2 日	4 月 6 日	4 月 8 日	3 月 27 日
201303	4 月 17 日	4 月 18 日	4 月 19 日	4 月 2 日	4 月 6 日	4 月 8 日	3 月 27 日
201304	4 月 17 日	4 月 18 日	4 月 19 日	4 月 1 日	4 月 5 日	4 月 7 日	3 月 27 日
201305（CK）	4 月 17 日	4 月 18 日	4 月 19 日	3 月 31 日	4 月 4 日	4 月 6 日	3 月 27 日
201306	4 月 17 日	4 月 18 日	4 月 19 日	3 月 31 日	4 月 4 日	4 月 6 日	—
201307	4 月 17 日	4 月 18 日	4 月 19 日	3 月 31 日	4 月 4 日	4 月 6 日	3 月 27 日
201308	4 月 17 日	4 月 18 日	4 月 19 日	3 月 31 日	4 月 4 日	4 月 6 日	3 月 29 日
201309	4 月 17 日	4 月 18 日	4 月 19 日	3 月 31 日	4 月 4 日	4 月 6 日	3 月 29 日
201310	4 月 16 日	4 月 17 日	4 月 18 日	3 月 31 日	4 月 4 日	4 月 6 日	—
201311	4 月 16 日	4 月 17 日	4 月 18 日	3 月 31 日	4 月 4 日	4 月 6 日	3 月 29 日
201312	4 月 16 日	4 月 17 日	4 月 18 日	3 月 31 日	4 月 4 日	4 月 6 日	3 月 29 日

品种编号	2014 年			2015 年			2016 年
	始期	盛期	末期	始期	盛期	末期	盛期
201313	4 月 17 日	4 月 18 日	4 月 19 日	4 月 2 日	4 月 6 日	4 月 8 日	—
201314	4 月 17 日	4 月 18 日	4 月 19 日	3 月 31 日	4 月 4 日	4 月 6 日	3 月 28 日
201315	4 月 16 日	4 月 17 日	4 月 18 日	3 月 31 日	4 月 4 日	4 月 6 日	—
201316	4 月 17 日	4 月 18 日	4 月 19 日	3 月 31 日	4 月 4 日	4 月 6 日	3 月 27 日
201317	4 月 17 日	4 月 18 日	4 月 19 日	3 月 31 日	4 月 4 日	4 月 6 日	3 月 29 日
201318	4 月 16 日	4 月 17 日	4 月 18 日	3 月 31 日	4 月 4 日	4 月 6 日	3 月 29 日
201319	4 月 16 日	4 月 17 日	4 月 18 日	3 月 31 日	4 月 4 日	4 月 6 日	—
201320	4 月 16 日	4 月 17 日	4 月 18 日	3 月 31 日	4 月 4 日	4 月 6 日	3 月 27 日
201321	4 月 17 日	4 月 18 日	4 月 19 日	3 月 31 日	4 月 4 日	4 月 6 日	3 月 27 日
201322	4 月 17 日	4 月 18 日	4 月 19 日	3 月 31 日	4 月 4 日	4 月 6 日	3 月 29 日

在额敏试点，引进大果沙棘展叶期（盛期）2015 年均在 4 月初，2016 年均在 3 月底。"201305"（CK）与其他引进沙棘的展叶期基本相仿，无明显差异。

（二）综合分析

同样，引进大果沙棘展叶期的对比，既包括与种源地同种植物的对比，也包括不同引入地之间的相互对比，还包括与当地主要植物间的对比。

1. 引进大果沙棘与种源地沙棘展叶期对比

在原产地俄罗斯阿尔泰边疆区巴尔瑙尔市，沙棘一般展叶期为 5 月 5—15 日。

黑龙江绥棱展叶期为 5 月上旬，与原产地基本一致；甘肃庆阳、青海大通展叶期基本上为 4 月整月；辽宁朝阳展叶期为 4 月上中旬；新疆额敏展叶期最早，为 3 月底、4 月初。

除黑龙江绥棱外，其余 4 个试点均较原产地沙棘展叶期提前（最多提前近 2 个月）。

2. 不同引入地区之间沙棘展叶期对比

如前所述，与萌动期相似，新疆额敏展叶期出现最早，为 3 月底、4 月初；其次为辽宁朝阳，展叶期为 4 月上中旬；甘肃庆阳、青海大通展叶期基本上为 4 月整月；黑龙江绥棱萌动期最迟，为 5 月上旬，与原产地相同。

通过前述试验地区 3 年（2014—2016 年）年平均气温、3—5 月平均气温的对比可以发现，黑龙江绥棱气温最低，与俄罗斯原产地接为接近，因此展叶期最迟；辽宁朝阳气温相对较高，展叶期理应早一些；年平均气温、3—5 月平均气温较低，但展叶却较早的不仅有新疆额敏，而且还有青海大通，与气温较高的甘肃庆阳基本相同。新疆额敏展叶期出现较早的原因，如前所述，可能与沙漠生境有关。

3．不同年份之间沙棘展叶期对比

从 2014—2016 年这 3 年情况来看，各试点种植第一年（2014 年）受苗木定植期较晚而缓苗的影响，展叶期均出现较迟，但第二年（2015 年）均有所提前，较好地反映了沙棘品种与当地气候之间的适应关系；第三年（2016 年）与第二年基本接近或稍有提前（个别点有推迟），基本反映了在当地沙棘展叶期的正常情况（已完全没有了种植时间所造成的影响）。

5 个试点在 3 年间的展叶期变化，与萌动期一样也出现了两类情况：一类是展叶期逐年提前，如辽宁朝阳、青海大通、新疆额敏；另一类是展叶期在第二年提前、第三年又推后，如黑龙江绥棱、甘肃庆阳。

4．引进大果沙棘与当地植物展叶期对比

在黑龙江绥棱，5 月中旬左右各种树木开始叶芽放叶，终霜期一般在 5 月中旬（最早在 5 月上旬）。1983 年对山丁子物候观测结果表明，展叶期始期为 4 月 21 日，末期为 4 月 25 日。本地引入沙棘展叶期为 5 月上旬，与大多树木展叶期基本一致。

在辽宁朝阳，苹果（国光）展叶期为 4 月 23 日，小白杨展叶期为 4 月 26 日，白榆展叶期为 4 月 30 日，山杏展叶期为 5 月 3 日。本地引入沙棘展叶期为 4 月上中旬，早于已见记载的许多树木。

在甘肃庆阳，柳树、杨树先后于 3 月底、4 月初展叶，苹果（六月鲜）4 月中旬展叶，核桃于 4 月中旬末、下旬初展叶，桑树于 4 月下旬展叶。本地引入沙棘展叶期基本上为 4 月中下旬，稍晚于当地一些常见树种。

在青海大通，谷雨前后（4 月 20 日或 21 日），柳树垂青，杨树展叶。引入沙棘展叶期多在 4 月上中旬，早于当地主要树木。

三、新梢生长期

新梢生长期在展叶期后出现，是展叶后快速出现新梢的一个时期。

（1）新梢开始生长期。沙棘新梢或枝条的生长，分一次梢、二次梢等。

（2）新梢停止生长期。当沙棘营养枝形成顶芽或称封顶时，或新梢顶端枯黄不再生长时为新梢停止生长期。

本课题只记载一次梢顶芽开放后枝条开始生长的时间，而没有涉及对二次梢、三次梢等开始生长时间、新梢停止生长期的观察记录。

（一）各试点表现

与萌动期、展叶期相似，第一年（2014 年）种植后缓苗造成的萌动较迟影响到新梢生长期出现时间，因此，重点仍是对第二年、第三年（2015 年、2016 年）资料的对比分析。

1. 黑龙江绥棱

绥棱试点连续 3 年（2014—2016 年）进行了沙棘新梢生长期物候观测。经过整理后的概括情况见表 3-15。

表 3-15　绥棱试点引进大果沙棘引种前 3 年的新梢生长期表现

品种编号	2014 年			2015 年	2016 年
	始期	盛期	末期	盛期	盛期
201301	6 月 9 日	6 月 16 日	6 月 21 日	5 月 23 日	5 月 18 日至 22 日
201302	6 月 7 日	6 月 13 日	6 月 17 日	5 月 24 日	5 月 13 日至 19 日
201303	6 月 7 日	6 月 11 日	6 月 18 日	5 月 23 日	5 月 13 日至 21 日
201304	6 月 7 日	6 月 11 日	6 月 23 日	5 月 23 日	5 月 19 日至 21 日
201305（CK）	6 月 7 日	6 月 13 日	6 月 19 日	5 月 24 日	5 月 10 日至 20 日
201306	6 月 7 日	6 月 11 日	6 月 21 日	5 月 27 日	5 月 10 日至 14 日
201307	6 月 7 日	6 月 13 日	6 月 21 日	5 月 26 日	5 月 18 日至 22 日
201308	6 月 8 日	6 月 13 日	6 月 23 日	5 月 26 日	5 月 18 日至 20 日
201309	6 月 9 日	6 月 11 日	6 月 21 日	5 月 27 日	5 月 13 日至 15 日
201310	6 月 7 日	6 月 11 日	6 月 23 日	5 月 25 日	5 月 10 日至 13 日
201311	6 月 7 日	6 月 13 日	6 月 19 日	5 月 25 日	5 月 15 日至 20 日
201312	6 月 7 日	6 月 11 日	6 月 18 日	5 月 28 日	5 月 20 日至 21 日
201313	6 月 8 日	6 月 11 日	6 月 18 日	5 月 26 日	5 月 10 日至 13 日
201314	6 月 7 日	6 月 9 日	6 月 21 日	5 月 28 日	5 月 16 日至 20 日
201315	6 月 5 日	6 月 9 日	6 月 17 日	5 月 26 日	5 月 18 日至 22 日
201316	6 月 7 日	6 月 11 日	6 月 19 日	5 月 28 日	5 月 18 日至 23 日
201317	6 月 7 日	6 月 13 日	6 月 19 日	5 月 24 日	5 月 15 日至 17 日
201318	6 月 9 日	6 月 13 日	6 月 21 日	5 月 26 日	5 月 17 日至 22 日
201319	6 月 8 日	6 月 13 日	6 月 18 日	5 月 28 日	5 月 13 日至 20 日
201320	6 月 9 日	6 月 11 日	6 月 18 日	5 月 27 日	5 月 14 日至 16 日
201321	6 月 9 日	6 月 12 日	6 月 17 日	5 月 27 日	5 月 14 日至 15 日
201322	6 月 9 日	6 月 11 日	6 月 19 日	5 月 26 日	5 月 15 日

在绥棱试点，仍然主要对 2015 年、2016 年的记载情况进行分析。从数据来看，2015 年引进大果沙棘新梢生长期（盛期）均在 5 月下旬，但 2016 年却有过半数在 5 月中旬。"201305"（CK）与其他引进沙棘的新梢生长期基本相仿，无明显差异。引进沙棘新梢生长期与幼果期同期，见图 3-18。

201302　　　　　　　　　　　　　　201311

201315　　　　　　　　　　　　　　201317

图 3-18　绥棱试点引进沙棘新梢生长期形态

2. 辽宁朝阳

朝阳试点连续 3 年（2014—2016 年）进行了沙棘新梢生长期物候观测。经过整理后的新梢生长期情况见表 3-16。

表 3-16　朝阳试点引进大果沙棘引种前 3 年的新梢生长期表现

品种编号	2014 年			2015 年	2016 年
	始期	盛期	末期	盛期	盛期
201301	4 月 25 日	4 月 26 日至 28 日	—	4 月 20 日至 25 日	4 月 8 日至 10 日
201302	4 月 24 日	4 月 25 日至 26 日	4 月 27 日至 28 日	4 月 20 日至 30 日	4 月 8 日至 9 日
201303	4 月 25 日	4 月 26 日至 27 日	4 月 28 日	4 月 22 日至 28 日	4 月 9 日至 13 日
201304	4 月 24 日	4 月 25 日至 26 日	4 月 27 日	4 月 22 日至 5 月 1 日	4 月 9 日至 13 日
201305（CK）	4 月 24 日	4 月 25 日	4 月 26 日	4 月 16 日至 30 日	4 月 8 日至 11 日
201306	—	4 月 25 日	4 月 26 日至 27 日	4 月 14 日至 5 月 3 日	4 月 11 日至 20 日
201307	4 月 25 日	4 月 26 日至 28 日	—	4 月 20 日至 25 日	4 月 8 日至 10 日
201308	4 月 25 日	4 月 26 日至 27 日	4 月 28 日	4 月 14 日至 22 日	4 月 11 日至 15 日
201309	4 月 25 日	4 月 26 日至 27 日	4 月 28 日	4 月 20 日至 28 日	4 月 11 日至 15 日

在朝阳试点，2015 年引进大果沙棘新梢生长期（盛期）基本上在 4 月下旬，2016 年

有所提前，多在 4 月中旬，部分在 4 月上旬。"201305"（CK）与其他引进沙棘的新梢生长期基本相仿，无明显差异。

3. 甘肃庆阳

庆阳试点连续 3 年（2014—2016 年）进行了沙棘新梢生长期物候观测。经过整理后的新梢生长期情况见表 3-17。

表 3-17　庆阳试点引进大果沙棘引种前 3 年的新梢生长期表现

品种编号	2014 年			2015 年			2016 年		
	始期	盛期	末期	始期	盛期	末期	始期	盛期	末期
201301	4 月 30 日	5 月 21 日	—	4 月 20 日	4 月 23 日	4 月 26 日	4 月 8 日	4 月 12 日	4 月 14 日
201302	5 月 10 日	5 月 21 日	5 月 25 日	4 月 26 日	4 月 28 日	4 月 30 日	4 月 22 日	4 月 28 日	4 月 30 日
201303	5 月 10 日	5 月 21 日	—	4 月 20 日	4 月 23 日	4 月 26 日	4 月 8 日	4 月 12 日	4 月 14 日
201304	4 月 30 日	5 月 10 日	5 月 25 日	4 月 23 日	4 月 26 日	4 月 30 日	4 月 30 日	5 月 6 日	5 月 8 日
201305（CK）	4 月 30 日	5 月 10 日	5 月 16 日	4 月 20 日	4 月 23 日	4 月 28 日	4 月 8 日	4 月 14 日	4 月 16 日
201306	5 月 21 日	5 月 25 日	—	4 月 20 日	4 月 23 日	4 月 26 日	4 月 26 日	4 月 30 日	5 月 4 日
201307	5 月 10 日	5 月 21 日	5 月 25 日	4 月 20 日	4 月 26 日	4 月 30 日	4 月 20 日	4 月 30 日	5 月 4 日
201308	5 月 16 日	5 月 21 日	5 月 25 日	4 月 20 日	4 月 26 日	4 月 30 日	4 月 30 日	5 月 2 日	5 月 4 日
201309	5 月 10 日	5 月 21 日	5 月 25 日	4 月 20 日	4 月 26 日	4 月 30 日	4 月 20 日	4 月 30 日	5 月 4 日
201310	5 月 16 日	5 月 21 日	5 月 25 日	4 月 20 日	4 月 23 日	4 月 26 日	4 月 26 日	4 月 30 日	5 月 2 日
201311	5 月 10 日	5 月 16 日	5 月 25 日	4 月 20 日	4 月 26 日	4 月 30 日	4 月 28 日	4 月 30 日	5 月 2 日

在庆阳试点，2015 年引进大果沙棘新梢生长期（盛期）均在 4 月下旬，但 2016 年却较为分散，引进全部 11 个品种中，有 6 个品种在 4 月底，3 个品种在 4 月中旬，2 个品种在 4 月上旬。见图 3-19。总体来看，2016 年新梢生长期较 2015 年的有所提前。"201305"（CK）与其他引进沙棘的新梢生长期基本相仿，无明显差异。

201306　　　　　　　　201311　　　　　　　　201307

图 3-19　庆阳试点引进沙棘新梢生长期形态

引进沙棘新梢生长期大通试点数据缺测。

4．新疆额敏

额敏试点连续 3 年（2014—2016 年）进行了沙棘新梢生长期物候观测。经过整理后的新梢生长期情况概括情况见表 3-18。

表 3-18　额敏试点引进大果沙棘引种前 3 年的新梢生长期表现

品种编号	2014 年			2016 年
	始期	盛期	末期	盛期
201301	4 月 18 日	4 月 19 日至 20 日	4 月 21 日	3 月 29 日
201302	4 月 18 日	4 月 19 日至 20 日	4 月 21 日	3 月 29 日
201303	4 月 19 日	4 月 20 日至 21 日	4 月 22 日	3 月 28 日
201304	4 月 19 日	4 月 20 日至 21 日	4 月 22 日	3 月 29 日
201305（CK）	4 月 19 日	4 月 20 日至 21 日	4 月 22 日	3 月 29 日
201306	4 月 19 日	4 月 20 日至 21 日	4 月 22 日	3 月 29 日
201307	4 月 19 日	4 月 20 日至 21 日	4 月 22 日	3 月 29 日
201308	4 月 19 日	4 月 20 日至 21 日	4 月 22 日	4 月 2 日
201309	4 月 19 日	4 月 20 日至 21 日	4 月 22 日	4 月 1 日
201310	4 月 18 日	4 月 19 日至 20 日	4 月 21 日	4 月 1 日
201311	4 月 18 日	4 月 19 日至 20 日	4 月 21 日	4 月 2 日
201312	4 月 19 日	4 月 19 日至 20 日	4 月 21 日	3 月 29 日
201313	4 月 19 日	4 月 20 日至 21 日	4 月 22 日	3 月 30 日
201314	4 月 19 日	4 月 20 日至 21 日	4 月 22 日	4 月 1 日
201315	4 月 18 日	4 月 19 日至 20 日	4 月 21 日	3 月 31 日
201316	4 月 19 日	4 月 20 日至 21 日	4 月 22 日	3 月 30 日
201317	4 月 19 日	4 月 20 日至 21 日	4 月 22 日	3 月 31 日
201318	4 月 19 日	4 月 19 日至 20 日	4 月 21 日	3 月 31 日
201319	4 月 18 日	4 月 19 日至 20 日	4 月 21 日	3 月 31 日
201320	4 月 18 日	4 月 19 日至 20 日	4 月 21 日	3 月 29 日
201321	4 月 19 日	4 月 20 日至 21 日	4 月 22 日	3 月 29 日
201322	4 月 19 日	4 月 20 日至 21 日	4 月 22 日	3 月 31 日

注：额敏试点 2015 年数据缺测。

根据 2016 年记载情况分析，引进大果沙棘新梢生长期（盛期）均在 3 月底至 4 月初。"201305"（CK）与其他引进沙棘的新梢生长期基本相仿，无明显差异。

（二）综合分析

引进大果沙棘新梢生长期的对比，既包括与种源地同种植物的对比，也包括不同引入地之间的相互对比。

1．引进大果沙棘与种源地沙棘新梢生长期对比

在原产地俄罗斯阿尔泰边疆区巴尔瑙尔市，沙棘新梢生长期一般为 5 月 15—25 日。

黑龙江绥棱与原产地新梢生长期基本相同，为 5 月中下旬；其次为辽宁朝阳、甘肃庆阳，新梢生长多为 4 月中下旬；而新疆额敏与原产地相差最大，新梢生长期最早，为 3 月底、4 月初（青海大通漏测新梢生长期）。

除黑龙江绥棱外，其余 3 个试点均较原产地沙棘新梢生长期提前，额敏试点提早达一个半月。

2．不同引入地区之间沙棘新梢生长期对比

如前所述，新疆额敏新梢生长期最早，为 3 月底、4 月初；其次为辽宁朝阳、甘肃庆阳两地，新梢生长期多为 4 月中下旬；黑龙江绥棱新梢生长期最迟，与俄罗斯原产地相同，为 5 月中下旬。

3．不同年份之间沙棘新梢生长期对比

从 2014—2016 年这 3 年情况来看，各试点种植第一年（2014 年）受苗木定植期较晚的影响，新梢生长期出现均较迟，但第二年（2015 年）均有所提前，较好地反映了沙棘品种与当地气候之间的适应关系；第三年（2016 年）较第二年有所提前，基本反映了在当地沙棘的新梢生长期正常情况（已完全没有了种植时间所造成的影响）。

5 个试点 3 年间的新梢生长期变化，与萌动期、展叶期不同，均为新梢生长期逐年提前，5 个试点难得趋势完全相同。

四、开花期

开花期与展叶期一般同时出现，或稍晚几天。据苏联学者观测，沙棘花芽的分化开始于当年生枝条快速生长的 7 月中旬至 8 月初，一般雄花芽形成较早，雌花芽较晚。9 月中旬至 10 月初，花芽的形态初步形成，当温度下降到 0℃以下时，可以看出雌花芽和雄花芽的区别。雌花芽瘦小扁平状，雄花芽大，呈四棱状塔形。花芽于次年春季开放。在我国黄土高原地区，一般 3 月上旬花序开始萌动生长，到 4 月中上旬开花，花期延续 6～12 天。一般雄花早于雌花 2～4 天。

（1）开花始期。对于雄花，花粉逸出花药而暂集于花萼的底部，一旦微风吹动，花粉便可从花萼裂缝间散出并传粉。对于雌株，开花时柱头很快伸出花被，未授粉的柱头继续生长，授粉前柱头带黏液质。

（2）开花盛期。当沙棘植株上半数以上的花（雌、雄）开放时为开花盛期。

（3）开花末期。当树上只剩极少数花（雌、雄），或大部分脱萼时为开花末期。

本课题特别对开花盛期做了详细记载。

（一）各试点表现

开花期是在沙棘种植后进入生殖年龄出现的一个物候期，一般晚于营养生长一两年，应于展叶期同期或稍晚出现。下面是对引进大果沙棘进入盛果期后连续 3 年开花期资料的对比分析。

1. 黑龙江绥棱

在沙棘定植后的第 2 年（2015 年），就发现参试材料有 13 份材料开始开花，分别为"201301""201302""201304""201305""201307""201311""201312""201313""201315""201317"等。

绥棱试点沙棘结实基本正常后连续 3 年（2016—2018 年）进行了开花期物候观测。经过整理后的引进大果沙棘开花期情况见表 3-19。

表 3-19　绥棱试点引进大果沙棘结实基本正常后连续 3 年的开花期表现

品种编号	2016 年	2017 年	2018 年		
	盛期	盛期	始期	盛期	末期
201301	5 月 11 日至 15 日	5 月 4 日至 6 日	5 月 4 日至 10 日	5 月 6 日至 11 日	5 月 11 日至 13 日
201302	5 月 6 日至 12 日	5 月 3 日至 4 日	—	—	—
201303	5 月 6 日至 14 日	5 月 3 日至 6 日	5 月 2 日至 6 日	5 月 7 日至 9 日	5 月 10 日至 12 日
201304	5 月 12 日至 15 日	5 月 6 日至 8 日	5 月 4 日至 8 日	5 月 8 日至 11 日	5 月 12 日至 13 日
201305（CK）	5 月 3 日至 14 日	5 月 2 日至 5 日	5 月 3 日至 8 日	5 月 7 日至 10 日	5 月 12 日至 14 日
201306	5 月 3 日至 9 日	5 月 9 日至 12 日	5 月 8 日至 10 日	5 月 10 日至 12 日	5 月 13 日至 15 日
201307	5 月 11 日至 15 日	5 月 6 日至 10 日	5 月 4 日至 7 日	5 月 7 日至 9 日	5 月 11 日至 12 日
201308	5 月 11 日至 14 日	5 月 4 日至 7 日	5 月 6 日至 8 日	5 月 7 日至 8 日	5 月 12 日至 13 日
201309	5 月 6 日至 7 日	5 月 3 日至 6 日	5 月 4 日至 5 日	5 月 7 日至 8 日	5 月 11 日至 12 日
201310	5 月 3 日至 5 日	5 月 5 日至 7 日	5 月 5 日至 7 日	5 月 8 日至 9 日	5 月 11 日至 13 日
201311	5 月 9 日至 13 日	5 月 5 日至 8 日	5 月 4 日至 6 日	5 月 8 日至 9 日	5 月 11 日至 12 日
201312	5 月 13 日至 15 日	5 月 5 日至 6 日	5 月 5 日至 8 日	5 月 8 日至 10 日	5 月 11 日至 12 日
201313	5 月 3 日至 6 日	5 月 3 日至 6 日	5 月 4 日至 5 日	5 月 8 日至 10 日	5 月 12 日至 13 日
201314	5 月 5 日至 7 日	5 月 6 日至 7 日	5 月 4 日	5 月 8 日至 10 日	5 月 12 日至 13 日
201315	5 月 8 日至 12 日	5 月 6 日至 7 日	4 月 3 日至 4 日	5 月 6 日至 8 日	5 月 11 日至 12 日
201316	5 月 11 日至 15 日	5 月 9 日至 11 日	5 月 6 日至 7 日	5 月 10 日至 12 日	5 月 13 日至 15 日
201317	5 月 7 日至 10 日	5 月 4 日至 5 日	5 月 4 日	5 月 9 日至 10 日	5 月 12 日至 13 日
201318	5 月 8 日至 10 日	5 月 5 日至 6 日	5 月 4 日至 6 日	5 月 7 日至 9 日	5 月 12 日至 13 日
201319	5 月 7 日至 12 日	5 月 6 日至 7 日	5 月 4 日至 5 日	5 月 7 日至 9 日	5 月 12 日至 13 日
201320	5 月 5 日至 7 日	5 月 9 日至 13 日	5 月 4 日至 6 日	5 月 7 日至 8 日	5 月 12 日至 13 日
201321	5 月 4 日至 5 日	5 月 4 日至 6 日	5 月 6 日至 8 日	5 月 9 日至 10 日	5 月 12 日至 13 日
201322	5 月 7 日	5 月 7 日	5 月 4 日	5 月 7 日至 8 日	5 月 11 日

在绥棱试点，从 2016—2018 年记载数据来看，引进大果沙棘开花期（盛期）基本上从 2016 年的 5 月上中旬，变化为 2017 年 5 月上旬、2018 年的 5 月上中旬，3 年间虽然有所变动，但总体变动不大，基本上为 5 月上旬，个别为 5 月上中旬。"201305"（CK）与其他引进沙棘的开花期基本相仿，无明显差异。由于一个花芽也就是一个花序，一般拥有 8～10 朵花，为了更加清楚地看到雌花，人为将周边的叶片加以摘除，才能更清楚地看到雌花，见图 3-20。

201301　　　　　　　　201307　　　　　　　　201308

201311　　　　　　　　201312　　　　　　　　201320

201306（雄株）

图 3-20　绥棱试点引进沙棘花期形态

2. 辽宁朝阳

朝阳试点于 2015 年（种植后第 2 年）只发现"201306"有开花（雄花）。

朝阳试点沙棘结实基本正常后连续 3 年（2016—2018 年）进行了开花期物候观测。经过整理后的引进大果沙棘开花期情况见表 3-20。

表 3-20   朝阳试点引进大果沙棘结实基本正常后连续 3 年的开花期表现

品种编号	2016 年	2017 年	2018 年		
	盛期	盛期	始期	盛期	末期
201301	4 月 10 日至 12 日	4 月 12 日至 13 日	4 月 19 日	4 月 25 日	4 月 28 日
201302	4 月 9 日至 11 日	4 月 10 日至 12 日	4 月 17 日	4 月 21 日	4 月 24 日
201303	4 月 11 日至 13 日	4 月 11 日至 15 日	4 月 19 日	4 月 25 日	4 月 28 日
201304	4 月 11 日至 15 日	4 月 10 日至 14 日	4 月 19 日	4 月 21 日	4 月 25 日
201305（CK）	4 月 10 日至 12 日	4 月 13 日至 14 日	4 月 16 日	4 月 19 日	4 月 23 日
201306	4 月 9 日至 12 日	4 月 11 日至 12 日	4 月 21 日	4 月 25 日	4 月 30 日
201307	4 月 10 日至 12 日	4 月 12 日至 13 日	4 月 17 日	4 月 21 日	4 月 26 日
201308	4 月 8 日至 13 日	4 月 11 日至 14 日	4 月 19 日	4 月 22 日	4 月 28 日
201309	4 月 11 日至 12 日	4 月 13 日至 14 日	4 月 17 日	4 月 20 日	4 月 28 日

在朝阳试点，从 2016—2018 年记载数据来看，引进大果沙棘开花期（盛期）基本上从 2016 年的 4 月中上旬，变化到 2016 年的 4 月中旬，2017 年迟至 4 月下旬。"201305"（CK）与其他引进沙棘的开花期基本相仿，无明显差异。图 3-21 为朝阳试点引进沙棘开花期的照片，雌花像一个个小芽，十分纤细，稍不留心会观察不到。雄花为展开的萼片，花粉直接观察不到，稍有振荡或微风，即能看见一片黄色的花粉散出。

201301   201302

201305   201307

201306（雄株）

图 3-21　朝阳试点引进沙棘花期形态

3. 甘肃庆阳

庆阳试点沙棘结实基本正常后连续 3 年（2016—2018 年）进行了开花期物候观测。经过整理后的引进大果沙棘开花期情况见表 3-21。

表 3-21　庆阳试点引进大果沙棘结实基本正常后连续 3 年的开花期表现

品种编号	2016 年			2017 年			2018 年		
	始期	盛期	末期	始期	盛期	末期	始期	盛期	末期
201301	—	—	—	—	—	—	4 月 7 日	4 月 11 日	4 月 22 日
201302	—	—	—	—	—	—	4 月 8 日	4 月 12 日	4 月 24 日
201303	—	—	—	—	—	—	4 月 4 日	4 月 11 日	4 月 24 日
201304	—	—	—	4 月 30 日	5 月 2 日	5 月 4 日	4 月 8 日	4 月 12 日	4 月 26 日
201305（CK）	4 月 6 日	4 月 8 日	4 月 10 日	4 月 28 日	5 月 4 日	5 月 6 日	4 月 4 日	4 月 8 日	4 月 10 日
201306	—	—	—	—	—	—	4 月 4 日	4 月 10 日	4 月 20 日
201307	—	—	—	—	—	—	4 月 14 日	4 月 20 日	4 月 24 日
201308	—	—	—	—	—	—	4 月 16 日	4 月 22 日	4 月 26 日
201309	—	—	—	—	—	—	4 月 16 日	4 月 22 日	4 月 26 日

注："201310""201311"于 2018 年未发现开花。

从庆阳试点 2016—2018 年记载数据来看，引进大果沙棘中 2016 年仅有对照"201305"开花，2017 年又增加 1 种（"201304"）开花，2018 年有 9 种开花，仅"201310""201311"未开花。从 2018 年开花期（盛期）来看，9 种引进大果沙棘中，有 5 种在 4 月中旬，各有 2 种分别在 4 月上旬和下旬。"201305"（CK）与其他引进沙棘的开花期基本相仿，无明显差异。图 3-22 为庆阳试点一些引进沙棘品种的花期照片，可以看出，雌花很小。

201301　　　　　　　　201303　　　　　　　　201304

201305　　　　　　　201306（雄株）　　　　　　201307

图 3-22　庆阳试点引进沙棘花期形态

　　由于庆阳试点将引进沙棘定植于盐碱地，后来进行了部分移栽，对沙棘生长造成了
至少 2 年的影响，因此进入结实期的年龄实际上比其他点也推迟了 2 年左右。从庆阳试
点 2018 年的情况来看，各参试品种均有开花，4 月 5 日、4 月 6 日、4 月 7 日以及 4 月
15 日出现晚霜冻，但观察发现该情况并未对引进沙棘品种的开花产生影响。例如，
"201305"（CK）于 4 月 4 日刚开花后，5—7 日便遭遇霜冻，但 7—10 日观察发现，各枝
条挂满果实，说明此次霜冻对开花结实未造成影响。"201301""201302""201303"
"201304""201307""201308""201309"花期较长，边开花边结果，边展叶边长新梢，
观察两次霜冻，均未对开花结实造成影响。2019 年 4 月 1 日、4 月 2 日、4 月 3 日和
5 月 5 日、5 月 20 日多次出现晚霜冻，观测发现，晚霜冻对试验沙棘的开花结实也未造

成影响。

4. 青海大通

在大通试点，从记载资料来看，2016 年"201301""201302"这两个引进品种有开花，2017 年有 8 个品种开花，有 8 个品种未开花。大通试点只记录有 2017 年一年的开花期物候观测。经过整理后的 2017 年引进大果沙棘开花期情况见表 3-22。

表 3-22 大通试点引进大果沙棘结实基本正常后 2017 年的开花期表现

品种编号	始期	盛期	末期
201301	4 月 6 日	4 月 8 日	4 月 11 日
201302	4 月 6 日	4 月 9 日	4 月 11 日
201303	4 月 6 日	4 月 8 日	4 月 11 日
201304	4 月 5 日	4 月 7 日	4 月 10 日
201305（CK）	4 月 6 日	4 月 9 日	4 月 11 日
201306	4 月 7 日	4 月 9 日	4 月 11 日
201307	4 月 6 日	4 月 8 日	4 月 11 日
201308	4 月 7 日	4 月 9 日	4 月 12 日

注："201309"～"201321"于 2017 年未结实；2017 年年底所有品种受病害死亡。

从 2017 年开花期（盛期）来看，引进大果沙棘基本上为 4 月上旬。"201305"（CK）与其他引进沙棘的开花期基本相仿，无明显差异。

2017 年年底全部沙棘品种受病害死亡，故无 2018 年资料。

5. 新疆额敏

额敏试点在沙棘定植后的第 2 年即 2015 年，就发现"201301""201303""201304""201305"有开花。从记载资料来看，2016 年"201310""201313""201315""201319"这 4 个引进品种未开花，2017 年起各引种品种均有开花。该试点沙棘结实基本正常后连续 3 年（2016—2018 年）进行了开花期物候观测。经过整理后的引进大果沙棘开花期情况见表 3-23。

在额敏试点，3 年间开花盛期基本相同，稍有变化，多为 3 月底至 4 月初。"201305"（CK）与其他引进沙棘的开花期基本相仿，无明显差异。

表 3-23　额敏试点引进大果沙棘结实基本正常后连续 3 年的开花期表现

品种编号	2016 年 盛期	2017 年 盛期	2018 年 盛期
201301	3 月 29 日	3 月 29 日	4 月 2 日
201302	3 月 29 日	3 月 29 日	4 月 2 日
201303	3 月 28 日	3 月 28 日	4 月 2 日
201304	3 月 29 日	3 月 29 日	4 月 2 日
201305（CK）	3 月 29 日	3 月 29 日	4 月 1 日
201306	—	—	4 月 2 日
201307	3 月 29 日	3 月 29 日	4 月 1 日
201308	3 月 29 日	3 月 29 日	4 月 3 日
201309	4 月 1 日	4 月 1 日	4 月 2 日
201310	—	4 月 1 日	4 月 2 日
201311	4 月 1 日	4 月 1 日	4 月 1 日
201312	4 月 2 日	4 月 2 日	4 月 3 日
201313	—	4 月 2 日	4 月 2 日
201314	4 月 1 日	4 月 1 日	4 月 2 日
201315	—	4 月 1 日	4 月 3 日
201316	3 月 30 日	3 月 30 日	4 月 2 日
201317	3 月 31 日	3 月 31 日	4 月 3 日
201318	3 月 31 日	3 月 31 日	4 月 2 日
201319	—	3 月 30 日	4 月 2 日
201320	3 月 29 日	3 月 29 日	4 月 4 日
201321	3 月 29 日	3 月 29 日	4 月 2 日
201322	3 月 31 日	3 月 31 日	4 月 2 日

注："201306" 在 2016 年、2017 年有开花（雄花），漏测。

（二）综合分析

对引进大果沙棘观察多年发现，其基本上为先叶后花或叶花同放类型。引进大果沙棘开花期的对比，既包括与种源地同种植物的对比，也包括不同引入地之间的相互对比，还包括与当地主要植物间的对比。

1. 不同引入地区之间沙棘进入开花期年龄对比

在定植第 2 年，绥棱、朝阳、额敏有部分品种开花；定植第 3 年，绥棱、朝阳所有参试品种全部开花，而额敏有 4 个品种未开花，在定植第 4 年才全部开花。

再看位于黄土高原的 2 个试点，大通试点在定植第 3 年有部分品种开花，在定植第 4 年，有一半品种开花；而庆阳试点在定植第 3 年、第 4 年均为少数品种开花，第 5 年大部分开花（2 种未开花）。

可以看出，位于黄土高原的 2 个试点，进入开花期年龄较其他试点普遍晚 2 年以上。庆阳试点开花年龄推迟，还与在盐碱地上蹲苗不长、不得已挪地有关，这个影响应该在 2 年左右，即使考虑到这一原因，进入开花期年龄也要比绥棱、朝阳、额敏 3 个试点晚 1 年左右。

2．引进大果沙棘与种源地沙棘开花期对比

在原产地俄罗斯阿尔泰边疆区巴尔瑙尔市，沙棘开花期一般为 5 月 3—12 日。

黑龙江绥棱与原产地开花期基本相同，为 5 月上旬；辽宁朝阳基本上为 4 月中旬，但年度间有较大变化；甘肃庆阳开花期为 4 月中旬（但上旬、下旬也有）；青海大通开花期（盛期）为 4 月上旬（只一年观察资料）；新疆额敏开花期（盛期）为 3 月底、4 月初。

可见，就开花期而言，黑龙江绥棱与原产地情况较为相似，而青海大通、辽宁朝阳、甘肃庆阳 3 地，开花期较原产地能提前近 1 个月，新疆额敏较原产地能提前一个半月左右。

3．不同引入地区之间沙棘开花期对比

如前所述，新疆额敏开花期最早，为 3 月底或 4 月初；青海大通开花期约为 4 月上旬（只一年观察资料）；辽宁朝阳、甘肃庆阳 2 地，开花期基本为 4 月中旬；黑龙江绥棱开花期最迟，为 5 月上旬。

从几个试点来看，引进沙棘开花期基本上与展叶期相同或略迟。开花的规律是先从枝条基部开起，然后陆续向枝顶端延伸。开花持续时间因品种而异，一般在半个月以上。

4．不同年份之间沙棘开花期对比

从 2016—2018 年这 3 年沙棘情况来看，绥棱试点 3 年间开花期虽然有所变动，但总体变动不大，引进大果沙棘基本上为 5 月上旬，个别为 5 月上中旬。朝阳试点引进大果沙棘开花期（盛期）基本从 2016 年 4 月上旬或中旬，变化到 2017 年的 4 月中旬，2018 年则迟至 4 月下旬。额敏试点 3 年间开花盛期基本相同，多位于 3 月底至 4 月初。

庆阳试点 2018 年各引进品种才全部进入开花期，大通试点 2017 年年底引进沙棘全部死亡，因此这 2 个试点无法进行年度间对比。绥棱、额敏 2 个试点 3 个年度间的开花期基本上变化不大；而朝阳试点 3 年间出现随时间逐渐后移，不过时间变化不大。总体来看，3 个试点 3 年间（2016—2018 年）的开花期基本上是稳定的，没有大的变动。

5．引进大果沙棘与当地植物开花期对比

在黑龙江绥棱，1983 年对山丁子物候期观测结果表明，开花期始期为 5 月 21 日，盛期为 5 月 24 日，末期为 5 月 25 日。一般年份 6 月上旬以后多旱少雨，空气干燥。山丁子、色木、山里红、山刺梅开始陆续放花。6 月下旬以后椴树开花流蜜。本地引入沙棘开花期为 5 月上旬，早于当地大多部分树木开花期。

在辽宁朝阳，苹果（国光）开花期为 4 月 19 日，小白杨开花期为 4 月 4 日，白榆开花期为 4 月 17 日，山杏开花期为 5 月 8 日。本地引入沙棘展叶期为 4 月中旬，与当地大多部分树木展叶期基本一致。

在甘肃庆阳，杏花于 4 月上、中旬先开，随后桃花开，有"杏花开，桃花裂"之说；甘肃桃（酸桃）于 4 月上旬开花；梨、苹果树于 4 月下旬开花；核桃、柿子于 5 月上旬开花；刺槐于 5 月开花，国槐于 7 月开花。本地引入沙棘开花期约为 4 月中旬，与当地大多部分树木开花期基本一致。

在青海大通，谷雨（4 月 20 日或 21 日至 5 月 4 日或 5 日）前后，碧桃、探春开花。引进大果沙棘基本为 4 月上旬，开花期较当地大多数植物为早。

五、结实期

沙棘结实期应包括挂果期、果实成熟期和果实脱落期 3 个物候期。

（1）挂果期。开花期后立即会进入挂果期，事实上沙棘多为边开花边挂果，观察到针粒状果实时即计为挂果始期；当有一半以上枝条挂果时，即为挂果盛期。

（2）果实成熟期。当观测沙棘植株上有一半的果实变为成熟应有的红、橙、黄等颜色时，为果实成熟期。

（3）果实脱落期。沙棘品种不同，可能会出现果实当年全部脱落或部分宿存情况，需要记录宿存品种和果实脱落日期。

在生产实践中，果实近成熟或成熟时就应采果，所以挂果期和果实成熟期这两个时期更为重要，不过本课题对果实宿存情况也做了一些记载，一些试点还记载了果实膨大、变色等物候特征。

（一）各试点表现

结实期紧随开花期出现，在一株沙棘树上果花共存会有几天时间，一般在沙棘种植后进入生殖年龄时才出现。下面是对引进大果沙棘进入盛果期后连续 3 年资料的对比分析。

1. 黑龙江绥棱

定植后的第 2 年（2015 年）绥棱试点发现，参试品种中有 13 份材料开始结果，分别为"201301""201302""201304""201305""201307""201311""201312""201313""201315""201317"等，但只有"201304"结了几十个果实，其他材料只有几个果实。

绥棱试点沙棘结实基本正常后连续 3 年（2016—2018 年）进行了结实期物候观测。经过整理后的引进大果沙棘结实期有关情况见表 3-24。

表 3-24　绥棱试点引进大果沙棘结实基本正常后连续 3 年的结实期表现

品种编号	2016 年	2017 年	2018 年		
	果实成熟期	果实成熟期	挂果期	果实变色期	果实成熟期
201301	8 月 8 日至 12 日	7 月 26 日至 29 日	5 月 19 日至 20 日	7 月 20 日至 22 日	7 月 30 日至 8 月 2 日
201302	8 月 5 日至 12 日	7 月 26 日至 29 日	—	—	—
201303	8 月 8 日至 12 日	8 月 6 日至 8 日	5 月 17 日至 18 日	7 月 30 日至 8 月 1 日	8 月 6 日至 7 日
201304	8 月 8 日至 15 日	7 月 27 日至 29 日	5 月 17 日至 20 日	7 月 20 日至 24 日	7 月 29 日至 31 日
201305（CK）	8 月 13 日至 20 日	8 月 1 日至 2 日	5 月 18 日至 20 日	7 月 25 日至 27 日	8 月 4 日至 6 日
201307	7 月 30 日至 8 月 5 日	7 月 25 日至 26 日	5 月 17 日至 20 日	7 月 13 日至 15 日	7 月 28 日至 29 日
201308	8 月 25 日至 30 日	8 月 18 日至 20 日	5 月 17 日至 18 日	8 月 9 日至 10 日	8 月 16 日至 18 日
201309	8 月 12 日至 20 日	8 月 1 日至 2 日	5 月 18 日至 19 日	7 月 20 日至 23 日	7 月 31 日至 8 月 2 日
201310	8 月 12 日至 20 日	8 月 4 日至 6 日	5 月 18 日至 19 日	7 月 26 日至 28 日	8 月 4 日至 5 日
201311	8 月 3 日至 8 日	7 月 30 日至 31 日	5 月 18 日至 19 日	7 月 20 日至 23 日	7 月 29 日至 31 日
201312	8 月 5 日至 10 日	7 月 27 日至 29 日	5 月 19 日至 20 日	7 月 20 日至 22 日	7 月 29 日至 30 日
201313	8 月 13 日至 15 日	8 月 4 日至 6 日	5 月 18 日至 20 日	7 月 29 日至 31 日	8 月 4 日至 5 日
201314	8 月 12 日至 15 日	8 月 5 日至 6 日	5 月 19 日至 20 日	7 月 22 日	8 月 5 日
201315	8 月 5 日至 15 日	7 月 30 日至 8 月 2 日	5 月 17 日至 20 日	7 月 20 日至 24 日	7 月 30 日至 8 月 3 日
201316	8 月 5 日至 10 日	8 月 5 日至 7 日	5 月 20 日至 22 日	7 月 27 日至 8 月 1 日	8 月 4 日至 6 日
201317	8 月 15 日至 20 日	8 月 7 日至 9 日	5 月 18 日至 20 日	7 月 30 日至 8 月 1 日	8 月 6 日至 7 日
201318	8 月 10 日至 15 日	8 月 1 日至 2 日	5 月 18 日至 19 日	7 月 27 日至 29 日	8 月 4 日至 6 日
201319	8 月 10 日至 15 日	8 月 4 日至 6 日	5 月 18 日至 19 日	7 月 26 日至 28 日	8 月 6 日至 7 日
201320	8 月 10 日至 15 日	7 月 30 日至 8 月 3 日	5 月 17 日至 19 日	7 月 26 日至 28 日	8 月 7 日至 8 日
201321	8 月 5 日至 10 日	7 月 27 日至 28 日	5 月 18 日	7 月 27 日	8 月 5 日
201322	8 月 10 日至 15 日	7 月 29 日	5 月 17 日	7 月 25 日至 27 日	8 月 4 日至 5 日

注：物候均指盛期。

2018 年绥棱试点引进大果沙棘的挂果期基本为 5 月中旬，果实变色期为 7 月下旬至 8 月初（2018 年数据），2016 年果实成熟期多为 8 月上中旬，2017 年多为 7 月底至 8 月上旬，2018 年多为 8 月上旬（个别为 8 月中旬）。"201305"（CK）与其他引进沙棘的结实期基本相仿，无明显差异。引进沙棘挂果初期、果实变色期、果实成熟期的形态，见图 3-23～图 3-25。

201301 201303

201304 201311

201312 201213

图 3-23 绥棱试点引进沙棘挂果初期形态

201305　　　　　　　　　　　　　　201307

201320　　　　　　　　　　　　　　201322

图 3-24　绥棱试点引进沙棘果实开始变色期形态

201302　　　　　　　　　201307　　　　　　　　　201314

201315   201316

201317   201318

图 3-25   绥棱试点引进沙棘果实成熟期形态

2016 年 9 月 25—26 日，即定植后第 3 年，绥棱试点就发现当年所结沙棘果实，多数已萎缩脱落或变黑酸败，见图 3-26。

201302   201315   201317

图 3-26   绥棱试点的引进沙棘果实成熟后在树体上残存情况

2019 年年底对上一年和当年沙棘果实宿存情况进行了调查，其中 2019 年 11 月 10 日调查时，没有发现引进沙棘上一年果实有宿存情况，但当年结实宿存情况不一；当年 12 月 10 日再次调查时，已发生了变化，见表 3-25。

表 3-25　绥棱试点参试沙棘果实宿存情况（2019 年）

品种编号	果实宿存情况		
	2019 年 11 月 10 日调查	2019 年 12 月 10 日调查	2020 年 4 月 16 日调查
201301	多	多	多
201303	多	多	多
201304	极少	极少	无
201305（CK）	少	少	无
201307	极少	无	无
201308	中	中	中
201309	中	中	中
201310	无	无	无
201311	中	中	少
201312	中	中	少
201313	中	中	少
201314	中	中	少
201315	中	中	少
201316	极少	极少	无
201317	中	少	无
201318	少	少	少
201319	中	少	少
201320	少	少	无
201321	多	少	无
201322	极少	无	无

2019 年绥棱试点所结果实在成熟 3 个月（2019 年 11 月 10 日）后，树体上残留果实数量"多"的有"201301""201303""201321"这 3 个品种，"中"的有"201308""201309""201311""201312""201313""201314""201315""201317""201319"这 9 个品种，"少"的有 3 个品种，"极少"的有 4 个品种，而"无"的仅有"201310"这 1 个品种，也是果实成熟后在树体上宿存时间最短的引进大果沙棘品种。

又过 1 个月后（2019 年 12 月 10 日），绥棱试点发现当年所结果实，在果实成熟 4 个月后，"201307""201322"由"极少"变"无"，"201317""201319"由"中"变"少"，"201321"由"多"变"少"，其余品种果实宿存情况没有发生变化。在此后又过了 4 个月（2020 年 4 月 16 日），"201301""201303"宿存果实仍为"多"，"201308""201309"仍为"中"，由"中"变"少"或仍为"少"的有"201311""201312""201313""201314""201315""201318""201319"这 7 个品种，其余 9 个品种为"无"。

在结实后的次年 4 月中旬（2020 年 4 月 16 日），果实宿存为"无"的仅有 9 个品种，而过一半的品种果实宿存为"多""中"或"少"。可见总的来说，引进沙棘品种果实成熟后如果不及时采收，将会跨年残存在树体上。虽然沙棘果实在树体上的残留时间长，采果期延长，有利于采集干果和种子等，但果实成分一般会随之发生不利的变化，同时往往会罹患病虫害，所以果实成熟后还是建议及时采收为宜。

2．辽宁朝阳

朝阳试点沙棘结实基本正常后连续 3 年（2016—2018 年）进行了结实期物候观测。经过整理后的引进大果沙棘结实期有关情况见表 3-26。

表 3-26　朝阳试点引进大果沙棘结实基本正常后连续 3 年的结实期表现

品种 编号	2016 年 果实成熟期	2017 年 果实成熟期	2018 年		
			开始挂果期	挂果盛期	果实成熟期
201301	6 月 28 日至 7 月 9 日	7 月 3 日至 11 日	4 月 30 日	5 月 4 日	7 月 12 日
201302	7 月 4 日至 7 月 15 日	7 月 5 日至 10 日	4 月 26 日	5 月 1 日	7 月 7 日
201303	—	7 月 10 日至 16 日	4 月 30 日	5 月 4 日	—
201304	6 月 25 日至 7 月 5 日	6 月 27 日至 7 月 5 日	4 月 26 日	4 月 30 日	7 月 7 日
201305（CK）	7 月 10 日至 17 日	7 月 11 日至 15 日	4 月 24 日	4 月 27 日	7 月 5 日
201307	6 月 28 日至 7 月 9 日	6 月 28 日至 7 月 5 日	4 月 25 日	4 月 30 日	7 月 3 日
201308	7 月 20 日至 8 月 2 日	7 月 25 日至 8 月 5 日	4 月 30 日	5 月 3 日	7 月 28 日
201309	7 月 12 日至 18 日	7 月 10 日至 18 日	4 月 25 日	4 月 28 日	7 月 5 日

注：果实成熟期均指盛期。

朝阳试点的引进大果沙棘开始挂果期基本为 4 月下旬（2018 年数据）；果实成熟期在 2016 年、2017 年均较为分散，其中：2016 年多为 6 月底至 7 月中旬（"201308"为 7 月中旬至 8 月初），2017 年从 6 月底至 8 月初不等；2018 年多为 7 月上旬，仅"201308"为 7 月下旬。"201305"（CK）与其他引进沙棘的结实期基本相仿，无明显差异。朝阳试点引进沙棘挂果初期、果实成熟期形态见图 3-27、图 3-28。

201301 201302

图 3-27 朝阳试点引进沙棘挂果初期形态

201302 201304

201305 201308 201309

图 3-28 朝阳试点引进沙棘果实成熟期形态

在朝阳试点，引进沙棘果实成熟期因品种不同而不同，"201302""201307"成熟期相对较早，7 月初开始成熟；"201308"成熟最晚，7 月末至 8 月才开始成熟。成熟后果实在树上挂果时间不长，"201301""201305""201308"鲜果在树上挂果时间相对较长，能挂果 20 天左右，其余引进品种挂果时间为半个月左右，见表 3-27。

表 3-27   朝阳试点参试沙棘果实宿存情况（2019 年）

品种编号	果实新鲜状态持续挂树时间/d	果实宿存情况	
		2019 年 11 月 10 日调查	2019 年 12 月 11 日调查
201301	22	无	无
201302	17	无	无
201303	15	无	无
201304	15	无	无
201305（CK）	20	无	无
201307	15	无	无
201308	22	极多（果实已干）	多（果实已干）
201309	17	无	无

图 3-29 为引进品种"201309"，拍摄于 2018 年 7 月 20 日，果实成熟后不到半个月就开始萎缩。

图 3-29   朝阳试点引进沙棘（"201309"）果实萎缩情况

随着挂果时间的延长，各引进沙棘品种的果实逐渐干缩脱落。而"201308"不仅成熟较晚，而且挂果能力持续时间长。2018 年朝阳试点"201308"所结的果实，至 2019 年 4 月还挂在树上。在 2019 年 11 月 10 日和 12 月 8 日，只有"201308"的果实还挂在树上（表 3-27），但已萎缩成褐色果干；在跨年后，2020 年 4 月 15 日观察"201308"的果实，在树体上仍明显可见，但已发褐霉变，宿存情况为"少"。"201308"的果实在接近成熟期时会出现烂果现象，初步分析可能是炭疽病引起的。图 3-30 为 12 月 8 日拍摄的"201308"果实宿存情况。

图 3-30　引进品种"201308"果实在树体上的宿存情况

结果说明，朝阳试点引进沙棘的果实成熟后在树体上的残留时间要明显短于温度较低的绥棱试点。下面还将论述到，温度较高的甘肃庆阳，成熟后的沙棘果实于当年 8 月底便几乎脱落殆尽，或极少有干果挂在树上。

3．甘肃庆阳

庆阳试点 2016—2018 年进行了结实期物候观测。经过整理后的引进大果沙棘结实期有关情况见表 3-28。如前所述，庆阳试点由于定植后挪苗等原因造成的影响，实际上沙棘结实基本正常的年份较绥棱、朝阳、额敏试点晚了 2 年左右。

表 3-28　庆阳试点引进大果沙棘结实基本正常后连续 3 年的结实期表现

品种编号	2016 年			2017 年						2018 年		
	结实期			结实期			果实成熟期			开始挂果期	挂果盛期	果实成熟期
	始期	盛期	末期	始期	盛期	末期	始期	盛期	末期	盛期	盛期	盛期
201301										4 月 18 日	4 月 24 日	6 月 26 日至 7 月 10 日
201302										4 月 20 日	4 月 26 日	6 月 15 日至 7 月 8 日
201303										4 月 12 日	4 月 18 日	6 月 26 日至 7 月 12 日
201304				5 月 4 日	5 月 6 日	5 月 8 日	7 月 10 日	7 月 18 日	7 月 24 日	4 月 20 日	4 月 24 日	6 月 28 日至 7 月 15 日
201305（CK）	4 月 10 日	4 月 12 日	4 月 14 日	5 月 2 日	5 月 4 日	5 月 8 日	7 月 12 日	7 月 20 日	7 月 26 日	4 月 7 日	4 月 10 日	6 月 26 日至 7 月 11 日
201307										4 月 24 日	4 月 28 日	6 月 28 日至 7 月 12 日
201308										4 月 28 日	5 月 2 日	7 月 14 日至 7 月 25 日
201309										4 月 28 日	5 月 2 日	6 月 24 日至 7 月 8 日

注："201310""201311"未结实。

　　2017 年庆阳试点引进大果沙棘只有"201304""201305"结果，其中"201304"结果较少，"201305"结果较多，但是 6 月 18 日的暴雨夹杂冰雹，使大部分果实被打烂，之后慢慢脱落。当年观察到，引进品种 7 月中旬成熟，随后果实迅速大量脱落。庆阳试点引进品种挂果初期、果实成熟期形态见图 3-31、图 3-32，从图中可以看出，结实密度明显低于绥棱试点。

201301　　　　　　　　　　　201303　　　　　　　　　　　201305

图 3-31　庆阳试点引进沙棘挂果初期形态

201302　　　　　　　　　　　201304　　　　　　　　　　　201307

图 3-32　庆阳试点引进沙棘果实成熟期形态

　　从 2018 年数据来看，庆阳试点引进大果沙棘开始挂果期因品种不同而异，从 4 月初至下旬均有，不过绝大多数在 4 月中下旬；果实成熟期多为 6 月底至 7 月上中旬，只有

"201308"例外，为 7 月中旬至下旬。从结实情况来看，"201303""201304""201305"结实比较多，其余品种只有个别植株结果，且结果数量较少。2018 年 6 月 30 日，庆阳试点观察发现"201301""201307"有 70%成熟，"201302"有 60%成熟，"201303"有 30%成熟，"201304"有 40%成熟，"201305"有 30%成熟，"201309"有 50%成熟，"201308"未成熟；7 月 10 日继续观察发现，"201301""201302""201303""201305""201307""201309"基本全部成熟；7 月 15 日发现，"201304"全部成熟，"201308"开始成熟，"201302""201309"果实已经全部落完，"201301""201303""201305"的果实全部萎缩干枯，但还宿存在树上（直到 7 月 30 日还在），见图 3-33；7 月 22 日发现，"201304"果实开始萎缩干枯；7 月 25 日发现，"201808"果实全部成熟并开始脱落；7 月 29 日发现，"201304"果实全部萎缩干枯，70%脱落，30%仍挂在树上；"201308"大部分脱落，只有少量萎缩干枯、挂在树上。

果实开始脱落（7 月 19 日）　　　　　　　　　果实干枯（7 月 21 日）

图 3-33　庆阳试点"201301"品种果实成熟后萎缩干枯情况

"201305"（CK）与其他引进沙棘的结实期基本相仿，无明显差异。

4．青海大通

2017 年大通试点沙棘结实基本正常，进行了结实期物候观测。经过整理后的引进大果沙棘结实期有关情况见表 3-29。

表 3-29　大通试点引进大果沙棘结实基本正常后 2017 年的结实期表现

品种编号	2017 年			
	果实膨大期			果实成熟期
	始期	盛期	末期	盛期
201301	4 月 23 日	6 月 7 日	7 月 20 日	8 月 5 日
201302	4 月 25 日	6 月 8 日	7 月 18 日	8 月 7 日
201303	4 月 25 日	6 月 7 日	7 月 20 日	8 月 5 日
201304	4 月 23 日	6 月 7 日	7 月 18 日	8 月 7 日
201305（CK）	4 月 28 日	6 月 5 日	7 月 18 日	8 月 5 日
201307	4 月 25 日	6 月 7 日	7 月 18 日	8 月 8 日
201308	4 月 28 日	6 月 8 日	7 月 29 日	8 月 20 日

注："201309"～"201321"未结实。

大通试点对果实膨大期做了记载，发现这一时期持续时间（从 5 月底至 7 月中旬）很长。

从记载资料来看，2016 年大通试点"201301""201302"这两个引进品种有结实，2017 年大通试点有 8 个引进品种结实，占定植品种数的一半。从 2017 年的资料来看，引进大果沙棘果实膨大期始于 5 月下旬，盛期为 7 月上旬，终于 7 月中旬；果实变色期为 7 月下旬（图 3-34），果实成熟期多为 8 月上旬（图 3-35）。"201305"（CK）与其他引进沙棘的结实期基本相仿，无明显差异。如前所述，2018 年因病害毁林而无沙棘结实资料。

201305　　　　　　　　　　　　201307

图 3-34　大通试点引进沙棘果实变色期形态

201302　　　　　　　　　201304　　　　　　　　　201308

图 3-35　大通试点引进沙棘果实成熟期形态

5. 新疆额敏

额敏试点的沙棘结实基本正常后，连续 3 年（2016—2018 年）进行了结实期物候观测。经过整理后的引进大果沙棘结实期表现见表 3-30。

表 3-30　额敏试点引进大果沙棘结实基本正常后连续 3 年的结实期表现

品种编号	2016 年	2017 年	2018 年		
	果实成熟期	果实成熟期	开始挂果期	挂果盛期	果实成熟期
201301	7 月 25 日	7 月 25 日	4 月 25 日	4 月 28 日	7 月 10 日
201302	7 月 24 日	7 月 24 日	4 月 25 日	4 月 28 日	7 月 10 日
201303	7 月 24 日	7 月 24 日	4 月 25 日	4 月 28 日	7 月 14 日
201304	7 月 25 日	7 月 25 日	4 月 24 日	4 月 27 日	7 月 10 日
201305（CK）	7 月 24 日	7 月 24 日	4 月 25 日	4 月 27 日	7 月 10 日
201307	7 月 20 日	7 月 20 日	4 月 25 日	4 月 28 日	7 月 10 日
201308	8 月 25 日	8 月 25 日	4 月 25 日	4 月 28 日	8 月 17 日
201309	7 月 25 日	7 月 25 日	4 月 25 日	4 月 28 日	7 月 12 日
201310	—	7 月 25 日	4 月 25 日	4 月 28 日	7 月 20 日
201311	7 月 24 日	7 月 24 日	4 月 25 日	4 月 28 日	7 月 11 日
201312	7 月 26 日	7 月 26 日	4 月 25 日	4 月 28 日	7 月 10 日
201313	—	7 月 26 日	4 月 25 日	4 月 28 日	7 月 20 日
201314	7 月 25 日	7 月 25 日	4 月 25 日	4 月 28 日	7 月 14 日
201315	—	7 月 25 日	4 月 25 日	4 月 28 日	7 月 14 日
201316	7 月 24 日	7 月 24 日	4 月 26 日	4 月 29 日	7 月 12 日
201317	7 月 25 日	7 月 25 日	4 月 25 日	4 月 28 日	7 月 14 日
201318	7 月 25 日	7 月 25 日	4 月 25 日	4 月 28 日	7 月 14 日
201319	—	7 月 25 日	4 月 25 日	4 月 28 日	7 月 10 日
201320	7 月 24 日	7 月 24 日	4 月 25 日	4 月 28 日	7 月 10 日
201321	7 月 25 日	7 月 25 日	4 月 25 日	4 月 28 日	7 月 11 日
201322	7 月 24 日	7 月 24 日	4 月 25 日	4 月 28 日	7 月 10 日

　　在额敏试点，引进大果沙棘开始挂果期为 4 月下旬（2018 年数据）；果实成熟期在2016—2017 年均为 7 月下旬（仅"201308"为 8 月下旬），2018 年均为 7 月中旬（仅"201308"为 8 月中旬）。"201305"（CK）与其他引进沙棘的结实期基本相仿。额敏试点果实成熟期形态见图 3-36。

图 3-36　额敏试点引进沙棘果实成熟期形态

　　额敏试点于 2019 年年底对上一年和当年沙棘果实宿存情况进行了调查，见表 3-31。

表 3-31　额敏试点参试沙棘果实宿存情况（2019 年）

品种编号	2018 年所结果实宿存情况		2019 年所结果实宿存情况		
	2019 年 11 月 19 日调查	2019 年 12 月 17 日调查	2019 年 11 月 19 日调查	2019 年 12 月 17 日调查	2020 年 4 月 17 日调查
201301	无	无	极多	多	中
201302	无	无	多	稀少	稀少
201303	无	无	多	少	少
201304	无	无	多	中	少
201305（CK）	无	无	多	中	少
201306	无	无	多	中	少
201307	无	无	多	稀少	稀少
201308	稀少	无	极多	极多	中
201309	无	无	多	中	少
201310	无	无	多	中	稀少
201311	无	无	多	中	少
201312	无	无	多	多	中
201313	无	无	中	稀少	无
201314	无	无	中	稀少	稀少
201315	无	无	中	稀少	无
201316	稀少	无	极多	极多	少
201317	无	无	多	稀少	无
201318	无	无	多	稀少	稀少
201319	无	无	多	多	稀少
201320	无	无	多	中	中
201321	无	无	多	稀少	稀少
201322	无	无	多	中	稀少

　　两年来沙棘果实宿存情况观察结果表明，额敏试点引进大果沙棘 2018 年所结果实在历经 1 年 4 个月后，除"201308""201316"这 2 个品种的树体上有"稀少"的沙棘果实外，其余树体上已无残留的沙棘果实，只有当年所结果实；引进大果沙棘在历经 1 年 5 个月后，上年所结实果实全部脱落。而 2019 年引进大果沙棘在果实成熟 4 个月（当年 11 月 19 日）后，树体上残留果实数量呈"中"的只有"201314""201315""201316"这 3 个品种，15 个品种呈"多"，3 个品种呈"极多"；在果实成熟 5 个月（当年 12 月 17 日）后，树体上果实呈"稀少"的有 8 个品种，"少"的有 1 个品种，"中"的有 7 个品种，"多"的有 3 个品种，"极多"的只有 2 个品种；在结实后的次年 4 月中旬（2020 年 4 月 17 日），树体上已无果实的有 3 个品种，呈"稀少"的有 8 个品种，"少"的有 6 个品种，"中"的有 4 个品种。可见，额敏试点引进的大果沙棘所结的果实在树体上残留时间较长。

（二）综合分析

引进大果沙棘结实期的对比，既包括其结实期与种源地同种植物结实期的对比，也包括不同引入地之间的相互对比，还包括与当地主要植物间的对比。下面是果实成熟期的对比。

1．引进大果沙棘与种源地沙棘结实期对比

在原产地俄罗斯阿尔泰边疆区巴尔瑙尔市，沙棘果实成熟期一般为 8 月 1 日至 9 月 10 日。

黑龙江绥棱沙棘果实成熟期多为 8 月上旬；青海大通沙棘果实成熟期为 8 月中下旬；新疆额敏沙棘果实成熟期多为 7 月上旬至中旬；在辽宁朝阳、甘肃庆阳，沙棘果实成熟期多为 6 月底至 7 月中上旬。在 5 个试点中，"201308" 这一引进品种的成熟期较其他引进品种的成熟期晚 20 天至 1 个月左右。

可见，与原产地相比，绥棱、大通 2 个试点的沙棘果实成熟期较为接近原产地，但仍有所提前；其他 3 个试点的沙棘果实成熟期普遍较原产地提早半个月至 1 个月左右。

2019 年 6 月下旬，沙棘中心有关人员赴希腊雅典考察时发现，从俄罗斯新西伯利亚引进的俄罗斯大果沙棘的果实正值成熟采收期，较原产地早 1 个多月。可见，从高纬度向较低纬度引进大果沙棘，在海拔相似的前提下，有结实期普遍提前的特征。

2．不同引入地区之间沙棘结实期对比

如前所述，黑龙江绥棱沙棘果实成熟期约为 8 月上旬；新疆额敏沙棘果实成熟期多为 7 月上旬至中旬；在辽宁朝阳、甘肃庆阳，沙棘果实成熟期多为 6 月底至 7 月中上旬（"201308" 除外，各试点这一品种的果实成熟期出现均较晚）。沙棘果实成熟期实测结果很有规律，气温较低的黑龙江绥棱的沙棘果实成熟较晚，而气温较高的辽宁朝阳、甘肃庆阳的沙棘果实成熟较早。

事实上，沙棘果实成熟后还有一个果实脱落期。黄土高原地区的甘肃庆阳、青海大通 2 个试验点的沙棘果实一般在夏季果实成熟后 1 月内，即于 7 月底 8 月初全部脱落。果实脱落原因还包括产量较低，加之还有鸟食，导致树体上几乎无残存果实存在。朝阳试点大部分品种的果实也在当年全部脱落，课题组仅发现 "201308" 这个品种的果实可宿存至第二年 4 月。而在纬度最偏北的新疆额敏、黑龙江绥棱，沙棘果实产量高，但果实成熟后一般会挂至下一年才脱落干净。在额敏试点，"201308" 和 "201316" 这 2 个品种的果实甚至会宿存至第二年 11 月前后。

3．不同年份之间沙棘结实期对比

与其他物候期不同，这一物候期的果实成熟期从外观上十分容易辨认，因此为科技人员判断这一物候期提供了便利条件。

庆阳、大通这 2 个试点的沙棘果实结实年份少，未形成系列，故下面重点对其他 3 个试点进行对比分析。

从 2016—2018 年这 3 年的观测情况来看，绥棱试点的沙棘果实成熟期在 2016 年多为 8 月中上旬，2017 年多为 7 月底至 8 月上旬，2018 年多为 8 月上旬（个别为 8 月中旬）。朝阳试点的沙棘果实成熟期在 2016 年、2017 年均较为分散，其中 2016 年多为 6 月底至 7 月中旬，2017 年从 6 月底至 8 月初不等；2018 年多为 7 月上旬。额敏试点的沙棘果实成熟期在 2016—2017 年均为 7 月下旬，2018 年均为 7 月中旬。

总体来看，3 个试点 3 年（2016—2018 年）间的果实成熟期较稳定、集中。

4. 引进大果沙棘与当地植物结实期对比

在黑龙江绥棱，8 月降温迅速，平均气温为 10℃左右。1983 年对山丁子物候期观测结果表明，其沙棘果实成熟期为 8 月 28 日。黑龙江绥棱引进大果沙棘果实成熟期为 7 月底至 8 月上旬，较山丁子成熟期早。

在甘肃庆阳，4 月下旬榆钱可食（果实近熟），杨、柳于 5 月下旬飞絮（果实成熟），6 月下旬桑树果熟，6 月底至 7 月初杏子成熟，8 月中旬桃子成熟，甘肃桃（酸桃）于 8 月中旬成熟，梨、苹果于 9 月中旬果熟，核桃、柿子于 9 月上旬果实成熟，刺槐于 8 月果实成熟，国槐于 11 月果实成熟。甘肃庆阳引进大果沙棘果实成熟期多为 6 月底至 7 月中上旬，属于较为早熟的植物，从一定程度上反映了引进大果沙棘在当地并不是十分适应。

在青海大通，小暑（7 月 7 日或 7 月 8 日）前后，杨树扬花结籽。青海大通引进大果沙棘果实成熟期为 8 月中下旬，与当地大部分水果的成熟期基本一致。

以往我国对采果与农时的关系十分重视，担心果实成熟期与农时重合时，会造成劳力的不足。不过随着社会的发展，特别是在青壮劳力普遍进城打工的背景下，传统的这一观念已经过时，采摘影响农时活动的观念已经不成立。因为，各种涉农产业，包括种植业、林果业等的专业化分工十分明确，未进城务工的劳力已经组成了各种专业队伍，加之从城里返乡青壮劳力的增加，劳务市场提供用工的能力不断得到加强。除此之外，用工方面可以按市场规律调整，有需求就有劳力。引进大果沙棘品种普遍采果期为 7 月至 8 月，较国内乡土中国沙棘结实期提前两个多月，反而较好地分减了每年 9 月至 10 月企业集中收购中国沙棘的压力，还有由此形成了沙棘鲜果提前上市、沙棘产品提前加工等优势，更为我国大果沙棘种植园的建立提供了充分依据。

六、落叶期

实际上，与落叶有关的时期主要包括叶变色期和落叶期两个时期。

变色期主要包括两个时期：① 叶开始变色期。当沙棘植株在秋季第一批叶子开始变黄，并且颜色逐渐加深、数量不断增多时，为开始变色期。但不能将此时期与夏季因高温、干旱、病虫害或其他原因引起的叶变色混同。② 叶全部变色期。沙棘植株上所有叶子全部变色时为全部变色期。

落叶期也包括两个时期：① 开始落叶期，即沙棘植株于晚秋开始自然落叶的日期。② 落叶末期，即沙棘植株上叶子几乎全部脱落的日期。

不过，多个试点的观测发现，往往晚秋或初冬的一次急降温和大风天气，会使沙棘整株树体一两天内全部落叶。因此，叶变色期难以观测，生产实践中接触更多的是落叶期。因此，本课题重点记载了落叶期。

（一）各试点表现

落叶期在果实成熟期之后出现，紧随其后的是休眠期。沙棘的落叶和休眠，与中国"三北"地区大部分落叶阔叶树种一样，是沙棘因冬季低温而形成的一种适应性。

1. 黑龙江绥棱

绥棱试点的沙棘引种栽植后 3 年（2014 年、2015 年、2017 年）进行了落叶期物候观测。由于 2016 年未观测，因此列入了 2017 年的资料。经过整理后的引进大果沙棘落叶期表现见表 3-32。

表 3-32　绥棱试点引进大果沙棘引种 3 年的落叶期表现

品种编号	2014 年			2015 年			2017 年
	始期	盛期	末期	始期	盛期	末期	盛期
201301	10 月 12 日	10 月 12 日	10 月 22 日	10 月 4 日	10 月 5 日	10 月 8 日	9 月 14—18 日
201302	10 月 12 日	10 月 14 日	10 月 21 日	10 月 4 日	10 月 5 日	10 月 7 日	—
201303	10 月 12 日	10 月 17 日	10 月 21 日	10 月 4 日	10 月 5 日	10 月 5 日	9 月 26—28 日
201304	10 月 12 日	10 月 12 日	10 月 24 日	10 月 2 日	10 月 4 日	10 月 9 日	9 月 18—20 日
201305（CK）	10 月 12 日	10 月 12 日	10 月 21 日	10 月 1 日	10 月 3 日	10 月 5 日	9 月 16—18 日
201306	10 月 12 日	10 月 12 日	10 月 22 日	10 月 1 日	10 月 4 日	10 月 6 日	9 月 20—24 日
201307	10 月 12 日	10 月 12 日	10 月 22 日	9 月 29 日	10 月 3 日	10 月 6 日	9 月 1 日
201308	10 月 12 日	10 月 14 日	10 月 24 日	10 月 1 日	10 月 3 日	10 月 6 日	9 月 20—23 日
201309	10 月 12 日	10 月 14 日	10 月 22 日	10 月 1 日	10 月 3 日	10 月 6 日	9 月 18—20 日
201310	10 月 12 日	10 月 15 日	10 月 22 日	10 月 2 日	10 月 4 日	10 月 4 日	9 月 20—22 日
201311	10 月 12 日	10 月 14 日	10 月 22 日	10 月 1 日	10 月 4 日	10 月 5 日	9 月 18 日
201312	10 月 12 日	10 月 15 日	10 月 22 日	10 月 1 日	10 月 5 日	10 月 8 日	9 月 16 日

品种编号	2014年			2015年			2017年
	始期	盛期	末期	始期	盛期	末期	盛期
201313	10月14日	10月17日	10月18日	9月28日	10月3日	10月5日	9月18—23日
201314	10月12日	10月14日	10月21日	10月1日	10月5日	10月7日	9月18日
201315	10月12日	10月12日	10月19日	10月1日	10月2日	10月3日	9月18—20日
201316	10月12日	10月17日	11月7日	10月1日	10月4日	10月7日	9月18—20日
201317	10月12日	10月25日	11月8日	10月1日	10月2日	10月7日	9月2日
201318	10月12日	10月20日	11月2日	10月1日	10月4日	10月9日	9月18—20日
201319	10月12日	10月14日	10月19日	10月1日	10月5日	10月9日	9月26—28日
201320	10月12日	10月17日	10月19日	10月4日	10月5日	10月7日	9月2日
201321	10月12日	10月15日	10月19日	10月4日	10月5日	10月6日	9月16日
201322	10月12日	10月12日	10月12日	10月4日	10月6日	10月6日	9月2日

注：2016年资料未测，列入了2017年的资料。

在绥棱试点，引进大果沙棘各个品种的落叶期在2014年基本上为10月中旬至下旬，个别至11月上旬；而2015年，由于降温剧烈，落叶期基本集中在10月上旬的短短几天时间；2017年落叶期多数为9月中下旬，但也有4种位于9月初。"201305"（CK）与其他引进沙棘的落叶期基本相仿，无明显差异。

从2018年的观测情况来看，沙棘叶片基本不变色，因此变色期不明显，初霜后即开始落叶，集中在10月中旬。

2．辽宁朝阳

朝阳试点的沙棘引种栽植后前3年（2014—2016年）进行了落叶期物候观测。经过整理后的引进大果沙棘落叶期表现见表3-33。

表3-33　朝阳试点引进大果沙棘引种前3年的落叶期表现

品种编号	2014年		2015年	2016年
	始期	末期	盛期	盛期
201301	10月10日	11月3日	10月11—20日	10月8—18日
201302	10月6日	10月29日	10月6—11日	10月8—14日
201303	10月10日	11月5日	10月6—11日	10月8—14日
201304	10月10日	11月3日	10月6—11日	10月8—14日
201305（CK）	10月10日	10月29日	10月6—8日	10月8—10日
201306	10月13日	11月3日	10月6—11日	10月8—10日
201307	10月10日	11月3日	10月11—20日	10月8—18日
201308	10月13日	11月3日	10月8—16日	10月10—14日
201309	10月10日	10月29日	10月8—11日	10月8—12日

　　在朝阳试点，引进大果沙棘各个品种的落叶期（图 3-37）在 2014 年基本上为 10 月中旬至 11 月初；2015 年和 2016 年，落叶期基本上为 10 月中上旬。"201305"（CK）与其他引进沙棘的落叶期基本相仿，无明显差异。

图 3-37　朝阳试点引进沙棘落叶期形态

3. 甘肃庆阳

　　庆阳试点的沙棘引种栽植后前 3 年（2014—2016 年）进行了落叶期物候观测。经过整理后的引进大果沙棘落叶期表现见表 3-34。

表 3-34　庆阳试点引进大果沙棘引种前 3 年的落叶期表现

品种编号	2014 年			2015 年			2016 年		
	始期	盛期	末期	始期	盛期	末期	始期	盛期	末期
201301	10 月 22 日	10 月 27 日	10 月 31 日	9 月 28 日	10 月 4 日	10 月 12 日	9 月 12 日	9 月 26 日	9 月 30 日
201302	10 月 22 日	10 月 27 日	10 月 31 日	10 月 4 日	10 月 12 日	10 月 16 日	10 月 8 日	10 月 24 日	10 月 30 日
201303	10 月 22 日	10 月 27 日	11 月 4 日	9 月 28 日	10 月 4 日	10 月 14 日	10 月 4 日	10 月 20 日	10 月 28 日
201304	10 月 22 日	10 月 27 日	11 月 1 日	9 月 28 日	10 月 4 日	10 月 16 日	10 月 10 日	10 月 24 日	10 月 30 日
201305（CK）	10 月 22 日	10 月 27 日	11 月 4 日	9 月 28 日	10 月 4 日	10 月 14 日	10 月 8 日	10 月 24 日	10 月 28 日
201306	10 月 22 日	10 月 27 日	10 月 31 日	10 月 4 日	10 月 8 日	10 月 12 日	10 月 12 日	10 月 26 日	10 月 28 日
201307	10 月 9 日	10 月 22 日	10 月 27 日	10 月 4 日	10 月 8 日	10 月 12 日	10 月 12 日	10 月 26 日	10 月 30 日
201308	10 月 22 日	10 月 27 日	10 月 31 日	10 月 4 日	10 月 8 日	10 月 14 日	10 月 12 日	10 月 26 日	10 月 28 日
201309	10 月 9 日	10 月 22 日	10 月 27 日	10 月 4 日	10 月 12 日	10 月 14 日	10 月 12 日	10 月 26 日	10 月 30 日
201310	10 月 9 日	10 月 27 日	10 月 31 日	10 月 4 日	10 月 8 日	10 月 14 日	10 月 14 日	10 月 22 日	10 月 26 日
201311	10 月 16 日	10 月 27 日	10 月 31 日	10 月 4 日	10 月 8 日	10 月 16 日	10 月 14 日	10 月 20 日	—

　　在庆阳试点，引进大果沙棘各个品种的落叶期在 2014 年基本上为 10 月中上旬至 10 月底，甚至到 11 月初；在 2015 年基本为 9 月底、10 月初至 10 月中旬；2016 年分化更大，为 10 月中上旬至 10 月底，只有"201301"十分罕见，落叶期提前至 9 月 12 日至 30

日。"201305"（CK）与其他引进沙棘的落叶期基本相仿，无明显差异。

从 2018 年的观测情况来看，引进大果沙棘普遍落叶较早。"201301"从 8 月 3 日就开始落叶，8 月底基本落完；"201306"（雄株）在 9 月上旬也基本落完；其余引进沙棘品种也于 9 月下旬全部落完。

4. 青海大通

大通试点的沙棘引种栽植后前 3 年（2014—2016 年）进行了落叶期物候观测。经过整理后的引进大果沙棘落叶期表现见表 3-35。

表 3-35　大通试点引进大果沙棘引种前 3 年的落叶期表现

品种编号	2014 年			2015 年			2016 年		
	始期	盛期	末期	始期	盛期	末期	始期	盛期	末期
201301	9 月 13 日	9 月 25 日	10 月 17 日	9 月 15 日	9 月 27 日	10 月 8 日	9 月 12 日	9 月 25 日	10 月 4 日
201302	9 月 13 日	9 月 25 日	10 月 17 日	9 月 15 日	9 月 25 日	10 月 8 日	9 月 13 日	9 月 23 日	10 月 3 日
201303	9 月 15 日	9 月 27 日	10 月 15 日	9 月 17 日	9 月 26 日	10 月 8 日	9 月 12 日	9 月 22 日	10 月 4 日
201304	9 月 13 日	9 月 25 日	10 月 17 日	9 月 14 日	9 月 26 日	10 月 8 日	9 月 13 日	9 月 23 日	10 月 2 日
201305（CK）	9 月 13 日	9 月 25 日	10 月 17 日	9 月 13 日	9 月 26 日	10 月 8 日	9 月 13 日	9 月 25 日	10 月 3 日
201306	9 月 15 日	9 月 27 日	10 月 17 日	9 月 15 日	9 月 26 日	10 月 8 日	9 月 10 日	9 月 21 日	9 月 30 日
201307	9 月 18 日	9 月 25 日	10 月 15 日	9 月 15 日	9 月 26 日	10 月 8 日	9 月 12 日	9 月 24 日	10 月 2 日
201308	9 月 13 日	9 月 25 日	10 月 15 日	9 月 15 日	9 月 26 日	10 月 8 日	9 月 12 日	9 月 22 日	10 月 2 日
201309	9 月 15 日	9 月 27 日	10 月 17 日	9 月 15 日	9 月 26 日	10 月 8 日	9 月 13 日	9 月 24 日	10 月 2 日
201310	9 月 18 日	9 月 27 日	10 月 15 日	9 月 16 日	9 月 26 日	10 月 8 日	9 月 13 日	9 月 23 日	10 月 3 日
201311	9 月 13 日	9 月 25 日	10 月 15 日	9 月 15 日	9 月 25 日	10 月 8 日	9 月 11 日	9 月 21 日	10 月 2 日
201312	9 月 13 日	9 月 25 日	10 月 15 日	9 月 15 日	9 月 26 日	10 月 8 日	9 月 13 日	9 月 22 日	10 月 2 日
201313	9 月 13 日	9 月 25 日	10 月 15 日	9 月 15 日	9 月 26 日	10 月 8 日	9 月 12 日	9 月 23 日	10 月 3 日
201314	9 月 13 日	9 月 25 日	10 月 15 日	9 月 15 日	9 月 26 日	10 月 8 日	（病死）	—	—
201316	9 月 13 日	9 月 25 日	10 月 15 日	9 月 15 日	9 月 26 日	10 月 8 日	（病死）	—	—
201317	9 月 15 日	9 月 27 日	10 月 15 日	9 月 15 日	9 月 26 日	10 月 8 日	9 月 10 日	9 月 20 日	9 月 29 日
201318	9 月 13 日	9 月 25 日	10 月 15 日	9 月 15 日	9 月 26 日	10 月 8 日	9 月 9 日	9 月 17 日	9 月 29 日
201319	9 月 13 日	9 月 25 日	10 月 15 日	9 月 15 日	9 月 25 日	10 月 8 日	（病死）	—	—
201321	9 月 13 日	9 月 25 日	10 月 15 日	9 月 15 日	9 月 25 日	10 月 8 日	9 月 9 日	9 月 17 日	9 月 29 日

在大通试点，引进品种的沙棘落叶期在 2014 年均为 9 月中旬至 10 月中旬；在 2015 年均为 9 月中旬至 10 月上旬；2016 年为 9 月中上旬至 9 月底或 10 月初。"201305"（CK）与其他引进沙棘的落叶期基本相仿，无明显差异。

5. 新疆额敏

额敏试点的沙棘引种栽植后前 3 年（2014—2016 年）进行了落叶期物候观测。经过整理后的引进大果沙棘落叶期表现见表 3-36。

表 3-36   额敏试点引进大果沙棘引种前 3 年的落叶期表现

品种编号	2014 年			2015 年			2016 年
	始期	盛期	末期	始期	盛期	末期	盛期
201301	9 月 25 日	10 月 6 日	10 月 15 日	10 月 2 日	10 月 13 日	10 月 23 日	10 月 13 日
201302	9 月 25 日	10 月 6 日	10 月 15 日	10 月 2 日	10 月 13 日	10 月 23 日	10 月 13 日
201303	9 月 26 日	10 月 7 日	10 月 16 日	10 月 2 日	10 月 13 日	10 月 23 日	10 月 13 日
201304	9 月 26 日	10 月 7 日	10 月 16 日	10 月 2 日	10 月 13 日	10 月 23 日	10 月 13 日
201305（CK）	9 月 26 日	10 月 7 日	10 月 16 日	10 月 2 日	10 月 13 日	10 月 23 日	10 月 13 日
201306	9 月 26 日	10 月 7 日	10 月 16 日	10 月 2 日	10 月 13 日	10 月 23 日	—
201307	9 月 26 日	10 月 7 日	10 月 16 日	10 月 2 日	10 月 13 日	10 月 23 日	10 月 13 日
201308	9 月 26 日	10 月 7 日	10 月 16 日	10 月 2 日	10 月 13 日	10 月 23 日	10 月 13 日
201309	9 月 26 日	10 月 7 日	10 月 16 日	10 月 2 日	10 月 13 日	10 月 23 日	10 月 13 日
201310	9 月 25 日	10 月 6 日	10 月 15 日	10 月 2 日	10 月 13 日	10 月 23 日	—
201311	9 月 25 日	10 月 6 日	10 月 15 日	10 月 2 日	10 月 13 日	10 月 23 日	10 月 13 日
201312	9 月 26 日	10 月 7 日	10 月 16 日	10 月 2 日	10 月 13 日	10 月 23 日	10 月 13 日
201313	9 月 26 日	10 月 7 日	10 月 16 日	10 月 2 日	10 月 13 日	10 月 23 日	—
201314	9 月 26 日	10 月 7 日	10 月 16 日	10 月 2 日	10 月 13 日	10 月 23 日	10 月 13 日
201315	9 月 25 日	10 月 6 日	10 月 15 日	10 月 2 日	10 月 13 日	10 月 23 日	—
201316	9 月 26 日	10 月 7 日	10 月 16 日	10 月 2 日	10 月 13 日	10 月 23 日	10 月 13 日
201317	9 月 26 日	10 月 7 日	10 月 16 日	10 月 2 日	10 月 13 日	10 月 23 日	10 月 13 日
201318	9 月 25 日	10 月 6 日	10 月 15 日	10 月 2 日	10 月 13 日	10 月 23 日	10 月 13 日
201319	9 月 25 日	10 月 6 日	10 月 15 日	10 月 2 日	10 月 13 日	10 月 23 日	—
201320	9 月 25 日	10 月 6 日	10 月 15 日	10 月 2 日	10 月 13 日	10 月 23 日	10 月 13 日
201321	9 月 26 日	10 月 7 日	10 月 16 日	10 月 2 日	10 月 13 日	10 月 23 日	10 月 13 日
201322	9 月 26 日	10 月 7 日	10 月 16 日	10 月 2 日	10 月 13 日	10 月 23 日	10 月 13 日

在额敏试点，引进大果沙棘各个品种的落叶期在 2014 年均为 9 月下旬至 10 月中旬；在 2015 年均为 10 月初至 10 月下旬；2016 年为 10 月中旬（盛期）。"201305"（CK）与其他引进沙棘的落叶期基本相仿，无明显差异。

（二）综合分析

引进大果沙棘落叶期的对比，既包括与种源地同种植物的对比，也包括不同引入地之间的对比，还包括与当地主要植物间的对比。

1. 引进大果沙棘与种源地沙棘落叶期对比

在原产地俄罗斯阿尔泰边疆区巴尔瑙尔市，沙棘落叶期一般为 10 月 10—30 日。

在引种的 5 个试点中，落叶期出现时间由早至晚依次为：青海大通为 9 月中上旬至10 月上旬；黑龙江绥棱为 9 月中下旬至 10 月上旬；新疆额敏为 9 月下旬至 10 月中旬；辽宁朝阳为 10 月中上旬；甘肃庆阳为 10 月全月。

气温较低的青海大通、黑龙江绥棱和新疆额敏的沙棘落叶期较原产地俄罗斯阿尔泰边疆区巴尔瑙尔市的沙棘落叶期有所提前；气温较高的辽宁朝阳、甘肃庆阳的沙棘落叶期与原产地的落叶期较为一致。实际上，原产地俄罗斯阿尔泰边疆区巴尔瑙尔市的无霜期较长，达 165 天，与国内 5 个主点中沙棘生长期最长的庆阳试点的无霜期天数（162天）十分接近。因此甘肃庆阳的沙棘生长期很长，落叶期也较迟。

2. 不同引入地区之间沙棘落叶期对比

5 个主点的引进沙棘的落叶期有规律可循，气温较低的试点落叶较早，气温较高的试点落叶较迟。

3. 不同年份之间沙棘落叶期对比

在大通试点，引进各个品种的沙棘落叶期在 2014 年均为 9 月中旬至 10 月中旬；在2015 年均为 9 月中旬至 10 月上旬；2016 年为 9 月中上旬至 9 月底或 10 月初。3 年间落叶期逐渐提前。

在绥棱试点，引进大果沙棘各个品种的落叶期在 2014 年基本上为 10 月中旬至下旬，个别至 11 月上旬；在 2015 年由于降温剧烈，落叶期基本上集中在 10 月上旬的短短几天时间；2017 年落叶期多数为 9 月中下旬，但也有 4 种位于 9 月初。3 年间落叶期也逐渐提前。

在额敏试点，引进大果沙棘各个品种的落叶期在 2014 年均为 9 月下旬至 10 月中旬；2015 年均为 10 月初至 10 月下旬；2016 年均为 10 月中旬（盛期）。

在朝阳试点，引进大果沙棘各个品种的落叶期在 2014 年基本上为 10 月中旬至 11 月初；2015 年、2016 年基本上为 10 月中上旬。

在庆阳试点，引进大果沙棘各个品种的落叶期在 2014 年基本上为 10 月中上旬至 10月底，甚至到 11 月初；2015 年基本上为 9 月底、10 月初至 10 月中旬；2016 年分化更大，从 10 月中上旬至 10 月底，只有"201301"十分罕见，落叶期提前至 9 月 12—30 日。

4．引进大果沙棘与当地植物落叶期对比

在黑龙江绥棱，初霜期一般出现在 9 月中下旬，最晚出现在 10 月上旬。进入 10 月以后，北风陆续刮起，树叶由绿变黄，逐渐脱落。1983 年绥棱县气象站对山丁子物候期的观测结果表明，山丁子的叶变色期始期为 10 月 10 日，全变为 10 月 14 日；落叶期始期为 10 月 15 日，末期为 10 月 25 日。引进大果沙棘的落叶期基本上为 9 月中下旬至 10 月中上旬，较山丁子稍有提前，与当地大部分树木基本一致。

在辽宁朝阳，苹果（国光）的叶变色期为 10 月 15 日，落叶期为 10 月 30 日；小白杨的叶变色期为 10 月 10 日，落叶期为 11 月 1 日；白榆的叶变色期为 10 月 14 日，落叶期为 10 月 31 日；山杏的叶变色期为 10 月 30 日，落叶期为 11 月 9 日。引进大果沙棘的落叶期基本上为 10 月中上旬，较当地主要树木稍早。

在甘肃庆阳，大多数树木于 10 月上旬开始落叶，11 月中旬、下旬叶净。柿子于 9 月下旬落叶，核桃于 10 月下旬落叶，杨、柳于 11 月中旬落叶。引进大果沙棘的落叶期基本上为 10 月全月，与当地大部分树木落叶期基本相同。

在青海大通，寒露（10 月 8 日或 10 月 9 日）前后，树木开始落叶，气温降低。引进大果沙棘的落叶期基本上为 9 月中上旬至 10 月上旬，较当地大部分树木有所提前。

第三节　不同区域引进沙棘抗逆性能

沙棘生长在一定的环境条件中，只有当环境内各种因子都处于其适宜范围内，沙棘体内各种代谢变化和生理过程才能协调进行，并在此基础上健康正常地完成其生长发育过程。当环境因子与最适范围相差很大时，沙棘体内各过程的协调性会被破坏，随之给体内物质的积累过程和器官的生长发育带来危害，严重时甚至导致植物体的死亡。沙棘的生命周期除受其自身基因影响外，在外界完全受制于生态环境因子。

"948"项目——"俄罗斯第三代沙棘良种引进"（201206）项目实施过程中，各试点在田间对从俄罗斯引进的优良沙棘品种的抗逆性进行了评测，以确定其适宜的生长区域类型。抗逆性包括抗旱、抗热、抗寒、抗盐、抗风、抗病、抗虫等性状，主要通过记录外观表现来评判，这种方法为田间评判方法（图 3-38），辅助方法还有涉及生理生化指标的实验室测定方法。下面选用田间评判方法，重点对引进沙棘的抗旱性、抗寒性、抗盐碱性和抗病/虫性等开展有关评判。

额敏试点

朝阳试点

图 3-38 引进沙棘品种有关抗性田间现场评判

一、抗旱性

在一般干旱条件下，引进大果沙棘植株所受的干旱影响，在外观上主要表现为生长速度减慢；严重干旱时，由于植株组织内部代谢受到的强烈干扰、组织的死亡，以及组织不同部分收缩程度的不同等，植株会产生一些明显的症状。这些症状更早或更多地出现在叶子上。叶子会出现卷曲、扭转、起皱、产生斑点、边缘变褐、发黄以及过早凋落等现象，这些都是常见的沙棘旱害症状。干旱进一步加重时，沙棘的一些枝条会发生顶梢枯死现象，延续 1～2 年不等，然后整株树才慢慢死去。

课题组在干旱季节之前对每一种引进大果沙棘良种无性系选定 10 个样株，干旱季节过后，逐株观察登记旱害等级（表 3-37），统计不同等级的株数和百分率，并记载观察地点的环境因子，收集当地旱季雨量、无降雨持续天数、蒸发量、气温、风向、风速及植株的年龄等相关因素，备分析之用。

表 3-37 引进沙棘良种无性系不同旱害症状及其等级

抗旱性		旱害症状
等级	程度	
1级	强	顶梢挺拔或有轻度萎蔫，能恢复正常生长
2级	较强	主干顶部枯萎
3级	中等	主干干枯约 1/3
4级	较弱	主干干枯 1/3～2/3，能萌发恢复生长
5级	极弱	不能萌发，全株干旱死亡

因干旱与高温往往交替在一起出现，故本课题测定时统一选用抗旱性这一指标，作为各试点测定的首要指标。

（一）各试点表现

5 个试点中，位于东北的黑龙江绥棱降雨量较高、蒸发量较少，因此一般不会出现干旱问题。与其相对应的是新疆额敏，该试点降雨量很低、蒸发量很高，没有灌溉就没有生存，因此引进大果沙棘的生长发育是在保证灌溉的条件下进行的。除此之外的其余 3 个试点是抗旱性研究的重点地区。

1. 黑龙江绥棱

绥棱试点位于东北黑土区，降雨量比较充沛，试验地点年降雨量在 500 mm 以上，而且多集中在 6 月、7 月和 8 月。虽然 2016 年 8 月雨量偏少，但所有材料未出现萎蔫落叶现象。从 2014—2020 年的田间观察情况来看，该试点水分条件优越，引进沙棘的生长发育正常。

2. 辽宁朝阳

辽宁朝阳试点位于北方土石山区的川滩地，属于半干旱气候，在沙棘的生长过程中，一般需要通过灌溉来补水。

2014 年该试点引进大果沙棘种植后，整个生长季，所有苗木没有进行过灌溉，只靠天然降水维持生长。这一年与正常年份相比，5 月、6 月降水量偏多，而 7—9 月无降水天数最多持续了 17 日，7 月 22 日至 8 月 23 日只降水 18 mm（7 月 22 日至 8 月 5 日，15 天无降水；9 月 3 日—19 日，17 天无降水），详见表 3-38。但所有参试沙棘（"201301""201302""201303""201304""201305""201306""201307""201308""201309"）均没有表现出萎蔫现象，叶片表现正常，顶梢挺拔，无旱害症状，抗旱性等级均为 1 级（强）。

2015 年整个沙棘生长季，所有沙棘林地没有进行人工灌溉，依然只靠自然降水维持生长。这一年降水量明显偏少，5 月降水量只有 3.8 mm，整个雨季（6—9 月）降水量只有 175.5 mm（表 3-39），只有 7 月降水量较多，达到了 117.8 mm，且集中在 7 月初及 7 月下旬；整个 8 月只有 4 次降水过程，全月降水量只有 11.4 mm，且只有 8 月 31 日降水量较大，达到了 10.2 mm，其余 3 次降水量均不足 1 mm。该年天气更加干旱，在这种情况下，所有 9 个引进大果沙棘品种（"201301"～"201309"）依然没有发生枯萎死亡现象，顶梢较为挺拔，后期偶见个别植株出现叶片枯黄并提早脱落现象，这一年所有引进沙棘品种抗旱性等级评价仍然全为 1 级（强）。

表 3-38　2014 年 5—9 月朝阳试点日降水量记载　　　　　　　　　　单位：mm

日期	5 月	6 月	7 月	8 月	9 月	合计
1	6.5	0.0	0.0	0.0	13.0	19.5
2	1.5	0.0	38.5	0.0	6.5	46.5
4	2.0	0.5	0.0	0.0	0.0	2.5
5	0.0	4.0	0.0	0.0	0.0	4.0

日期	5 月	6 月	7 月	8 月	9 月	合计
6	0.0	27.0	0.0	3.0	0.0	30.0
7	2.0	2.5	0.0	0.0	0.0	4.5
8	1.0	1.0	0.0	0.0	0.0	2.0
9	2.0	14.0	0.0	0.0	0.0	16.0
10	14.0	1.5	0.0	3.5	0.0	19.0
11	33.0	3.5	0.0	0.0	0.0	36.5
12	0.0	10.0	0.0	2.0	0.0	12.0
13	0.0	0.0	0.0	6.5	0.0	6.5
14	0.0	0.0	0.0	0.5	0.0	0.5
16	0.0	2.5	42.0	1.5	0.0	46.0
17	0.0	11.5	0.0	0.0	0.0	11.5
18	10.0	1.0	0.0	1.0	0.0	12.0
19	5.0	0.0	0.0	0.0	0.0	5.0
20	0.0	0.5	0.0	0.0	24.5	25.0
21	0.0	0.0	9.0	0.0	0.0	9.0
22	0.0	9.5	0.0	0.0	0.5	10.0
23	0.0	0.0	0.0	0.0	15.0	15.0
24	6.0	0.0	0.0	43.0	0.0	49.0
26	0.0	8.0	0.0	0.0	18.0	26.0
合计	83.0	97.0	89.5	61.0	77.5	408.0

表 3-39　2015 年 4—9 月朝阳试点日降水量记载　　　　单位：mm

日期	4 月	5 月	6 月	7 月	8 月	9 月	合计
1	0.0	0.0	0.0	1.2	0.0	1.2	2.4
4	0.0	0.0	0.0	25.4	0.0	0.0	25.4
7	0.0	0.0	0.0	0.0	0.8	0.0	0.8
16	2.4	0.0	0.0	0.0	0.0	0.0	2.4
17	6.4	0.0	0.2	0.0	0.2	0.0	6.8
18	0.0	3.4	0.0	0.0	0.0	0.0	3.4
19	0.0	0.0	0.8	0.0	0.2	0.0	1.0
20	0.0	0.0	0.0	0.0	0.0	0.0	0.0
21	0.0	0.0	0.0	11.4	0.0	0.0	11.4
22	0.0	0.0	0.0	50.0	0.0	3.0	53.0
23	0.0	0.0	0.0	0.0	0.0	0.0	0.0
24	0.0	0.0	0.0	1.0	0.0	0.6	1.6
25	0.0	0.0	0.0	9.6	0.0	0.0	9.6
26	0.0	0.0	1.8	0.0	0.0	0.0	1.8
27	0.0	0.4	0.0	0.0	0.0	0.6	1.0
28	0.0	0.0	0.0	0.0	0.0	0.0	0.0
29	0.0	0.0	23.0	19.2	0.0	0.0	42.2
30	0.0	0.0	4.9	0.0	0.0	10.2	15.1
31	0.0	0.0	0.0	0.0	10.2	0.0	10.2
合计	8.8	3.8	30.7	117.8	11.4	15.6	188.1

2014—2015 年连续两年只通过自然降水补给水分，能够满足引进大果沙棘的生长发育需要，说明其抗旱性很好。

2016 年，朝阳试点根据当地农作习惯，在干旱或需水季节进行了适度补水。因为这一年的冬季及当年春季降水稀少，因此还进行了春灌。进入 6 月，正值果实膨大关键时期，而这一时期降水较少，个别沙棘出现叶片枯黄并提早脱落的现象，因此朝阳试点又进行了灌溉。当年没有出现因干旱而导致的沙棘枯萎死亡现象。

2017—2020 年引进大果沙棘的抗旱性依然很强。

可见在朝阳试点正常的田间管理措施下，引进大果沙棘的抗旱性仍然是经得住考验的，所有参试沙棘品种的抗旱性等级评定为 1 级（强）。

3. 甘肃庆阳

甘肃庆阳试点位于黄土高塬沟壑区的淤地坝中，地下水位较高，引进大果沙棘 11 个品种（"201301"～"201311"）从 2014 年 3 月栽植至 2020 年年底，从未进行过灌溉补水，一般只是在 7—8 月天气干旱且无降雨时，通过多次锄草的农耕办法松土保墒。

从试点所在地南小河沟 2016 年 4—8 月日降水量统计结果（表 3-40）来看，4 月中下旬无降水，5 月未出现大于 10 mm 的降水；虽然 6—8 月总降水量达 239 mm，但从日降水统计来看，只出现过 3 次较大的降水，时间短而降水量大，以暴雨的形式出现。气温最高的 7 月 19 日—8 月 22 日，未出现大于 10 mm 的日降水。试点沟道种植多年的刺槐树叶出现失水枯萎现象，塬面种植的玉米等作物几乎绝收，但引进的 11 个沙棘品种均未出现萎蔫、落叶现象。

表 3-40 2016 年 4—8 月甘肃庆阳试点（南小河沟）日降水量记载

4月		5月		6月		7月		8月		9月	
日期	降水量/mm	日期	降水量/mm	日期	降水量/mm	日期	降水量/mm	日期	降水量/mm	日期	降水量/mm
4 日	0.8	1 日	6.0	1 日	2.2	1 日	2.0	1 日	2.2	2 日	0.2
5 日	4.0	6 日	3.2	2 日	2.4	8 日	0.6	2 日	0.6	5 日	24.4
6 日	1.0	7 日	1.0	3 日	1.2	10 日	7.4	6 日	5.4	6 日	1.0
11 日	5.2	13 日	3.6	6 日	2.2	11 日	0.6	23 日	33.2	8 日	0.4
14 日	6.8	14 日	0.2	8 日	7.4	12 日	0.6	24 日	21.2	9 日	1.0
15 日	14.6	21 日	0.2	11 日	1.4	13 日	2.8	25 日	0.1	11 日	0.8
—	—	22 日	4.8	12 日	2.8	16 日	0.2	29 日	0.4	12 日	2.4
—	—	24 日	9.6	13 日	1.6	18 日	78.2	—	—	17 日	11.2
—	—	25 日	1.0	22 日	55.0	22 日	1.6	—	—	18 日	25.6
—	—	26 日	8.6	23 日	4.0	24 日	0.2	—	—	—	—
—	—	27 日	0.6	29 日	0.2	26 日	0.2	—	—	—	—
—	—	31 日	0.2	30 日	1.2	31 日	0.2	—	—	—	—
月计	32.6	—	39.0	—	81.6	—	94.6	—	62.8	—	67.4

由此说明，引进的 11 个沙棘品种（"201301"～"201311"）在庆阳试点的抗旱性等级均属于 1 级（强）。

4．青海大通

青海大通试点位于祁连山南麓的川水地，水分条件较好。不过在冬季降雪较少时，一般需要进行春灌。在大通试点进行试验时发现，每年 6 月是沙棘果实膨大的关键时期，一般降水不多，如果不灌溉，一些品种在特殊干旱年份可能会出现叶片枯黄、果叶脱落现象。

在 2014 年定植后直到 2017 年年底，大通试点对所引进的 19 个大果沙棘无性系进行观察时发现，"201301""201303""201304""201305""201308""201309""201310""201311""201312""201313""201314""201316""201317""201318""201319""201321"这 16 个品种经春旱均无干梢及芽枯死亡现象，表现出很强的抗旱性，抗旱指数级别为 1 级；"201302""201306""201307"这 3 个品种表现出较强的抗旱性，抗旱性级别为 2 级。

5．新疆额敏

额敏试点位于高纬度区，但海拔较低，加之地表为戈壁滩，因此夏季十分炎热。当地气象资料显示，2014—2019 年 7 月的平均气温为 24.6～27.6℃，极端最高气温为 33.7～43.2℃。当地不但气温高，而且极端干旱，试验开展的 7 年间，当地年降水量平均为 87.7 mm，而同时期年蒸发量平均为 1 983.1 mm，年蒸发量是降水量的 22.6 倍。

在开展本课题之前，该试点东戈壁定植的 10 多个国内外大果沙棘品种 1 年没有进行灌溉，导致大果沙棘全部死亡。引进沙棘于 2014 年种植后，额敏试点一直用水分利用率高的滴灌保证灌水，不存在"靠天等雨"的情况。额敏试点对参试沙棘品种采用的常规管理，核心是每年每亩灌水 150～200 m³，分 10～12 次。灌水量与当地大农业作物相比，已属较低指标，但这些沙棘品种均生长量大且结果多，没有因干旱而导致减产或死亡。

由于保证了充足的水分条件，额敏试点对所有参试沙棘的抗旱性无法开展评价。

（二）综合分析

如前所述，黑龙江绥棱为半湿润气候，雨水充足，基本上不存在干旱问题，引进品种的抗旱性无法评价。新疆额敏为干旱气候，靠灌水才能维持沙棘的正常生长，因此沙棘引进种植后离不开灌水条件，无法通过断水来验证引进品种的抗旱性，因此其抗旱性也无法评价。

只有辽宁朝阳、甘肃庆阳和青海大通这 3 个试点为半干旱气候，可以对引进沙棘品种进行抗旱性评价。

朝阳试点在正常的田间管理措施下，灌水或不灌水，引进大果沙棘的抗旱性均较强，所有参试沙棘品种的抗旱性等级评价定为 1 级（强）。

在庆阳试点，引进沙棘种植后，由于试验地处坝地，地下水位较高，故从未进行过灌溉补水，一般在 7—8 月天气干旱且无降雨时，通过多次锄草的农耕办法松土保墒。引进的 11

个沙棘品种（"201301"～"201311"）多年来的试验结果表明，其抗旱性等级均属于 1 级（强）。

大通试点的水分条件较好，不过大田管理人员依然根据当地农作习惯，在冬季降雪较少时进行春灌，以及在年内 6 月沙棘果实膨大的关键时期进行补灌。观察结果表明，"201302""201306""201307"这 3 个品种的抗旱性等级为 2 级（较强），其余 16 个品种为 1 级（强）。

（三）干旱胁迫试验

为了解引进沙棘对干旱胁迫的响应，课题组于 2017 年在盆栽控制条件下，研究了干旱胁迫对引进沙棘的生长、形态及生理的影响结果及机理，综合评价其抗旱性。

试验地选在沈阳农业大学校内试验场，试验所用的 13 个参试沙棘品种编号为"201301""201302""201303""201304""201305""201307""201308""201309""201310""201311""201319""201321""201322"，采用盆栽试验的方法（图 3-39）。课题组于 2019 年 3 月 28 日，将当年早春采集的沙棘硬枝插条经过生根粉浸泡 4 h 后，插在深 33 cm、容积约 8 L 的花盆中，每盆扦插 3 株，共 130 盆（每个品种 10 盆），统一编号。种植所用的土壤为培养土与石英砂 1∶1（体积比）混合后的混合物。花盆扦插后随机摆放到温室大棚中培养。

培土　　　　　　　　　　　　　　　　　试验盆扦插后

图 3-39　沙棘盆栽试验准备

经过 4 个月的生长（图 3-40）后，课题组于 7 月底进行干旱胁迫处理。试验设计 2 个处理，分别为正常水分（对照）和干旱胁迫处理，前者土壤含水量为田间持水量的 75%～80%，后者为 35%～40%。每个梯度设置 6～8 株沙棘幼苗，尽量保证选取生长良好、大小相对一致的沙棘幼苗作为每个处理梯度的试验材料。试验期间采用"称重法"进行每个梯度的控水处理，即每隔一天称量一次土壤水分自然消耗量，然后浇水补充至设定标准，将土壤含水量控制在设定范围内，同时准确记录加水量。该部分实验于 9 月底结束。

扦插条发芽　　　　生长约 1 个月（4 月 20 日）　　　　生长约 2 个月（5 月 21 日）

生长约 3 个月（6 月 28 日）　　生长约 4 个月（8 月 6 日）　　生长约 5 个月（8 月 28 日）

图 3-40　沙棘插条在试验盆中的生长过程

以 13 个引进沙棘品种为参试材料，通过在控制条件下实施干旱胁迫，测定整个生长季内不同沙棘品种的高径生长、生物量的变化，研究干旱胁迫对所有参试沙棘品种生长的影响；并从叶性状、光合特性、抗氧化酶系统、渗透调节物质等一系列生理生化特征的变化来探讨不同沙棘品种响应干旱胁迫的机制。

1. 对树高地径生长的影响

引进沙棘盆栽干旱胁迫试验当年，课题组于 4 月 26 日—9 月 26 日共计 8 次（图 3-41），测定参试的 13 个沙棘品种于不同月份在两种土壤水分条件下的树高和地径生长反应，测定结果见表 3-41。

图 3-41   盆栽试验参试沙棘树高地径测定

表中 4 月 26 日、5 月 27 日、6 月 27 日和 7 月 25 日的数据，对于两种处理（正常水分、干旱胁迫）来说属于一个总体，数据一样。7 月 30 日进行干旱胁迫处理，随后在第 7 天（8 月 5 日）首次测定两种处理条件下的沙棘树高、地径数据，此后数据因处理不同而发生明显变化。

13 个参试沙棘品种在正常水分条件下的逐月树高、地径值均高于干旱胁迫下的树高、地径值。对于 13 个参试沙棘品种来说，树高年生长值在干旱胁迫条件下，能达到正常水分条件下的 88%（86%～89%）。干旱胁迫后各参试沙棘品种树高年生长值的变化虽然能排出次序，但十分接近。地径年生长值在干旱胁迫条件下，能达到正常水分条件下的 86%（83%～89%）。可见参试沙棘品种对干旱胁迫的适应性很强，抗旱能力较为突出。

用年生长高度在干旱胁迫条件下占正常水分条件下的比例（下述括号中数据）来衡量各参试沙棘品种的抗旱性，按从高到低的顺序依次排列为："201311"（0.89）、"201319"（0.89）、"201302"（0.89）、"201304"（0.89）、"201307"（0.88）、"201305"（0.88）、"201308"（0.88）、"201309"（0.88）、"201310"（0.88）、"201301"（0.87）、"201303"（0.87）、"201321"（0.87）、"201322"（0.86）。参试沙棘品种间的树高变化差距很小。

用年生长地径在干旱胁迫条件下占正常水分条件下的比例（下述括号中数据）来衡量各参试沙棘品种的抗旱性，按从高到低的顺序依次排列为："201307"（0.89）、"201305"（0.88）、"201308"（0.88）、"201311"（0.88）、"201310"（0.88）、"201309"（0.87）、"201304"（0.86）、"201322"（0.86）、"201303"（0.85）、"201319"（0.85）、"201302"（0.85）、"201321"（0.84）、"201301"（0.83）。参试沙棘品种间的地径变化差距很小。

表3-41　不同水分条件下参试沙棘品种逐月树高和地径对比

沙棘品种编号	处理类型	4月26日 树高/cm	4月26日 地径/mm	5月27日 树高/cm	5月27日 地径/mm	6月27日 树高/cm	6月27日 地径/mm	7月25日 树高/cm	7月25日 地径/mm	8月5日* 树高/cm	8月5日* 地径/mm	8月20日 树高/cm	8月20日 地径/mm	9月12日 树高/cm	9月12日 地径/mm	9月26日 树高/cm	9月26日 地径/mm	占比/% 树高	占比/% 地径
201301	正常水分	32.50	4.42	45.50	4.72	65.10	5.42	83.10	6.96	91.00	7.54	96.30	8.09	100.70	8.63	105.20	9.17	1.00	1.00
	干旱胁迫	32.50	4.42	45.50	4.72	65.10	5.42	83.10	6.96	86.10	7.19	88.40	7.39	90.50	7.50	91.80	7.59	0.87	0.83
201302	正常水分	33.90	4.22	49.30	4.72	69.80	5.50	109.00	6.97	118.20	7.55	123.60	8.13	131.30	8.73	133.50	9.27	1.00	1.00
	干旱胁迫	33.90	4.22	49.30	4.72	69.80	5.50	109.00	6.97	111.70	7.27	115.20	7.50	116.80	7.69	118.50	7.89	0.89	0.85
201303	正常水分	32.80	4.32	47.70	5.31	68.70	5.93	95.30	7.31	105.50	7.83	112.10	8.40	116.00	8.93	119.50	9.49	1.00	1.00
	干旱胁迫	32.80	4.32	47.70	5.31	68.70	5.93	95.30	7.31	97.20	7.53	99.90	7.82	101.60	8.03	104.00	8.11	0.87	0.85
201304	正常水分	33.20	5.12	48.20	5.49	72.30	6.02	106.80	7.76	115.70	8.29	121.40	8.90	126.90	9.46	133.20	9.86	1.00	1.00
	干旱胁迫	33.20	5.12	48.20	5.49	72.30	6.02	106.80	7.76	111.30	7.94	114.40	8.15	116.20	8.33	118.30	8.48	0.89	0.86
201305	正常水分	41.30	4.26	55.00	4.90	69.70	5.79	83.40	7.55	87.40	8.13	93.10	8.68	97.80	9.19	102.40	9.69	1.00	1.00
	干旱胁迫	41.30	4.26	55.00	4.90	69.70	5.79	83.40	7.55	84.60	7.84	86.20	8.11	88.40	8.39	90.40	8.58	0.88	0.88
201307	正常水分	38.20	4.38	57.50	5.09	91.10	6.16	125.80	7.97	135.30	8.61	142.50	9.21	150.30	9.62	156.50	10.03	1.00	1.00
	干旱胁迫	38.20	4.38	57.50	5.09	91.10	6.16	125.80	7.97	129.50	8.26	132.90	8.51	135.50	8.76	138.20	8.92	0.88	0.89
201308	正常水分	31.40	5.02	46.50	5.32	64.30	5.79	97.20	7.85	107.10	8.33	113.50	8.91	121.70	9.45	129.60	9.91	1.00	1.00
	干旱胁迫	31.40	5.02	46.50	5.32	64.30	5.79	97.20	7.85	103.00	8.13	107.10	8.37	110.40	8.57	114.30	8.74	0.88	0.88
201309	正常水分	38.50	5.08	55.00	5.50	71.00	6.48	87.80	7.82	92.60	8.49	97.00	8.99	101.70	9.41	107.10	9.81	1.00	1.00
	干旱胁迫	38.50	5.08	55.00	5.50	71.00	6.48	87.80	7.82	89.00	8.03	91.30	8.18	92.90	8.39	94.40	8.56	0.88	0.87

沙棘品种编号	处理类型	4月26日 树高/cm	4月26日 地径/mm	5月27日 树高/cm	5月27日 地径/mm	6月27日 树高/cm	6月27日 地径/mm	7月25日 树高/cm	7月25日 地径/mm	8月5日* 树高/cm	8月5日* 地径/mm	8月20日 树高/cm	8月20日 地径/mm	9月12日 树高/cm	9月12日 地径/mm	9月26日 树高/cm	9月26日 地径/mm	占比/% 树高	占比/% 地径
201310	正常水分	33.80	4.98	47.00	5.58	76.30	6.51	105.70	7.47	114.90	8.35	122.60	8.87	128.80	9.35	135.80	9.68	1.00	1.00
201310	干旱胁迫	33.80	4.98	47.00	5.58	76.30	6.51	105.70	7.47	109.40	8.06	113.00	8.23	116.80	8.35	119.40	8.52	0.88	0.88
201311	正常水分	38.90	4.58	53.80	4.91	74.70	5.62	111.50	7.21	119.70	8.01	126.10	8.54	132.30	8.97	138.30	9.35	1.00	1.00
201311	干旱胁迫	38.90	4.58	53.80	4.91	74.70	5.62	111.50	7.21	115.40	7.57	118.50	7.85	120.80	8.05	123.50	8.25	0.89	0.88
201319	正常水分	35.20	4.14	52.20	4.56	66.90	5.44	86.70	7.23	93.10	7.85	98.60	8.46	104.40	9.02	109.30	9.53	1.00	1.00
201319	干旱胁迫	35.20	4.14	52.20	4.56	66.90	5.44	86.70	7.23	89.80	7.52	92.70	7.82	94.80	8.02	97.40	8.15	0.89	0.85
201321	正常水分	38.20	4.02	59.20	4.24	75.00	5.12	91.80	6.83	97.80	7.37	105.70	7.99	110.80	8.49	115.20	8.92	1.00	1.00
201321	干旱胁迫	38.20	4.02	59.20	4.24	75.00	5.12	91.80	6.83	93.80	7.06	96.00	7.20	97.70	7.35	100.20	7.51	0.87	0.84
201322	正常水分	39.40	4.58	59.30	5.20	79.20	6.44	96.10	7.92	102.40	8.39	107.70	8.93	113.40	9.45	118.10	10.03	1.00	1.00
201322	干旱胁迫	39.40	4.58	59.30	5.20	79.20	6.44	96.10	7.92	97.70	8.11	99.30	8.31	100.80	8.48	102.00	8.62	0.86	0.86

注：＊8月5日为试验处理后的第7天。

2．对单株生物量的影响

参试沙棘品种受干旱胁迫 60 天后（9 月 26 日），课题组对单株生物量进行了测定（图 3-42）。每个处理采集 4～5 株幼苗，分为叶、枝干、根 3 个部分，然后将各部分分别装入信封内于 70℃烘箱中烘干至恒重称重。

剪取样品

挖出的全株样品

根系晾晒

图 3-42　盆栽试验沙棘生物量测定

不同水分条件下参试沙棘品种枝干、叶、根生物量（干重）数据见表 3-42，其中根冠比指根与地上部分（枝干+叶）生物量的比值。

表 3-42　不同水分条件下参试引进沙棘品种年单株生物量（干重）对比

沙棘品种编号	处理类型	枝干生物量		叶生物量		根生物量		总生物量/g	占比/%	根冠比/%
		g	比例/%	g	比例/%	g	比例/%			
201301	正常水分	15.5	68.9	2.4	10.8	4.6	20.3	22.4	1.00	0.26
	干旱胁迫	12.6	73.3	1.5	8.4	3.1	18.2	17.2	0.77	0.22
201302	正常水分	15.9	57.9	3.0	10.9	8.6	31.2	27.5	1.00	0.46
	干旱胁迫	11.3	60.8	1.6	8.7	5.6	30.5	18.5	0.67	0.43
201303	正常水分	13.9	60.4	2.7	11.6	6.5	28.0	23.1	1.00	0.39
	干旱胁迫	11.7	62.1	1.7	9.2	5.4	28.7	18.8	0.82	0.40
201304	正常水分	12.9	54.9	3.0	12.7	7.6	32.4	23.4	1.00	0.48
	干旱胁迫	10.5	55.4	1.9	10.0	6.5	34.5	18.9	0.81	0.52
201305	正常水分	11.0	54.6	2.8	13.8	6.4	31.6	20.2	1.00	0.46
	干旱胁迫	10.0	58.6	1.7	9.7	5.4	31.7	17.0	0.84	0.46
201307	正常水分	27.0	69.7	3.6	9.3	8.1	20.9	38.7	1.00	0.26
	干旱胁迫	21.9	68.5	2.6	8.1	7.5	23.5	32.0	0.83	0.31
201308	正常水分	19.5	63.4	3.3	10.6	8.0	26.0	30.7	1.00	0.35
	干旱胁迫	14.8	62.4	2.2	9.2	6.7	28.4	23.7	0.77	0.39
201309	正常水分	14.0	57.4	3.0	12.2	7.4	30.4	24.3	1.00	0.44
	干旱胁迫	11.2	57.8	2.0	10.4	6.2	31.8	19.4	0.80	0.47
201310	正常水分	18.3	64.7	2.9	10.2	7.1	25.0	28.3	1.00	0.33
	干旱胁迫	13.9	62.0	2.1	9.4	6.4	28.5	22.4	0.79	0.40

| 沙棘品种编号 | 处理类型 | 枝干生物量 | | 叶生物量 | | 根生物量 | | 总生物量/g | 占比/% | 根冠比/% |
		g	比例/%	g	比例/%	g	比例/%			
201311	正常水分	14.9	60.3	2.6	10.6	7.2	29.1	24.7	1.00	0.41
	干旱胁迫	12.8	60.0	1.9	9.0	6.6	31.0	21.4	0.87	0.45
201319	正常水分	14.8	59.0	2.5	10.1	7.7	30.9	25.0	1.00	0.45
	干旱胁迫	11.3	59.5	1.6	8.7	6.0	31.8	18.9	0.76	0.47
201321	正常水分	13.0	57.9	2.4	10.5	7.1	31.6	22.4	1.00	0.46
	干旱胁迫	10.2	59.0	1.5	8.8	5.6	32.2	17.3	0.77	0.48
201322	正常水分	18.9	61.5	2.7	8.7	9.2	29.8	30.8	1.00	0.43
	干旱胁迫	14.2	61.8	1.6	6.9	7.2	31.3	23.0	0.75	0.46
平均		14.5	61.2	2.3	9.9	6.7	28.8	23.5	—	0.41

从表中参试沙棘各品种的生物量（干重）组成的平均值来看，枝干所占比例最高，达 61.2%；根第二，占 28.8%；叶最少，仅占 9.9%。从生物量分配比例（根冠比）结果来看，参试沙棘各品种在受到干旱胁迫后，除了"201301"和"201302"这 2 个品种的根冠比降低外，其余 11 个品种的根冠比值均增大。这表明 11 个参试品种在受到干旱胁迫后，降低了地上部分生长，这样可以在土壤水分短缺的情况下减少地上部分水分的蒸散，同时能将有限的资源更多地分配到根系，以便吸收更多的水分和营养物质，这是参试沙棘品种在受到干旱胁迫后的一种良好表现。

参试沙棘年生物量在干旱胁迫条件下，能达到正常水分条件下的 78%（67%～87%），可见参试沙棘品种对干旱胁迫的适应性仍然较强。在土壤水分仅占正常田间持水量的 35%～40%的情况下，参试沙棘年生物量能占到正常田间挂水量条件下的一半以上非常不易。

用年生物量在干旱胁迫条件占正常水分条件的比例（下述括号中数据）来衡量各参试沙棘品种的抗旱性，按从高到低依次排列为："201311"（0.87）、"201305""（0.84）、"201307"（0.83）、"201303"（0.82）、"201304"（0.81）、"201309"（0.80）、"201310"（0.79）、"201321"（0.77）、"201308"（0.77）、"201301"（0.77）、"2013019"（0.76）、"201322"（0.75）、"201302"（0.67）。品种间生物量变化的差距相较树高、地径来说，已经明显拉大，从最高的 0.87 降至最低的 0.67。

3. 造成生长差异的有关机理

叶片是沙棘进行光合作用的主要器官，其性状特征直接影响沙棘的基本行为和功能。叶面积、叶重、比叶面积等性状，是沙棘适应环境所表现出的重要结构特征参数，并通过其相互作用而影响叶的功能型性状，如光合特性、抗氧化酶活性以及渗透调节物质含量等，从而影响沙棘的生长和分布。一些研究表明，在逆境下许多植物能够感应外界胁迫，并能调节自身在生理和形态上发生适应性反应，以增强在胁迫条件下的生存机会。

因此，通过测定干旱胁迫条件下参试各沙棘品种在叶片水平上发生的形态及生理代谢反应及生长差异，可以探讨引进沙棘品种对干旱胁迫的响应机制。

（1）叶性状的影响

叶面积、叶重、比叶面积等性状是沙棘适应环境所体现在叶片水平上的特征参数，对于环境变化具有重要的指标意义（表3-43）。需要说明的是，表中叶只是参试沙棘植株上所采的部分叶样品，并非全株所有叶（下同）。

表3-43 不同水分条件下参试沙棘品种叶性状比较

沙棘品种编号	处理类型	叶面积/cm²	占比/%	叶干重/mg	占比/%	比叶面积/（cm²/g）	比叶面积增幅/%
201301	正常水分	3.9	92.3	32.4	89.2	119.9	4.00
	干旱胁迫	3.6		28.9		124.7	
201302	正常水分	3.8	94.7	32.7	89.9	117.5	5.45
	干旱胁迫	3.6		29.4		123.9	
201303	正常水分	3.6	94.4	31.8	91.5	114.3	3.24
	干旱胁迫	3.4		29.1		118.0	
201304	正常水分	3.4	88.2	33.0	86.7	103.3	1.26
	干旱胁迫	3.0		28.6		104.6	
201305	正常水分	3.3	84.8	32.4	82.7	102.0	1.76
	干旱胁迫	2.8		26.8		103.8	
201307	正常水分	4.0	92.5	38.5	80.0	104.8	14.41
	干旱胁迫	3.7		30.8		119.9	
201308	正常水分	3.9	92.3	37.8	75.1	103.1	22.89
	干旱胁迫	3.6		28.4		126.7	
201309	正常水分	3.8	94.7	38.2	78.0	98.4	21.95
	干旱胁迫	3.6		29.8		120.0	
201310	正常水分	4.4	77.3	45.0	57.8	98.6	31.64
	干旱胁迫	3.4		26.0		129.8	
201311	正常水分	3.9	89.7	32.6	79.8	119.5	13.72
	干旱胁迫	3.5		26.0		135.9	
201319	正常水分	5.0	68.0	51.0	62.7	98.3	8.95
	干旱胁迫	3.4		32.0		107.1	
201321	正常水分	4.4	97.7	46.4	78.4	93.9	26.62
	干旱胁迫	4.3		36.4		118.9	
201322	正常水分	4.5	66.7	46.6	59.7	95.9	11.26
	干旱胁迫	3.0		27.8		106.7	

干旱胁迫造成了树高、地径、生物量的减少，与其相伴的是叶性状两个指标——叶干重和叶面积数值的下降。从表 3-43 中可以看出，叶面积在干旱胁迫条件下仅占正常水分条件下的 87%（66.7%～97.7%）；同样，叶干重在干旱胁迫条件下仅占正常水分条件下的 78%（59.7%～91.5%）。叶是沙棘进行光合作用的主要器官，在干旱胁迫条件下，叶干重、叶面积的下降，表明由于水分条件的限制，光合能力下降。

比叶面积是指叶面积与叶片干质量之比，是沙棘叶碳收获策略的关键性因子之一。具有较高比叶面积的沙棘品种，其单位质量叶片的光捕获面积、单位质量叶氮和净光合速率也较高，即获取资源的能力较强。与正常水分条件相比，干旱胁迫后 13 个参试沙棘品种的比叶面积均有不同程度的增大，表明引进沙棘品种在受到干旱胁迫后，可以通过增加比叶面积的策略来维持对资源的获取，尤其是捕获光的能力。比叶面积增幅（下述括号中数据）最大的 3 个品种分别为："201310"（31.64%）、"201321"（26.62%）、"201308"（22.89%）；增幅最小的 3 个品种分别为"201304"（1.26%）、"201305"（1.76%）、"201303"（3.24%）；其余各个品种的增幅按由大到小依次排列为："201309"（21.95%）、"201307"（14.41%）、"201311"（13.72%）、"201322"（11.26%）、"201319"（8.95%）、"201302"（5.45%）、"201301"（4.00%）。

（2）光合特性的影响

光合作用是沙棘固定太阳光能、将无机物转化为有机物的重要生理过程，是沙棘生长的生理基础。干旱胁迫条件下的光合能力是鉴定沙棘抗旱能力的指标之一，反映了沙棘在干旱条件下的生存能力、竞争能力和适应性。

课题组以 13 个参试沙棘品种为材料，利用 Li-6400 便携式光合系统（美国，Li-Cor 公司）和红蓝光源 6400-02（美国，Li-Cor 公司），在 8—9 月，每月选取晴朗无风的天气进行光合特性测定（图 3-43）。测定的叶片选取长势一致的当年生叶片，每次测定至少重复 4 次。测定数据包括光合速率、蒸腾速率、气孔导度、胞间 CO_2 浓度，并计算水分利用效率 WUE（光合速率/蒸腾速率）。

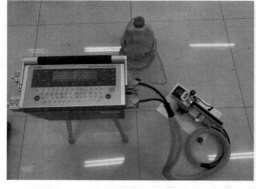

图 3-43   参试沙棘光合参数测定

1）光合速率

光合速率是指光合作用固定 CO_2（或产生 O_2）的速度，CO_2 的固定速率也称同化速率。在光合作用中实测呼吸速率是很困难的，因此在黑暗条件中来求 O_2 的吸收（CO_2 的产生）速率，在光照条件下测定 O_2 的产生（CO_2 吸收）速率，把后者的值补加到前者的值中，称为总光合速率。

与正常水分条件相比，干旱胁迫致使 13 个参试沙棘品种的光合速率显著降低，降幅介于 27%～69%（图 3-44）。这是由于水分胁迫引起气孔关闭，造成光合作用的底物之一——CO_2 供应不足，从而导致光合速率下降。光合速率降幅（下述括号中数据）最小的 3 个品种分别为"201321"（37.44%）、"201319"（37.69%）、"201311"（39.17%）；降幅最大的 3 个品种分别为"201310"（68.73%）、"201302"（62.10%）、"201307"（51.16%）；其余各个品种的降幅按由小到大依次排列为："201303"（39.24%）、"201309"（40.54%）、"201304"（43.09%）、"201308"（48.44%）、"201322"（48.67%）、"201301"（49.04%）、"201305"（49.94%）。

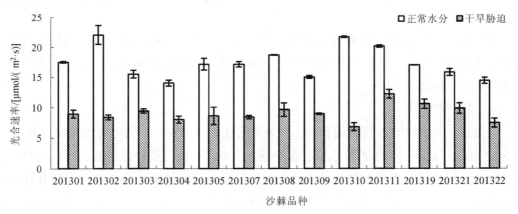

图 3-44 不同水分条件下参试沙棘品种的净光合速率

光合作用所产碳水化合物是沙棘建造自身有机体的主要物质来源，在干旱胁迫条件下由于降低了光合速率，导致参试沙棘生长量的减少。

2）蒸腾速率

蒸腾作用是水分从沙棘植株表面（主要是叶子）以水蒸气状态散失到大气中的过程，与物理学的蒸发过程不同，蒸腾作用不仅受外界环境条件的影响，而且还受沙棘本身的调节和控制，因此它是一种复杂的生理过程。其主要过程为：土壤中的水分→根毛→根内导管→茎内导管→叶内导管→气孔→大气。沙棘植株幼小时，暴露在空气中的植株全部表面都能蒸腾。

蒸腾速率是指沙棘植株在一定时间内单位叶面积蒸腾的水量。对每一个参试沙棘品种来说，蒸腾速率均随着土壤水分含量的减少而降低（图 3-45）。参试的 13 个沙棘品种的蒸腾速率平均值在正常水分条件下为 7.32 mmol/（$m^2 \cdot s$），在干旱胁迫条件下为 2.17 mmol/（$m^2 \cdot s$），仅相当于正常水分条件下的 30%。

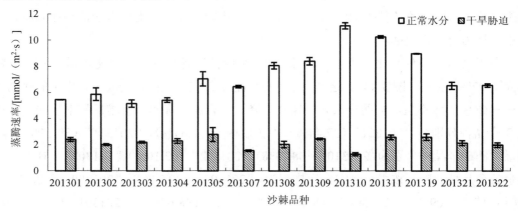

图 3-45　不同水分条件下参试沙棘品种的蒸腾速率

蒸腾有助于土壤水分和无机盐的吸收和运输，但在干旱胁迫条件下，蒸腾作用会造成参试沙棘部分气孔关闭，降低蒸腾速率，从而导致蒸腾拉力下降，用于光合作用的水分减少，生长量随之减少。

3）气孔导度

气孔开合对蒸腾有着直接的影响，一般用气孔导度来表示，也可用气孔阻力来表示。在多数情况下气孔导度的使用与测定更方便，因为它直接与蒸腾作用成正比，与气孔阻力呈反比。气孔导度表示的是气孔张开的程度，它是影响沙棘光合作用、呼吸作用及蒸腾作用的主要因素。在生物量研究中，测定气孔张开的大小（气孔孔径）或由气孔造成的 CO_2 和水汽在大气及叶片内部组织间的传输阻力（气孔阻力）十分重要。

从图 3-46 可以看出，气孔导度随着土壤水分含量的减少而降低，表明干旱胁迫致使沙棘通过减小气孔导度来减少水分散失，以适应水分亏缺。参试的 13 个沙棘品种的气孔导度平均值在正常水分条件下为 0.31 mol/（$m^2 \cdot s$），在干旱胁迫条件下为 0.06 mol/（$m^2 \cdot s$），仅相当于正常水分条件下的 19%。

4）胞间 CO_2 浓度

受到水分胁迫时，沙棘的气孔导度会降低，进入细胞的 CO_2 就减少，胞间 CO_2 浓度就会变小。CO_2 供应不足，就会导致光合速率的降低。由图 3-47 可知，13 个沙棘参试品种胞间 CO_2 浓度在干旱胁迫下均会显著降低，与光合速率和气孔导度的变化趋势一致。这表明干旱胁迫引起沙棘光合速率的下降，主要是由气孔关闭引起 CO_2 供应不足所导致的。参试的 13 个沙棘品种的胞间 CO_2 浓度平均值在正常水分条件下为 270.31μmol/mol，在干旱胁迫条件下为 169.96μmol/mol，相当于正常水分条件下的 63%。

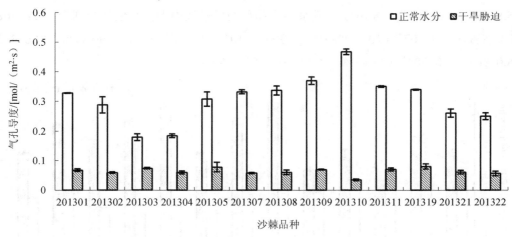

图 3-46　不同水分条件下参试沙棘品种的气孔导度

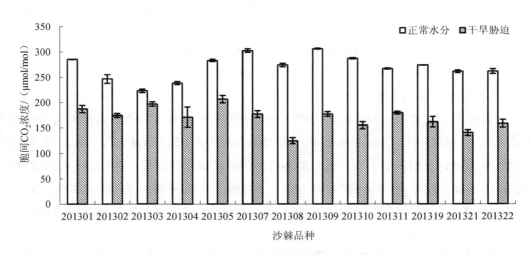

图 3-47　不同水分条件下参试沙棘品种的胞间 CO_2 浓度

5）水分利用效率

水分利用效率（WUE）是反映沙棘光合生产过程中水分利用特性的重要参数，指单位水量通过沙棘叶片蒸腾耗散时所能同化的光合产物量。沙棘因干旱而保持较高的水分利用效率，以降低水分亏缺带来的影响，增强干旱条件下对水分的竞争能力。沙棘的水分利用效率越高，节水能力越强，耐旱生产力越高。

与正常水分条件相比，13 个参试沙棘品种在受到干旱胁迫后均不同程度地提高了水分利用效率（图 3-48），表明所有参试沙棘均具有较好的抗旱性。水分利用效率增幅（下述括号中数据）最大的 3 个品种分别为"201310"（170.42%）、"201311"（142.28%）、

"201319"（119.13%）；增幅最小的 3 个品种分别为"201302"（9.92%）、"201301"（15.81%）、"201305"（28.16%）；其余各个品种的增幅按由大到小依次排列为："201308"（104.55%）、"201307"（102.67%）、"201309"（101.83%）、"201321"（90.84%）、"201322"（68.08%）、"201303"（41.43%）、"201304"（37.15%）。

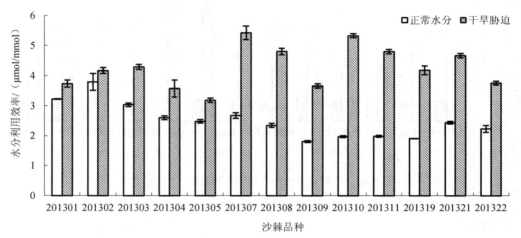

图 3-48　不同水分条件下参试沙棘品种的水分利用效率

6）长期水分利用效率

沙棘叶片的稳定碳同位素比值（$\delta^{13}C$ 值）是沙棘长期水分利用效率常用的一种间接测度方法。与测定光合效率/蒸腾效率得到的瞬时水分利用效率（WUE）不同，长期水分利用效率通过对长期积累于叶片或其他器官中的碳代谢产物的稳定碳同位素分析来加以评估，为沙棘长期碳-水平衡的统一提供了一种有效的测量手段。采用同位素气体测定仪（图 3-49）的测定方法简单，且不受时间和季节的限制，为高水分利用效率沙棘品种的选育提供了快速、简便的测定技术。

锡舟包好的样品

同位素气体测定仪

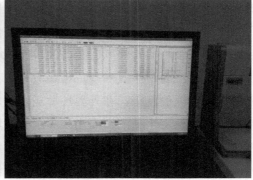

仪器界面　　　　　　　　　　　　　　　　　　计算机终端

图 3-49　用同位素气体测定仪测定参试沙棘叶片 $\delta^{13}C$ 值

不同水分条件下参试沙棘品种的叶片 $\delta^{13}C$ 值的变化见图 3-50。

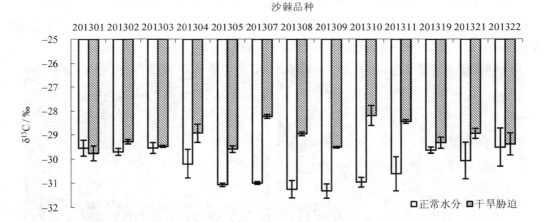

图 3-50　不同水分条件下参试沙棘品种的长期水分利用效率（$\delta^{13}C$ 值）

与正常水分条件相比，13 个参试沙棘品种只有"201301"在受到干旱胁迫后 $\delta^{13}C$ 值略有下降，而其余 12 个品种的 $\delta^{13}C$ 值均有不同程度的增大，表明这 12 个品种均具有较好的抗旱性。$\delta^{13}C$ 值增幅（下述括号中数据）最大的 3 个品种分别为"201310"（8.97%）、"201307"（8.94%）、"201308"（7.32%）；增幅最小的 3 个品种分别为"201303"（0.21%）、"201322"（0.44%）、"201319"（1.02%）；其余各个品种的增幅按由大到小依次排列为："201311"（7.07%）、"201309"（5.79%）、"201305"（4.76%）、"201304"（4.19%）、"201321"（3.70%）、"201302"（1.39%）。

（3）抗氧化酶活性的影响

酶是由活细胞产生的、对其底物具有高度特异性和高度催化效能的蛋白质或 RNA。

酶的催化作用有赖于酶分子的一级结构及空间结构的完整。若酶分子变性或亚基解聚，均可导致酶活性丧失。酶是一类极为重要的生物催化剂，由于酶的作用，生物体内的化学反应在极为温和的条件下也能高效和特异地进行。

干旱是逆境胁迫中对沙棘危害最大的因素，它能打破沙棘体内活性氧的平衡，导致沙棘受到活性氧的侵害。在外界环境适宜、水分充足的情况下，沙棘体内活性氧的生产和清除速率是保持平衡的；而当外界水分环境发生变化时，这种平衡被打破，导致活性氧的生成速率大于清除速率，使活性氧大量积累。当活性氧达到一定的累积量时，就会对沙棘造成伤害。为了清除这些有害物质，沙棘本能地产生了复杂而精准的防御体系，其中最重要的是抗氧化酶类。目前已知的抗氧化酶类包括超氧化物歧化酶（SOD）、过氧化物酶（POD）、过氧化氢酶（CAT）、抗坏血酸过氧化物酶（APX）等。在抵抗干旱胁迫的过程中，沙棘可以通过增加抗氧化酶活性来清除逆境下产生的活性氧，缓解活性氧的累积所造成的损伤。

课题组采集了13个参试沙棘品种不同处理下的健康、新鲜叶片0.5 g，迅速放入液氮冷冻，带回实验室置于–80℃低温冰箱保存。制备酶液后，用分光光度计测定超氧化物歧化酶（SOD）、过氧化物酶（POD）和过氧化氢酶（CAT）的活性（图3-51）。

酶液制备　　　　　　　　　　　　　　　分光光度计测定

图 3-51　用分光光度计测定沙棘叶片抗氧化酶活性

1）过氧化物酶

过氧化物酶（POD）是一类氧化还原酶，是以过氧化氢为电子受体催化底物氧化的酶，主要存在于载体的过氧化物酶体中，以铁卟啉为辅基，可催化过氧化氢、氧化酚类和胺类化合物及烃类氧化产物，具有消除过氧化氢和酚类、胺类、醛类、苯类毒性的双重作用。

沙棘体内含有大量过氧化物酶体，是活性较高的一种酶。它与呼吸作用、光合作用及生长素的氧化等都有关系，在沙棘生长发育过程中它的活性不断发生变化，一般过氧化物酶在老化组织中活性较高，在幼嫩组织中活性较弱。这是因为过氧化物酶能使组织中所含的某些碳水化合物转化成木质素，增加木质化程度，而且研究发现早衰减产的水稻根系中过氧化物酶的活性增加，所以过氧化物酶可作为组织老化的一种生理指标。

与正常水分条件相比，干旱胁迫致使参试的 13 个沙棘品种的过氧化物酶活性呈现不同程度的增长趋势（图 3-52），增幅介于 12%～127%。过氧化物酶活性增幅（下述括号中数据）最大的 3 个品种分别是"201310"（126.94%）、"201307"（115.84%）、"201311"（106.04%）；增幅最小的 3 个品种分别是"201301"（12.43%）、"201305"（13.62%）、"201303"（19.80%）；其余各个品种的增幅按由大到小依次排列为："201322"（73.28%）、"201308"（58.93%）、"201321"（56.63%）、"201302"（49.77%）、"201319"（45.92%）、"201304"（42.42%）、"201309"（33.24%）。

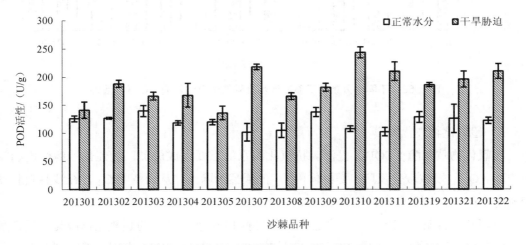

图 3-52　不同水分条件下参试沙棘品种的过氧化物酶（POD）活性

2）过氧化氢酶

过氧化氢酶（CAT）是一种酶类清除剂，又称为触酶，是以铁卟啉为辅基的结合酶。它可促使 H_2O_2 分解为分子氧和水，清除植株体内的过氧化氢，从而使细胞免于遭受 H_2O_2 的毒害，是沙棘防御体系的关键酶之一。CAT 作用于过氧化氢的机理实质上是 H_2O_2 的歧化，必须有 2 个 H_2O_2 先后与 CAT 相遇且碰撞在活性中心上，才能发生反应。H_2O_2 浓度越高，分解速度越快。过氧化氢酶主要存在于沙棘的叶绿体、线粒体、内质网内，其酶促活性为机体提供了抗氧化防御机理。

与正常水分条件相比，干旱胁迫致使参试的 13 个沙棘品种的过氧化氢酶活性呈现不同程度的增长趋势（图 3-53），增幅介于 11%～106%。过氧化氢酶活性增幅（下述括号中数据）最大的 3 个品种分别是"201311"（106.00%）、"201304"（101.55%）、"201305"（72.63%）；增幅最小的 3 个品种分别是"201319"（11.09%）、"201308"（30.36%）、"201322"（46.46%）；其余各个品种的增幅按由大到小依次排列为："201309"（70.57%）、

"201303"（67.64%）、"201301"（66.60%）、"201310"（64.66%）、"201321"（59.27%）、
"201302"（53.02%）、"201307"（48.68%）。

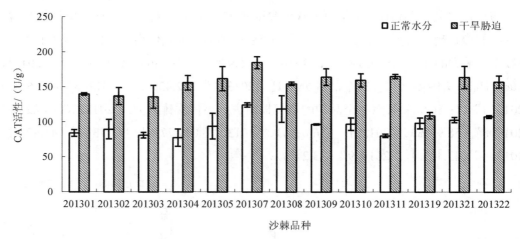

图 3-53　不同水分条件下参试沙棘品种的过氧化氢酶（CAT）活性

3）超氧化物歧化酶

超氧化物歧化酶（SOD）是沙棘抗氧化酶系的重要组成成员，能催化沙棘体内超氧自由基（O_2^-）发生歧化反应，是机体内 O_2^- 的天然消除剂，从而清除 O_2^-，在沙棘自我保护系统中起着极为重要的作用。

与正常水分条件相比，干旱胁迫致使参试的 13 个沙棘品种的超氧化物歧化酶活性呈现不同程度的增长趋势（图 3-54），增幅介于 39%～121%。超氧化物歧化酶活性增幅（下述括号中数据）最大的 3 个品种分别是"201308"（121.45%）、"201302"（105.74%）、"201305"（101.39%）；增幅最小的 3 个品种分别是"201322"（38.91%）、"201321"（48.42%）、"201319"（66.38%）；其余各个品种的增幅按由大到小依次排列为："201310"（91.85%）、"201303"（91.30%）、"201307"（89.22%）、"201301"（84.85%）、"201304"（84.56%）、"201309"（76.57%）、"201311"（72.13%）。

（4）渗透调节物质的影响

水分胁迫时，沙棘通过积累渗透调节物质，降低细胞的渗透势，增强细胞吸水作用，使细胞保持一定的膨压，从而使机体在干旱缺水条件下维持细胞生长、气孔开放和光合作用等生理生化活动，利于其度过干旱逆境。渗透调节是沙棘适应干旱、防止细胞和组织脱水、提高水分利用效率最重要的生理机制之一。

课题组采集了 13 个参试沙棘品种不同处理下的健康叶片，带回实验室置于烘箱中 70℃烘干 48 h，使样品完全干燥，然后粉碎，过 80 目筛制成供试样品，并采用紫外可见分光光度计测定可溶性蛋白、可溶性糖和脯氨酸的含量。

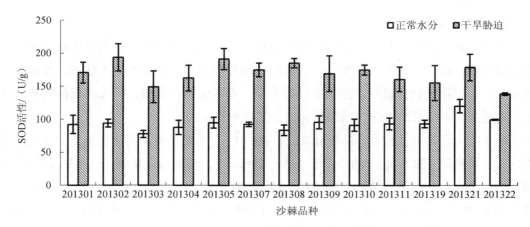

图 3-54　不同水分条件下参试沙棘品种的超氧化物歧化酶（SOD）活性

1）可溶性蛋白

可溶性蛋白是调节沙棘细胞渗透势的重要物质之一，其含量的高低影响沙棘水分的吸收和散失，在干旱条件下可在一定程度上保护沙棘免受或减少由于缺水而造成的伤害。沙棘体内可溶性蛋白含量在一定程度上反映沙棘在逆境下的忍耐及抵抗能力。

与正常水分条件相比，干旱胁迫致使参试的 13 个沙棘品种的可溶性蛋白含量呈现不同程度的增长加趋势（图 3-55），增幅介于 8%～48%。可溶性蛋白含量增幅（下述括号中数据）最大的 3 个品种分别是"201303"（47.53%）、"201307"（45.11%）、"201319"（43.30%）；增幅最小的 3 个品种分别是"201321"（8.77%）、"201301"（10.43%）、"201305"（12.17%）；其余各个品种的增幅按由大到小依次排列为："201308"（34.52%）、"201310"（25.27%）、"201311"（23.40%）、"201302"（20.79%）、"201304"（19.04%）、"201309"（17.79%）、"201322"（12.54%）。

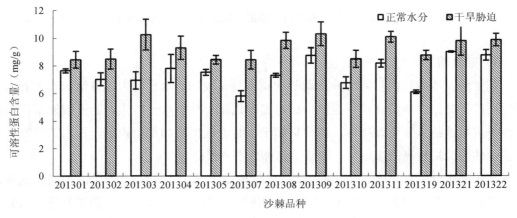

图 3-55　不同水分条件下参试沙棘品种的可溶性蛋白含量

2）可溶性糖

可溶性糖是逆境条件下对沙棘细胞起渗透调节作用的物质之一，是植株机体内的主要贮藏物质，可满足植株生长发育、新陈代谢的能量需要。干旱胁迫条件下，沙棘会主动积累一些可溶性糖，以保护细胞膜结构稳定、调节细胞渗透势，从而降低渗透势和冰点，以适应外界条件的变化，增强机体的抗旱能力和抗逆性。

与正常水分条件相比，干旱胁迫致使参试的 13 个沙棘品种的可溶性糖含量呈现不同程度的增长趋势（图 3-56），增幅介于 14%～79%。可溶性糖含量增幅（下述括号中数据）最大的 3 个品种分别是"201307"（79.10%）、"201303"（73.01%）、"201309"（55.74%）；增幅最小的 3 个品种分别是"201305"（14.46%）、"201319"（18.29%）、"201321"（26.90%）；其余各个品种的增幅按由大到小依次排列为："201308"（53.24%）、"201301"（52.61%）、"201302"（45.48%）、"201304"（42.45%）、"201310"（41.04%）、"201311"（32.49%）、"201322"（30.03%）。

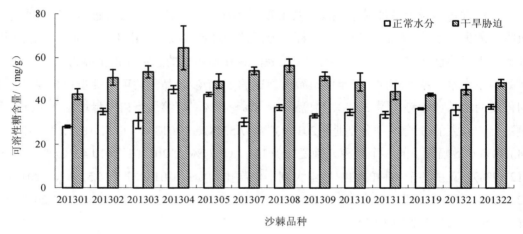

图 3-56   不同水分条件下参试沙棘品种的可溶性糖含量

3）脯氨酸

脯氨酸是沙棘体内重要的渗透调节物质，具有很强的水合能力，可结合较多的水，同时还能提高原生质胶体的稳定性，稳定细胞代谢，减少水分散失。脯氨酸通常作为衡量沙棘抗旱性的重要生理指标，其含量随干旱胁迫程度的加重而积累。积累的脯氨酸可使沙棘体内保持较高的渗透势，维持沙棘体内水分平衡。

与正常水分条件相比，干旱胁迫致使"201304"和"201322"两个品种的脯氨酸含量降低，降低率分别为 0.94%和 22.22%，表明这两个品种在面对干旱胁迫时维持水分平衡的能力相对较弱。其余 11 个沙棘品种的脯氨酸含量均呈现不同程度的增长趋势（图3-57），增幅介于 26%～109%。脯氨酸含量增幅（下述括号中数据）最大的 3 个品种分别是"201305"（108.48%）、"201307"（82.34%）、"201310"（72.87%）；增幅最小的 3 个品种分别是"201311"（26.06%）、"201309"（28.92%）、"201302"（29.08%）；其余各个品种的增幅按由大到小依次排列为："201303"（65.45%）、"201301"（48.43%）、"201321"（47.71%）、"201308"（44.08%）、"201319"（38.52%）。

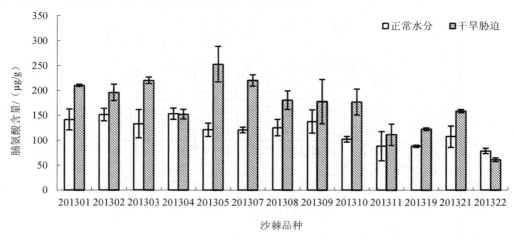

图 3-57　不同水分条件下参试沙棘品种的脯氨酸含量

4. 引进大果沙棘抗旱性综合评价

沙棘抗旱性是其在干旱环境下生长和繁殖的一种反应，是多种因素综合作用的结果，不仅表现在外部形态上，也表现在内部结构及生理代谢上。因此，要全面客观准确地评价不同参试沙棘品种的抗旱能力，必须利用与抗旱性有关的多项指标来进行综合定量评价。主成分分析通过分析变量之间的相关性，可用少数综合变量表示多个变量，从而达到将数据降维的作用。将各指标统一为综合抗旱能力，同时结合聚类分析对参试沙棘品种的抗旱性强弱进行排序和评价，能够获得比多个单一指标更为客观可靠且综合的抗旱性评定结果。

课题组以 13 个引进沙棘品种为材料，测定干旱胁迫和正常供水两种处理条件下沙棘的 16 项参数，运用主成分分析结合聚类分析法来综合评价参试沙棘品种的抗旱性。为了减少沙棘品种间固有的差异，对各测定指标均采用抗旱系数表示，计算公式如下：

抗旱系数=干旱胁迫处理测定值/对照测定值×100

将株高、地径、总生物量、根冠比、叶面积、叶干重、比叶面积、光合速率、水分利用效率、长期水分利用效率（$\delta^{13}C$）、POD 活性、CAT 活性、SOD 活性、可溶性蛋白含量、可溶性糖含量、脯氨酸含量共 16 个指标，按照公式计算抗旱系数（表 3-44）。

表 3-44　参试沙棘品种各单项指标的抗旱系数

沙棘品种编号	生长指标				形态指标			光合特性			抗氧化酶活性			渗透调节物质含量		
	株高/cm	地径/mm	总生物量/g	根冠比/%	叶面积/cm²	叶干重/mg	比叶面积/(cm²/g)	光合速率/[μmol/(m²·s)]	水分利用效率	长期水分利用效率(δ^{13}C)/‰	POD活性/(U/g)	CAT活性/(U/g)	SOD活性/(U/g)	可溶性蛋白含量/(mg/g)	可溶性糖含量/(mg/g)	脯氨酸含量/(μg/g)
201301	87.23	82.84	76.57	87.42	92.80	89.20	104.04	38.08	122.97	-0.72	112.43	166.60	184.85	110.43	152.61	148.43
201302	88.81	85.15	67.29	96.58	94.85	89.91	105.50	30.18	100.77	1.39	149.77	153.02	205.74	120.79	145.48	129.08
201303	87.03	85.46	81.63	103.56	94.50	91.51	103.27	57.37	141.56	0.21	119.80	167.64	191.30	147.53	173.01	165.45
201304	88.81	86.00	80.94	110.26	87.75	86.67	101.25	43.36	122.53	4.19	142.42	201.55	184.56	119.04	142.45	99.06
201305	88.25	88.48	84.22	100.24	84.15	82.72	101.73	63.87	126.19	4.76	113.62	172.63	201.39	112.17	114.46	208.48
201307	88.30	89.00	82.64	115.93	91.54	80.00	114.42	30.27	113.54	8.94	215.84	148.68	189.21	145.11	179.10	182.34
201308	88.20	88.16	77.23	112.95	92.28	75.13	122.82	48.59	217.05	7.32	158.93	130.36	221.45	134.52	153.24	144.08
201309	88.15	87.23	79.82	106.94	95.13	78.01	121.94	73.15	219.29	5.79	133.24	170.57	176.57	117.79	155.74	128.92
201310	87.95	88.05	79.34	119.58	76.07	57.78	131.66	28.23	275.02	8.97	226.94	164.66	191.85	125.27	141.04	172.87
201311	89.34	88.17	86.60	109.58	90.68	79.75	113.70	41.16	222.00	7.07	206.04	206.00	172.13	123.40	132.49	126.06
201319	89.14	85.45	75.59	104.43	68.38	62.75	108.99	56.50	208.85	1.02	145.92	111.09	166.38	143.30	118.29	138.52
201321	87.03	84.16	77.35	102.91	99.36	78.45	126.66	59.35	181.72	3.70	156.63	159.27	148.42	108.77	126.90	147.71
201322	86.37	85.91	74.69	107.11	66.39	59.66	111.29	51.66	154.14	0.44	173.28	146.46	138.91	112.54	130.03	77.78

采用 SPSS 22.0 软件进行主成分分析和聚类分析。主成分分析的结果见表 3-45。将 16 个指标转化成为相互独立的综合新指标，并选取 4 个主成分，其贡献率分别为第一主成分 32.29%、第二主成分 20.00%、第三主成分 12.27%、第四主成分 9.13%，累积贡献率为 73.69%，即 4 个主成分涵盖了 13 个沙棘品种 16 个指标 73% 以上的数据信息。

从表 3-45 可以看出，在第一主成分（PC1）中，根冠比、水分利用效率、$\delta^{13}C$ 值、POD 活性、地径的系数较大；在第二主成分（PC2）中，叶干重、叶面积、SOD 活性的系数较大；在第三主成分 PC3 中，CAT 活性、总生物量、光合速率的系数较大；在第四主成分（PC4）中，可溶性蛋白含量、光合速率、比叶面积的系数较大。因此，在对这 13 个沙棘参试品种进行抗旱性评价时，可以认为根冠比、水分利用效率、$\delta^{13}C$ 值、POD 活性、地径是主要的评定指标，叶干重、叶面积、SOD 活性、CAT 活性、总生物量、光合速率可作为二级指标，可溶性糖含量、脯氨酸含量、光合速率和比叶面积作为评价抗旱性的三级指标。

表 3-45 各综合指标的系数及贡献率

指标	主成分			
	PC1	PC2	PC3	PC4
株高	0.14	0.19	0.04	0.32
地径	0.36	0.18	0.04	0.11
总生物量	0.18	0.25	0.45	0.21
根冠比	0.40	−0.01	0.03	0.05
叶面积	−0.11	0.40	0.09	−0.31
叶干重	−0.26	0.43	0.07	−0.05
比叶面积	0.30	−0.14	−0.02	−0.38
光合速率	−0.12	−0.01	0.45	0.40
水分利用效率	0.39	−0.14	0.09	0.05
$\delta^{13}C$ 值	0.39	0.19	0.09	−0.16
POD 活性	0.37	−0.09	0.01	−0.16
CAT 活性	−0.03	0.24	0.53	−0.23
SOD 活性	0.05	0.41	−0.36	−0.03
可溶性蛋白含量	0.16	0.16	−0.32	0.53
可溶性糖含量	0.03	0.32	−0.23	−0.09
脯氨酸含量	0.10	0.30	−0.18	0.01
特征根值	5.17	3.20	1.96	1.46
贡献率	32.29%	20.00%	12.27%	9.13%
累计贡献率	32.29%	52.29%	64.56%	73.69%

计算 13 个参试沙棘品种的各个主成分值，并以 4 个主成分的方差贡献率作为权重，计算综合值，并排序（表 3-46）。综合值越大，说明沙棘品种的综合抗旱能力越强。从表 3-46 中可以看出，"201307" 的综合值最大，为 1.679，评价为最抗旱；"201301" 的综合值最小，为−1.827，评价为最不抗旱；其他品种的综合值按由大到小依次排列为："201311"（1.588）、"201310"（1.306）、"201308"（0.744）、"201309"（0.350）、"201305"（0.198）、"201304"（0.103）、"201303"（−0.234）、"201319"（−0.452）、"201321"（−0.705）、"201302"（−1.354）、"201322"（−1.398）。

表 3-46　参试沙棘品种各主成分值与综合值排名

沙棘品种编号	PC1	PC2	PC3	PC4	综合值	抗旱性排序
201301	−3.96	0.29	−0.32	−0.94	−1.827	13
201302	−2.34	0.61	−2.17	−1.09	−1.354	11
201303	−1.85	1.89	−0.49	1.16	−0.234	8
201304	−0.99	0.83	1.60	0.36	0.103	7
201305	−0.78	1.43	0.59	0.42	0.198	6
201307	2.87	1.95	−0.93	0.37	1.679	1
201308	1.76	0.87	−1.58	−0.02	0.744	4
201309	0.35	0.37	0.93	−0.48	0.350	5
201310	4.39	−0.99	−0.93	−1.58	1.306	3
201311	1.96	0.76	2.77	0.48	1.588	2
201319	0.10	−2.53	−1.04	2.95	−0.452	9
201321	−0.89	−1.33	1.32	−1.40	−0.705	10
201322	−0.64	−4.15	0.22	−0.24	−1.398	12

通过对参试沙棘品种抗旱性综合评价值进行聚类分析，将 13 个沙棘品种分成 4 类（图 3-58）。由于参试沙棘品种从各测定值表现来看均较好，因此分类定名时最低选用"中等"，最高选用"超强"。第 I 类有 3 个品种："201307""201311""201310"，对应的综合值均最高，所以此类属于抗旱性"超强"的类型，所占比例为 23.08%；第 II 类有 4 个品种："201308""201309""201305""201304"，属于抗旱性"强"的类型，所占比例为 30.77%；第 III 类有 3 个品种："201303""201319""201321"，属于抗旱性"较强"的类型，所占比例为 23.08%；第 IV 类有 3 个品种："201202""201222""201201"，属于抗旱性"中等"的类型，所占比例为 23.08%。

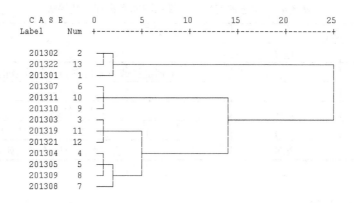

图 3-58　基于综合值的所有参试沙棘良种无性系抗旱性聚类分析

综上所述，参试的 13 个引进沙棘良种无性系在受到干旱胁迫后，在植株水平（株高、地径、生物量）和叶片水平（叶面积、叶干重）上均受到了不同程度的制约。这主要是由于水分亏缺致使沙棘叶片缩小气孔开度、减少叶面积，以维持体内水分平衡，但同时也造成了光合速率的降低，进而使沙棘生长变慢。但是，各参试沙棘品种仍然表现出了良好的抗旱性，主要表现在参试沙棘通过增加根冠比、提高比叶面积、提高水分利用效率，进而提高 POD、CAT、SOD 等抗氧化酶活性，累积可溶性蛋白、可溶性糖、脯氨酸等渗透调节物质含量，来响应干旱胁迫的环境。这是参试沙棘品种在受到干旱胁迫时的生存对策，也是其维持体内水分平衡、保持正常生长的关键。

二、抗寒性

对引进大果沙棘无性系来说，最为常见的低温危害发生在 0℃ 以下，由于组织内出现冰晶而受到冻害。这种危害的原因是产生了冰晶，如果沙棘组织内的水分处于过冷状态而不产生冰晶，它就能忍受更低的温度而不至于死亡。

冰晶的形成分为细胞内结冰和细胞间隙结冰。一般来说，在自然情况下，沙棘组织内的冰晶的形成通常是随着温度下降而逐渐进行的过程。细胞间隙的冰晶生成量与细胞内水分的外渗量随着温度降低而增加。沙棘组织的细胞间隙中形成冰晶时，细胞组织是否被杀死，取决于细胞的耐冻能力和冰冻、融化的速度、次数。冰冻越快则受害越强烈。

引进大果沙棘无性系的种类不同，其抗寒性也不相同。田间评判时，通常于初秋对每个品种选定 10 个样株，在每年春季气温回升趋于稳定时，逐株观察寒害等级（表 3-47），登记不同等级的株数，并记述观察地点的地理环境，越冬期的低温、降霜、降雪、结冰的动态和持续天数，以及沙棘植株的年龄等项，最后进行综合分析评判。

表 3-47　引进沙棘良种无性系不同寒害症状及等级

抗寒性		寒害症状
等级	类型	
1 级	强	顶梢挺拔或有轻度萎蔫，能恢复正常生长
2 级	较强	主干顶部枯萎
3 级	中等	主干冻枯约 1/3
4 级	较弱	主干冻枯 1/3～2/3，能萌发恢复生长
5 级	极弱	不能萌发，全株冻害致死

（一）各试点表现

由于沙棘引种是从俄罗斯高纬度地区向其南部的我国北方地区引种，因此抗寒性这一指标并不十分重要。不过由于我国"三北"地区冬季和早春的风力较大，大风造成的枝条抽干容易导致植株死亡，故仍然需要测定抗寒性，其中就包含着风的影响。

1．黑龙江绥棱

绥棱试点的冬季漫长寒冷，最低气温达到−30℃以下，但课题组在 2016 年春季观察时并未发现抽梢、整株死亡现象，且当年生长发育正常。

2017 年 4 月初，课题组再次对引进沙棘资源进行寒害调查，发现"201304"有一半左右的枝条梢部抽干，呈浅褐色；"201306"枝条有极少数抽干。5 月调查时发现，"201304""201306"的枝条抽干部分死亡，但枝条中下部仍然萌动抽梢，后期生长发育正常。

其后数年，课题组再未发现其他有关寒害的异常情况。故此，将"201304""201306"两个品种的抗寒性等级定为 2 级（较强），其他引进沙棘品种的抗寒性等级定为 1 级（强）。

2．辽宁朝阳

2015 年 3—4 月朝阳试点出现天气冷暖反复的不正常天气现象，4 月 12 日甚至出现了降雪，引进的 9 个沙棘品种中有 8 个品种出现了不同程度的顶梢枯萎及抽条现象。

课题组的观察结果表明，"201301"的表现最好，"201308"的表现也很好，"201302""201305""201306""201307"均较好，抗寒性等级定为 1 级（强）。"201304"抗寒性表现较差，所有的植株均有不同程度的寒害性状出现，甚至出现了死亡植株；"201303"也有死亡植株，将这两个品种的抗寒性等级定为 2 级（较强）。

此后数年，朝阳试点再未发生极端天气，各个品种的抗寒性表现良好。

3．甘肃庆阳

该试点气温较高，未出现寒害天气，即使早春经常出现晚霜冻，但所有参试沙棘品种均未出现抽梢和寒害现象，抗寒性表现良好，均为 1 级（强）。

4．青海大通

大通试点属于高寒地区，引进的大果沙棘能否正常越冬，是引种成败的关键。经2014—2017年课题组对该试点引进的19个优良沙棘无性系抗寒性的观测，发现有15种大果沙棘无性系（"201301""201302""201303""201304""201305""201307""201308""201309""201310""201311""201312""201313""201316""201317""201318"）越冬时均无干梢现象，表现出很强的抗寒性，抗寒性等级为1级（强）；"201306""201314""201319"（最差）"201321"等4个品种的抗寒性稍差，抗寒性等级为2级（较强）。

5．新疆额敏

额敏试点位于准噶尔盆地周边的戈壁滩。2014—2020年沙棘引种试验开展以来，该试点的极端最低气温在−33.8～−24.9℃，积雪深度每年不等，一般为2～9 cm。从生长情况来看，沙棘每年都能正常萌动发芽、抽枝开花、结果，尤其3月底4月初树液流动时，是沙棘的萌发、展叶和开花期，也是考验沙棘抗寒性的时期。因为这一时期树体最不抗寒，却往往会出现"倒春寒"的气象现象。但7年间的观察发现，所有参试沙棘品种不管有无"倒春寒"现象，都能照常生长，一般年内生长季节都能在树体不同部位抽出10 cm至近1 m的条子，生长情况良好，说明参试的所有沙棘品种的抗寒等级均为1级（强）。

（二）综合分析

从高纬度向南引种一般不存在抗寒性问题，但由于种源地俄罗斯海拔较低，气候类型存在特殊性，加之纬度靠南的中国"三北"地区海拔较高，风力大，使得课题组仍需考虑抗寒性。

5个主点中，庆阳试点、朝阳试点的气温较高，庆阳试点在试验期间虽然频遇晚霜冻，但未发生寒害问题，11个参试沙棘品种的抗寒性等级均为1级（强）。2015年早春，朝阳试点有冷暖反复的极端天气现象并出现降雪情况，"201303""201304"这两个品种的抗寒性等级为2级（较强），其余7个品种为1级（强）。其余年份9个参试沙棘品种的抗寒性等级均为1级（强）。

大通试点有15种大果沙棘无性系的抗寒性等级为1级（强），"201306""201314""201319""201321"这4个品种的抗寒性稍差，抗寒性等级为2级（较强）。

额敏试点所有22个参试沙棘品种的抗寒性等级均为1级（强）。

气温最低的绥棱试点，"201304""201306"两个品种的抗寒性等级为2级（较强），其余20个引进沙棘品种的抗寒性等级为1级（强）。

三、抗盐碱性

抗盐碱性等级仍然分为5级：1级（强）、2级（较强）、3级（中等）、4级（较弱）、

5 级（极弱）。

虽然沙棘对盐碱条件具有一定的抗性，但引进大果沙棘的种植园在选点时应远离盐碱化土地。

庆阳试点的试验地位于淤地坝上，地下水位较高，盐碱化程度较高，因此具备了衡量引进大果沙棘抗盐碱性的条件。

2014 年庆阳试点对引进 11 个品种的沙棘布设了 3 块试验地，各地块间布有排水沟（也是排盐碱沟）。2014 年栽植当年，引进大果沙棘 11 个品种中，"201306""201308""201309""201310""201311"有近一半死亡。到了第二年（2015 年）植株死亡现象更加严重，特别是"201302"号栽植 500 株，只剩下 185 株，保存率只有 37%。仔细研究后发现，保存率低的 8 个品种（除前述 6 种外，还有"201304"和"201307"）全部栽植在坝地靠近中间、地下水位较高的两块地上。这两块地的土壤含水率高（22.3%）、盐碱度大（pH 为 8.69，属强碱性土壤），因此造成沙棘根系腐烂，植株死亡。而栽植在地势比较高（比毗邻台地高出约 1.5 m）的地块上的"201301""201303""201305"的成活率高，生长状况比其他 8 种好，主要原因在于这块地四周还有排水沟（含水率 18.7%），盐碱得到了有效的排除（pH 为 8.12，属碱性土壤）。

据此，庆阳试点于 2016 年 3 月选了一块排水较好的地块（含水率为 19.2%，pH 为 8.22，属碱性土壤），将引进大果沙棘（"201302""201303""201304""201306""201307""201308""201309""201310""201311"）从原来地势低洼的两块地全部移出。移栽后沙棘的死亡率明显降低。2018 年沙棘生长期结束后，庆阳试点对引进大果沙棘的保存率、生长量、分枝数等进行了调查，见表 3-48。

表 3-48　2018 年庆阳试点引进大果沙棘移出盐碱地后的生长保存情况

品种编号	保存率/%	树高/cm	地径/cm	冠幅/cm	分枝数			
					一级分枝	二级分枝	三级分枝	四级分枝
201301	69.0	220.60	5.05	184.90	36	187	369	77
201302	27.6	203.20	3.12	132.00	16	39	22	—
201303	42.2	185.70	4.00	143.80	40	83	144	
201304	30.5	173.90	3.39	127.70	13	98	82	
201305（CK）	74.0	211.20	4.33	136.30	38	155	110	
201306	12.0	149.60	3.13	81.20	29	15	5	2
201307	51.0	193.60	3.43	147.20	25	64	60	
201308	14.0	192.14	3.26	110.57	25	55	—	
201309	10.8	147.29	2.83	112.43	12	36	21	—
201310	15.0	156.00	3.03	107.50	10	17	11	
201311	5.0	191.50	2.84	101.00	11	9	11	

从表 3-48 可以看出，引进的 11 个品种中，"201305" 和 "201301" 不仅保存率高，而且生长高度、分枝数量也比较多；"201307""201304""201303""201302" 的保存率、生长量、分枝数比较高；"201306""201308""201309" 虽然保存率低，但生长量比较大、分枝数比较多；"201310""201311" 的保存率低，分枝数少，树势弱。

可见，在 pH 为 8.69 即在强碱性土壤上种植后，引进沙棘大部分品种死亡；而移至 pH 为 8.22 即碱性土壤后，所有品种均可正常生长（表 3-48）。经过对 2014—2016 年种植过程的综合分析，庆阳试点认为在参试 11 个沙棘良种无性系中，抗盐碱性强（1 级）的品种有 6 种："201305""201301""201307""201304""201303""201302"；抗盐碱性较强（2 级）的品种有 5 种："201306""201308""201309""201310""201311"。

四、抗病性/抗虫性

由于生长环境条件的变化，引进大果沙棘无性系定植最初几年一些植株可能会比较衰弱，各方面功能尚在适应和恢复过程中，有可能发生病虫危害现象。各试点在田间试验中对其进行了仔细的观察记载。

与抗旱性、抗寒性一样，抗病性通常也划分为 5 级（表 3-49）。

表 3-49　引进沙棘良种无性系不同病害症状及等级

抗病性		病害症状
等级	类型	
1 级	强	树体健康，不显病
2 级	较强	仅侧枝发病
3 级	中等	主干发病，病皮占干周 1/2 以下
4 级	较弱	主干发病，病皮占干周 1/2 以上
5 级	极弱	病死

抗病性是一个十分重要的项目，也是沙棘引种中应给予高度关注的试验研究内容。抗虫性的评判方法与此相仿。

（一）各试点表现

5 处主要试验地，除新疆额敏为戈壁滩，之前未进行过人工种植，处于纯自然状态外，其余 4 个试点原先均为苗木繁育或种植地，土壤中必然残存有一些病原菌和害虫。因此引进大果沙棘会受到当地主要病虫害的危害，对其抗性进行认真的研究记载至关重要。

1. 黑龙江绥棱

2014 年定植年和随后的 2015 年，绥棱试点均未发现任何病虫害。

2016 年绥棱试点发现"201302"与"201306"两个品种患有病害，个别植株开始死亡，同时"201314"和"201321"开始出现病死植株，未死亡植株中枝条出现大量病害特征。当年 7 月"201302"部分植株的叶片开始发黄脱落逐渐死亡，甚至根蘗苗也出现死亡现象，后经取样分析，发现罹患了枝干枯萎病。

2017 年，随着引进沙棘果实产量的增加，树体趋向衰弱。当年春夏期间注意到"201302"的病害逐渐加重，整体死亡，只剩余部分根蘗；"201306""201314""201321"也出现大量植株死亡现象。至秋季，"201306"保存率不足 50%，"201314"剩余 6 株，"201321"剩余 7 株，"201322"剩余 2 株，其余品种均存在个别植株死亡情况。

2018—2019 年，连续两年冬季寒冷干旱，春季气温异常，出现典型的"倒春寒"现象，植株抗逆性降低；夏季 7—8 月又有连续降雨，出现内涝现象，加之杂草未能及时铲除，致使各个引进品种均出现枯萎病危害。"201301""201304""201305""201306""201316"等品种的植株开始大量死亡。

据此引进沙棘品种抗病性（主要指枯萎病）的初步划分等级如下：

1 级：包括"201310""201317""201318""201319"，抗病性强；

2 级：包括"201303""201304""201307""201308""201309"，抗病性较强；

3 级：包括"201301""201305""201311""201313""201320"，抗病性中等；

4 级：包括"201306""201312""201315""201316""201321"，抗病性较弱；

5 级：包括"201302""201314""201322"，抗病性极弱。

同时，绥棱试点雨季的连续降雨致使杂草生长过快，加大了虫害发生次数。本试点主要害虫为柳蝙蛾（*Phassus excrescens*）。柳蝙蛾是一种新的沙棘蛀干害虫，属鳞翅目蝙蝠蛾科，幼虫多危害杨、柳、榆等树木。在黑龙江省此虫害一般 2 年发生 1 代，少数 1 年发生 1 代，以卵及幼虫越冬，以幼虫危害树干为主，危害时期为 4 月中下旬至 7 月下旬，8 月中旬羽化盛期，虫体较大，体长一般为 44～57 mm。

从绥棱试点引进沙棘品种抗虫性（主要指柳蝙蛾）的初步划分等级来看：

2 级：包括"201301""201303""201304""201305""201308""201309""201310""201311""201315""201316""201317""201318""201319""201321""201322"共 15 个品种，抗虫性较强；

3 级：包括"201302""201306""201307""201312""201313""201314""201320"共 7 个品种，抗虫性中等。

2. 辽宁朝阳

2014 年在朝阳试点定植引进大果沙棘，当年无明显病虫害发生。

2015 年个别引进沙棘品种发生枝干枯萎病并引起植株部分枝干或全株死亡，发病严重的有"201302""201304""201309"，尤以"201302"受害严重，其余品种也有零星发病情况。当年采取的防治办法，一是清除病株，即结合修剪，在春季剪除干枯枝干；二是入冬前期对树干部进行涂白防护。结果证明，除"201302"外，防治方法对其余品种均起到了一定效果，朝阳试点因发病引起的全株死亡现象逐渐减少。2019 年通过取样分析，朝阳试点确定枯萎病病原菌为镰刀菌，因此采用恶霉灵 600～800 倍液灌根进行了防治。

2017 年朝阳试点发现"201308"果实在即将成熟时局部变软并腐烂，经初步分析诊断为炭疽病。在确定染病病因后，朝阳试点于 2019 年果实还没有出现病症前采用药剂预防，即于 6 月中旬分两次，间隔时间为 5 天，用德国产"凯润杀菌剂"（成分为吡唑醚菌酯）进行防治，8 ml 药剂兑水 15 kg，进行全株喷雾防治，防治后落果、烂果情况显著减轻。参照葡萄等炭疽病发生规律，应在花器形成时进行防治，能有效根治该病发生。因此，可在每年 4 月中旬沙棘开花时，采用上述方法进行病虫害防治。

根据 2014 年以来对沙棘抗病性、抗虫性的观察，朝阳试点对引进沙棘品种的抗性提出如下初步结论，见表 3-50、表 3-51。

表 3-50 辽宁朝阳试点引进沙棘抗病性（枯萎病）情况

抗枯萎病等级		症状	涉及品种
1 级	强	树体健康，基本不显病	201308
2 级	较强	发病致死率比例为 10%～20%	201303、201305（CK）、201301
3 级	中等	发病致死率比例为 20%～30%	201304、201306、201307
4 级	较弱	发病致死率比例为 30%～50%	201309
5 级	极弱	发病比例≥50%，死亡株数≥50%	201302

表 3-51 辽宁朝阳试点引进沙棘抗病性（炭疽病）情况

抗果实炭疽病等级		症状	涉及品种
1 级	强	基本不显病	201301、201302、201303、201304、201305（CK）、201307、201309
2 级	较强	染病果实数量比例在 20%以下	
3 级	中等	染病果实数量比例在 20%～30%	
4 级	较弱	染病果实数量比例在 30%～50%	
5 级	极弱	染病果实数量比例在 50%以上	201308

试验期间还发现，每年 5 月初会有蚜虫危害。防治办法是用 70%含量的"吡虫啉"1 g+20%含量的"啶虫脒"3～5 g+有机硅 10 ml 兑水 15 kg，喷雾进行防治。其他虫害，如金龟子（Scarabaeoidea）等，危害较轻，基本上不需要进行防治。

朝阳试点所有参试沙棘品种的抗虫性综合等级均为 2 级（较强）。

3．甘肃庆阳

2014—2015 年 5 月中旬和 7 月下旬，庆阳试点发现部分沙棘品种的叶子变黄出现枯萎现象，经判断为发生了白粉病、叶斑病和蚜虫（Aphidoidea）等，即采用"多菌灵""三唑酮"灭菌，用"啶虫脒""高效氯氟氰菊酯"杀虫，灭菌药和杀虫药分开喷洒，共喷洒8 次，效果明显，病虫害得到了有效的防治。

2016 年 6 月中旬和 7 月上旬，部分沙棘品种发生了卷叶病，庆阳试点立即采用"高效氯氟氰菊酯""啶虫脒"杀虫药和"多菌灵""三唑酮"灭菌药分开喷洒，共喷洒 6 次，同时剪掉发病枝叶进行焚烧，效果较为明显，卷叶病得到了有效控制。

2017 年 5 月中旬，引进大果沙棘叶子发黄，经判断为黄叶病，田间管理人员立即采用"吗胍乙酸铜"喷洒，每隔 7 天喷洒 1 次，共喷洒 3 次，黄叶病得到了有效控制。6月初和 8 月上旬引进沙棘发生了卷叶病，庆阳试点采用"多菌灵"和"高效氯氟氰菊酯"分开喷洒，同时剪掉发病枝叶进行焚烧，取得了较好的效果。

2018 年沙棘植株黄叶病、卷叶病的发生情况与上一年相同，庆阳试点基本采用同样的方法进行了治疗，取得了较好的效果。

总的来看 2016 年（种植后第 3 年）以来，引进大果沙棘所有 11 个品种（"201301"～"201311"）每年均有部分植株出现枝条顶梢叶片卷缩现象，叶片发黄脱落，枝条干枯以致整株死亡。按各个引进沙棘品种发病和死亡情况，特别是按发病植株多少进行统计，庆阳试点将 11 个沙棘品种的抗病性分为 5 个等级：

1 级：包括"201304""201303"，抗病性强；

2 级：包括"201302""201307""201308"，抗病性较强；

3 级：包括"201306"，抗病性中等；

4 级：包括"201309""201310""201311"，抗病性较弱；

5 级：包括"201301""201305"，抗病性极弱。

11 个引进沙棘品种种植后，庆阳试点每年均出现红蜘蛛（Tetranychus cinnbarinus）、蚜虫等虫害，喷药后防治效果明显，抗虫性等级均为 2 级。

4．青海大通

2014 年大通试点定植引进沙棘后，即采取常规技术，每年开展田间病虫害防治。截至 2017 年夏季，该试点一般都是常见病虫害，采用常规方法即可得到治愈，未发现有毁灭性病害发生的迹象。

2017 年秋（9 月），在连续降雨 2 周后发现引种的沙棘叶变黄、变黑，当即采回病株样品咨询从事有关植物保护的人员，误以为可能为沙棘叶锈病及霉污病，立刻喷施了"粉锈宁"进行防治。

2018 年春季，大通试点同往年一样对沙棘进行了春季管理，5 月发现引进大果沙棘均未发芽，但春季树体枝条仍较柔软；随着时间推移至 7 月，引进大果沙棘的枝条变干死亡，枝条上有明显的病斑点，挖根检查时发现根也死亡，有不同颜色的病斑。

2018 年 5 月 29 日及 2018 年 8 月 21 日，大通试点两次分别委托北京林业大学林学院森保教研室、沈阳农业大学植物保护学院，对所有参试沙棘品种、引种试验地现场做了调查，同时采集了枝、根和土壤样品。两家单位的鉴定结果认为，导致沙棘死亡的病害主要为镰刀菌属（*Fusarium*）病菌所造成的枝干枯萎病，其中也可能有根腐病及溃疡病等的影响。

5. 新疆额敏

自 2016 年以来，额敏试点沙棘植株发生枝干枯萎病较为常见，不过程度较轻，"201301""201307""201308""201309"有轻度感染。2018 年 7—8 月，额敏试点发现"201309""201301"各有 2 株，且每株上有一大枝感染了枯萎病，发现后及时进行了剪除，对于危害严重的，发现后全株挖出烧毁。2019 年该试点未见枯萎病再次发生。

根据染病情况，额敏试点对引进沙棘的抗病性（枝干枯萎病）进行了初步评定。

3 级：包括"201301""201307""201308""201309"4 个品种，抗枯萎病等级为中等；

2 级：包括其余 18 个引进沙棘品种，抗枯萎病等级为较强。

当地的荒漠害虫弧目大蚕蛾（*Neoris haraldi*）、蓝叶甲（*Pyrrhalta*）已逐步侵入额敏试点沙棘试验地中。在每年害虫发生盛期的 4 月底至 5 月初，额敏试点统一用飞机喷施"阿维灭幼脲"与"氯氰菊酯"，有效地消灭了这些害虫，虫害得到了有效的控制。

所有参试沙棘品种的抗虫性等级均为 1 级（强）。

（二）综合分析

植物保护领域一般将枝干枯萎病称为"癌症"。枯萎病的来源媒介包括苗木、土壤和工具。

用于试验的 22 种引进大果沙棘无性系苗木全部从俄罗斯空运至北京，并经过海关相关检验，证明无有害病菌后才放行在各试点种植，因此苗木携带病菌的可能性很小。

用于试验的 5 个主点中，黑龙江绥棱、辽宁朝阳、甘肃庆阳、青海大通这 4 个点在种植引进沙棘品种之前，多为苗圃地或农作物地，土壤中存在一些病菌，虽然各地在整地时进行了消毒，但难保消毒不彻底；而新疆额敏这一试点，沙棘种植前为戈壁滩，其自然环境存在病菌的可能性极小，但该点周边当时已种植有约 3 万亩的大果沙棘林，难免会通过有关途径包括工具等传入病害。

因此，引进沙棘种植 2 年后，各试点即陆续发现枯萎病的危害，有些试点通过药物、物理办法等进行处理后，在一定程度上减轻了危害；有些试点染病强度大，十分猛烈，一时造成毁灭性灾害（如青海大通试点）。

必须承认，病害造成一些沙棘品种引种失败具有偶然性，而造成所有品种失败更具有偶然性。当然偶然性中也存有必然性，这是一对辩证关系。但不得不承认偶然性造成的死亡，绝对与适应性关系不大。适应性反映在树体的长势方面，或好或差。而一些病害可能会直接造成死亡，不留任何抢救的机会。

从各试点引进沙棘种植后的情况来看，各种病虫危害几乎年年都有，需要对症下药、及时防治。各个试点通过具体情况，确定了抗病性（包括枯萎病等）等级所对应的引进沙棘品种，以及抗虫性（具体虫害）等级所对应的引进沙棘品种，试点之间的情况不同，各品种的抗性也不尽相同。如东北绥棱、朝阳两个点的"201302"品种均因感染枯萎病而全部死亡，而这个品种在新疆额敏却生长得很好，结实更好，在甘肃庆阳也可得以保存。这一事实进一步证明枯萎病发生的偶然性。

（三）沙棘枝干枯萎病初步研究

沙棘枝干枯萎病是近年来在我国爆发的沙棘新病害，突发性强，危害极为严重，在执行引进沙棘区域性试验的过程中，青海大通试点因罹患此病已造成毁灭性灾难。目前，国内对沙棘枝干枯萎病病原学的研究尚处于探索阶段，不同发病地区报道的病害致病菌种类不同，可能存在多种植物病原菌都能够导致沙棘枝干枯萎病发生的现象，增加了该病害致病菌的鉴定难度。亟须针对致病菌种类复杂的新病害开展系统的病原学研究，明确其致病菌的种类和生物学特性，为该病害的科学防控提供重要的理论依据。

1. 沙棘枝干枯萎病病原菌分离鉴定

课题组在黑龙江绥棱、辽宁朝阳、甘肃庆阳、青海大通、新疆额敏、内蒙古鄂尔多斯进行了沙棘枝干枯萎病病样采集，采取地上部叶片萎蔫、枝干部位干枯皱缩、变色的枝干枯萎病等沙棘典型病样，带回沈阳农业大学植保学院实验室进行分离鉴定。

试验设计依据植物病理研究的基本法则，对病原菌进行形态学和分子生物学鉴定，确定沙棘枝干枯萎病病原菌的种类。

（1）病原菌分离

根据分离物菌落的大小和颜色对分离物进行初步分类，然后从培养特征相似的分离物中挑选出 454 株菌株，依据各病原菌落色泽、形态和生长速度对分离物进行分类，结果主要包括镰刀菌属（*Fusarium*）、丝核菌属（*Rhizoctonia*）和腐霉菌属（*Pythium*）等，见表 3-52。

表 3-52　沙棘枝干枯萎病样地及菌株分类结果

采样地	分离菌株数/株	镰刀菌属/株	丝核菌属/株	腐霉菌属/株	其他菌属/株	采样时间
青海西宁	129	89	21	15	4	2018 年 8 月
辽宁朝阳	104	72	12	11	9	2019 年 5 月
甘肃庆阳	36	26	6	2	2	2019 年 5 月
黑龙江绥棱	84	62	14	6	2	2019 年 6 月
新疆额敏	45	30	5	6	4	2019 年 7 月
内蒙古鄂尔多斯	56	35	17	2	2	2019 年 8 月

　　7 株菌株能够引起沙棘不同程度的病变，其中 3 株菌株为强致病性菌株，4 株菌株能引起接种部位褐变但致病进程较慢且强度较弱。

　　（2）致病性测定

　　选择 7 株能够引起沙棘病变的菌株在沙棘植株上进行盆栽试验接种，其中 7 个接种的菌株在沙棘植株上均引起不同程度的病变。伤口接种 15 d 后整株沙棘发生不同程度的叶片变色和萎蔫，见表 3-53、图 3-59。

表 3-53　沙棘枝干枯萎病致病菌盆栽试验接种结果

菌株编号	接菌株数/株	发病级别					发病率/%
		0	1	2	3	4	
BZ5	9	0	0	1	4	4	100
LZ3	10	1	2	3	2	2	90
GS3	10	1	1	3	3	2	90
B5-3	7	5	1	1	0	0	28.6
B3-2	8	6	1	1	0	0	25
N2-2	10	9	1	0	0	0	10
X4-1	10	8	2	0	0	0	20

图 3-59　沙棘活体接种和离体接种症状

（3）形态学鉴定

经鉴定，3 株强致病菌株均为镰刀菌属（*Fusarium*）真菌。

微观形态观察表明，菌株 GS3 大型孢子大小为（13.6～35.6）μm×（3.9～5.64）μm，3～4 个隔膜；小型孢子大小为（4.3～8.1）μm×（3.3～4.3）μm，1～2 个隔膜。菌株 GS3 的形态特征与尖孢镰刀菌（*F. oxysporum*）的形态特征相似度极高，具体形态见图 3-60。

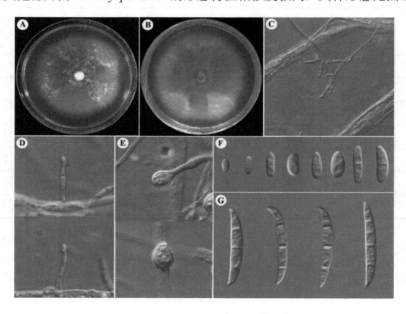

图 3-60　沙棘致病菌株 GS3 形态观察

注：A、B 为致病菌 GS3 菌落形态；C、D 为气生菌丝和单细胞；E 为厚垣孢子；F 为小型孢子；G 为大型孢子。

将致病菌株 BZ5 在 PDA 和 SNA 上培养并继续观察真菌分离物的形态学特征，科研人员发现大多数具有 3 个明显的隔膜，中央两个细胞较宽，两端细胞略尖，具有足部形状的基底细胞，并且测量大小为（30.2±4.8）μm ×（4.1±0.6）μm，分离株的形态特征类似于 Padwick（1945）先前描述的拟枝孢镰刀菌（*F. sporotrichioides*）的特征，具体形态见图 3-61。

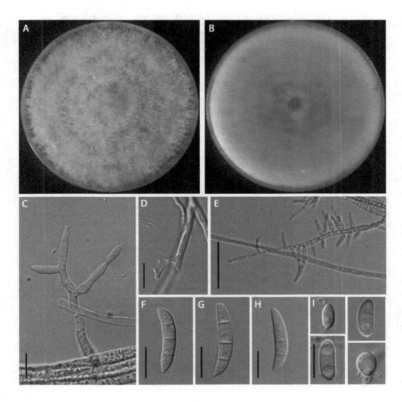

图 3-61　沙棘致病菌株 BZ5 形态观察

注：A、B 为 BZ5 菌落形态；C、D 为分生孢子；E 为分生孢子梗；F～H 为大型孢子；I 为小型孢子。

（4）分子鉴定

通过 GenBank 数据库对已测得的序列进行 Blast 对比，结果显示 GS3 为尖孢镰刀菌，和已登录的尖孢镰刀菌（登录号 KC594035）相似度为 99%（图 3-62）。

样本 ITS 和 EF 1-α 序列与数据库中拟枝孢镰刀菌的 ITS（登录号 HQ473206）和 EF 1-α（登录号 JQ449370）区域的序列具有 100% 和 99% 的相似性（图 3-63），因此 BZ5 菌株为拟枝孢镰刀菌。

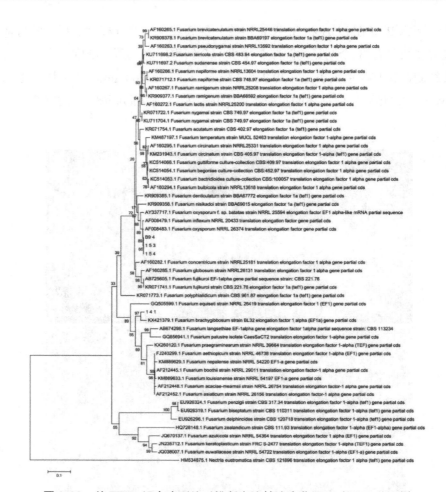

图 3-62　从 TEF1 组合序列比对推断出沙棘致病菌 GS3 的 ML 共识树

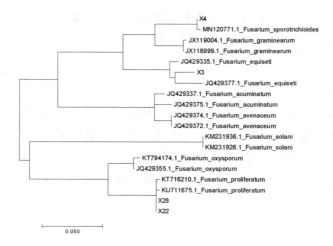

图 3-63　从 TEF1 组合序列比对推断出沙棘致病菌 BZ5 和 LZ3 ML 共识树

通过 GenBank 数据库对已测得的序列进行 Blast 对比，结果和已登录的层出镰刀菌（*F. proliferatum*）（登录号为 GE532035）相似度为 100%（图 3-64），表明菌株 LZ3 为层出镰刀菌。

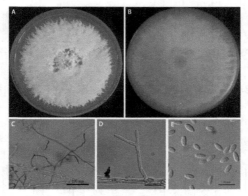

图 3-64　沙棘致病菌株 LZ3 形态观察

注：A、B 为 LZ3 菌落形态；C、D 为分生孢子梗；E 为小型孢子。

通过构建 TEF1 序列系统发育树，进一步证实了引起辽宁朝阳沙棘枝干枯萎病的致病菌株 GS3 为尖孢镰刀菌，BZ5 菌株为拟枝孢镰刀菌，LZ3 为层出镰刀菌。

2. 沙棘枝干枯萎病病原菌的菌丝生长和产孢量

对分离鉴定出的 3 种病原菌（拟枝孢镰刀菌、层出镰刀菌、尖孢镰刀菌），课题组采用不同的处理方法分别观察 3 种病原菌菌丝生长和产孢量的变化。

（1）不同培养基处理

用打孔器在培养 5 d 的菌落边缘打取直径为 5 mm 的菌饼，接于 PDA、PSA、PMA、OMA、CMA、Czopek 和 WA 培养基（90 mm）中央，并放置于 25℃恒温培养箱内培养，逐日采用十字交叉法测量菌落直径，每个处理重复 3 次。24 h 后显微观察。

试验显示 3 种供试菌株在 7 种培养基上均可生长，不同种类的培养基对 3 种病原菌的生长和产孢量的影响差异显著，见图 3-65～图 3-67。

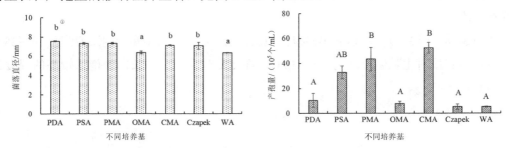

图 3-65　不同培养基处理下拟枝孢镰刀菌菌丝生长（左）及产孢量（右）的变化

---

① 小写字母代表在 0.05 水平下，差异显著；大写字母代表在 0.01 水平下，差异极显著。后文同。

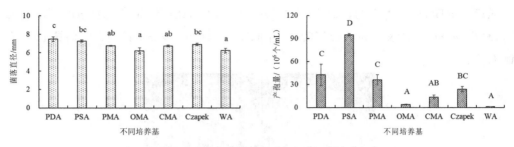

图 3-66   不同培养基处理下层出镰刀菌菌丝生长（左）及产孢量（右）的变化

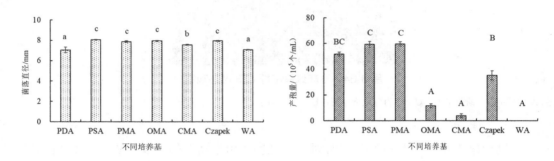

图 3-67   不同培养基处理下尖孢镰刀菌菌丝生长（左）及产孢量（右）的变化

拟枝孢镰刀菌在 PDA、PSA、PMA、CMA 和 Czapek 培养基上菌丝生长速度较快，在 PMA 和 CMA 培养基上产孢量最大。层出镰刀菌的菌丝在 PDA 培养基上的生长速度最快，在 PSA 培养基上的产孢量最大，在 WA 培养基上几乎不产孢。尖孢镰刀菌的菌丝在 PSA、PMA、CMA、Czapek 培养基上生长较快，在 PMA 培养基和 PSA 培养基上产孢量最大，而在 CMA 培养基和 OMA 培养基上极少产孢，在 WA 培养基上不产孢。

（2）不同温度处理

将直径 5 mm 的菌饼接于 PDA 培养基中央，分别放于温度为 5℃、10℃、15℃、20℃、25℃、28℃、30℃ 和 35℃ 的恒温培养箱中培养，采用十字交叉法测量菌落直径，每个处理重复 3 次。

从图 3-68～图 3-70 中可以看出，拟枝孢镰刀菌、层出镰刀菌和尖孢镰刀菌在 10～35℃ 均可生长，其最适生长温度均为 25～30℃，在 5℃ 时几乎不生长，产孢量较高的温度为 20～30℃。

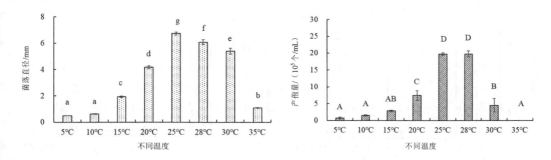

图 3-68　不同温度处理下拟枝孢镰刀菌菌丝生长（左）及产孢量（右）的变化

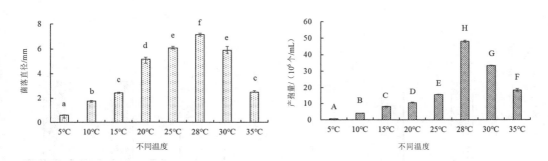

图 3-69　不同温度处理下层出镰刀菌菌丝生长（左）及产孢量（右）的变化

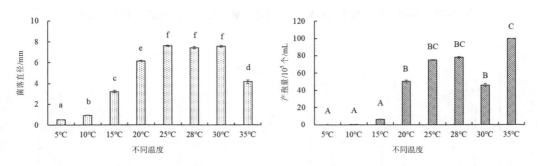

图 3-70　不同温度处理下尖孢镰刀菌菌丝生长（左）及产孢量（右）的变化

（3）不同光照处理

分别设置全光照、全黑暗和 12 h 黑暗光照交替 3 个处理，用打孔器移取 5 mm 的菌饼接于最适培养基中央，置于 25℃（最适温度）恒温培养箱内培养，逐日测量菌落的直径，每个处理重复 3 次。

从图 3-71～图 3-73 中可以看出，不同光照条件对拟枝孢镰刀菌的菌丝生长速度和产孢量影响显著。

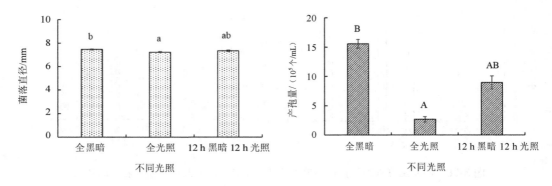

图 3-71   不同光照处理下拟枝孢镰刀菌菌丝生长（左）及产孢量（右）的变化

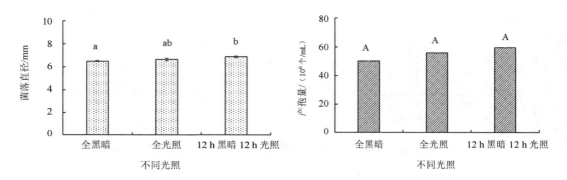

图 3-72   不同光照处理下层出镰刀菌菌丝生长（左）及产孢量（右）的变化

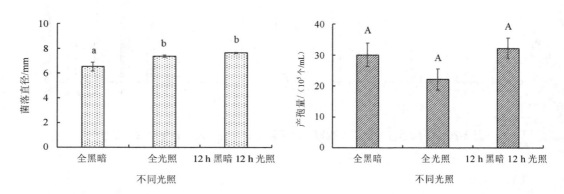

图 3-73   不同光照处理下尖孢镰刀菌菌丝生长（左）及产孢量（右）的变化

试验结果表明，当光照条件为全黑暗时，拟枝孢镰刀菌的菌丝生长速度和产孢量最大；全光照时，其菌丝生长速度及产孢量最低；光照条件为 12 h 黑暗、12 h 光照时，层出镰刀菌的菌丝生长速度最快，不同光照条件对层出镰刀菌产孢量的影响差异不显著；

全光照的条件下尖孢镰刀菌菌丝生长较快，不同光照条件对其产孢量的影响不显著。

（4）不同培养基 pH 处理

利用 1 mol/L 的盐酸溶液和 1 mol/L 的氢氧化钠溶液，分别将 PDA 培养基的 pH 调至 3.0、4.0、5.0、6.0、7.0、8.0、9.0、10.0、11.0 共 9 个梯度，试验 3 d 后采用十字交叉法测量菌落直径大小。

从图 3-74～图 3-76 可以看出，拟枝孢镰刀菌、层出镰刀菌和尖孢镰刀菌在 pH 为 3～11 时均能生长，且均可产生孢子。

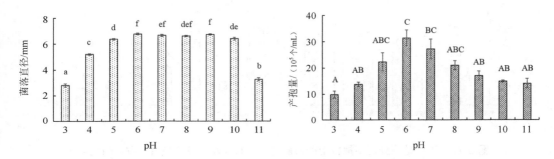

图 3-74　不同 pH 处理下拟枝孢镰刀菌菌丝生长（左）及产孢量（右）的变化

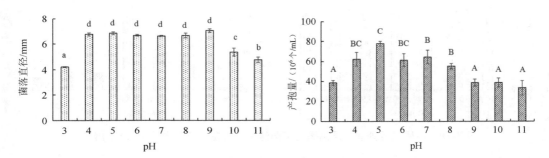

图 3-75　不同 pH 处理下层出镰刀菌菌丝生长（左）及产孢量（右）的变化

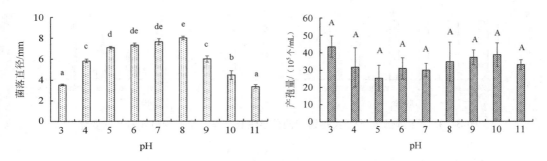

图 3-76　不同 pH 处理下尖孢镰刀菌菌丝生长（左）及产孢量（右）的变化

由图可知,拟枝孢镰刀菌在 pH 为 6～9 时菌丝生长速度最快;层出镰刀菌在 pH 为 4～9 时菌丝生长速度较快,pH 为 3 时菌丝生长速度最慢;pH 为 8 时尖孢镰刀菌菌丝生长速度最快,不同 pH 条件对尖孢镰刀菌产孢量的影响差异不显著。

（5）不同碳源处理

将 PDA 培养基中的葡萄糖分别以含量为 30 g/L 的蔗糖、麦芽糖、乳糖、果糖和淀粉 5 种碳源代替,其他成分不变。试验 3 d 后采用十字交叉法测量菌落的直径大小。

应用 Czapek 培养基检测不同碳源对病原菌菌丝生长及产孢量的影响。从图 3-77～图 3-79 可以看出,拟枝孢镰刀菌、层出镰刀菌及尖孢镰刀菌均可在供试的 6 种碳源上生长。

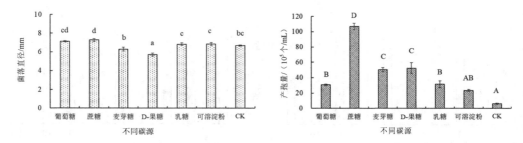

图 3-77 不同碳源处理下拟枝孢镰刀菌菌丝生长（左）及产孢量（右）的变化

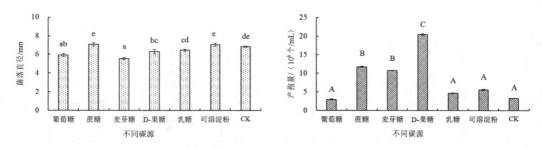

图 3-78 不同碳源处理下层出镰刀菌菌丝生长（左）及产孢量（右）的变化

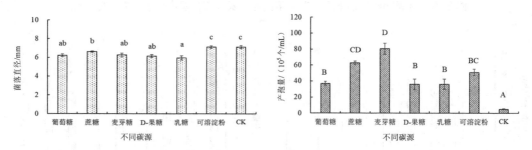

图 3-79 不同碳源处理下尖孢镰刀菌菌丝生长（左）及产孢量（右）的变化

结果表明，拟枝孢镰刀菌的菌丝在以蔗糖为碳源的培养基上生长速度最快，在以果糖为碳源的培养基上生长速度最慢；层出镰刀菌的菌丝在以蔗糖和可溶性淀粉为碳源的培养基上生长速度较快，在以麦芽糖为碳源的培养基上生长速度最慢；尖孢镰刀菌的菌丝在以可溶性淀粉为碳源的培养基上生长速度最快，在以蔗糖和麦芽糖为碳源的培养基上产孢效果最好。

（6）不同氮源处理

将真菌生理培养基作为基础培养基，分别以 NH_4Cl、$(NH_4)_2SO_4$、$NaNO_3$、牛肉膏、蛋白胨、酵母浸膏、尿素和甘氨酸为氮源，制成 8 种培养基平板，以不加氮源为对照（CK），共 9 个处理。放入 $25℃$ 条件下培养 3 d 后，采用十字交叉法测量菌落直径大小。

从图 3-80～图 3-82 可以看出，拟枝孢镰刀菌、层出镰刀菌及尖孢镰刀菌均可在供试的 8 种氮源上生长。

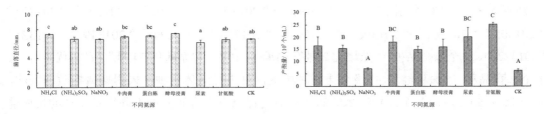

图 3-80　不同氮源处理下拟枝孢镰刀菌菌丝生长（左）及产孢量（右）的变化

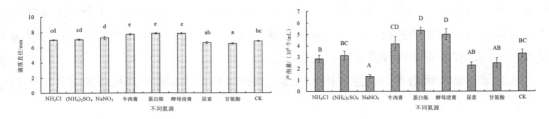

图 3-81　不同氮源处理下层出镰刀菌菌丝生长（左）及产孢量（右）的变化

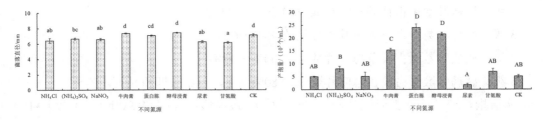

图 3-82　不同氮源处理下尖孢镰刀菌菌丝生长（左）及产孢量（右）的变化

试验表明，拟枝孢镰刀菌在以 NH_4Cl、酵母浸膏为氮源的培养基上生长速度最快，在以尿素为氮源的培养基上生长速度最慢；在以甘氨酸为主要氮源的培养基上产孢量达到最大，在以 $NaNO_3$ 为氮源的培养基上产孢量最少。层出镰刀菌在以牛肉膏、蛋白胨和酵母浸膏为氮源的培养基上菌丝生长速度最快，在以甘氨酸为氮源的培养基上菌丝生长速度最慢；在以酵母浸膏和蛋白胨为氮源的培养基上产孢量较大，在以 $NaNO_3$ 为氮源的培养基上产孢量最少。尖孢镰刀菌在以牛肉膏、酵母浸膏为氮源的培养基上菌丝生长速度最快，在以甘氨酸为氮源的培养基上菌丝生长速度最慢；在以蛋白胨和酵母浸膏为氮源的培养基上产孢量较高。

3. 不同沙棘品种对枝干枯萎病的抗性

为全面了解我国"三北"地区现有的主栽沙棘品种（包括引进大果沙棘和杂交沙棘），课题组在前期病原菌分离鉴定的基础上，应用拟枝孢镰刀菌、尖孢镰刀菌和层出镰刀菌，分别对现有的 13 个引进大果沙棘品种（"201301""201302""201303""201304""201305""201307""201308""201309""201310""201311""201319""201321""201322"）、4 个杂交品种（"杂雌优 2 号""杂雌优 10 号""杂雌优 54 号""杂雄优 1 号"）、1 个选育品种（"深秋红"）以及乡土树种中国沙棘进行活体接种，采用病情指数调查法，连续接种 50 d 后对各个品种沙棘的病情指数进行调查，进而分析不同沙棘品种的抗病能力，为沙棘抗病品种的选育和应用提供依据。

盆栽接种试验的过程为：将健康沙棘扦插枝条培植在经过福尔马林液消毒的覆有 8 kg 土壤的花盆里，每盆栽植 3 根沙棘插条；分别接种拟枝孢镰刀菌、尖孢镰刀菌和层出镰刀菌。每个菌株接种同一品种的 6 株沙棘，共接种 342 株不同品种的沙棘；持续病情调查 50 d，详细记录沙棘感病过程及症状。

为计算沙棘的病情指数，沙棘枝干枯萎病感病枝条分级标准（以枝条为统计单位）如下：

0 级：全枝无病叶；

1 级：感病叶数量占枝条总叶片数量的 20%以下；

2 级：感病叶数量占枝条总叶片数量的 20%～40%；

3 级：感病叶数量占枝条总叶片数量的 40%～60%；

4 级：感病叶数量占枝条总叶片数量的 60%～80%；

5 级：感病叶数量占枝条总叶片数量的 80%以上，且整枝即将枯死。

病情指数=$\sum$ [病级数×该级病叶（株）数] / [最高病级数×调查总叶（株）数]×100。

（1）接种症状观察

不同菌株接种后，盆栽接种的沙棘枝条和叶片的表现症状不同。采取枝干伤口贴接法接种的拟枝孢镰刀菌和层出镰刀菌，通常在接种第 10 d 开始出现落叶、叶片变色的症状；采用菌悬液灌根方法接种尖孢镰刀菌的沙棘品种发病较慢，通常在接种第 15～20 d 开始出现叶片变色、萎蔫的现象。3 种菌接种后的症状见图 3-83。

拟枝孢镰刀菌　　　　　　　　　层出镰刀菌　　　　　　　　　尖孢镰刀菌

图 3-83　参试沙棘植株接种症状

接种拟枝孢镰刀菌后，沙棘枝条接种部位的病斑从发病部位向四周扩散，病斑表面呈现凹陷或开裂症状，高湿条件下接种部位枝条表面出现粉红色菌丝体，见图 3-84。

粉红色霉层　　　　　　　　　　　　　　　　　　扩散病斑

图 3-84　参试沙棘枝条接种拟枝孢镰刀菌后的变化

（2）不同沙棘品种抗病性分析

不同沙棘品种接种后的病情指数见表 3-54。供试各沙棘品种的枝条均出现不同程度的发病症状，植株发病率为 100%。拟枝孢镰刀菌的致病性最强，层出镰刀菌的致病性次之，尖孢镰刀菌的致病过程较为缓慢。

表 3-54　不同沙棘品种接种后的病情指数

品种编号	病原菌		
	拟枝孢镰刀菌	层出镰刀菌	尖孢镰刀菌
201301	31.7	34.4	21.6
201302	53.1	45.8	39.3
201303	35.6	31.3	27.5
201304	39.7	31.2	23.6
201305（CK）	40.7	36.5	19.3
201307	33.6	28.5	16.5
201308	44.7	34.2	24.3
201309	52.8	32.1	25.3
201310	47.3	35.7	25.4
201311	57.6	35.2	21.4
201319	27.4	26.9	16.4
201321	37.1	31.4	21.2
201322	37.8	32.3	23.3
杂雌优 2 号	32.2	22.4	18.1
杂雌优 10 号	25.6	22.3	19.4
杂雌优 54 号	29.9	24.7	21.5
杂雄优 1 号	33.4	27.3	22.9
深秋红	30.6	26.5	22.8
中国沙棘	19.6	23.4	18.3

按照病情指数进行供试沙棘品种抗病性的划分，分为抗病品种系列和感病品种系列。课题组将病情指数小于 45 的沙棘品种划分为抗病品种，病情指数越小代表品种的抗病性越强。参试沙棘抗病性由高到低分为：高抗（病情指数小于 25）、中抗（病情指数为 25～35）、抗病（病情指数为 35～45）。病情指数大于 45 的沙棘品种被划分为感病品种，病情指数越大代表品种的感病性越强。参试沙棘感病性由低到高分为：感病（病情指数为 45～55）、中感（病情指数为 55～65）、高感（病情指数大于 65）。

所有供试的沙棘品种中，乡土树种中国沙棘属于高抗品种，抗病性很强，可以作为杂交育种中抗沙棘枝干枯萎病的重要种质资源。4 个杂优品种和"深秋红"均属于中抗品种，有较强的抗病潜力。引进大果沙棘品种中，"201301""201303""201307"和"201319"属于中抗品种，抗病性较好；"201304""201305""201308""201321"和"201322"属于抗病品种，有一定的抗病能力。

感病沙棘品种中，"201302""201309""201310"属于感病品种，抗病能力较差，患病后枝条容易萎蔫；"201311"为中感品种，表现出的抗病性更差一些，患病后枝条的枯死率较高。

（3）初步结论及对大通试点毁灭性病害的思考

通过连续的接种后症状观察，课题组发现拟枝孢镰刀菌、层出镰刀菌、尖孢镰刀菌这 3 种强致病性病菌都能引起不同品种沙棘枝干上叶片的萎蔫和脱落，最终造成枝条的干枯，其中接种拟枝孢镰刀菌的沙棘发病速度最快，症状与田间症状更为接近。

大通试点沙棘感病后几乎全部死亡，其原因是多方面的。其中一个主要原因是当地采用大水漫灌的灌溉方式，这会加速土壤中病原菌在整个苗圃的蔓延和累积，增加了土传病害的扩散速度，沙棘根茎长时间浸泡在水中也将增加沙棘枯萎病的发病概率；大面积发病的另一个主要原因是当年秋季出现了连续十几天的阴雨天气，过多的水分利于病原菌在沙棘植株体内的传播扩散，同时由于低温和阴天降低了沙棘自身的光合、代谢等能力，植株抗病能力降低，加剧了发病的速度和毁灭性程度。

4.沙棘枝干枯萎病药剂室内筛选和生防菌株筛选

在前期研究的基础上，课题组选取沙棘枝干枯萎病原菌拟枝孢镰刀菌为防控对象，采取室内平板对峙培养方法，利用目前获得农药登记的化学农药和生物制剂对其开展室内药剂筛选，为沙棘枝干枯萎病的防控提供技术支持。同时，课题组于 2019 年在辽宁朝阳、新疆额敏、甘肃庆阳、内蒙古鄂尔多斯和黑龙江绥棱等沙棘枝干枯萎病发病严重的样地进行土壤取样，在实验室内进行生防菌株的筛选和鉴定，为适用于病害防控的新型药剂开发提供理论支持。

测定时，每隔 24 h 采用十字交叉法测量各处理的菌落直径，记录数据。计算各药剂对病菌的平均抑制百分率，筛选出抑制效果最好的药剂。计算公式为：

$$抑制率 = \frac{对照菌落直径 - 处理菌落直径}{对照菌落直径 - 菌饼直径} \times 100\%$$

（1）化学农药和生物制剂的室内筛选结果

试验包括不同浓度的化学农药和生物制剂的 10 种处理，以核查其对病菌的抑制率。

1）75%"百菌清"可湿性粉剂在不同浓度下对菌株的抑制效果

75%"百菌清"可湿性粉剂在不同浓度下均对拟枝孢镰刀菌有抑制作用，且抑制率均大于 60%。其中，药剂质量浓度为 0.008 g/mL 时抑制率最高，达到 73.3%，见表 3-55。

表 3-55   不同质量浓度 75%"百菌清"可湿性粉剂对菌株的抑制率

药剂质量浓度/（g/mL）	菌落直径/cm	抑制率/%
0.005	3.15±0.02	64.7
0.006	3.39±0.003	61.5
0.007	2.61±0.03	71.8
0.008	2.50±0.005	73.3
0.009	2.68±0.01	71.0

2）70%"甲基硫菌灵"可湿性粉剂在不同浓度下对菌株的抑制效果

不同浓度的 70%"甲基硫菌灵"可湿性粉剂均对拟枝孢镰刀菌的生长起到抑制作用，抑菌率都在 70%以上，并且随着浓度的递增而升高。当质量浓度为 0.001 g/mL 时，"甲基硫菌灵"抑制率达到了 100%，见表 3-56。

表 3-56   不同质量浓度 70%"甲基硫菌灵"可湿性粉剂对菌株的抑制率

药剂质量浓度/（g/mL）	菌落直径/cm	抑制率/%
0.000 5	2.34±0.001	75.5
0.000 6	0.83±0.002	95.7
0.000 7	0.63±0.003	98.3
0.000 8	0.53±0.001	99.7
0.001 0	0.50±0.001	100

3）50%"福美双"可湿性粉剂在不同质量浓度下对菌株的抑制效果

50%"福美双"可湿性粉剂在 5 种质量浓度下均对拟枝孢镰刀菌有较好的抑制作用，其中药剂质量浓度为 0.006 g/mL 时抑制率最高，达到 87.7%，见表 3-57。

表 3-57   不同质量浓度 50%"福美双"可湿性粉剂对菌株的抑制率

药剂质量浓度/（g/mL）	菌落直径/cm	抑制率/%
0.002 5	2.63±0.06	71.7
0.003	2.64±0.04	71.5
0.004	2.40±0.03	74.7
0.005	2.13±0.006	78.3
0.006	1.43±0.005	87.7

4）1%"申嗪霉素"悬浮剂在不同质量浓度下对菌株的抑制效果

1%"申嗪霉素"药剂质量浓度达到 5 μL/mL 以上时对拟枝孢镰刀菌有较好的抑制作用，当浓度达到 10 μL/mL 时抑制率已达 100%，因此 1%"申嗪霉素"的使用最佳质量浓度为 5～10 μL/mL，见表 3-58。

表 3-58 不同浓度 1%"申嗪霉素"悬浮剂对菌株的抑制率

药剂浓度/（μL/mL）	菌落直径/cm	抑制率/%
1	6.58±0.02	19.0
2	4.44±0.004	47.5
5	3.68±0.008	57.7
10	0.50±0.002	100
100	0.50±0.001	100

5）"烯唑醇"在不同质量浓度下对菌株的抑制效果

"烯唑醇"在质量浓度为 0.001～0.005 g/mL 时对拟枝孢镰刀菌有较好的抑制作用，并且抑菌率基本都在 70% 以上。其中，"烯唑醇"药剂质量浓度为 0.003 g/mL 时对拟枝孢镰刀菌的抑制率最高，达到 95.3%；药剂浓度大于 0.003 g/mL 后，抑制率并未随之升高，见表 3-59。

表 3-59 不同质量浓度"烯唑醇"对菌株的抑制率

药剂质量浓度/（g/mL）	菌落直径/cm	抑制率/%
0.001	2.86±0.001	68.5
0.002	1.28±0.002	89.7
0.003	0.85±0.005	95.3
0.004	0.96±0.003	93.8
0.005	1.34±0.003	88.8

6）50%"异菌脲"在不同浓度下对菌株的抑制效果

50%"异菌脲"在浓度为 2～100 μL/mL 时对拟枝孢镰刀菌的抑制效果一般，当浓度达到 100μL/mL 时抑制率仅为 62.3%，见表 3-60。

表 3-60 不同浓度 50%"异菌脲"对菌株的抑制率

药剂浓度/（μL/mL）	菌落直径/cm	抑制率/%
2	7.46±0.003	7.2
3	5.34±0.005	35.5
5	5.15±0.001	38.0
10	5.04±0.003	39.5
100	3.33±0.005	62.3

7）5%"中生菌素"可湿性粉剂在不同质量浓度下对菌株的抑制效果

5%"中生菌素"可湿性粉剂对菌株的抑制率随药剂浓度升高而升高，见表3-61。

表 3-61　不同质量浓度 5%"中生菌素"可湿性粉剂对菌株的抑制率

药剂质量浓度/（g/mL）	菌落直径/cm	抑制率/%
0.02	6.81±0.01	15.8
0.04	5.64±0.001	31.5
0.06	5.18±0.002	37.7
0.08	2.50±0.001	73.3
0.10	0.56±0.0003	99.2

8）80%"代森锰锌"可湿性粉剂在不同质量浓度下对菌株的抑制效果

80%"代森锰锌"可湿性粉剂药剂质量浓度为 0.003～0.007 3 g/mL 时对菌株的抑制率较好，见表 3-62。

表 3-62　不同质量浓度 80%"代森锰锌"可湿性粉剂对菌株的抑制率

药剂质量浓度/（g/mL）	菌落直径/cm	抑制率/%
0.003	3.56±0.000 2	72.1
0.004	2.32±0.000 7	80.4
0.005	1.73±0.000 1	86.9
0.006	0.82±0.002	92.6
0.007	0.71±0.000 1	92.1

9）50%"多菌灵"可湿性粉剂在不同质量浓度下对菌株的抑制效果

50%"多菌灵"可湿性粉剂药剂质量浓度大于 0.000 05 g/mL 时，对菌株的抑制率达到 100%，表明 50%"多菌灵"可湿性粉剂的适宜质量浓度为 0.000 01～0.000 05 g/mL，见表 3-63。

表 3-63　不同质量浓度 50%"多菌灵"可湿性粉剂对菌株的抑制率

药剂质量浓度/（g/mL）	菌落直径/cm	抑制率/%
0.000 01	4.99±0.003	40.2
0.000 05	0.5±0.003	100
0.000 1	0.5±0.002	100
0.000 5	0.5±0.0001	100
0.001	0.5±0.002	100

10）相同浓度下不同药剂对菌株的抑制效果

5 种杀菌剂均对菌株有一定的抑菌效果，在相同浓度下，抑制效果由高到低依次为："绿康威""枯草芽孢杆菌""精甲双灵咯菌腈""苯甲嘧菌酯""甲霜恶霉灵"，见表 3-64。

表 3-64　相同质量浓度下的不同药剂对菌株的抑制率

药剂种类	药剂质量浓度/（μL/mL）	菌落直径/cm	抑制率/%
苯甲嘧菌酯		3.95±0.007	54.0
精甲双灵咯菌腈		1.65±0.006	84.7
甲霜恶霉灵	0.001	7.26±0.01	9.8
枯草芽孢杆菌		0.59±0.000 4	98.8
绿康威		0.54±0.001	99.5

（2）生防菌株的筛选结果

包括生防细菌、真菌的筛选和鉴定。

1）生防细菌的筛选

经过分离筛选，并通过对峙培养法进行抑菌率测算，课题组共得到具有生物防治潜力的细菌菌株 14 株，菌株对拟枝孢镰刀菌和层出镰刀菌的抑制率大多可达 50%以上，见表 3-65、图 3-85。

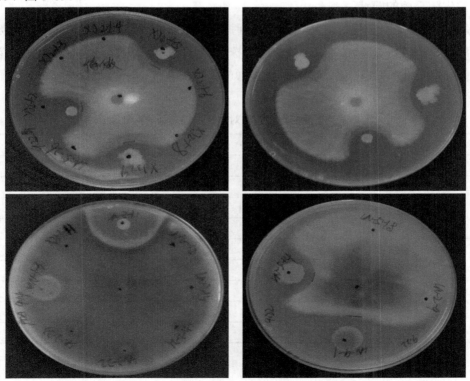

图 3-85　生防细菌与病原菌对峙培养效果

表 3-65　生防细菌菌株对拟枝孢镰刀菌和层出镰刀菌的抑制率

防效等级	菌株编号	抑制率/%
一级	NM2-3-7	47.4
	NM2-3-7	45.6
	XJ2-1-5	52.8
二级	HLJ-7-13	57.5
	NM2-3-2	56.7
	HLJ-21-16	56.4
	HLJ-21-17	56.1
	HLJ-7-14	55.5
	NM2-1-12	50.7
	XJ2-1-4	53.3
	GTXI-7	52.8
	XJ2-1-5	52.8
	XJ2-1-9	51.1
	XJI-I-9	51.1

2）生防真菌的筛选

经过分离筛选，并通过对峙培养法进行抑菌率测算，课题组共得到具有生物防治潜力的真菌菌株 9 株，其中菌株 GTZ1-2 和菌株 GT51-1 对拟枝孢镰刀菌和层出镰刀菌的抑制率都达到了 60%以上，见表 3-66、表 3-67、图 3-86。

表 3-66　生防真菌菌株对拟枝孢镰刀菌的抑制率

防效等级	菌株编号	抑制率/%
一级	HLJ-7-6	56.5
二级	GTZ2-9	59.3
	HLJ-10-11	59.1
	GT51-5	58.6
三级	GTZ1-2	61.9
	GT51-1	61.7
	NM2-3-1	61.3
	HLJ-10-5	60.7
	HLJ-21-4	60.5

表 3-67　生防真菌菌株对层出镰刀菌的抑制率

防效等级	菌株编号	抑制率/%
一级	HLJ-21-4	54.7
二级	HLJ-7-6	59.5
	HLJ-10-5	58.8
	GTZ2-9	57.3
三级	GTZ1-2	68.1
	NM2-3-1	62.6
	HLJ-10-11	62.4
	GT51-1	61.8
	GT51-5	60.4

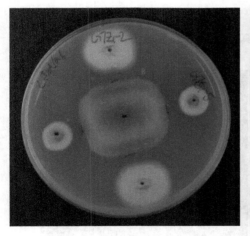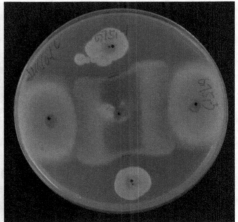

图 3-86　生防真菌与病原菌对峙培养效果

3）生防细菌和真菌的鉴定

通过 16S rRNA 基因序列测序分析表明，3 株具有较好生防潜力的细菌菌株为枯草芽孢杆菌（*Bacillus*）（图 3-87），已经放置于–80℃的冰箱保存菌株。

通过形态鉴定并结合测序结果（图 3-88），两株具有较好生防潜力的真菌菌株 X6、X7 为淡色生赤壳菌（*Bionectria ochroleuca*）。

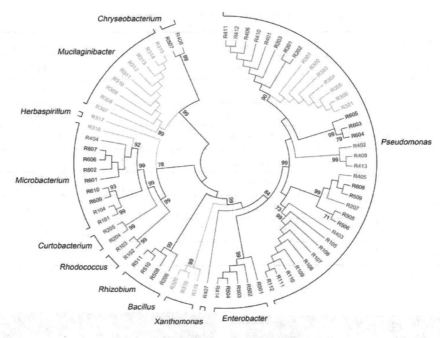

图 3-87　抑制病原真菌的有益细菌鉴定

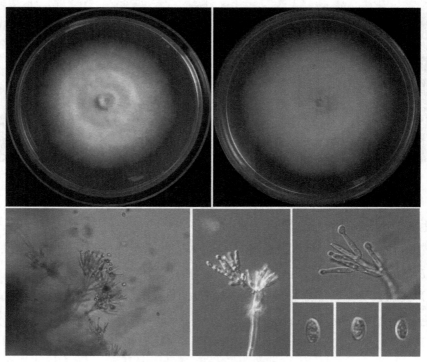

图 3-88　生防菌株 X6、X7 形态观察

注：A、B 为生防菌菌落形态；C-E 为分生孢子梗；F 为分生孢子。

使用 NCBI 比对 ITS 序列与淡色生赤壳菌相似度为 99%，构建了 ML 系统发育树（图 3-89）。

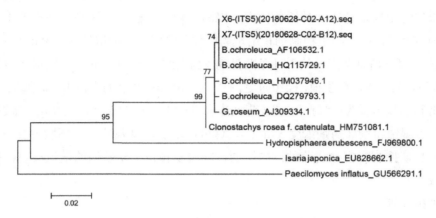

图 3-89　基于 ITS 序列比对的 ML 系统发育树

综上所述，一是采用室内菌丝生长速率测定法，筛选出对拟枝孢镰刀菌抑制效果较好的化学药剂，为 70%"甲基硫菌灵"可湿性粉剂（药剂质量浓度 0.6 g/L）、1%"申嗪霉素"（药剂质量浓度 10 ml/L）和"多菌灵"（药剂质量浓度 0.05 g/L）。

二是采用室内菌丝生长速率测定法，筛选出对拟枝孢镰刀菌抑制效果较好的生物制剂，为"绿康威"（药剂质量浓度 1 ml/L）和 105 亿活孢子/g"多黏·枯草芽孢杆菌"可湿性粉剂（药剂质量浓度 1 ml/L）。

三是成功筛选出 3 株具有生防菌开发潜力、对拟枝孢镰刀菌有较好抑制效果的枯草芽孢杆菌菌株（菌株 HLJ-7-13、菌株 HLJ-21-16 和菌株 HLJ-21-17）和 2 株真菌菌株——淡色生赤壳菌（菌株 GTZ1-2 和菌株 GT51-1）。

5. 沙棘枝干枯萎病防治初步建议

沙棘枝干枯萎病是一种系统性土传侵染病害，致病菌可以在土壤中存活多年，因此在沙棘的整个生长阶段都有机会侵染，尤其在沙棘树势衰弱的情况下患病的概率大增。根据这种情况，在扦插育苗过程中选用不携带致病菌的沙棘植株剪取插条至关重要。在有条件的区域，应该通过苗床土壤消毒、沙棘植株致病菌检测等技术手段，繁育健康无菌的沙棘种苗，确保扦插苗本身不携带致病菌，这样不仅可以提高沙棘成活率，延长结果期，也可以从根本上降低病害发生的风险和传播概率。田间管理应采取综合措施，保障沙棘树势健康，同时降低土壤中致病菌的种群数量，这是防控该病害的关键。沙棘苗木无致病菌是今后保障沙棘产业科学运转的关键，因此在生产中对该病害的预防和控制，应是"三北"地区大果沙棘主栽区今后一项长期的工作。

（1）苗圃地管理

苗圃地管理是前提。沙棘硬枝扦插前，应采用稀释的生物制剂浸泡插条 24～48 h，促使有益微生物菌株定植在沙棘插条体内，提高沙棘抗病能力，这是一种投资不大且简便易行的预防手段。推荐的生物制剂和用量为："绿康威"（药剂浓度 5～10 ml/L）和 105 亿活孢子/g "多黏·枯草芽孢杆菌" 可湿性粉剂（药剂浓度 5～10 ml/L），同时可以在浸泡过程中加入生根粉促进沙棘生根，操作简便。扦插后，立即在浇灌的定植水中添加生物制剂，推荐的生物制剂和用量为："绿康威"（药剂浓度 5 ml/L）和 105 亿活孢子/g "多黏·枯草芽孢杆菌" 可湿性粉剂（药剂浓度 5 ml/L），这可以增加沙棘栽培土壤环境中有益细菌的种群数量，长期抑制有害致病菌种群的增加，降低沙棘枝干枯萎病的发生概率，提高病害的防控效率。

（2）种植园管理

种植园管理是关键，主要有 3 项措施，关键点是 "重在预防"。

①通过施用生物制剂和药剂，有效提高沙棘栽培土壤环境中有益细菌的种群数量，降低根际土壤中致病菌的种群数量。

利用生物制剂或化学药剂限制土壤中致病菌的种群数量，提高树势，增强沙棘的抗病能力。有滴灌条件的园区可以每年在灌溉过程中施用生物菌剂 "绿康威"（药剂浓度为 5 ml/L）和 105 亿活孢子/g "多黏·枯草芽孢杆菌" 可湿性粉剂（药剂浓度为 5 ml/L）2～3 次，提高沙棘栽培土壤环境中有益细菌的种群数量和树木长势，降低病害发生概率。没有滴灌条件的园区可以在每年沙棘萌动前期，对土壤进行 1 次消毒，推荐应用的药剂为 70% "甲基硫菌灵" 可湿性粉剂（药剂质量浓度 0.6 g/L）或 "多菌灵"（药剂质量浓度 0.05 g/L）等，可以随灌根水施用，降低根际土壤中致病菌的种群数量。

②在松土除草等田间活动中，防止对沙棘根系和茎干处形成机械损伤，降低病害发生概率。

严格管控松土、除草等田间农事操作环节，防止在沙棘根系和茎干处形成机械损伤。沙棘枝干枯萎病致病菌的主要侵染途径是从沙棘植株上的伤口侵入，因此除草的深度不宜超过土壤表层下 8 cm，否则容易造成沙棘根系创伤，使有害致病菌从伤口侵入；严禁在除草等环节中对沙棘的茎基部枝干造成机械损伤，致病菌极易从该部位的伤口侵入，一旦发现沙棘茎干部位的表皮破溃，可以涂抹或喷施 70% "甲基硫菌灵" 可湿性粉剂（药剂质量浓度 0.6 g/L）、1% "申嗪霉素"（药剂浓度 10 ml/L）或 "多菌灵"（药剂质量浓度 0.05 g/L）等化学药剂，形成保护层，及时抑制有害病原菌的侵入，并每年对该伤口进行药剂喷涂管护，降低病害发生。

③杜绝大水漫灌陋习，切断土传病害的扩散途径。

沙棘枝干枯萎病是典型的土传病害，大水漫灌会加速土壤中病原菌在整个苗圃的蔓延和累积，增加土传病害的扩散速度。同时，沙棘根茎长时间浸泡在水中，也将增加表皮破溃的几率，进而增加沙棘枯萎病的发病概率。大水漫灌不仅灌溉效率低，而且会造成病害的大面积传播扩散，在土质黏重、排水不良的地区更应该杜绝大水漫灌。

（3）病害发生后的应急预案

在沙棘栽培管理过程中，一旦在田间发现感病植株，应该立即连根伐除，在园区外集中焚烧。同时应该在发病株周围以 5～10 m 为半径进行土壤灭菌，建议在土壤中喷灌 70%"甲基硫菌灵"可湿性粉剂（药剂质量浓度 1 g/L）、1%"申嗪霉素"（药剂浓度 50 ml/L）或"多菌灵"（药剂质量浓度 0.5 g/L）等化学药剂，及时控制发病地块土壤中致病菌的扩散和蔓延，以防止其他健康沙棘植株患病，降低病害的损失。

第四节　不同区域引进沙棘营养生长规律

以树高、地径和冠幅为主要指标的沙棘营养生长，是沙棘发挥生态经济效益的基础。在我国"三北"地区从东向西设立的 5 个主点，沙棘营养生长有着各自不同的规律。通过对 2014—2018 年 5 年来区域性试验资料的整理分析，可以挖掘出引进沙棘营养生长的规律，以便更好地指导生产实践。

一、树高生长

沙棘树高给人的印象比较深刻，或高或矮，或壮实或弱小，基本上可以给人沙棘长得好不好的初步印象，而且这种印象相当深刻。5 个主点在区域性试验期间，每年都对树高给予了重点测定。引进沙棘定植后的前 3 年（2014—2016 年）课题组都对生长季诸月（包括全年）的树高进行了记载，后 2 年（2017—2018 年）在年底记录了当年生长树高。树高采用钢卷尺（1.7 m 以下时）或测杆（1.7 m 以上时）测定（图 3-90）。

庆阳试点

绥棱试点　　　　　　　　　　　朝阳试点

图 3-90　有关试点观测引进沙棘树高生长情况

（一）各试点表现

5 个主点从东向西依次分布，分别代表着半湿润、半干旱、干旱的不同气候，黑钙土、冲积土和戈壁滩的不同土壤或地表物质，引进沙棘的高生长也不尽相同，并有着各自不同的生长规律。

1. 黑龙江绥棱

绥棱试点从 20 世纪 80 年代以来已经多次引种种植了俄罗斯大果沙棘，积累了丰富的种植和田间管护经验，引进沙棘非常适宜在该地生长。

（1）品种间树高对比

绥棱试点定植了全部 22 个引进沙棘品种（包括对照品种"201305"），每年年底的树高测定值代表了当年参试沙棘的树高年生长量。绥棱试点区域性试验时间段（2014—2018 年）22 个参试沙棘的年度树高值见表 3-68。

表 3-68　绥棱试点区域性试验中不同参试沙棘品种年生长高度对比　　　　单位：cm

品种编号	2014 年	2015 年	2016 年	2017 年	2018 年
201301	59.4	131.7	197.1	194.2	203.0
201302	64.0	132.1	194.6	202.1	—
201303	44.1	102.0	173.3	176.6	203.5
201304	70.4	139.0	187.9	187.1	211.7
201306	53.6	115.0	175.7	180.5	199.6
201307	106.7	169.0	207.7	209.8	247.0
201308	64.6	138.0	205.6	207.3	231.6

品种编号	2014 年	2015 年	2016 年	2017 年	2018 年
201309	46.6	134.4	180.6	185.6	209.5
201310	53.1	125.6	186.5	188.4	218.5
201311	70.6	135.9	171.5	181.0	192.3
201312	56.9	143.1	198.3	193.9	208.1
201313	58.8	139.8	193.6	198.1	212.8
201314	41.5	105.3	143.1	163.7	155.0
201315	36.4	116.6	169.4	176.2	181.9
201316	48.2	118.2	182.0	195.4	219.4
201317	40.3	126.8	173.1	171.8	197.0
201318	34.5	101.6	160.3	186.5	210.7
201319	49.5	106.9	168.9	189.5	220.7
201320	88.3	187.5	243.0	231.5	277.0
201321	65.3	131.4	181.9	181.7	185.0
201322	50.0	115.5	206.0	189.0	225.0
平均	57.3	129.3	185.7	190.0	210.5
201305（CK）	55.3	123.2	168.3	162.8	188.5

从表 3-68 可以看出，绥棱试点区域性试验 5 年时间内，引进沙棘的平均树高均超过了"201305"（CK），第一年超过 4%，第 2 年超过 5%，第 3 年超过 10%，第 4 年超过 17%，第 5 年超过 12%，两者之间树高差距越来越大。区域性试验结束的 2018 年年底，引进沙棘品种中以"201320"树高值最大，位列第二、第三位的分别是"201307"和"201308"。与"201305"（CK）相比，只有 3 种沙棘（"201321""201315""201314"）树高值较低，其余树高较高于对照（"201302"这年病死，没有数据）。种植后经过 3 年的生长，参试所有沙棘树高在第 4 年、第 5 年已经较第 3 年增长幅度很小甚至萎缩了（个别品种由于干梢等影响）。

图 3-91 为绥棱试点各参试沙棘品种在 5 年区域性试验期间的树高变化，可以比较直观地看到品种间、年度间的树高变化规律。

（2）树高速生期

2014—2016 年连续 3 年，绥棱试点对引进沙棘生长季诸月的树高值进行了观测记载。由于当地早春气温较低，2014 年引进沙棘定植较晚，加之种植后还有一个缓苗过程，导致该年记载资料序列较短。同时，经对比资料发现，2015 年、2016 年两年诸月树高值变化趋势基本相同。因此，下面仅列出 2015 年树高诸月测定值，见表 3-69。

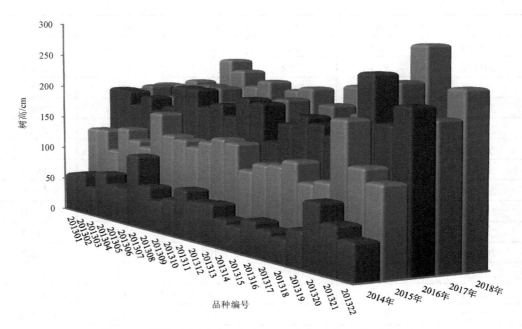

图 3-91　绥棱试点区域性试验中不同参试沙棘品种的树高对比

表 3-69　绥棱试点引进沙棘 2015 年生长季诸月树高值对比　　　　单位：cm

品种编号	5 月 30 日	6 月 30 日	7 月 30 日	8 月 30 日	9 月 30 日
201301	60.1	82.2	103.2	128.9	131.7
201302	58.5	72.7	101.2	123.6	132.1
201303	46.3	63.5	83.2	99.7	102.0
201304	68.8	88.5	109.8	135.9	139.0
201305（CK）	49.2	71.8	97.1	122.8	123.2
201306	53.4	68.7	90.4	113.1	115.0
201307	79.6	98.7	127.6	163.0	169.0
201308	58.1	77.4	107.5	134.8	138.0
201309	57.5	81.1	111.6	134.5	134.4
201310	59.0	73.0	98.8	122.5	125.6
201311	74.7	92.1	116.9	136.0	135.9
201312	59.3	78.8	115.5	142.6	143.1
201313	64.2	84.5	112.9	138.4	139.8
201314	41.8	55.3	81.1	103.9	105.3
201315	56.7	72.9	96.9	118.1	116.6
201316	48.7	69.0	97.0	117.9	118.2
201317	41.6	61.2	83.7	122.3	126.8
201318	40.4	57.3	79.4	101.2	101.6
201319	44.4	59.5	84.2	111.0	106.9
201320	88.3	111.8	132.6	187.6	187.5
201321	45.7	62.4	90.6	129.0	131.4
201322	41.0	62.0	91.5	114.0	115.5

　　为了更清楚地看到绥棱试点引进沙棘 2015 年树高在年内诸月的变化，将表 3-69 数据作成曲线图（图 3-92）。

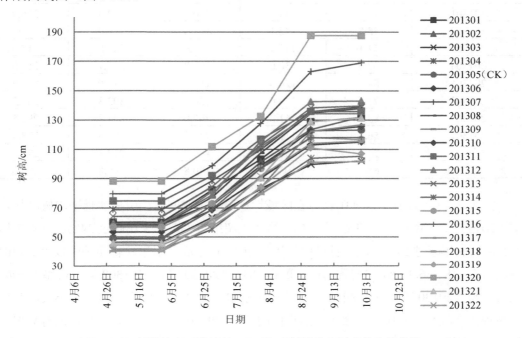

图 3-92　绥棱试点引进沙棘 2015 年生长季诸月树高值变化曲线

　　从表 3-69、图 3-92 可以很明显地看出，绥棱试点 2015 年沙棘不同引进品种树高的生长特点。6 月之前树高基本上尚未恢复生长，9 月之后树高基本上停止了生长，其快速生长期大致为 6 月、7 月、8 月这 3 个月，参试各品种间快速生长期区别不大。需要注意的是，测定时间间隔定为月，如为旬，可能更容易比较出品种间的细微差别。不过从引种工作来看，基本上已经可以满足指导生产实践的要求了。

　　从 2016 年不同引进沙棘品种生长季的诸月树高来看，6 月净生长 14.4 cm，7 月净生长 21.7 cm，8 月净生长 13.2 cm，3 个月累计净生长 49.3 cm，占当年总净生长（59.7 cm）的 83%。据此判断，2016 年的树高速生期也为 6—8 月这 3 个月。

2. 辽宁朝阳

　　朝阳试点位于半干旱地区，此前未见有引进大果沙棘规模种植的记录，只在建平县黑水镇见到过 10 余株大果沙棘，树体高大（高 2～3 m），能结果，但果实密度很低。

　　（1）品种间树高对比

　　由于引进沙棘数量有限，加之对朝阳试点种植引进沙棘的能力估计不高，因此课题组牵头单位——沙棘中心只分配了 9 个引进沙棘品种（包括对照品种“201305”）。下面将区域性试验时间段内（2014—2018 年）9 个参试沙棘的年度树高值见表 3-70。

表 3-70　朝阳试点区域性试验中不同参试沙棘品种年生长高度对比　　　　　单位：cm

品种编号	2014 年	2015 年	2016 年	2017 年	2018 年
201301	71.6	134.6	230.9	302.3	356.9
201302	75.8	142.1	191.0	229.0	—
201303	74.1	115.5	157.6	229.0	213.5
201304	97.9	130.0	163.8	207.1	258.5
201306	88.7	124.3	180.5	217.0	253.6
201307	71.6	134.6	230.9	302.3	309.3
201308	83.2	151.2	209.0	254.3	292.5
201309	56.3	111.2	148.1	201.3	233.4
平均	77.4	130.4	189.0	242.8	274.0
201305（CK）	66.1	103.0	140.8	199.8	225.6

从表 3-70 可以看出，朝阳试点在区域性试验 5 年时间内，引进沙棘平均树高均超过了"201305"（CK），第一年超过 17%，第 2 年超过 26%，第 3 年超过 34%，第 4 年超过21%，第 5 年超过 21%。区域性试验结束的 2018 年年底，引进沙棘品种中以"201301"树高最高，达 356.9 cm，位列第二位、第三位的是"201307"和"201308"，树高都在 300 cm左右。与"201305"（CK）相比，只有 1 种树高较低（"201303"），但差距不大，其余参试品种树高较高于对照。与绥棱试点相同的是，"201302"在这年也病死，没有数据；与绥棱试点不同的是，参试所有沙棘树高在第 5 年才出现较第 4 年增长幅度变小的情况。

图 3-93 绘制了绥棱试点各参试沙棘品种在 5 年区域性试验期间的树高变化，可以比较直观地看到品种间、年度间的树高变化规律。

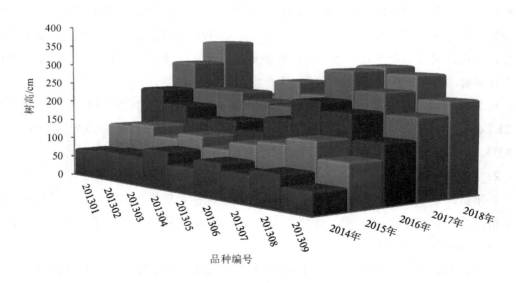

图 3-93　朝阳试点区域性试验中不同参试沙棘品种的树高对比

（2）树高速生期

2014—2016 年连续 3 年，朝阳试点也对引进沙棘生长季诸月的树高值进行了观测记载。其中，2014 年种植当年，每半个月测定一次树高，可以更好地反映生长节律，而 2015 年、2016 年每月测定一次。下面列出 2014 年诸月树高测定值（表 3-71）。

表 3-71　朝阳试点引进沙棘 2014 年生长季诸月树高值对比　　　　单位：cm

品种编号	4月30日	5月15日	5月30日	6月15日	6月30日	7月15日	7月30日	8月15日	8月30日	9月15日
201301	46.9	44.9	46.5	48.2	51.9	59.6	65.9	70.9	71.6	71.6
201302	35.8	36.1	36.9	39.4	42.8	52.8	64.7	72.7	74.6	75.8
201303	32.9	31.4	35.5	38.0	43.4	57.9	65.8	72.7	74.1	74.1
201304	30.1	28.3	31.5	37.2	48.3	61.5	76.4	89.1	95.4	97.9
201305（CK）	32.0	30.7	35.9	35.5	42.3	50.8	57.9	62.7	65.4	66.1
201306	27.9	26.5	29.0	32.1	41.3	55.9	70.7	83.8	87.9	88.7
201307	46.9	44.9	46.5	48.2	51.9	59.6	65.9	70.9	71.6	71.6
201308	44.9	43.7	45.6	49.4	50.2	58.8	67.5	75.3	80.2	83.2
201309	33.4	32.4	33.1	35.1	36.3	42.0	47.6	54.0	55.4	56.3

为了更清楚地看到朝阳试点引进沙棘树高在年内诸月的变化，将表 3-71 数据作成曲线图，见图 3-94。

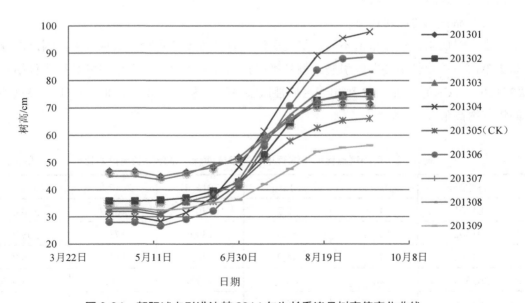

图 3-94　朝阳试点引进沙棘 2014 年生长季诸月树高值变化曲线

朝阳试点 5 月 15 日测定树高，结果比定植后 4 月 30 日的树高还低，主要原因在于定植后苗木顶端干枯，侧芽重新萌发形成新的主枝。引进沙棘年内树高生长表现为"慢-快-慢"的"S"形特征，速生期基本出现在 7 月初至 8 月中旬。进入 8 月下旬后，参试所有沙棘树高生长基本不变。

从 2015 年朝阳试点不同引进沙棘品种生长季的诸月树高平均值来看，6 月净生长14.9 cm，7 月净生长 19.7 cm，8 月净生长 10.6 cm，3 个月累计净生长 45.1 cm，占当年总净生长（51.2 cm）的 88%。据此判断，2015 年的树高速生期也为 6—8 月这 3 个月。

从 2016 年朝阳试点不同引进沙棘品种生长季的诸月树高平均值来看，6 月净生长17.6 cm，7 月净生长 12.9 cm，8 月净生长 11.7 cm，3 个月累计净生长 42.2 cm，占当年总净生长 56.1 cm 的 75%；但这一年 9 月沙棘的净生长也高，达 9.8 cm，如果将 9 月也计入，则 4 个月累计净生长 52.1 cm，占当年总净生长的比例达 81%。由于测定日期为每月中旬的 15 日，据此判断，2016 年的树高速生期为 5 月中旬至 9 月中旬这 4 个月。

总体来看，朝阳试点引进沙棘树高速生期时间较长，基本位于 5 月中旬至 9 月中旬，其中以 7—8 月这两个月生长速度最快。

3. 甘肃庆阳

庆阳试点是中国沙棘亚种的分布中心，但历史上从没有种植过引进大果沙棘。周边一些地区如陕北、陇中曾经种植过一些大果沙棘，但表现不好。因此，设立这个点主要是从能否发现一些适宜品种，确定一些关键技术措施，继续验证黄土高原中部地区能否种植引进大果沙棘来考虑的。

（1）品种间树高对比

由于对庆阳试点期望值不高，加之引进沙棘良种无性系苗木数量有限，因此课题组牵头单位——沙棘中心发放引进沙棘品种时，只分配了 11 个引进沙棘品种［包括对照"201305"（CK）］。表 3-72 列出了区域性试验时间段内（2014—2018 年）11 个参试沙棘的年度树高值。

表 3-72　庆阳试点区域性试验中不同参试沙棘品种年生长高度对比　　　单位：cm

品种编号	2014 年	2015 年	2016 年	2017 年	2018 年
201301	41.5	72.2	140.1	166.7	220.6
201302	31.3	69.6	139.6	173.0	203.2
201303	36.5	84.2	134.9	163.6	185.7
201304	40.6	60.4	102.4	136.6	173.9
201306	20.5	36.1	87.9	115.1	149.6
201307	42.0	59.5	74.9	137.8	193.6

品种编号	2014 年	2015 年	2016 年	2017 年	2018 年
201308	39.1	46.0	68.0	133.3	192.1
201309	29.0	35.5	66.2	102.6	147.3
201310	26.6	38.3	63.7	101.3	156.0
201311	24.3	34.5	61.0	111.0	191.5
平均	33.1	53.6	93.9	134.1	181.4
201305（CK）	34.3	79.9	94.2	169.0	211.2

从表 3-72 可以看出，庆阳试点区域性试验 5 年时间内，除第 1 年、第 3 年引进沙棘平均树高与"201305"（CK）接近但稍小外，种植第 2 年只占 67%，第 4 年、第 5 年分别占 79%、86%，引进沙棘树高平均值均小于对照"201305"（CK）。从个别品种来看，只有"201301"的树高大于对照，"201302"较对照稍小。这是唯——处引进沙棘历年平均树高都小于对照沙棘［"201305"（CK）］的试点。

图 3-95 绘制了庆阳试点各参试沙棘品种在 5 年区域性试验期间的树高变化，可以比较直观地看到品种间、年度间的树高变化规律。

图 3-95　庆阳试点区域性试验中不同参试沙棘品种的树高对比

（2）树高速生期

2014—2016 年连续 3 年，庆阳试点对引进沙棘生长季诸月的树高值进行了观测记载。其中，2014 年种植当年，每半个月测定 1 次树高，可以更好地反映生长节律，而 2015

年、2016 年每个月测定 1 次。下面列出 2014 年树高诸月测定值，见表 3-73。

表 3-73　庆阳试点引进沙棘 2014 年生长季诸月树高值对比　　　单位：cm

品种编号	5 月 15 日	5 月 30 日	6 月 15 日	6 月 30 日	7 月 15 日	7 月 30 日	8 月 15 日	8 月 30 日	9 月 15 日
201301	35.5	38.8	39.5	40.5	40.7	41.3	41.4	41.4	41.5
201302	26.7	27.0	27.9	28.3	29.3	30.0	30.9	30.9	31.3
201303	29.6	29.8	30.2	31.0	32.4	33.9	34.2	36.0	36.5
201304	32.7	33.3	34.1	34.7	35.5	37.5	38.8	40.3	40.6
201305（CK）	26.3	26.5	27.0	27.6	28.3	29.8	31.7	33.6	34.3
201306	17.7	17.7	17.9	19.0	19.3	20.0	20.4	20.4	20.5
201307	33.7	36.6	38.0	38.5	40.0	41.5	41.8	42.0	42.0
201308	32.5	33.1	34.6	35.2	36.3	36.7	38.8	38.8	39.1
201309	23.0	25.3	25.7	26.6	27.6	28.8	28.9	29.0	29.0
201310	21.2	24.0	24.9	25.3	25.7	26.0	26.2	26.6	26.6
201311	11.8	14.4	15.3	18.3	20.4	22.1	22.5	24.1	24.3

　　为了更清楚地看到庆阳试点引进沙棘树高在年内诸月的变化，将表 3-73 数据作成曲线图，见图 3-96。

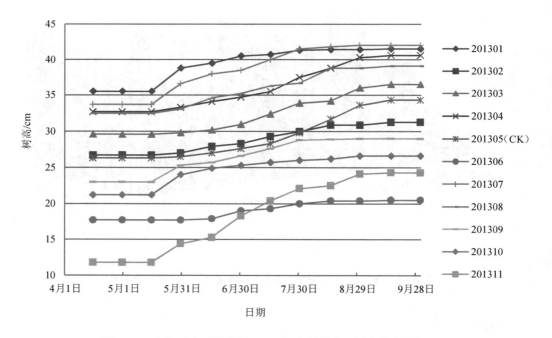

图 3-96　庆阳试点引进沙棘 2014 年生长季诸月树高值变化曲线

从图 3-96 可以看出，庆阳试点种植当年（2014 年）处于缓苗期，加之盐碱化的影响，沙棘生长十分缓慢，"蹲苗"严重，每半个月测定 1 次的树高增量不大，5—8 这 4 个月间以较缓的速度增长，对同一品种来说年内树高也没有增加多少，几乎没有出现速生期。

2015 年引进沙棘仍生长在盐碱化严重的地块，受其影响，月净生长值较高的只有 6 月、7 月 2 个月，6 月净生长 8.9 cm，7 月净生长 9.5 cm，2 个月累计净生长 18.5 cm，占当年总净生长（22.8 cm）的 81%。据此判断，2016 年的树高速生期为 6—7 这两个月。

从 2016 年庆阳试点不同引进沙棘品种生长季的诸月树高平均值来看，这一年课题组对生长在盐碱化严重地块的沙棘进行了移植，沙棘生长依然受到了一定的影响，发现参试的 11 种沙棘中，生长了整整 3 年，还有 7 种树高不到 1 m，见表 3-74。

表 3-74　庆阳试点引进沙棘 2016 年生长季诸月树高值对比　　　　单位：cm

品种编号	4 月 30 日	5 月 15 日	6 月 15 日	7 月 15 日	8 月 15 日	9 月 15 日
201301	86.8	95.8	114.9	130.2	139.4	140.1
201302	78.9	88.8	119.2	130.5	138.3	139.6
201303	81.6	92.3	115.5	126.8	132.6	134.9
201304	60.7	60.7	69.9	76.7	94.0	102.4
201305（CK）	57.4	57.4	62.2	70.4	91.6	94.2
201306	54.6	54.6	59.0	72.3	83.7	87.9
201307	50.2	50.2	54.2	59.6	71.9	74.9
201308	41.9	42.5	44.9	52.0	65.4	68.0
201309	38.1	38.1	44.2	49.2	60.0	66.2
201310	36.0	36.0	40.3	43.9	57.6	63.7
201311	39.8	39.8	42.0	53.7	60.0	61.0

为了更清楚地看到庆阳试点引进沙棘树高在年内诸月的变化，将表 3-74 数据作成曲线图，见图 3-97。

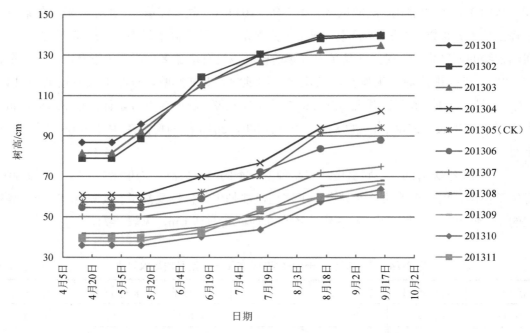

图 3-97　庆阳试点引进沙棘 2016 年生长季诸月树高值变化曲线

从图 3-97 可以看出，2016 年庆阳试点不同引进沙棘品种生长季的诸月树高变动情况不尽相同，如 "201301" "201302" "201303" 这 3 个品种速生期为 5 月底至 8 月初，其余各品种前期生长很慢（应为新挪移地块的一些品种），速生期位于 7—8 月两个月。总体来看，各品种树高的净生长平均值，6 月为 10.0 cm，7 月为 9.0 cm，8 月为 11.7 cm，3 个月累计净生长 30.8 cm，占当年总净生长 38.7 cm 的 79%。据此判断，2016 年的树高速生期也基本上为 6—8 月这 3 个月。

通过对 2014—2016 年三年有关数据的分析，可以基本确定庆阳试点引进沙棘树高生长速生期为 6—8 月这 3 个月。

4. 青海大通

大通试点海拔高，纬度也较高，较为阴湿的气候条件让其自然条件在参试的 5 个试点中处于较为优越的地位。

（1）品种间树高对比

由于对大通试点的期望值很高，因此课题组牵头单位——沙棘中心在发放引进沙棘品种时为大通试点分配了 19 个品种［包括 "201305"（CK）］，仅没有发放 "201315" "201320" "201322" 这 3 个品种。但是，2017 年年底参试所有品种因罹患枝干枯萎病全部死亡，因此区域性试验只做了 4 年。该试点区域性试验时间段内（2014—2017 年）19 个参试沙棘的年度树高值见表 3-75。

表 3-75　大通试点区域性试验中不同参试沙棘品种年生长高度对比　　　　　单位：cm

品种编号	2014 年	2015 年	2016 年	2017 年
201301	10.0	61.4	94.3	124.7
201302	13.9	65.2	98.7	108.3
201303	9.2	56.4	74.7	108.7
201304	16.8	68.4	107.0	128.0
201306	8.3	54.2	70.0	97.0
201307	16.7	70.6	76.0	128.0
201308	15.0	55.2	90.7	114.0
201309	9.5	46.4	62.0	77.0
201310	7.2	46.8	51.0	79.3
201311	10.1	44.0	54.7	84.3
201312	10.2	45.4	72.3	97.3
201313	12.7	50.0	54.7	107.3
201314	11.4	33.8	—	—
201316	18.2	56.6	—	—
201317	15.6	55.2	66.0	101.3
201318	13.9	54.6	78.3	96.7
201319	14.6	38.5	—	—
201321	7.6	38.0	34.7	54.7
平均	12.3	52.3	72.3	100.4
201305（CK）	12.3	66.0	70.0	106.3

从表 3-75 可以看出，大通试点区域性试验 4 年时间内，引进沙棘平均树高除第 1 年与对照沙棘"201305"（CK）相同外，只有第 3 年较"201305"（CK）稍高（3%），而种植第 2 年、第 4 年引进沙棘平均树高分别仅占"201305"（CK）的 79%、94%。不过就种植第 4 年（2017 年）的情况来看，虽然引进品种的平均树高较低，但"201301""201302""201303""201304""201307""201308""201313"共 7 个品种的树高大于对照"201305"（CK）。

图 3-98 绘制了大通试点各参试沙棘品种在 4 年区域性试验期间的树高变化，可以比较直观地看到品种间、年度间的树高变化规律。图中可以看出种植第 1 年（2014 年）树高普遍很低，这是由于这个点采用截干造林，对当年树高造成了较大影响。

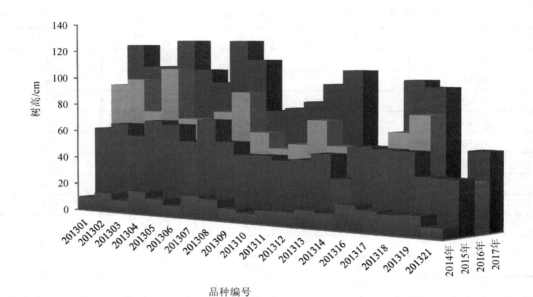

图 3-98　大通试点区域性试验中不同参试沙棘品种的树高对比

（2）树高速生期

2014 年大通试点对引进沙棘生长季每半月的树高值进行了观测记载，不过由于种植时采取截干造林的办法，年内树高值很低，各参试品种平均高仅为 12.3 cm，无法谈及树高的生长节律。

大通试点对 2015 年生长季诸月树高做了记载。从 2015 年全年日净高生长比较大的有 6 月、7 月、8 月 3 个月，这 3 个月累计净生长 32.3 cm，占当年总净生长（40.7 cm）的 79%。据此判断，2016 年引进沙棘的树高速生期为 6—8 月这 3 个月。

5.新疆额敏

额敏试点的干燥沙漠气候、戈壁滩土地，加之从俄罗斯引进的沙棘根系普遍不发达，当时课题组牵头单位——沙棘中心担心这个试点的引种效果。结果恰好相反，额敏试点成了 5 个主点中综合表现最好的一个试点，戈壁滩引种大果沙棘获得成功。

（1）品种间树高对比

额敏试点定植了全部 22 个引进沙棘品种（包括对照品种），每年年底的树高测定，是衡量其生长情况的重要手段。下面将区域性试验时间段（2014—2018 年）内，22 个参试引进沙棘的年度树高值见表 3-76。

表 3-76 额敏试点区域性试验中不同参试沙棘品种年生长高度对比　　　　单位：cm

品种编号	2014 年	2015 年	2016 年	2017 年	2018 年
201301	33.6	80.9	143.2	157.4	164.5
201302	44.3	106.6	157.2	167.7	186.1
201303	37.6	76.1	133.2	148.9	138.7
201304	50.3	78.3	136.4	150.2	146.4
201306	55.9	82.3	154.6	166.1	164.2
201307	52.2	99.5	156.9	170.0	179.3
201308	37.8	77.9	124.9	148.0	174.3
201309	36.0	82.7	105.2	130.9	126.2
201310	36.9	61.4	118.3	144.3	172.3
201311	46.7	75.3	145.2	167.6	178.1
201312	51.5	76.0	140.4	155.9	165.4
201313	17.3	87.1	112.0	132.5	146.7
201314	31.1	47.6	101.9	117.5	125.9
201315	23.2	67.1	119.8	138.3	163.8
201316	41.8	58.7	144.2	163.2	165.7
201317	41.1	63.6	108.3	132.4	111.0
201318	43.5	87.7	114.5	124.8	140.8
201319	56.3	84.2	139.0	159.2	145.3
201320	38.3	77.0	149.3	159.3	204.4
201321	46.5	82.5	130.8	150.9	149.5
201322	46.2	88.0	105.2	138.1	143.0
平均	41.3	78.1	130.5	148.7	157.4
201305（CK）	47.3	77.8	116.4	129.6	118.1

从表 3-76 可以看出，除种植第 1 年（2014 年）引进沙棘的平均树高不如"201305"（CK）外（占 87%），种植第 2 年，引进沙棘平均树高已经略超过对照；而在种植第 3～5 年，引进沙棘的平均树高值较对照分别大 12%、15%和 33%，两者之间树高差距越来越大。区域性试验结束的 2018 年年底，引进沙棘品种中以"201320"树高最大，树高位列第二、第三、第四位的分别是"201302""201307""201311"。与"201305"（CK）相比，有 20 种引进沙棘树高较大，只有 1 种（201317）树高较低。沙棘种植后经过 3 年的生长，参试所有品种树高在第 4 年、第 5 年已经较第 3 年增长幅度不太大了；个别品种由于干梢等影响，第 5 年树高甚至小于第 4 年。上述有关树高的描述情况趋势与绥棱试点十分相似；不同的是，绥棱试点平均树高较额敏试点高 60 cm 左右。

图 3-99 绘制了额敏试点各参试沙棘品种在 5 年区域性试验期间的树高，可以比较直观地看到品种间、年度间的树高变化规律。

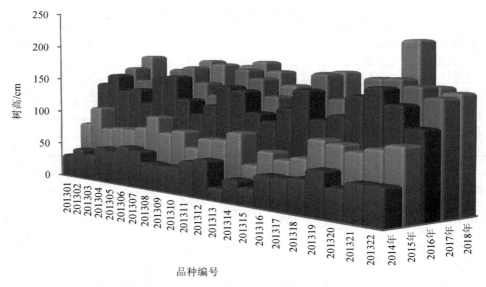

图 3-99　额敏试点区域性试验中不同参试沙棘品种的树高对比

（2）树高速生期

2014—2016 年连续 3 年，额敏试点对引进沙棘生长季诸月的树高值进行了观测记载。表 3-77 是 2016 年（生长已经完全正常）对引进沙棘品种诸月树高测定值的统计值。

表 3-77　额敏试点引进沙棘 2016 年生长季诸月树高值对比　　　　　　单位：cm

品种编号	3 月 15 日	4 月 15 日	5 月 15 日	6 月 15 日	7 月 15 日	8 月 15 日	9 月 15 日
201301	80.9	83.3	98.0	121.8	128.0	136.3	143.2
201302	103.6	105.5	117.5	134.9	142.8	152.7	157.2
201303	76.1	79.2	94.3	110.1	122.0	129.4	133.2
201304	75.3	76.2	98.6	119.5	130.6	134.5	136.4
201305（CK）	75.8	76.3	84.5	99.9	108.4	114.1	116.4
201306	74.3	75.0	94.0	119.8	136.4	147.9	154.6
201307	96.5	97.3	117.1	139.7	145.7	153.2	156.9
201308	75.9	76.6	92.7	118.0	121.1	123.8	124.9
201309	72.7	74.0	77.3	87.8	96.4	101.9	105.2
201310	58.4	59.0	65.7	73.7	102.0	113.0	118.3
201311	74.3	74.8	99.8	129.9	139.2	140.3	145.2
201312	74.0	74.8	96.6	122.3	134.1	138.5	140.4
201313	67.1	70.0	84.5	104.5	108.5	110.5	112.0
201314	46.6	46.8	62.2	81.5	93.4	99.3	101.9

品种编号	3月15日	4月15日	5月15日	6月15日	7月15日	8月15日	9月15日
201315	67.1	67.3	85.2	105.8	116.3	119.3	119.8
201316	58.7	59.9	88.5	123.2	134.2	141.1	144.2
201317	48.6	49.7	65.7	83.8	97.0	103.9	108.3
201318	67.7	72.4	81.1	96.0	106.0	110.1	114.5
201319	76.2	78.8	92.3	114.8	133.3	137.3	139.0
201320	70.1	73.5	92.2	117.8	134.8	144.5	149.3
201321	80.5	81.8	94.0	104.8	121.1	127.2	130.8
201322	73.2	75.0	84.2	89.0	99.8	104.3	105.2

为了更清楚地看到额敏试点引进沙棘树高在年内诸月的变化，将表 3-77 数据作成曲线图，见图 3-100。

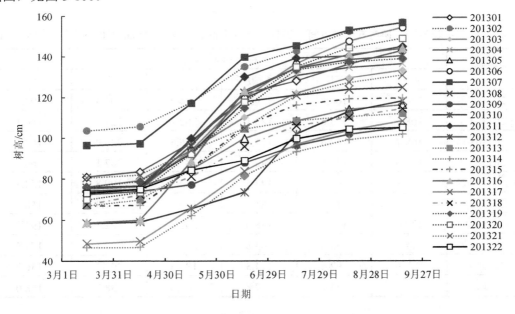

图 3-100　额敏试点引进沙棘 2016 年生长季诸月树高值变化曲线

从图 3-100 可以看出，2016 年额敏试点不同引进沙棘品种生长季的诸月树高变动趋势基本相同，速生期基本为 5—7 月这 3 个月。各品种树高平均值，5 月净生长 15.5 cm，6 月净生长 19.6 cm，7 月净生长 11.9 cm，3 个月累计净生长 47.0 cm，占当年总净生长（49.8 cm）的 94%。额敏试点 4 月中旬之前、9 月初之后沙棘的高生长很小，速生期基本为 5—7 月，较其他各点速生期普遍提前 1 个月左右。

（二）综合分析

引进沙棘定植后，各试点即开始了对树高的观测。这项工作虽然十分枯燥，但却对了解引进沙棘的高生长规律甚至适应性非常重要。

1. 各主点之间树高生长对比

由于各主点之间分配到的参试沙棘品种及数量均不相同，无法对所有参试引进沙棘品种进行对比分析。不过有9个引进沙棘品种（含对照）在各点都有，它们是"201301"～"201309"，可以对这9个共同品种在不同试点间的树高情况进行有关对比分析。

区域性试验时间段为2014—2018年，不过由于青海大通试点缺2018年资料（全部病死），故选用种植第4年，即2017年的各主点9个引进沙棘品种年底前测定的树高，在各主点间进行比较，见表3-78。

表3-78　所有5个主点间（2017年）9个参试沙棘品种树高对比　　　　单位：cm

品种编号	种植第4年树高					
	大通	庆阳	额敏	绥棱	朝阳	平均
201301	124.7	166.7	179.8	194.2	302.3	193.5
201302	108.3	173.0	188.1	202.1	229.0	180.1
201303	108.7	163.6	137.7	176.6	229.0	163.1
201304	128.0	136.6	143.4	187.1	207.1	160.4
201305（CK）	106.3	169.0	123.5	162.8	199.8	152.3
201306	97.0	115.1	181.3	180.5	217.0	158.2
201307	128.0	137.8	188.6	209.8	302.3	193.3
201308	114.0	133.3	163.8	207.3	254.3	174.5
201309	77.0	102.6	114.3	185.6	201.3	136.2
平均	110.2	144.2	157.8	189.6	238.0	168.0

将5个试点按9个沙棘品种的树高进行平均，发现9个品种的平均树高从高到低依次为："201301"、"201307"、"201302"、"201308"、"201303"、"201304"、"201306"（CK）、"201305"（CK）、"201309"。

将9个沙棘品种按5个试点的树高平均，可以发现：朝阳试点的沙棘品种树高最高，达238.0 cm；绥棱次之，达189.6 cm；额敏第三，达157.8 cm；庆阳第四，达144.2 cm；大通最末，仅110.2 cm。图3-101可以更为直观地看出5个主点之间树高的变化。朝阳平均树高为大通的2.2倍、庆阳的1.7倍、额敏的1.5倍、绥棱的1.3倍。

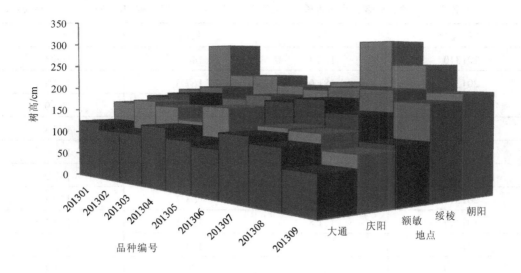

图 3-101　不同主点间种植第 4 年（2017 年）9 个参试沙棘品种树高对比

　　额敏试点比庆阳试点平均树高大 9%，这 2 个试点之间树高最为接近。朝阳试点树高最大的原因，一是自然条件比较适宜，二是剪条育苗少。绥棱、额敏、庆阳 3 个试点都存在着剪条育苗的现象，对高生长造成了一定影响，加之庆阳试点前 2 年定植在盐碱地上的一些品种生长量很小，第 3 年移出后在稍好土地上生长 1 年的高度，才与朝阳、绥棱、额敏第 1 年或第 2 年的生长高度接近。从气温、水分等条件来看，庆阳试点应该比朝阳试点的树高生长大才对。正是前述原因，造成了庆阳试点树高生长反而较小。

　　大通试点种植第 1 年的截干影响了引进沙棘当年树高生长，不过第 2 年年底树高已经赶上了庆阳试点，问题出在了第 3 年、第 4 年，这两年本该进入高生长快速增长阶段，不过刚好相反，这两年增长不多，被其他各点甚至庆阳试点拉开了距离。大通试点高生长较差的原因可能与当地海拔较高、气温较低有关，不过多年来在连作的育苗地上建园，也可能是造成引进沙棘生长不好的原因之一。

　　前面只是对 5 个试点共有的 9 个品种之间的对比，为了掌握其他 13 个品种的树高生长情况，下面对"201310"～"201322"在绥棱、额敏 2 个试点的树高进行简单对比，见表 3-79。

　　将 2 个试点按 13 个品种进行平均，发现平均树高从高到低依次排列次序为："201320""201316""201312""201319""201311""201310""201321""201313""201322""201315""201318""201317""201314"。

　　再将 13 个沙棘品种的树高按 2 个试点平均，可以发现绥棱平均树高为 188.2 cm，额敏平均树高为 144.9 cm，绥棱为额敏平均树高的 1.3 倍。

表 3-79　绥棱、额敏 2 个试点间（2017 年）13 个参试沙棘品种树高对比　　　　单位：cm

品种编号	绥棱	额敏	平均
201310	188.4	144.3	166.4
201311	181.0	167.6	174.3
201312	193.9	155.9	174.9
201313	198.1	132.5	165.3
201314	163.7	117.5	140.6
201315	176.2	138.3	157.2
201316	195.4	163.2	179.3
201317	171.8	132.4	152.1
201318	186.5	124.8	155.7
201319	189.5	159.2	174.4
201320	231.5	159.3	195.4
201321	181.7	150.9	166.3
201322	189.0	138.1	163.6
平均	188.2	144.9	166.6

2. 各主点之间树高速生期对比

前面已分别对各个试点引进沙棘树高速生期进行过分析，汇总如下：额敏为 5—7 月；绥棱为 6—8 月；大通为 6—8 月；庆阳为 6—8 月；朝阳为 5 月中旬至 9 月中旬。

额敏引进沙棘树高速生期最为靠前，为 5—7 月，共 3 个月；绥棱、大通、庆阳 3 个试点树高速生期相同，均为 6—8 月，共 3 个月；朝阳试点速生期时间最长，达 4 个月，从 5 月中旬至 9 月中旬。引进沙棘树高生长的速生期较长，应是朝阳试点在各试点中树高最大的主要原因所在。

二、地径生长

在沙棘等灌木类植物的营养生长中，地径是仅次于树高的第二个重要指标。粗壮的地径，意味着高的水分通量和营养通量，树体会随之得到全面发展，树势健壮，为更好地发挥生态经济功能奠定基础。地径采用游标卡尺于树基处测定（图 3-102）。

庆阳试点　　　　　　　　　　　　　朝阳试点

大通试点　　　　　　　　　　　　　额敏试点

图 3-102　有关试点观测引进沙棘地径生长情况

（一）各试点表现

地径作为一个非常重要的指标，是 5 个主点重点测定的生长指标。引进沙棘定植后的前 3 年（2014—2016 年），各试点都对生长季诸月（包括全年）的地径进行了记载，后 2 年（2017—2018 年）在年底记录了当年的生长地径。

1. 黑龙江绥棱

绥棱试点的气候适宜、土壤肥沃，给引进沙棘的地径生长提供了优越的条件，但试验地所在的东北平原地区较为平坦的地貌、较多降水造成的积水条件，反过来却对地径生长造成了一定的制约。

（1）品种间地径对比

在区域性试验时间段（2014—2018 年）内，绥棱试点对全部 22 个引进沙棘品种（包括对照品种）于每年年底开展地径测定，结果见表 3-80。

表 3-80　绥棱试点区域性试验中不同参试沙棘品种年生长地径对比　　　单位：cm

品种编号	2014 年	2015 年	2016 年	2017 年	2018 年
201301	0.92	2.61	4.30	4.65	5.49
201302	0.91	1.85	3.85	4.58	—
201303	0.67	1.84	3.27	3.76	4.24
201304	0.94	2.22	3.38	3.28	3.55
201306	0.85	2.89	3.91	4.57	4.87
201307	1.35	2.98	4.58	4.87	5.51
201308	0.99	2.23	3.93	4.05	4.69
201309	0.72	2.51	3.77	3.98	4.30
201310	0.83	2.18	3.53	4.23	5.30
201311	1.10	2.71	3.75	3.82	3.94
201312	0.91	2.58	4.05	4.46	4.46
201313	0.89	2.63	4.20	4.76	5.40
201314	0.74	1.76	2.91	3.74	4.00
201315	0.92	2.36	3.76	3.88	4.65
201316	0.80	1.88	3.64	4.02	4.51
201317	0.76	1.98	3.69	4.22	4.46
201318	0.74	1.89	3.48	4.00	4.34
201319	0.75	1.84	3.46	4.18	5.13
201320	1.38	3.69	5.54	5.98	7.27
201321	0.98	2.16	3.58	3.63	4.58
201322	0.78	2.02	4.93	3.98	4.72
平均	0.90	2.32	3.88	4.22	4.77
201305（CK）	0.78	2.14	3.80	3.91	3.87

从表 3-80 可以看出，绥棱试点区域性试验 5 年时间内，引进沙棘平均地径均超过"201305"（CK），且以第 5 年超过最多，达 23%，随着区域性试验结束，两者之间地径差距达到最大。区域性试验结束的 2018 年年底，引进沙棘品种中地径以"201320"最大（达 7.27 cm），位列第二、第三位的是"201307"和"201301"，地径分别达到 5.51 cm、5.49 cm。参试沙棘中，地径位列第一、第二位的是"201320""201307"这 2 个品种，其树高也名列前两位。与"201305"（CK）相比，只有"201304"这 1 个品种的地径较低，其余地径均高于对照（"201302"于 2018 年逐渐病死，没有数据）。区域性试验结束的 2018 年，地径增长的速率较大，预示着其后年份，地径还会有一定程度的增长。

图 3-103 绘制了绥棱试点各参试沙棘品种在 5 年区域性试验期间的地径变化，可以比较直观地看到品种间、年度间的地径变化规律。

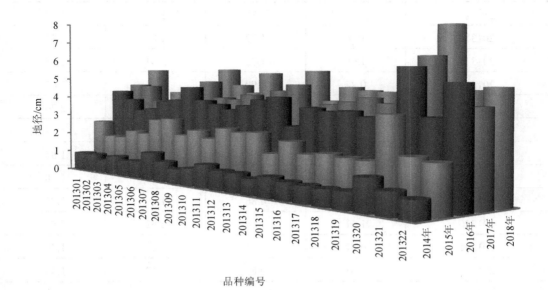

图 3-103　绥棱试点区域性试验中不同参试沙棘品种的地径对比

（2）地径速生期

2014—2016 年连续 3 年，绥棱试点对引进沙棘生长季诸月的地径值进行了观测记载。2014 年引进沙棘定植后有一个缓苗过程，导致该年记载资料序列不长；而 2015 年、2016 年 2 年诸月地径值变化趋势基本相同。下面仅列出 2015 年树高诸月测定值，见表 3-81。

表 3-81　绥棱试点引进沙棘 2015 年生长季诸月地径值对比　　　　　单位：cm

品种编号	5 月 30 日	6 月 30 日	7 月 30 日	8 月 30 日
201301	1.06	1.30	1.83	2.45
201302	0.89	1.02	1.68	1.77
201303	0.75	0.94	1.31	1.77
201304	0.99	1.17	1.63	2.15
201305（CK）	0.87	1.16	1.69	2.05
201306	1.37	1.64	2.19	2.79
201307	1.24	1.51	2.20	2.85
201308	1.01	1.29	1.82	2.15
201309	1.00	1.28	2.05	2.32
201310	0.86	1.07	1.61	2.02
201311	1.28	1.60	2.21	2.56

品种编号	5 月 30 日	6 月 30 日	7 月 30 日	8 月 30 日
201312	1.06	1.32	1.89	2.32
201313	1.06	1.35	2.01	2.48
201314	0.74	0.99	1.33	1.65
201315	0.98	1.26	1.87	2.26
201316	0.78	1.01	1.43	1.73
201317	0.84	1.04	1.48	1.85
201318	0.73	0.96	1.30	1.78
201319	0.71	0.86	1.30	1.75
201320	1.51	1.96	2.62	3.51
201321	0.82	0.91	1.24	1.90
201322	0.63	0.84	1.42	1.93

为了更清楚地看到绥棱试点引进沙棘 2015 年地径在年内诸月的变化，将表 3-81 数据作成曲线图，见图 3-104。

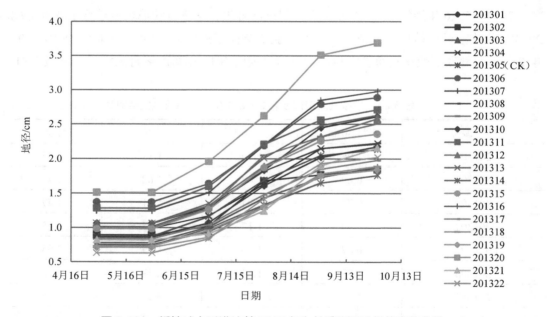

图 3-104 绥棱试点引进沙棘 2015 年生长季诸月地径值变化曲线

从表 3-81、图 3-104 可以很明显地看出，绥棱试点 2015 年不同引进沙棘良种无性系地径生长的特点。5 月之前地径生长基本很小（平均 0.06 cm），9 月之后生长量也不大（0.13 cm），其快速生长期基本上为 6—8 月这 3 个月，平均地径累计增加 1.22 cm，占全年平均地径增长量（1.42 cm）的 86%。参试各品种间区别不大，可以认为是绥棱试点这些引进沙棘品种地径的特征值。

2016 年不同引进沙棘品种生长季的诸月净生长地径，6 月达 0.84 cm，7 月达 0.21 cm，8 月达 0.27 cm，3 个月累计净生长 1.32 cm，占当年总净生长（1.56 cm）的 85%。据此判断，2016 年的地径速生期也为 6—8 月这 3 个月。

2．辽宁朝阳

位于半干旱地区的朝阳试点，引种沙棘后生长很好，树高排在第一，且远高于其他各点。下面是对其地径生长的分析。

（1）品种间地径对比

在区域性试验时间段（2014—2018 年）内，朝阳试点对 9 个引进沙棘品种（包括对照品种）每年年底的地径测定结果见表 3-82。

表 3-82　朝阳试点区域性试验中不同参试沙棘品种年生长地径对比　　单位：cm

品种编号	2014 年	2015 年	2016 年	2017 年	2018 年
201301	1.00	2.60	4.56	5.98	6.95
201302	0.94	2.48	4.43	5.25	—
201303	0.84	1.86	3.01	4.25	4.37
201304	0.91	2.05	3.30	4.04	4.75
201306	1.28	3.01	4.54	5.42	6.07
201307	1.00	2.60	4.56	5.98	6.69
201308	1.05	2.69	4.20	5.95	5.96
201309	0.74	1.81	2.98	3.83	4.29
平均	0.97	2.39	3.95	5.09	5.58
201305（CK）	0.84	1.86	3.22	4.34	5.59

从表 3-82 可以看出，朝阳试点区域性试验 5 年时间内，引进沙棘平均地径在种植后前 4 年均超过"201305"（CK），不过第 5 年被对照超过，虽然仅超了 0.01 cm，是属于误差范围，但即使按数值相同看待，也说明从区域性试验的最终结果来看，引进品种的平均地径与"201305"（CK）基本持平。区域性试验结束的 2018 年年底，引进沙棘品种中地径以"201301"最大，达 6.95 cm，位列第二、第三位的是"201307""201306"，地径分别为 6.69 cm、6.07 cm。与"201305"（CK）相比，有 3 种（"201304""201303""201309"）地径较低。区域性试验结束的 2018 年，许多品种地径增长的速率放缓，逐步

接近地径极限值。

图 3-105 绘制了朝阳试点各参试沙棘品种在 5 年区域性试验期间的地径变化，可以比较直观地看到品种间、年度间的地径变化规律。

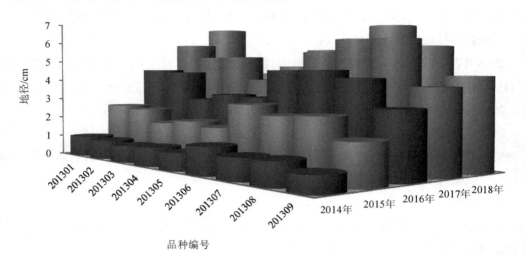

图 3-105　朝阳试点区域性试验中不同参试沙棘品种的地径对比

（2）地径速生期

2014—2016 年连续 3 年，朝阳试点对引进沙棘生长季诸月地径生长值进行了观测记载。其中，2014 年种植当年，每半个月测定一次地径，可以更好地反映生长节律，而 2015 年、2016 年每月测定一次。下面列出 2014 年地径诸月测定值（表 3-83）。

表 3-83　朝阳试点引进沙棘 2014 年生长季诸月地径值对比　　　　单位：cm

品种编号	4月15日	4月30日	5月15日	5月30日	6月15日	6月30日	7月15日	7月30日	8月15日	8月30日	9月15日
201301	0.50	0.51	0.54	0.61	0.66	0.76	0.87	0.94	0.98	1.00	0.50
201302	0.50	0.50	0.52	0.55	0.61	0.72	0.89	0.91	0.93	0.94	0.50
201303	0.49	0.49	0.51	0.58	0.62	0.71	0.78	0.81	0.82	0.84	0.49
201304	0.48	0.49	0.51	0.59	0.67	0.75	0.80	0.86	0.89	0.91	0.48
201305（CK）	0.44	0.44	0.47	0.53	0.59	0.67	0.72	0.78	0.82	0.84	0.44
201306	0.52	0.52	0.55	0.60	0.79	0.98	1.08	1.20	1.25	1.28	0.52
201307	0.50	0.51	0.54	0.61	0.66	0.76	0.87	0.94	0.98	1.00	0.50
201308	0.48	0.48	0.51	0.57	0.65	0.73	0.82	0.92	0.99	1.05	0.48
201309	0.47	0.47	0.48	0.52	0.55	0.60	0.64	0.69	0.73	0.74	0.47

为了更清楚地看到朝阳试点引进沙棘地径在年内诸月的变化，将表3-83数据作成曲线图，见图3-106。

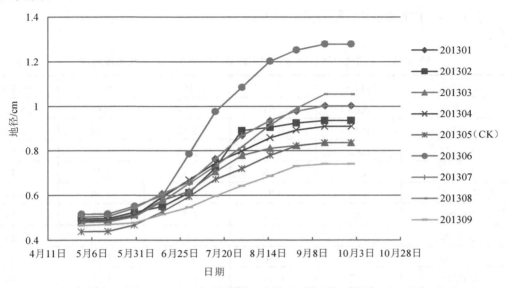

图3-106　朝阳试点引进沙棘2014年生长季诸月地径值变化曲线

从图3-106可以看出，朝阳试点引进沙棘年内地径生长表现为"慢-快-慢"，尤以"201306"的表现最为明显，年内生长后期地径生长量明显较其他品种为大。引进沙棘的地径速生期基本上出现在7月初至8月底。进入9月初以后，参试所有沙棘地径生长就较小了。

再来看2015年朝阳试点不同引进沙棘品种生长季的诸月地径净生长平均值，6月达0.30 cm，7月达0.43 cm，8月达0.37 cm，3个月累计地径净生长1.11 cm，占当年地径总净生长（1.37 cm）的80%。据此判断，2015年的地径速生期应为6—8月这3个月。

2016年朝阳试点不同引进沙棘品种生长季的诸月地径净生长平均值，6月达0.50 cm，7月达0.51 cm，8月达0.24 cm，3个月累计地径净生长1.49 cm，占当年总地径净生长（1.54 cm）的97%。由于月度测定时间为15日，据此判断，2016年的地径速生期为5月下旬至8月初这3个多月。

总体来看，朝阳试点引进沙棘地径速生期位于5月下旬至8月中旬，其中以7—8月这2个月生长速度更快。

3.甘肃庆阳

庆阳试点的水热条件均较好，又是较为肥沃的坝地，但由于排碱渠失修，种植引进沙棘的坝地盐碱化十分严重，不得已在种植第3年年初田间管理人员又对种植幼树进行挪移，因此在一定程度上影响了各引进品种的地径生长。

（1）品种间地径对比

在区域性试验时间段（2014—2018 年）内，庆阳试点对 11 个引进沙棘品种（包括对照品种）每年年底的地径测定结果见表 3-84。

表 3-84　庆阳试点区域性试验中不同参试沙棘品种年生长地径对比　　　　　　单位：cm

品种编号	2014 年	2015 年	2016 年	2017 年	2018 年
201301	0.66	1.31	2.71	3.86	5.05
201302	0.48	0.95	1.32	2.58	3.12
201303	0.62	1.33	2.38	3.21	4.00
201304	0.65	0.88	1.52	2.72	3.39
201306	0.59	0.73	1.38	2.59	3.13
201307	0.65	0.74	1.22	2.52	3.43
201308	0.57	0.70	0.92	2.20	3.26
201309	0.49	0.56	0.97	1.94	2.83
201310	0.47	0.48	0.90	1.91	3.03
201311	0.47	0.54	1.03	2.35	2.84
平均	0.57	0.82	1.44	2.59	3.41
201305（CK）	0.63	1.27	2.60	3.81	4.33

从表 3-84 可以看出，庆阳试点区域性试验 5 年时间内，引进沙棘平均地径每年均小于“201305”（CK），引进沙棘占对照沙棘平均地径的比例从 2014 年的 90%，到 2015 年的 65%，到 2016 年的 55%，到 2017 年的 68%，再到 2018 年的 79%，与对照差距较大。引进品种中只有“201301”这 1 个品种的地径大于对照，与树高的情况完全相同。

图 3-107 绘制了庆阳试点各参试沙棘品种在 5 年区域性试验期间的树高变化，可以比较直观地看到品种和年度间的树高变化规律。

（2）地径速生期

2014—2016 年连续 3 年，庆阳试点对引进沙棘生长季诸月的地径生长值进行了观测记载。其中，2014 年种植当年每半个月测定 1 次地径，可以更好地反映生长节律，而 2015 年、2016 年每月测定 1 次。

如同树高生长一样，2014 年庆阳试点由于沙棘种植后处于缓苗期，加之盐碱化的影响，生长十分缓慢，“蹲苗”严重，每半个月测定一次的地径增量不大，5—8 月这 4 个月间以较缓的速度增长，对同一品种来说年内也没有增加多少，几乎没有出现速生期。

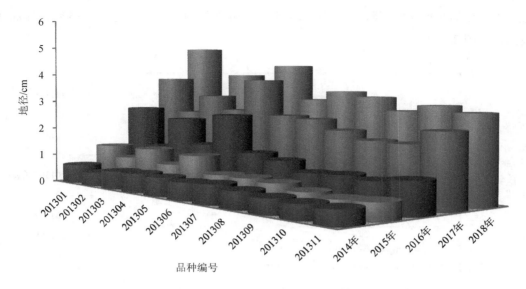

图 3-107 庆阳试点区域性试验中不同参试沙棘品种的地径对比

2015 年庆阳试点不同引进沙棘品种仍生长在盐碱化严重的地块，受其影响，地径月净生长值较高的只有 6 月、7 月 2 个月，6 月净生长为 0.11 cm，7 月净生长为 0.15 cm，2 个月累计净生长为 0.25 cm，占当年总净生长（0.29 cm）的 86%。据此判断，2016 年的树高速生期为 5 月中旬至 7 月中旬这 2 个月。

2016 年庆阳试点对生长在盐碱化严重地块的沙棘进行了移植，挪移后沙棘生长受到了一定的影响，表现在参试的 11 种沙棘中，3 年后仍有 8 个品种的总地径小于 2 cm，见表 3-85。

表 3-85 庆阳试点引进沙棘 2016 年生长季诸月地径值对比 单位：cm

品种编号	4 月 30 日	5 月 15 日	6 月 15 日	7 月 15 日	8 月 15 日	9 月 15 日
201301	1.40	1.50	1.80	2.07	2.59	2.71
201302	0.65	0.68	0.72	0.89	1.14	1.32
201303	1.31	1.42	1.68	1.98	2.33	2.38
201304	0.69	0.69	0.84	1.04	1.40	1.52
201305（CK）	1.52	1.61	1.78	2.10	2.44	2.60
201306	0.81	0.81	0.94	1.08	1.29	1.38
201307	0.72	0.72	0.75	0.95	1.12	1.22
201308	0.44	0.44	0.51	0.77	0.85	0.92
201309	0.46	0.46	0.58	0.76	0.90	0.97
201310	0.44	0.44	0.48	0.71	0.89	0.90
201311	0.50	0.50	0.60	0.74	1.00	1.03

为了更清楚地看到庆阳试点引进沙棘地径在年内诸月的变化，将表 3-85 数据作成曲线图，见图 3-108。

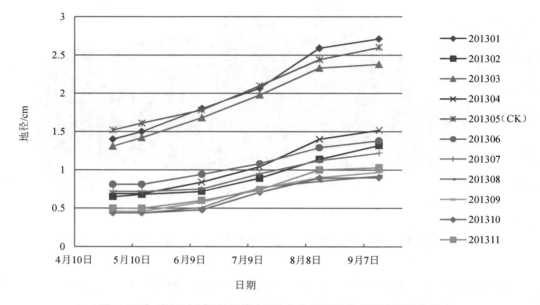

图 3-108　庆阳试点引进沙棘 2016 年生长季诸月地径值变化曲线

从图 3-108 可以看出，2016 年庆阳试点不同引进沙棘品种生长季的诸月地径变化情况不尽相同，如"201301""201303""201305"（CK）这 3 个品种地径生长明显较其他品种高，且能明显发现其速生期为 5 月初至 8 月中旬，其余各品种前期生长很慢（应为新挪移地块的一些品种），速生期为 7—8 月 2 个月。从各品种地径净生长平均值来看，6 月达 0.13 cm，7 月达 0.22 cm，8 月达 0.26 cm，3 个月累计净生长 0.61 cm，占当年总净生长（0.68 cm）的 90%。据此判断，2016 年的地径速生期基本为 6 月初至 8 月中旬这 3 个月。

通过对 2014—2016 年 3 年有关数据的分析，可以基本认为，庆阳试点引进沙棘地径速生期为 6—8 月这 3 个月。

4．青海大通

大通试点在 2014 年种植时，对引进沙棘苗木进行了截干造林，此项措施对树高影响很大，但对地径的影响相对较小。

（1）品种间地径对比

2017 年年底大通试点所有参试沙棘品种全部因病死亡，因此区域性试验时间段少了 1 年（2014—2017 年），不过也只能对这少了 1 年试验时间的 19 个引进沙棘品种（包括对照品种）每年年底的地径测定结果进行评价（表 3-86）。

表 3-86 大通试点区域性试验中不同参试沙棘品种年生长地径对比 单位：cm

品种编号	2014 年	2015 年	2016 年	2017 年
201301	0.64	1.17	1.97	3.06
201302	0.72	1.22	2.33	2.53
201303	0.56	0.99	1.87	2.62
201304	0.68	1.14	1.97	2.43
201306	0.60	1.18	2.00	1.98
201307	0.70	1.20	1.70	2.71
201308	0.67	0.96	1.73	2.61
201309	0.57	0.78	1.23	2.09
201310	0.55	0.86	1.03	1.64
201311	0.56	0.74	1.07	1.54
201312	0.55	0.97	1.37	1.29
201313	0.58	0.89	1.30	2.51
201314	0.55	0.79	—	—
201316	0.58	0.81	—	—
201317	0.61	0.93	0.70	1.69
201318	0.62	0.95	1.07	2.31
201319	0.49	0.68	—	—
201321	0.49	0.75	0.73	1.51
平均	0.59	0.95	1.47	2.17
201305（CK）	0.64	1.12	1.67	2.61

从表 3-86 可以看出，大通试点区域性试验 5 年时间内，引进沙棘平均地径均小于"201305"（CK）。4 年间，引进沙棘平均地径占对照的比例最大为种植第 1 年（2014 年）的 93%，最小为种植第 4 年（2017 年）的 83%，差距较小。不过从个别品种来看，还是有 4 个品种（"201301""201307""201303""201308"）的地径大于或等于"201305"（CK）。

图 3-109 绘制了大通试点各参试沙棘品种在 5 年区域性试验期间的地径变化，可以比较直观地看到品种间、年度间的地径变化规律。

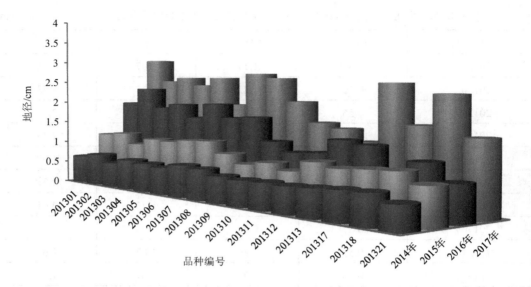

图 3-109   大通试点区域性试验中不同参试沙棘品种的地径对比

（2）地径速生期

2014 年大通试点对引进沙棘生长季每半月的地径值进行了观测记载，不过由于种植时采取截干造林办法，不仅树高较低，地径也生长很慢，生长季逐月无法观测出快速生长过程。

从 2015 年生长季逐月地径的生长情况来看，比较大的有 6 月、7 月、8 月 3 个月，这 3 个月累计净生长 0.25 cm，占当年总净生长（0.36 cm）的 70%。据此判断，2015 年的树高速生期为 6—8 月这 3 个月。

5. 新疆额敏

额敏试点引进沙棘能够在极端干旱的环境中生长，完全得益于有保证的灌溉条件。水分有所保证的前提下，当地充足的光热资源十分利于引进沙棘地径的生长。

（1）品种间地径对比

在区域性试验时间段（2014—2018 年）内，额敏试点对全部 22 个引进沙棘品种（包括对照品种）每年年底的地径测定结果见表 3-87。

从表 3-87 可以看出，额敏试点区域性试验 5 年时间内，引进沙棘平均地径除第 1 年稍小于"201305"（CK）外，随后 4 个年份均大于"201305"（CK），第 5 年引进沙棘平均地径比对照大 26%。从个别品种来看，大部分引进品种大于对照，不过还是有 4 个品种的地径小于"201305"（CK）。

表 3-87 额敏试点区域性试验中不同参试沙棘品种年生长地径对比　　单位：cm

品种编号	2014 年	2015 年	2016 年	2017 年	2018 年
201301	0.59	1.83	4.08	5.17	6.46
201302	0.87	2.25	3.82	4.65	5.27
201303	0.56	1.63	2.75	3.50	4.43
201304	0.64	1.83	3.30	4.20	3.84
201306	0.95	1.92	3.66	4.32	5.85
201307	0.90	1.47	4.44	5.16	5.91
201308	0.75	2.00	3.61	4.46	5.47
201309	0.72	1.65	2.66	3.67	4.57
201310	0.35	1.75	3.13	4.33	5.10
201311	0.66	1.40	3.92	4.63	5.71
201312	0.78	1.68	4.07	4.38	6.41
201313	0.67	1.79	2.60	3.50	4.67
201314	0.65	1.26	2.50	3.72	3.73
201315	0.55	1.27	2.39	3.54	4.65
201316	0.63	1.37	3.87	4.70	6.81
201317	0.63	1.21	2.47	3.60	3.68
201318	0.62	1.90	2.54	3.30	4.06
201319	0.88	1.73	3.70	4.80	4.97
201320	0.70	1.40	4.10	4.76	6.38
201321	0.60	1.88	3.16	4.05	3.64
201322	0.63	2.38	2.88	4.43	4.80
平均	0.68	1.70	3.32	4.23	5.07
201305（CK）	0.69	1.57	2.73	3.51	4.02

图 3-110 绘制了额敏试点各参试沙棘品种在 5 年区域性试验期间的地径变化，可以比较直观地看到品种间、年度间的地径变化规律。

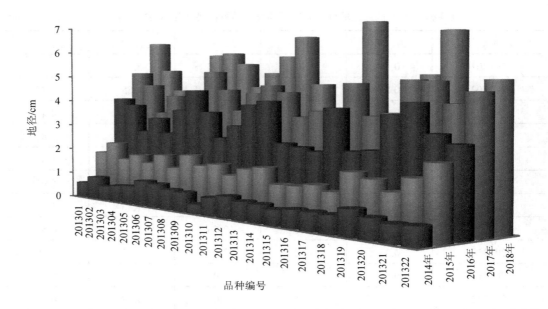

图 3-110　额敏试点区域性试验中不同参试沙棘品种的地径对比

（2）地径速生期

2014—2016 年连续 3 年，额敏试点对引进沙棘生长季诸月的地径值进行了观测记载。表 3-88 是 2016 年对引进沙棘品种诸月地径测定值的统计值。

表 3-88　绥棱试点引进沙棘 2016 年生长季诸月地径值对比　　　　单位：cm

品种编号	3 月 15 日	4 月 15 日	5 月 15 日	6 月 15 日	7 月 15 日	8 月 15 日	9 月 15 日
201301	1.83	1.95	2.23	2.78	3.09	3.53	4.08
201302	2.05	2.19	2.45	2.86	3.16	3.53	3.82
201303	1.53	1.56	1.54	1.62	2.12	2.48	2.75
201304	1.63	1.68	1.78	1.87	2.57	2.99	3.30
201305（CK）	1.47	1.49	1.54	1.76	2.19	2.50	2.73
201306	1.72	1.74	1.89	2.35	2.83	3.38	3.66
201307	2.27	2.35	2.64	3.01	3.62	4.10	4.44
201308	1.81	1.96	2.24	2.67	3.02	3.43	3.61
201309	1.25	1.31	1.48	1.75	2.26	2.46	2.66
201310	1.25	1.30	1.40	1.60	2.53	2.87	3.13
201311	1.40	1.70	2.17	2.67	3.42	3.74	3.92
201312	1.58	1.67	2.10	2.54	3.37	3.86	4.07
201313	1.19	1.25	1.40	1.60	2.15	2.35	2.60

品种编号	3月15日	4月15日	5月15日	6月15日	7月15日	8月15日	9月15日
201314	1.16	1.21	1.43	1.75	2.16	2.36	2.50
201315	1.07	1.14	1.37	1.76	2.18	2.24	2.39
201316	1.37	1.40	2.04	3.06	3.40	3.69	3.87
201317	1.20	1.23	1.29	1.67	2.09	2.33	2.47
201318	1.20	1.23	1.40	1.65	2.18	2.39	2.54
201319	1.73	1.75	2.18	2.65	3.23	3.48	3.70
201320	1.20	1.30	1.79	2.50	3.32	3.85	4.10
201321	1.78	1.80	2.04	2.40	2.74	2.94	3.16
201322	1.48	1.58	1.75	1.99	2.52	2.73	2.88

为了更清楚地看到额敏试点引进沙棘地径在年内诸月的变化，将表 3-88 数据作成曲线图，见图 3-111。

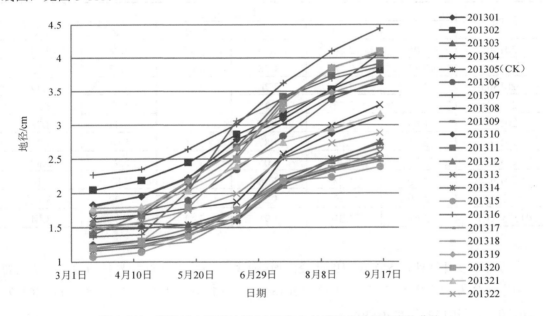

图 3-111　额敏试点引进沙棘 2016 年生长季诸月地径值变化曲线

从图 3-111 可以看出，2016 年额敏试点不同引进沙棘品种生长季的诸月地径变动趋势基本相同。各品种地径净生长平均值，6 月达 0.38 cm，7 月达 0.53 cm，8 月达 0.32 cm，3 个月累计净生长为 1.23 cm，占当年总净生长（1.78 cm）的 69%。考虑到数据测定时间为每月中旬的 15 日，速生期确定为 5 月下旬至 8 月中旬，较其他各点普遍提前近 1 个月。

（二）综合分析

如前所述，各试点之间分配到的参试沙棘品种及数量均不相同，不过有 9 个引进沙棘品种（含对照）在各点都有，可以在不同试点之间对这 9 个共同品种（"201301"～"201309"）开展有关地径情况的对比分析，而对其余品种在拥有这些品种的试点间进行对比。

1. 各试点之间地径生长对比

区域性试验时间段为 2014—2018 年，不过由于青海大通试点缺少 2018 年的资料（全部病死），故选用生长第 4 年即 2017 年作为对比年份，这一年各点均有资料，同时选取 5 个试点都有的"201301"～"201309"这 9 个引进沙棘品种，用于比较各主点的地径差异，见表 3-89。

表 3-89　不同试点间（2017 年）9 个参试沙棘品种地径对比　　　单位：cm

品种编号	种植第 4 年地径					
	大通	庆阳	绥棱	额敏	朝阳	平均
201301	3.06	3.86	4.65	5.17	5.98	4.54
201302	2.53	2.58	4.58	4.65	5.25	3.92
201303	2.62	3.21	3.76	3.50	4.25	3.47
201304	2.43	2.72	3.28	4.20	4.04	3.33
201306	1.98	2.59	4.57	4.32	5.42	3.78
201307	2.71	2.52	4.87	5.16	5.98	4.25
201308	2.61	2.20	4.05	4.46	5.95	3.85
201309	2.09	1.94	3.98	3.67	3.83	3.10
平均	2.50	2.70	4.22	4.39	5.09	3.78
201305（CK）	2.61	3.81	3.91	3.51	4.34	3.64

将每个沙棘品种按 5 个试点的地径值加以平均，可将 9 个沙棘品种的地径按从大到小顺序排列为："201301"、"201307"、"201302"、"201308"、"201306"、"201305"（CK）、"201303"、"201304"、"201309"。

按 5 个试点 9 个沙棘品种的地径平均值大小进行排序：发现朝阳最大，为 5.09 cm；额敏次之，为 4.39 cm；绥棱第三，为 4.22 cm；庆阳第四，为 2.70 cm；大通最末，仅 2.50 cm。这一排序基本上与树高相同，只不过额敏与绥棱互换了位置。朝阳平均地径为大通的 2.0 倍、庆阳的 1.9 倍、额敏的 1.21 倍、绥棱的 1.16 倍。

前面只是对 5 个主点共有的 9 个品种之间进行对比，为了掌握其他 13 个引进沙棘品种的地径生长情况，下面对"201310"～"201322"在绥棱、额敏 2 个试点的地径进行简单对比，见表 3-90。

表 3-90　绥棱、额敏 2 个试点间（2017 年）13 个参试沙棘品种地径对比　　　单位：cm

品种编号	种植第 4 年地径		
	绥棱	额敏	平均
201310	4.23	4.33	4.28
201311	3.82	4.63	4.23
201312	4.46	4.38	4.42
201313	4.76	3.50	4.13
201314	3.74	3.72	3.73
201315	3.88	3.54	3.71
201316	4.02	4.70	4.36
201317	4.22	3.60	3.91
201318	4.00	3.30	3.65
201319	4.18	4.80	4.49
201320	5.98	4.76	5.37
201321	3.63	4.05	3.84
201322	3.98	4.43	4.21
平均	4.22	4.13	4.18

先看 13 个品种之间的对比，将 2 个试点按品种进行平均，发现平均地径从高到低依次为："201320""201319""201312""201316""201310""201311""201322""201313""201317""201321""201314""201315""201318"。

再将 2 个试点 13 个沙棘品种的地径平均，可以发现：绥棱平均地径为 4.22 cm，额敏平均地径为 4.13 cm，绥棱比额敏平均地径大 0.09 cm，两者地径间差异不大。

2．各试点之间地径速生期对比

前面已分别对各个试点引进沙棘地径速生期进行过分析，汇总如下：

额敏为 5 月下旬至 8 月中旬近 3 个月（而树高为 5—7 月）；

朝阳为 5 月下旬至 8 月中旬近 3 个月（而树高为 5 月中旬至 9 月中旬）；

绥棱为 6—8 月共 3 个月（与树高相同）；

大通为 6—8 月共 3 个月（与树高相同）；

庆阳为 6—8 月共 3 个月（与树高相同）。

额敏、朝阳 2 个试点引进沙棘地径速生期最为靠前，为 5 月下旬至 8 月中旬，近 3 个月，且地径生长晚于树高 1 旬左右；绥棱、大通、庆阳 3 个试点地径速生期相同，均为 6—8 月，共 3 个月，这 3 个点速生期情况与树高完全相同。

三、冠幅生长

从形质指标来看，冠幅是除树高、地径之外，第 3 个重要的评价指标。大的冠幅往往意味着枝繁叶茂、高的结实量和产叶量，还有诸多优良的生态功能，如保持水土、防风固沙和改良土壤等。冠幅采用钢卷尺测定（图3-112）。

额敏试点

绥棱试点　　　　　　　　　　　　　　　　庆阳试点

图 3-112　有关试点测定引进沙棘冠幅生长情况

（一）各试点表现

与树高、地径一样，冠幅随着各试点地理位置、气象和土壤条件的不同，也会出现相应的变化。

1. 黑龙江绥棱

前面两部分在 5 个试点之间开展的生长指标对比中，黑龙江绥棱试点平均树高生长位于第二，平均地径位列第三，总体表现尚可。下面是对冠幅生长的比较分析。

（1）品种间冠幅对比

绥棱试点定植了全部 22 个引进沙棘品种，每年年底的冠幅测定值代表了当年参试沙棘的冠幅年生长量。区域性试验时间段（2014—2018 年）内，22 个参试沙棘的年度冠幅值见表 3-91。

表 3-91　绥棱试点区域性试验中不同参试沙棘品种年生长冠幅对比　　　　单位：cm

品种编号	2014 年	2015 年	2016 年	2017 年	2018 年
201301	59.4	131.7	197.1	194.2	203.0
201302	64.0	132.1	194.6	202.1	—
201303	44.1	102.0	173.3	176.6	203.5
201304	70.4	139.0	187.9	187.1	211.7
201306	53.6	115.0	175.7	180.5	199.6
201307	106.7	169.0	207.7	209.8	247.0
201308	64.6	138.0	205.6	207.3	231.6
201309	46.6	134.4	180.6	185.6	209.5
201310	53.1	125.6	186.5	188.4	218.5
201311	70.6	135.9	171.5	181.0	192.3
201312	56.9	143.1	198.3	193.9	208.1
201313	58.8	139.8	193.6	198.1	212.8
201314	41.5	105.3	143.1	163.7	155.0
201315	36.4	116.6	169.4	176.6	181.9
201316	48.2	118.2	182.0	195.4	219.4
201317	40.3	126.8	173.1	171.8	197.0
201318	34.5	101.6	160.3	186.5	210.7
201319	49.5	106.9	168.9	189.5	220.7
201320	88.3	187.5	243.0	231.5	277.0
201321	65.3	131.4	181.9	181.7	185.0
201322	50.0	115.5	206.0	189.0	225.0
平均	57.3	129.3	185.7	190.0	210.5
201305（CK）	55.3	123.2	168.3	162.8	188.5

从表 3-91 可以看出，绥棱试点区域性试验 5 年时间内，引进沙棘平均冠幅均超过"201305"（CK），第一年超过 4%，第 2 年超过 5%，第 3 年超过 10%，第 4 年超过 17%，第 5 年超过 12%，两者之间冠幅差距越来越大。区域性试验结束的 2018 年年底，引进沙棘品种中以"201320"冠幅最大，达 277.0 cm，位列第二、第三位的是"201307"和"201308"，分别为 247.0 cm、231.6 cm。与"201305"（CK）相比，只有 3 个品种（"201321""201315""201314"）冠幅较低，其余冠幅较高于对照（"201302"于 2018 年病死，没有数据）。沙棘种植后经过 3 年的生长，其冠幅在第 4 年、第 5 年已经较第 3 年增长幅度很小甚至萎缩了（个别品种由干梢等影响）。

图 3-113 绘制了绥棱试点各参试沙棘品种在 5 年区域性试验期间的冠幅变化，可以比较直观地看到品种间、年度间的冠幅变化规律。

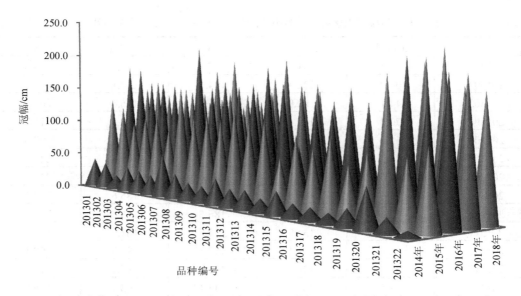

图 3-113　绥棱试点区域性试验中不同参试沙棘品种的冠幅对比

（2）冠幅速生期

2014—2016 年连续 3 年，绥棱试点对引进沙棘生长季诸月的冠幅值进行了观测记载，由于当地早春气温较低，2014 年引进沙棘定植后有一个缓苗过程，导致该年冠幅年内变化很小。下面仅列出绥棱试点引进沙棘 2015 年冠幅诸月测定值（表 3-92）。

表 3-92　绥棱试点引进沙棘 2015 年生长季诸月冠幅值对比　　　　　　单位：cm

品种编号	5 月 30 日	6 月 30 日	7 月 30 日	8 月 30 日	9 月 30 日
201301	31.6	76.1	108.2	130.1	128.2
201302	28.6	45.6	84.6	111.6	111.4
201303	22.3	54.5	86.0	112.0	115.8
201304	15.4	31.0	51.0	63.5	68.0
201305（CK）	22.8	46.3	73.8	93.9	97.5
201306	13.0	31.3	65.5	81.7	83.9
201307	12.8	38.7	54.8	95.2	99.8
201308	14.2	30.7	46.7	66.8	68.0
201309	18.2	33.9	53.2	83.1	84.9
201310	39.4	85.3	108.7	170.4	175.2
201311	14.1	36.9	56.0	84.7	83.3
201312	8.0	30.5	50.5	90.5	96.5
201313	31.6	76.1	108.2	130.1	128.2
201314	28.6	45.6	84.6	111.6	111.4

品种编号	5 月 30 日	6 月 30 日	7 月 30 日	8 月 30 日	9 月 30 日
201315	22.3	54.5	86.0	112.0	115.8
201316	15.4	31.0	51.0	63.5	68.0
201317	22.8	46.3	73.8	93.9	97.5
201318	13.0	31.3	65.5	81.7	83.9
201319	12.8	38.7	54.8	95.2	99.8
201320	14.2	30.7	46.7	66.8	68.0
201321	18.2	33.9	53.2	83.1	84.9
201322	39.4	85.3	108.7	170.4	175.2

从表 3-92 可以看出绥棱试点 2015 年不同引进品种平均冠幅的生长特点。5 月 30 日测定的冠幅值比上一年（2014 年）9 月 30 日少了 6.4 cm，经过一个冬天后，冠幅出现了减少，这种情况应该与侧枝上叶数量减少（秋季有树叶重量，树冠水平伸展多，而早春属于萌动展叶期，枝条轻，树冠紧凑）、干梢等有关；进入 9 月之后当年冠幅基本上停止了生长，其快速生长期为 6—8 月这 3 个月。

再来看 2016 年不同引进沙棘品种生长季的诸月平均冠幅，5 月 15 日测定的冠幅值仍然比上一年（2014 年）9 月 30 日少 26.5 cm，经过一个冬天后，冠幅出现了减少的现象，原因同前一样（而且对雌株来说，又增加了果实对冠幅年度间造成的影响）；7 月中旬之后，冠幅值增长就不多了；快速生长期基本为 5 月中旬至 7 月中旬这 2 个月。

据此判断，绥棱试点的冠幅速生期不明显，大体上为 5 月中旬至 8 月这 3 个多月。

2．辽宁朝阳

前面在 5 个试点之间进行的生长指标对比中，辽宁朝阳试点无论是平均树高还是地径均位列第一。如前所述，水土条件适应性是一个原因，对树冠很少剪条应是另一个原因。下面是对其冠幅生长的比较分析。

（1）品种间冠幅对比

区域性试验时间段内（2014—2018 年），朝阳试点 9 个参试沙棘的年度冠幅值见表 3-93。

表 3-93　朝阳试点区域性试验中不同参试沙棘品种年生长冠幅对比　　　单位：cm

品种编号	2014 年	2015 年	2016 年	2017 年	2018 年
201301	71.6	134.6	230.9	302.3	356.9
201302	75.8	142.1	191.0	229.0	—
201303	74.1	115.5	157.6	229.0	213.5
201304	97.9	130.0	163.8	207.1	258.5
201306	88.7	124.3	180.5	217.0	253.6

品种编号	2014 年	2015 年	2016 年	2017 年	2018 年
201307	71.6	134.6	230.9	302.3	309.3
201308	83.2	151.2	209.0	254.3	292.5
201309	56.3	111.2	148.1	201.3	233.4
平均	77.4	130.4	189.0	242.8	274.0
201305（CK）	66.1	103.0	140.8	199.8	225.6

从表 3-93 可以看出，朝阳试点区域性试验 5 年时间内，引进沙棘平均冠幅均超过"201305"（CK），第一年超过 17%，第 2 年超过 26%，第 3 年超过 34%，第 4 年超过 21%，第 5 年超过 21%。区域性试验结束的 2018 年年底，引进沙棘品种中以"201301"的冠幅最高，达 356.9 cm，位列第二、第三位的是"201307""201308"，都在 300 cm 左右。与"201305"（CK）相比，只有 1 种沙棘冠幅较小（"201303"），但与对照差距不大，其余冠幅较高于对照。与绥棱试点巧合的是，"201302"2018 年也病死，没有数据。与绥棱试点不同的是，参试所有沙棘冠幅在第 5 年才出现较第 4 年增长幅度变小的情况。

图 3-114 绘制了绥棱试点各参试沙棘品种在 5 年区域性试验期间的冠幅变化，可以比较直观地看到品种间、年度间的冠幅变化规律。

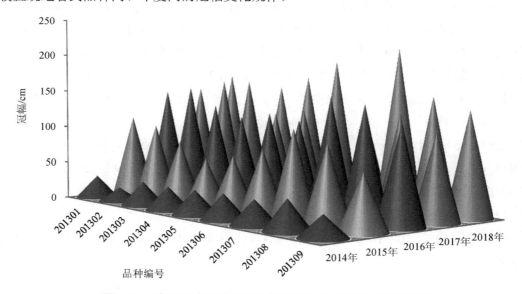

图 3-114 朝阳试点区域性试验中不同参试沙棘品种的冠幅对比

（2）冠幅速生期

2014—2016 年连续 3 年，朝阳试点对引进沙棘生长季诸月的冠幅值进行了观测记载。下面列出 2015 年冠幅诸月测定值（表 3-94）。

表 3-94　朝阳试点引进沙棘 2015 年生长季诸月冠幅值对比　　　　单位：cm

品种编号	5 月 15 日	6 月 15 日	7 月 15 日	8 月 15 日	9 月 15 日
201301	39.6	67.0	97.0	106.3	111.1
201302	31.6	51.8	83.1	99.2	102.1
201303	32.9	57.4	74.1	81.4	82.9
201304	28.3	47.5	64.4	63.8	63.7
201305（CK）	30.9	51.9	66.6	70.5	71.1
201306	32.7	54.8	75.7	82.7	83.0
201307	39.6	67.0	97.0	106.3	111.1
201308	40.6	61.8	83.3	92.0	96.6
201309	30.4	47.2	67.7	72.0	68.4

从表 3-94 可以看出，2015 年朝阳试点不同引进沙棘品种生长季的诸月冠幅净生长值，5 月中旬至 6 月中旬为 22.2 cm，6 月中旬至 7 月中旬为 22.5 cm，合计净生长为 44.7 cm，占当年总净生长 57.2 cm 的 78%。据此判断，朝阳试点引进沙棘 2015 年的冠幅速生期也为 5 月中旬至 7 月中旬这 2 个月。

2016 年朝阳试点引进沙棘冠幅速生期不如 2015 年明显，也大体上为 5 月中旬至 7 月中旬这 2 个月。而 2014 年冠幅年生长变化十分缓慢，比较平均，无法看出速生期。

据此分析，朝阳试点引进沙棘冠幅速生期基本上为 5 月中旬至 7 月中旬这 2 个月。

3. 甘肃庆阳

前面在 5 个试点之间开展的生长指标对比中，甘肃庆阳试点引进沙棘的平均树高、地径均位列第四，仅高于青海大通。庆阳试点引进沙棘生长不高，与其温度较高、无霜期长不相适应。前面已经述及庆阳试点引进沙棘种植前 2 年在盐碱地的生长，几乎全处于"蹲苗"状态，从第 3 年挪移后才开始正常生长，等于较其他 4 个试点晚定植了 2 年。下面是对其冠幅生长的比较分析。

（1）品种间冠幅对比

区域性试验时间段内（2014—2018 年）庆阳试点 11 个参试沙棘的年度冠幅值见表 3-95。

从表 3-95 可以看出，庆阳试点区域性试验 5 年时间内，引进沙棘平均冠幅除第 1 年、第 3 年与"201305"（CK）接近但稍小外，种植第 2 年只占 67%，第 4 年、第 5 年分别占 79%、86%。从个别品种来看，只有"201301"冠幅大于对照，"201302"较对照稍小。这是唯一一处引进沙棘历年平均冠幅都小于对照沙棘"201305"（CK）的试点。

表 3-95 庆阳试点区域性试验中不同参试沙棘品种年生长冠幅对比   单位：cm

品种编号	2014 年	2015 年	2016 年	2017 年	2018 年
201301	41.5	72.2	140.1	166.7	220.6
201302	31.3	69.6	139.6	173.0	203.2
201303	36.5	84.2	134.9	163.6	185.7
201304	40.6	60.4	102.4	136.6	173.9
201306	20.5	36.1	87.9	115.1	149.6
201307	42.0	59.5	74.9	137.8	193.6
201308	39.1	46.0	68.0	133.3	192.1
201309	29.0	35.5	66.2	102.6	147.3
201310	26.6	38.3	63.7	101.3	156.0
201311	24.3	34.5	61.0	111.0	191.5
平均	33.1	53.6	93.9	134.1	181.4
201305（CK）	34.3	79.9	94.2	169.0	211.2

图 3-115 绘制了庆阳试点各参试沙棘品种在 5 年区域性试验期间的冠幅变化，可以比较直观地看到品种间、年度间的冠幅变化规律。

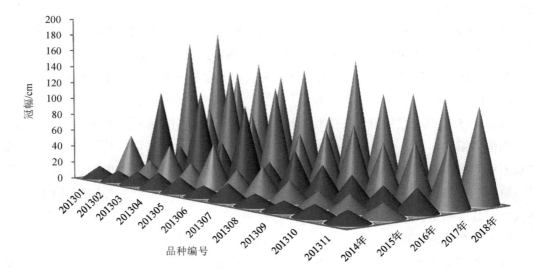

图 3-115 庆阳试点区域性试验中不同参试沙棘品种的冠幅对比

（2）冠幅速生期

2014—2016 年连续 3 年，庆阳试点对引进沙棘生长季诸月的冠幅值进行了观测记载。2014 年种植当年每半个月测定一次冠幅，可以更好地反映生长节律。下面列出 2014 年冠幅诸月测定值（表 3-96）。

表 3-96　庆阳试点引进沙棘 2014 年生长季诸月冠幅值对比　　　　　单位：cm

品种编号	5月15日	5月30日	6月15日	6月30日	7月15日	7月30日	8月15日	8月30日	9月15日
201301	35.5	38.8	39.5	40.5	40.7	41.3	41.4	41.4	41.5
201302	26.7	27.0	27.9	28.3	29.3	30.0	30.9	30.9	31.3
201303	29.6	29.8	30.2	31.0	32.4	33.9	34.2	36.0	36.5
201304	32.7	33.3	34.1	34.7	35.5	37.5	38.8	40.3	40.6
201305（CK）	26.3	26.5	27.0	27.6	28.3	29.8	31.7	33.6	34.3
201306	17.7	17.7	17.9	19.0	19.3	20.0	20.4	20.4	20.5
201307	33.7	36.6	38.0	38.5	40.0	41.5	41.8	42.0	42.0
201308	32.5	33.1	34.6	35.2	36.3	36.7	38.8	38.8	39.1
201309	23.0	25.3	25.7	26.6	27.6	28.8	28.9	29.0	29.0
201310	21.2	24.0	24.9	25.3	25.7	26.0	26.2	26.6	26.6
201311	11.8	14.4	15.3	18.3	20.4	22.1	22.5	24.1	24.3

从表 3-96 可以看出，庆阳试点沙棘种植当年（2014 年）处于缓苗期，加上盐碱化的影响，生长十分缓慢，"蹲苗"严重，每半个月测定一次的冠幅增量不大，5—8 月这 4 个月以较缓的速度增长。与树高、地径一样，庆阳试点定植当年沙棘冠幅也没有出现过速生期。

2014 年年底与 2015 年年初、2015 年年底与 2016 年年初，各品种后一年比前一年的冠幅测定值都有减少，原因与绥棱完全相同，与上一年秋季树体上有树叶重量、树冠水平伸展多，而早春属于萌动展叶期，树体上枝条轻、树冠紧凑有关。

2015 年、2016 年情况与 2014 年相同，全年冠幅的增长比较均匀，没有出现过速生期。

当然，上面的分析是针对引进品种整体来说，具体一些品种还是能看出速生期。如"201301"、"201303"、"201305"（CK）这 3 个品种在 2015 年就能看出速生期分别为 4 月中旬至 6 月中旬、4 月中旬至 7 月中旬、4 月中旬至 7 月中旬；而 2016 年的速生期均为 4 月中旬至 7 月中旬。

4. 青海大通

前面在 5 个试点之间开展的生长指标对比中，青海大通试点的平均树高、地径均位列第五。气温较低（但高于绥棱、额敏）应该不是主要原因，冲积土壤也是比较优良的，这种情况应与试验用地多年来连作育苗，潜在的病虫害多、药物残留等有关。下面是对其冠幅生长的比较分析。

（1）品种间冠幅对比

区域性试验时间段内（2014—2017 年）大通试点 19 个参试沙棘的年度冠幅值见表 3-97。

表 3-97　大通试点区域性试验中不同参试沙棘品种年生长冠幅对比　　　单位：cm

品种编号	2014 年	2015 年	2016 年	2017 年
201301	10.0	61.4	94.3	124.7
201302	13.9	65.2	98.7	108.3
201303	9.2	56.4	74.7	108.7
201304	16.8	68.4	107.0	128.0
201306	8.3	54.2	70.0	97.0
201307	16.7	70.6	76.0	128.0
201308	15.0	55.2	90.7	114.0
201309	9.5	46.4	62.0	77.0
201310	7.2	46.8	51.0	79.3
201311	10.1	44.0	54.7	84.3
201312	10.2	45.4	72.3	97.3
201313	12.7	50.0	54.7	107.3
201314	11.4	33.8	—	—
201316	18.2	56.6	—	—
201317	15.6	55.2	66.0	101.3
201318	13.9	54.6	78.3	96.7
201319	14.6	38.5	—	—
201321	7.6	38.0	34.7	54.7
平均	12.3	52.3	72.3	100.4
201305（CK）	12.3	66.0	70.0	106.3

　　从表 3-97 可以看出，大通试点区域性试验 4 年时间内，引进沙棘平均冠幅除第 1 年与对照沙棘"201305"接近外，只有第 3 年较"201305"（CK）稍高（3%），而种植第 2 年、第 4 年平均冠幅分别仅占"201305"（CK）的 79%、94%。不过从种植第 4 年（2017 年）的各个品种来看，虽然引进品种的平均冠幅较低，但却有"201301""201302""201303""201304""201307""201308""201313"这 7 个品种的冠幅大于对照。这点与庆阳试点相似，引进沙棘平均冠幅在试验第 4 年小于对照沙棘"201305"（CK）。

　　图 3-116 绘制了大通试点各参试沙棘品种在 4 年区域性试验期间的冠幅变化，可以比较直观地看到品种间、年度间的冠幅变化。图中显示出种植第 1 年（2014 年）冠幅普遍很低的情况，这是由于这个点采用截干造林，对当年冠幅生长造成了较大影响。

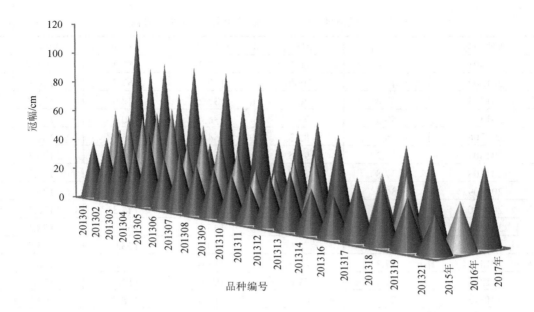

图 3-116　大通试点区域性试验中不同参试沙棘品种的冠幅对比

（2）冠幅速生期

2014 年大通试点对引进沙棘生长季每半月的冠幅值进行了观测记载，不过由于种植时采取截干造林办法，年内冠幅值很低，诸参试品种平均冠幅仅 12.3 cm，无法谈及冠幅的生长节律。

2015 年生长季诸月大通试点对引进沙棘冠幅做了记载，发现 5—9 月沙棘的平均冠幅分别增长了 4.9 cm、7.0 cm、3.4 cm、3.6 cm、1.5 cm，增速也较为均匀，相对来看 6 月的增速较快一些，但不管总体还是某一品种，从冠幅测定值来看，都没有出现明显的速生期。

5．新疆额敏

前面在 5 个试点之间开展的高、径对比中，新疆额敏试点的平均树高位于第三，平均地径位于第二，高、径刚好与黑龙江绥棱试点互换次序。虽然高、径不是第一，但其长势较好。下面是对其冠幅生长的比较分析。

（1）品种间冠幅对比

区域性试验时间段（2014—2018 年）内额敏试点 22 个参试沙棘的年度冠幅值见表 3-98。

表 3-98   额敏试点区域性试验中不同参试沙棘品种年生长冠幅对比   单位：cm

品种编号	2014 年	2015 年	2016 年	2017 年	2018 年
201301	33.6	80.9	143.2	157.4	164.5
201302	44.3	106.6	157.2	167.7	186.1
201303	37.6	76.1	133.2	148.9	138.7
201304	50.3	78.3	136.4	150.2	146.4
201306	55.9	82.3	154.6	166.1	164.2
201307	52.2	99.5	156.9	170.0	179.3
201308	37.8	77.9	124.9	148.0	174.3
201309	36.0	82.7	105.2	130.9	126.2
201310	36.9	61.4	118.3	144.3	172.3
201311	46.7	75.3	145.2	167.6	178.1
201312	51.5	76.0	140.4	155.9	165.4
201313	17.3	87.1	112.0	132.5	146.7
201314	31.1	47.6	101.9	117.5	125.9
201315	23.2	67.1	119.8	138.3	163.8
201316	41.8	58.7	144.2	163.2	165.7
201317	41.1	63.6	108.3	132.4	111.0
201318	43.5	87.7	114.5	124.8	140.8
201319	56.3	84.2	139.0	159.5	145.3
201320	38.3	77.0	149.3	159.3	204.4
201321	46.5	82.5	130.8	150.9	149.5
201322	46.2	88.0	105.2	138.1	143.0
平均	41.3	78.1	130.5	148.7	157.4
201305（CK）	47.3	77.8	116.4	129.6	118.1

从表 3-98 可以看出，除种植第 1 年（2014 年）引进沙棘平均冠幅不如"201305"（CK）外（占 87%），种植第 2 年引进沙棘平均冠幅已经略超过对照，而在种植第 3—5 年，引进沙棘平均冠幅值较对照分别大 12%、15% 和 33%，两者之间冠幅差距越来越大。区域性试验结束的 2018 年年底，引进沙棘品种中以"201320"冠幅最大，达 204.4 cm；位列第二、第三、第四位的分别是"201302""201307""201308"。与"201305"（CK）相比，有 20 种引进沙棘冠幅较大，只有 1 种（"201317"）冠幅较小。种植后经过 3 年的生长，参试所有沙棘冠幅在第 4 年、第 5 年已经较第 3 年增长幅度不太大了；个别品种由于干梢等影响，第 5 年甚至小于第 4 年。上述有关冠幅的描述情况趋势，与绥棱试点十分相似；不同的是，绥棱试点冠幅较额敏试点高 60 cm 左右。

图 3-117 绘制了额敏试点各参试沙棘品种在 5 年区域性试验期间的冠幅，可以比较直观地看到品种间、年度间的冠幅变化规律。

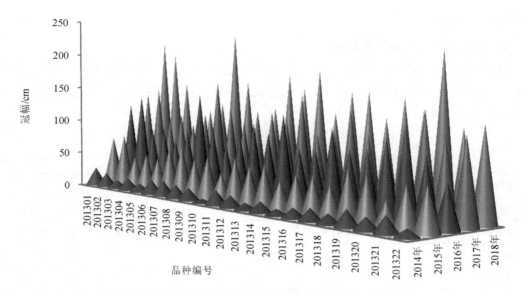

图 3-117　额敏试点区域性试验中不同参试沙棘品种的冠幅对比

（2）冠幅速生期

2014—2016 年连续 3 年，额敏试点对引进沙棘生长季诸月的冠幅值进行了观测记载。与绥棱、庆阳等试点情况相同，在定植后冠幅还比较小的 2014—2016 年，年度间冠幅变量也是负值，即 2015 年春季引进沙棘品种的平均冠幅小于上一年（2014 年）深秋时测定的平均冠幅，2016 年春季引进沙棘品种的平均冠幅小于上一年（2015 年）深秋时测定的平均冠幅。

2015 年各引进沙棘品种冠幅净生长平均值，4 月中旬至 5 月中旬达 12.9 cm，5 月中旬至 6 月中旬达 18.8 cm，2 个月累计净生长 31.8 cm，占当年总净生长 36.9 cm 的 86%。速生期基本上为 4 月中旬至 6 月中旬。

2016 年各引进沙棘品种冠幅净生长平均值，4 月中旬至 5 月中旬达 13.0 cm，5 月中旬至 6 月中旬达 18.1 cm，6 月中旬至 7 月中旬达 8.4 cm，3 个月累计净生长 39.5 cm，占当年总净生长（41.5 cm）的 95%。速生期基本上为 4 月中旬至 7 月中旬。

总体来看，额敏试点引进沙棘平均冠幅的速生期基本上为 4 月中旬至 7 月中旬（3 个月）。

（二）综合分析

如前所述，各主点之间分配到的参试沙棘品种及数量各不相同，但有 9 个引进沙棘品种（含对照）在各点都有，它们是"201301"～"201309"。对这 9 个共同品种，在不同试点间的冠幅生长情况可以进行对比分析。而对于其他品种，则只在拥有这些品种的 2

个试点间进行对比。

1. 各主点之间冠幅生长对比

区域性试验时间段为 2014—2018 年，但由于青海大通试点缺乏 2018 年资料（全部病死），故选用生长第 4 年亦即 2017 年的各试点 9 个引进沙棘品种冠幅来比较各试点间的异同，见表 3-99。

表 3-99　不同试点间（2017 年）9 个参试沙棘品种冠幅对比　　　　单位：cm

品种编号	绥棱	朝阳	额敏	庆阳	大通	平均
201301	146.8	151.9	137.2	171.0	116.7	144.7
201302	158.6	163.5	144.5	84.7	88.7	128.0
201303	137.8	163.5	100.7	134.0	92.7	125.7
201304	122.0	120.0	109.0	80.5	72.3	100.8
201306	142.0	93.8	111.6	63.1	40.3	90.2
201307	175.8	170.0	158.6	70.1	86.3	132.2
201308	145.2	127.5	122.6	77.6	65.3	107.6
201309	125.6	107.8	104.3	60.6	79.0	95.5
平均	144.2	137.2	123.6	92.7	80.2	115.6
201305（CK）	144.3	127.3	95.0	114.9	90.0	114.3

将 9 个品种按 5 个试点的冠幅平均，再按冠幅大小将每个品种依次排列如下："201301"、"201307"、"201302"、"201303"、"201305"（CK）、"201308"、"201304"、"201309"、"201306"。

将 5 个试点按 9 个参试沙棘品种的冠幅平均，再按冠幅由大到小依次排列为绥棱、朝阳、额敏、庆阳、大通。绥棱平均冠幅为大通的 1.80 倍、庆阳的 1.56 倍、额敏的 1.17 倍、朝阳的 1.05 倍。朝阳试点在树体 3 大指标的对比中，首次冠幅小于绥棱，位居第二，不过两者间差距很小，仅 5% 左右。

前面只是对 5 个试点共有的 9 个品种之间的对比，为了掌握其他 13 个引进沙棘品种的冠幅生长情况，下面对"201310"～"201322"在绥棱、额敏的冠幅进行简单对比，见表 3-100。

表 3-100　绥棱、额敏 2 个试点间（2017 年）13 个参试沙棘品种冠幅对比　　　单位：cm

品种编号	种植第 4 年冠幅		
	绥棱	额敏	平均
201310	147.5	120.0	133.8
201311	148.3	119.4	133.8
201312	192.0	111.6	151.8
201313	157.4	144.0	150.7
201314	159.2	95.5	127.3
201315	138.8	100.6	119.7
201316	155.5	129.3	142.4
201317	139.0	99.8	119.4
201318	131.3	97.1	114.2
201319	183.1	126.3	154.7
201320	193.5	133.5	163.5
201321	163.3	103.8	133.6
201322	175.0	106.6	140.8
平均	160.3	114.4	137.4

先看 13 个品种之间的对比，将 2 个试点按品种进行平均，发现平均冠幅从高到低依次为："201320""201319""201312""201313""201316""201322""201311""201310""201321""201314""201315""201317""201318"。其中："201320"的树高、地径、冠幅都位列第一，而"201318"的地径、冠幅位列末名，树高位列倒数第三（仅指在 13 个品种中的排序）。

再将 2 个试点 13 个沙棘品种的冠幅平均，可以发现：绥棱平均冠幅为 160.3 cm，额敏平均冠幅为 114.4 cm，绥棱引进沙棘平均冠幅比额敏大 40%。

2. 各试点之间冠幅速生期对比

前面已分别对各个试点引进沙棘冠幅速生期进行过分析，现汇总如下：

额敏：4 月中旬至 7 月中旬（树高为 5—7 月，地径为 5 月下旬至 8 月中旬）；

朝阳：5 月中旬至 7 月中旬（树高为 5 月中旬至 9 月中旬，地径为 5 月下旬至 8 月中旬）；

绥棱：不太明显，大体上为 5 月中旬至 8 月（树高、地径均为 6—8 月）；

庆阳：多数品种无速生期，个别品种速生期为 4 月中旬至 7 月中旬（树高、地径均为 6—8 月）；

大通：无速生期（树高、地径均为 6—8 月共 3 个月）。

从 5 个主点来看，额敏试点引进沙棘冠幅速生期最为靠前，其次为朝阳试点；而绥棱、庆阳 2 个试点引进沙棘的速生期均不太明显，不过可以找到一个时间段或一些品种的时间段作为速生期；而大通试点从记载资料上来看，全年就没有出现过冠幅速生期。有冠幅速生期的其他各试点，其冠幅速生期一般早于树高速生期，树高速生期一般略早于地径速生期。

四、其他

引进沙棘区域性试验过程中，各试点除对树高、地径、冠幅等主要形质指标进行定期测定外，还在部分试点对其他有关指标如分枝、萌蘖、棘刺以及生物量等进行了测定记载。

（一）分枝

2014—2018 年，庆阳试点对引进大果沙棘的分枝情况进行了详细测定记载。

2014 年 10 月对沙棘分枝状况进行调查，结果见表 3-101。表中一级分枝指从主干上分出的枝条，二级分枝指从一级分枝上再次分出的枝条。

表 3-101　庆阳试点参试沙棘 2014 年分枝情况调查

品种编号	一级分枝	二级分枝
201301	9	2
201302	4	5
201303	6	3
201304	3	0
201305（CK）	7	0
201306	3	0
201307	7	5
201308	8	0
201309	4	0
201310	5	0
201311	3	0

从表 3-101 可以看出，引进大果沙棘定植当年（2014 年）均发出一级分枝，有近 40% 的品种发出了二级分枝。

在定植第 2 年的 2015 年 10 月，庆阳试点对沙棘分枝状况又进行了调查，见表 3-102。

表 3-102　庆阳试点参试沙棘 2015 年分枝情况调查

品种编号	一级分枝	二级分枝	三级分枝
201301	12.4	17.4	1.2
201302	6.0	4.5	0.0
201303	11.4	10.8	1.0
201304	6.2	5.6	0.0
201305（CK）	13.8	12.2	3.4
201306	6.4	3.0	0.0
201307	6.8	5.0	0.0
201308	7.6	1.4	0.0
201309	3.7	2.0	0.0
201310	4.6	0.0	0.0
201311	5.6	2.2	0.0

　　从表 3-102 可以看出，在种植第 2 年，引进大果沙棘除 1 种（"201310"）外，均有二级分枝，且有近 30%的品种出现了三级分枝。这一情况说明，经过一年的生长，引进大果沙棘已经逐渐恢复了树势，从分枝级别及数量上证明了这一点。

　　庆阳试点于 2018 年 4 月对沙棘分枝状况再次进行了调查，以反映定植第 4 年的分枝情况，见表 3-103。

表 3-103　庆阳试点参试沙棘 2018 年年初分枝情况调查

品种编号	一级分枝	二级分枝	三级分枝	四级分枝
201301	36	187	369	77
201302	16	39	22	0
201303	40	83	144	0
201304	13	98	82	0
201305（CK）	38	155	110	0
201306	29	15	5	2
201307	25	64	60	0
201308	25	55	0	0
201309	12	36	21	0
201310	10	17	11	0
201311	11	9	11	0

　　从表 3-103 可以看出，引进大果沙棘在种植第 4 年的分枝情况较好，除"201308"外，均出现了三级分枝,且有 2 个品种出现了四级分枝。"201301"、"201303"、"201305"（CK）3 个引进品种的三级分枝数量分别达到 369 枝、144 枝、110 枝；"201302""201304"

"201306""201307""201308""201309"二级分枝数量比较多，虽然三级分枝数量较少，但枝条粗壮，树形好看，无棘刺，果实大且果柄长；"201310""201311"分枝数量最少，一级分枝数量分别只有 10 枝、11 枝，二级分枝数量分别为 17 枝、9 枝，三级分枝数量均为 11 枝，枝条稀疏，树势弱小，已出现生长不适应症状。

分枝为沙棘扩大树体、满足营养生长和生殖生长创造了基本条件。从庆阳试点定植当年（2014 年）、第 2 年（2015 年）和第 4 年（2017 年，用 2018 年年初测定数据代表）的分枝情况结果可以看出，引进大果沙棘分枝普遍粗壮，能满足生长发育需求。从对分枝调查的过程中发现，有些引进品种如"201310""201311"分枝级数和数量均较低，从一定程度上反映了其适应性较差的情况，反映了分枝这一指标的更广泛用途。

（二）棘刺

棘刺是沙棘适应干旱的一种表现。沙棘在干旱地区棘刺普遍较多，而在高纬度、比较湿润的俄罗斯原产地，沙棘普遍为少刺或无刺，这是沙棘适应当地湿润条件的一种自然表现。从湿润地区引进到较为干旱的地区，沙棘棘刺的变化引人关注。下面是对位于半干旱地区的庆阳试点参试沙棘有关棘刺情况的观测和分析。

庆阳试点于 2018 年 8 月下旬对引进沙棘以及中国沙棘剪下约 20 cm 长当年生枝条，每个品种随机剪 5 个枝条，测定棘刺数量和刺长，取平均值为每个沙棘品种的棘刺数和长度，结果见表 3-104。

表 3-104　庆阳试点参试沙棘 2018 年 10 cm 长枝条上棘刺情况

品种编号	棘刺数/（个/10 cm）	棘刺长/mm
201301	1.0	10.1
201302	1.0	7.1
201303	0.0	0.0
201304	1.0	4.1
201305（CK）	0.0	0.0
201306	0.0	0.0
201307	0.5	3.5
201308	0.0	0.0
201309	0.0	0.0
201310	0.0	2.8
201311	0.0	0.0
201312	0.5	3.4
201320	0.5	2.7
中国沙棘（雌）	3.0	12.2
中国沙棘（雄）	3.5	12.5

表中，"201312"和"201320"是于 2017 年定植的引进沙棘品种，其余品种（包括中国沙棘）均为 2014 年定植的引进沙棘品种。

从表 3-104 可以看出，引进大果沙棘"201303""201305""201306""201308""201309""201310""201311"这 7 个引进品种无刺；"201307""201312""201320"这 3 个品种棘刺稀少，棘刺数为 0.5 个/10 cm；"201301""201302""201304"这 3 个品种棘刺较少，棘刺数为 1 个/10 cm，棘刺长度普遍较大，分别为 10.1 mm、7.1 mm 和 4.1 mm。引进沙棘棘刺数没有超过 1 个/10 cm 的，而当地乡土种——中国沙棘雌株棘刺数为 3.0 个/10 cm，中国沙棘雄株棘刺数为 3.5 个/10 cm，长度分别达 12.2 mm 和 12.5 mm，刺多且长，属刺极多的类型。沙棘引种实现了无刺或少刺这一目标。

（三）萌蘖

沙棘水平根系发达，在根系沿地表延伸的过程中，如地面有空隙，往往会在根际发生萌蘖株。通过根系萌蘖进行无性繁殖，是沙棘扩大自身分布范围的有效手段。

朝阳试点研究发现，引进大果沙棘从定植后的第 2 年（2015 年）开始，就有部分植株出现了萌蘖株。2016 年 8 月 30 日，朝阳试点对部分引进大果沙棘进行了萌蘖调查，发现"201301"的萌蘖能力非常强，萌蘖苗中树高最高的已达 2 m 以上，地径达到了 19.41 mm，应该是 2015 年的萌蘖苗。其他 3 种（"201302""201303""201304"）大部分树高小于 15 cm，木质化程度较低，应是当年 7 月以后萌蘖。调查结果见表 3-105。

表 3-105　朝阳试点引进大果沙棘 2016 年度萌蘖情况

品种编号	平均萌蘖数/株	抽样小区	萌蘖株数/个				萌蘖株	
			树高 15 cm 以下	树高 15~20 cm	树高 20~50 cm	树高 50 cm 以上	最大地径/mm	最大树高/cm
201301	14	2 m×2 m	—	3	8	3	19.41	203
201302	18	2 m×2 m	10	1	5	2	13.21	184
201303	16	2 m×2 m	15	0	0	1	8.61	140
201304	6	2 m×2 m	4	0	1	1	10.99	110

沙棘萌蘖受定植株的保存情况以及前期萌蘖情况影响，一般在生长后期萌蘖不再发生。朝阳试点对定植植株死亡位置出现的萌蘖加以保留，而对定植植株间出现的萌蘖进行了除蘖。2018 年 5 月 23 日调查（表 3-106）发现，2014 年定植后出现较多死亡的品种，其萌蘖株保存也多，并与定植株一样用于测定，填补了定植株死亡后出现的空缺。萌蘖株 3 年生大多都已开花结果，较定植株提前了 1~2 年。

表 3-106　朝阳试点参试沙棘 2018 年萌蘖情况

品种编号	萌蘖株/个	林龄/a
201301	7	4
201302	38	2
201303	8	2～3
201304	9	2～3
201305（CK）	8	3
201306	1	3
201308	4	3
201309	4	2

从表 3-106 可以看出，在绥棱、朝阳患枯萎病死亡的"201302"产生了 38 个萌蘖株，为快速补充参试品种、取得试验有关材料提供了重要保证。

（四）生物量

一般仅对沙棘果实、叶片产量进行有关测定，这是衡量引种成败的首要因子。不过，由于青海大通试点沙棘定植后于 2018 年年底因病害全部死亡，故而在 2018 年 9 月 15 日清理死株的过程中，顺便对沙棘生物量做了测定（表 3-107）。生物量分为地上、地下测定，相当于 2014 年年初定植后生长 4 年的生物量（干重，下同）。

表 3-107　大通试点引进大果诸品种沙棘生物量（干重）对比

品种编号	地上生物量/g	地下生物量/g	合计/g	地上生物量/地下生物量
201301	460.2	33.7	493.9	13.7
201302	265.2	81.0	346.2	3.3
201303	361.0	79.0	440.0	4.6
201304	419.5	128.5	548.0	3.3
201305（CK）	539.8	57.6	597.4	9.4
201306	460.8	110.0	570.8	4.2
201307	407.7	66.0	473.7	6.2
201308	503.3	40.6	543.9	12.4
201309	177.0	85.2	262.2	2.1
201310	146.5	82.0	228.5	1.8
201311	105.0	11.5	116.5	9.1
201312	253.0	56.6	309.6	4.5
201313	126.0	20.0	146.0	6.3
201316	372.0	41.0	413.0	9.1
201317	67.0	10.0	77.0	6.7
201318	183.0	27.5	210.5	6.7
平均	302.9	58.1	361.1	5.2

从表 3-107 可以看出，大通试点引进的 16 个沙棘品种的地上生物量均明显大于地下生物量，地上生物量为地下生物量的 5.2 倍，倍数最多的为"201301"，达 13.7 倍。总体来看，地上部分生物量占全株的 83.9%，地下部分生物量仅占全株的 16.1%。地上、地下部分明显的生物量差异，说明地下部分生长极差，可能也是导致其死亡的原因之一。

大通试点按 20 cm 分层测定引进大果沙棘地上、地下生物量（表 3-108、表 3-109），发现从地面向上、向下两个梯度的生物量呈逐级递减的趋势，这是植物生物量的一般分布规律。引进大果沙棘地下根系主要分布在 1 m 范围以内，其中 0～20 cm 占 47.1%，0～40 cm 占 66.5%（近 2/3），0～60 cm 占 83.6%。而地上部分生物量主要分布在 1.8 m 的范围以内，其中 0～100 cm 占 65.0%，0～140 cm 占 80.6%，0～160 cm 占 88.1%。

表 3-108　大通试点引进大果沙棘群体地上生物量（干重）分层规律

层次/cm	地上生物量/g	累计占比/%
0～20	94.5	20.6
20～40	65.2	34.8
40～60	49.6	45.6
60～80	46.5	55.8
80～100	42.3	65.0
100～120	34.5	72.5
120～140	37.0	80.6
140～160	34.3	88.1
160～180	54.6	100.0
合计	458.5	—

表 3-109　大通试点引进大果沙棘群体地下生物量（干重）分层分布规律

层次/cm	地下生物量/g	累计占比/%
0～20	39.3	47.1
20～40	16.2	66.5
40～60	14.3	83.6
60～80	6.2	91.0
80～100	7.5	100.0
合计	83.5	—

大通试点沙棘生物量分布中，地上部分层次多且生物量大，地下部分层次少，生物量小。究其原因，可能是定植在多年连作的苗圃中富含农药等的土壤环境，制约了沙棘根系的发展，同时感染枯萎病也是造成根系生长不良的原因。这些因素之间呈正反馈，互为因果，共同发展，造成了引进沙棘根系发育不良的效果。当然，这只是判断，还需要继续深入研究。

第五节 不同区域引进沙棘结实特征

引进沙棘在各试点定植生长数年后，即开始挂果进入初果年龄，然后进入盛果期，拥有较为稳定的果实产量，这些生长指标会因区域不同而异。同时，不同的品种具有不同的生化成分，可用于不同的开发方向。下面是对不同区域沙棘结实有关特征的分析。

一、果实膨大增长

引进沙棘在开花期结束后，随即进入结实期。事实上，一个品种、一株树也是一边开花、一边结实的，即某一个阶段花果同在一株树上，或一个品种的定植范围内。沙棘果实起初很小，在数月的生长中逐步变大，这一过程可视为果实膨大过程。果实纵横径、果柄长用游标卡尺等测定，果实重量用电子天秤称重（图3-118）。

朝阳试点

额敏试点　　　　　　　　　　　　　大通试点

图 3-118 引进沙棘果实有关数据测定

（一）各试点表现

就像前述树高、地径和冠幅一样，沙棘果实在结实期也随时间膨大增长，这些规律在不同试点、不同年份间是有一定的差异并有规律可循的。

1. 黑龙江绥棱

绥棱试点是引种工作开始前课题组牵头单位——沙棘中心对其期望值最高的一个点。除了"201302"感染枯萎病死亡外，其余 21 个品种都得以保存。虽然整个试验阶段病害仍不断侵扰，但经过绥棱试点的不断努力，所有试验工作都得以顺利开展，特别是对果实的研究工作丝毫没有造成影响。2018 年对结实期所有参试沙棘品种果实单果鲜果重，基本上每半个月 1 次做了测定，结果见表 3-110。

表 3-110　绥棱试点（2018 年）引进沙棘品种果实鲜重增长变化　　　　单位：g

品种编号	10 粒单果鲜重					
	5 月 3 日	6 月 15 日	6 月 30 日	7 月 15 日	7 月 30 日	8 月 15 日
201301	0.02	0.22	1.20	3.14	5.19	5.17
201303	0.03	0.24	1.48	3.60	5.50	5.85
201304	0.03	0.29	1.47	3.10	4.25	4.78
201305（CK）	0.03	0.42	1.84	3.63	5.57	6.01
201307	0.04	0.80	2.84	4.95	6.28	5.91
201308	0.01	0.20	1.23	2.98	6.38	7.96
201309	0.04	0.58	2.61	4.92	8.42	7.61
201310	0.02	0.31	1.52	2.91	5.62	5.67
201311	0.02	0.40	2.00	3.48	5.36	5.93
201312	0.03	0.30	1.38	2.66	4.44	4.32
201313	0.03	0.20	1.50	3.27	5.34	6.77
201314	0.02	0.33	1.96	3.83	4.62	6.96
201315	0.03	0.39	2.17	4.35	7.64	6.90
201316	0.01	0.15	1.43	3.15	6.08	6.64
201317	0.02	0.28	1.93	3.85	5.93	6.60
201318	0.03	0.27	1.32	3.16	5.87	5.85
201319	0.03	0.35	2.49	5.05	7.79	8.53
201320	0.03	0.29	1.60	3.21	5.07	4.91
201321	0.02	0.25	1.14	2.09	3.27	4.04
201322	0.03	0.41	1.52	3.19	5.10	5.27
平均	0.03	0.33	1.73	3.53	5.69	6.08
净增长	—	0.31	1.40	1.79	2.16	0.40

　　绥棱试点测定单果鲜重的时间间隔定为半个月，因此一些细微变化反映不出来。不过从表 3-110 可以大致看出，引进沙棘品种单果鲜重以在 8 月 15 日测定时鲜果重量较前期或上升或下降，分别见图 3-119、图 3-120。

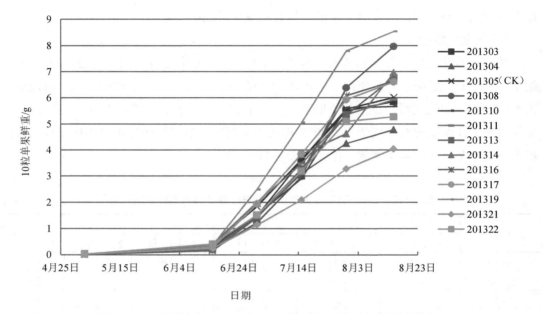

图 3-119　绥棱试点（2018 年）引进沙棘品种果实鲜重增长变化

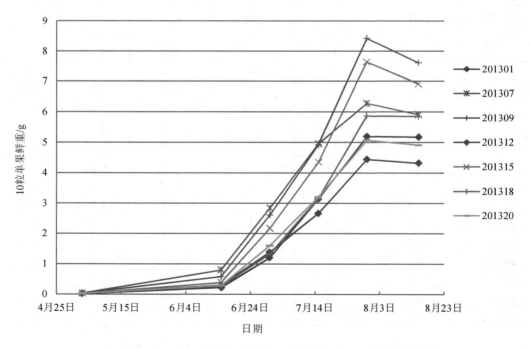

图 3-120　绥棱试点（2018 年）引进沙棘品种果实鲜重增长变化

图 3-119 上共出现 13 个品种，这些品种的果实在 8 月 15 日基本上处于 3 类：第一类是成熟或基本上临近成熟，两个测定日期间（15 天）10 粒单果重增加重量小于 0.5 g，仅有 4 种："201303""201305""201310""201322"；第二类是近成熟，10 粒单果重增加重量介于 0.5～1.0 g，有 6 种："201304""201311""201316""201317""201319""201321"；第三类是未成熟，10 粒单果重增加重量在 1.0 g 以上，有 3 种，包括"201308""201313""201314"，在两个测定日期间分别增加了 1.58 g、1.43 g、2.34 g，说明距离成熟还有一定的时日。"201308"这个品种是引进品种中成熟最晚的 1 个。多年来的观测表明，当别的果实色泽变为黄色或红色时，"201308"仍然保持绿色，晚熟近 1 个月，10 粒果实单果重的测定结果也证明了这一点。

图 3-120 共出现了 7 个品种，这些品种果实在 8 月 15 日处于过成熟状态，两个测定日期间（15 天）10 粒单果重量减少，其中"201301"和"201318"这 2 个品种过熟时间不长（估计有 2～3 天），10 粒单果鲜重仅减少 0.02 g；"201312""201320"这 2 个品种10 粒单果鲜重分别减少了 0.12 g、0.16 g，估计过熟时间有 4～5 天；而"201307""201309""201315"这 3 个品种 10 粒单果鲜重分别减少了 0.37 g、0.81 g、0.74 g，估计过熟时间在 1 周以上、10 天以下，也说明"201309""201315""201307"这 3 个品种是绥棱试点成熟最早的引进沙棘品种。

从果实膨大生长节律来看，图 3-119、图 3-120 反映的两大类型大部分品种的膨大增长时期为 6 月 15 日至 7 月 30 日这段时间（一个半月），果实生长最快，即为果重速生期。从所有引进品种 10 粒单果鲜重的平均值来看，6 月 15 日测定时的单果鲜重较 5 月 3 日首次测定时增重 0.31 g，6 月 30 日较 6 月 15 日增重 1.40 g，7 月 15 日较 6 月 30 日增重1.79 g，7 月 30 日较 7 月 15 日增重 2.16 g，8 月 15 日较 7 月 30 日增重 0.40 g。但"201308""201314""201319"这 3 个品种的快速生长结束日期至少应为 8 月 15 日，即果重速生期为 6 月 15 日至 8 月 15 日（2 个月），较前述其他品种长半个月左右，成熟相对较晚。

"201305"（CK）与其他引进品种间各方面的特征均相似，属于第一类（图 3-119），与这类沙棘品种无较大差异，故放在一起叙述（下同）。

绥棱试点认识到在以后工作中应注意两点，一是 8 月 30 日应再测量 10 粒单果鲜重，二是 7 月中旬以后，测定时间应该加密，调整为 1 周 1 次，这样会更加准确地把握沙棘果实膨大增长节律。

2．辽宁朝阳

朝阳试点的高径生长最为突出，结实情况虽然较绥棱、额敏两个主点差距大，但却好于黄土高原上的两个点——庆阳和大通。

朝阳试点于 2018 年测定了参试 9 个引进沙棘的果实膨大增长过程数据，基本上半个月 1 次，6 月底与 7 月中旬之间加测了 7 月 6 日这 1 次，见表 3-111。

表 3-111 绥棱试点（2018 年）引进沙棘品种果实鲜重增长变化 单位：g

品种编号	10 个单果鲜重					
	5 月 30 日	6 月 15 日	6 月 30 日	7 月 6 日	7 月 15 日	7 月 30 日
201301	0.41	1.74	3.02	3.88	5.17	5.24
201302	0.60	1.74	3.49	5.12	6.69	6.70
201303	0.20	0.94	2.06	2.34	3.34	4.28
201304	0.38	1.98	3.97	4.21	5.07	5.08
201305（CK）	0.51	1.89	4.15	4.86	6.00	6.00
201307	1.03	2.98	5.05	6.50	6.57	6.59
201308	0.32	1.68	3.35	4.46	6.40	8.20
201309	0.49	2.55	4.96	5.13	6.20	6.20
平均	0.49	1.94	3.76	4.56	5.68	6.04
净增长	—	1.45	1.82	0.81	1.12	0.36

从表 3-111 可以看出，5 月底之前 10 粒单果平均鲜重平均生长 0.49 g，生长量较小；6 月上半月平均生长达 1.45 g，下半月平均生长达 1.82 g，7 月上半月平均生长 1.93 g，这 3 段时间生长最快，累计平均生长 5.19 g，占全年平均生长总量（7 月 30 日测定）6.04 g 的 86%；7 月 15 日之后平均生长量为 0.36 g，比较少。由此可以看出，生长最快的时间段为 6 月 1 日至 7 月 15 日（计一个半月时间）。图 3-121 中可以更好地看出这一点，不过比较晚熟的"201308"还未到极限值。

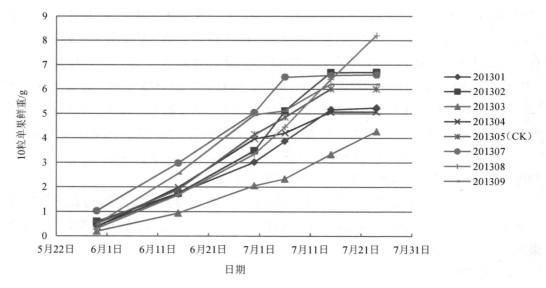

图 3-121 朝阳试点（2018 年）引进沙棘品种果实鲜重增长变化

3. 甘肃庆阳

从 2018 年 5 月 15 日起，庆阳试点各参试沙棘品种全部开始结果，截至 8 月 10 日果实全部成熟。在此期间，庆阳试点对每个品种每隔 15 天进行果实重量测定，见表 3-112。

表 3-112　庆阳试点（2018 年）引进沙棘品种果实鲜重增长变化　　　　单位：g

品种编号	10 粒单果鲜重					
	5 月 15 日	5 月 30 日	6 月 15 日	6 月 30 日	7 月 15 日	7 月 22 日
201301	0.06	0.85	2.42	4.29	5.12	—
201302	0.05	0.58	2.14	4.83	5.34	—
201303	0.08	0.57	2.25	3.99	3.99	—
201304	0.07	0.73	2.34	4.04	4.13	—
201305（CK）	0.13	0.99	2.15	3.88	5.58	—
201307	0.07	1.00	1.79	4.75	6.59	—
201308	0.05	0.68	1.58	3.98	6.97	7.32
201309	0.09	1.36	3.08	5.53	6.17	—
平均	0.08	0.85	2.22	4.41	5.49	—
净增长	—	0.77	1.37	2.19	1.08	—

表 3-112 中时间间隔是半个月，据此衡量，6 月下半月果实膨大增长速度最快，平均达 2.19 g，其次为 6 月上半月，平均增重 1.37 g，再为 7 月上半月，平均增重 1.08 g，这 3 个月的增长速度合起来达 4.64 g，占 7 月 15 日这天平均重量（5.49 g）的 85%，可见从 6 月 1 日至 7 月 15 日这段时间应为沙棘单果鲜重快速生长期。

表中 7 月 22 日只有相对比较晚熟的"201308"这个品种尚在生长，其余品种均已落果，故没有测定数据。

用表 3-112 作图（图 3-122），可以看出参试品种的生长曲线基本上呈"S"形，7 月 15 日的数据已接近极值（除"201308"外），因此与前述速生期的结论是吻合的。

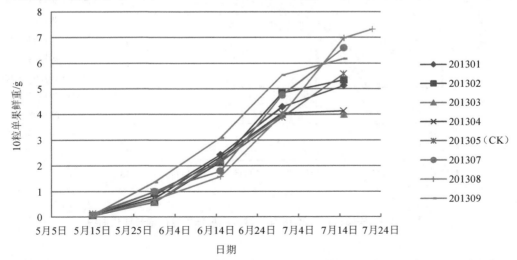

图 3-122　庆阳试点（2018 年）引进沙棘品种果实鲜重增长变化曲线

在测定 10 粒单果重量的同时，庆阳试点还同步测定了果实纵径、横径和果柄长，结果见表 3-113。

表 3-113　庆阳试点（2018 年）沙棘品种鲜果径和果柄长度增长变化　　　　单位：mm

品种编号	5 月 15 日			5 月 30 日			6 月 15 日			6 月 30 日			7 月 15 日			7 月 30 日		
	纵径	横径	果柄长	纵径	横径	果柄长	纵径	横径	果柄长	纵径	横径	果柄长	纵径	横径	果柄长	纵径	横径	果柄长
201301	5.4	1.9	1.5	8.3	4.0	3.5	9.3	6.7	3.5	10.6	8.5	3.5	10.6	8.5	3.5	—	—	—
201302	5.0	1.5	2.0	8.3	4.0	2.7	10.4	6.4	2.7	12.8	8.5	2.9	12.8	8.5	2.9	—	—	—
201303	6.2	2.2	2.1	8.2	3.9	2.3	9.8	6.5	2.5	11.8	8.3	2.7	11.8	8.3	2.7	—	—	—
201304	5.1	1.8	1.5	8.9	3.9	2.7	11.4	6.2	2.7	12.9	8.4	3.1	12.9	8.5	3.1	—	—	—
201305（CK）	6.0	2.3	2.1	9.5	4.6	3.2	10.2	6.4	3.2	11.7	7.6	3.2	11.9	7.8	3.2	—	—	—
201307	5.0	1.9	1.5	8.3	4.8	1.7	10.2	6.1	2.0	11.0	8.9	3.1	12.6	9.5	3.1	—	—	—
201308	3.8	1.5	1.0	8.2	3.3	2.5	10.3	5.8	2.7	11.5	8.1	2.9	12.2	10.0	3.0	13.2	10.0	3.0
201309	6.4	2.4	2.5	9.2	5.0	3.4	11.6	7.0	3.8	13.2	8.7	4.0	13.2	8.7	4.0	—	—	—
平均	5.4	1.9	1.8	8.6	4.2	2.8	10.4	6.4	2.9	11.9	8.4	3.2	12.3	8.7	3.2	13.2	10.0	3.0

为了更加清楚地看清果实纵径、横径和根柄长的变化过程，用表 3-113 数据作成 3 幅曲线图，见图 3-123～图 3-125。

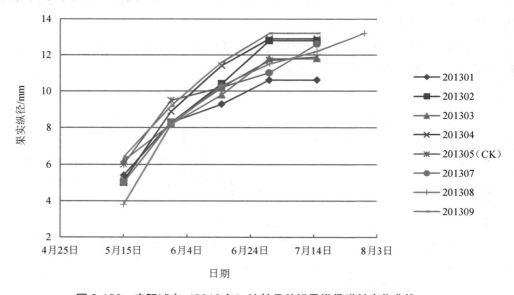

图 3-123　庆阳试点（2018 年）沙棘品种鲜果纵径增长变化曲线

从图 3-123 可以看出，庆阳试点参试引进沙棘果实纵径在 5 月 15 日之前平均生长

5.4 mm，5 月 15—30 日平均生长 3.2 mm，5 月 30 日—6 月 15 日生长 1.8 mm，6 月 15—30 日平均生长 1.5 mm，6 月 30 日之后生长约 0.4 mm。可见从 4 月下旬坐果（"201305"于 4 月上旬开始）至 5 月 30 日这段时间，为沙棘果实快速膨大时期。这段时间为 40 天左右，不过果实平均纵径却可以生长 8.8 mm，占成熟果实平均纵径（12.3 mm）的 72%。纵径的生长在 6 月底近极限值。

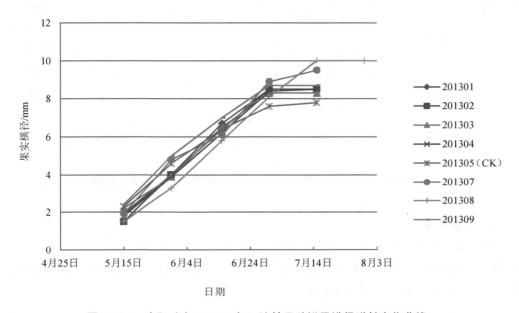

图 3-124　庆阳试点（2018 年）沙棘品种鲜果横径增长变化曲线

在庆阳试点，引进沙棘横径却不像纵径那样在 5 月底完成快速增长，而是在 6 月 30 日之前呈比较匀速地增长。5 月 15 日、5 月 30 日、6 月 15 日、6 月 30 日这几个时刻点测到的平均横径净生长值分别为 1.9 mm、2.3 mm、2.2 mm、2.0 mm，合计 8.4 mm，占成熟果实平均横径（8.7 mm）的 97%。与纵径一样，横径的生长在 6 月底也近极限值。

对比纵径、横径的变化过程可知，在庆阳试点，纵径前期生长快，于 5 月底完成快速增长过程，而横径生长比较均匀，于 6 月底完成主要增长过程。对于引进沙棘来说，纵径普遍大于横径，果实呈圆柱体或短圆柱体。

从图 3-125 可以看出，果柄长变化较为简单，5 月 30 日之前基本上就完成生长。从表 3-113 数据来看，5 月 15 日之前平均果柄长增长 1.8 mm，5 月 15—30 日再增长 1.0 mm，此时果柄长已达 2.8 mm，占参试沙棘成熟时平均果柄长（3.2 mm）的 88%。果柄长与果实纵径的生长过程基本同期，于 5 月 30 日完成快速生长。

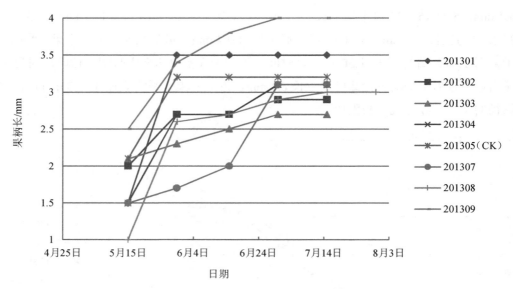

图 3-125　庆阳试点（2018 年）沙棘品种鲜果果柄长增长变化曲线

4. 新疆额敏

额敏试点引进沙棘生长、结实均相当突出，而且病虫害相对较少。下面是对额敏试点引进沙棘果实膨大增长规律的有关探讨。2017 年，额敏试点率先对所有参试沙棘品种的纵、横径进行了测定，见表 3-114。

表 3-114　额敏试点（2017 年）引进沙棘品种果实鲜重增长变化　　　　　单位：g

品种编号	10 粒单果鲜重					
	5 月 24 日	6 月 7 日	6 月 23 日	7 月 7 日	7 月 23 日	8 月 6 日
201301	0.06	0.58	1.41	2.31	3.19	4.22
201302	0.12	0.68	2.13	3.42	5.53	6.55
201303	0.16	1.07	2.46	3.48	5.86	5.55
201304	0.18	1.01	2.37	2.34	4.27	5.88
201305（CK）	0.17	1.01	2.44	3.92	4.50	4.96
201307	0.20	1.07	2.74	4.09	6.08	5.78
201308	0.06	0.46	1.51	3.15	5.13	6.23
201309	0.13	0.79	2.39	3.63	6.01	7.63
201310	0.12	0.75	1.83	2.91	3.52	3.51
201311	0.08	0.56	1.74	3.25	4.99	6.01
201312	0.16	1.01	1.61	3.09	4.29	4.81
201313	0.05	0.36	1.14	1.81	3.66	3.74
201314	0.09	0.65	1.47	2.85	4.57	6.28
201315	0.06	0.38	1.12	2.10	2.39	4.01

品种编号	10粒单果鲜重					
	5月24日	6月7日	6月23日	7月7日	7月23日	8月6日
201316	0.08	0.84	2.09	3.62	4.59	5.78
201317	0.07	0.76	1.90	2.80	5.20	6.55
201318	0.08	0.66	1.57	3.03	5.04	5.18
201319	0.11	1.03	2.63	4.81	5.71	6.27
201320	0.07	0.70	1.66	3.05	3.72	4.63
201321	0.14	0.72	1.59	3.15	4.49	5.63
201322	0.11	1.11	2.43	3.73	4.26	4.23
平均	0.11	0.77	1.92	3.17	4.62	5.40
净增长	—	0.66	1.14	1.25	1.45	0.78

从表 3-114 中可以看出，5 月 24 日之前 10 粒单果鲜重增长的平均值为 0.11 g，5 月 24 日—6 月 7 日为 0.66 g，6 月 7—23 日为 1.15 g，6 月 23 日—7 月 7 日为 1.25 g，7 月 7—23 日为 1.45 g，计 6 月 7 日—7 月 23 日这段时间，合计增长 3.85 g，占果实成熟时段（8 月 6 日）平均重（5.40 g）的 71%。10 粒单果鲜重的快速膨大生长期为 6 月 7 日—7 月 23 日，基本上涵盖了 6 月、7 月两个月。

从表 3-114 中亦可大致看出，引进沙棘品种单果鲜重在 8 月 6 日测定时，鲜果重量或上升或下降，分为较为明显的两大类别（与绥棱试点相同）。这两大类分别见图 3-126、图 3-127。

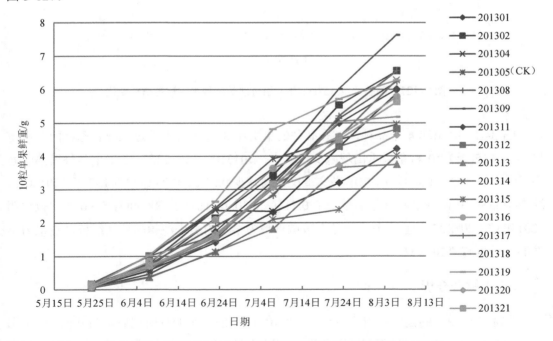

图 3-126　额敏试点（2017 年）引进沙棘品种果实鲜重增长变化

图 3-126 共出现 17 个品种，这些品种的果实在 8 月 6 日基本上处于 3 类：第一类是成熟或基本上临近成熟，两个测定日期间（14 天），10 粒单果重增加重量小于 0.5 g，仅有 3 种："201305""201313""201318"；第二类是近成熟，10 粒单果重增加重量介于 0.5～1.0 g，有 3 种："201312""201319""201320"；第三类是未成熟，10 粒单果重增加重量在 1.0 g 以上，有 15 种，包括"201301""201302""201303""201304""201307""201308""201309""201310""201311""201314""201315""201316""201317""201321""201322"，其中包括了相对晚熟的"201308"这个品种。

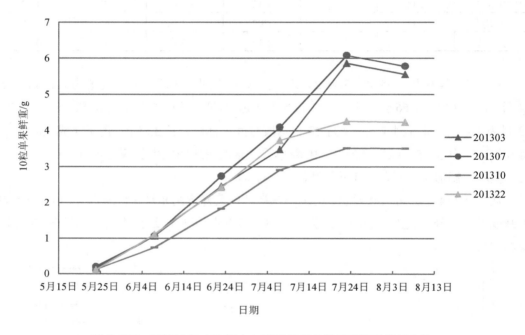

图 3-127   额敏试点（2017 年）引进沙棘品种果实鲜重增长变化

图 3-127 共出现 4 个品种，这些品种的果实在 8 月 6 日处于过成熟状态，两个测定日期间（15 天）10 粒单果重出现减少，其中"201310""201322"这 2 个品种过熟时间不长（估计为 2～3 天），10 粒单果鲜重仅分别减少 0.01 g、0.03 g；"201303""201307"这 2 个品种 10 粒单果鲜重分别减少了 0.31 g、0.30 g，估计过熟时间有 5～6 天，也说明"201303""201307"这 2 个品种是额敏试点最为早熟的引进沙棘品种（绥棱试点最为早熟的品种也有"201307"）。

（二）综合分析

首先需要说明的是，在引进品种中，"201308"的结实期有所偏后，与其他 20 个引进（雌株）沙棘品种明显不同，因此下面叙述的有关果实生长节律没有包括"201308"

这个品种。此外，作为对照的"201305"（CK）与其他各引进品种在果实生长节律方面完全一致，故不再进行对比，而是合在一起叙述。

1. 果重快速膨大增长期对比

除大通试点没有来得及做果实生长节律即发生参试沙棘全部病死外，其余 4 点都做了这项工作，并得到各试点以单果鲜重衡量的果重快速膨大增长期。

绥棱试点：大部分品种的果重快速膨大增长期为 6 月 15 日—7 月 30 日这段时间（一个半月）；不过还有一些品种（不包括"201308"）为 6 月 15 日—8 月 15 日（两个月）。

朝阳试点：果重快速膨大增长期为 6 月 1 日—7 月 15 日（一个半月）。

庆阳试点：果重快速膨大生长期为 6 月 1 日—7 月 15 日这段时间（一个半月）。

额敏试点：果重快速膨大生长期为 6 月 7 日—7 月 23 日，基本上涵盖了 6 月、7 月两个月。

2. 果形快速膨大增长期对比

庆阳试点以果实纵横径衡量的果实膨大增长期如下：

引进沙棘果实纵径从 4 月下旬坐果［对照"201305"（CK）于 4 月上旬开始］至 5 月 30 日这段时间，为快速膨大时期。这段时间为 40 天左右；而引进沙棘横径却不像纵径那样在 5 月底完成快速增长，而是在 6 月 30 日之前仍呈比较匀速地增长。纵横径的生长在 6 月底即近极值。

对比纵径、横径的变化过程可知，在庆阳试点，纵径前期生长快，于 5 月底完成快速增长过程；而横径生长比较均匀，于 6 月底完成主要增长过程。对于引进沙棘来说，纵径普遍大于横径，果实呈圆柱体。

绥棱试点、朝阳试点也做了果实纵径、横径生长节律，但由于时间为 2019 年，超出区域性试验时间段，在此没有列及。

3. 果实早熟、晚熟品种对比筛选

通过对各试点引进沙棘品种成熟时期的记载和对比，发现相对早熟、晚熟的品种如下。

绥棱试点："201309""201315""201307"这 3 个品种是最为早熟的引进沙棘品种。

额敏试点："201303""201307"这 2 个品种是最为早熟的引进沙棘品种。

"201308"这个品种是 5 个主点最为晚熟的引进沙棘品种，较其他引进品种晚熟 15～20 天。

二、果形诸参数

引进沙棘边开花边结实，果实出现后最初两个月左右都呈绿色，并在接近成熟时逐渐变为黄、橙、红等色，这一过程实际上是果实着色过程；同时，沙棘果实由最初数月的较硬，在临近成熟时变稍硬，在成熟时变软硬适度，再到过熟阶段变软，最后萎缩、干瘪、逐渐脱落,这一过程反映了果实熟化过程乃至宿存过程。在这一过程中,果色、风味、果形、果径、果柄长等是最为重要的衡量果形的一些参数。为了减少测定误差,课题组统一要求将果实按长径或短径排为一行进行测定(图 3-128)。

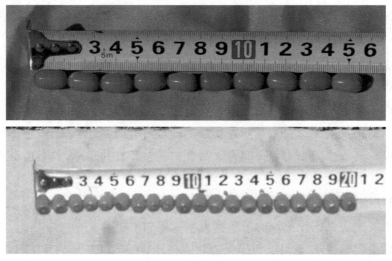

图 3-128 测定果实纵横径的方法

(一)各试点表现

果形诸参数是除树高、地径、冠幅这些外形指标外,反映果实发育阶段的核心指标。5 个主点所处地理位置不同,果形诸参数因之也会发生相应变化。

1. 黑龙江绥棱

绥棱试点在种植后的第 2 年(2015 年)就有 12 个品种开始结果,较为零星,当年没有测定果形诸参数。

种植后第 3 年(2016 年)所有参试品种就全部结实,除"201306"为雄株外,绥棱试点对其余 21 个沙棘品种均取样测定了果形诸参数(表 3-115)。

从表 3-115 可以看出,引进的 20 个沙棘品种与"201305"(CK)相比,纵径稍短,小了 1.63 mm;横径稍大,大了 0.10 mm;果柄长了 0.15 mm;百果重小了 7.91 g。从纵径、横径来看,引进品种除了长圆柱体外,还有短圆柱体和球形果,因此,引进沙棘总体显得不如对照品种果实长些,但果实横径稍大,果柄稍长,这些都是优势。果百重总体上不如对照,但就个体而言,"201302""201308""201309""201313""201314""201315"这 6 个品种就较对照"201305"(CK)高。

表 3-115　绥棱试点 2016 年参试沙棘果形诸参数

编号	果色	纵径/mm	横径/mm	果柄长/mm	百果重/g
201301	橘黄色	12.26	9.03	3.24	55.24
201302	橘黄色	15.32	10.25	4.78	81.13
201303	橘黄色	11.04	8.73	4.89	48.00
201304	橘红色	11.81	9.25	3.30	57.84
201307	红色	10.95	5.14	2.53	52.47
201308	橙黄色	13.10	10.35	4.04	76.72
201309	深橘黄色	14.49	10.08	4.59	90.02
201310	橘黄色	13.78	9.24	4.56	69.30
201311	橘黄色	11.81	10.36	4.38	66.92
201312	橘黄色	11.52	8.10	3.43	58.07
201313	橘黄色	14.94	8.72	5.06	79.34
201314	橘黄色	13.08	10.83	5.02	85.12
201315	黄色	13.17	10.23	3.38	77.79
201316	橘黄色	11.20	9.91	3.99	64.30
201317	橙黄色	11.46	10.33	4.06	63.69
201318	橘黄色	13.78	8.79	0.35	61.28
201319	橘黄色	12.34	9.88	3.55	61.85
201320	橙色	10.03	10.09	3.67	53.39
201321	橘黄色	9.13	7.35	3.51	28.52
201322	橘黄色	11.84	8.94	4.74	51.95
平均	—	12.35	9.28	3.85	64.15
201305（CK）	橘黄色	13.98	9.18	3.70	72.06
引进-CK	—	-1.63	0.10	0.15	-7.91

　　2017 年，绥棱试点"201302"由于患枯萎病仅剩 2 株，没有测果形诸参数，其余 20 种参试沙棘品种于当年普遍进入了盛果期，果形诸参数见表 3-116。

表 3-116　绥棱试点 2017 年参试沙棘果形诸参数

编号	果形	果色	风味	纵径/mm	横径/mm	果柄长/mm	百果重/g
201301	圆柱体	橘黄色	酸甜	12.10	8.60	3.60	49.29
201303	椭球体	黄色	酸甜	11.60	8.60	4.60	63.00
201304	圆柱体	橘红色	酸甜	13.90	8.90	3.80	58.55
201307	椭球体	红色	酸甜	11.90	9.30	3.20	39.11
201308	椭球体	黄色	酸	13.20	10.20	3.90	75.67
201309	圆锥体	橘黄色	酸甜	12.90	9.70	4.10	76.65
201310	圆锥体	橙黄色	酸甜	13.10	8.20	3.60	53.58
201311	椭球体	橙黄色	酸	11.40	9.10	3.50	53.14
201312	椭球体	橙红色	酸甜	12.00	8.10	3.80	48.96
201313	圆柱体	黄色	酸	15.40	9.90	4.80	62.70
201314	椭球体	黄色	酸	14.50	9.90	4.00	74.27
201315	圆锥体	橙黄色	酸	13.70	9.60	2.80	68.95
201316	椭球体	橙红色	酸	12.70	10.00	3.90	70.86
201317	椭球体	黄色	酸	11.60	9.40	4.00	52.52
201318	圆锥体	橙黄色	酸	13.20	8.30	3.80	51.28
201319	圆锥体	黄色	酸甜	13.80	10.30	3.60	80.51
201320	圆球体	橙红色	酸	9.50	9.00	3.50	47.75
201321	椭球体	橙黄色	酸	9.80	8.30	4.00	45.28
201322	椭球体	橙红色	酸	10.60	8.20	4.10	42.66
平均	—	—	—	12.47	9.14	3.82	58.67
201305（CK）	长圆柱体	橘黄色	酸甜	13.70	8.60	4.00	61.72
引进–CK	—	—	—	-1.23	0.54	-0.18	-3.05

从表 3-116 可以看出，引进的 19 个沙棘品种与"201305"（CK）相比，纵径稍短，小了 1.23 mm；横径大了 0.54 mm（比上一年大得多）；果柄短了 0.1 mm（与上一年趋势相反）；百果重小了 3.05 g（比上年大幅度减少）。果百重总体上不如对照，但就个体而言，"201303""201308""201309""201313""201314""201315""201316""201319"这 8 个品种（比上年多了 2 个品种）较对照高。

从纵径、横径来看，2017 年引进品种除了长圆柱体外，还有短圆柱体和球形果，因此，总体不如对照品种果实长，但果实横径稍大，果柄稍长，这些与 2016 年完全相同。

引进沙棘的果形有圆柱体、椭球体、圆锥体、圆球体和长圆柱体等，其中果形为长圆柱体的就 1 种——"201305"（CK）。这就是引进品种纵径不如对照、横径大于对照的原因所在。

引进沙棘的果实风味包括酸（11 种）、酸甜（含对照共 9 种）两种风味，甜度较大的引进品种有"201312""201307""201301""201319"等。

2018 年，绥棱试点连续第 3 年测定了参试 20 种沙棘品种的果形诸参数，见表 3-117。

表 3-117　绥棱试点 2018 年参试引进沙棘果形诸参数

品种编号	果型	颜色	风味	纵径/cm	横径/cm	果柄长/cm	百果重/g
201301	圆柱体	橙黄色	酸甜	1.22	0.86	0.30	51.67
201303	椭球体	黄色	酸甜	1.22	0.92	0.46	58.47
201304	圆柱体	橘红色	酸	1.21	0.83	0.30	47.83
201307	椭球体	橘红色	酸甜	1.19	0.90	0.28	59.08
201308	椭球体	黄色	酸	1.47	1.09	0.31	75.36
201309	椭圆锥体	橘黄色	酸	1.43	0.98	0.38	76.10
201310	圆锥体	橘黄色	酸	1.37	0.86	0.34	56.65
201311	椭球体	橙黄色	酸	1.17	0.93	0.30	59.31
201312	椭球体	浅橘红色	酸甜	1.18	0.80	0.30	43.18
201313	圆柱体	黄色	酸	1.42	0.93	0.40	67.69
201314	椭球体	黄色	酸	1.13	0.99	0.24	69.56
201315	圆锥体	橘黄色	酸	1.42	0.97	0.29	68.95
201316	椭球体	橙红色	酸	1.17	0.97	0.33	66.43
201317	椭球体	黄色	酸甜	1.24	1.00	0.32	66.01
201318	圆锥体	橙黄色	酸	1.34	0.84	0.31	58.51
201319	圆锥体	黄色	酸	1.37	1.04	0.32	85.30
201320	圆球体	橙红色	酸	0.95	0.94	0.28	49.08
201321	椭球体	橘黄色	酸	1.04	0.73	0.30	40.39
201322	椭球体	橙红色	酸	1.14	0.92	0.40	52.72
平均	—	—	—	1.25	0.92	0.32	60.65
201305（CK）	长圆柱体	橘黄色	酸	1.37	0.88	0.34	60.06
引进–CK	—	—	—	–0.12	0.04	–0.02	0.59

从表 3-117 可以看出，引进的 19 个沙棘品种与"201305"（CK）相比，纵径稍短，小了 0.12 mm（已经十分接近）；横径大了 0.04 mm（两者间十分接近）；果柄短了 0.02 mm（两者间十分接近）；百果重大了 0.59 g（引进品种首次大于对照）。正是由于引进的 19 个品种与对照品种"201305"（CK）之间纵径、横径十分接近，才有引进百果重大于对照的情况。百果重总体超过了对照，但就个体而言，仍有 11 个引进品种较对照低。

果实风味由 2017 年的 11 酸 9 酸甜变为了 2018 年的 15 酸 5 酸甜，其中"201305"（CK）由上一年的酸甜变为了酸。果实风味在年度间发生变化，可能与气候变化等有关。

果形基本上也与 2017 年相同，只有 1 个品种发生了一定的变化，"201309"由上一年的圆锥体变为这一年的椭圆锥体。

从绥棱试点的果形诸参数（果径、果柄长、百果重）来看，引进品种中有一些较"201305"（CK）大，有些较小，因年度而异。

2. 辽宁朝阳

从 2016 年起所有参试沙棘品种进入结实期，下面将 2016—2018 年参试的 8 个沙棘雌株品种的结实情况汇入表 3-118。与绥棱试点一样，在区域性试验期间的后 3 年，朝阳试点每年坚持测定果形诸参数等指标（不属于区域性试验的 2019 年也做了测定）。

表 3-118　朝阳试点 2016—2018 年参试引进沙棘果形诸参数

品种编号	果色	果形	风味	纵径/cm			横径/cm			果柄长/mm			百果重/g		
				2016年	2017年	2018年	2016年	2017年	2018年	2016年	2017年	2018年	2016年	2017年	2018年
201301	黄色	圆柱体	酸	1.4	1.4	1.2	1.0	1.0	0.9	2.0	2.6	3.2	73.3	69.5	52.4
201302	黄色	长圆柱体	酸	1.4	1.3	1.3	0.9	0.9	0.9	3.5	4.7	4.7	66.0	54.5	56.0
201303	黄色	圆柱体	酸	1.0	1.1	—	0.7	0.7	—		5.1	—		42.8	—
201304	橙黄色	圆柱体	酸	1.3	1.2	1.2	0.9	0.8	0.9	3.5	2.9	3.8	56.8	37.5	46.3
201307	橙红色	短圆柱体	酸甜	1.4	1.2	1.2	1.0	0.9	0.9	2.0	2.3	3.1	73.3	51.7	55.4
201308	黄色	长圆柱体	酸	1.5	1.4	1.4	1.2	1.1	1.1	3.5	3.1	2.8	99.8	78.9	82.0
201309	橙黄色	长圆柱体	酸	1.5	1.3	1.3	0.9	0.9	0.9	4.3	4.1	3.7	74.6	65.0	61.6
平均	—	—		1.3	1.3	1.3	0.9	0.9	0.9	3.1	3.5	3.6	74.0	57.1	59.0
201305（CK）	黄色	长圆柱体	酸	1.5	1.3	1.3	0.9	0.8	0.8	3.7	3.7	3.1	62.0	48.9	52.0
引进–CK	—	—		−0.2	0.0	0.0	0.0	0.1	0.1	−0.6	−0.1	0.4	11.9	8.3	7.0

除"201303"在 2016 年、2018 年这两年结实少，加之落果，在测定时因果实数量不够没有测定有关数值外，朝阳试点其余 7 个参试品种的果形诸参数均做了测定，都列在表 3-118 中。

3 年间数据趋势基本上是一致的，即引进品种的纵径、横径都较"201305"（CK）稍长或相等，果柄稍短，但百果重均以引进品种高。引进沙棘百果重在年度间变化较大，结实第 1 年百果重最大，引进 6 个沙棘品种平均值为 74.0 g，为结实第 2 年（57.1 g）的 1.3 倍、第 3 年（59.0 g）的 1.25 倍；"201305"（CK）百果重平均值为 62.0 g，为结实第 2 年（48.9 g）的 1.3 倍、第 3 年（52.0 g）的 1.2 倍。

在朝阳试点，引进沙棘品种的果形诸参数（果径、果柄长、百果重），普遍较"201305"（CK）大。

3．甘肃庆阳

庆阳试点 2016 年（种植后第 3 年）只发现"201305"（CK）有开花结实。

2017 年引进品种中只有"201304""201305"（CK）开花结实，百果重分别为 58.78 g、56.63 g。

2018 年所有参试沙棘品种（"201301"、"201302"、"201303"、"201304"、"201305"（CK）、"201307"、"201308"、"201309"）全部结实，果形诸参数测定结果见表 3-119。

表 3-119　庆阳试点 2018 年参试引进沙棘果形诸参数

品种编号	果色	果形	风味	纵径/mm	横径/mm	果柄长/mm	百果重/g
201301	橘黄色	长圆柱体	酸	10.6	8.5	3.5	51.2
201302	橘黄色	长圆柱体	酸	12.8	8.5	2.9	53.4
201303	橘黄色	长圆柱体	酸	11.8	8.3	2.7	39.9
201304	橘黄色	长圆柱体	酸	12.9	8.5	3.1	41.3
201307	橘红色	长圆柱体	酸	12.6	9.5	3.1	65.9
201308	橘黄色	长圆柱体	酸	14.2	10.0	3.0	73.2
201309	橘黄色	长圆柱体	酸	13.2	8.7	4.0	61.7
平均	—	—	—	12.6	8.9	3.2	55.2
201305（CK）	橘黄色	长圆柱体	酸	11.9	7.8	3.2	55.8
引进–CK	—	—	—	0.7	1.1	0.0	−0.6

从表 3-119 可以看出，7 个引进品种的平均纵径为 12.6 mm，横径为 8.9 mm，果柄长为 3.2 mm，百果重为 55.2 g；而"201305"（CK）的平均纵径为 11.9 mm，横径为 7.8 mm，果柄长为 3.2 mm，百果重为 55.8 g。引进品种的纵径、横径、果柄长均大于"201305"（CK）；而百果重以对照为高，但差距很少，仅差 0.6 g。虽然百果重平均值以对照为高，但引进品种中"201307""201308""201309"这 3 个品种的百果重高于"201305"（CK）。

总体来看，庆阳试点引进沙棘品种的果形诸参数（果径、果柄长、百果重）普遍较"201305"（CK）大。

4．青海大通

大通试点 2016 年（种植后第 3 年）只发现"201302""201303"开花结实。

2017 年有"201301"、"201302"、"201303"、"201304"、"201305"（CK）、"201307"、"201308"这 7 个参试沙棘结实，这一年的测定结果见表 3-120。

表 3-120　大通试点 2017 年参试引进沙棘果形诸参数

品种编号	果色	纵径/cm	横径/cm	果柄长/mm	百果重/g	最大单果重/g
201301	橘黄色	0.99	0.78	2.50	42.46	0.68
201302	橘黄色	1.18	0.85	2.73	51.36	0.75
201303	橘黄色	0.85	0.60	2.46	28.96	0.60
201304	橘黄色	1.11	0.75	2.40	40.56	0.65
201307	橘红色	1.05	0.70	2.06	38.10	0.60
201308	橘黄色	1.07	0.84	2.86	51.66	0.70
平均	—	1.04	0.75	2.50	42.18	0.66
201305（CK）	橘黄色	1.18	0.76	2.50	43.26	0.61
引进–CK	—	−0.14	−0.01	0.00	−1.08	0.05

从表 3-120 可以看出，6 个引进品种的平均纵径为 1.04 mm，横径为 0.75 mm，果柄长为 2.50 mm，百果重为 42.18 g；而"201305"（CK）的平均纵径为 1.18 mm，横径为 0.76 mm，果柄长为 2.50 mm，百果重为 43.26 g。引进品种的纵径、横径均小于"201305"（CK），但横径相差很小，果柄长两者一样，而百果重以对照为高。虽然引进品种百果重平均值较"201305"（CK）小，但"201302""201308"这 2 个品种百果重高于对照。

总体来看，大通试点引进沙棘品种的果形诸参数（果径、果柄长、百果重）普遍不如"201305"大，但也有个别品种大于对照。

5. 新疆额敏

额敏试点在种植后的第 2 年（2015 年）就发现"201301""201303""201304""201305"（CK）这 4 个品种初步结果，果实较少，当年没有测定果形诸参数。

额敏试点种植后第 3 年（2016 年）所有引进沙棘（雌株）就全部结实。沙棘品种果形诸参数的测定结果见表 3-121。

表 3-121　额敏试点 2016 年参试沙棘果形诸参数

品种编号	果色	果形	风味	纵径/cm	横径/cm	果柄长/mm	百果重/g
201301	橘黄色	长圆柱体	酸甜	1.6	1.0	4.2	60
201302	橘黄色	长圆柱体	酸甜	1.8	1.1	4.0	90
201303	橘黄色	长圆柱体	酸甜	1.6	1.0	5.1	70
201304	橘黄色	圆柱体	酸甜	1.4	1.0	4.3	70
201307	橘红色	圆柱体	酸甜	1.4	1.2	3.5	80
201308	橘黄色	长圆柱体	酸甜	1.7	1.1	5.0	100
201309	橘黄色	长圆柱体	酸甜	1.6	1.1	5.2	100
201310	橘红色	圆柱体	酸甜	1.3	1.0	4.0	53
201311	橘黄色	长圆柱体	酸甜	1.7	1.1	5.8	90
201312	橘黄色	圆柱体	酸甜	1.3	0.9	4.0	50

品种编号	果色	果形	风味	纵径/cm	横径/cm	果柄长/mm	百果重/g
201313	橘黄色	圆柱体	酸甜	1.1	0.8	4.4	55
201314	橘黄色	长圆柱体	酸甜	1.5	1.0	4.5	70
201315	橘黄色	圆柱体	酸甜	1.1	0.8	4.2	54
201316	橘黄色	圆柱体	酸甜	1.2	1.0	4.2	50
201317	橘黄色	长圆柱体	酸甜	1.6	1.0	4.7	60
201318	橘黄色	长圆柱体	酸甜	1.5	0.9	5.4	60
201319	橘黄色	圆柱体	酸甜	1.3	1.0	3.9	64
201320	橘红色	圆柱体	酸甜	1.1	1.0	5.2	50
201321	橘黄色	长圆柱体	酸甜	1.5	1.0	4.3	60
201322	橘黄色	圆柱体	酸甜	1.5	1.1	5.3	70
平均	—	—	—	1.4	1.0	4.6	68
201305（CK）	橘黄色	长圆柱体	酸甜	1.5	1.0	2.8	60
引进–CK	—	—	—	–0.1	0.0	1.7	8

从表 3-121 可以看出，20 个引进品种的平均纵径为 1.4 cm，横径为 1.0 cm，果柄长为 4.6 mm，百果重为 67.8 g；而"201305"（CK）的平均纵径为 1.5 cm，横径为 1.0 cm，果柄长为 2.8 mm，百果重为 60 g。引进沙棘品种的纵径较"201305"（CK）小 0.1 cm（十分接近），横径相同，果柄较对照长 1.7 mm，而百果重较对照大 7.8 g。

总体来看，绥棱试点引进沙棘品种的果形诸参数（果径、果柄长、百果重）普遍较对照"201305"（CK）大。

（二）综合分析

庆阳试点引进沙棘起初定植于盐碱地上，两年后进行了移植，这一点严重影响了引进品种的结实，相当于耽搁了 2 年时间，因此区域性试验这段时间只有 1 年测得果形诸参数。

大通试点只于 2017 年测定了果形诸参数。

与庆阳试点一样，课题组牵头单位——沙棘中心起初考虑到朝阳试点气候条件与种源地俄罗斯有一定差距，所以分配到的品种很少，但生长表现却最好，结实虽然不如绥棱、额敏，但却较大通、庆阳两点表现好。朝阳试点在 2016—2018 年连续测定了果实参数。

2016—2018 年绥棱试点连续 3 年测定了果形诸参数，记载十分详细具体。

额敏试点与绥棱试点一样是结实最好的两个点，还较绥棱试点多保存了一种引进沙棘品种（"201302"）。这个试点于 2016 年就取样测定了果形诸参数，不过其后几年没有再继续测定，失去了获悉果实大小、重量在年度间变化的实测数据。

从前文的总体分析对比情况来看，5 个试点沙棘的果实纵径、横径、果柄长、百果重等果形诸参数普遍较"201305"（CK）好，有些参数在某一试点总体不如对照，但总有一些品种高于对照，特别是百果重这一十分重要且与产量密切相关的指标，5 个主点的许多参试品种都大于"201305"（CK），这一点十分重要，因为"201305"（CK）本来就是以果大而著称，能超过它实属不易。

1. 绥棱、朝阳、额敏 3 个试点间果形诸参数对比

如前所述，大通试点和庆阳试点只有 2017 年的资料，额敏试点只有 2016 年的资料，而绥棱、朝阳有 2016—2018 年连续 3 年的资料。由于沙棘果实随着年份的递推变化较大（果粒会从大到小），因此只能选择 2016 年这一年的资料进行同期对比，这样就舍弃了庆阳、大通两个试点（事实上这 2 个试点结实品种不多，舍弃影响不大）。

为了便于比较，除纵径、横径外，课题组还引用果形系数——果实纵径与横径的比值来作为一个重要指标，同时加入百果重，在 3 个试点、"201301"～"201309"这 8 个品种（"201306"为雄株）间进行对比，详见表 3-122～表 3-124。

表 3-122　额敏、绥棱、朝阳 3 个试点 2016 年引进沙棘品种果形系数对比

品种编号	额敏试点	绥棱试点	朝阳试点
201301	1.6	1.4	1.4
201302	1.6	1.5	1.5
201303	1.5	1.3	1.4
201304	1.5	1.3	1.5
201305（CK）	1.5	1.5	1.6
201307	1.2	2.1	1.4
201308	1.6	1.3	1.3
201309	1.4	1.4	1.6
平均	1.49	1.48	1.46

从 3 个试点 2016 年 8 个品种的果形系数来看，各个试点的平均值十分接近，只在小数后第二位才有区别。果形细数的细微区别，反映出额敏的沙棘果实更长一些，绥棱居中，朝阳稍短。从具体品种来看，果形系数也不尽相同，如用于对照的"201305"（CK），额敏和绥棱一样，朝阳稍大一些，反映果实更长一些，"201309"与此情况相同；"201301""201302""201308"这 3 个品种，绥棱和朝阳一样，额敏果实稍长一些。

表 3-123　额敏、绥棱、朝阳 3 个试点 2016 年引进沙棘品种果柄长对比　　单位：mm

品种编号	额敏试点	绥棱试点	朝阳试点
201301	4.2	3.2	2.0
201302	4.0	4.8	3.5
201303	5.1	4.9	—
201304	4.3	3.3	3.5
201305（CK）	2.8	3.7	3.7
201307	3.5	2.5	2.0
201308	5.0	4.0	3.5
201309	5.2	4.6	4.3
平均	4.26	3.88	3.21

从 3 个试点 2016 年 8 个品种的果柄长来看，各个试点的平均值有所区别，果柄长由长到短依次为：额敏、绥棱、朝阳，各试点果柄长依次为 4.26 mm、3.88 mm、3.21 mm。从具体品种来看，朝阳试点除"201304"位居第二外，其余均排列第三位。从果柄长相比结果来看，有些品种额敏较大，有些绥棱较大。

表 3-124　额敏、绥棱、朝阳 3 个试点 2016 年引进沙棘品种百果重对比　　单位：g

品种编号	额敏试点	绥棱试点	朝阳试点
201301	60	55.2	73.3
201302	90	81.1	66.0
201303	70	48.0	—
201304	70	57.8	56.8
201305（CK）	60	72.1	62.0
201307	80	52.5	73.3
201308	100	76.7	99.8
201309	100	90.0	74.6
平均	79.8	66.68	72.26

从 3 个试点 2016 年 8 个品种的百果重来看，各个试点的平均值有所区别，百果重由大到小为：额敏、朝阳、绥棱，各试点的百果重依次为 79.8 g、72.26 g、66.68 g。在前面对比过的两个参数平均值中，额敏一直位居第一，绥棱第二，朝阳第三；百果重平均值这个指标出现些许变化，额敏还是第一，不过朝阳取代绥棱成了第二，绥棱位居第三。从具体品种来看，朝阳有一个品种（"201301"）位列第一，另一个品种（"201308"）与额敏相差不大，朝阳为 99.8 g，额敏为 100 g（额敏记载百果重时取整，小数点后不保留），

其余单个品种百果重排列第一的均为额敏，排列第二的，朝阳、绥棱分别有之。

2. 绥棱、额敏 2 个试点间果形诸参数对比

额敏、绥棱 2 个试点间共有的另外一些引进沙棘品种之间果形诸参数的对比，见表 3-125～表 3-127。

表 3-125　额敏、绥棱 2 个试点 2016 年引进沙棘品种果形系数对比

品种编号	额敏试点	绥棱试点	额敏–绥棱
201310	1.3	1.5	−0.18
201311	1.6	1.1	0.45
201312	1.4	1.4	0.00
201313	1.4	1.7	−0.33
201314	1.6	1.2	0.36
201315	1.3	1.3	0.06
201316	1.3	1.1	0.13
201317	1.6	1.1	0.51
201318	1.6	1.6	0.00
201319	1.3	1.2	0.07
201320	1.1	1.0	0.07
201321	1.5	1.2	0.29
201322	1.4	1.3	0.04
平均	1.4	1.3	0.11

从 2 个试点 2016 年 13 个引进沙棘品种的果形系数来看，额敏试点大于绥棱试点，反映出额敏试点引进沙棘果形较长。表中最后一列"额敏–绥棱"这一栏反映的是 2 个试点间果形系数的差值，正数表示额敏果形系数值大，负数表示绥棱果形系数值大。这一列只有 2 栏为负数，反映出"201310""201313"在绥棱生长的沙棘果实更长；有一栏为 0，表示"201312"这个品种在 2 个试点间的果形系数相同；其余 10 个引进沙棘品种均以额敏的果形系数大一些，反映出额敏生长的沙棘果实更长（更具备大果沙棘的特征）。

表 3-126　额敏、绥棱 2 个试点 2016 年引进沙棘品种果柄长对比　　　　单位：mm

品种编号	额敏试点	绥棱试点	额敏–绥棱
201310	4.0	4.6	−0.56
201311	5.8	4.4	1.41
201312	4.0	3.4	0.59
201313	4.4	5.1	−0.66

品种编号	额敏试点	绥棱试点	额敏-绥棱
201314	4.5	5.0	−0.57
201315	4.2	3.4	0.82
201316	4.2	4.0	0.20
201317	4.7	4.1	0.63
201318	5.4	0.4	5.03
201319	3.9	3.6	0.35
201320	5.2	3.7	1.55
201321	4.3	3.5	0.78
201322	5.3	4.7	0.56
平均	4.6	3.8	0.78

从 2 个试点 2016 年 13 个品种的果柄长来看，额敏试点较绥棱试点的平均值大 0.78 mm。从最末一列的数值来看，只有 3 栏为负数，表示"201310""201313""201314"这 3 个品种的果柄在绥棱生长的更长；其余 10 个栏均为正数，表明这 10 个品种的果柄在额敏生长得更长。

表 3-127　额敏、绥棱 2 个试点 2016 年引进沙棘品种百果重对比　　　　单位：g

品种编号	额敏试点	绥棱试点	额敏-绥棱
201310	53	69.3	−16.3
201311	90	66.9	23.08
201312	50	58.1	−8.07
201313	55	79.3	−24.3
201314	70	85.1	−15.12
201315	54	77.8	−23.8
201316	50	64.3	−14.3
201317	60	63.7	−3.69
201318	60	61.3	−1.28
201319	64	61.9	2.15
201320	50	53.4	−3.39
201321	60	28.5	31.48
201322	70	52.0	18.05
平均	60.5	63.2	−2.7

从 2 个试点 2016 年 13 个品种的百果重平均值来看，绥棱试点较额敏试点高 2.7 g。从最末一列的数值来看，只有 4 栏为正，表示"201311""201319""201321""201322"这 4 个品种的百果重在额敏生长得更大；其余 9 栏均为正数，表明这 9 个品种的百果重在绥棱相对更大。

这些对比说明，在 3 个试点 8 个引进沙棘品种果形诸参数的对比中，一般额敏大于绥棱，绥棱大于朝阳（仅限于"201301"～"201309"这 8 个品种，"201306"为雄株）；在 2 个试点 13 个引进沙棘品种果形诸参数的对比中，额敏的果实纵径、横径、果柄长大于绥棱，但在百果重这一重要指标上，绥棱大于额敏（仅指"201310"～"201322"这 13 个品种）。

三、果实产量

判断引进沙棘是否成功的最为重要的一点，就是果实产量高低。仅有好的树势、高的枝叶生物量还不行，这些仅能证明有好的生态效益，而要实现理想的经济效益，就必须要有高的果实产量。果实产量主要包括生物产量（收获期树体上的全部结实量）、经济产量（实际采收到的果实量），还有由采收工艺不同形成的工艺产量等，这些都是下面要具体讨论的。

（一）各试点表现

5 个主点种植着统一引自俄罗斯的沙棘品种，定植株行距统一为 1.5 m×2.0 m，这时决定单产的因素只有一个——株产。株产采用手工采摘法（图 3-129），用 3 个标准株的产量代表某一品种的平均产量。下面是对各试点种植后自有结实以来各品种株产的对比分析。

绥棱试点　　　　　　　　　　　　　　朝阳试点

额敏试点

图 3-129　引进沙棘果实测产

1. 黑龙江绥棱

绥棱试点在定植后的第 2 年（2015 年）参试沙棘品种即有 10 个开始挂果，分别为"201301"、"201302"、"201304"、"201305"（CK）、"201307"、"201311"、"201312"、"201313"、"201315"、"201317"，只产有几个或几十个果实。

第 3 年（2016 年）起引进沙棘就全部结实，除 3 种结实较少无法测产外，其余 18 个沙棘品种均有产量。

第 4 年（2017 年）、第 5 年（2018 年）全部 21 个引进品种（包括对照）均有产量。

绥棱试点 2016—2018 年结实期的株产等情况见表 3-128。

表 3-128　绥棱试点 2016—2018 年参试沙棘品种株产对比

品种编号	2016 年	2017 年		2018 年		
	株产/kg	可溶性固形物含量/%	株产/kg	可溶性固形物含量/%	果实密度/（粒/10 cm）	株产/kg
201301	2.760	9.9	5.300	10.4	47.3	3.167
201302	2.530	—	—	—	—	—
201303	少	8.3	1.570	8.2	26.3	1.413
201304	1.940	8.3	1.620	6.3	72.7	4.060
201307	3.400	10.2	3.470	8.8	67.0	6.470
201308	2.670	5.7	3.730	7.7	36.0	3.560
201309	1.820	8.3	6.150	8.0	39.7	2.707
201310	1.750	8.5	4.350	8.0	23.7	1.897
201311	2.450	8.2	3.030	8.7	24.7	1.110
201312	1.180	10.8	4.550	8.5	25.7	6.250
201313	0.790	6.2	4.340	7.5	38.0	2.640
201314	0.420	5.2	3.940	6.5	23.0	3.360
201315	2.540	8.5	7.460	8.5	62.7	5.857
201316	少	7.2	6.600	7.2	30.3	1.263
201317	1.680	7.5	6.600	6.2	38.3	1.867
201318	1.000	9.2	3.350	7.8	33.0	2.767
201319	少	9.5	2.990	6.5	29.3	3.217
201320	2.070	8.2	7.270	7.8	40.7	6.293
201321	1.720	7.5	2.030	8.0	40.0	0.290
201322	0.750	5.8	3.600	7.2	36.3	1.197
平均	1.574	8.1	4.313	7.8	38.7	3.126
201305（CK）	3.120	7.5	4.810	8.0	35.7	1.537
引进−CK	−1.547	−0.6	−0.497	−0.2	3.0	1.589

注：2017 年和 2018 年"201302"死亡，统计值中不包括此品种。

表 3-128 中除株产外，还列有可溶性固形物、固实密度等指标，下面只对株产在 3 个年度之间以及品种间进行对比。

2015—2016 年各品种均为初果期，2015 年有果无产量，2016 年有果有产量（3 个品种产量甚少）。2016 年 17 个引进品种的平均株产为 1.513 kg，比"201305"（CK）株产（3.120 kg）少了 1.607 kg，产量不到一半。

从 2017 年起各品种进入盛果期，这一年引进沙棘品种株产平均达到 4.300 kg，较上一年增加了 2.787 kg（相当于增长 184%），较"201305"（CK）仅少了 0.510 kg，平均产量占"201305"（CK）产量的 89%。

2018 年各品种继续为盛果期，这一年引进沙棘品种平均株产减少到 2.593 kg，较上一年减少了 1.707 kg（相当于减少了 40%），不过较"201305"（CK）增加了 1.057 kg，平均产量较"201305"（CK）增长了 69%。

绥棱试点 2016—2018 年引进沙棘品种平均株产为 2.802 kg，按密度每亩 111 株换算为亩产 311 kg。因为这是试验田，即其中有些品种要被淘汰，只有产量高的品种才能进入下一阶段，因此这个平均产量是很高的。

2．辽宁朝阳

朝阳试点在定植后的第 2 年（2015 年）参试沙棘品种即有 1 个"201306"开始开花。

从定植后的第 3 年（2016 年）起，所有引进沙棘品种全部开花结实，不过 2016 年各品种产量不多，当年没能测产。

将朝阳试点从 2017—2018 年结实期的株产情况列于表 3-129，其中 2018 年"201303"结实少，未能取够测产量。

表 3-129　朝阳试点 2017—2018 年参试沙棘品种株产对比　　　　单位：/kg

品种编号	2016 年	2017 年	2018 年
201301	少	1.802	0.703
201302	少	0.949	0.822
201303	—	0.157	—
201304	少	0.352	0.190
201307	少	0.712	0.470
201308	少	2.071	2.760
201309	少	0.329	0.224
平均	—	0.910	0.862
201305（CK）	少	0.353	1.600
引进–CK	—	0.557	−0.739

2015—2016 年引进沙棘均为初果期，两年均有果无产量。

从 2017 年起引进沙棘进入盛果期，这一年 7 个引进品种株产平均达到 0.910 kg，较"201305"（CK）（0.353 g）增加了 0.557 kg，引进品种平均株产比"201305"（CK）株产增长了 1.6 倍。

2018 年引进沙棘继续为盛果期，这一年 6 个引进品种（"201303"没有株产）平均株产稍有减少，为 0.862 kg，不过这一年"201305"（CK）株产却大幅提高，达到了 1.6 g，引进品种平均株产只占"201305"（CK）株产的 54%。

朝阳试点 2017—2018 年引进沙棘平均株产为 0.886 kg，按密度每亩 111 株换算为亩产 98 kg。如前所述，因为这是试验田，其中有些品种肯定要被淘汰，只有产量高的品种才能进入下一阶段，因此这个平均产量不低。

3. 甘肃庆阳

庆阳试点在定植后的第 3 年（2016 年），引进沙棘只有 201305 这 1 种零星结实，无法测产量。

2017 年引进沙棘也只有"201304""201305"（CK）这 2 种结实，测定了产量，引进品种"201304"的株产为 0.042 g，远小于"201305"（CK）的 0.613 g。

2018 年所有参试沙棘品种均有结实，其中"201303""201304""201305"（CK）的株产分别为 0.530 kg、0.338 kg、0.665 kg，其余品种结果少，只有零星结果，无法测定产量。"201305"（CK）的株产还是最高，不过引进品种"201303""201304"与其差距不是太大。

庆阳试点引进沙棘 3 年株产情况，产量很低，见表 3-130。

表 3-130　庆阳试点 2016—2018 年参试沙棘品种株产对比　　　　单位：kg

品种编号	2016 年	2017 年	2018 年
201301	—	—	少
201302	—	—	少
201303	—	—	0.530
201304	—	0.042	0.338
201307	—	—	少
201308	—	—	少
201309	—	—	少
201305（CK）	少	0.613	0.665

前面已经多次谈过，庆阳试点由于选点原因耽搁了 2 年时间，致使整个区域性试验的黄金时间全处于初果期，而未进入盛果期。本来如果选好地，正常栽培的话，初步判断，该试点应该具有与朝阳试点基本一样的结实特征。2017 年、2018 年虽然有零星的株产，但无法推测单产。

鉴于这一试点情况特殊，还要采取办法，补充措施，完善手段，继续开展有关试验（参见后述"生产性试验"部分）。

4. 青海大通

大通试点 2016 年（种植第 3 年）发现"201302""201303"这 2 个引进品种开花结实。

2017 年发现有"201301"、"201302"、"201303"、"201304"、"201305"（CK）、"201307"、"201308"这 7 个参试沙棘结实。

2017 年由于结实量不大，结实植株都没有测定株产。不巧当年秋季引进沙棘全部因病死亡，这个点成了唯一没有株产的试点。

植株因病死亡其实与该植株在该试点生态环境适应性并无太大直接关联。因此与庆阳试点一样，大通试点采取措施补充建立了试验林分，开展有关试验，参见后述"生产性试验"部分。

5. 新疆额敏

额敏试点在种植后的第 2 年（2015 年）就有"201301""201303""201304""201305"（CK）这 4 个品种开始结果，果实较少，当年没有测产。

种植后第 3 年（2016 年）所有引进品种（雌株）已全部结实，对 21 个沙棘品种 2016—2018 年取样测产的结果，见表 3-131。

表 3-131 额敏试点 2016—2018 年参试沙棘品种株产对比　　　　单位：kg

品种编号	2016 年株产	2017 年株产	2018 年株产
201301	1.790	5.920	5.642
201302	1.984	6.603	6.148
201303	0.197	0.324	0.440
201304	1.793	5.910	4.200
201307	1.892	6.267	7.056
201308	0.966	3.220	4.410
201309	1.970	6.544	6.250
201310	0.123	0.330	0.610
201311	1.264	4.180	4.608
201312	2.647	8.690	11.340
201313	0.105	0.324	0.400
201314	0.321	1.004	1.300
201315	0.131	0.220	0.205
201316	1.046	3.476	4.437
201317	0.630	2.100	2.100
201318	0.950	3.124	2.900
201319	0.500	1.661	4.000
201320	0.852	2.652	2.200
201321	1.068	3.600	2.990
201322	1.322	3.740	5.481
平均	1.078	3.494	3.836
201305（CK）	1.850	6.158	6.300
引进−CK	−0.772	−2.664	−2.464

2015—2016 年均为初果期，2015 年有果无产量，2016 年有果有产量。

2016 年 20 个引进沙棘品种的平均株产为 1.078 kg，比"201305"（CK）株产（1.850 kg）少了 0.772 kg，引进品种产量仅占对照品种的 58%。

引进沙棘从 2017 年起进入盛果期，这一年引进沙棘品种株产平均达到 3.494 kg，较上一年增加了 2.415 kg（相当于增长了 3.2 倍），但较"201305"（CK）差距还是挺大，对照株产为 6.158 kg，引进沙棘平均产量仅占 201305（CK）产量的 57%。

引进沙棘 2018 年继续为盛果期，这一年引进沙棘品种平均株产与上一年相仿，达到 3.836 kg，较上一年增加了 0.342 kg（相当于增长了 10%），不过"201305"（CK）也有所增加，达到了 6.300 kg，引进沙棘品种平均产量占"201305"（CK）产量的比例为 61%。

额敏试点 2016—2018 年引进沙棘品种平均株产为 1.769 kg（较绥棱试点的株产 2.802 kg 低了 0.967 kg），按密度每亩 111 株换算为亩产 196 kg（较绥棱试点的亩产 311 kg 低了 115 kg）。当然考虑到这是试验田，其中必然有些品种要被淘汰，而只有产量高的品种才能进入下一阶段，因此这个平均产量也是很高的。

（二）综合分析

果实产量在此处主要指株产，既涉及哪些引进沙棘品种产量高的问题，也涉及哪些试点产量高的问题。下面分别论述。

1. 品种间株产对比

先按不同试点对引进沙棘品种株产进行对比分析。由于绥棱、额敏 2 个试点的引进品种数最多，且都进入盛果期，而朝阳试点虽然也进入盛果期，但参试品种较少，因此，下面只对前述两点诸品种的株产进行对比，见表 3-132。

表 3-132　绥棱、额敏 2 个试点各引进沙棘品种的株产对比　　　　单位：kg

品种编号	种植第 4 年（2017 年）株产		
	绥棱	额敏	平均
201301	5.300	5.920	5.610
201302	—	6.603	6.603
201303	1.570	0.324	0.947
201304	1.620	5.910	3.765
201305（CK）	4.810	6.158	5.484
201307	3.470	6.267	4.868
201308	3.730	3.220	3.475
201309	6.150	6.544	6.347

品种编号	种植第4年（2017年）株产		
	绥棱	额敏	平均
201310	4.350	0.330	2.340
201311	3.030	4.180	3.605
201312	4.550	8.690	6.620
201313	4.340	0.324	2.332
201314	3.940	1.004	2.472
201315	7.460	0.220	3.840
201316	6.600	3.476	5.038
201317	6.600	2.100	4.350
201318	3.350	3.124	3.237
201319	2.990	1.661	2.326
201320	7.270	2.652	4.961
201321	2.030	3.600	2.815
201322	3.600	3.740	3.670
平均	4.338	3.621	3.980

依据表 3-132 的数据对绥棱、额敏 2 个试点 21 个雌株品种的株产平均值由高到低排序为："201312""201302"（仅有额敏 1 个试点数据）、"201309""201301""201305"（CK）、"201316""201320""201307""201317""201315""201304""201322""201311""201308""201318""201321""201314""201310""201313""201319""201303"（"201303"在朝阳试点也位列最末名）。

2. 试点间株产对比

依据引进沙棘品种的平均株产，可对 5 个主点的株产高低进行对比分析。5 个试点中，黑龙江绥棱、新疆额敏 2 个试点于定植后的第 2 年（2015 年）即有初果，种植第 4 年（2017年）进入盛果期（比较早），历年产量都比较高（虽然有波动，呈大小年状）。

青海大通、甘肃庆阳 2 个试点沙棘进入结实期迟，于定植后的第 3 年（2016 年）才有果，产量低。大通试点参试沙棘于 2017 年冬季全部病死，因此没有 2018 年试验资料，而庆阳试点因试验地盐碱问题于第 3 年重新移植建园，影响了结实。这 2 个试点在区域试验期间均未进入盛果期。

辽宁朝阳的沙棘结实情况居中，初果于定植后的第 2 年（2015 年）出现，虽然仅有1 个品种；盛果期也出现于 2017 年，这些均与绥棱、额敏 2 个试点相似。不同的是，引进沙棘产量较这 2 个试点少得多，究其原因，与其地处半干旱区密不可分。

从进入盛果期的 3 个试点来比较，绥棱亩产最高，达 311 kg；额敏次之，达 196 kg；朝阳较低，仅 98 kg。需要说明的是，株产测定时选取的是平均株，因此用统一的密度即 111 株/亩进行计算的平均亩产是公平合理的。

这些单产数据，应该只是理想的果实生物产量（最高产量），其经济产量首先决定于采果工艺，因此也叫工艺产量。下面是对经济产量的论述。

如果为打冻果，这种方法适合于黑龙江和北疆一些地方，采收率用 98% 的系数，这时的经济产量即为生物产量乘以 0.98。

如果为手工采摘，这种方法同样适合于黑龙江和新疆，采收率一般为 90% 左右，这时的经济产量即为生物产量乘以 0.9。

如果为剪果枝，这种方法适合于"三北"地区任何地方，采收率一般为 80% 左右，这时的经济产量应为生物产量乘以 0.8。

实际工作中，建议沙棘种植者要注意用好生物产量（最高产量）、经济产量（工艺产量）的数据，还要注意平均产量与最高株产、高产田单产、年度单产等之间的关系，不要只挑选最高产量宣传，人为故意拔高，这是不科学的，也是对推广工作极其有害的。

四、果实品质

沙棘果实品质主要由其所含营养成分决定，而且营养成分是其开发利用的基础。沙棘果实所含营养成分不仅因品种而异，而且在区域间、年度间也有所变化。另外，分析测试方法也会造成一定的差异。

（一）各试点表现

5 个主要试点位于我国"三北"地区从东至西的 5 个省区，由于所处经纬度、海拔不同，气象、土壤条件差异较大，因此沙棘果实营养成分因试点不同必然会出现变异。下面以 2017 年（种植第 4 年）的取样测定结果为主，重点对含油率、总黄酮、葡萄糖、果糖、苹果酸、β-胡萝卜素和 VE 等含量进行有关对比分析。选定 2017 年的测定分析结果，也是因为这一年 5 个主点都采有样品且都有林分存在。

1. 黑龙江绥棱

该试点种植了全部 22 个引进大果沙棘品种，2017 年取样时只有 19 种，不能取样的 3 种中"201306"为雄株，"201316"当年产量少没有取到分析样品，而"201302"已患病死亡。表 3-133 只列出了参试沙棘干全果营养成分测定主要结果，鲜全果测定结果详见书末附件。

表 3-133　绥棱试点 2017 年引进沙棘干全果主要活性成分含量

品种编号	全果含油率/%	果肉含油率/%	籽含油率/%	总黄酮/%	β-胡萝卜素/(mg/100 g)	VE/(mg/100 g)	葡萄糖/(mg/100 g)	果糖/(mg/100 g)	苹果酸/(mg/100 g)	白雀木醇/(mg/100 g)
201301	15.5	14.1	22.1	0.28	11.8	180.3	8 948.4	2 037.1	1 403.3	436.7
201303	25.9	31.6	7.8	0.11	35.5	413.5	2 599.2	817.7	714.5	151.6
201304	29.0	27.2	33.4	0.12	45.1	585.3	3 402.6	337.7	1 595.5	337.7
201307	9.8	9.0	12.4	0.19	18.6	242.2	9 151.5	1 906.2	2 200.9	861.8
201308	16.4	16.4	13.0	0.22	24.0	369.1	7 213.5	1 837.9	3 021.3	451.3
201309	24.0	27.4	10.2	0.13	22.3	279.1	5 791.0	1 465.7	3 187.7	346.7
201310	21.0	17.1	30.0	0.14	28.5	154.5	6 525.6	756.5	2 276.6	376.3
201311	21.8	24.8	11.2	0.20	29.9	317.8	5 179.1	1 289.2	1 244.2	220.0
201312	29.8	29.6	30.3	0.11	42.6	270.1	5 184.2	1 970.2	1 260.9	247.4
201313	25.8	25.0	27.3	0.02	14.5	131.5	4 001.8	570.5	936.2	210.0
201314	33.3	34.9	32.0	0.17	45.9	299.3	1 846.6	128.4	785.8	192.8
201315	17.5	14.7	27.7	0.21	27.4	373.8	7 140.2	1 454.4	3 080.6	460.2
201317	25.1	22.4	30.3	0.37	19.5	190.5	5 677.8	1 128.6	2 430.5	380.6
201318	29.3	30.5	26.6	0.17	55.5	232.0	4 026.1	223.6	3 111.2	465.0
201319	25.0	19.5	38.0	0.29	11.4	180.6	6 382.0	445.0	2 630.7	381.5
201320	12.2	12.7	10.6	0.19	30.2	360.7	6 882.1	574.7	2 964.0	370.0
201321	34.1	30.2	44.1	0.14	85.7	474.2	10 009.0	391.1	1 023.3	443.8
201322	27.0	29.5	22.5	0.06	82.4	431.0	3 979.4	274.4	2 338.9	344.2
平均	25.0	24.6	25.5	0.17	35.0	304.7	5 774.4	978.3	2 011.4	371.0
201305 (CK)	19.6	19.8	13.4	0.21	29.5	239.6	4 563.7	877.4	1 280.6	255.0
平均-CK	5.40	4.80	12.10	-0.04	5.5	65.1	1 210.7	100.9	730.8	116

（1）含油率

引进 18 个沙棘品种和对照"201305"（CK）的鲜全果、干全果，鲜果肉、干果肉，鲜籽、干籽的含油率数据如下：

引进沙棘鲜全果含油率平均为 4.4%，最大为 7.9%（编号"201314"），最小为 1.6%（编号"201307"）；干全果含油率平均为 25.0%，最大为 43.3%（编号"201314"），最小为 9.8%（编号"201307"）。

引进沙棘鲜果肉含油率平均为 3.4%，最大为 6.2%（编号"201314"），最小为 1.3%（编号"201307"）；干果肉含油率平均为 24.6%，最大为 42.9%（编号"201314"），最小为 9.0%（编号"201307"）。

引进沙棘鲜籽含油率平均为 24.0%，最大为 42.3%（编号"201314"），最小为 7.5%（编号"201303"）；干籽含油率平均为 25.5%，最大为 44.1%（编号"201321"），最小为 7.8%（编号"201303"）。

从含油率 6 个范畴的数据含量来看，18 个引进沙棘均明显大于"201305"（CK）。

（2）总黄酮

引进沙棘品种的鲜全果总黄酮含量平均为 0.029%，最大为 0.063%（编号"201317"），最小为 0.003%（编号"201313"）。与"201305"（CK）鲜全果总黄酮含量平均值（0.039%）相比，引进大果沙棘绝对值低了 0.009%。

引进沙棘品种的干全果总黄酮含量平均为 0.174%，最大为 0.372%（编号"201317"），最小为 0.017%（编号"201313"）。与"201305"（CK）干全果总黄酮含量平均值（0.212%）相比，引进大果沙棘绝对值低了 0.038%。

（3）葡萄糖

引进沙棘品种的鲜全果葡萄糖含量平均为 985.988 mg/100 g，最大为 1 864.682 mg/100 g（编号"201321"），最小为 334.606 mg/100 g（编号"201314"）。与"201305"（CK）鲜全果葡萄糖含量平均值（827.390 mg/100 g）相比，引进大果沙棘绝对值高了 158.598 mg/100 g。

引进沙棘品种的干全果葡萄糖含量平均为 5 774.444 mg/100 g，最大为 10 009.028 mg/100 g（编号"201321"），最小为 1 846.611 mg/100 g（编号"201314"）。与"201305"（CK）干全果葡萄糖含量平均值（4 563.651 mg/100 g）相比，引进大果沙棘绝对值高了 1 210.793 mg/100 g。

（4）果糖

引进沙棘品种的鲜全果果糖含量平均为 165.564 mg/100 g，最大为 393.835 mg/ 100 g（编号"201312"），最小为 23.269 mg/100 g（编号"201314"）。与"201305"（CK）鲜全果果糖含量平均值（159.071 mg/100 g）相比，引进大果沙棘绝对值低了 6.493 mg/100 g。

引进沙棘品种的干全果果糖含量平均为 978.271 mg/100 g，最大为 2 037.120 mg/100 g（编号 "201301"），最小为 128.415 mg/100 g（编号 "201314"）。与 "201305"（CK）干全果果糖含量平均值（877.391 mg/100 g）相比，引进大果沙棘绝对值低了 100.881 mg/100 g。

（5）苹果酸

引进沙棘品种的鲜全果苹果酸含量平均为 340.590 mg/100 g，最大为 584.284 mg/100 g（编号 "201318"），最小为 115.97 mg/100 g（编号 "201303"）。与 "201305"（CK）鲜全果苹果酸含量平均值（232.175 mg/100 g）相比，引进大果沙棘绝对值高了 108.415 mg/100 g。

引进沙棘品种的干全果苹果酸含量平均为 2 011.440 mg/100 g，最大为 584.284 mg/100 g（编号 "201318"），最小为 115.97 mg/100 g（编号 "201303"）。与 "201305"（CK）干全果苹果酸含量平均值（1 280.612 mg/100 g）相比，引进大果沙棘绝对值高了 730.828 mg/100 g。

（6）β-胡萝卜素

引进沙棘品种的鲜全果β-胡萝卜素含量平均为 6.284 mg/100 g，最大为 17.369 mg/100 g（编号 "201322"），最小为 2.188 mg/100 g（编号 "201301"）。与 "201305"（CK）鲜全果β-胡萝卜素含量平均值（5.342 mg/100 g）相比，引进大果沙棘绝对值高了 0.942 mg/100 g。

引进沙棘品种的干全果β-胡萝卜素含量平均为 35.044 mg/100 g，最大为 85.733 mg/100 g（编号 "201321"），最小为 11.357 mg/100 g（编号 "201319"）。与 "201305"（CK）干全果β-胡萝卜素含量平均值（29.465 mg/100 g）相比，引进大果沙棘绝对值高了 5.579 mg/100 g。

（7）VE

引进沙棘品种的鲜全果 VE 含量平均为 52.845 mg/100 g，最大为 109.106 mg/100 g（编号 "201304"），最小为 26.273 mg/100 g（编号 "201310"）。与 "201305"（CK）鲜全果 VE 含量平均值（43.432 mg/100 g）相比，引进大果沙棘绝对值高了 9.413 mg/100 g。

引进沙棘品种的干全果 VE 含量平均为 304.748 mg/100 g，最大为 585.333 mg/100 g（编号 "201304"），最小为 13.544 mg/100 g（编号 "201313"）。与 "201305"（CK）干全果 VE 含量平均值（239.559 mg/100 g）相比，引进大果沙棘绝对值高了 65.189 mg/100 g。

2. 辽宁朝阳

该试点种植了 9 个引进大果沙棘品种，除 "201306" 为雄株外，其余 8 个品种（包括对照）均于 2017 年取样测定。表 3-134 只列出了参试沙棘干全果营养成分测定主要结果，鲜全果测定结果详见书末附件。

表 3-134　朝阳试点 2017 年引进沙棘干全果主要活性成分含量

品种编号	全果含油率/%	果肉含油率/%	籽含油率/%	总黄酮/%	β-胡萝卜素/(mg/100 g)	VE/(mg/100 g)	葡萄糖/(mg/100 g)	果糖/(mg/100 g)	苹果酸/(mg/100 g)	白雀木醇/(mg/100 g)
201301	10.1	9.2	14.5	0.10	48.1	337.8	7 679.6	1 068.1	2 294.9	747.0
201302	25.1	28.9	11.1	0.18	24.3	296.1	6 185.7	963.3	3 912.6	808.9
201303	19.2	23.2	5.1	0.05	27.6	379.5	2 469.5	1 007.4	991.9	338.4
201304	23.2	18.0	34.8	0.09	49.3	382.7	2 949.1	374.1	4 011.7	537.5
201307	20.9	24.6	9.9	0.09	46.3	319.6	9 055.7	1 894.4	4 267.7	744.7
201308	33.3	36.0	17.4	0.32	38.0	567.0	2 564.7	230.8	1 292.4	247.8
201309	16.5	18.4	10.0	0.27	29.5	494.2	5 791.2	1 705.1	6 517.5	670.2
平均	21.2	22.6	14.7	0.16	37.6	396.7	5 242.2	1 034.7	3 327.0	584.9
201305（CK）	25.5	28.5	12.2	0.22	31.6	415.0	5 762.6	1 590.2	3 428.2	674.5
平均-CK	-4.30	-5.90	2.50	-0.06	6.0	-18.3	-520.4	-555.5	-101.2	-89.6

（1）含油率

引进沙棘品种和对照"201305"（CK）6 个范畴（鲜全果、干全果；鲜果肉、干果肉；鲜籽、干籽）的含油率数据如下：

引进沙棘鲜全果含油率平均为 3.3%，最大为 5.0%（编号"201304"），最小为 1.5%（编号"201301"）；干全果含油率平均为 25.5%，最大为 33.3%（编号"201308"），最小为 10.1%（编号"201301"）。

引进沙棘鲜果肉含油率平均为 2.4%，最大为 3.6%（编号"201302"），最小为 1.0%（编号"201301"）；干果肉含油率平均为 22.6%，最大为 36.0%（编号"201308"），最小为 9.2%（编号"201301"）。

引进沙棘鲜籽含油率平均为 13.5%，最大为 30.1%（编号"201304"），最小为 4.9%（编号"201303"）；干籽含油率平均为 14.7%，最大为 34.8%（编号"201304"），最小为 5.1%（编号"201303"）。

引进沙棘除鲜籽、干籽两个含油率平均值较高外，其余 4 个指标均以"201305"（CK）含量最高。

（2）总黄酮

引进沙棘品种的鲜全果总黄酮平均为 0.023%，最大为 0.039%（编号"201309"），最小为 0.007%（编号"201303"）。与"201305"（CK）鲜全果总黄酮含量平均值（0.036%）相比，引进大果沙棘绝对值低了 0.014%。

引进的 7 个沙棘品种的干全果总黄酮平均为 0.156%，最大为 0.318%（编号"201308"），最小为 0.045%（编号"201303"）。与"201305"（CK）干全果总黄酮含量平均值（0.224%）相比，引进大果沙棘绝对值低了 0.068%。

（3）葡萄糖

引进沙棘品种的鲜全果葡萄糖含量平均为 812.785 mg/100 g，最大为 1 402.728 mg/100 g（编号"201307"），最小为 292.124 mg/100 g（编号"201308"）。与"201305"（CK）鲜全果葡萄糖含量平均值（933.542 mg/100 g）相比，引进大果沙棘绝对值低了 120.757 mg/100 g。

引进沙棘品种的干全果葡萄糖含量平均为 5 242.223 mg/100 g，最大为 9 055.700 mg/100 g（编号"201307"），最小为 2 469.461 mg/100 g（编号"201303"）。与"201305"（CK）干全果葡萄糖含量平均值（5 762.605 mg/100 g）相比，两类间较为接近，引进大果沙棘绝对值低了 520.381 mg/100 g。

（4）果糖

引进沙棘品种的鲜全果果糖含量平均为 160.179 mg/100 g，最大为 293.436 mg/100 g（编号"201307"），最小为 26.285 mg/100 g（编号"201308"）。与"201305"（CK）鲜全果

果糖含量平均值（257.617 mg/100 g）相比，引进大果沙棘绝对值低了 97.439 mg/100 g。

引进沙棘品种的干全果果糖含量平均为 1 034.733 mg/100 g，最大为 1 894.359 mg/ 100 g（编号"201307"），最小为 230.776 mg/100 g（编号 201308）。与"201305"（CK）干全果果糖含量平均值（1 590.231 mg/100 g）相比，引进大果沙棘绝对值低了 555.498 mg/100 g。

（5）苹果酸

引进沙棘品种的鲜全果苹果酸含量平均为 533.926 mg/100 g，最大为 931.349 mg/ 100 g（编号"201309"），最小为 147.204 mg/100 g（编号"201308"）。与"201305"（CK）鲜全果苹果酸含量平均值（555.376 mg/100 g）相比，引进大果沙棘绝对值低了 21.450 mg/100 g。

引进沙棘品种的干全果苹果酸含量平均为 3 326.967 mg/100 g，最大为 6 517.488 mg/ 100 g（编号"201309"），最小为 991.940 mg/100 g（编号"201303"）。与"201305"（CK）干全果苹果酸含量平均值（3 428.247 mg/100 g）相比，引进大果沙棘绝对值低了 101.280 mg/100 g。

（6）β-胡萝卜素

引进沙棘品种的鲜全果β-胡萝卜素含量平均为 5.979 mg/100 g，最大为 10.630 mg/ 100 g（编号"201304"），最小为 3.940 mg/100 g（编号"201302"）。与"201305"（CK）鲜全果β-胡萝卜素含量平均值（5.113 mg/100 g）相比，引进大果沙棘绝对值高了 0.866 mg/100 g。

引进沙棘品种的干全果β-胡萝卜素含量平均为 37.591 mg/100 g，最大为 49.259 mg/100 g（编号"201304"），最小为 24.321 mg/100 g（编号"201302"）。与"201305"（CK）干全果β-胡萝卜素含量平均值（31.562 mg/100 g）相比，引进大果沙棘绝对值高了 6.029 mg/100 g。

（7）VE

引进沙棘品种的鲜全果 VE 含量平均为 60.968 mg/100 g，最大为 82.593 mg/ 100 g（编号"201304"），最小为 47.969 mg/100 g（编号"201302"）。与"201305"（CK）鲜全果 VE 含量平均值（67.223 mg/100 g）相比，引进大果沙棘绝对值低了 6.255 mg/100 g。

引进沙棘品种的干全果 VE 含量平均为 396.713 mg/100 g，最大为 566.997 mg/ 100 g（编号"201308"），最小为 296.105 mg/100 g（编号"201302"）。与"201305"（CK）干全果 VE 含量平均值（414.957 mg/100 g）相比，引进大果沙棘绝对值低了 18.244 mg/100 g。

3. 甘肃庆阳

该试点种植了 11 个引进大果沙棘品种，除"201306"为雄株外，其余 10 个品种于 2017 年取样时只有"201304""201305"（CK）两个品种结实。

（1）含油率

2 个沙棘品种 6 个范畴（鲜全果、干全果；鲜果肉、干果肉；鲜籽、干籽）的含油率数据如下：

"201304"的鲜全果含油率为 4.8%，干全果含油率为 26.3%，鲜果肉含油率为 4.4%，干果肉含油率为 32.2%，鲜籽含油率为 7.4%，干籽含油率为 7.8%。

"201305"（CK）的鲜全果含油率为 4.1%，干全果含油率为 22.5%，鲜果肉含油率为 3.4%，干果肉含油率为 22.8%，鲜籽含油率为 11.3%，干籽含油率为 11.9%。

与"201305"（CK）相比，引进沙棘 6 个范畴的指标均高。

（2）总黄酮

从鲜全果总黄酮含量来看，"201304"为 0.026%，"201305"（CK）为 0.037%，引进沙棘"201304"含量小了 0.011%。

从干全果总黄酮含量来看，"201304"为 0.142%，"201305"（CK）为 0.201%，引进沙棘"201304"含量小了 0.059%。

（3）葡萄糖

从鲜全果葡萄糖含量来看，"201304"为 372.341 mg/100 g，"201305"（CK）为 638.552 mg/100 g，引进沙棘"201304"含量小了 226.211 mg/100 g。

从干全果葡萄糖含量来看，"201304"为 2 041.343 mg/100 g，"201305"（CK）为 3 489.355 mg/100 g，引进沙棘"201304"含量小了 1 448.012 mg/100 g。

（4）果糖

从鲜全果果糖含量来看，"201304"为 59.872 mg/100 g，"201305"（CK）为 168.078 mg/100 g，引进沙棘"201304"含量小了 108.206 mg/100 g。

从干全果果糖含量来看，"201304"为 328.246 mg/100 g，"201305"（CK）为 918.457 mg/100 g，引进沙棘"201304"含量小了 590.211 mg/100 g。

（5）苹果酸

从鲜全果苹果酸含量来看，"201304"为 600.044 mg/100 g，"201305"（CK）为 328.024 mg/100 g，"201305"（CK）含量小了 272.020 mg/100 g。

从干全果苹果酸含量来看，"201304"为 3 289.715 mg/100 g，"201305"（CK）为 1 792.481 mg/100 g，"201305"（CK）含量小了 1 497.234 mg/100 g。

（6）β-胡萝卜素

从鲜全果β-胡萝卜素含量来看，"201304"为 10.722 mg/100 g，"201305"（CK）为 5.336 mg/100 g，引进沙棘"201304"含量大了 5.386 mg/100 g。

从干全果β-胡萝卜素含量来看，"201304"为 58.783 mg/100 g，"201305"（CK）为 29.158 mg/100 g，引进沙棘"201304"含量大了 29.624 mg/100 g（相当于高了 1 倍）。

（7）VE

从鲜全果 VE 含量来看，"201304"为 61.701 mg/100 g，"201305"（CK）为 58.415 mg/100 g，引进沙棘"201304"含量大了 3.286 mg/100 g。

从干全果 VE 含量来看，"201304"为 338.273 mg/100 g，"201305"（CK）为 319.208 mg/

100 g，引进沙棘"201304"含量大了 19.065 mg/100 g。

4．青海大通

该试点种植了 19 个引进大果沙棘品种，除"201306"为雄株外，其余 18 个品种于 2017 年取样时只有 5 个品种结实。表 3-135 只列出了参试沙棘干全果测定主要结果，鲜全果测定结果详见书末附件。

（1）含油率

引进 4 个沙棘品种和对照"201305"（CK）6 个范畴（鲜全果、干全果；鲜果肉、干果肉；鲜籽、干籽）的含油率数据测定结果如下。

引进沙棘鲜全果含油率平均为 5.4%，最大为 8.7%（编号"201301"），最小为 3.4%（编号"201302"）；干全果含油率平均为 28.0%，最大为 43.0%（编号"201301"），最小为 18.6%（编号"201302"）。

引进沙棘鲜果肉含油率平均为 4.2%，最大为 7.7%（编号"201301"），最小为 2.1%（编号"201302"）；干果肉含油率平均为 27.5%，最大为 49.4%（编号"201301"），最小为 14.8%（编号"201302"）。

引进沙棘鲜籽含油率平均为 24.7%，最大为 38.1%（编号"201308"），最小为 12.6%（编号"201301"）；干籽含油率平均为 26.1%，最大为 39.8%（编号"201308"），最小为 14.4%（编号"201301"）。

4 个引进沙棘的含油率 6 个指标平均值，均较对照"201305"（CK）高。

（2）总黄酮

引进的 4 个沙棘品种的鲜全果总黄酮平均为 0.055%，最大为 0.105%（编号"201308"），最小为 0.029%（编号"201304"）。与"201305"（CK）鲜全果总黄酮含量平均值（0.046%）相比，引进大果沙棘绝对值高了 0.007%。

引进的 4 个沙棘品种的干全果总黄酮平均为 0.289%，最大为 0.554%（编号"201308"），最小为 0.152%（编号"201304"）。与"201305"（CK）干全果总黄酮含量平均值（0.229%）相比，引进大果沙棘绝对值高了 0.059%。

（3）葡萄糖

引进的 4 个沙棘品种的鲜全果葡萄糖含量平均为 555.927 mg/100 g，最大为 988.841 mg/100 g（编号"201301"），最小为 403.615 mg/100 g（编号"201308"）。与"201305"（CK）鲜全果葡萄糖含量平均值（503.328 mg/100 g）相比，引进大果沙棘绝对值高了 52.599 mg/100 g。

表3-135　大通试点2017年引进沙棘干全果主要活性成分含量

沙棘品种编号	全果含油率/%	果肉含油率/%	籽含油率/%	总黄酮/%	β-胡萝卜素/(mg/100 g)	VE/(mg/100 g)	葡萄糖/(mg/100 g)	果糖/(mg/100 g)	苹果酸/(mg/100 g)	白雀木醇/(mg/100 g)
201301	43.0	49.4	14.4	0.28	14.6	233.2	4 912.3	1 526.9	3 999.6	713.8
201302	18.6	14.8	25.7	0.17	25.8	236.9	2 307.6	134.7	2 503.4	397.5
201304	23.1	22.7	24.4	0.15	26.4	391.0	2 152.7	257.4	2 572.7	298.8
201308	27.2	23.4	39.9	0.55	17.6	190.9	2 125.4	334.2	3 823.9	547.7
平均	28.0	27.5	26.1	0.29	21.1	263.0	2 874.5	563.3	3 224.9	489.4
201305（CK）	19.6	20.6	17.0	0.23	16.4	328.7	2 411.7	637.6	2 382.7	260.6
平均-CK	8.40	6.90	9.10	0.06	4.7	-65.7	462.8	-74.3	842.2	228.8

引进的 4 个沙棘品种的干全果葡萄糖含量平均为 2 874.490 mg/100 g，最大为 4 912.275 mg/100 g（编号"201301"），最小为 2 125.408 mg/100 g（编号"201308"）。与"201305"（CK）干全果葡萄糖含量平均值（2 411.730 mg/100 g）相比，引进大果沙棘绝对值高了 462.760 mg/100 g。

（4）果糖

引进的 4 个沙棘品种的鲜全果果糖含量平均为 111.107 mg/100 g，最大为 307.374 mg/100 g（编号"201301"），最小为 48.987 mg/100 g（编号"201304"）。与"201305"（CK）鲜全果果糖含量平均值（133.064 mg/100 g）相比，引进大果沙棘绝对值低了 21.957 mg/100 g。

引进的 4 个沙棘品种的干全果果糖含量平均为 563.305 mg/100 g，最大为 1 526.947 mg/100 g（编号"201301"），最小为 134.691 mg/100 g（编号"201302"）。与"201305"（CK）干全果果糖含量平均值（637.585 mg/100 g）相比，引进大果沙棘绝对值低了 74.279 mg/100 g。

（5）苹果酸

引进的 4 个沙棘品种的鲜全果苹果酸含量平均为 619.560 mg/100 g，最大为 805.123 mg/100 g（编号"201301"），最小为 457.371 mg/100 g（编号"201302"）。与"201305"（CK）鲜全果苹果酸含量平均值（497.272 mg/100 g）相比，引进大果沙棘绝对值高了 122.288 mg/100 g。

引进的 4 个沙棘品种的干全果苹果酸含量平均为 3 224.908 mg/100 g，最大为 3 999.617 mg/100 g（编号"201301"），最小为 2 503.399 mg/100 g（编号"201302"）。与"201305"（CK）干全果苹果酸含量平均值（2 382.712 mg/100 g）相比，引进大果沙棘绝对值高了 842.175 mg/100 g。

（6）β-胡萝卜素

引进的 4 个沙棘品种的鲜全果β-胡萝卜素含量平均为 3.999 mg/100 g，最大为 5.017 mg/100 g（编号"201304"），最小为 2.935 mg/100 g（编号"201301"）。与"201305"（CK）鲜全果β-胡萝卜素含量平均值（3.416 mg/100 g）相比，引进大果沙棘绝对值高了 0.583 mg/100 g。

引进的 4 个沙棘品种的干全果β-胡萝卜素含量平均为 21.067 mg/100 g，最大为 26.364 mg/100 g（编号"201304"），最小为 14.580 mg/100 g（编号"201301"）。与"201305"（CK）干全果β-胡萝卜素含量平均值（16.368 8 mg/100 g）相比，引进大果沙棘绝对值高了 4.699 mg/100 g。

（7）VE

引进的 4 个沙棘品种的鲜全果 VE 含量平均为 50.218 mg/100 g，最大为 74.398 mg/100 g（编号"201304"），最小为 36.250 mg/100 g（编号"201308"）。与"201305"（CK）鲜全果 VE 含量平均值（68.604 mg/100 g）相比，引进大果沙棘绝对值仅低了 18.387 mg/100 g。

引进的 4 个沙棘品种的干全果 VE 含量平均为 262.982 mg/100 g，最大为 390.951 mg/100 g（编号"201304"），最小为 190.890 mg/100 g（编号"201308"）。与"201305"（CK）

干全果 VE 含量平均值（328.721 mg/100 g）相比，引进大果沙棘绝对值低了 65.739 mg/100 g。

5. 新疆额敏

该试点种植了全部 22 个引进大果沙棘品种，2017 年除"201306"为雄株未取样外，其余 21 个品种均取样进行了测定。表 3-136 列出了参试沙棘干全果测定主要结果，鲜全果测定结果详见书末附件。

（1）含油率

参试 20 个沙棘品种和对照"201305"（CK）6 个范畴（鲜全果、干全果；鲜果肉、干果肉；鲜籽、干籽）的含油率数据如下：

引进沙棘鲜全果含油率平均为 4.2%，最大为 9.0%（编号"201315"），最小为 1.8%（编号"201309"）；干全果含油率平均为 20.2%，最大为 34.1%（编号"201315"），最小为 10.1%（编号"201309"）。

引进沙棘鲜果肉含油率平均为 2.3%，最大为 7.6%（编号"201315"），最小为 1.3%（编号"201309"）；干果肉含油率平均为 15.9%，最大为 35.2%（编号"201315"），最小为 9.8%（编号"201309"）。

引进沙棘鲜籽含油率平均为 18.6%，最大为 43.1%（编号"201308"），最小为 4.5%（编号"201304"）；干籽含油率平均为 19.5%，最大为 44.7%（编号"201308"），最小为 4.8%（编号"201304"）。

引进的 20 个沙棘品种的 6 个含油率指标平均值，均较对照"201305"（CK）高。

（2）总黄酮

引进的 20 个沙棘品种的鲜全果总黄酮平均为 0.036%，最大为 0.060%（编号"201301"），最小为 0.020%（编号"201310"）。与"201305"（CK）鲜全果总黄酮含量平均值（0.020%）相比，引进大果沙棘绝对值高了 0.016%。

引进的 20 个沙棘品种的干全果总黄酮平均为 0.178%，最大为 0.342%（编号"201319"），最小为 0.104%（编号"201310"）。与"201305"（CK）干全果总黄酮含量平均值（0.109%）相比，引进大果沙棘绝对值高了 0.068%。

（3）葡萄糖

引进的 20 个沙棘品种的鲜全果葡萄糖含量平均为 1 280.366 mg/100 g，最大为 1 961.542 mg/100 g（编号"201302"），最小为 252.698 mg/100 g（编号"201302"）。与"201305"（CK）鲜全果葡萄糖含量平均值（1 486.881 mg/100 g）相比，引进大果沙棘绝对值低了 206.515 mg/100 g。

表 3-136 额敏试点 2017 年引进沙棘干全果主要活性成分含量

品种编号	全果含油率/%	果肉含油率/%	籽含油率/%	总黄酮/%	β-胡萝卜素/(mg/100 g)	VE/(mg/100 g)	葡萄糖/(mg/100 g)	果糖/(mg/100 g)	苹果酸/(mg/100 g)	白雀木醇/(mg/100 g)
201301	26.9	28.4	21.9	0.28	13.5	303.1	7 711.4	1 848.7	1 245.1	784.1
201302	25.0	23.0	31.4	0.10	26.0	215.2	9 734.7	809.7	841.1	375.4
201303	14.1	14.2	13.6	0.16	33.9	319.9	3 030.2	1 604.8	425.9	487.9
201304	15.7	17.7	4.8	0.14	22.1	241.7	8 460.5	617.8	1 864.6	432.6
201307	14.2	15.3	10.4	0.12	39.3	313.0	7 683.6	1 651.2	2 103.8	583.7
201308	28.6	24.0	44.7	0.19	11.4	226.9	1 364.5	237.5	662.1	247.0
201309	10.1	9.8	11.4	0.11	16.9	250.0	8 623.2	2 266.5	1 546.2	528.9
201310	15.8	16.0	15.0	0.10	48.3	322.9	8 900.6	596.4	1 210.0	355.2
201311	25.6	24.2	30.2	0.18	25.1	197.2	9 146.6	728.6	761.8	392.9
201312	18.6	20.2	11.5	0.19	42.0	356.3	7 405.8	437.6	922.2	355.0
201313	30.2	31.4	26.6	0.20	37.7	205.6	2 788.3	1 086.2	340.5	337.5
201314	18.5	19.7	13.0	0.13	25.2	360.9	4 887.6	1 109.8	1 649.1	321.0
201315	34.1	35.2	30.4	0.14	20.3	107.3	3 605.0	1 589.0	356.0	349.5
201316	15.0	11.0	27.2	0.21	20.8	175.5	4 418.8	581.4	1 491.1	347.8
201317	16.3	16.6	14.7	0.16	22.6	329.2	3 972.5	1 161.7	1 249.7	307.8
201318	13.5	12.7	16.4	0.22	36.6	337.8	6 181.4	389.1	1 461.7	439.6
201319	14.7	13.5	21.2	0.34	30.3	237.3	11 104.0	1 413.6	769.6	556.4
201320	22.1	23.5	16.1	0.15	89.8	802.8	8 615.4	1 167.5	1 858.7	605.4
201321	16.6	16.1	18.9	0.14	23.8	330.9	6 420.6	1 619.3	1 336.3	380.3
201322	29.3	33.6	10.9	0.27	47.5	447.1	6 683.5	206.0	1 719.2	238.4
平均	20.2	20.3	19.5	0.18	31.6	304.0	6 536.9	1 056.1	1 190.7	421.3
201305（CK）	16.1	15.9	17.0	0.11	34.0	326.2	8 205.7	730.7	1 003.9	347.5
平均-CK	4.10	4.40	2.50	0.07	-2.4	-22.2	-1 668.8	325.4	186.8	73.8

引进的 20 个沙棘品种的干全果葡萄糖含量平均为 6 536.913 mg/100 g，最大为 11 103.966 mg/100 g（编号"201319"），最小为 1 364.460 mg/100 g（编号"201308"）。与"201305"（CK）干全果葡萄糖含量平均值（8 205.745 mg/100 g）相比，引进大果沙棘绝对值低了 1 668.832 mg/100 g。

（4）果糖

引进的 20 个沙棘品种的鲜全果果糖含量平均为 213.791 mg/100 g，最大为 420.291 mg/100 g（编号"201315"），最小为 40.397 mg/100 g（编号"201322"）。与"201305"（CK）鲜全果果糖含量平均值（132.403 mg/100 g）相比，引进大果沙棘绝对值高了 81.388 mg/100 g。

引进的 20 个沙棘品种的干全果果糖含量平均为 1 056.132 mg/100 g，最大为 2 266.496 mg/100 g（编号"201309"），最小为 206.003 mg/100 g（编号"201322"）。与"201305"（CK）干全果果糖含量平均值（730.700 mg/100 g）相比，引进大果沙棘绝对值高了 325.432 mg/100 g。

（5）苹果酸

引进的 20 个沙棘品种的鲜全果苹果酸含量平均为 232.888 mg/100 g，最大为 385.113 mg/100 g（编号"201320"），最小为 81.524 mg/100 g（编号"201313"）。与"201305"（CK）鲜全果苹果酸含量平均值（181.904 mg/100 g）相比，引进大果沙棘绝对值高了 50.984 mg/100 g。

引进的 20 个沙棘品种的干全果苹果酸含量平均为 1 190.728 mg/100 g，最大为 1 864.608 mg/100 g（编号"201304"），最小为 340.535 mg/100 g（编号"201313"）。与"201305"（CK）干全果苹果酸含量平均值（1 003.885 mg/100 g）相比，引进大果沙棘绝对值高了 186.842 mg/100 g。

（6）β-胡萝卜素

引进的 20 个沙棘品种的鲜全果β-胡萝卜素含量平均为 6.337 mg/100 g，最大为 18.597 mg/100 g（编号"201320"），最小为 2.104 mg/100 g（编号"201308"）。与"201305"（CK）鲜全果β-胡萝卜素含量平均值（6.164 mg/100 g）相比，引进大果沙棘绝对值高了 0.173 mg/100 g。

引进的 20 个沙棘品种的干全果β-胡萝卜素含量平均为 31.644 mg/100 g，最大为 89.754 mg/100 g（编号"201320"），最小为 11.361 mg/100 g（编号"201308"）。与"201305"（CK）干全果β-胡萝卜素含量平均值（34.018 mg/100 g）相比，引进大果沙棘绝对值低了 2.373 mg/100 g。

（7）VE

引进的 20 个沙棘品种的鲜全果 VE 含量平均为 60.495 mg/100 g，最大为 166.337 mg/100 g（编号"201320"），最小为 28.372 mg/100 g（编号"201315"）。与"201305"（CK）

鲜全果 VE 含量平均值（59.106 mg/100 g）相比，引进大果沙棘绝对值仅高了 1.389 mg/100 g。

引进的 20 个沙棘品种的干全果 VE 含量平均为 304.021 mg/100 g，最大为 802.785 mg/100 g（编号 "201320"），最小为 107.267 mg/100 g（编号 "201315"）。与 "201305"（CK）干全果 VE 含量平均值（326.192 mg/100 g）相比，引进大果沙棘绝对值低了 22.171 mg/100 g。

（二）综合分析

综合分析重点以 2017 年（种植第 4 年）取样测定的 6 类指标为主，同时用 2018 年取样测定的 VC 为辅进行。

1. 含油率

植物油是由不饱和脂肪酸和甘油结合而成的化合物，是从植物的果实、种子、胚芽中得到的油脂，其含量为含油率。油脂含量用索氏抽提法测定（图 3-130）。植物油的主要成分为直链高级脂肪酸和甘油生成的酯，脂肪酸除软脂酸、硬脂酸和油酸外，还含有多种不饱和酸，如芥酸、桐油酸、蓖麻油酸等。如前文所述，含油率包括鲜全果、干全果、鲜果肉、干果肉、鲜籽、干籽 6 个数据，可将 5 个试点同类数据放在一起进行对比。

图 3-130　索氏抽提器

鲜全果含油率：数据最高的 10 个品种，除 1 个为青海大通的外，其余均在黑龙江和新疆，分别是黑龙江绥棱的 "201312" "201314" "201318" "201321" "201322"，新疆额敏的 "201301" "201313" "201315" "201322" 和青海大通的 "201301"。

干全果含油率：数据最高的 10 个品种，除 1 个为青海大通的外，其余均在黑龙江和新疆，分别是黑龙江绥棱的 "201304" "201312" "201314" "201318" "201321"，新疆额敏的"201313""201315""201322",辽宁朝阳的"201308"和青海大通的"201301"。

鲜果肉含油率：数据最高的 10 个品种，除青海大通有 1 个外，其余均在黑龙江和新疆，分别是黑龙江绥棱的"201305"（CK）、"201308""201314""201318""201322"，新疆额敏的"201301""201313""201315""201322"和青海大通的"201301"。

干果肉含油率：数据最高的 10 个品种，除辽宁朝阳、甘肃庆阳、青海大通各有 1 个外，其余均在黑龙江和新疆，分别是黑龙江绥棱的"201303""201304""201308""201321"，新疆额敏的"201313""201315""201322"，辽宁朝阳的"201308"，甘肃庆阳的"201304"和青海大通的"201301"。

鲜籽含油率：数据最高的 10 个品种，除辽宁朝阳和青海大通各有 1 个外，其余均在黑龙江和新疆，分别是黑龙江绥棱的"201304""201314""201317""201319""201321"，新疆额敏的"201302""201308""201311"，辽宁朝阳的"201304"和青海大通的"201308"。

干籽含油率：数据最高的 10 个品种，除辽宁朝阳和青海大通各有 1 个外，其余均在黑龙江和新疆，分别是黑龙江绥棱的"201304""201312""201314""201319""201321"，新疆额敏的"201302""201308""201315"，辽宁朝阳的"201304"和青海大通的"201308"。

可见，含油率数据高的引进沙棘品种多位于黑龙江和新疆。不同产地的沙棘营养成分不单纯由品种决定，而更多的是品种与生态环境（气候、土壤等）共同作用的结果。

2. 总黄酮

总黄酮是指黄酮类化合物，是一大类天然产物，广泛存在于植物界，是许多中草药的有效成分。在自然界中最常见的是黄酮和黄酮醇，其他包括双氢黄（醇）、异黄酮、双黄酮、黄烷醇、查尔酮、橙酮、花色苷及新黄酮类等。黄酮价比黄金，具"天然生物反应调节剂"的美名。黄酮是沙棘果实最有价值的成分，许多保健品、药品多用其为主要原料进行开发。沙棘果肉黄酮是目前从沙棘原料中通过提取而获得的唯一一个成分清楚、作用机理比较明确的化合物产品。研究表明，沙棘果肉黄酮具有治疗心绞痛、舒张血管的作用，对于减低血脂、血液胆固醇含量等具有效果，已有多种治疗药物和保健品通过国家卫生医药部门的审批，如心达康片（国药准字 Z51020002）等。沙棘总黄酮用分光光度法测定（图 3-131），以芦丁为标准品绘制曲线，外标法定量。下面仅对参试沙棘全果按鲜、干的不同，分别列出所有各试点总黄酮含量位居前 10 的品种。

（1）鲜全果

5 个试点的鲜全果总黄酮含量位列前 10 位的品种包括：黑龙江绥棱的"201301""201317""201319"，青海大通的"201301""201305"（CK）"201308"，新疆额敏的"201301""201313""201319""201322"。还可以看出，位列前 10 位的沙棘品种中，3 个试点均有"201301"这个品种；2 个试点有"201319"这个品种。

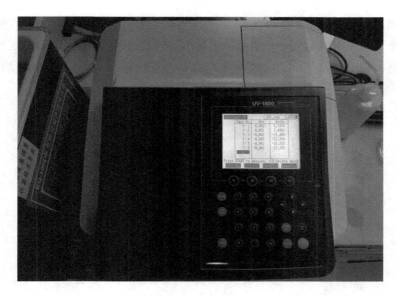

图 3-131　分光光度计

引进大果沙棘鲜全果总黄酮含量仍然以样品最多的黑龙江绥棱、新疆额敏的沙棘品种为多，不过，不同于沙棘含油率的是，青海大通取样 5 个，竟然有 3 个品种位列前 10位，而且"201308"这个品种的总黄酮含量为 5 个试点中所测的最大值，达 0.105%，这点值得引起注意。

从鲜全果总黄酮含量位列前 10 位的品种来看，"201305"（CK）仅在青海大通出现一次。

（2）干全果

5 个试点的干全果总黄酮含量位列前 10 位的品种包括：黑龙江绥棱的"201301""201317""201319"，辽宁朝阳的"201308""201309"，青海大通的"201301""201308"，新疆额敏的"201301""201319""201322"。与鲜全果总黄酮含量一样，位列前 10 位的沙棘品种所在的绥棱、大通、额敏 3 个试点均有"201301"这个品种（但朝阳试点未出现）；"201319"再次出现在 2 个试点。

引进沙棘干全果总黄酮含量位列前 10 位的试点仍然以样品最多的黑龙江绥棱、新疆额敏的沙棘品种出现最多，各有 3 个品种，不过辽宁朝阳、青海大通也各有 2 个品种。青海大通取样 5 个，有 2 个品种位列前 10 位，而且"201308"这个品种的总黄酮含量值依然是 5 个试点中最大的，达 0.554%。

从干全果总黄酮含量位列前 10 位的品种来看，没有出现"201305"（CK）。

3. 葡萄糖

葡萄糖是自然界分布最广且最为重要的一种单糖，它是一种多羟基醛，在生物学领域具有重要地位，是活细胞的能量来源和新陈代谢的中间产物，即生物的主要供能物质。植物可通过光合作用形成葡萄糖。葡萄糖主要用柱前衍生化-气相色谱法测定（图3-132）。下面仅对全果按鲜、干的不同，分别列出所有各点葡萄糖含量位居前10位的品种。

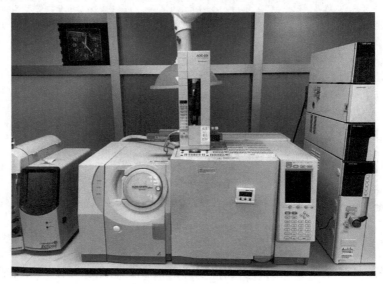

图3-132　气质联用仪

（1）鲜全果

5个试点的鲜全果葡萄糖含量位列前10位的除黑龙江绥棱的"201301""201321"这两个品种外，其余8个均为新疆额敏的品种（"201301""201302""201304""201309""201310""201311""201319""201320"）。可以发现，"201301"在2个试点均有出现。

引进大果沙棘鲜全果葡萄糖含量仍然以样品最多的黑龙江绥棱、新疆额敏的沙棘品种数为多，不过80%的品种来自新疆额敏。显然，这与新疆额敏日照时数高、日温差大相关。在新疆，高含糖量几乎是所有植物果实的共同特征。

从鲜全果葡萄糖含量位列前10位的品种来看，没有出现"201305"（CK）。

（2）干全果

5个试点的干全果葡萄糖含量位列前10位的除黑龙江绥棱的"201301""201307""201321"这3个品种和辽宁朝阳的"201307"外，其余6个均为新疆额敏的品种（"201302""201309""201310""201311""201319""201320"）。

引进大果沙棘干全果葡萄糖含量位列前10位的品种，仍然以样品最多的黑龙江绥棱、新疆额敏的沙棘品种数量为多，且60%的品种为新疆额敏，辽宁朝阳也有1个品种。原因已如前所述。

从干全果葡萄糖含量位列前10位的品种来看，没有出现"201305"（CK）。

4．果糖

果糖是一种单糖，是葡萄糖的同分异构体，它以游离状态大量存在于水果的浆汁和蜂蜜中，果糖还能与葡萄糖结合生成蔗糖，用柱前衍生化-气相色谱法测定。下面仅对全果按鲜、干的不同，分别列出所有各点果糖含量位列前 10 位的品种。

（1）鲜全果

5 个试点的鲜全果果糖含量位列前 10 位的除黑龙江绥棱的"201301""201307""201312"这 3 个品种外，还有辽宁朝阳的"201307"、青海大通的"201301"、新疆额敏的"201301""201303""201309""201315""201321"。可以发现，"201301"在 3 个试点有出现（仅青海试点没有）。

位列前 10 位的品种产地比较分散，除没有甘肃庆阳外，其余 4 个试点全有。引进大果沙棘鲜全果果糖含量仍然以日照时数高、日温差大的新疆额敏沙棘品种为多，占比为50%。黑龙江绥棱也有较多的品种。

从鲜全果果糖含量位列前 10 位的品种来看，没有出现"201305"（CK）。

（2）干全果

5 个试点的干全果果糖含量位列前 10 位的除黑龙江绥棱的"201301""201307""201308""201312"这 3 个品种外，还有辽宁朝阳的"201307""201309"和新疆额敏的"201301""201307""201309""201321"。可以发现，含量位列前 10 位的品种中，"201301""201307"在 3 个试点有出现（仅青海试点没有），"201309"在 2 个试点有出现。

引进大果沙棘干全果果糖含量位列前 10 位品种中，新疆额敏、黑龙江绥棱各有 4 个，辽宁 2 个，不像鲜全果那样，新疆能占到一半的比例。

从干全果果糖含量位列前 10 位的品种来看，没有出现"201305"（CK）。

5．苹果酸

苹果酸又名 2-羟基丁二酸，由于分子中有一个不对称碳原子，有 L-苹果酸、D-苹果酸和 DL-苹果酸 3 种异构体。天然存在的苹果酸都是 L 型的，几乎存在于一切果实中，以仁果类中最多。L-苹果酸口感接近天然苹果的酸味，与柠檬酸相比，具有酸度大、味道柔和、滞留时间长等特点，已广泛用于高档饮料、食品等行业，已成为继柠檬酸、乳酸之后用量排第 3 位的食品酸味剂。苹果酸与柠檬酸配合使用，可以模拟天然果实的酸味特征，使口感更自然、协调、丰满。苹果酸常与人工合成的二肽甜味剂阿斯巴甜（ASPARTME）配合使用，作为软饮料的风味固定剂添加。苹果酸用柱前衍生化-气相色谱法测定。下面仅对沙棘全果按鲜、干的不同，分别列出 5 个主点苹果酸含量位列前 10位的品种。

（1）鲜全果

5 个试点的鲜全果苹果酸含量位列前 10 位的品种包括黑龙江绥棱的"201309"

"201318"，辽宁朝阳的"201302"、"201304"、"201305"（CK）、"201307"、"201309"，甘肃庆阳的"201304"，青海大通的"201301""201308"。

位列前 10 位的品种产地比较分散，除没有新疆额敏外，其余 4 个试点全有。引进大果沙棘鲜全果苹果酸含量与葡萄糖完全相反，辽宁朝阳拥有一半的前 10 名次，而新疆额敏连一个沙棘品种也没有进入前 10 名。当然，这也是与新疆额敏日照时数高、日温差大相关。在新疆，高含糖、低酸度几乎是所有植物果实的共同特征。新疆试点既然含糖量前 10 位的品种多，苹果酸含量高的品种自然就少了。

从鲜全果苹果酸含量位列前 10 位的品种来看，来自辽宁朝阳的"201305"（CK）出现一次。

（2）干全果

5 个试点的干全果苹果酸含量位列前 10 位的品种包括黑龙江绥棱的"201309""201318"，辽宁朝阳的"201302"、"201304"、"201305"（CK）、"201307"、"201309"，甘肃庆阳的"201304"，青海大通的"201301""201308"。

位列前 10 位的品种产地比较分散，除没有新疆额敏外，其余 4 个试点全有。引进大果沙棘干全果苹果酸含量与鲜全果特征完全一致。

从干全果苹果酸含量位列前 10 位的品种来看，来自辽宁朝阳的"201305"（CK）出现一次。

6. β-胡萝卜素

β-胡萝卜素是一种橘黄色的脂溶性化合物，它是自然界中最普遍存在也是最稳定的天然色素，遇氧、热及光不稳定，在弱碱中较稳定。β-胡萝卜素是联合国粮农组织（FAO）和世界卫生组织（WHO）食品添加剂联合委员认可的无毒、安全、有营养的食品添加剂，被广泛应用于食品工业、饲料工业、医药及化妆品工业上。β-胡萝卜素用分光光度法测定。下面仅对全果按鲜、干的不同，分别列出所有各点 β-胡萝卜素含量位列前 10 位的品种。

（1）鲜全果

5 个试点的鲜全果 β-胡萝卜素含量位列前 10 位的品种包括黑龙江绥棱的"201312""201318""201321""201322"，辽宁朝阳的"201304"，甘肃庆阳的"201304"，新疆额敏的"201310""201313""201320""201322"。

引进大果沙棘鲜全果 β-胡萝卜素含量位列前 10 位的品种产地比较分散，除青海大通没有外，其余 4 个试点均有。"201304""201322"这两个品种均在 2 个试点出现。

从鲜全果 β-胡萝卜素含量位列前 10 位的品种来看，没有出现"201305"（CK）。

（2）干全果

5 个试点的干全果 β-胡萝卜素含量位列前 10 位的品种包括黑龙江绥棱的"201318"

"201321""201322"，辽宁朝阳的"201301""201304""201307"，甘肃庆阳的"201304"，新疆额敏的"201310""201320""201322"。

引进大果沙棘干全果β-胡萝卜素含量位列前 10 位的品种产地比较分散，除青海大通没有外，其余 4 个试点均有。"201304""201322"这两个品种均在 2 个试点出现。

从鲜全果β-胡萝卜素含量位列前 10 位的品种来看，没有出现"201305"（CK）。

7. VE

维生素 E 是一种脂溶性维生素，其水解产物为生育酚，是最主要的抗氧化剂之一。维生素 E 能溶于脂肪和乙醇等有机溶剂中，不溶于水，对热、酸稳定，对碱不稳定，对氧敏感，对热不敏感，但油炸时维生素 E 活性明显降低。生育酚可用于防治男性不育症、烧伤、冻伤、毛细血管出血、更年期综合征、美容等方面。近年来学者们还发现维生素 E 可预防近视眼的发生和发展。VE 用分光光度法测定。下面仅对沙棘全果按鲜、干的不同，分别列出所有各点 VE 含量位列前 10 位的品种。

（1）鲜全果

5 个试点的鲜全果 VE 含量位列前 10 位的品种包括黑龙江绥棱的"201304""201321""201322"，辽宁朝阳的"201304""201309"，青海大通的"201304"，新疆额敏的"201303""201314""201320""201322"。

引进大果沙棘鲜全果 VE 含量位列前 10 位的品种产地也比较分散，除没有甘肃庆阳外，其余 4 个试点均有。从品种来看，"201304"这个品种在黑龙江绥棱、辽宁朝阳、青海大通 3 个点的含量均比较高；"201322"这个品种在 2 个试点有出现。

从鲜全果 VE 含量位列前 10 位的品种来看，没有出现"201305"（CK）。

（2）干全果

5 个试点的干全果 VE 含量位列前 10 位的品种包括：黑龙江绥棱的"201303""201304""201321""201322"，辽宁朝阳的"201305"（CK）、"201308""201309"，青海大通的"201304"，新疆额敏的"201320""201322"。

引进大果沙棘干全果 VE 含量位列前 10 位的品种产地也比较分散，除没有甘肃庆阳外，其余 4 个试点均有。从品种来看，"201304""201322"这两个品种在 2 个试点有出现。

从干全果 VE 含量位列前 10 位的品种来看，来自辽宁朝阳的"201305"（CK）出现 1 次。

8. VC

维生素 C 的结构类似葡萄糖，是一种多羟基化合物，具有酸的性质，又称抗坏血酸，具有抗氧化、抗自由基、抑制酪氨酸酶的形成、参与胶原蛋白合成、维持免疫功能、保持血管的完整等作用，可用于解毒、预防缺铁性贫血和癌症等。以往的宣传中，沙棘以

"VC 之王"而被人们所熟识。但由于沙棘果实在运送过程中，常温状态下（20℃）贮存1～2 天就会损失 30%～40%，用常规手段从产地取样运送沙棘样品进而测定的 VC 值往往很小。因此，2018 年采用沙棘样品贮存在液氮罐的办法运送样品，继而用液相色谱法进行测定（图 3-133），才得以测到较为准确的 VC 数据，测定结果见表 3-137。

表 3-137　绥棱试点利用液氮罐取样测定的 VC 含量　　　　单位：mg/100 g

品种编号	鲜全果	鲜果肉	干全果	干果肉
201301	49.19	50.13	321.29	389.84
201303	227.38	230.02	1 514.86	1 776.19
201304	98.75	100.52	700.35	934.17
201307	106.20	107.65	814.39	1 024.33
201308	30.04	30.68	248.68	298.19
201309	20.67	20.90	165.36	206.96
201310	93.72	95.65	679.65	860.13
201311	73.44	74.58	493.22	626.14
201312	34.62	35.07	244.32	296.95
201313	146.66	148.69	1 007.28	1 238.08
201315	17.86	18.12	124.40	153.30
201316	140.64	143.28	1 050.31	1 367.21
201317	34.10	34.57	228.38	278.12
201318	96.59	97.96	656.63	799.05
201319	203.43	205.48	1 700.92	2 107.56
201320	122.18	125.43	931.25	1 185.51
201322	124.44	126.18	893.35	1 145.04
平均	95.29	96.76	692.63	863.93
201305（CK）	47.39	48.02	313.86	379.30
引进–CK	47.90	48.74	378.76	484.62

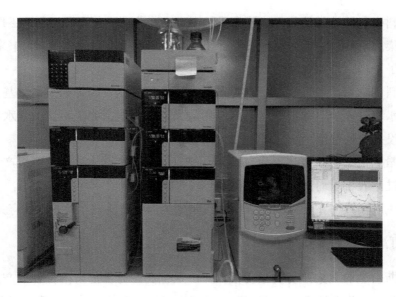

图 3-133　液相色谱仪

　　从表 3-137 可以看出，所测的黑龙江绥棱 17 个沙棘引进品种的鲜全果、鲜果肉、干全果、干果肉的 VC 平均值均大于"201305"（CK），分别高出 47.90 mg/100 g、48.74 mg/100 g、378.76 mg/100 g、484.62 mg/100 g。

　　鲜全果 VC 值大于 100 mg/100 g 的有 7 个品种："201303""201307""201313""201316""201319""201320""201322"（其中"201303""201319"两个品种大于 200 mg/100 g）。

　　干全果 VC 值大于 1 000 mg/100 g 的有 4 个品种："201303""201313""201316""201319"（其中"201303""201319"两个品种大于 1 500 mg/100 g）。

　　需要指出的是，由于受取样时果实成熟度、样品运送手段、样品放置方法与时间、分析方法等影响，沙棘果实营养成分测试结果均会造成数据波动。因此，所有数据应考虑多点多次的均值，才能更有价值。

五、果实营养物质产量

　　果实营养物质产量是一个全新的概念。这是建立在沙棘果实单产和营养成分含量基础上的一类指标，因此放在果实产量和果实品质这两部分之后阐述。果实营养物质产量的计算公式为

$$A_i = Y_i C_i \qquad\qquad (3\text{-}1)$$

式中：A_i 为果实第 i 种营养成分产量，kg/hm²；Y_i 为鲜果产量，kg/hm²；C_i 为第 i 种营养成分的湿基含量，%；i 指黄酮、油、维生素等营养成分类别。

文献资料上有关沙棘的营养成分常量的内容，常常看不出是干基含量还是湿基含量。不同产地采集的不同引进沙棘品种有鉴于此，一些重要的营养成分（详见书末附表），专门分别测定了干基含量和湿基含量。

每种材料的含量，按理讲就应该为干基含量才可对比，因为如果是湿基含量的话，必须说明含水率是多少，才能引用，这样用起来十分不便；如果不说明含水率，则这样的湿基含量没有任何价值。

湿基含量测定不可缺少，因为有了某一成分的湿基含量，再测定鲜果产量，就可以很方便地通过两者相乘而得到沙棘果实某一营养物质产量。

下面对生产实践中常用到的一些指标，计算其营养物质产量，并进行有关分析探讨。

（一）可溶性固形物产量

从俄罗斯引进的大果沙棘的果实很大，产量也高，计算出可溶性物质产量，提供给产、供、销各方，将会让各方心中有数，更好地指导沙棘的种植生产和开发利用。

绥棱试点于 2017 年、2018 年连续两年，对所有引进沙棘品种测定了可溶性固形物含量，见表 3-138。

表 3-138   绥棱试点 2017—2018 年引进沙棘品种可溶性固形物产量计算

品种编号	2017 年			2018 年		
	鲜果可溶性固形物含量/%	鲜果产量/（kg/亩）	可溶性固形物产量/（kg/亩）	鲜果可溶性固形物含量/%	鲜果产量/（kg/亩）	可溶性固形物产量/（kg/亩）
201301	9.9	588.300	58.418	10.4	351.500	36.673
201303	8.3	174.270	14.517	8.2	156.880	12.812
201304	8.3	179.820	14.979	6.3	450.660	28.542
201305（CK）	7.5	533.910	40.043	8.0	170.570	13.646
201307	10.2	385.170	39.172	8.8	718.170	63.438
201308	5.7	414.030	23.476	7.7	395.160	30.296
201309	8.3	682.650	56.865	8.0	300.440	24.035
201310	8.5	482.850	41.042	8.0	210.530	16.842
201311	8.2	336.330	27.478	8.7	123.210	10.678
201312	10.8	505.050	54.697	8.5	693.750	58.969
201313	6.2	481.740	29.723	7.5	293.040	21.978
201314	5.2	437.340	22.610	6.5	372.960	24.242
201315	8.5	828.060	70.385	8.5	650.090	55.258
201316	7.2	732.600	52.527	7.2	140.230	10.050
201317	7.5	732.600	54.945	6.2	207.200	12.777

品种编号	2017 年			2018 年		
	鲜果可溶性固形物含量/%	鲜果产量/(kg/亩)	可溶性固形物产量/(kg/亩)	鲜果可溶性固形物含量/%	鲜果产量/(kg/亩)	可溶性固形物产量/(kg/亩)
201318	9.2	371.850	34.099	7.8	307.100	24.056
201319	9.5	331.890	31.530	6.5	357.050	23.208
201320	8.2	806.970	65.929	7.8	698.560	54.721
201321	7.5	225.330	16.900	8.0	32.190	2.575
201322	5.8	399.600	23.297	7.2	132.830	9.519
平均	7.2	477.300	35.375	7.7	287.860	22.272

从表 3-138 可以很清楚地看到某个沙棘品种果实在这两年的可溶性固形物产量。这些值很重要，可以非常方便地让各方了解到所种植的某一品种、所购买的某一品种的果实原料中所含的固形物产量。

表 3-138 中显示出 2017 年各引进沙棘品种固形物产量平均值为 35.375 kg/亩，而 2018 年为 22.272 kg/亩，仅相当于 2017 年的 63%（不到 2/3）。两年间出现较大差异，含量发生变化是一个原因，主要还是果实产量造成的影响。

2017 年所产引进沙棘果实的固形物产量，按照数值最大的 10 个品种从大到小依次排列为：

"201315"（固形物产量 70.385 kg/亩）、"201320"（固形物产量 65.929 kg/亩）、"201301"（固形物产量 58.418 kg/亩）、"201309"（固形物产量 56.865 kg/亩）、"201317"（固形物产量 54.945 kg/亩）、"201312"（固形物产量 54.697 kg/亩）、"201316"（固形物产量 52.527 kg/亩）、"201310"（固形物产量 41.042 kg/亩）、"201305"（固形物产量 40.043 kg/亩）、"201307"（固形物产量 39.172 kg/亩）。

2018 年所产引进沙棘果实的固形物产量，按照数值最大的 10 个品种从大到小依次排列为：

"201307"（固形物产量 63.438 kg/亩）、"201312"（固形物产量 58.969 kg/亩）、"201315"（固形物产量 55.258 kg/亩）、"201320"（固形物产量 54.721 kg/亩）、"201301"（固形物产量 36.673 kg/亩）、"201308"（固形物产量 30.296 kg/亩）、"201304"（固形物产量 28.542 kg/亩）、"201314"（固形物产量 24.242 kg/亩）、"201318"（固形物产量 24.056 kg/亩）、"201309"（固形物产量 24.035 kg/亩）。

可以发现，两年间排列次序个别有较大的跳跃，如 2017 年排列第 10 位的"201307"这个品种，在 2018 年排列第 1 位；2017 年排列第 6 位的"201312"这个品种，在 2018 年排列第 2 位。2018 年排列 6~9 位的 4 个品种（"201308""201304""201314""201318"）都是新进入前 10 位的。2017 年排列第 4 位的"201309"这个品种，在 2018 年排列第 10

位。而"201317""201316""201310""201305"这 4 个 2017 年排列前 10 位的品种，2018年未进入前 10 名。

这只是 2 年的计算结果，相信随着时间的延伸，某一品种在某地的可溶性固形物含量会计算出更多的数值来，从而可确定其一个固定的范围来，就像数表一样提供各方运用。

（二）油产量

沙棘油是沙棘十分重要的一类产品。一谈沙棘，必然会谈起沙棘油来。目前国内保健品市场上的沙棘产品多数为果肉油、籽油产品。因此，对于引进沙棘，社会大众关注度更高的还是沙棘的含油率、出油量。在我国市场，沙棘油有果油（果肉油）、籽油（种子油）之分。而国际市场上如俄罗斯更多的是一个果实含有的全部的油即全果油，它既含有果肉油，又含有籽油。表 3-139、表 3-140、表 3-141 分列的是绥棱、朝阳、额敏 3个试点 2017 年不同品种全果油产量的计算表。

表 3-139　绥棱试点 2017 年引进沙棘品种全果油产量计算

品种编号	鲜全果含油率/%	鲜果产量/（kg/亩）	全果油产量/（kg/亩）
201301	2.9	588.300	17.002
201303	4.2	174.270	7.337
201304	5.4	179.820	9.728
201305（CK）	2.8	533.910	14.950
201307	1.6	385.170	6.278
201308	1.9	414.030	7.867
201309	3.9	682.650	26.282
201310	3.6	482.850	17.238
201311	3.7	336.330	12.310
201312	6.0	505.050	30.101
201313	4.3	481.740	20.618
201314	7.9	437.340	25.803
201315	2.5	828.060	20.950
201317	4.2	732.600	31.062
201318	5.5	371.850	20.452
201319	3.9	331.890	12.911
201320	1.9	806.970	15.494
201321	6.4	225.330	14.308
201322	5.7	399.600	22.777
平均	4.1	468.300	17.551

表 3-140　朝阳试点 2017 年引进沙棘品种全果油产量计算

品种编号	鲜全果含油率/%	鲜果产量/（kg/亩）	全果油产量/（kg/亩）
201301	1.5	200.048	2.961
201302	4.1	105.367	4.278
201303	3.1	17.463	0.547
201304	5.0	39.017	1.951
201305（CK）	4.1	39.197	1.623
201307	3.2	78.988	2.559
201308	3.8	229.913	8.714
201309	2.4	36.519	0.862
平均	5.0	93.314	2.937

表 3-141　额敏试点 2017 年引进沙棘品种全果油产量计算

品种编号	鲜全果含油率/%	鲜果产量/（kg/亩）	全果油产量/（kg/亩）
201301	5.9	657.120	38.704
201302	5.1	732.933	37.013
201303	3.2	35.964	1.151
201304	2.9	656.010	18.959
201305（CK）	2.9	683.538	19.891
201307	2.4	695.582	16.346
201308	5.3	357.420	18.943
201309	1.8	726.406	13.366
201310	3.0	36.630	1.088
201311	5.2	463.980	23.988
201312	3.4	964.590	32.989
201313	7.2	35.964	2.604
201314	3.8	111.444	4.201
201315	9.0	24.420	2.200
201316	3.2	385.836	12.308
201317	3.3	233.100	7.716
201318	2.7	346.764	9.397
201319	2.5	184.371	4.517
201320	4.6	294.372	13.512
201321	3.0	399.600	12.148
201322	5.8	415.140	23.871
平均	4.1	401.961	14.996

　　首先看这 3 个表最下面一行的统计值。绥棱试点参试沙棘各品种鲜全果平均含油率为 4.1%，朝阳试点为 5.0%，额敏试点为 4.1%；绥棱试点沙棘鲜果平均产量为 468.3 kg/亩，朝阳试点为 93.3 kg/亩，额敏试点为 402.0 kg/亩；绥棱试点全果油平均产量为 17.551 kg/亩，

朝阳试点为 2.937 kg/亩，额敏试点为 14.996 kg/亩。朝阳试点鲜全果含油率最高，但由于果实产量最低，全果油产量也最低；绥棱、额敏 2 个试点全果油产量位列前两位。

绥棱试点全果油产量名列前 10 位的品种分别是：

"201317"（全果油产量 31.062 kg/亩）、"201312"（全果油产量 30.101 kg/亩）、"201309"（全果油产量 26.282 kg/亩）、"201314"（全果油产量 25.803 kg/亩）、"201322"（全果油产量 22.777 kg/亩）、"201315"（全果油产量 20.950 kg/亩）、"201313"（全果油产量 20.618 kg/亩）、"201318"（全果油产量 20.452 kg/亩）、"201310"（全果油产量 17.238 kg/亩）、"201301"（全果油产量 17.002 kg/亩）。

绥棱试点引进沙棘品种间全果油产量相差比较大，例如，名列第 10 位的"201301"，其全果油产量为 17.002 kg/亩，只占名列第 1 位的"201317"全果油产量（31.062 kg/亩）的 55%。

朝阳试点就种植有 9 个引进沙棘品种，表中可以一目了然地看出品种间全果油产量的排序。全果油产量最高的为"201308"，其产量达 8.814 kg/亩，相当于朝阳引进沙棘 9 个品种平均值（2.937 kg/亩）的 3 倍。最小的"201303"这个品种，其全果油产量只有 0.537 kg/亩，只相当于"201308"的 6%。低的果实产量是造成这一悬殊差异的主要原因。

额敏试点全果油产量名列前 10 位的品种分别是：

"201301"（全果油产量 38.704 kg/亩）、"201302"（全果油产量 37.013 kg/亩）、"201312"（全果油产量 32.989 kg/亩）、"201311"（全果油产量 23.988 kg/亩）、"201322"（全果油产量 23.871 kg/亩）、"201305"（CK）（全果油产量 19.891 kg/亩）、"201304"（全果油产量 18.959 kg/亩）、"201308"（全果油产量 18.943 kg/亩）、"201307"（全果油产量 16.346 kg/亩）、"201320"（全果油产量 13.512 kg/亩）。

额敏试点引进沙棘品种间全果油产量相差比较大，例如，名列第 10 位的"201320"，其全果油产量为 13.512 kg/亩，只占名列第 1 位的"201301"全果油产量（38.704 kg/亩）的 35%。

全果油产量的计算十分便于人们了解某地某品种沙棘种植后能够具体生产全果油的数量，对于沙棘油厂等十分重要，是非常重要的采购依据。当然还可以计算出果肉油和籽油，限于篇幅，这里省略了有关计算。全果油产量等这些数据，也是用于规划设计等方面的重要参数。目前需要的是逐渐积累全果油产量数据，以备形成有关数表备用。

（三）总黄酮产量

多年来，沙棘油、沙棘黄酮是沙棘企业的主要卖点，从某种程度上来说，沙棘黄酮更是沙棘首屈一指的功能性成分，它不仅是许多保健品的主要原料，还是许多药品的重要组成部分。加之黄酮在国内外市场的价格极高，更使沙棘黄酮的身价不菲。表 3-142、表 3-143、表 3-144 分别是绥棱、朝阳、额敏 3 个试点 2017 年不同品种的总黄酮产量。

表 3-142　绥棱试点 2017 年引进沙棘品种总黄酮产量计算

品种编号	鲜全果总黄酮含量/%	鲜果产量/（kg/亩）	总黄酮产量/（kg/亩）
201301	0.053	588.300	0.312
201303	0.017	174.270	0.030
201304	0.023	179.820	0.041
201305（CK）	0.039	533.910	0.208
201307	0.032	385.170	0.123
201308	0.031	414.030	0.128
201309	0.021	682.650	0.143
201310	0.024	482.850	0.116
201311	0.034	336.330	0.114
201312	0.022	505.050	0.111
201313	0.003	481.740	0.014
201314	0.030	437.340	0.131
201315	0.030	828.060	0.248
201317	0.063	732.600	0.462
201318	0.032	371.850	0.119
201319	0.045	331.890	0.149
201320	0.031	806.970	0.250
201321	0.027	225.330	0.061
201322	0.013	399.600	0.052
平均	0.030	468.303	0.140

表 3-143　朝阳试点 2017 年引进沙棘品种总黄酮产量计算

品种编号	鲜全果总黄酮含量/%	鲜果产量/（kg/亩）	总黄酮产量/（kg/亩）
201301	0.014	200.048	0.028
201302	0.029	105.367	0.031
201303	0.007	17.463	0.001
201304	0.020	39.017	0.008
201305（CK）	0.036	39.197	0.014
201307	0.014	78.988	0.011
201308	0.036	229.913	0.083
201309	0.039	36.519	0.014
平均	0.039	93.314	0.036

表 3-144   额敏试点 2017 年引进沙棘品种总黄酮产量计算

品种编号	鲜全果总黄酮含量/%	鲜果产量/（kg/亩）	总黄酮产量/（kg/亩）
201301	0.060	657.120	0.396
201302	0.021	732.933	0.155
201303	0.037	35.964	0.013
201304	0.025	656.010	0.166
201305（CK）	0.020	683.538	0.136
201307	0.020	695.582	0.137
201308	0.034	357.420	0.123
201309	0.021	726.406	0.151
201310	0.020	36.630	0.007
201311	0.036	463.980	0.166
201312	0.035	964.590	0.340
201313	0.049	35.964	0.018
201314	0.027	111.444	0.030
201315	0.037	24.420	0.009
201316	0.044	385.836	0.171
201317	0.033	233.100	0.078
201318	0.045	346.764	0.155
201319	0.057	184.371	0.105
201320	0.031	294.372	0.092
201321	0.026	399.600	0.104
201322	0.053	415.140	0.219
平均	0.035	401.961	0.140

　　首先看这 3 个表最下面一行的统计值。绥棱试点引进沙棘各品种鲜果总黄酮平均含量为 0.030%，朝阳试点为 0.039%，额敏试点为 0.035%；绥棱试点沙棘鲜果平均产量为 468.303 kg/亩，朝阳试点为 93.314 kg/亩，额敏试点为 401.961 kg/亩；绥棱试点总黄酮平均产量为 0.140 kg/亩，朝阳试点为 0.036 kg/亩，额敏试点为 0.140 kg/亩。朝阳试点鲜果总黄酮含量最高，但由于果实产量最低，总黄酮产量也最低；额敏、绥棱 2 个试点的总黄酮产量恰好相同，并列第一。

绥棱试点总黄酮产量名列前 10 位品种分别是：

"201317"（总黄酮产量 0.462 kg/亩）、"201301"（总黄酮产量 0.312 kg/亩）、"201320"（总黄酮产量 0.250 kg/亩）、"201315"（总黄酮产量 0.248 kg/亩）、"201305"（总黄酮产量 0.208 kg/亩）、"201319"（总黄酮产量 0.149 kg/亩）、"201309"（总黄酮产量 0.143 kg/亩）、"201314"（总黄酮产量 0.131 kg/亩）、"201308"（总黄酮产量 0.128 kg/亩）、"201307"（总黄酮产量 0.123 kg/亩）。

绥棱试点引进沙棘品种间总黄酮产量相差比较大，例如，名列第 10 的"201314"，其总黄酮产量为 1.319 kg/亩，只占名列第 1 位的"201317"总黄酮产量（4.607 kg/亩）的 28.6%。

朝阳试点有 9 个引进品种，总黄酮产量最高的为"201308"，其产量达 0.083 kg/亩；最小的"201303"这个品种，其产量只有 0.001 kg/亩，只相当于"201308"的 1.6%。低的果实产量是造成这一悬殊差异的主要原因。

额敏试点总黄酮产量名列前 10 位的品种分别是：

"201301"（总黄酮产量 0.396 kg/亩）、"201312"（总黄酮产量 0.340 kg/亩）、"201322"（总黄酮产量 0.219 kg/亩）、"201316"（总黄酮产量 0.171 kg/亩）、"201304"（总黄酮产量 0.166 kg/亩）、"201311"（总黄酮产量 0.166 kg/亩）、"201318"（总黄酮产量 0.155 kg/亩）、"201302"（总黄酮产量 0.155 kg/亩）、"201309"（总黄酮产量 0.151 kg/亩）、"201307"（总黄酮产量 0.137 kg/亩）。

额敏试点引进沙棘品种间总黄酮产量差距也较大，例如，名列第 10 位的"201307"总黄酮产量为 0.137 kg/亩，只占名列第 1 位的"201301"总黄酮产量（0.396 kg/亩）的 34.6%。

总黄酮产量的计算，十分便于人们了解在某地某品种沙棘种植后能够具体生产总黄酮的数量，是沙棘保健品厂、药厂等非常重要的采购依据。总黄酮产量数据也同样是用于规划设计等方面的重要参数。目前需要逐渐积累分析样本，以便形成像数表一样的工具书，供有关方面查用。

其他诸如各种维生素、酚类等均可以计算，在此不再展开叙述了。这些概念和思路的提出，希望有助于科学推动沙棘营养成分的提取和开发。

第六节　不同区域引进沙棘产叶特征

叶片是所有植物进行光合作用、增加生物量的主要器官之一。沙棘叶片的大小、重量等参数不仅涉及其生产能力（图 3-134），而且对其综合开发利用至关重要。

朝阳试点

庆阳试点

图 3-134   在开展引进沙棘叶片参数测定

一、叶片诸参数

沙棘叶片的长宽尺寸和叶柄长，不仅在树冠的不同部位有差异，即使在同一枝条上也是有差异的。因此叶片的取样，基本上是在树冠中部选取枝条，并随机摘取外部枝条中部叶片用于测定，这样便于消除因取样部位不同所造成的系统误差。

（一）一些试点表现

叶片诸参数的测定，起初只在辽宁朝阳、甘肃庆阳、青海大通这 3 家开展，也是考虑到绥棱、额敏 2 个试点引进沙棘进入盛果期早，以果实研究为主，而以此 3 个试点特别是朝阳、庆阳重点对沙棘叶开展有关研究；2020 年又在所有试点统一标准，进行了一些指标的测定对比。

1. 辽宁朝阳

2018 年 7 月 12 日，朝阳试点对引进沙棘品种的叶片大小进行取样测定，结果见表 3-145。

表 3-145　朝阳试点参试沙棘品种 2018 年叶片尺寸测定

品种编号	叶长/cm	叶宽/cm	叶柄长/cm
201301	5.9	0.9	0.3
201302	7.9	0.9	0.3
201303	6.5	0.6	0.3
201304	6.5	0.8	0.3
201307	6.8	0.8	0.3
201308	6.5	0.8	0.4
201309	7.7	0.8	0.3
平均	6.8	0.8	0.3
201305（CK）	6.2	0.7	0.3

在朝阳试点，7 个引进大果沙棘品种的叶长平均值为 6.8 cm，叶宽平均值为 0.8 cm，叶柄长平均值为 0.3 cm；而对照"201305"（CK）的叶长为 6.2 cm，叶宽平均值为 0.7 cm，叶柄长平均值为 0.3 cm。从叶长、叶宽 2 个指标来看，均为引进沙棘略大于"201305"（CK），叶柄长两者相同。

2. 甘肃庆阳

2018 年 8 月中旬，庆阳试点对参试沙棘品种的叶片大小取样进行了测定，结果见表 3-146。

表 3-146　庆阳试点参试沙棘品种 2018 年叶片尺寸测定

品种编号	叶长/cm	叶宽/cm	叶柄长/cm
201301	5.5	1.0	0.2
201302	8.3	1.3	0.3
201303	6.8	0.8	0.2
201304	7.3	1.0	0.3
201306	8.3	1.3	0.4
201307	6.7	0.8	0.3
201308	7.7	0.9	0.3
201309	6.9	0.6	0.2
201310	6.1	1.0	0.3
201311	7.0	1.0	0.4
201312	7.3	1.0	0.3
201320	8.0	1.1	0.3
平均	7.1	1.0	0.3
201305（CK）	6.9	0.7	0.3
中国沙棘（雄）	5.5	0.9	0.2
中国沙棘（雌）	5.1	0.7	0.2

在庆阳试点，12 个引进大果沙棘品种的叶长平均值为 7.1 cm，叶宽平均值为 1.0 cm，叶柄长平均值为 0.3 cm；叶长、叶宽 2 个指标均高于对照"201305"（CK）的叶长（6.9 cm）、叶宽（0.7 cm），叶柄长同为 0.3 cm；也较 2 个当地中国沙棘（雌、雄株）叶长平均值（5.3 cm）、叶宽平均值（0.8 cm）、叶柄长平均值（0.2 cm）大。

3. 青海大通

2016 年大通试点对参试引进大果沙棘品种（CK）和当地 3 种沙棘属植物（中国沙棘、肋果沙棘、西藏沙棘），取样测定了叶长、叶宽（表 3-147），每种重复 3 次。

表 3-147　大通试点参试沙棘品种 2016 年叶片尺寸测定

品种编号	叶长/cm	叶宽/cm
201301	6.5	0.9
201302	4.9	0.8
201303	6.2	0.9
201304	6.2	1.0
201306	7.3	1.3
201307	5.7	0.8
201308	6.5	0.9
201309	6.2	0.7
201310	6.4	0.8
201311	5.1	0.6
201312	7.2	0.9
201313	6.0	0.7
201317	5.5	0.6
201318	5.7	0.8
201321	4.5	0.7
平均	6.0	0.8
201305（CK）	6.2	0.8
中国沙棘	5.5	0.8
肋果沙棘	2.6	0.4
西藏沙棘	1.8	0.4

在大通试点，15 个引进大果沙棘品种的叶长平均值为 6.0 cm，叶宽平均值为 0.8 cm；而对照"201305"（CK）的叶长为 6.2 cm，稍长于引进品种，叶宽为 0.8 cm，与引进品种相同。当地中国沙棘的叶长为 5.5 cm，叶宽为 0.8 cm；肋果沙棘的叶长为 2.6 cm，叶宽

为 0.4 cm；西藏沙棘的叶长为 1.8 cm，叶宽为 0.4 cm。引进大果沙棘的叶长比中国沙棘稍大，叶宽与中国沙棘相同，但叶长、叶宽却明显高于当地另外两种野生沙棘——肋果沙棘和西藏沙棘。

（二）综合评价

朝阳试点引进的 7 个大果沙棘品种叶长平均为 6.8 cm，叶宽平均为 0.8 cm，叶柄长平均为 0.3 cm。而对照"201305"（CK）的叶长为 6.2 cm，叶宽为 0.7 cm，叶柄长为 0.3 cm。引进沙棘叶片尺寸不低于对照"201305"（CK）。

庆阳试点引进的 12 个大果沙棘品种叶长平均为 7.1 cm，叶宽平均为 1.0 cm，叶柄长平均为 0.3 cm。对照"201305"（CK）的叶长为 6.9 cm，叶宽为 0.7 cm，叶柄长为 0.3 cm；当地中国沙棘（雌、雄株）的叶长平均为 5.3 cm，叶宽平均为 0.8 cm，叶柄长平均为 0.2 cm。引进沙棘叶片尺寸大于"201305"（CK）以及当地中国沙棘。

大通试点引进的 15 个大果沙棘品种叶长平均为 6.0 cm，叶宽平均为 0.8 cm；"201305"（CK）叶长为 6.2 cm，叶宽为 0.8 cm。当地中国沙棘叶长为 5.5 cm，叶宽为 0.8 cm；肋果沙棘叶长为 2.6 cm，叶宽为 0.4 cm；西藏沙棘叶长为 1.8 cm，叶宽为 0.4 cm。引进沙棘的叶长小于"201305"（CK），叶宽与其相同；引进沙棘（含对照"201305"）叶片尺寸均大于当地中国沙棘、肋果沙棘和西藏沙棘。

由于引进沙棘的品种数不同，3 个主点间的叶片尺寸也不尽相同。大体来看，庆阳试点尺寸最大，朝阳试点次之，大通最小。但作为对照的"201305"（CK）这个品种，庆阳试点与朝阳试点相比叶长大了 0.2 cm，叶宽、叶柄长相同（都是 2018 年测定值）；从青海试点 2016 年测定值来看，"201305"（CK）叶长与朝阳相同，小于庆阳，但叶宽却较另 2 个试点大了 0.1 cm。

总体来看，3 个试点引进沙棘（包括对照"201305"）的叶片尺寸都较大，远高于当地乡土树种——中国沙棘（大通试点还有肋果沙棘和西藏沙棘），从一个角度说明了其较大的光合能力和高生产性能，以及潜在的较好的开发利用价值。

2020 年 6 月，3 个试点对早期（2014 年）定植林分的沙棘叶形等参数做了测定，详见表 3-148。

按《植物新品种特异性、一致性和稳定性测试指南　沙棘》（LY/T 2287—2014）的规定，沙棘叶形分为"条形""窄披针形""披针形""宽披针形"4 类；叶尖分为"渐尖""钝形"2 类。从表 3-148 可以看出，引进沙棘叶形基本上为"披针形"或"条形"。叶尖情况不尽相同，同一品种在有些试点为"渐尖"，有些试点为"钝形"，试点之间完全相同的仅有 8 个品种。

表 3-148　部分主点参试沙棘生长第 7 年树体叶形与叶尖

品种编号	叶形			叶尖		
	绥棱	庆阳	额敏	绥棱	庆阳	额敏
201301	宽披针形	披针形	条形	渐尖	钝形	钝形
201302	—	条形	条形	—	钝形	钝形
201303	条形	披针形	窄披针形	渐尖	渐尖	渐尖
201304	条形	窄披针形	条形	渐尖	钝形	钝形
201305（CK）	披针形	条形	条形	钝形	钝形	钝形
291306	宽披针形	条形	条形	钝形	钝形	钝形
201307	条形	窄披针形	条形	钝形	渐尖	钝形
201308	窄披针形	条形	条形	渐尖	钝形	钝形
201309	条形	条形	条形	渐尖	渐尖	钝形
201310	窄披针形	披针形	条形	渐尖	钝形	钝形
201311	窄披针形	条形	披针形	渐尖	钝形	钝形
201312	窄披针形	—	条形	钝形		钝形
201313	宽披针形	—	条形	渐尖		钝形
201314	宽披针形	—	条形	钝形		钝形
201315	条形	—	条形	渐尖		钝形
201316	披针形	—	条形	渐尖		钝形
201317	—	—	条形	—		钝形
201318	条形	—	条形	钝形		钝形
201319	窄披针形	—	条形	渐尖		钝形
201320	窄披针形	—	条形	渐尖		钝形
201321	宽披针形	—	条形	钝形		钝形
201322	宽披针形	—	条型	渐尖		钝形

二、叶产量

相对于沙棘果实产量有大小年或采摘与否所造成的年度间果实产量变化，叶产量在不同年度间一般是较为稳定的。考虑到雌株叶产量是其果实产量的重要保障，利用率不宜过高；而雄株叶产量则是可以重点收获、进行开发利用的重要资源。

（一）一些试点表现

前文已经说过，朝阳试点种植的引进大果沙棘树体高大、长势好，而庆阳试点正好相反，由于种植地块受盐碱影响，不得不于种植第 3 年进行部分移栽，影响了树体长势。下面是对这 2 个沙棘营养生长居于两端的试点所进行的叶产量测试对比。

1. 辽宁朝阳

朝阳试点于 2018 夏季选择 2 种雄株（"201306""杂雄优 1 号"）、2 种雌株（"201301"

"杂雌优 54 号"），取样测定了叶产量，见表 3-149。

表 3-149　朝阳试点沙棘品种 2018 年叶产量测定

品种编号	单株叶片鲜重/g	单株叶片干重/g	鲜叶产量/（kg/亩）	干叶产量/（kg/亩）	备注
201301	1 894.80	742.80	631.0	247.4	2014 年定植株
201306	992.55	400.92	330.5	133.5	2017 年萌蘖株
杂雌优 54 号	1 128.40	421.80	375.8	140.5	2014 年定植株
杂雄优 1 号	5 628.90	1 943.70	1 874.4	647.3	2014 年定植株

注：测产日期为 2018 年 7 月 1 日。

从表 3-149 可以看出，"杂雄优 1 号"叶产量最高，干叶产量达 647.3 kg/亩。引进品种中"201301"（雌株）次之，干叶产量达 247.4 kg/亩；"201306"（雄株）虽然为 2017 年的萌蘖株，但叶产量已经接近 2014 年定植的"杂雌优 54 号"，虽然林龄差了 3 年。2014 年同一年定植的沙棘，"杂雄优 1 号"较"201301"叶产量高 1.6 倍，较"杂雌优 54 号"叶产量高 3.6 倍。

可见，就叶产量而言，杂交品种高于引进品种，雄株产量高于雌株产量。考虑到雌株要通过叶片光合作用保证全年果实产量，而雄株在早春完成授粉后，其叶片可采比例还是很大的。这也为采收雄株叶片、开展有关开发利用提供了生物量方面的重要依据。

2. 甘肃庆阳

庆阳试点与朝阳试点同步，于 2018 夏季选择 3 种雄株（"201306""杂雄优 1 号""中国沙棘"）、2 种雌株（"201302""杂雌优 1 号"），其中"杂雄优 1 号"又分为 2014 年、2017 年两个年份定植（林龄差了 3 年），取样测定了叶产量，见表 3-150。

表 3-150　庆阳试点部分沙棘品种 2018 年叶产量测定

品种编号	单株叶片鲜重/g	单株叶片干重/g	鲜叶产量/（kg/亩）	干叶产量/（kg/亩）	备注
201302	680.11	219.58	226.48	73.12	2014 年定植株
201306	624.92	196.45	208.10	65.42	2014 年定植株
杂雄优 1 号	2 296.15	754.70	764.62	251.32	2014 年定植株
杂雄优 1 号	1 678.60	567.07	558.97	188.83	2014 年定植株
杂雄优 1 号	2 099.24	741.88	699.05	247.05	2017 年定植株
中国沙棘（雄株）	2 296.15	754.70	764.62	251.32	2014 年定植株

注：测产日期为 2018 年 7 月 3 日。

从表 3-150 可以看出，3 个杂交沙棘的干叶产量平均值为 229.07 kg/亩，与当地中国沙棘的干叶产量 251.32 kg/亩较为接近，两类均明显高于引进大果沙棘（1 雌株 1 雄株）的平均干叶产量（69.27 kg/亩）。杂交沙棘为引进沙棘品种干叶产量的 3.6 倍，中国沙棘为引进沙棘品种干叶产量的 3.3 倍。引进的两个沙棘品种，一雌一雄，产量相差不大，甚至雌株略高于雄株。如前所述，盐碱地的影响、树体再次挪动等都对庆阳试点引进沙棘生长造成比较严重的影响。

（二）综合评价

朝阳试点 2 个引进大果沙棘品种（"201301""201306"）的干叶平均产量为 190.5 kg/亩，较庆阳试点 2 个引进品种（"201302""201306"）干叶产量（69.3 kg/亩）高 1.8 倍（2 个试点均为 2014 年定植）。

同样于 2014 年同一时间定植的"杂雄优 1 号"，朝阳试点干叶产量为 647.3 kg/亩，而庆阳试点为 188.3 kg/亩，朝阳试点较庆阳试点整整高出 2.4 倍。

相对于庆阳试点，朝阳试点沙棘叶产量明显较高。原因在于，相对于其他 4 个试点，朝阳试点对于定植参试沙棘采条很少，基本上保证定植园未受人为干扰，可能这是朝阳试点叶产量较高的主要原因所在；另外，庆阳试点由于前述盐碱、挪移等的剧烈扰动，加之每年采条育苗，使定植株生物量基本上维持在一定的冠幅以内，也是造成叶产量相对朝阳试点较小的重要原因。

2020 年 6 月，3 个试点对早期（2014 年）定植林分的沙棘鲜叶产量做了测定，见表 3-151。

表 3-151　部分主点参试沙棘 7 年树体鲜叶产量

品种编号	朝阳试点鲜叶产量/（kg/亩）	庆阳试点鲜叶产量/（kg/亩）	额敏试点鲜叶产量/（kg/亩）	各试点平均鲜叶产量/（kg/亩）
201301	210.3	88.8	173.2	157.4
201302	33.3	75.5	144.3	84.4
201303	84.9	72.2	189.8	115.6
201304	89.9	94.4	168.7	117.7
201305（CK）	144.9	77.7	156.5	126.4
201306	110.2	69.9	258.6	146.2
201307	239.8	82.1	283.1	201.7
201308	209.8	87.7	250.9	182.8
201309	134.1	77.7	155.4	122.4
201310	—	76.6	154.3	115.4
201311	—	74.4	116.6	95.5
201312	—	—	238.7	238.7

品种编号	朝阳试点鲜叶产量/（kg/亩）	庆阳试点鲜叶产量/（kg/亩）	额敏试点鲜叶产量/（kg/亩）	各试点平均鲜叶产量/（kg/亩）
201313	—	—	138.8	138.8
201314	—	—	205.4	205.4
201315	—	—	122.1	122.1
201316	—	—	283.1	283.1
201317	—	—	116.6	116.6
201318	—	—	172.1	172.1
201319	—	—	222.0	222.0
201320	—	—	177.6	177.6
201321	—	—	161.0	161.0
201322	—	—	166.5	166.5
平均	139.7	79.7	184.3	157.7

从表 3-151 数值来看，3 个主点中额敏试点鲜叶产量最高，达 184.3 kg/亩；朝阳试点次之，为 139.7 kg/亩，占额敏试点的 75.8%；庆阳试点较低，仅 79.7 kg/亩，占额敏试点的 43.3%。庆阳试点鲜叶产量最低的原因前面已经分析过，盐碱化的立地条件、多次移栽等都造成树体生长较弱，叶产量自然也不会高。而额敏试点树体生长最好，与果实产量一样，叶产量也在诸试点中名列第一。

不同参试品种之间也不尽相同。由于品种数量不同，取 3 个试点间的平均值无任何价值，故只在品种多的额敏试点间进行对比。额敏试点鲜叶产量在 200 kg/亩以上的品种有"201307""201316""201306""201308""201312""201319""201314"，不过即使鲜叶产量最低的几个品种，其产量也达 116.6 kg/亩以上，叶产量不低。

三、叶品质

以往沙棘开发的主要器官为果实，对叶子一般弃而不用。后来受银杏叶黄酮开发利用的启发，一些科技工作者对沙棘保健茶进行了探索开发，占有了一定的市场。事实上，沙棘叶含有的生物活性成分较多，需要对其进行系统分析，据以开展综合开发利用。

沙棘叶取样地主要位于辽宁朝阳试点和甘肃庆阳试点。

前面有关章节已经分析得出，朝阳试点树高快速增长期为 5 月中旬至 9 月中旬，意味着这段时间也是发枝散叶的主要时期。因此，课题组将沙棘叶取样时间定在 2018 年 5 月下旬至 9 月上旬，共取样 6 次，其中 8 月取了 2 次。虽然庆阳试点树高快速增长期为 6—8 月，不过为了更好地掌握整个生长期的叶生长节律，沙棘叶取样时间也定在 2018 年 5 月下旬至 9 月上旬，共取样 7 次，取样间隔时间比较均匀，其中 6 月、8 月各取了 2 次。

取样后即按照有关规范要求，进行一些营养成分的测定分析，包括与药食和饲用两个方面相关的主要成分分析。

（一）沙棘叶中与药食有关的主要成分

沙棘黄酮是十分重要的一种物质，事实上类似物质还有一些，只是以往在此方面做的工作不多。这次课题组结合大果沙棘引进试验，通过对部分品种的叶取样分析，查明沙棘叶中与药用、食用（如茶叶）有关的主要成分，以为沙棘叶加工利用提供坚实基础。

1. 总黄酮

前面有关沙棘果实分析部分已经详细介绍了黄酮。事实上，沙棘中的黄酮不仅存在于果实，而且在叶中含量更大。沙棘叶黄酮的研究还处于起步阶段，下面是对沙棘叶总黄酮所做的分析和探讨。测定方法与果实相同，为分光光度法，以芦丁为标准品绘制曲线，外标法定量。

（1）朝阳试点

朝阳试点干叶总黄酮 2018 年的取样测定结果见表 3-152。

表 3-152　朝阳试点 2018 年部分沙棘品种干叶总黄酮测定结果　　单位：%

品种编号	5 月下旬	6 月下旬	7 月中旬	8 月上旬	8 月下旬	9 月上旬	平均
201301	2.86	2.14	2.56	1.23	0.90	0.70	1.73
201303	2.75	3.25	3.57	1.65	1.38	1.27	2.31
201305（CK）	2.91	2.66	2.67	1.35	1.83	1.20	2.10
201306	2.71	3.54	3.04	1.21	0.93	1.78	2.20
中国沙棘（雌株）	2.91	2.80	2.84	2.05	1.63	1.85	2.35
中国沙棘（雄株）	2.54	2.81	2.75	1.27	1.21	1.18	1.96
平均	2.78	2.86	2.91	1.46	1.31	1.33	2.11

朝阳试点 5—9 月的 6 次干叶总黄酮测定结果总体平均值为 2.11%，从单个品种来看，"201301"、中国沙棘（雄株）小于平均值，其余 4 种均高于平均值。干叶总黄酮由高到低的排序为：中国沙棘（雌株）、"201303""201306""201305"（CK）、中国沙棘（雄株）、"201301"。

上面是朝阳试点品种之间的对比，几乎无显著差异。再来看月度之间的节律变化，干叶总黄酮也基本上在 2.11%上下波动，以 7 月中旬值最高，出现一个不太明显的极值，分别向前后慢慢递减。向前来看，从 7 月中旬的 2.91%，递减到 6 月下旬的 2.86%，再到 5 月下旬的 2.78%；向后来看，从 7 月中旬的 2.91%，递减到 8 月上旬的 1.46%，再递减到 8 月下旬的 1.31%，再略有反弹到 9 月上旬的 1.33%。以 7 月中旬为界，之前叶总黄酮含量高，之后较低。

前面有关引进沙棘果实的分析中，已知"201301"、"201303"、"201305"（CK）的干全果总黄酮含量分别为 0.10%、0.05%、0.22%，与干叶总黄酮平均含量 1.73%、2.31%、2.10% 相比差距甚大。由此可知，就黄酮含量而言，沙棘干叶远高于干全果，为围绕叶的有关研发提供了重要依据。

（2）庆阳试点

庆阳试点干叶总黄酮 2018 年取样测定结果见表 3-153。

表 3-153　庆阳试点 2018 年部分沙棘品种干叶总黄酮测定结果　　　　单位：%

品种编号	5 月下旬	6 月中旬	6 月下旬	7 月中旬	8 月上旬	8 月下旬	9 月上旬	平均
201301	3.41	2.51	2.60	2.39	1.33	1.40		2.27
201302	3.28	2.22	2.24	1.74	1.38	1.43	2.07	2.05
201303	3.85	2.73	2.43	2.93	1.69	1.61	1.81	2.44
201306	2.70	2.36	2.36	2.29	1.43	1.72		2.14
中国沙棘（雌株）	2.83	1.89	2.84	2.43	2.29	1.06	2.07	2.20
中国沙棘（雄株）	2.29	2.31	1.92	2.67	2.16	2.35	1.81	2.22
平均	3.06	2.34	2.40	2.41	1.71	1.59	1.94	2.21

庆阳试点不同沙棘品种干叶总黄酮的测定值较为接近，以总体平均值 2.21% 来衡量，中国沙棘雌、雄株正好介于平均值上下，而 4 种引进沙棘中，"201302""201306" 这两种小于平均值，"201301" 和 "201303" 这 2 个品种大于平均值。干叶总黄酮由高到低的排序为："201303"、"201301"、中国沙棘（雄株）、中国沙棘（雌株）、"201306"、"201302"。

从月度间的干叶总黄酮平均值来看，7 月中旬达 2.41%，6 月下旬为 2.40%，这两个点十分接近，形成一个高峰。向前来看，6 月中旬为 2.34%，5 月下旬为 3.06%，达到最高值；向后来看，8 月上旬、下旬分别为 1.71%、1.59%，至 9 月上旬又有反弹，升至 1.94%。以 7 月中旬为界，之前总黄酮含量高，之后较低。

"201301""201302""201303" 的干叶总黄酮含量分别为 2.27%、2.05%、2.44%，这 3 种果实因当年没有取得样品测总黄酮，而只有 "201304"、"201305"（CK）两个品种测得干全果总黄酮含量分别为 0.142% 和 0.201%，可以借鉴。与朝阳试点相同，庆阳试点的干叶总黄酮依然远远高于干全果总黄酮含量。

（3）综合分析

朝阳试点、庆阳试点叶取样测定的品种基本类型相差不大，都为 6 个品种，包括 4 个引进品种和 1 雌 1 雄 2 个中国沙棘，2 个试点干叶总黄酮平均值分别为 2.11% 和 2.21%，朝阳试点较庆阳试点低 0.1 个百分点，可见两试点间参试沙棘测定的叶总黄酮平均值十分接近。

再来看 2 个试点间相同品种的比较。"201301" 这个品种的干叶总黄酮含量中，朝阳试点为 1.73%，较庆阳试点（2.27%）低 0.54 个百分点；"201303"的干叶总黄酮含量中，朝阳试点为 2.31%，较庆阳试点（2.44%）低 0.13 个百分点；"201306"的干叶总黄酮含量中，朝阳试点为 2.20%，较庆阳试点（2.14%）大了 0.06 个百分点。可见，除"201301"在 2 个试点间总黄酮含量相差较大外，其余相同品种之间相差不大。

总黄酮含量是用沙棘叶制作茶叶或生产保健品的重要指标，朝阳、庆阳 2 个试点的测定结果均表明，2 个试点干叶总黄酮含量以 7 月中旬为界，之前总黄酮含量高，之后明显较低。因此，从 5 月下旬至 7 月中旬的这段时间更适合采叶和开展以黄酮为主要成分的保健品生产。

2. 总多酚

酚类是由一个 6 碳（芳香环或轮状环）组成的化合物，这个单一的六碳链结核使它们具有强大的电子输送能力。自然界中存在的酚类化合物大部分是植物生命活动的结果。当人类摄入多酚后，多酚就变成巨大的自由基清除剂，使机体受益。多酚类化合物通过和金属形成螯合物，有助于人体排出吸入的金属物质，从而达到解毒的目的。下面是对沙棘叶多酚所做的初步探讨。测试方法为分光光度法，以没食子酸为标准品绘制曲线，外标法定量。

（1）朝阳试点

朝阳试点干叶总多酚 2018 年取样测定结果见表 3-154。

表 3-154　朝阳试点 2018 年部分沙棘品种干叶总多酚测定结果　　　　单位：%

品种编号	5 月下旬	6 月下旬	7 月中旬	8 月上旬	8 月下旬	9 月上旬	平均
201301	2.00	1.98	1.95	1.43	0.98	0.68	1.50
201303	1.98	1.98	1.90	1.49	1.47	1.38	1.70
201305（CK）	1.99	1.94	1.98	1.44	1.45	1.42	1.70
201306	2.01	1.98	1.97	1.40	1.14	1.46	1.66
中国沙棘（雌株）	2.08	1.98	1.92	1.50	1.46	1.51	1.74
中国沙棘（雄株）	2.03	1.99	1.95	1.44	1.37	1.35	1.69
平均	2.01	1.97	1.95	1.45	1.31	1.30	1.67

与干叶总黄酮的测定结果较为相似，朝阳试点 6 个品种（种）5—9 月 6 次干叶总多酚测定结果的平均值也较为接近，总体平均值为 1.67%，各品种（种）之间差异不明显。按干叶总黄酮由高至低排序为：中国沙棘（雌株）、"201303"、"201305"（CK）、中国沙棘（雄株）、"201306"、"201301"。

5—9 月的 6 个时间点，每个时间点用 6 个品种（种）的干叶总多酚取平均值基本上在 1.67%上下波动，以 5 月下旬为最高值（2.01%），然后随着时间向前延伸，逐渐递减至 9 月上旬的 1.30%。

（2）庆阳试点

庆阳试点干叶总多酚 2018 年取样测定结果见表 3-155。

表 3-155　庆阳试点 2018 年部分沙棘品种干叶总多酚测定结果　　单位：%

品种编号	5 月下旬	6 月中旬	6 月下旬	7 月中旬	8 月上旬	8 月下旬	9 月上旬	平均
201301	1.59	1.37	2.08	2.03	1.24	1.19	—	1.58
201302	1.63	1.40	2.04	2.01	1.38	1.30	1.32	1.58
201303	1.72	1.22	2.09	2.06	1.37	1.29	1.29	1.58
201306	1.74	1.64	2.11	2.07	1.39	1.36	—	1.72
中国沙棘（雌株）	1.72	1.61	2.08	2.00	1.42	0.69	1.42	1.56
中国沙棘（雄株）	1.55	1.72	2.10	2.04	1.40	1.41	1.34	1.65
平均	1.66	1.49	2.08	2.04	1.37	1.20	1.34	1.60

注：表中"—"表示叶子已落、没采到样品。

在庆阳试点，引进沙棘 4 个品种和 1 雌 1 雄 2 个中国沙棘的干叶总多酚平均含量比朝阳试点稍低一点（低 0.07 个百分点）。以总体平均值 1.60% 来衡量，4 个品种（种）稍低，2 个品种（种）稍高，品种间相差不是太大。"201301""201302""201303"的总多酚测定平均值完全相同，都为 1.58%。

从月度间以 6 个品种（种）取得的干叶总多酚平均值来看，6 月下旬达最高值（2.08%），为一个比较明显的极值点。前面的 6 月中旬为 1.49%，5 月下旬为 1.66%；后面的 7 月中旬为 2.04%，8 月上旬、8 月下旬为 1.37%、1.20%，9 月上旬为 1.34%，其中 6 月下旬至 7 月中旬形成一个高峰期。

（3）综合分析

朝阳试点、庆阳试点叶取样测定的品种基本类型差不多，都为 6 个品种，包括 4 个引进品种和 1 雌 1 雄 2 个中国沙棘，2 个试点干叶总多酚平均值分别为 1.67% 和 1.60%，朝阳试点较庆阳试点只高 0.07 个百分点。

两试点相同品种间对比，"201301"这个品种的干叶总多酚含量，朝阳试点为 1.50%，较庆阳试点（1.58%）稍低 0.08 个百分点；"201303"的干叶总多酚含量，朝阳试点为 1.70%，较庆阳试点（1.58%）高出 0.12 个百分点；"201306"的干叶总多酚含量，朝阳试点为 1.66%，较庆阳试点（1.72%）仅低 0.06 个百分点。可见，相同引进品种的干叶总多酚含量在 2 个试点间相差很小。

总多酚是用沙棘叶制作茶叶的重要指标，2 个试点的测定结果表明，朝阳试点干叶总多酚含量从沙棘叶子返青后的 5 月下旬一路递减至 9 月上旬，采叶在年内宜早进行。不过，庆阳试点在 6 月下旬至 7 月中旬干叶总多酚测定值有一个高峰期，虽然只比前后相邻时间点的含量稍高，但也有理由认为此期更适合采叶，制作茶叶。

3. 多糖

多糖为 10 个以上单糖组成的聚合糖高分子碳水化合物。多糖也是糖苷在水解过程中产生的中间产物，最终完全水解得到单糖。多糖具有免疫调节、抗病毒和肿瘤、降血糖等作用。同前述沙棘叶其他有效成分一样，沙棘叶多糖的研究也刚起步。下面是对沙棘叶多糖所做的初步分析。测试方法为苯酚硫酸法，以葡萄糖为标准物质，分光光度法绘制标准曲线，外标法定量。

（1）朝阳试点

朝阳试点干叶多糖 2018 年取样测定结果列于表 3-156。

表 3-156　朝阳试点 2018 年部分沙棘品种干叶多糖测定结果　　　　单位：%

品种编号	5 月下旬	6 月下旬	7 月中旬	8 月上旬	8 月下旬	9 月上旬	平均
201301	9.7	5.6	6.1	5.8	4.5	3.3	5.8
201303	9.9	10.1	7.6	6.5	10.3	7.1	8.6
201305（CK）	8.7	8.1	7.0	7.6	12.6	9.5	8.9
201306	7.2	7.2	11.6	5.6	5.1	12.4	8.2
中国沙棘（雌株）	5.9	6.2	8.3	13.8	9.1	14.7	9.6
中国沙棘（雄株）	4.3	7.0	5.8	6.8	5.7	7.2	6.1
平均	7.6	7.4	7.7	7.7	7.9	9.0	7.9

表中显示出 4 个引进沙棘和 2 个中国沙棘（1 雌 1 雄）从 5 月下旬至 9 月上旬共计 6 次干叶总糖测定结果。所有样品总体平均值为 7.9%。4 个引进品种的测定值，有 3 个较平均值高，1 个较平均值低，且"201305"（CK）的值在 4 个引进品种中最高；2 个中国沙棘较平均值 1 高 1 低，雌株中国沙棘的干叶总多糖含量为所有 6 个品种（种）中的最高值。

从 5 月下旬至 8 月下旬，5 个时间点干叶多糖的平均值为 7.4%～7.9%，可在 9 月上旬，这个值突然增至 9.0%。由表中可以发现，9 月上旬出现最高值，主要与"201306"和中国沙棘（雌）的测定值增高有关，事实上其他 4 个品种（种）的值在 9 月上旬有大幅下降或稍有增加。"201303"和"201305"（CK）这两个引进品种的干叶多糖最高值出现在 8 月下旬。"201303"在 6 月下旬还出现过 10.1% 的较高值，"201306"在 7 月中旬也出现过 1 个 11.6% 的较高值。

可见，样本平均值与个体之间有可能相差太大，既不能以平均值代替单个值，也不能用单个值表示平均值，各有各的用途，互为补充。

（2）庆阳试点

庆阳试点干叶多糖 2018 年取样测定结果见表 3-157。

表 3-157　庆阳试点 2018 年部分沙棘品种干叶多糖测定结果　　　　　单位：%

品种编号	5月下旬	6月中旬	6月下旬	7月中旬	8月上旬	8月下旬	9月上旬	平均
201301	8.1	7.5	5.1	7.3	5.5	4.5	—	6.3
201302	6.2	6.4	2.3	6.6	7.2	5.7	9.3	6.2
201303	6.4	7.2	3.2	7.4	5.5	6.2	7.6	6.2
201306	8.1	7.1	3.1	6.4	6.5	7.8	—	6.5
中国沙棘（雌株）	6.7	2.3	7.1	5.6	8.1	3.8	8.2	6.0
中国沙棘（雄株）	7.1	6.4	4.8	7.2	7.4	10.4	9.9	7.6
平均	7.1	6.1	4.3	6.8	6.7	6.4	8.7	6.5

在庆阳试点，6 个品种（种）的干叶平均多糖含量为 6.5%，比平均值高的只有中国沙棘雄株，达 7.6%；引进沙棘均不大于平均值。

从月度间的数值平均值来看，5 月下旬、9 月上旬这两个生长季一头一尾的时间点出现了干叶平均多糖含量的最高值（9 月上旬达 8.7%）和次高值（5 月下旬为 7.1%），第三高值出现在 7 月中旬，为 6.8%，见图 3-135。

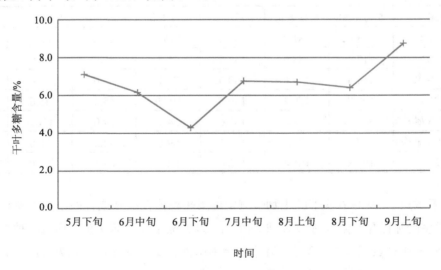

图 3-135　庆阳试点沙棘干叶多糖含量随时间变化的节律

（3）综合分析

朝阳试点、庆阳试点干叶多糖平均值分别为 7.9% 和 6.5%，朝阳试点较庆阳试点高 1.4%。

2 个试点间的相同品种中，"201301"干叶多糖含量在朝阳试点为 5.8%，较庆阳试点（6.9%）低 1.1%；"201303"的干叶多糖含量在朝阳试点为 8.6%，较庆阳试点（6.2%）高 2.4%；"201306"的干叶多糖含量在朝阳试点为 8.2%，较庆阳试点（6.5%）高 1.7%。可见，相同引进品种的总黄酮含量总体仍是以朝阳试点更高。

多糖含量是用沙棘叶制作茶叶的重要指标，朝阳、庆阳 2 个试点的测定结果均表明，9 月上旬的干叶多糖含量最高，是采叶、制作茶叶的重要时期；另外，5 月下旬也有一个较高的干叶多糖含量（庆阳试点更加明显），适合采叶制作保健茶叶。

4．生物碱

生物碱是存在于自然界（主要为植物）中的一类含氮的碱性有机化合物，有似碱的性质。大多数生物碱有复杂的环状结构，氮素多包含在环内，有显著的生物活性，是中草药中重要的有效成分之一。同前述沙棘叶其他有效成分一样，沙棘叶生物碱的研究也刚起步。下面是对沙棘叶生物碱所做的初步分析探讨。测试方法为分光光度法，以盐酸小檗碱为标准品绘制曲线，外标法定量。

（1）朝阳试点

朝阳试点干叶生物碱 2018 年取样测定结果见表 3-158。

表 3-158　朝阳试点 2018 年部分沙棘品种干叶生物碱测定结果　　　　单位：mg/100 g

品种编号	5 月下旬	6 月下旬	7 月中旬	8 月上旬	8 月下旬	9 月上旬	平均
201301	113.6	181.8	134.6	105.1	84.2	85.7	117.5
201303	112.4	188.9	143.5	61.5	45.9	60.0	102.0
201305（CK）	110.3	174.6	149.5	76.1	61.6	86.4	109.8
201306	102.7	179.4	130.6	107.0	45.4	45.6	101.8
中国沙棘（雌株）	93.7	178.8	137.6	54.1	79.0	150.6	115.6
中国沙棘（雄株）	102.3	184.7	132.1	89.0	92.5	75.6	112.7
平均	105.8	181.4	138.0	82.1	68.1	84.0	109.9

朝阳试点 5—9 月 6 次干叶生物碱测定结果平均值在品种或种间出现了差异，不像总黄酮、总多酚那样几乎无差别。总体平均值为 109.9 mg/100 g，最大值为引进品种"201301"，达 117.5 mg/100 g；第二、第三大值分别为中国沙棘雌、雄株，分别为 115.6 mg/100 g、112.7 mg/100 g。

月度之间干叶生物碱含量的节律变化，6 月下旬出现最大值，达 181.4 mg/100 g；次大值出现在紧邻的 7 月中旬，为 138.0 mg/100 g，这两个时间点形成干叶生物碱测定值的高峰，然后向前后时间点递减。最小值出现在 8 月下旬，仅 68.1 mg/100 g，占 6 月下旬测定值的 38%。各品种或种所出现的节律与平均值相仿。

（2）庆阳试点

庆阳试点干叶生物碱 2018 年取样测定结果见表 3-159。

表 3-159　庆阳试点 2018 年部分沙棘品种干叶生物碱测定结果　　　　单位：mg/100 g

品种编号	5月下旬	6月中旬	6月下旬	7月中旬	8月上旬	8月下旬	9月上旬	平均
201301	65.2	136.4	191.6	164.1	134.4	92.7	—	130.7
201302	68.7	88.1	199.9	171.3	41.2	68.4	156.6	113.5
201303	73.7	169.2	162.4	174.4	35.5	73.9	100.2	112.8
201306	76.4	167.3	193.0	163.9	85.2	98.0	—	130.6
中国沙棘（雌株）	60.4	156.8	185.6	162.8	156.5	47.9	92.4	123.2
中国沙棘（雄株）	49.8	147.0	188.3	162.4	128.1	127.8	124.7	132.6
平均	65.7	144.1	186.8	166.5	96.8	84.8	118.5	123.9

在庆阳试点，6 个品种（种）的干叶生物碱含量以"201301"和"201306"这 2 个引进品种的测定值为高，中国沙棘雌、雄 2 类的值居中，另外 2 个引进品种"201302"和"201303"的测定值较低，不过相互间差别不是太大。

从月度间的干叶生物碱含量平均值来看，6 月下旬达最高，为 186.8 mg/100 g，前、后时间点的测定值均呈递减态势，不过 9 月上旬又有反弹，升至 118.5 mg/100 g，成为第 3 大值。

（3）综合分析

朝阳、庆阳 2 个试点的干叶生物碱含量平均值分别为 109.9 mg/100 g 和 123.9 mg/100 g，朝阳试点较庆阳试点低 14 mg/100 g。

2 个试点间共有的引进品种有 3 个，"201301"这个品种的干叶生物碱含量在朝阳试点为 117.5 mg/100 g，较庆阳试点（130.7 mg/100 g）低 13.2 mg/100 g；"201303"的干叶生物碱含量在朝阳试点为 102.0 mg/100 g，较庆阳试点（112.8 mg/100 g）低 10.8 mg/100 g；"201306"的干叶生物碱含量在朝阳试点为 101.8 mg/100 g，较庆阳试点（130.6 mg/100 g）低 28.8 mg/100 g。可见，相同引进品种的干叶生物碱含量以庆阳试点含量最高。

生物碱是用沙棘叶制作茶叶的重要指标，朝阳、庆阳 2 个试点的测定结果均表明，6—7 月的干叶生物碱含量最高，是采叶制作茶叶的重要时期；另外，随着秋季落叶期的来临，9 月上旬也出现了一个较高的干叶生物碱含量（庆阳试点更加明显），适合采叶制作茶叶。

（二）沙棘叶中与饲料有关的主要成分

沙棘叶在提取了油性萃取物之后，所形成的沙棘叶饼粕是一种高质量的饲料，其所含的微量元素和常量元素较高。沙棘叶饼粕含有 31 053～32 109 kJ/kg 的热量，含有氨基酸组成比较平衡的易吸收蛋白质 12.3%～13.3%，其中必需氨基酸的含量占 34.2%～35.4%，而且赖氨酸的含量是小麦籽粒蛋白中赖氨酸含量的 3 倍，用这种饲料添加剂可节省 40%的谷物饲料。沙棘叶饼粕所含的氨基酸较高，对于饲料来说也是一种很好的原料。当然沙棘叶可以直接用来开发饲料，其成分会更加全面丰富。结合引进沙棘区域性试验，通过选取不同的沙棘样品，分析叶中与饲料有关的主要成分，必然会为沙棘饲料加工利用提供重要的科学基础。

1. 粗蛋白

粗蛋白是植物原料、食品、饲料中含氮化合物的总称，既包括真蛋白又包括非蛋白含氮化合物，如游离氨基酸、嘌呤、吡啶、尿素、硝酸盐和氨等。由于一般蛋白质中含氮量约为 16%，故在粗略分析中常用凯氏定氮仪测出总氮量，再乘以系数 6.25 来求得。不过不同蛋白质的氨基酸组成不同，其氮含量不同，总氮量换算成蛋白质的系数也会不同。沙棘干叶粗蛋白测定用凯氏定氮法（图 3-136）。

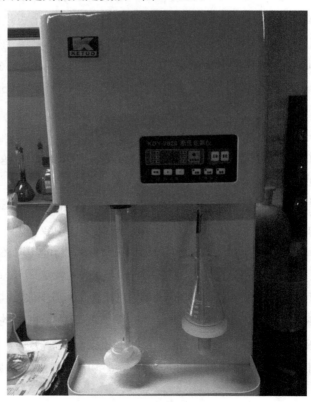

图 3-136　凯氏定氮仪

（1）朝阳试点

朝阳试点参试沙棘干叶粗蛋白 2018 年取样测定结果见表 3-160。

表 3-160　朝阳试点 2018 年部分沙棘品种干叶粗蛋白测定结果　　　单位：%

品种编号	5月下旬	6月下旬	7月中旬	8月上旬	8月下旬	9月上旬	平均
201301	14.3	15.6	19.2	17.9	16.9	17.4	16.9
201303	17.7	16.3	17.8	19.1	14.9	16.9	17.1
201305（CK）	17.2	17.8	15.2	18.2	14.0	15.0	16.2
201306	18.0	13.4	15.1	17.9	14.7	14.5	15.6
中国沙棘（雌株）	18.9	15.1	13.1	18.2	16.3	16.9	16.4
中国沙棘（雄株）	17.6	15.2	14.2	17.9	16.8	17.5	16.5
平均	17.3	15.5	15.8	18.2	15.6	16.4	16.5

参试的 6 个品种（种）沙棘干叶粗蛋白含量测定值在品种（种）间差距不明显，以"201303"平均含量最高，达 17.1%；"201306"平均含量最低，为 15.6%。事实上最高与最低的平均含量间也就差了 1.5 个百分点。中国沙棘雌株、雄株干叶粗蛋白含量居中。

从 6 个取样时间点上的沙棘干叶粗蛋白测定结果平均值来看，最高值出现在 8 月上旬，为 18.2%，次高值出现在 5 月下旬，为 17.3%。6 月下旬、8 月下旬的平均数值为两个低值。

沙棘干叶粗蛋白含量的总体平均值与个别品种的测定值的分布趋势没有太大的差异。不过也有例外，如"201301"干叶粗蛋白含量的最大值就出现在 7 月中旬，较总体的平均出现时间（8 月上旬）早出现了 2 旬。

（2）庆阳试点

庆阳试点参试沙棘干叶粗蛋白 2018 年取样测定结果见表 3-161。

表 3-161　庆阳试点 2018 年部分沙棘品种干叶粗蛋白测定结果　　　单位：%

品种编号	5月下旬	6月中旬	6月下旬	7月中旬	8月上旬	8月下旬	9月上旬	平均
201301	12.9	17.3	18.2	15.9	17.5	17.8	—	16.6
201302	13.7	18.3	15.5	14.4	17.2	18.6	15.9	16.2
201303	16.1	14.3	14.2	16.7	18.3	18.9	18.1	16.7
201306	17.6	17.0	18.0	16.9	15.3	19.1	—	17.3
中国沙棘（雌株）	18.9	15.3	13.1	18.1	19.2	18.2	18.4	17.3
中国沙棘（雄株）	16.9	15.3	14.2	16.4	19.7	17.0	19.0	16.9
平均	16.0	16.2	15.5	16.4	17.9	18.3	17.9	16.8

参试的 6 个品种（种）沙棘干叶粗蛋白含量测定值在品种或种间差距不明显，"201306"和中国沙棘雌株两者的平均含量并列第一，达 17.3%；"201302"的平均含量最低，为 16.2%。事实上最高与最低的平均含量间只相差 1.1 个百分点。

从 6 个取样时间点上的沙棘干叶粗蛋白测定结果平均值来看，最高值出现在 8 月下旬，为 18.3%，而且相邻取样时间点（8 月上旬和 9 月上旬）的值均是次高值（同为 17.9%）。

沙棘干叶粗蛋白含量的总体平均值与个别品种的测定值间还是出现了一定的差异。"201301"的干叶粗蛋白含量的最大值出现在 6 月下旬，中国沙棘雌株、雄株的最大值都出现在 8 月上旬。

（3）综合分析

粗蛋白是衡量饲草料价值优劣的第一指标。沙棘干叶的粗蛋白含量在朝阳试点平均为 16.5%，在庆阳试点平均为 16.8%，相对于我国北方地区第一饲草——紫花苜蓿（优良品种）的干基粗蛋白含量（20%左右）来说，平均值能占到 83%。

朝阳试点沙棘干叶粗蛋白最高值出现在 8 月上旬，为 18.2%，次高值出现在 5 月下旬，为 17.3%。庆阳试点干叶粗蛋白最高值出现在 8 月下旬，为 18.3%，相邻取样时间点（8 月上旬和 9 月上旬）的值均是次高值（同为 17.9%）。

朝阳试点所有参试沙棘干叶的粗蛋白平均值为 16.5%，较庆阳试点（16.8%）低了 0.3 个百分点，差距很小。

2 个试点间共有的引进品种有 3 个，"201301"这个品种的干叶粗蛋白含量在朝阳试点为 16.9%，较庆阳试点（16.6%）高了 0.3 个百分点；"201303"的干叶粗蛋白含量在朝阳试点为 17.1%，较庆阳试点（16.7%）高了 0.4 个百分点；"201306"的干叶粗蛋白含量在朝阳试点为 15.6%，较庆阳试点（17.3%）低了 0.7 个百分点。中国沙棘雌株、雄株均以庆阳试点含量为高。

2．粗脂肪

粗脂肪是指沙棘叶中除真脂肪外，还含有的其他溶于乙醚的有机物质，如叶绿素、胡萝卜素、有机酸、树脂、脂溶性维生素等物质，故也称乙醚浸出物。用索氏提取法测定。

（1）朝阳试点

朝阳试点参试沙棘叶粗脂肪 2018 年取样测定结果见表 3-162。

参试的 6 个品种（种）沙棘干叶粗脂肪含量测定值在品种（种）间有所差距，以中国沙棘雌株平均含量最高，达 6.8%；"201305"（CK）平均含量最低，为 4.9%。最高值与最低值的差距达 1.9 个百分点。

从 6 个取样时间点上的沙棘干叶粗脂肪测定结果平均值来看，最高值出现在 9 月上旬，为 8.7%。

表 3-162　朝阳试点 2018 年部分沙棘品种粗脂肪测定结果　　　　　　单位：%

品种编号	5月下旬	6月下旬	7月中旬	8月上旬	8月下旬	9月上旬	平均
201301	3.9	5.1	5.0	5.6	6.4	5.2	5.2
201303	5.2	5.2	5.5	8.2	7.6	7.1	6.5
201305（CK）	4.3	5.1	4.0	5.6	5.9	4.4	4.9
201306	4.1	5.4	5.4	8.1	6.3	8.3	6.3
中国沙棘（雌株）	3.9	4.5	3.9	5.4	6.6	16.4	6.8
中国沙棘（雄株）	5.9	5.6	4.9	4.9	6.3	11.0	6.4
平均	4.5	5.1	4.8	6.3	6.5	8.7	6.0

　　沙棘干叶粗脂肪含量的总体平均值与中国沙棘雌株、雄株和"201306"测定值的分布趋势相同。"201301""201303""201305"干叶粗脂肪含量的最大值分别出现在 8 月下旬、8 月上旬、8 月下旬，较总体平均值的最高值的出现时间提前了一旬至 1 个月。

　　（2）庆阳试点

　　庆阳试点参试沙棘叶粗脂肪 2018 年取样测定结果见表 3-163。

表 3-163　庆阳试点 2018 年部分沙棘品种粗脂肪测定结果　　　　　　单位：%

品种编号	5月下旬	6月中旬	6月下旬	7月中旬	8月上旬	8月下旬	9月上旬	平均
201301	3.6	4.1	5.6	7.0	5.1	7.7	—	5.5
201302	5.1	4.4	5.7	9.1	8.0	4.8	4.5	5.9
201303	3.5	3.0	6.4	6.6	10.3	4.1	6.7	5.8
201306	4.3	4.1	6.7	9.4	11.1	6.8	—	7.1
中国沙棘（雌株）	3.1	3.5	10.6	12.5	6.6	1.7	3.5	5.9
中国沙棘（雄株）	3.5	2.7	8.8	7.2	9.3	5.2	4.4	5.9
平均	3.9	3.6	7.3	8.6	8.4	5.0	4.7	6.0

　　参试的 6 个品种（种）沙棘干叶粗脂肪含量测定值在品种（种）间有所差距，以"201306"平均含量最高，达 6.8%；"201301"平均含量最低，为 5.5%。最高值与最低值的差距为1.3 个百分点。中国沙棘雌株、雄株含量居中，与平均值相差无几。

　　从 6 个取样时间点上的沙棘干叶粗脂肪测定结果平均值来看，分布很规律，最高值出现在 7 月中旬（8.6%），见图 3-137。

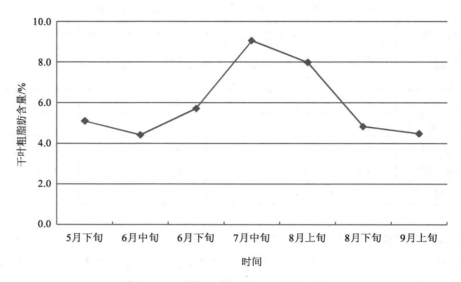

图 3-137　庆阳试点沙棘干叶粗脂肪含量随时间变化的节律

　　沙棘干叶粗脂肪含量的总体平均值与中国沙棘（雌）、"201302"测定值的分布趋势相同。"201301"的两个高值出现在 7 月中旬和 8 月下旬，"201303""201305"以及中国沙棘雄株的干叶粗脂肪含量的最大值推迟 2 旬，在 8 月上旬出现。

　　（3）综合分析

　　粗脂肪是衡量饲草料价值是否优劣的第二指标。沙棘干叶的粗脂肪含量在朝阳和庆阳 2 个试点的平均值均为 6.0%，相对于我国北方地区第一饲草——紫花苜蓿（优良品种）的干基粗脂肪含量（3%左右）来说，平均值高了整整 1 倍。

　　从 6 个取样时间点上的沙棘干叶粗脂肪测定结果平均值来看，朝阳试点干叶粗脂肪最高值出现在 9 月上旬，为 8.7%；庆阳试点最高值出现在 7 月中旬（8.6%）。

　　2 个试点间共有的引进品种有 3 个，"201301"这个品种的干叶粗脂肪含量在朝阳试点为 5.2%，较庆阳试点（5.5%）低 0.3 个百分点；"201303"的干叶粗脂肪含量在朝阳试点为 6.5%，较庆阳试点（5.8%）高了 0.7 个百分点；"201306"的干叶粗脂肪含量在朝阳试点为 6.3%，较庆阳试点（7.1%）低了 0.8 个百分点。两个中国沙棘雌株、雄株均以朝阳试点含量为高。

　　3. 粗纤维

　　粗纤维是膳食纤维的旧称，是植物细胞壁的主要组成成分，包括纤维素、半纤维素、木质素及角质等成分。吃一些含粗纤维的食物可以促进肠胃运动，一定程度上能帮助消化，是有益处的，但要适度。用马弗炉法测试。

（1）朝阳试点

朝阳试点参试沙棘叶粗纤维 2018 年取样测定结果见表 3-164。

表 3-164 朝阳试点 2018 年部分沙棘品种粗纤维测定结果 单位：%

品种编号	5月下旬	6月下旬	7月中旬	8月上旬	8月下旬	9月上旬	平均
201301	7.6	6.1	8.8	6.9	9.4	7.8	7.8
201303	5.4	6.9	7.8	7.4	6.8	6.2	6.8
201305（CK）	6.7	7.5	7.4	7.5	7.4	7.6	7.4
201306	7.6	8.4	8.2	7.9	7.9	5.9	7.7
中国沙棘（雌株）	7.2	6.7	5.9	6.5	9.5	8.5	7.4
中国沙棘（雄株）	9.6	6.4	6.6	6.8	9.3	8.1	7.8
平均	7.4	7.0	7.5	7.2	8.4	7.4	7.5

参试的 6 个品种（种）沙棘干叶粗纤维含量测定值在品种（种）间差距不是太大，以"201303"平均含量最低，达 6.8%，较含量最高的"201301"和中国沙棘雄株低了 1.0 个百分点。

从 6 个取样时间点上的沙棘干叶粗纤维测定结果平均值来看，最低值出现在 6 月下旬，为 7.0%；而 8 月下旬的平均含量最高（意味着可能不适口），较 6 月下旬高出 1.4%。

沙棘干叶粗纤维含量的总体平均值与"201301"、中国沙棘（雌）、中国沙棘（雄）株的分布趋势相同。"201303"和"201305"的最低值出现在 5 月下旬，"201306"的最低值出现在 9 月上旬，中国沙棘雌株的最低值出现在 7 月中旬，与总体平均值的最低值出现时间不同。

（2）庆阳试点

庆阳试点参试沙棘叶粗纤维 2018 年取样测定结果见表 3-165。

表 3-165 庆阳试点 2018 年部分沙棘品种粗纤维测定结果 单位：%

品种编号	5月下旬	6月中旬	6月下旬	7月中旬	8月上旬	8月下旬	9月上旬	平均
201301	6.8	6.8	6.2	7.4	5.5	8.6	—	6.9
201302	7.3	7.8	7.9	8.5	6.3	7.6	9.1	7.8
201303	7.2	6.4	8.3	5.9	5.7	8.4	8.8	7.2
201306	7.6	5.9	6.4	7.3	7.5	9.3	—	7.3
中国沙棘（雌株）	5.1	7.6	8.4	6.4	6.5	8.4	8.3	7.2
中国沙棘（雄株）	8.4	8.5	6.9	9.7	7.1	8.2	7.9	8.1
平均	7.1	7.2	7.4	7.5	6.4	8.4	8.5	7.4

参试的 6 个品种（种）沙棘干叶粗纤维含量测定值在品种（种）间差距较大，以"201301"平均含量最低，为 6.9%，较含量最高的中国沙棘雄株低了 1.2%。

从 6 个取样时间点上的沙棘干叶粗纤维测定结果平均值来看，最低值出现在 8 月上旬，为 6.4%；而随后出现的两个取样时间点，8 月下旬的平均含量为 8.4%，9 月上旬的平均含量为 8.5%（最高值），这两个时间点测出的高粗纤维含量意味着适口性变差，见图 3-138。

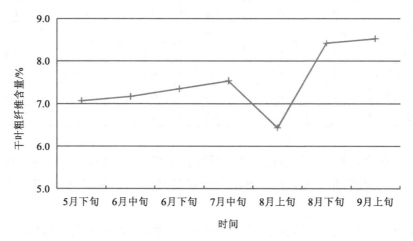

图 3-138　庆阳试点沙棘干叶粗脂肪含量随时间变化的节律

沙棘干叶粗纤维含量的总体平均值与大部分品种（种）如"201301""201302""201203"、中国沙棘雌株和雄株的分布趋势相同。"201306"和中国沙棘雌株的最低值分别出现在 6 月中旬和 5 月下旬，与总体平均值的最低值出现时间不同。

（3）综合分析

粗纤维是衡量饲草料价值优劣的一个主要指标。以往研究认为其负向性指标，即含量越高价值越低。不过现在的研究表明，粗纤维实为膳食纤维，具有正作用。沙棘干叶的粗纤维含量的平均值在朝阳和庆阳 2 个试点分别为 7.5% 和 7.4%，两点之间差异很小。

2 个试点间共有的引进品种有 3 个，"201301"这个品种的干叶粗纤维含量在朝阳试点为 7.8%，较庆阳试点（6.9%）高了 0.9 个百分点；"201303"的干叶粗纤维含量在朝阳试点为 6.8%，较庆阳试点（7.2%）低了 0.4 百分点；"201306"的干叶粗纤维含量在朝阳试点为 7.7%，较庆阳试点（7.3%）高了 0.4 个百分点。

4．总灰分

植物样品经高温灼烧，会发生一系列的物理及化学变化，使有机物质被氧化分解，以二氧化碳、氮的氧化物及水等形式逸出，而无机物质以硫酸盐、磷酸盐、碳酸盐、氯化物等无机盐和金属氧化物的形式残留下来，这些残留的物质就称为总灰分。用马弗炉法测试。

（1）朝阳试点

朝阳试点参试沙棘叶总灰分 2018 年取样测定结果见表 3-166。

表 3-166　朝阳试点 2018 年部分沙棘品种总灰分测定结果　　单位：%

品种编号	5月下旬	6月下旬	7月中旬	8月上旬	8月下旬	9月上旬	平均
201301	6.1	5.5	5.2	7.5	5.7	5.8	6.0
201303	4.7	4.8	7.0	7.4	7.5	6.9	6.4
201305（CK）	6.5	5.3	5.4	7.0	6.1	7.0	6.2
201306	6.8	5.8	4.4	7.4	5.9	5.4	5.9
中国沙棘（雌株）	4.3	5.8	4.8	6.0	6.0	6.7	5.6
中国沙棘（雄株）	4.9	5.4	4.4	6.1	6.0	6.0	5.5
平均	5.6	5.4	5.2	6.9	6.2	6.3	5.9

参试的 6 个品种（种）沙棘干叶总灰分含量测定值在品种（种）间差距不是太大，以"201303"平均含量最高（达 6.4%），而中国沙棘雌株、雄株的平均含量位居最后两位，平均含量分别仅为 5.6%、5.5%。

从 6 个取样时间点上的沙棘干叶总灰分测定结果平均值来看，最高值出现在 8 月上旬，为 6.9%。沙棘干叶总灰分含量的总体平均值与"201301"、"201306"、中国沙棘（雌）、中国沙棘（雄）的分布趋势相同。"201303"的最高值出现在 8 月下旬，"201305"（CK）在 9 月上旬还出现一个并列最高值，中国沙棘雌株的最高值出现在 9 月上旬，与总灰分总体平均值的最高值出现时间有所不同。

（2）庆阳试点

庆阳试点参试沙棘干叶总灰分 2018 年取样测定结果见表 3-167。

表 3-167　庆阳试点 2018 年部分沙棘品种干叶总灰分测定结果　　单位：%

品种编号	5月下旬	6月中旬	6月下旬	7月中旬	8月上旬	8月下旬	9月上旬	平均
201301	4.9	5.8	5.6	5.8	5.4	5.8	—	5.5
201302	4.3	6.4	4.8	6.1	5.8	6.0	6.1	5.6
201303	4.6	6.6	5.0	4.8	5.9	5.9	5.7	5.5
201306	5.0	6.0	4.6	5.2	5.9	5.3	—	5.3
中国沙棘（雌株）	4.6	6.4	4.9	7.1	5.7	6.0	6.5	5.9
中国沙棘（雄株）	4.3	6.9	4.9	5.8	5.6	6.4	6.5	5.8
平均	4.6	6.4	5.0	5.8	5.7	5.9	6.2	5.6

参试的 6 个品种（种）沙棘干叶总灰分含量测定值在品种（种）间差距十分接近，以"201303"平均含量最高（达 5.5%），而"201306"平均含量最低（为 5.3%），最高、最低两值仅相差 0.2 个百分点。

从 6 个取样时间点上的沙棘干叶总灰分测定结果平均值来看，最高值出现在 6 月中旬，为 6.4%；次高值出现在 9 月上旬，为 6.2%。

（3）综合分析

总灰分为植物、饲草料中的矿物质氧化物或盐类等无机物质，也是控制饲料的一个指标。在饲料中总灰分值不能过高，若过高则表明饲料品质较差，因为有可能是人为掺杂了沸石粉和膨润土等增重的物质。但对于沙棘干叶来说，高的总灰分意味着高的矿物质含量，是有一定意义的。沙棘干叶的总灰分含量在朝阳和庆阳 2 个试点的平均值分别为 5.9%和 5.6%，两点之间差异不大。

2 个试点间共有的引进品种有 3 个，"201301"这个品种的干叶总灰分含量在朝阳试点为 6.0%，较庆阳试点（5.5%）高了 0.5 个百分点；"201303"的干叶总灰分含量在朝阳试点为 6.4%，较庆阳试点（5.5%）高了 0.9 个百分点；"201306"的干叶总灰分含量在朝阳试点为 5.9%，较庆阳试点（5.3%）高了 0.6 个百分点。中国沙棘雌株和雄株的干叶总灰分含量以庆阳试点为高。

5. 无氮浸出物

无氮浸出物是指植物样品或饲料中能被水、稀酸或稀碱所溶解的不含氮物质，包括淀粉、糖、树胶和部分半纤维素等。在测定含量时，一般从干叶总量中减去粗蛋白、粗脂肪、粗纤维和粗灰分（总灰分）后即是无氮浸出物。

（1）朝阳试点

朝阳试点参试沙棘叶无氮浸出物 2018 年取样测定结果见表 3-168。

表 3-168　朝阳试点 2018 年部分沙棘品种无氮浸出物测定结果　　　单位：%

品种编号	5 月下旬	6 月下旬	7 月中旬	8 月上旬	8 月下旬	9 月上旬	平均
201301	68.0	67.8	61.7	62.1	61.6	63.8	64.2
201303	67.0	66.9	61.9	57.9	63.2	62.9	63.3
201305（CK）	65.3	64.4	68.0	61.6	66.6	66.0	65.3
201306	63.5	67.1	66.9	58.8	65.2	65.9	64.6
中国沙棘（雌株）	65.7	67.9	72.3	63.9	61.5	51.5	63.8
中国沙棘（雄株）	62.0	67.3	69.9	64.4	61.6	57.4	63.8
平均	65.3	66.9	66.8	61.4	63.3	61.2	64.2

参试的 6 个品种（种）沙棘干叶无氮浸出物含量测定值在品种（种）间差距很小，以"201303"平均含量最小（63.3%），而"201305"（CK）平均含量最高（达 65.3%），两个极值间相差 2.0 个百分点。

从 6 个取样时间点上的沙棘干叶无氮浸出物测定结果平均值来看，变化不大，最低值、次低值分别出现在 9 月上旬和 8 月上旬，分别为 61.2% 和 61.4%，其中 8 月下旬的 63.3% 是第三低值，因此从 8 月上旬到 9 月上旬这段时间应该为无氮浸出物的低值时间段，饲用价值较好。

（2）庆阳试点

庆阳试点参试沙棘叶无氮浸出物 2018 年取样测定结果见表 3-169。

表 3-169　庆阳试点 2018 年部分沙棘品种无氮浸出物测定结果　　　　单位：%

品种编号	5 月下旬	6 月中旬	6 月下旬	7 月中旬	8 月上旬	8 月下旬	9 月上旬	平均
201301	71.9	66.0	64.4	63.9	66.6	60.0	—	65.5
201302	69.6	63.1	66.1	61.9	62.7	63.0	64.4	64.4
201303	68.6	69.6	66.1	66.0	59.8	62.7	60.7	64.8
201306	65.5	67.1	64.4	61.2	60.2	59.6	—	63.0
中国沙棘（雌株）	68.2	67.3	63.0	56.0	62.0	65.7	63.3	63.6
中国沙棘（雄株）	66.9	66.6	65.2	61.0	58.4	63.2	62.2	63.4
平均	68.4	66.6	64.9	61.7	61.6	62.4	62.7	64.1

参试的 6 个品种（种）沙棘干叶无氮浸出物含量测定值在品种（种）间差距较小，以"201306"平均含量最低，为 63.0%，而"201301"平均含量最高（达 65.5%），最高、最低两值的绝对值相差 2.5 个百分点。

从 6 个取样时间点上的沙棘干叶无氮浸出物测定结果平均值来看，最低值出现在 8 月下旬，然后次低值等依次出现的时间为 7 月中旬、8 月下旬、9 月上旬，这段时间无氮浸出物含量较低，饲用价值较高。

（3）综合分析

沙棘干叶中的无氮浸出物中应该含有一定的可供饲用的成分。不过一般来说，无氮浸出物测定值高则意味着粗蛋白、粗脂肪等含量较低，因此这一值以低为好。沙棘干叶的无氮浸出物含量在朝阳和庆阳 2 个试点的平均值分别为 64.2% 和 64.1%，两点之间几乎相同。

2 个试点间共有的引进品种有 3 个，"201301"这个品种的干叶无氮浸出物含量在朝阳试点为 64.2%，较庆阳试点（65.5%）低了 1.3 个百分点；"201303"的干叶无氮浸出物含量在朝阳试点为 63.3%，较庆阳试点（64.8%）低了 1.5 个百分点；"201306"的干叶无氮浸出物含量在朝阳试点为 64.6%，较庆阳试点（63.0%）高了 1.6 个百分点。中国沙棘雌株、雄株的干叶无氮浸出物含量以庆阳试点为低。

（三）综合评价

综合评价的主要目的是在绥棱、庆阳 2 个试点，根据沙棘叶的用途选定叶的采摘时间，以最大化地获取其潜在营养成分含量。下面按照药食用叶和饲用叶两大类分别分析。

1. 药食用叶评价

此类用叶重点面向保健品，包括茶叶生产等，主要以黄酮、多酚含量高为依据，确定适用的沙棘品种及采叶时间。

朝阳试点、庆阳试点用来取叶的参试引进沙棘品种有"201301"、"201302"、"201303""201305"（CK）、"201306"以及中国沙棘雌株、雄株，各品种（种）的黄酮、多酚含量均较为接近，朝阳、庆阳 2 个试点干叶总黄酮平均值分别为 6.8%和 6.9%，干叶总多酚平均值分别为 11.2%和 11.3%，均可用来采叶生产茶叶及类似保健品。

7 月中旬朝阳试点的干叶总黄酮测定值有一个极值点（最大值）；6 月下旬，庆阳试点的干叶总黄酮测定值有一个极值点（最大值），同时干叶总多酚测定值也有一个极值点（最大值）。虽然极值点只比前后相邻时间点的含量稍高，但也有理由认为此时期更适合采叶制作茶叶或生产其他保健品。

2. 饲用叶评价

此类用叶重点面向饲草料生产，主要以粗蛋白、粗脂肪含量高为依据，确定适用的沙棘品种及采叶时间。

朝阳试点、庆阳试点用来取叶的参试引进沙棘品种有"201301"、"201302"、"201303""201305"（CK）、"201306"以及中国沙棘雌株、雄株，各品种（种）的粗蛋白含量、粗脂肪含量均较为接近，朝阳试点沙棘干叶的粗蛋白平均值为 16.5%，庆阳试点为 16.8%；沙棘干叶的粗脂肪含量在朝阳和庆阳 2 个试点的平均值都为 6.0%，均可用来采叶直接饲喂或加工配合饲料。

朝阳试点参试沙棘干叶粗蛋白最高值出现在 8 月上旬，次高值出现在 5 月下旬。庆阳试点干叶粗蛋白最高值出现在 8 月下旬，为 18.3%，而且相邻取样时间点（8 月上旬、9 月上旬）的值均是次高值。

朝阳试点参试沙棘干叶粗脂肪最高值出现在 9 月上旬，为 8.7%；庆阳试点最高值出现在 7 月中旬（8.6%）。

前述有关粗蛋白、粗脂肪的高值点出现时间段应作为采叶制作饲草料的重要依据。

第七节　进入生产性试验的引进沙棘品种推荐

引进沙棘区域性试验既是对引进沙棘品种的分区试验评判，又是对所选区域主要试点是否合适的后评估。

一、对区域性试验所选试点的后评估

从所选的 5 个试点来看，新疆额敏、黑龙江绥棱这 2 个试点分配到了所有引进的沙棘品种，经过多年试验后参试沙棘保存最为齐全，生长结实均较突出，可以肯定地说，这 2 个点的沙棘区域性试验最为成功。

辽宁朝阳，考虑到半干旱的气候类型，课题组曾经担心适应性成问题，在分配引进无性系苗木时只给了不到一半的品种，不过该点参试沙棘总体表现不错，营养生长突出，表现超出预期，但结实一般，总体来看这个点沙棘区域性试验的评价应为中等。

考虑到甘肃庆阳是参试 5 个试点中纬度最南的地区，气温较高，因此与辽宁朝阳一样，课题组也担心适应性成问题，在分配引进沙棘良种无性系苗木时也只给了不到一半的品种，试验结果与预期一样，营养生长尚可，结实不好。不过试验地块盐碱化等的影响也是造成这一结果的主要原因，因此需要在这一试验区域另择地块继续试验，以验证这一试验地区引种大果沙棘的可行性。

青海大通，根据生态气候相似性分析，认为其与黑龙江绥棱一样是最为适合引进沙棘的地区，因此课题组牵头单位——沙棘中心分配了几乎所有参试沙棘良种无性系，期望值也最高，但区域性试验结果却不尽如人意，2017 年年底所有参试沙棘品种（包括引进、对照）全部死亡。取样分析结果表明是沙棘枯萎病所致，但在沙棘死亡之前对沙棘的生长发育观测结果表明，该点与甘肃庆阳一样，营养生长尚可，结实也不理想。

枯萎病与人类癌症一样，是沙棘的不治之症。事实上其他 4 个试点的一些植株都染有这一疾病，不过只是个别植株，没有造成蔓延而已。感染上枯萎病也有其偶然性。因此，不能证明沙棘在大通试点这一试验区引种失败。大通试点已于 2018 年起另择地块继续开展生产性试验工作。

二、各试点可用于生产性试验的引进沙棘品种

选择可用于生产性试验的沙棘品种的原则主要有以下 3 点：一是将区域性试验中长势差的品种剔除；二是将区域性试验中保存率低或因病死亡的品种剔除；三是将区域性试验中结实不好的品种剔除。

下面是对参试的 5 个试点（包括了庆阳、大通 2 个点）进入生产性试验沙棘品种的推荐，按区域适宜性由高到低依次排列。

（一）新疆额敏

这一试点纬度靠北，越过阿尔泰地区即是俄罗斯阿尔泰边疆区，地理位置较为接近引种地。但是从生态条件来看，几乎无土的戈壁滩、极干旱的气候条件，与原产地俄罗斯阿尔泰边疆区巴尔瑙尔市的湿润气候、黑土条件截然不同。不过，在新疆戈壁滩，"有水就是绿洲，无水就是荒漠"，引进沙棘在保证灌溉后，成为 5 个试点中表现最好的一个试点。

根据区域性试验结果，新疆额敏试点参试的 22 个沙棘生长、结实和营养物质含量虽然各有千秋，但无明显不适品种，特别是无生态灾难性品种，因此 22 个品种（"201301"～"201322"）可全部进入生产性试验。

（二）黑龙江绥棱

这一试点与俄罗斯原产地气候、土壤条件十分接近，在这次引种之前，这一试点已经多次引种过俄罗斯大果沙棘品种，适应性很强，引种效果很好。这次开展的初选试验和区域性试验，由于所选部分地块位于低洼部位，排水不畅，诱发的病害也较多，严重影响了树势和成活率，致使"201302"这个品种因患枝干枯萎病而死亡。

根据区域性试验结果，黑龙江绥棱试点参试的 22 个沙棘生长、结实和营养物质含量各有千秋，仅"201302"这个品种因病全部死亡，其余 21 个品种的综合表现无明显不适，特别是无生态灾难性品种，因此该试点可用于生产性试验的引进沙棘品种有 21 个（除"201302"外的其他品种）。

（三）辽宁朝阳

虽然从行政区划来看，辽宁与黑龙江同属东北地区，但辽宁朝阳实际上属于地理划分的华北地区，为半干旱气候类型，与引进大果沙棘的需求还是有一定差距。不过在这一试点，大多数沙棘品种的区域性试验结果较好。

在朝阳试点开展试验的共有 9 个品种，除"201302"因患枝干枯萎病死亡外，其余 7 个引进沙棘品种（"201301"、"201303"、"201304"、"201306"、"201307"、"201308"、201309）和对照"201305"（CK）表现均不错，可以进入生产性试验阶段。

（四）甘肃庆阳

庆阳试点的区域性试验地选在了一个小流域的坝地，两山夹一沟的地势造成了较热的小气候环境，本来是比较理想的，不过坝地盐碱化严重影响了这一试点的试验结果。这一试点位于黄土高塬沟壑区的沟谷部位，比沟谷海拔高 200 m 的塬面，也是这一地区的两大重要地貌构成单元，因此，生产性试验可加选塬面进一步验证，同时在沟谷中另选盐碱化较弱的地块开展生产性试验。

庆阳试点开展试验的引进沙棘品种比朝阳试点多了 2 个（"201310"和"201311"），根据区域性试验结果，庆阳试点参试各沙棘品种表现均可以，无明显不适或有生态灾难，全部 11 个参试引进沙棘品种（"201301"～"201311"）均可进入生产性试验。

（五）青海大通

枯萎病是一个全球性的难题，染病树很难存活，而染上这种病也有偶然性的成分，患病死亡不能证明不适应。因此，虽然大通试点沙棘区域性试验因患病害而全部死亡，但考虑到气候条件的适应性，仍将青海大通继续列入生产性试验点。加之这一试点区域性试验只差 1 年（2018 年）即将完成，因此，用 2014—2017 年的不完全区域性试验资料，同时参照甘肃庆阳试点，可对其进入生产性试验的品种进行推荐。青海大通试点可用于生产性试验的有 8 个引进沙棘品种："201301""201302"、"201303"、"201304"、"201306"、"201307"、"201308"和 1 个对照"201305"（CK）。

第四章　引进沙棘生产性试验

　　上一章是对沙棘区域性试验工作的系统总结，这项工作是整个沙棘引种工作的重中之重，也是耗时最长（占 80%）的一项工作，紧随其后的工作是生产性试验。根据《林木引种》（GB/T 14175—1993）有关规定，经区域性试验成功的品种或类型只能在原试验区内扩大种植，如需要推广应用于生产，推广前需开展生产性试验。生产性试验也为验证阶段，可视为经营试验或收获表现阶段，其目的是在常规栽培措施条件下，进一步验证在区域性试验阶段表现优异的少数有希望的植物。

　　根据《林木引种》（GB/T 14175—1993）要求，沙棘生产性试验评价要等沙棘种植园开始结实并逐渐进入盛果期约 3～5 年后，才能对主要的经济性状和营养生长性状进行评价。这也就是前面述及的将区域性试验与生产性试验结合在一起进行的缘由。因为，如果不结合在一起，而是开展完一个阶段的试验，从头开始下一阶段的试验，则时间会很长，可能等试验结束后，原引进品种已经被新选育的品种所代替，失去了引种价值。例如，引进沙棘初选试验做 1～2 年，区域性试验做 4～5 年，生产性试验做 7～8 年，则整个全程试验需要 12～15 年。而一般来说，一个新品种的出现大约需要 15 年，这就意味着引种试验永远赶不上选育新品种的步伐。因此，将 3 个阶段结合在一起做，则最短只需要 7 年时间（2014—2020年）就可得出结论，节省了试验时间，还可及早满足生产需求，达到快速引种的目的。

第一节　生产性试验地区选择

　　与区域性试验一样，沙棘生产性试验地区的选择既要考虑到区域代表性，也应考虑引种沙棘的生物学和生态学特征的具体要求。如前所述，为了缩短试验时间，采用区域性试验与生产性试验同步开展的策略布设，从东向西于 2014 年依次建有 5 个试验区：黑龙江绥棱、辽宁朝阳、甘肃庆阳、青海大通、新疆额敏。各试验地区的地理位置、气候和土壤特征如前所述。当然，同步开展指在区域性试验结束后，再延续几年生产性试验（至 2020 年），在继续开展有关记载的基础上，增加新的一些内容或地区开展试验研究，以获得更加系统全面的试验研究结果。

《林木引种》（GB/T 14175—1993）中还要求，生产性试验应进行区域栽培比较，并具有一定的生产规模，每个品种或类型的试种面积不少于 30 亩。因此，根据新疆额敏、黑龙江绥棱 2 个主点的引进沙棘生长发育普遍较好的区域性试验结果，2017 年在新疆新增了吉木萨尔、青河 2 个副点，在与新疆气候相近的内蒙古磴口新设 1 个副点，在与黑龙江毗邻的吉林东辽新设 1 个副点。当年春季给这 4 个副点从黑龙江绥棱调入了引进沙棘各品种的硬枝插条，要求新增各点通过育苗后，于 2018 年春季建立新试点。同时，考虑到辽宁朝阳、甘肃庆阳、青海大通 3 个主点用于区域性试验的品种数偏少，2017 年春季也从黑龙江绥棱向这 3 个点输送了一些其所缺的引进沙棘无性系硬枝用于育苗建园。2019 年春季又在与辽宁朝阳毗邻的辽宁铁岭、与甘肃庆阳毗邻且同属黄土高原地区的甘肃天水和山西岚县建立了 3 个副点，这样副点总数就达到了 7 个，增加了生产性试验的类型、面积、代表性和说服力。同时，5 个主点也陆续补充建立了沙棘生产性试验林。其中，甘肃庆阳于 2018 年春季建立，黑龙江绥棱、辽宁朝阳、青海大通、新疆额敏于 2019 年春季建立，甘肃庆阳还于 2019 年春季再次建立了坝地、塬面两种立地条件类型下的沙棘生产性试验林，见表 4-1。

表 4-1　引进沙棘生产性试验布设地区等有关信息

类别	协作单位	试验地区	建立年份
主点	黑龙江省农科院浆果研究所	黑龙江省绥棱县	2014 年、2019 年
	辽宁省水土保持研究所	辽宁省朝阳县	2014 年、2019 年
	黄河水利委员会西峰水土保持科学试验站	甘肃省庆阳市西峰区	2014 年、2017 年、2018 年、2019 年（2 处）
	青海省农林科学院青藏高原野生植物资源研究所	青海省大通县	2014 年、2019 年
	新疆农垦科学院林园研究所	新疆维吾尔自治区额敏县	2014 年、2019 年
副点	吉林省水土保持研究院	吉林省东辽县	2017 年
	中国林科院沙漠林业实验中心	内蒙古自治区磴口县	2017 年
	新疆维吾尔自治区林业厅种苗总站	新疆维吾尔自治区吉木萨尔县	2017 年
		新疆维吾尔自治区青河县	2017 年
	黄河水利委员会天水水土保持科学试验站	甘肃省天水市秦州区	2019 年（2 处）
	沈阳农业大学	辽宁省铁岭县	2019 年
	山西省岚县森生财扶贫攻坚造林专业合作社	山西省岚县	2019 年

表 4-1 新增各副点考虑到了已有区域性试验对 5 个主点的评价，据以选择表现好的试点毗邻地区且区域性试验没有设试点的一些省（区），如吉林、内蒙古、山西；以及区域性试验虽有涉及但可以增加试点的省（区），如辽宁、甘肃、新疆。新增试点的主要气象土壤情况见表 4-2。

表 4-2　引进沙棘生产性试验新增试验区（副点）地理坐标和气象土壤指标

项目	东经	北纬	海拔高度/m	日照时数/h	年均气温/℃	极端最高气温/℃	极端最低气温/℃	≥10℃积温/℃	无霜期/d	年均降水量/mm	年均蒸发量/mm	土壤或母质类型	备注
吉林东辽	125°24′28″	43°01′46″	401	2 497.9	5.2	38	−40	2 900	137	658.1	1 450	黑钙土	2017 年设立
内蒙古磴口	40°19′36″	106°47′32″	1 042	3 200	7.8	39	−29.6	3 112	150	140.3	2 380	风沙土	2017 年设立
新疆吉木萨尔	89°04′15.66″	43°59′24.11″	768	2 861.1	7	40.8	−36.6	3 400	170	168.2	2 309.7	戈壁滩	2017 年设立
新疆青河	90°2′31″	46°25′47″	1 053	3045	1.3	36.5	−47.7	2 285.3	103	189.1	1 495	戈壁滩风沙土	2017 年设立
甘肃天水	105°44′02″	34°34′02″	1 270	2 032	10.7	37.2	−19.2	3 359.5	185	531	1 290.5	黄绵土	2019 年设立
辽宁铁岭	124°0′23″	42°26′42″	80	2 600	7.3	35.8	−34.3	3 135	146	675	1 210	冲积土	2019 年设立
山西岚县	111°24′01″	38°30′46″	1 290	2 773.6	6.9	39.3	−33	2 864	120	457	1 815.6	冲积土	2019 年设立

新增的 7 个生产性试验点，年均气温从 1.3℃（新疆青河）到 10.7℃（甘肃天水），极端最低气温从–47.7℃（新疆青河）到–19.2℃（甘肃天水）；年均降水量从 140.3 mm（内蒙古磴口）到 675 mm（辽宁铁岭），年均蒸发量从 1 210 mm（辽宁铁岭）到 2 390 mm（内蒙古磴口）。这 7 个副点作为 5 个主点的补充，更加充分地提供了各类自然生态条件，以检验引进大果沙棘的适应性、生产性能以及生态效益，从而确保生产性试验的成果更有代表性和说服力，见图 4-1。

吉林东辽试点（2019 年 9 月）

内蒙古磴口试点（2019 年 7 月）

新疆吉木萨尔试点（2019 年 7 月）

新疆青河试点（2019 年 7 月）

川台地

梯田

甘肃天水试点（2020 年 7 月）

山西岚县试点（2020 年 7 月）　　　　　　　辽宁铁岭试点（2020 年 6 月）

图 4-1　生产性试验新增各副点定植的沙棘试验林

第二节　常规栽培措施下引进沙棘生产力评价

从 2014 年以来在 5 个主点开展的引进沙棘生产性试验（2014—2020 年）是对前一阶段区域性试验（2014—2018 年）的延伸，这一试验虽然只较区域性试验多了 2 年（2019—2020 年），但这 2 年却是十分重要的，因为通过这 2 年的田间观察记载，可以更好地了解引进沙棘结实波动情况、树高等营养生长是否已达极限、树体是否有退化等迹象出现，从而确保生产性试验的成果更有说服力。

将 5 个主点（2014—2020 年）这一时间段称为"主序列"（7 年），将 2017 年以来时间段称为"副序列"。

除了 2014 年各主点定植的主序列沙棘生产性试验林外，2017 年以来各主点分数次定植了副序列沙棘生产性试验林。由于 2014 年各试点定植的主序列沙棘林通过区域性试验已经基本上证明了其适应性能，可以视作适应当地环境条件的一种"标准林分"，通过对新补充定植的副序列沙棘林分与主序列标准林分的逐一对比，可以进一步对引进大果沙棘的适应性做出更加全面准确的评价。

2017 年以来新设副点建立的生产性试验林，用毗邻或类似地区主序列生产性试验林的同龄同品种进行对比。

一、各主点引进沙棘生产力

各主点既包括主序列（2014 年定植），也包括副序列（2017 年以来补充定植）的引进沙棘，其生产力主要通过营养生长和结实两大方面来做评价。主序列引进沙棘的评价以"201305"（CK）作为对照，副序列引进沙棘以主序列沙棘的同龄数值作为对照。

（一）绥棱

从气候、土壤两大方面来看，绥棱试点最为接近原产地俄罗斯巴尔瑙尔。区域性试验结果也表明了绥棱试点是最适合引进大果沙棘的两个主点之一，且大多数引进沙棘品种的表现都不错。

1. 2014 年定植沙棘（主序列）

作为主序列，绥棱试点定植了所有 22 个参试大果沙棘品种（其中包含用于对照的"201305"）。下面从树高、地径、结实 3 个方面对其生产力进行评价。

（1）树高

在绥棱试点，除了"201302"于 2018 年年初因患枯萎病死亡（不参与生产性试验分析）外，其余参试的 20 个引进品种和用于对照的"201305"（CK）的树高年度变化见表 4-3。

表 4-3　绥棱试点参试沙棘主序列生产性试验林（2014—2020 年）树高变化　　单位：cm

品种编号	2014 年	2015 年	2016 年	2017 年	2018 年	2019 年	2020 年
201301	59.4	131.7	197.1	194.2	203.0	216.5	217.0
201303	44.1	102.0	173.3	176.6	203.5	205.5	206.0
201304	70.4	139.0	187.9	187.1	211.7	208.5	209.0
201306	53.6	115.0	175.7	180.6	199.6	187.0	187.5
201307	106.7	169.0	207.7	209.8	247.0	239.5	240.0
201308	64.6	138.0	205.6	207.3	231.6	246.5	246.5
201309	46.6	134.4	180.6	185.6	209.5	208.0	208.5
201310	53.1	125.6	186.5	188.4	218.5	213.5	214.0
201311	70.6	135.9	171.5	181.0	192.3	188.0	188.0
201312	56.9	143.1	198.3	193.9	208.1	202.5	202.8
201313	58.8	139.8	193.6	198.1	212.8	212.6	213.0
201314	41.5	105.3	143.1	163.7	165.0	167.5	168.0
201315	36.4	116.6	169.4	176.2	181.9	201.0	201.0
201316	48.2	118.2	182.0	195.4	219.4	195.0	195.5
201317	40.3	126.8	173.1	171.8	197.0	183.0	183.2
201318	34.5	101.6	160.3	186.5	210.7	212.5	212.8
201319	49.5	106.9	168.9	189.5	220.7	230.0	230.2
201320	88.3	187.5	243.0	231.5	277.0	282.0	282.0
201321	65.3	131.4	181.9	181.7	185.0	186.0	186.6
201322	50.0	115.5	206.0	189.0	225.0	197.5	198.0
平均	56.9	129.2	185.3	189.4	210.5	206.8	207.2
201305（CK）	55.3	123.2	168.3	162.8	168.5	170.0	170.6

在 2014—2020 年的 7 年中,绥棱试点引进沙棘的平均树高分别为 56.9 cm、129.2 cm、185.3 cm、189.4 cm、210.5 cm、206.8 cm、207.2 cm,而同期对照"201305"(CK)的树高分别为 55.32 cm、123.16 cm、168.31 cm、162.79 cm、188.50 cm、170.00 cm、170.60 cm,7 年间引进沙棘树高比对照"201305"(CK)增加的比例分别为 3%、5%、10%、16%、25%、22%、21%。因此,从树高这一指标来看,引进沙棘较对照沙棘的树高平均高出 3%～22%,具有较为明显的生长优势。

20 个引进大果沙棘和用于对照的"201305"(CK)中,绥棱试点有 11 种在 2019 年树高值已经小于 2018 年树高值,有 3 种树高值虽有增加,但增长小于 10 cm,表明树高生长基本上已达极限。2020 年参试沙棘树高值较前一年更趋平缓,增幅已很小,总体趋势已定型,呈"S"形曲线,且目前已基本停止生长。

绥棱试点各个参试沙棘品种的高生长模型如下所示:

"201301":$H = -7.084\ 5\ t^2 + 79.83\ t - 3.5$　　　$R^2 = 0.944\ 3$

"201303":$H = -6.979\ 8\ t^2 + 81.656\ t - 28.314$　　　$R^2 = 0.976$

"201304":$H = -6.55\ t^2 + 73.064\ t + 12.114$　　　$R^2 = 0.963\ 1$

"201305"(CK):$H = -6.334\ 5\ t^2 + 66.38\ t + 6.7$　　　$R^2 = 0.916\ 5$

"201306":$H = -7.652\ 4\ t^2 + 81.562\ t - 16.2$　　　$R^2 = 0.970\ 5$

"201307":$H = -5.592\ 9\ t^2 + 65.464\ t + 52.814$　　　$R^2 = 0.968$

"201308":$H = -6.967\ 9\ t^2 + 83.911\ t - 4.842\ 9$　　　$R^2 = 0.971\ 3$

"201309":$H = -7.585\ 7\ t^2 + 84.321\ t - 17.971$　　　$R^2 = 0.961\ 4$

"201310":$H = -7.536\ 9\ t^2 + 84.956\ t - 17.714$　　　$R^2 = 0.972\ 6$

"201311":$H = -6.219\ t^2 + 66.795\ t + 18.243$　　　$R^2 = 0.968\ 6$

"201312":$H = -8.289\ 3\ t^2 + 86.539\ t - 8.142\ 9$　　　$R^2 = 0.934\ 3$

"201313":$H = -7.769\ t^2 + 84.56\ t - 7.328\ 6$　　　$R^2 = 0.960\ 9$

"201314":$H = -6.328\ 6\ t^2 + 69.407\ t - 14.757$　　　$R^2 = 0.977\ 2$

"201315":$H = -6.806\ t^2 + 78.558\ t - 23.471$　　　$R^2 = 0.953\ 5$

"201316":$H = -9.134\ 5\ t^2 + 95.68\ t - 35.214$　　　$R^2 = 0.976\ 2$

"201317":$H = -8.095\ 2\ t^2 + 84.94\ t - 24.257$　　　$R^2 = 0.944\ 9$

"201318":$H = -7.410\ 7\ t^2 + 88.111\ t - 44.386$　　　$R^2 = 0.996\ 4$

"201319":$H = -6.289\ 3\ t^2 + 80.318\ t - 24.671$　　　$R^2 = 0.995$

"201320":$H = -7.553\ 6\ t^2 + 89.146\ t + 21.814$　　　$R^2 = 0.941\ 3$

"201321":$H = -6.761\ 9\ t^2 + 71.102\ t + 10.529$　　　$R^2 = 0.936\ 8$

"201322":$H = -9.631\ t^2 + 99.44\ t - 36.429$　　　$R^2 = 0.925\ 8$

式中:H 为地径(cm);t 为林龄(a);R^2 为相关系数。

在绥棱试点，引进沙棘种植后第 4 年起，树高就基本上接近极限值。此时沙棘的生长就转到茎的加粗，特别是结实上面来。

（2）地径

在绥棱试点，参试引进沙棘品种和用于对照的"201305"（CK）的地径年度变化见表 4-4。

表 4-4　绥棱试点参试沙棘主序列生产性试验林（2014—2020 年）地径变化　　单位：cm

品种编号	2014 年	2015 年	2016 年	2017 年	2018 年	2019 年	2020 年
201301	0.9	2.6	4.3	4.7	5.5	6.2	6.3
201303	0.7	1.8	3.3	3.8	4.2	4.7	4.8
201304	0.9	2.2	3.4	3.3	3.6	3.9	4.0
201306	0.9	2.9	3.9	4.6	4.9	5.4	5.5
201307	1.4	3.0	4.6	4.9	5.5	6.4	6.4
201308	1.0	2.2	3.9	4.1	4.7	5.4	5.5
201309	0.7	2.5	3.8	4.0	4.3	4.4	4.5
201310	0.8	2.2	3.5	4.2	5.3	5.7	5.7
201311	1.1	2.7	3.8	3.8	3.9	4.4	4.5
201312	0.9	2.6	4.1	4.5	4.5	5.5	5.5
201313	0.9	2.6	4.2	4.8	5.4	5.9	5.9
201314	0.7	1.8	2.9	3.7	4.0	4.0	4.1
201315	0.9	2.4	3.8	3.9	4.7	4.9	5.0
201316	0.8	1.9	3.6	4.0	4.5	5.0	5.1
201317	0.8	2.0	3.7	4.2	4.5	5.3	5.4
201318	0.7	1.9	3.5	4.0	4.3	4.4	4.5
201319	0.8	1.8	3.5	4.2	5.1	5.6	5.6
201320	1.4	3.7	5.5	6.0	7.3	8.4	8.4
201321	1.0	2.2	3.6	3.6	4.6	4.6	4.7
201322	0.8	2.0	4.9	4.0	4.7	5.2	5.3
平均	0.9	2.3	3.9	4.2	4.8	5.3	5.3
201305（CK）	0.8	2.1	3.8	3.9	4.0	4.4	4.4

在 2014—2020 年的 7 年中，绥棱试点引进沙棘的平均地径分别为 0.9 cm、2.3 cm、3.9 cm、4.2 cm、4.8 cm、5.3 cm、5.3 cm，而同期对照"201305"（CK）的地径分别为 0.8 cm、2.1 cm、3.8 cm、3.9 cm、4.0 cm、4.4 cm、4.4 cm，7 年间引进沙棘地径比对照"201305"（CK）地径增加的比例分别为 16%、10%、2%、7%、19%、21%、21%。因此，从地径这一指标来看，引进沙棘较对照沙棘的地径平均高 2%～21%，也具有较为明显的优势。

2019 年绥棱试点各参试沙棘平均地径较 2018 年相对增长 10%左右；2020 年平均地径与 2019 年已经基本相同，反映出沙棘地径生长已基本上呈"S"形曲线且目前生长速度已基本停止的基本特征。

绥棱试点各个参试沙棘品种的地径生长模型如下所示：

"201301"：$D = -0.145\ 2\ t^2 + 2.040\ 5\ t - 0.9$　　　$R^2 = 0.989\ 3$

"201303"：$D = -0.121\ 4\ t^2 + 1.65\ t - 0.842\ 9$　　　$R^2 = 0.99$

"201304"：$D = -0.115\ 5\ t^2 + 1.384\ 5\ t - 0.185\ 7$　　　$R^2 = 0.947\ 2$

"201305"（CK）：$D = -0.154\ 8\ t^2 + 1.795\ 2\ t - 0.742\ 9$　　　$R^2 = 0.955\ 9$

"201306"：$D = -0.152\ 4\ t^2 + 1.926\ 2\ t - 0.642\ 9$　　　$R^2 = 0.984\ 2$

"201307"：$D = -0.129\ 8\ t^2 + 1.848\ 8\ t - 0.2$　　　$R^2 = 0.982$

"201308"：$D = -0.115\ 5\ t^2 + 1.663\ 1\ t - 0.514\ 3$　　　$R^2 = 0.980\ 2$

"201309"：$D = -0.170\ 2\ t^2 + 1.922\ 6\ t - 0.828\ 6$　　　$R^2 = 0.967\ 3$

"201310"：$D = -0.127\ 4\ t^2 + 1.858\ 3\ t - 0.971\ 4$　　　$R^2 = 0.995\ 2$

"201311"：$D = -0.122\ 6\ t^2 + 1.470\ 2\ t + 0.028\ 6$　　　$R^2 = 0.933\ 1$

"201312"：$D = -0.140\ 5\ t^2 + 1.838\ 1\ t - 0.6$　　　$R^2 = 0.962\ 9$

"201313"：$D = -0.166\ 7\ t^2 + 2.147\ 6\ t - 1.014\ 3$　　　$R^2 = 0.994\ 4$

"201314"：$D = -0.136\ 9\ t^2 + 1.656\ t - 0.857\ 1$　　　$R^2 = 0.994\ 6$

"201315"：$D = -0.138\ 1\ t^2 + 1.754\ 8\ t - 0.6$　　　$R^2 = 0.980\ 6$

"201316"：$D = -0.128\ 6\ t^2 + 1.742\ 9\ t - 0.842\ 9$　　　$R^2 = 0.986$

"201317"：$D = -0.123\ 8\ t^2 + 1.747\ 6\ t - 0.814\ 3$　　　$R^2 = 0.982\ 9$

"201318"：$D = -0.159\ 5\ t^2 + 1.890\ 5\ t - 1.042\ 9$　　　$R^2 = 0.985\ 2$

"201319"：$D = -0.126\ 2\ t^2 + 1.852\ 4\ t - 1.085\ 7$　　　$R^2 = 0.991\ 1$

"201320"：$D = -0.159\ 5\ t^2 + 2.426\ 2\ t - 0.7$　　　$R^2 = 0.987\ 4$

"201321"：$D = -0.125\ t^2 + 1.603\ 6\ t - 0.442\ 9$　　　$R^2 = 0.974\ 5$

"201322"：$y = -0.170\ 2\ t^2 + 2.065\ 5\ t - 1.014\ 3$　　　$R^2 = 0.880\ 9$

式中：D 为地径（cm）；t 为林龄（a）；R^2 为相关系数。

（3）结实

绥棱试点自 2014 年定植后，2015 年（种植第 2 年）所有参试沙棘品种中就有 9 个品种初果，2016 年（种植第 3 年）所有品种产有果实且产量较多（3 个品种较少），2017—2020 年（种植第 4～7 年）为盛果期，其结实情况见表 4-5。

表 4-5　绥棱试点参试沙棘主序列生产性试验林（2015—2020 年）结实情况　　　　单位：kg/亩

品种编号	种植第 2 年（2015 年）	种植第 3 年（2016 年）	种植第 4 年（2017 年）	种植第 5 年（2018 年）	种植第 6 年（2019 年）	种植第 7 年（2020 年）
201301	少	61.3	588.3	351.9	201.7	205.0
201303	无	少	174.3	156.5	36.1	38.5
201304	少	43.1	179.8	450.7	148.9	150.0
201307	少	75.5	385.2	718.2	256.5	254.0
201308	无	59.3	414.0	395.2	158.2	159.2
201309	无	40.4	682.7	300.8	180.1	182.0
201310	无	38.9	482.9	210.9	103.7	104.5
201311	少	54.4	336.3	123.2	38.2	43.0
201312	少	26.2	505.1	693.8	354.3	350.3
201313	少	17.5	481.7	293.0	194.8	195.0
201314	无	9.3	437.3	373.0	96.3	98.7
201315	少	56.4	828.1	650.5	478.9	475.2
201316	无	少	732.6	139.9	86.2	89.7
201317	少	37.3	732.6	207.6	135.4	135.9
201318	无	22.2	371.9	307.5	223.6	225.4
201319	无	少	331.9	357.4	328.2	327.0
201320	无	46.0	807.0	698.2	478.8	480.1
201321	无	38.2	225.3	32.2	37.7	54.2
201322	无	16.7	399.6	133.2	84.5	89.6
平均	—	33.6	477.3	287.9	200.3	192.5
201305（CK）	少	69.3	533.9	170.9	25.8	83.2

从种植第 4 年（2017 年）起，绥棱试点所有参试沙棘就进入盛果期，19 个引进沙棘果实平均亩产达到 477.3 kg，不过种植第 5 年就有所下降，平均亩产为 287.9 kg，第 6 年平均亩产仅为 200.3 kg，第 7 年为 192.5 kg；而对照"201305"（CK）在第 4 年的果实亩产为 533.9 kg，第 5 年为 170.9 kg，第 6 年为 25.8 kg，第 7 年达 83.2 kg。即从种植第 4 年至第 7 年，引进沙棘果实亩产占对照"201305"（CK）亩产的比例分别为 89%、168%、778% 和 231%。从第 5 年起，引进沙棘果实产量平均值就远超对照"201305"（CK）的产量。其中第 7 年由于前一年秋冬林地积水太多，严重影响了长势和生产力。但结果仍明显好于对照。

绥棱试点从引进沙棘进入盛果期（2017 年）以来，平均亩产渐呈下降趋势，可能还与这几年树体增大后的相应田间抚育没有跟上有关。

从果实产量来看，绥棱试点引进沙棘品种之间分化较大，年份之间的波动也较大，但从种植第 5 年（2018 年）起，引进沙棘品种的果实产量就明显较对照"201305"（CK）

高。这点十分重要，也是确定引种成功至关重要的依据。

2. 2019 年定植沙棘（副序列）

2019 年，绥棱试点利用前一年硬枝扦插自产苗木，建立了副序列补充生产性试验林。

（1）树高

绥棱试点副序列生产性试验林有引进品种 16 种，其中含对照"201305"（CK）。通过与 2014 年所造主序列标准林分对比，发现引进品种中，种植第 1 年生长高度与标准林分相近的有 2 种（占 93%、97%），其余 14 种均高于主序列标准林（占比最高达 229%）。种植第 2 年"201314"和"201322"这 2 个品种因涝死亡，除"201313"树高稍小外，其余均高于主序列标准林，占比平均达 118%，说明新建的副序列生产性试验林分相比主序列标准林分生长状况更好，应该与其为自产壮苗、更加适应当地环境条件等有关（表 4-6）。

表 4-6　绥棱试点参试沙棘副序列生产性试验林（2019—2020 年）树高变化

品种编号	种植第 1 年树高			种植第 2 年树高		
	2019 年种植/cm	2014 年种植/cm	占比/%	2019 年种植/cm	2014 年种植/cm	占比/%
201301	55.0	59.4	93	136.0	131.7	103
201303	97.5	44.1	221	141.0	102.0	138
201305（CK）	80.0	55.3	145	128.0	123.2	104
201307	106.5	106.7	100	172.0	169.0	102
201308	95.5	64.6	148	164.3	138.0	119
201309	79.0	46.6	169	157.5	134.4	117
201310	99.5	53.1	187	136.7	125.6	109
201312	90.5	56.9	159	159.0	143.1	111
201313	57.0	58.8	97	133.0	139.8	95
201314	66.5	41.5	160	—	105.3	—
201315	82.5	36.4	227	155.0	116.6	133
201316	80.5	48.2	167	130.0	118.2	110
201317	88.5	40.3	220	143.3	126.8	113
201318	79.0	34.5	229	153.8	101.6	151
201319	78.5	49.5	159	149.4	106.9	140
201322	84.5	50.0	169	—	115.5	—

（2）地径

绥棱试点副序列生产性试验林有 16 个引进品种，含对照"201305"（CK），种植第 1 年，地径除 3 个品种较 2014 年所造主序列标准林分低外，其余 13 个品种均大于标准林分（高 7%~37%）。如前所述，种植第 2 年"201314"和"201322"这 2 个品种因涝死亡，除"201301""201307""201313"地径稍小外，其余均高于主序列标准林，占比平均达 108%，见表 4-7。

表 4-7　绥棱试点参试沙棘副序列生产性试验林（2019—2020 年）地径变化

品种编号	种植第 1 年地径			种植第 2 年地径		
	2019 年种植/cm	2014 年种植/cm	占比/%	2019 年种植/cm	2014 年种植/cm	占比/%
201301	0.7	0.9	73	2.4	2.6	92
201303	0.9	0.7	135	1.9	1.8	106
201305（CK）	0.9	0.8	117	2.3	2.1	110
201307	1.1	1.3	80	2.9	3.0	97
201308	1.1	1.0	107	2.2	2.2	100
201309	0.8	0.7	110	2.7	2.5	108
201310	1.0	0.8	122	2.4	2.2	109
201312	1.1	0.9	117	2.9	2.6	112
201313	0.8	0.9	92	2.4	2.6	92
201314	0.9	0.7	124	—	1.8	—
201315	1.0	0.9	108	2.6	2.4	108
201316	1.0	0.8	120	2.2	1.9	116
201317	1.1	0.8	142	2.3	2	115
201318	0.9	0.7	119	2.3	1.9	121
201319	1.0	0.8	137	2.2	1.8	122
201322	0.9	0.8	118	—	2.0	—

（3）结实

在种植第 2 年（2020 年）绥棱试点应该有结实，但由于上年洪灾影响严重，树势较差，没有结实。

（二）朝阳

朝阳试点虽然为半干旱气候条件，但区域性试验结果表明引进沙棘生长很好，只是结实稍差一些。

1. 2014 年定植沙棘（主序列）

在朝阳试点，主序列参试沙棘仅有 8 个品种（"201302"定植株全部死亡）。下面从树高、地径、结实 3 个方面对其生产力进行评价。

（1）树高

与绥棱试点相同的是，朝阳试点"201302"也于 2018 年年初患枯萎病后定植株全部死亡，目前仅有少许萌蘖株（故未在表中列出），其余参试 7 个引进品种和对照"201305"（CK）的树高年度变化见表 4-8。

表 4-8　朝阳试点参试沙棘主序列生产性试验林（2014—2020 年）树高变化　　单位：cm

品种编号	2014 年	2015 年	2016 年	2017 年	2018 年	2019 年	2020 年
201301	71.6	134.6	230.9	302.3	356.9	389.5	390.1
201303	74.1	115.5	157.6	229	213.5	221.2	222.0
201304	97.9	130	163.8	207.1	258.5	280.2	281.2
201306	88.7	124.3	180.5	217	253.6	283.0	285.0
201307	71.6	134.6	230.9	302.3	309.3	365.3	366.0
201308	83.2	151.2	209	254.3	292.5	318.3	319.2
201309	56.3	111.2	148.1	201.3	233.4	264.9	265.0
平均	77.6	128.8	188.7	244.8	274.0	303.2	304.1
201305（CK）	66.1	103.0	140.8	199.8	225.6	277.4	278.6

在 2014—2020 年的 7 年中，朝阳试点引进沙棘的平均树高分别为 77.6 cm、128.8 cm、188.7 cm、244.8 cm、274.0 cm、303.2 cm、304.1 cm，而同期对照"201305"（CK）的树高分别为 66.1 cm、103.0 cm、140.8 cm、199.8 cm、225.6 cm、27.4 cm、278.6 cm，7 年间引进沙棘树高较对照"201305"（CK）树高增加的比例分别为 17%、25%、34%、23%、21%、9%、9%。因此，从树高这一指标来看，朝阳试点引进沙棘的树高较对照沙棘的树高平均高出 9%～34%，具有较为明显的优势。

从树高这一指标来看，朝阳试点参试所有沙棘品种 2019 年仍在增长中，不过增长幅度正在逐年递减。2020 年参试沙棘树高值较前一年更趋平缓，增幅已很小，总体趋势已定型，呈"S"形曲线，且目前已处于临近停止生长阶段。

朝阳试点各个参试沙棘品种的高生长模型如下所示：

"201301"：$H = -7.906\,t^2 + 120.08\,t - 54.214$　　　$R^2 = 0.991\,6$

"201303"：$H = -6.533\,3\,t^2 + 77.66\,t - 3.842\,9$　　　$R^2 = 0.950\,9$

"201304"：$H = -2.378\,6\,t^2 + 52.779\,t + 39.129$　　　$R^2 = 0.978\,4$

"201305"（CK）：$H = -2.082\,1\,t^2 + 54.911\,t + 6.471\,4$　　　$R^2 = 0.984\,7$

"201306"：$H = -3.592\,9\,t^2 + 63.721\,t + 21.557$　　　$R^2 = 0.992$

"201307"：$H = -7.640\,5\,t^2 + 111.95\,t - 40.686$　　　$R^2 = 0.985\,2$

"201308"：$H = -6.067\,9\,t^2 + 88.746\,t - 1.1$　　　$R^2 = 0.998\,8$

"201309"：$H = -4.085\,7\,t^2 + 69.071x - 11.686$　　　$R^2 = 0.993\,3$

式中：H 为地径（cm）；t 为林龄（a）；R^2 为相关系数。

（2）地径

在朝阳试点，参试引进沙棘品种和对照"201305"（CK）的地径年度变化见表 4-9。

表 4-9 朝阳试点参试沙棘主序列生产性试验林（2014—2020 年）地径变化　　单位：cm

品种编号	2014 年	2015 年	2016 年	2017 年	2018 年	2019 年	2020 年
201301	1.0	2.6	4.6	6.0	7.0	7.7	7.8
201303	0.8	1.9	3.0	5.3	4.4	4.9	5.1
201304	0.9	2.1	3.3	4.0	4.8	5.3	5.4
201306	1.3	3.0	4.5	5.4	6.1	6.3	6.3
201307	1.0	2.6	4.6	6.0	6.7	8.0	8.0
201308	1.1	2.7	4.2	6.0	5.7	6.6	6.7
201309	0.7	1.8	3.0	3.8	4.3	4.5	4.6
平均	1.0	2.4	3.9	5.2	5.5	6.2	6.3
201305（CK）	0.8	1.9	3.2	4.3	5.6	6.4	6.4

在 2014—2020 年的 7 年中，朝阳试点引进沙棘的平均地径分别为 1.0 cm、2.4 cm、3.9 cm、5.2 cm、5.5 cm、6.2 cm、6.3 cm，而同期对照"201305"（CK）的地径分别为 0.8 cm、1.9 cm、3.2 cm、4.3 cm、5.6 cm、6.4 cm、6.4 cm，7 年间引进沙棘地径占对照"201305"（CK）地径的比例分别为 116%、128%、120%、120%、99%、97%、98%。因此，从地径这一指标来看，种植后的第 1～4 年，引进沙棘的地径较对照沙棘的地径平均大 16%～28%，不过第 5～7 年，两者间十分接近但引进沙棘稍高。总体来看，引进沙棘与对照沙棘地径相差很小。

从参试沙棘的地径变化来看，朝阳试点 2019 年较 2018 年地径相对增长 12%左右；2020 年地径值较 2019 年稍有增加，但增长幅度已变小，较 2019 年相对增长仅 1.6%左右，增长率已开始大幅下降，基本上呈"S"形曲线，且目前已处于临近停滞生长的阶段。

朝阳试点各个参试沙棘品种的地径生长模型如下所示：

"201301"：$D = -0.176\ 2\ t^2 + 2.588\ 1\ t - 1.585\ 7$　　　$R^2 = 0.996\ 7$

"201303"：$D = -0.165\ 5\ t^2 + 2.048\ 8\ t - 1.257\ 1$　　　$R^2 = 0.917\ 2$

"201304"：$D = -0.104\ 8\ t^2 + 1.602\ 4\ t - 0.628\ 6$　　　$R^2 = 0.998\ 2$

"201305"（CK）：$D = -0.090\ 5\ t^2 + 1.731\ t - 1.028\ 6$　　　$R^2 = 0.989\ 1$

"201306"：$D = -0.183\ 3\ t^2 + 2.295\ 2\ t - 0.814\ 3$　　　$R^2 = 0.999\ 4$

"201307"：$D = -0.153\ 6\ t^2 + 2.439\ 3\ t - 1.414\ 3$　　　$R^2 = 0.993\ 8$

"201308"：$D = -0.175\ t^2 + 2.332\ 1\ t - 1.114\ 3$　　　$R^2 = 0.977\ 9$

"201309"：$D = -0.126\ 2\ t^2 + 1.666\ 7\ t - 0.9$　　　$R^2 = 0.997\ 9$

式中：D 为地径（cm）；t 为林龄（a）；R^2 为相关系数。

（3）结实

自 2014 年定植沙棘后，朝阳试点 2016 年（种植第 3 年）所有引进沙棘品种开始挂果，2017—2020 年为盛果期，其结实情况见表 4-10。

表 4-10　朝阳试点参试沙棘主序列生产性试验林（2014—2020 年）结实情况　　　单位：kg/亩

品种编号	种植第 3 年（2016 年）	种植第 4 年（2017 年）	种植第 5 年（2018 年）	种植第 6 年（2019 年）	种植第 7 年（2020 年）
201301	少	200.0	78.0	122.1	266.4
201302	少	105.4	91.2	13.3	26.6
201303	少	17.5	少	3.3	16.7
201304	少	39.0	21.1	32.2	136.3
201307	少	79.0	52.2	59.9	108.8
201308	少	229.9	306.4	243.1	416.0
201309	少	36.5	24.9	23.3	174.2
平均	—	101.0	95.6	71.0	163.6
201305（CK）	少	39.2	177.6	27.8	223.3

注："201302" 从 2019 年起，原栽树已死去，结实的为萌蘖株，故产量很低。

　　朝阳试点种植第 4 年进入盛果期，7 个引进品种亩产由种植第 4 年的 101.0 kg 下降到种植第 5 年的 95.6 kg，再下降到种植第 6 年的 71.0 kg；不过在种植第 7 年，其平均亩产有所反弹，增加到 163.6 kg，似有"大小年"现象；同期对照"201305"（CK）的亩产分别为 39.2 kg、177.6 kg、27.8 kg、223.3 kg，4 年间引进沙棘平均亩产占对照"201305"（CK）的比例分别为 258%、54%、256%、73%。引进沙棘与对照沙棘果实产量刚好错位，定植第 4 年、第 6 年引进沙棘产量高，定植第 5 年、第 7 年对照沙棘产量高。

　　通过试验说明了如果单从果实产量来看，朝阳试点引进沙棘果实平均亩产与对照"201305"（CK）基本相仿，对照略高。这是朝阳试点评定引进沙棘是否成功的最为重要的依据。

2．2019 年定植沙棘（副序列）

　　在辽宁朝阳，2017 年春季曾经用从黑龙江绥棱邮寄来的引进沙棘硬枝扦插苗木进行建园，可惜没有成功。2019 年利用上一年嫩枝扦插自产苗木，建立了副序列补充生产性试验林。

　　（1）树高

　　朝阳试点副序列 8 种参试沙棘，2019 年种植当年树高除 1 种（"201304"）外，均高于 2014 年定植的标准林。不过，在种植第 2 年（2020 年），春季大部分树体均有枯梢现象（近 1/3），加之速生期阶段的 7 月降雨严重不足，1 个月无有效降雨，未进行灌溉，造成生长量不高，树高测定结果仅相当于同龄标准林分的 69.6%～98.9%，见表 4-11。

表 4-11　朝阳试点参试沙棘副序列生产性试验林（2019—2020 年）树高变化

品种编号	种植第 1 年树高			种植第 2 年树高		
	2019 年种植/cm	2014 年种植/cm	占比/%	2019 年种植/cm	2014 年种植/cm	占比/%
201301	77.7	71.6	109	95.7	134.6	71.1
201303	81.5	74.1	110	96.1	115.5	83.2
201304	84.1	97.9	86	90.5	130.0	69.6
201305（CK）	83.2	66.1	126	97.7	103.0	94.9
201306	107.2	88.7	121	110.9	124.3	89.2
201307	99.4	71.6	139	116.9	134.6	86.8
201308	95.6	83.2	115	107.7	151.2	71.2
201309	105.8	56.3	188	110.0	111.2	98.9

（2）地径

朝阳试点副序列 8 种参试沙棘，2019 年种植当年 3 个品种地径较大，其余 5 个品种地径稍小（占 82%～96%）。2020 年地径测定结果仅为同年龄标准林分的 51.2%～77.4%，原因已在树高部分说明，见表 4-12。

表 4-12　朝阳试点参试沙棘副序列生产性试验林（2019—2020 年）地径变化

品种编号	种植第 1 年地径			种植第 2 年地径		
	2019 年种植/cm	2014 年种植/cm	占比/%	2019 年种植/cm	2014 年种植/cm	占比/%
201301	0.9	1.0	94	1.3	2.6	51
201303	0.7	0.8	83	1.2	1.9	66
201304	0.7	0.9	82	1.2	2.1	59
201305（CK）	0.9	0.8	107	1.4	1.9	77
201306	1.1	1.3	85	1.6	3.0	54
201307	1.0	1.0	102	1.6	2.6	62
201308	1.0	1.1	96	1.5	2.7	56
201309	1.2	0.7	162	1.3	1.8	72

（3）结实

在种植第 2 年（2020 年），朝阳试点"201308""201309"这两个引进品种有零星结实。

（三）庆阳

庆阳试点在诸试点中纬度最为偏南，试验地选在两山夹一沟的蓄热小气候环境中，但由于所处坝地盐碱化严重，引进沙棘生长受限，相当于推迟种植了 2 年左右，区域性试验结果表明引进沙棘生长结实表现一般。

1．2014 年定植沙棘（主序列）

在庆阳试点，主序列参试沙棘品种也不多，仅 11 个品种。下面从树高、地径、结实 3 个方面对其生产力进行评价。

（1）树高

在庆阳试点，"201301"于 2019 年年初患枯萎病，树干主体已全部死亡，其余参试 9 个引进品种和对照"201305"（CK）的树高年度变化见表 4-13。

表 4-13　庆阳试点参试沙棘主序列生产性试验林（2014—2020 年）树高变化　　单位：cm

品种编号	2014 年	2015 年	2016 年	2017 年	2018 年	2019 年	2020 年
201302	31.3	69.6	139.6	173.0	203.2	208.7	209.5
201303	36.5	84.2	134.9	163.6	185.7	170.3	171.2
201304	40.6	60.4	102.4	136.6	173.9	206.8	208.1
201306	20.5	36.1	87.9	115.1	149.6	121.0	122.0
201307	42.0	59.5	74.9	137.8	193.6	193.2	194.0
201308	39.1	46.0	68.0	133.3	192.1	205.4	205.5
201309	29.0	35.5	66.2	102.6	147.3	159.0	159.8
201310	26.6	38.3	63.7	101.3	156.0	171.6	172.1
201311	24.3	34.5	61.0	111.0	191.5	202.0	202.3
平均	32.2	51.6	88.7	141.6	177.0	182.0	182.7
201305（CK）	34.3	79.9	94.2	169.0	211.2	201.0	201.6

在 2014—2020 年的 7 年中，庆阳试点引进沙棘品种的平均树高分别为 32.2 cm、51.6 cm、88.7 cm、141.6 cm、177.0 cm、182.0 cm、182.7 cm，而同期对照"201305"（CK）的树高分别为 34.3 cm、79.9 cm、94.2 cm、169.0 cm、211.2 cm、201.0 cm、201.6 cm，7 年间引进沙棘树高占对照沙棘树高的比例分别为 94%、65%、94%、84%、84%、91%、91%。在庆阳试点，9 个引进沙棘品种的 7 个年份的平均树高均不如对照"201305"（CK），但差距并不大。

在所有参试沙棘品种中，有 3 种 2019 年的树高值已经小于 2018 年树高值，证明庆阳试点沙棘树高生长基本上已抵极限。2020 年参试沙棘树高值较前一年更趋平缓，增幅已很小（0.4%），总体趋势已定型，呈"S"形曲线，且目前已处于基本停滞生长的阶段。

庆阳试点各参试沙棘品种的高生长模型如下所示：

"201302"：$H = -6.147\,6\,t^2 + 80.481\,t - 51.129$　　$R^2 = 0.988\,1$

"201303"：$H = -6.877\,4\,t^2 + 77.415\,t - 36.914$　　$R^2 = 0.988\,5$

"201304"：$H = -1.569\,t^2 + 43.51\,t - 9.971\,4$　　$R^2 = 0.982\,7$

"201305"（CK）：$H = -4.913\,1\,t^2 + 70.058\,t - 40.371$　　$R^2 = 0.941\,2$

"201306"：$H = -5.481\,t^2 + 62.99\,t - 49.171$　　　$R^2 = 0.923\,9$

"201307"：$H = -2.103\,6\,t^2 + 46.904\,t - 17.686$　　　$R^2 = 0.920\,6$

"201308"：$H = -1.077\,4\,t^2 + 42.265\,t - 20.457$　　　$R^2 = 0.925\,5$

"201309"：$H = -1.272\,6\,t^2 + 35.913\,t - 18.286$　　　$R^2 = 0.950\,7$

"201310"：$H = -0.842\,9\,t^2 + 35.15\,t - 19.514$　　　$R^2 = 0.949\,9$

"201311"：$H = -0.815\,5\,t^2 + 42.22\,t - 34.486$　　　$R^2 = 0.925\,4$

式中：H 为地径（cm）；t 为林龄（a）；R^2 为相关系数。

（2）地径

在庆阳试点，参试的 9 个引进沙棘品种和对照"201305"（CK）的地径年度变化见表 4-14。

表 4-14　庆阳试点参试沙棘主序列生产性试验林（2014—2020 年）地径变化　　　单位：cm

品种编号	2014 年	2015 年	2016 年	2017 年	2018 年	2019 年	2020 年
201302	0.5	1.0	1.3	2.6	3.1	3.8	3.9
201303	0.6	1.3	2.4	3.2	4.0	4.6	4.6
201304	0.7	0.9	1.5	2.7	3.4	4.0	4.1
201306	0.6	0.7	1.4	2.6	3.1	3.3	3.4
201307	0.7	0.7	1.2	2.5	3.4	4.3	4.3
201308	0.6	0.7	0.9	2.2	3.3	3.8	3.9
201309	0.5	0.6	1.0	1.9	2.8	3.2	3.2
201310	0.5	0.5	0.9	1.9	3.0	3.6	3.7
201311	0.5	0.5	1.0	2.4	2.8	3.3	3.4
平均	0.6	0.8	1.3	2.4	3.2	3.8	3.8
201305（CK）	0.6	1.3	2.6	3.8	4.3	4.7	4.7

在 2014—2020 年的 7 年中，庆阳试点引进沙棘品种的平均地径分别为 0.6 cm、0.8 cm、1.3 cm、2.4 cm、3.2 cm、3.8 cm、3.8 cm，而同期对照"201305"（CK）的地径分别为 0.6 cm、1.3 cm、2.6 cm、3.8 cm、4.3 cm、4.7 cm、4.7 cm，7 年间引进沙棘占对照沙棘地径的比例分别为 88%、60%、50%、64%、74%、80%、80%。引进沙棘从 2018 年（种植第 5 年）起地径才达到 3 cm 以上，占对照沙棘地径的比例达 74%；2019 年占到 80%，2020 年也占到 80%，表明从地径这一指标来看，庆阳试点引进沙棘的生产力不如对照沙棘。

从 9 个引进大果沙棘品种和对照"201305"（CK）的地径值来看，庆阳试点引进沙棘 2019 年地径较 2018 年地径相对增长 17%，而对照"201305"（CK）相对增长变缓，达 8%；2020 年引进沙棘、"201305"（CK）与 2019 年地径相同，年度间无变化。引进沙棘地径生长已基本上呈"S"形曲线，且目前生长已趋缓慢。

庆阳试点各个参试沙棘品种的地径生长模型如下所示：

"201302"：$D = -0.019\,t^2 + 0.781\,t - 0.428\,6$　　$R^2 = 0.967\,3$

"201303"：$D = -0.071\,4\,t^2 + 1.292\,9\,t - 0.785\,7$　　$R^2 = 0.989\,7$

"201304"：$D = -0.017\,9\,t^2 + 0.796\,4\,t - 0.357\,1$　　$R^2 = 0.962\,5$

"201305"（CK）：$D = -0.046\,4\,t^2 + 0.917\,9\,t - 0.585\,7$　　$R^2 = 0.943\,1$

"201306"：$D = 0.014\,3\,t^2 + 0.607\,1\,t - 0.271\,4$　　$R^2 = 0.945\,1$

"201307"：$D = 0.013\,1\,t^2 + 0.556\,t - 0.285\,7$　　$R^2 = 0.929\,9$

"201308"：$D = -0.006\,t^2 + 0.586\,9\,t - 0.342\,9$　　$R^2 = 0.941\,9$

"201309"：$D = 0.020\,2\,t^2 + 0.477\,4\,t - 0.3$　　$R^2 = 0.943\,2$

"201310"：$D = -0.017\,9\,t^2 + 0.717\,9\,t - 0.528\,6$　　$R^2 = 0.933\,2$

"201311"：$D = -0.013\,1\,t^2 + 0.729\,8\,t - 0.385\,7$　　$R^2 = 0.956\,1$

式中：D 为地径（cm）；t 为林龄（a）；R^2 为相关系数。

（3）结实

在庆阳试点，种植第 3 年（2016 年）作为对照的"201305"（CK）已有结果，但在当年 7 月 27 日全部脱落了。种植第 4 年（2017 年）引进沙棘品种只有"201304"开花结果，但结实比较少，而对照"201305"（CK）全部结果且结果很多，但 6 月 19 日遭冰雹袭击，大部分果实受损伤腐烂脱落。总体来说，庆阳试点沙棘种植后受盐碱危害，挂果后又遭受冰雹、鸟食等危害，对结实造成严重影响。种植第 5 年（2018 年）灾害现象较少，不过参试的 11 种沙棘中只有 3 种结实。种植第 6 年（2019 年）结实很少，遭遇绝收。种植第 7 年（2020 年）全部品种没有开花结实，见表 4-15。

表 4-15　庆阳试点参试沙棘主序列生产性试验林（2014—2020 年）结实情况　　单位：kg/亩

品种编号	种植第 3 年（2016 年）	种植第 4 年（2017 年）	种植第 5 年（2018 年）	种植第 6 年（2019 年）	种植第 7 年（2020 年）
201301	无	无	少	少	无
201302	无	无	少	少	无
201303	无	无	58.8	少	无
201304	无	4.7	37.7	少	无
201307	无	无	少	少	无
201308	无	无	少	少	无
201309	无	无	少	少	无
平均	—	4.7	48.3	—	无
201305（CK）	少	68.0	74.4	少	无

从表 4-15 可以看出，庆阳试点不论引进沙棘还是对照沙棘，种植第 5 年的产量在定植后 7 年间算是相对最高的，但亩产也很低，种植第 6 年结实很少，第 7 年没有结实。

如前所述，盐碱化土壤和其他一些人为因素（如周边地区打药）是造成庆阳试点坝地这一生境参试沙棘结实不好的主要原因。庆阳试点的引进沙棘结实评价还有待于未来副序列在塬区的试验结果，因为塬区生态环境条件可能会更加适合引进沙棘的生长发育。

2．2017 年定植沙棘（副序列）

考虑到庆阳试点用于区域性试验的品种数偏少，2017 年春季从黑龙江绥棱调入了所缺的 11 个引进沙棘品种的硬枝扦插苗木，但建立副序列生产性试验林后当年保存 9 个品种，次年仅保存了 2 个品种。

（1）树高

庆阳试点于 2017 年早春从黑龙江绥棱试点调入了"201312"～"201322"共 11 个品种的硬枝扦插苗木，建园后于当年 9 月调查时发现"201316"和"201322"两种没有保存，其余 9 种得以保存。2018 年 8 月调查时发现只有"201312"和"201320"两个品种得到保存，其余 7 种全部死亡。这 2 种引进沙棘的树高见表 4-16。

表 4-16　庆阳试点参试沙棘副序列生产性试验林（2017—2020 年）树高变化

品种编号	种植第 1 年树高			种植第 2 年树高			种植第 3 年树高			种植第 4 年树高		
	2017 年定植/cm	2014 年绥棱定植/cm	占比/%	2017 年定植/cm	2014 年绥棱定植/cm	占比/%	2017 年定植/cm	2014 年绥棱定植/cm	占比/%	2017 年定植/cm	2014 年绥棱定植/cm	占比/%
201312	65.6	56.9	115	148.1	143.1	103	164.3	198.3	83	175.3	193.9	90
201320	82.3	88.3	93	189.4	187.5	101	217.7	243.0	90	227.0	231.5	98

表中借用绥棱试点的相应树高数值作为对比，因为庆阳试点原先没有定植过这 2 个品种。定植前 2 年由于提供苗木较高，基本上以参试沙棘高于对照绥棱，而 2019 年、2020 年两年却均以用于对照的标准林分（绥棱）高于参试沙棘，说明位于黄土高原的庆阳试点生长情况不如位于东北黑土地的绥棱试点。

（2）地径

如前所述，2 种从绥棱调入并种植成功的引进沙棘在庆阳试点的地径生长见表 4-17。

与树高趋势不同，庆阳试点定植前 4 年基本上多以用于对照的原定植标准林分（绥棱）地径为大，第 4 年地径占比为 66%～81%，说明了庆阳试点的生长情况不如位于东北黑土地的绥棱试点。

表 4-17 庆阳试点参试沙棘副序列生产性试验林（2017—2020 年）地径变化

品种编号	种植第 1 年地径			种植第 2 年地径			种植第 3 年地径			种植第 4 年地径		
	2017 年定植/cm	2014 年绥棱定植/cm	占比/%	2017 年定植/cm	2014 年绥棱定植/cm	占比/%	2017 年定植/cm	2014 年绥棱定植/cm	占比/%	2017 年定植/cm	2014 年绥棱定植/cm	占比/%
201312	0.9	0.9	96	2.1	2.6	79	2.6	4.0	63	3.66	4.5	81
201320	1.9	1.4	140	2.3	3.7	63	3.4	5.5	61	3.93	6.0	66

（3）结实

在种植第 4 年（2020 年），庆阳试点这两个品种干梢严重（有可能患枝干枯萎病），依然没有结实。

3．2018 年定植沙棘（副序列）

2018 年春季，庆阳试点利用上一年自产嫩枝扦插苗木建立了副序列补充生产性试验林。其中包括 8 个参试沙棘品种（"201301" ～ "201308"）。

（1）树高

表 4-18 列出了 2018 年定植沙棘后，庆阳试点参试沙棘生长第 1 年、第 2 年、第 3 年的树高变化，同时用主序列 2014 年定植沙棘（标准林分）的同龄树高作为对比。

表 4-18 庆阳试点参试沙棘副序列生产性试验林（2018—2020 年）树高变化

品种编号	种植第 1 年树高			种植第 2 年树高			种植第 3 年树高		
	2018 年定植/cm	2014 年定植/cm	占比/%	2018 年定植/cm	2014 年定植/cm	占比/%	2018 年定植/cm	2014 年定植/cm	占比/%
201301	37.6	41.5	91	74.2	72.2	103	122.5	140.1	87
201302	55.6	31.3	178	82.7	69.6	119	133.4	139.6	96
201303	79.1	36.5	217	104.4	84.2	124	116.5	134.9	86
201304	54.4	40.6	134	108.5	60.4	180	150.2	102.4	147
201306	57.5	20.5	280	112	36.1	310	129.5	87.9	147
201307	38.5	42.0	92	74	59.5	124	129.2	74.9	172
201308	46.8	39.1	120	84.8	46.0	184	122.4	68.0	180
平均	52.8	35.9	160	91.5	61.1	160	129.1	106.8	121
201305（CK）	53.1	34.3	155	107.8	79.9	135	146.5	94.2	156

从表 4-18 可以看出，庆阳试点新定植的 8 个参试沙棘品种在定植第 1 年只有 2 种树高相当于原定植标准林分的 90%以上，其余 7 种均高于原定植标准林分（高出 20%～

180%）；在定植第 2 年，8 个参试沙棘品种全部高于原定植标准林分（高出 3%～210%）；在定植第 3 年，有 3 个参试沙棘品种较原定植标准林分低，相当于 86%～96%，其余 5 个品种（含 CK）均高于原定植标准林分（高出 47%～80%）。

（2）地径

表 4-19 列出了庆阳试点 2018 年定植沙棘后生长第 1 年、第 2 年、第 3 年的地径变化，同时用主序列 2014 年定植沙棘标准林的同龄地径作为对比。

表 4-19　庆阳试点参试沙棘副序列生产性试验林（2018—2020 年）地径变化

品种编号	种植第 1 年地径			种植第 2 年地径			种植第 3 年地径		
	2018 年定植/cm	2014 年定植/cm	占比/%	2018 年定植/cm	2014 年定植/cm	占比/%	2018 年定植/cm	2014 年定植/cm	占比/%
201301	0.6	0.7	94	1.3	1.3	100	2.1	2.7	79
201302	0.8	0.5	171	1.6	1.0	170	2.3	1.3	177
201303	1.0	0.6	159	1.7	1.3	130	1.5	2.4	64
201304	0.7	0.7	114	1.4	0.9	156	2.1	1.5	143
201306	0.8	0.6	141	1.9	0.7	254	2.4	1.4	171
201307	0.8	0.7	123	1.1	0.7	151	1.8	1.2	150
201308	0.7	0.6	120	1.3	0.7	189	1.9	0.9	211
平均	0.8	0.6	132	1.5	0.9	164	2.0	1.6	127
201305（CK）	0.7	0.6	117	1.3	1.3	102	2.5	2.6	95

从表 4-19 可以看出，庆阳试点新定植的 8 个参试沙棘品种在定植第 1 年只有 1 种地径相当于原定植标准林分的 90% 以上，其余 7 种均大于原定植标准林分（高出 14%～71%）；在定植第 2 年，8 个参试沙棘品种均不低于原定植标准林分（最大高出 154%）；在定植第 3 年，有 3 种［包括"201305"（CK）］低于原定植标准林分，地径相当于 64%～95%，有 5 种较原定植标准林分高，平均高出 27%～110%，引进品种平均高出对照 27%。

（3）结实

在种植第 3 年（2020 年），庆阳试点发现有 2 个品种结实，其中"201303"结实"较多"，"201305"（CK）"零星"结实，其余 7 个品种无结实。

4．2019 年定植沙棘（副序列）

2019 年春季，庆阳试点利用上一年嫩枝扦插自产苗木分别在当地南小河沟坝地（与主序列毗邻）、董志塬区建立了 2 处副序列补充生产性试验林，继续补充、探索、扩大可能的大果沙棘引种立地条件。因为庆阳试点是黄土高原下属高塬沟壑区的典型，这一类型区的重要地貌单位除沟壑外还有塬面。由于种种原因，沟壑区沙棘生长不太理想；但塬面由于气候较沟壑相对凉爽，土壤为黑垆土，这些都是更加适合沙棘生长的生态因子。

（1）树高

2019 年定植后当年，庆阳试点南小河沟引进沙棘 1 种生长不抵标准林分，1 种相当于标准林分的 2 倍还多；而董志塬上 11 个参试沙棘品种中，有 7 种树高比标准林分高了20%～132%，4 种稍低（其中 3 种占 95%以上）。在种植的第 2 年（2020 年），南小河沟引进 2 种沙棘，一种（"201301"）稍小于原定植标准林分（占 98%），另一种（"201303"）较原定植标准林分高 24%；在董志塬上所有参试沙棘与原定植标准林分基本相同，占比99%，其中 4 种较高（高出 7%～22%），7 种略低（占比 85%～99%），见表 4-20。

表 4-20　庆阳试点参试沙棘副序列生产性试验林（2019—2020 年）树高变化

地点	品种编号	种植第 1 年树高			种植第 2 年树高			备注
		2019 年定植/cm	2014 年定植/cm	占比/%	2019 年定植/cm	2014 年定植/cm	占比/%	
南小河沟	201301	30.3	41.5	73	79.0	80.9	98	2 龄苗
	201303	75.5	36.5	207	94.1	76.1	124	2 龄苗
董志塬	201301	40.8	41.5	98	79.3	80.9	98	2 龄苗
	201302	56.6	31.3	181	96.8	106.6	91	1 龄苗
	201303	43.8	36.5	120	81.4	76.1	107	1 龄苗
	201304	56.6	40.6	139	91.7	78.3	117	1 龄苗
	201306	47.6	20.5	232	79.1	82.5	96	1 龄苗
	201307	55.2	42.0	131	97.7	99.5	98	1 龄苗
	201308	55.2	39.1	141	95.0	77.9	122	1 龄苗
	201309	34.3	36.0	95	57.0	82.7	69	1 龄苗
	201310	26.0	36.9	70	71.0	61.4	116	1 龄苗
	201311	45.1	46.7	97	63.7	75.3	85	1 龄苗
	平均	46.1	37.1	130	81.3	82.1	99	—
	201305（CK）	50.6	34.3	148	77.1	77.8	99	1 龄苗

（2）地径

从 2019 年定植当年来看，庆阳试点 2 处新定植沙棘林分地径生长除南小河沟 1 种（"201301"）外，其余均较标准林分好。与对照"201305"（CK）相比，董志塬上 10 个引进沙棘品种的地径比对照大 6%。定植第 2 年的生长与第一年相似，南小河沟两种均比原定植标准林分小（相当于 85%～92%），而董志塬所有参试沙棘（含 CK）均较对照标准林分高，平均高出 125%，见表 4-21。

表 4-21　庆阳试点参试沙棘副序列生产性试验林（2019—2020 年）地径变化

地点	品种编号	种植第 1 年地径			种植第 2 年地径			备注
		2019 年定植/cm	2014 年定植/cm	占比/%	2019 年定植/cm	2014 年定植/cm	占比/%	
南小河沟	201301	0.7	0.7	99	1.2	1.3	92	2 龄苗
	201303	0.7	0.6	112	1.1	1.3	85	2 龄苗
董志塬	201301	0.8	0.7	126	2.0	1.3	152	2 龄苗
	201302	1.1	0.5	219	2.3	1.0	228	1 龄苗
	201303	0.9	0.6	138	1.7	1.3	130	1 龄苗
	201304	0.9	0.7	133	2.1	0.9	228	1 龄苗
	201306	0.9	0.6	161	2.1	0.7	301	1 龄苗
	201307	0.8	0.7	129	1.9	0.7	269	1 龄苗
	201308	1.0	0.6	170	2.2	0.7	318	1 龄苗
	201309	0.6	0.5	130	1.2	0.6	204	1 龄苗
	201310	0.7	0.5	141	1.4	0.5	281	1 龄苗
	201311	0.8	0.5	168	1.2	0.5	230	1 龄苗
	平均	0.9	0.6	152	1.8	0.8	225	1 龄苗
	201305（CK）	0.8	0.6	135	1.7	1.3	129	1 龄苗

（3）结实

在定植第 2 年（2020 年），庆阳试点尚未发现有沙棘引进品种结实。

总体来看，庆阳试点 2017—2019 年 3 年间新建的副序列生产性试验林的树高、地径均比 2014 年定植的主序列生产性试验林的树高、地径生长好。

（四）额敏

虽然额敏试点与原产地俄罗斯巴尔瑙尔的直线距离最近，但从气候、土壤两大环境因素来看相差甚远。但区域性试验结果表明，额敏试点是本次沙棘引种工作中最适合引进大果沙棘的两个主点之一，甚至好于黑龙江绥棱。

1. 2014 年定植沙棘（主序列）

额敏试点主序列沙棘试验林于 2014 年定植了所有 22 种引进俄罗斯大果沙棘品种。

（1）树高

在额敏试点，所有参试沙棘品种均得以保存，参试的 21 个引进沙棘品种和对照"201305"（CK）的树高年度变化见表 4-22。

表 4-22　额敏试点参试沙棘主序列生产性试验林（2014—2020 年）树高变化　　单位：cm

品种编号	2014 年	2015 年	2016 年	2017 年	2018 年	2019 年	2020 年
201301	33.6	80.1	143.2	157.4	164.5	179.8	180.0
201302	44.3	106.2	157.2	167.7	186.1	188.1	188.2
201303	37.6	68.6	133.2	148.9	138.7	137.7	138.0
201304	50.3	77.9	136.4	150.2	146.4	143.4	144.1
201306	55.9	81.8	154.6	166.1	164.2	181.3	182.0
201307	52.2	99.0	156.9	170.0	179.3	188.6	189.2
201308	37.8	77.4	124.9	148.0	174.3	163.8	164.9
201309	36.0	82.3	105.2	130.9	126.2	114.3	115.0
201310	36.9	60.9	118.3	144.3	172.3	130.0	131.1
201311	46.7	74.7	145.2	167.6	178.1	176.9	177.8
201312	51.5	75.5	140.4	155.9	165.4	164.0	165.1
201313	17.3	86.8	112.0	132.5	146.7	126.7	128.2
201314	31.1	47.1	101.9	117.5	125.9	117.2	119.1
201315	23.2	66.8	119.8	138.3	163.8	135.0	135.2
201316	41.8	58.2	144.2	163.2	165.7	172.8	173.0
201317	41.1	63.1	108.3	132.4	111.0	107.8	108.2
201318	43.5	87.7	114.5	124.8	140.8	137.5	138.2
201319	56.3	83.3	139.0	159.2	145.3	151.9	153.1
201320	38.3	76.0	149.3	159.3	204.4	202.0	202.6
201321	46.5	81.9	130.8	150.9	149.5	142.1	142.9
201322	46.2	97.7	105.2	138.1	143.0	128.6	129.0
平均	41.3	77.8	130.5	148.7	156.7	151.9	152.6
201305（CK）	47.3	77.3	116.4	129.6	118.1	123.5	124.0

从表 4-22 可以看出，额敏试点参试沙棘树高平均值不到 160 cm。该点参试沙棘树高较低，与当地严重干旱、树高生长受制于灌水量等密切相关。当地观察表明，在保证充足水分的地区，沙棘树高普遍可长到 3 m 以上。

在 2014—2020 年的 7 年中，额敏试点引进沙棘的平均树高分别为 41.6 cm、77.8 cm、130.5 cm、148.7 cm、156.7 cm、151.9 cm、152.6 cm，而同期对照"201305"（CK）的树高分别为 47.3 cm、77.3 cm、116.4 cm、129.6 cm、118.1 cm、123.5 cm、124.0 cm，7 年间引进沙棘树高占对照"201305"（CK）树高的比例分别为 87%、101%、112%、115%、133%、123%、123%。从定植第 2 年起，引进沙棘平均树高即已全面超越对照沙棘（最高达 33%）。

从表 4-22 还可以看出，额敏试点引进沙棘进入盛果期（种植 4 年后），即从 2017 年起树高基本上稳定在 150 cm 以上，与当地人工采果的高度基本上是相匹配的。从树高这一指标来看，引进沙棘在盛果期的高度基本上可以满足其经济效益的充分发挥，还十分有利于采果。

22 个参试沙棘品种中，有 15 个品种的 2019 年树高值已经小于 2018 年树高值，有 5 个品种的树高值虽有增加，但增长小于 10 cm，只有 2 个品种的树高有所增长，证明大部分参试沙棘树高生长基本上已抵极限。2020 年参试沙棘树高值较前一年更趋平缓，增幅已很小（仅 0.5%），总体趋势呈"S"形曲线，且目前已处于基本停滞生长阶段。

额敏试点各个参试沙棘品种的高生长模型如下所示：

"201301"：$H = -5.7702 t^2 + 69.73 t - 29.429$　　　$R^2 = 0.978$

"201302"：$H = -6.4071 t^2 + 73.557 t - 17.829$　　　$R^2 = 0.9843$

"201303"：$H = -6.3488 t^2 + 66.68 t - 25.071$　　　$R^2 = 0.931$

"201304"：$H = -5.681 t^2 + 60.533 t - 7.2714$　　　$R^2 = 0.9436$

"201305"（CK）：$H = -4.35 t^2 + 46.379 t + 6.6571$　　　$R^2 = 0.9364$

"201306"：$H = -5.1345 t^2 + 62.037 t - 4.6143$　　　$R^2 = 0.9423$

"201307"：$H = -5.7333 t^2 + 67.745 t - 8.4286$　　　$R^2 = 0.9816$

"201308"：$H = -5.6679 t^2 + 66.896 t - 26.929$　　　$R^2 = 0.9885$

"201309"：$H = -5.5095 t^2 + 55.576 t - 10.7$　　　$R^2 = 0.963$

"201310"：$H = -7.25 t^2 + 74.957 t - 41.429$　　　$R^2 = 0.9136$

"201311"：$H = -6.1643 t^2 + 71.836 t - 25.914$　　　$R^2 = 0.9676$

"201312"：$H = -5.4524 t^2 + 63.005 t - 11.857$　　　$R^2 = 0.9613$

"201313"：$H = -6.8881 t^2 + 71.076 t - 39.371$　　　$R^2 = 0.9641$

"201314"：$H = -4.7905 t^2 + 53.617 t - 24.4$　　　$R^2 = 0.9464$

"201315"：$H = -7.2857 t^2 + 76.729 t - 49.471$　　　$R^2 = 0.9689$

"201316"：$H = -6.0536 t^2 + 71.439 t - 33.414$　　　$R^2 = 0.9334$

"201317"：$H = -5.25 t^2 + 52.479 t - 8.9286$　　　$R^2 = 0.8856$

"201318"：$H = -4.2452 t^2 + 48.605 t + 2.9143$　　　$R^2 = 0.9868$

"201319"：$H = -5.2702 t^2 + 57.658 t + 1.6429$　　　$R^2 = 0.9313$

"201320"：$H = -5.8786 t^2 + 75.6 t - 37.414$　　　$R^2 = 0.9749$

"201321"：$H = -5.9226 t^2 + 62.677 t - 11.6$　　　$R^2 = 0.9687$

"201322"：$H = -5.0119 t^2 + 52.524 t + 2.6857$　　　$R^2 = 0.9484$

式中：H 为树高（cm）；t 为林龄（a）；R^2 为相关系数。

（2）地径

在额敏试点，参试的 21 个引进品种和对照"201305"（CK）的地径年度变化见表 4-23。

表 4-23 额敏试点参试沙棘主序列生产性试验林（2014—2020 年）地径变化　　　单位：cm

品种编号	2014 年	2015 年	2016 年	2017 年	2018 年	2019 年	2020 年
201301	0.6	1.8	4.1	5.2	6.5	8.1	8.2
201302	0.9	2.3	3.8	4.7	5.3	7.3	7.3
201303	0.6	1.6	2.8	3.5	4.4	5.7	5.8
201304	0.6	1.8	3.3	4.2	3.8	5.4	5.5
201306	1.0	1.9	3.7	4.3	5.9	6.3	6.3
201307	0.9	2.5	4.4	5.2	5.9	7.2	7.3
201308	0.8	2.0	3.6	4.5	5.5	5.5	5.5
201309	0.7	1.7	2.7	3.7	4.6	4.6	4.7
201310	0.4	1.8	3.1	4.3	5.1	5.2	5.2
201311	0.7	1.4	3.9	4.6	5.7	5.8	5.8
201312	0.8	1.7	4.1	4.4	6.4	6.7	6.8
201313	0.7	1.8	2.6	3.5	4.7	4.7	4.8
201314	0.7	1.3	2.5	3.7	3.7	4.0	4.1
201315	0.6	1.3	2.4	3.5	4.7	4.7	4.8
201316	0.6	1.4	3.9	4.7	6.8	7.3	7.3
201317	0.6	1.2	2.5	3.6	3.7	4.1	4.2
201318	0.6	1.9	2.5	3.3	4.1	4.5	4.6
201319	0.9	1.7	3.7	4.8	5.0	5.0	5.1
201320	0.7	1.4	4.1	4.8	6.4	7.5	7.5
201321	0.6	1.9	3.2	4.1	3.6	4.8	4.9
201322	0.6	2.4	2.9	4.4	4.8	4.8	4.9
平均	0.7	1.7	3.3	4.2	5.1	5.7	5.7
201305（CK）	0.7	1.6	2.7	3.5	4.0	4.7	4.7

在 2014—2020 年的 7 年中，额敏试点引进沙棘品种的平均地径分别为 0.7 cm、1.7 cm、3.3 cm、4.2 cm、5.1 cm、5.7 cm、5.7 cm，而同期对照"201305"（CK）的地径分别为 0.7 cm、1.6 cm、2.7 cm、3.5 cm、4.0 cm、4.7 cm、4.7 cm，7 年间引进沙棘地径占对照"201305"（CK）地径的比例分别为 100%、106%、122%、120%、128%、121%、121%。种植当年引进沙棘地径与对照"201305"（CK）地径相同，而从第 2 年起，引进沙棘地径较对照"201305"（CK）地径大了 6%～21%。引进沙棘盛果期（种植 5 年后）即从 2018 年起地

径基本上就达到 4 cm 以上，表明从地径这一指标来看，引进沙棘的生产力胜过对照沙棘。

目前，额敏试点 22 种参试沙棘的地径还在增长中，其中引进沙棘 2019 年地径较 2018 年相对增长 12%左右；2020 年引进沙棘地径值与 2019 年基本相同。沙棘地径生长已基本上呈"S"形曲线，且目前生长放缓。

额敏试点各个参试沙棘品种的地径生长模型如下所示：

"201301"：$D = -0.102\,4\,t^2 + 2.169\,t - 1.7$　　$R^2 = 0.988\,5$

"201302"：$D = -0.060\,7\,t^2 + 1.582\,1\,t - 0.6$　　$R^2 = 0.980\,4$

"201303"：$D = -0.042\,9\,t^2 + 1.25\,t - 0.657\,1$　　$R^2 = 0.989\,2$

"201304"：$D = -0.090\,5\,t^2 + 1.523\,8\,t - 0.771\,4$　　$R^2 = 0.952\,8$

"201305"（CK）：$D = -0.084\,5\,t^2 + 1.372\,6\,t - 0.671\,4$　　$R^2 = 0.994\,8$

"201306"：$D = -0.113\,1\,t^2 + 1.865\,5\,t - 1$　　$R^2 = 0.978\,8$

"201307"：$D = -0.127\,4\,t^2 + 2.094\,t - 1.057\,1$　　$R^2 = 0.990\,8$

"201308"：$D = -0.164\,3\,t^2 + 2.135\,7\,t - 1.342\,9$　　$R^2 = 0.991\,2$

"201309"：$D = -0.115\,5\,t^2 + 1.627\,4\,t - 0.957\,1$　　$R^2 = 0.988\,3$

"201310"：$D = -0.164\,3\,t^2 + 2.142\,9\,t - 1.7$　　$R^2 = 0.995\,4$

"201311"：$D = -0.175\,t^2 + 2.325\,t - 1.814\,3$　　$R^2 = 0.968\,7$

"201312"：$D = -0.132\,1\,t^2 + 2.139\,3\,t - 1.5$　　$R^2 = 0.968$

"201313"：$D = -0.1\,t^2 + 1.521\,4\,t - 0.828\,6$　　$R^2 = 0.981\,9$

"201314"：$D = -0.111\,9\,t^2 + 1.495\,2\,t - 0.885\,7$　　$R^2 = 0.969\,9$

"201315"：$D = -0.098\,8\,t^2 + 1.565\,5\,t - 1.142\,9$　　$R^2 = 0.972\,5$

"201316"：$D = -0.135\,7\,t^2 + 2.328\,6\,t - 2.028\,6$　　$R^2 = 0.970\,6$

"201317"：$D = -0.107\,1\,t^2 + 1.492\,9\,t - 0.985\,7$　　$R^2 = 0.976\,4$

"201318"：$D = -0.083\,3\,t^2 + 1.338\,1\,t - 0.614\,3$　　$R^2 = 0.993\,4$

"201319"：$D = -0.182\,1\,t^2 + 2.189\,3\,t - 1.371\,4$　　$R^2 = 0.968\,4$

"201320"：$D = -0.115\,5\,t^2 + 2.170\,2\,t - 1.742\,9$　　$R^2 = 0.974\,4$

"201321"：$D = -0.110\,7\,t^2 + 1.567\,9\,t - 0.757\,1$　　$R^2 = 0.949\,9$

"201322"：$D = -0.157\,1\,t^2 + 1.957\,1\,t - 1.142\,9$　　$R^2 = 0.98$

式中：D 为地径（cm）；t 为林龄（a）；R^2 为相关系数。

（3）结实

额敏试点自 2014 年定植后，第 2 年（2015 年）有 6 个品种初果，种植第 3 年（2016 年）引进沙棘全部挂果，2017—2020 年为盛果期，其结实情况见表 4-24。

表 4-24 额敏试点参试沙棘主序列生产性试验林（2014—2020 年）结实情况　　单位：kg/亩

品种编号	种植第 2 年（2015 年）	种植第 3 年（2016 年）	种植第 4 年（2017 年）	种植第 5 年（2018 年）	种植第 6 年（2019 年）	种植第 7 年（2020 年）
201301	少	99.3	657.1	626.3	646.5	646.9
201302	无	110.1	732.9	682.4	682.4	732.6
201303	少	10.9	36.0	48.8	47.1	51.5
201304	少	99.5	656.0	466.2	479.5	707.1
201307	无	105.0	695.6	783.2	755.2	764.2
201308	无	53.6	357.4	489.5	489.5	499.5
201309	无	109.3	726.4	693.8	666.0	679.9
201310	无	6.8	36.6	67.7	94.8	186.5
201311	无	70.2	464.0	511.5	532.8	582.8
201312	无	146.9	964.6	1 258.7	1 258.7	1 267.1
201313	无	5.8	36.0	44.4	55.5	72.2
201314	无	17.8	111.4	144.3	202.0	294.2
201315	无	17.3	24.4	22.8	27.3	30.0
201316	无	58.1	385.8	492.5	521.5	529.5
201317	无	35.0	233.1	233.1	209.8	229.8
201318	无	52.7	346.8	321.9	321.9	455.1
201319	无	27.8	184.4	444.0	416.3	424.6
201320	无	47.3	294.4	244.2	195.4	251.7
201321	无	59.3	399.6	331.9	255.3	277.5
201322	无	73.4	415.1	608.3	579.4	588.3
平均	—	60.3	387.9	425.8	421.8	463.5
201305（CK）	少	97.1	683.5	699.3	702.1	750.4

从种植第 4 年（2017 年）起，额敏试点所有 21 个参试雌株沙棘品种均进入盛果期，其中 20 个引进沙棘品种平均亩产在种植第 4 年（2017 年）为 387.9 kg，第 5 年（2018 年）为 425.8 kg，第 6 年（2019 年）为 421.8 kg，第 7 年（2020 年）为 463.5 kg；而对照"201305"（CK）的亩产在种植第 4 年为 683.5 kg，种植第 5 年为 699.3 kg，种植第 6 年为 702.1 kg，种植第 7 年为 750.4 kg，4 年间引进沙棘亩产占对照沙棘亩产比例分别为 57%、61%、60%、62%。

从表 4-24 可以看出，额敏试点种植第 4 年，引进沙棘中亩产超过对照"201305"（CK）（683.5 kg）的就有"201302""201307""201309""201312"4 个品种；种植第 5 年，引进沙棘中亩产超过对照"201305"（CK）（699.3 kg）的就有"201307""201312"2 个品

种，同时"201302"和"201309"两个品种与期也十分接近。种植第 6 年，引进沙棘中亩产超过对照"201305"（CK）（702.1 kg）的就有"201307"和"201312"2 个品种；种植第 7 年，引进沙棘中亩产超过对照"201305"（CK）（750.4 kg）的也是"201307"和"201312"2 个品种。

从果实产量来看，额敏试点引进沙棘分化较大，"201301""201302""201307""201312"4 个品种优于对照"201305"（CK），必将成为该试点重点推广种植的沙棘品种。

2. 2019 年定植沙棘（副序列）

2019 年春季额敏试点利用上一年硬枝扦插自产苗木，建立了副序列补充生产性试验林。

（1）树高

2019 年定植当年，额敏试点 10 种参试沙棘的树高均高于对照标准林分，比标准林分高 44%～148%。在种植的第 2 年，情况同上一年，参试林分比标准林分高 5.6%～55.5%，见表 4-25。

表 4-25 额敏试点参试沙棘副序列生产性试验林（2019—2020 年）树高变化

品种编号	种植第 1 年树高			种植第 2 年树高		
	2019 年种植/cm	2014 年种植/cm	占比/%	2019 年种植/cm	2014 年种植/cm	占比/%
201301	80.4	33.6	239	85.4	80.9	105.6
201302	88.6	44.3	200	112.7	106.6	105.7
201303	83.1	37.6	221	107.6	76.1	141.4
201306	73.7	55.9	132	96.0	82.3	116.7
201307	93.2	52.2	179	101.9	99.5	102.4
201308	75.8	37.8	201	94.5	77.9	121.3
201312	105.5	51.5	205	106.9	76.0	140.7
201319	80.8	56.3	144	102.8	84.2	122.1
201320	95.1	38.3	248	119.7	77.0	155.5
201322	94.3	46.2	204	124.0	88.0	140.1

（2）地径

2019 年定植当年，额敏试点所有参试沙棘的地径比标准林分大 45%～127%。在种植的第 2 年，情况依然同上一年，参试林分比对照标准林分地径大 5.5%～96.4%，见表 4-26。

表 4-26 额敏试点参试沙棘副序列生产性试验林（2019—2020 年）地径变化

品种编号	种植第 1 年地径			种植第 2 年地径		
	2019 年种植/cm	2014 年种植/cm	占比/%	2019 年种植/cm	2014 年种植/cm	占比/%
201301	1.0	0.6	166	2.19	1.83	119.7
201302	1.4	0.9	161	2.65	2.25	117.8
201303	1.3	0.6	227	2.50	1.63	153.4
201306	1.5	1.0	153	2.25	1.92	117.2
201307	1.4	0.9	157	2.40	1.47	163.3
201308	1.2	0.8	156	2.11	2.0	105.5
201312	1.5	0.8	192	2.87	1.68	170.8
201319	1.3	0.9	149	2.30	1.73	132.9
201320	1.4	0.7	204	2.75	1.4	196.4
201322	1.3	0.6	206	2.63	2.38	110.5

总体来看，额敏试点 2019 年新建的副序列生产性试验林的树高、地径均比 2014 年定植的主序列生产性试验林的树高、地径生长为好，既反映了自产苗木质量好，也体现了生产管理水平的提高。

（3）结实

事实上种植当年额敏试点就有几个品种结实了。在种植第 2 年（2020 年），额敏试点参试沙棘品种全部结实，其中："201301""201302""201303""201312" 4 个品种结实"多"，"201307""201308""201322" 3 个品种结实"较多"，"201306""201319"结实"中"，"201320"结实"少"。再次证明 5 个引种主要试点中，俄罗斯大果沙棘最适宜的生长地区为新疆额敏。

（五）大通

由于青海大通试点各参试沙棘品种已于 2017 年年底全部死亡，因此定植于 2014 年的大通沙棘主序列只有 4 年时间（2014—2017 年），不过仍可以用作 2019 年定植副序列沙棘林分的参照。

大通试点用于 2019 年春季定植的苗木来源于新疆额敏提供的上一年繁育的硬枝扦插苗木，定植当年普遍长势较好。不过需要说明的是，大通试点 2014 年定植时对参试苗木采取截干造林，致使当年幼株生长高度较小。因此，新定植的 12 种参试沙棘苗木高度第一年普遍大于标准林分 114%～446%。在种植的第 2 年，参试沙棘依然较标准林分平均高 58%（17%～142%）。具体情况见表 4-27。

表 4-27　大通试点参试沙棘副序列生产性试验林（2019—2020 年）树高变化

品种编号	种植第 1 年树高			种植第 2 年树高		
	2019 年种植/cm	2014 年种植/cm	占比/%	2019 年种植/cm	2014 年种植/cm	占比/%
201301	44.0	10.0	440	92.5	61.4	151
201302	33.0	13.9	237	76.0	65.2	117
201303	33.3	9.2	362	83.0	56.4	147
201304	36.0	16.8	214	88.5	68.4	129
201305（CK）	35.3	12.3	287	84.0	66.0	127
201306	35.3	8.3	425	82.5	54.2	152
201307	44.3	16.7	265	90.0	70.6	127
201308	34.7	15.0	231	86.5	55.2	156
201309	41.0	9.5	432	72.0	46.4	155
201310	39.3	7.2	546	78.5	46.8	168
201319	39.7	14.6	272	84.5	38.5	219
201321	41.0	7.6	539	92.0	38.0	242

注：该点对 2014 年定植苗木进行截干造林，致使树高很低。

　　新定植沙棘的地径生长也较好，在大通试点所有 11 种参试沙棘品种中，定植第 1 年有占一半比例品种的地径高于标准林分地径，其余一半虽然地径较低但也与标准林分地径十分接近。在种植的第 2 年，全部参试沙棘品种地径均大于对照标准林分，平均高 58%（表 4-28）。

表 4-28　大通试点参试沙棘副序列生产性试验林（2019—2020 年）地径变化

品种编号	种植第 1 年地径			种植第 2 年地径		
	2019 年种植/cm	2014 年种植/cm	占比/%	2019 年种植/cm	2014 年种植/cm	占比/%
201301	0.7	0.6	103	1.6	1.2	133
201302	0.6	0.7	87	1.5	1.2	125
201303	0.6	0.6	98	1.3	1.0	130
201304	0.6	0.7	89	1.7	1.1	155
201305（CK）	0.6	0.6	93	1.6	1.1	145
201306	0.8	0.6	134	1.7	1.2	142
201307	0.7	0.7	94	1.5	1.2	125
201308	0.7	0.7	104	1.5	1.0	150
201309	0.6	0.6	98	1.4	0.8	175
201310	0.7	0.5	134	1.5	0.9	167
201319	0.6	0.5	127	1.7	0.7	243
201321	0.7	0.5	138	1.7	0.8	213

总体来看，大通试点 2019 年新建的副序列生产性试验林的树高、地径均比 2014 年定植的主序列生产性试验林的树高、地径生长为好。

（3）结实

在种植第 2 年（2020 年），大通试点尚未发现有沙棘引进品种结实。

上面只是对 5 个主点生产性试验中树高、地径数据的汇总及分析。虽然各个主点情况不尽相同，不过总体来看，目前各主点参试沙棘树高生长已近极限，但地径仍在递增，不过长势变缓。这点也符合植物生长的基本规律。而对主序列引进沙棘与同期对照"201305"（CK）所做的对比表明，除庆阳试点外，其余各点的引进沙棘在树高、地径和亩产 3 个方面均较对照"201305"（CK）有优势。同时，用 2014 年各主点所定植的主序列沙棘生产性试验林作为对照标准林分，以其生长指标衡量 2017 年以来各主点定植的副序列生产性试验林，从对比结果来看，同龄副序列沙棘生产性试验林分较对照主序列的生长普遍要好，主要得益于质量越来越好的自产苗木、不断提高的生产管理水平。虽然副序列开展试验的时间还不长，但已显示出较好的发展趋势，是对主序列试验结果的有力支撑。

二、各副点引进沙棘生产力

下面重点针对 2017 年在新疆额敏、黑龙江绥棱两个表现最好的主点毗邻地区所建的 4 个副点，以及 2019 年在辽宁朝阳、甘肃庆阳两个主点毗邻地区所建 3 个副点，共计 7 个副点所建生产性试验林，主要通过高、径生长指标逐一对比，同时结合结实情况，遵循各副点所建林分与毗邻主点同龄（标准）林分有关数据进行相应对比的原则，来初步判断其生产力。

（一）2017 年所建试点

2017 年所建沙棘生产性试验地点主要位于吉林东辽、内蒙古磴口、新疆青河、新疆吉木萨尔 4 地。

1. 生长指标

吉林东辽试点 2017 年育苗后，于 2018 年定植建园，当年有 8 个品种高生长大于用于对照的绥棱试点相应品种，但另有 9 种较低；种植第 2 年，由于进行了移植规整，参试所有品种高生长均不大，远小于对照绥棱试点；种植第 3 年，参试品种与对照试点差距缩小，平均树高仅差 2 cm（表 4-29）。

内蒙古磴口试点也于 2017 年用插条直接定植后，连续 3 年（2018—2020 年）所有参试品种树高均远远大于同一类型的额敏试点，平均高分别大 75.1 cm、83.0 cm、63.2 cm。虽然都是干旱地区，但磴口试点年均气温高，灌水定额较高，生长高度大，应是造成这种差异的主要原因。见表 4-30。

表 4-29　东辽试点参试沙棘生产性试验各年与同龄绥棱试点树高对比

品种编号	种植第 1 年树高			种植第 2 年树高			种植第 3 年树高		
	2018 年定植/cm	2014 年绥棱定植/cm	占比/%	2018 年定植/cm	2014 年绥棱定植/cm	占比/%	2018 年定植/cm	2014 年绥棱定植/cm	占比/%
201301	54.7	59.4	92	67.5	131.7	51	199.9	197.1	101
201302	56.3	64.0	88	58.8	132.1	44	198.5	194.6	102
201303	48.6	44.1	110	85.0	102.0	83	189.6	173.3	109
201304	66.5	70.4	94	80.0	139.0	58	195.9	187.9	104
201305（CK）	41.5	55.3	75	58.3	123.2	47	165.3	168.3	98
201307	66.5	106.7	62	112.5	169.0	67	199.8	207.7	96
201309	57.2	46.6	123	100.0	134.4	74	182.8	180.6	101
201312	60.2	56.9	106	67.0	143.1	47	178.9	198.3	90
201313	59.9	58.8	102	74.0	139.8	53	197.5	193.6	102
201315	69.4	36.4	191	81.5	116.6	70	183.2	169.4	108
201317	49.0	40.3	122	45.0	126.8	35	168.1	173.1	97
201318	39.1	34.5	113	70.0	101.6	69	167.2	160.3	104
201320	55.0	88.3	62	60.0	187.5	32	191.4	243.0	79

表 4-30　磴口试点参试沙棘生产性试验各年与额敏试点同龄树高对比

品种编号	种植第 1 年树高			种植第 2 年树高			种植第 3 年树高		
	2018 年定植/cm	2014 年额敏定植/cm	占比/%	2018 年定植/cm	2014 年额敏定植/cm	占比/%	2018 年定植/cm	2014 年额敏定植/cm	占比/%
201301	109.0	33.6	324	190.5	80.9	235	189.1	143.2	132
201303	75.1	37.6	200	139.3	76.1	183	151.2	133.2	114
201304	95.7	50.3	190	173.3	78.3	221	205.4	136.4	151
201305（CK）	108.6	47.3	230	153.5	77.8	197	182.0	116.4	156
201306	110.0	55.9	197	143.5	82.3	174	162.4	154.6	105
201307	144.0	52.2	276	118.6	99.5	119	217.8	156.9	139
201308	110.1	37.8	291	169.8	77.9	218	202.0	124.9	162
201309	82.1	36.0	228	131.5	82.7	159	171.6	105.2	163
201310	105.5	36.9	286	142.0	61.4	231	172.0	118.3	145
201311	112.3	46.7	240	134.2	75.3	178	168.8	145.2	116
201312	129.7	51.5	252	178.4	76.0	235	198.0	140.4	141
201313	103.5	17.3	598	149.1	87.1	171	179.0	112.0	160
201314	103.2	31.1	332	146.7	47.6	308	173.6	101.9	170
201315	166.6	23.2	718	204.6	67.1	305	243.4	119.8	203
201316	114.2	41.8	273	150.3	58.7	256	186.0	144.2	129
201317	111.5	41.1	271	154.4	63.6	243	183.4	108.3	169
201318	130.0	43.5	299	156.0	87.7	178	182.8	114.5	160
201319	104.0	56.3	185	131.9	84.2	157	175.4	139.0	126
201320	159.5	38.3	416	247.0	77.0	321	290.4	149.3	195
201322	152.0	46.2	329	191.7	88.0	218	198.0	105.2	188

注：2017 年直接用插条建园，为了便于与其他点进行对比，2018 年按种植第一年算。

新疆吉木萨尔、青河 2 个试点的生长表现也很好。下面是对吉木萨尔试点与额敏试点种植后 1～3 年树高的对比（表 4-31）。种植第 1 年，吉木萨尔试点种植各引进沙棘树高普遍不如额敏试点（只有 1 种较高）；种植第 2 年，所有参试沙棘生长均高于额敏试点，但相差不大，平均高较对照仅高 11.0 cm；种植第 3 年，差距进一步拉大，参试沙棘平均高较对照大 26.5 cm。两地引进沙棘营养生长很好，长势十分喜人。

表 4-31　吉木萨尔试点参试沙棘生产性试验各年与同龄额敏试点树高对比

品种编号	种植第 1 年树高			种植第 2 年树高			种植第 3 年树高		
	2018 年定植/cm	2014 年额敏定植/cm	占比/%	2018 年定植/cm	2014 年额敏定植/cm	占比/%	2018 年定植/cm	2014 年额敏定植/cm	占比/%
201303	30.0	37.6	80	80.0	76.1	105	235.6	133.2	176.9
201304	30.7	50.3	61	88.0	78.3	112	138.7	136.4	101.7
201305（CK）	30.7	47.3	65	83.5	77.8	107	118.2	116.4	101.5
201308	32.3	37.8	85	89.2	77.9	114	127.9	124.9	102.4
201311	30.4	46.7	65	85.4	75.3	113	146.5	145.2	100.9
201312	30.3	51.5	59	90.7	76.0	119	143.2	140.4	102.0
201314	31.3	31.1	101	73.9	47.6	155	103.4	101.9	101.5
201318	31.8	43.5	73	91.5	87.7	104	117.2	114.5	102.4
201320	31.4	38.3	82	84.6	77.0	110	151.4	149.3	101.4
201321	31.7	46.5	68	99.2	82.5	120	138.6	130.8	106.0

2．结实性能

在 2019 年亦即定植第 2 年发现，吉林东辽试点由于定植雄株死亡，加之附近没有沙棘林，缺少授粉树，故定植后一直未有结实（2020 年尝试了人工授粉，获得成功）；而内蒙古磴口、新疆青河、吉木萨尔 3 试点从定植后的第 2 年都已进入初果期，目前（定植第 3 年）个别品种或全园已进入盛果期。

从磴口试点 2019 年（种植第 2 年）的结实情况来看，参试的 19 个引进雌株沙棘品种中只有 2 个无结实，4 个有结实但属零星挂果的，其余 13 个亩产为 33.3～77.7 kg，结实情况较同年龄额敏试点的要高，相比额敏试点主序列在种植第 2 年只有 4 个品种有零星结实。不过从 2020 年（种植第 3 年）的结实情况来看，磴口试点平均亩产为 48.1 kg，较对照额敏试点主序列平均亩产（57.3 kg）低 9.2 kg，前者只占后者亩产的 84.0%，总体结实情况与对照额敏试点主序列还是有一定差距的。经分析主要原因在于密度大、光照不足。具体情况见表 4-32。

表 4-32 磴口试点定植后第 2～3 年（2019—2020 年）的沙棘结实情况

品种编号	种植第 2 年亩产		种植第 3 年亩产		
	2018 年定植/kg	2014 年额敏定植结实情况	2018 年定植/kg	2014 年额敏定植/kg	占比/%
201301	38.9	少	86.7	99.3	87.3
201303	33.3	少	21.0	10.9	192.7
201304	少	少	82.1	99.5	82.5
201305（CK）	38.9	少	56.7	97.1	58.4
201307	38.9	无	130.0	53.6	242.5
201308	77.7	无	57.6	109.3	52.7
201309	51.1	无	12.3	6.8	180.9
201310	无	无	49.8	70.2	70.9
201311	33.3	无	98.2	146.9	66.8
201312	50	无	14.5	5.8	250.0
201313	38.9	无	21.1	17.8	118.5
201314	少	无	20.1	17.3	116.2
201315	56.6	无	39.8	58.1	68.5
201316	55.5	无	26.5	35.0	75.7
201317	少	无	43.6	52.7	82.7
201318	少	无	23.7	27.8	85.3
201319	无	无	34.8	47.3	73.6
201320	77.7	无	45.3	59.3	76.4
201322	77.7	无	50.4	73.4	68.7
平均	51.4	少或无	48.1	57.3	84.0

从青河、吉木萨尔两地定植后第 2 年亦即 2019 年的结实情况来看，首先，青河试点位置靠北，海拔较高，沙棘果实成熟期较吉木萨尔晚 1 个月左右，即一般在 8 月中旬成熟；而吉木萨尔试点在 7 月中旬左右成熟，与额敏试点相同。其次，从结实产量来看，两地产量已经不低，吉木萨尔试点平均为 84.6 kg，青河试点平均为 86.5 kg，青河试点的沙棘亩产略高，个别品种已进入盛果期。从定植后第 3 年（2020 年）的结实情况来看，各品种已经基本进入盛果期，产量普遍较高，吉木萨尔试点平均为 118.4 kg，青河试点平均为 139.1 kg，分别较上一年亩产增长 40%、60%，见表 4-33、表 4-34。

表 4-33　吉木萨尔试点定植后第 2～3 年（2019—2020 年）的沙棘结实情况

品种编号	种植第 2 年亩产		种植第 3 年亩产		
	2018 年定植/kg	2014 年额敏定植结实情况	2018 年定植/kg	2014 年额敏定植/kg	倍数
201301	140	少	130	99.3	1.31
201302	20	无	123	110.1	1.12
201303	160	少	158	10.9	14.50
201304	60	少	100	99.5	1.01
201305（CK）	70	少	105	97.1	1.08
201307	100	无	110	105.0	1.05
201308	80	无	120	53.6	2.24
201311	80	无	134	70.2	1.91
201312	80	无	145	146.9	0.99
201313	120	无	115	5.8	19.73
201314	140	无	139	17.8	7.81
201318	40	无	90	52.7	1.71
201320	45	无	85	47.3	1.80
201321	50	无	104	59.3	1.75
平均	84.6	—	118.4	69.7	1.70

表 4-34　青河试点定植后第 2～3 年（2019—2020 年）的沙棘结实情况

品种编号	种植第 2 年亩产		种植第 3 年亩产		
	2018 年定植/kg	2014 年额敏定植结实情况	2018 年定植/kg	2014 年额敏定植/kg	倍数
201302	76	无	123	110.1	1.12
201303	12	少	116	10.9	10.64
201304	68	少	128	99.5	1.29
201305（CK）	120	少	130	97.1	1.34
201307	140	无	156	105.0	1.49
201308	200	无	187	53.6	3.49
201309	160	无	165	109.3	1.51
201311	45	无	120	70.2	1.71
201312	76	无	158	146.9	1.08
201314	80	无	134	17.8	7.53
201318	38	无	112	52.7	2.13
201320	50	无	134	47.3	2.83
201321	60	无	145	59.3	2.45
平均	86.5	—	139.1	75.4	1.85

同样位于北疆准噶尔盆地周边，新建的吉木萨尔、青河 2 个试点从结实情况来看，进入盛果期的年龄比对照额敏试点提早 1 年。应与额敏试点定植的为引进品种，苗木相对较弱，而后 2 个试点用的是由额敏试点繁殖的比较强壮且适应性更好的苗木有关。说明了在北疆地区建立引进沙棘种植园，从准噶尔盆地东边的青河、西边的额敏、南边的吉木萨尔来看，种植均十分成功。吉木萨尔、青河两个副点的沙棘种植实践，时间虽然不长，但却实现了丰产，为主点额敏的试验成果增色不少。

（二）2019 年所建试点

2019 年补充定植的沙棘生产性试验林主要位于辽宁铁岭、山西岚县、甘肃天水 3 地，营养生长正常，目前尚未进入结实年龄。

1. 辽宁铁岭试点

铁岭试点用于建园的引进沙棘苗木来自新疆额敏，用作同年龄的对照标准林资料来自同省朝阳试点，其中朝阳试点拥有"201301"～"201309"这 9 个品种，而无"201310""201311""201319""201321""201322"这 5 个品种。两点之间在定植第 1 年、第 2 年的树高和地径对比分别见表 4-35、表 4-36。

表 4-35　铁岭试点参试沙棘生产性林与朝阳试点同龄同品种树高对比

品种编号	种植第 1 年树高			种植第 2 年树高		
	2019 年定植/cm	2014 年朝阳定植/cm	占比/%	2019 年定植/cm	2014 年朝阳定植/cm	占比/%
201301	76.8	71.6	107	83.4	134.6	62
201302	95.4	75.8	126	121.3	142.1	85
201303	87.2	74.1	118	120.0	115.5	104
201304	88.1	97.9	90	120.3	130.0	93
201305（CK）	91.6	66.1	139	106.2	103.0	103
201307	102.6	71.6	143	131.1	134.6	97
201308	91.5	83.2	110	118.1	151.2	78
201309	93.5	56.3	166	110.0	111.2	99
201310	76.7	无此品种	—	109.9	无此品种	—
201311	92.2	无此品种	—	125.2	无此品种	—
201319	78.8	无此品种	—	100.8	无此品种	—
201321	84.4	无此品种	—	108.6	无此品种	—
201322	64.6	无此品种	—	121.8	无此品种	—

表 4-36　铁岭试点参试沙棘生产性林与朝阳试点同龄同品种地径对比

品种编号	种植第 1 年地径			种植第 2 年地径		
	2019 年定植/cm	2014 年朝阳定植/cm	占比/%	2019 年定植/cm	2014 年朝阳定植/cm	占比/%
201301	0.8	1.0	82	1.3	2.6	50
201302	1.0	0.9	111	1.7	2.5	68
201303	1.0	0.8	115	1.5	1.9	79
201304	0.9	0.9	100	1.6	2.1	76
201305（CK）	0.9	0.8	106	1.6	1.9	84
201307	1.0	1.0	100	1.9	2.6	73
201308	0.9	1.1	87	1.7	2.7	63
201309	0.9	0.7	125	1.8	1.8	100
201310	0.8	未种此品种	—	2.0	未种此品种	—
201311	0.9	未种此品种	—	1.7	未种此品种	—
201319	0.7	未种此品种	—	1.5	未种此品种	—
201321	0.7	未种此品种	—	1.4	未种此品种	—
201322	0.7	未种此品种	—	1.7	未种此品种	—

　　铁岭试点 2019 年定植后，年底引进沙棘树高普遍较对照朝阳试点高，8 个参试沙棘品种中只有 1 种（"201304"）树高数据较低；引进的 8 个品种的地径值中也只有 2 种（"201301""201308"）地径较低。种植第 1 年铁岭试点生长较对照朝阳试点生长好。

　　再看种植第二年（2020 年）数据，铁岭试点引进沙棘树高较对照朝阳试点普遍较低，8 个参试沙棘品种的树高只有 2 种高于对照朝阳试点，2 个较为接近，4 个较低，平均值低 14.0 cm；地径值也以参试沙棘较低，只有 1 种大于对照朝阳试点，平均值较对照小 0.6 cm。铁岭试点引进沙棘生长指标与第 1 年趋势相反，第 2 年普遍较对照朝阳试点同年龄指标生长小。见有零星结实。

　　2. 山西岚县试点

　　山西岚县试点用于春季建园的苗木全部来自新疆额敏，2019 年、2020 年的树高和地径生长分别列于表 4-37、表 4-38。用作同龄对照的数据来自同属黄土高原的庆阳试点。

　　岚县试点 2019 年定植 4 个引进沙棘品种当年底树高值均较庆阳试点为高（平均高 11%～81%），另外 4 个品种（"201312""201314""201315""201317"）在对照庆阳没有种植，无法对比；种植第 2 年（2020 年），4 个引进沙棘品种的树高均比对照庆阳试点平均高 25%～150%。

表 4-37　岚县试点参试沙棘生产性林与庆阳试点同龄同品种树高对比

品种编号	种植第 1 年树高			种植第 2 年树高		
	2019 年定植/cm	2014 年庆阳定植/cm	占比/%	2019 年定植/cm	2014 年庆阳定植/cm	占比/%
201301	45.9	41.5	111	90.0	72.2	125
201302	52.8	31.3	169	100.2	69.6	144
201307	59.5	42.0	142	130.0	59.5	218
201308	70.8	39.1	181	115.0	46.0	250
201312	52.9	未种此品种	—	110.4	未种此品种	—
201314	43.8	未种此品种	—	91.2	未种此品种	—
201315	53.2	未种此品种	—	90.8	未种此品种	—
201317	42.9	未种此品种	—	94.8	未种此品种	—

表 4-38　岚县试点参试沙棘生产性林与庆阳试点同龄地径对比

品种编号	种植第 1 年地径			种植第 2 年地径		
	2019 年定植/cm	2014 年庆阳定植/cm	占比/%	2019 年定植/cm	2014 年庆阳定植/cm	占比/%
201301	0.8	0.7	126	2.3	1.3	177
201302	0.7	0.5	147	1.9	1.0	190
201307	0.9	0.7	145	2.4	0.7	343
201308	1.0	0.6	178	2.1	0.7	300
201312	1.0	未种此品种	—	1.9	未种此品种	—
201314	0.7	未种此品种	—	1.7	未种此品种	—
201315	0.9	未种此品种	—	2.2	未种此品种	—
201317	0.5	未种此品种	—	1.6	未种此品种	—

　　地径显示规律与树高完全相同，4 种引进沙棘地径种植当年均较对照庆阳试点大（相当于 126%～178%）；种植第 2 年（2020 年），4 个引进沙棘品种的地径均比对照庆阳试点大，占比为 177%～343%；发现有零星结实现象。

　　总体来看，岚县试点的引进沙棘从树高、地径两个方面来看，生长明显较对照庆阳试点同年龄的生长为好。

3. 甘肃天水试点

　　甘肃天水试点（包括山、川两种类型）2019 年、2020 年的引进沙棘树高、地径生长分别见表 4-39、表 4-40。用作同年龄对照的点为同属黄土高原的庆阳试点，且试验用苗也来自庆阳试点。

表 4-39　天水试点参试沙棘生产性试验林与庆阳试点同龄树高对比

地点	品种编号	种植第 1 年树高			种植第 2 年树高		
		2019 年定植/cm	2014 年庆阳定植/cm	占比/%	2019 年定植/cm	2014 年庆阳定植/cm	占比/%
梁家坪（山）	201301	22.6	41.5	54	100.3	72.2	139
	201302	25.5	31.3	81	91.1	69.6	131
	201303	46.6	36.5	128	91.0	84.2	108
	201304	68.4	40.6	168	78.5	60.4	130
	201305（CK）	39.2	34.3	114	68.8	79.9	86
	201307	40.4	42.0	96	76.9	59.5	129
龙王沟（川）	201301	55.3	41.5	133	108.4	72.2	150
	201302	86.3	31.3	276	136.7	69.6	196
	201303	62.6	36.5	172	110.7	84.2	131
	201304	69.4	40.6	171	134.4	60.4	223
	201305（CK）	81.9	34.3	239	119.2	79.9	149
	201306	75.9	20.5	370	103.5	36.1	287
	201307	91.0	42.0	217	125.5	59.5	211
	201308	98.8	39.1	253	127.7	46.0	278
	201309	48.6	29.0	168	89.6	35.5	252
	201310	63.1	26.6	237	110.5	38.3	289
	201311	72.4	24.3	298	172.1	34.5	499

表 4-40　天水试点参试沙棘生产性试验林与庆阳试点同龄地径对比

地点	品种编号	种植第 1 年地径			种植第 2 年地径		
		2019 年定植/cm	2014 年庆阳定植/cm	占比/%	2019 年定植/cm	2014 年庆阳定植/cm	占比/%
梁家坪（山）	201301	0.5	0.7	76	1.3	1.3	100
	201302	0.4	0.5	83	1.3	1.0	130
	201303	0.5	0.6	81	1.1	1.3	85
	201304	0.5	0.7	77	0.9	0.9	100
	201305（CK）	0.4	0.6	63	1.1	1.3	85
	201307	0.5	0.7	77	1.0	0.7	143
龙王沟（川）	201301	0.8	0.7	121	2.4	1.3	185
	201302	1.1	0.5	229	2.7	1.0	270
	201303	0.9	0.6	145	2.2	1.3	169
	201304	0.9	0.7	138	2.5	0.9	278
	201305（CK）	1.0	0.6	159	3.0	1.3	231
	201306	1.0	0.6	169	2.4	0.7	343
	201307	1.0	0.7	154	2.7	0.7	386
	201308	1.0	0.6	175	2.5	0.7	357
	201309	0.6	0.5	122	1.9	0.6	317
	201310	0.6	0.5	128	2.0	0.5	400
	201311	0.8	0.5	170	2.4	0.5	480

　　天水试点在山坡梯田梁家坪，定植的为 6 种引进沙棘，种植当年（2019 年）年底测定的树高有 2 种较低，其余 4 种与对照庆阳试点的同种沙棘基本接近或较高，参试 6 种沙棘的平均高度为 40.45 cm，较对照庆阳平均值（37.7 cm）高出 2.75 cm；而地径均不及庆阳试点各对应品种（平均低 0.2 cm）。再看种植第 2 年（2020 年）的数据，参试各沙棘品种树高较对照庆阳试点平均高 13.5 cm，地径两者间相同。两年的试验结果表明，位于山地的天水试点引进沙棘生长由 1 年生时与对照庆阳试点互有高下，至 2 年生时树高全面超过庆阳试点（地径相同）。

　　天水试点在川地（龙王沟）定植了 11 种引进沙棘，种植当年（2019 年）的树高平均值为 73.2 cm，明显较庆阳试点（33.2 cm）高，平均树高大 40.0 cm；地径平均值为 0.9 cm，较庆阳试点（0.6 cm）大 0.3 cm。再看种植第 2 年（2020 年）的数据，引进沙棘测定数据分别较对照庆阳试点平均树高大 47.2 cm，平均地径大 1.0 cm。位于川地的天水试点引进沙棘生长均较对照庆阳试点的坝地好。定植品种中"201304"有零星结实现象。

　　总体来看，各主点引进沙棘一般经过了长达 7 年的生产性试验，验证环节很多，结果证明大多数沙棘引种基本上是成功的。而 2018 年、2019 年分别建立的各副点补充沙棘生产性试验林，其前 2～3 年的高、径生长及产量一般都比 2014 年各主点所建立沙棘生产性试验林高，多个种植地区、多个种植时间的引进沙棘试验林都证明了这点。从各副点前期树高、地径和果实产量等生长情况高于同时期主点的情况基本可以得出判断，新建的各副点沙棘生产性试验林引种也是成功的，试验结果比较可靠，达到了设置试验点的目的。

第三节　常规栽培措施下引进沙棘适应性检验

　　在常规栽培措施下，引进沙棘适应性检验坚持的标准主要有 3 条：一是生长量大；二是结实高；三是长势好。前 2 条为定量指标，后 1 条虽为定性指标，但作用很大，不可代替。

　　需要说明的是，5 个主点沙棘的生产性试验既充分利用了其区域性试验资料以及其后延长的 2 年资料（主序列），也利用了 2017 年以来在各试验主点补充建立的生产性试验林的观测资料（副序列），因此可以用上述 3 条标准进行综合评判。而对于 2017 年以来所建的 7 个试验副点，鉴于引进沙棘定植后生长时间、资料序列都较短，有些试点尚未进入结实或结实很少，因此前述 3 条标准中只用长势作为主要衡量指标，产量或生长量作为辅助衡量指标，用以确定这些副点引进沙棘的适应性。

一、各主点引进沙棘适应性

　　如前所述，从 2014 年以来在 5 个主点开展的引进沙棘区域性试验（2014—2018 年）

也是生产性试验（2014—2020 年）的组成部分，只是生产性试验时间向后延长了 2 年。通过 2014 年和 2017 年以来数次定植沙棘的综合表现，可对各主点引进大果沙棘的适应性进行综合评价。

将 5 个主点（主序列）参试沙棘的生长、结实和树势作为 3 个一级指标，同时生长又下分为树高、地径、冠幅 3 个二级指标，结实又包括株产、单产 2 个二级指标，并根据前述原则进行综合评判。其中，树势分为 3 个级别：强、中、弱；结论分为 4 个级别：适宜、较适宜、一般、不适宜。需要说明的是，虽然染病造成参试沙棘死亡具有偶然性，但仍然将染病死亡品种定为"不适宜"。

此外在生产力评价一节，"201305"（CK）仍然以对照身份出现，但在本节，它将不再作为对照，而是与其他品种一样身份的引进品种，用于适应性品种的推荐。

（一）绥棱

绥棱试点引进沙棘的适应性评价重点以主序列评价为主，适当参考副序列评价，最后给出适应性综合评价结论，并将评价为"适宜""较适宜"的品种推荐用于推广。

1. 主序列

绥棱试点通过长达7年的生产性试验，对主序列各参试沙棘品种的适应性评价见表4-41。

表4-41　绥棱试点通过生产性试验（2014—2020 年）确定的引进沙棘适应性等级

品种编号	生长（种植第 6 年）			结实（种植第 6 年）		树势（种植第 6 年）	结论
	树高/cm	地径/cm	冠幅/cm	株产/kg	单产/（kg/亩）		
201301	216.5	6.23	198.0	1.83	203.6	强	适宜
201302	—	—	—	—	—	弱	不适宜（病亡）
201303	205.5	4.74	170.5	0.33	36.4	中	一般
201304	208.5	3.94	134.5	1.35	150.2	强	适宜
201305	170.0	4.35	131.5	0.23	26.0	中	一般
201306	187.0	5.36	129.5	—	—	中	较适宜
201307	239.5	6.39	231.0	2.33	258.9	强	适宜
201308	246.5	5.38	182.0	1.44	159.7	强	适宜
201309	208.0	4.37	149.5	1.64	181.7	强	适宜
201310	213.5	5.74	183.0	0.94	104.6	强	较适宜
201311	188.0	4.35	126.5	0.35	38.5	中	一般
201312	202.5	5.49	149.4	3.22	357.6	中	适宜
201313	212.6	5.86	152.8	1.77	196.3	强	适宜
201314	167.5	3.48	130.0	0.88	97.2	中	较适宜
201315	201.0	4.93	161.0	4.35	483.2	强	适宜
201316	195.0	5.04	140.0	0.78	87.0	中	较适宜
201317	183.0	5.34	133.0	1.23	136.7	中	较适宜

品种编号	生长（种植第6年）			结实（种植第6年）		树势（种植第6年）	结论
	树高/cm	地径/cm	冠幅/cm	株产/kg	单产/（kg/亩）		
201318	212.5	4.44	129.5	2.03	225.6	中	适宜
201319	230.0	5.61	197.0	2.98	331.2	强	适宜
201320	282.0	8.40	220.5	4.35	483.1	强	适宜
201321	140.0	4.42	210.0	0.34	38.0	中	一般
201322	197.5	5.15	117.5	0.77	85.3	中	较适宜

从表4-41可以看出，绥棱试点引进沙棘品种按适应性高低依次可分为4类：

适宜：有11种，包括"201301""201304""201307""201308""201309""201312""201313""201315""201318""201319""201320"。

较适宜：有6种，包括"201306""201310""201314""201316""201317""201322"。

一般：有4种，包括"201303"、"201305"、"201311"、"201321"。

不适宜：仅有1种，为"201302"（因病死亡）。

"201302"于2017年下半年患枯萎病而全部死亡，因此不予推荐，但与适应性无关。

同时，从2019年起在绥棱建园开展的生产性试验，也基本上选用了上述评价为"适宜"和"较适宜"的一些品种。

2. 副序列

绥棱试点用主序列前期表现较好的部分引进沙棘开展苗木繁育，在2019年建立副序列生产性试验林，对参试引进沙棘适应性开展的初步评价结果见表4-42。

表4-42　绥棱试点引进沙棘生产性试验（2019—2020年）适宜性初步评价

品种编号	种植第2年生长指标		树势（种植第2年）	初步结论
	树高/cm	地径/cm		
201301	136.0	2.4	强	适宜
201303	141.0	1.9	强	适宜
201305	128.0	2.3	强	适宜
201307	172.0	2.9	强	适宜
201308	164.3	2.2	强	适宜
201309	157.5	2.7	强	适宜
201310	136.7	2.4	强	适宜
201312	159.0	2.9	强	适宜
201313	133.0	2.4	强	适宜
201315	155.0	2.6	强	适宜
201316	130.0	2.2	强	适宜
201317	143.3	2.3	强	适宜
201318	153.8	2.3	强	适宜
201319	149.4	2.2	强	适宜

注："201314"和"201322"没能保存。

　　绥棱试点 2020 年（种植第 2 年）副序列的平均树高达到 147.1 cm，平均地径达到 2.4 cm。依据树势及树高、地径初步对参试沙棘适应性评价的结果为：

　　适宜：包括"201301""201303""201305""201307""201308""201309""201310""201312""201313""201315""201316""201317""201318""201319"。

　　结合主序列、副序列适应性综合评价结果，将绥棱试点评价结果为"适宜"与"较适宜"的列为可用于示范推广的引进沙棘良种无性系，包括"201301""201303""201304""201305""201306""201307""201308""201309""201310""201312""201313""201314""201315""201316""201317""201318""201319""201320""201322"，共计 19 种。

（二）朝阳

　　朝阳试点引进沙棘适应性评价重点以主序列评价为主，适当参考副序列评价，最后给出适应性综合评价结论，并将评价为"适宜"和"较适宜"的品种推荐用于推广。

1．主序列

　　朝阳试点通过长达 7 年的生产性试验，对各引进沙棘品种的适应性评价结果见表 4-43。

表 4-43　朝阳试点通过生产性试验（2014—2020 年）确定的引进沙棘适应性等级

品种编号	生长（种植第 6 年）			结实（种植第 6 年）		树势（种植第 6 年）	结论
	树高/cm	地径/cm	冠幅/cm	株产/kg	单产/（kg/亩）		
201301	389.5	7.7	203.9	1.10	122.10	强	适宜
201302	230.0	5.3	164.0	0.12	13.32	中	不适宜
201303	221.0	4.9	156.2	0.03	3.33	中	一般
201304	280.2	5.3	181.5	0.29	32.19	强	较适宜
201305	277.4	6.4	196.0	0.25	27.75	强	适宜
201306	283.0	6.3	130.5	—	—	中	较适宜
201307	365.0	8.0	258.4	0.54	59.94	强	适宜
201308	318.0	6.6	182.4	2.19	243.09	强	适宜
201309	264.0	4.5	141.3	0.21	23.31	中	较适宜

注：表中"201302"生长数值为 2018 年测定，2019 年枝条多已枯死。

　　从表 4-42 可以看出，朝阳试点引进沙棘品种按适应性高低依次可分为 3 类：

　　适宜：有 4 种，包括"201301""201305""201307""201308"。

　　较适宜：有 3 种，包括"201304""201306""201309"。

　　一般：有 1 种，为"201303"。

　　不适宜：有 1 种，为"201302"（因病死亡）。

　　与绥棱试点相同，"201302"定植植株已全部感染枯萎病死亡，只剩一些萌蘖株，因此不予推荐，但同样与适应性无关。

同时，2019 年在朝阳建园补充开展的生产性试验，也基本上选用了上述评价为"适宜"和"较适宜"的一些品种。

2. 副序列

朝阳试点用主序列前期表现较好的部分引进沙棘开展苗木繁育，在 2019 年建立副序列生产性试验林，对参试引进沙棘适应性的初步评价结果见表 4-44。

表 4-44 朝阳试点引进沙棘生产性试验（2019—2020 年）适宜性初步评价

品种编号	种植第 2 年生长指标		树势（种植第 2 年）	初步结论
	树高/cm	地径/cm		
201301	95.7	1.3	强	适宜
201303	96.1	1.2	强	适宜
201304	90.5	1.2	强	适宜
201305	97.7	1.4	强	适宜
201306	110.9	1.6	强	适宜
201307	116.9	1.6	强	适宜
201308	107.7	1.5	强	适宜
201309	110.0	1.3	强	适宜

朝阳试点 2020 年（种植第 2 年）副序列的平均树高达到 103.2 cm，平均地径达到 1.4 cm。依据树势及树高、地径，初步对参试沙棘适应性评价结果为：

适宜：包括"201301""201303""201304""201305""201306""201307""201308""201309"。

结合主序列、副序列适应性综合评价结果，将朝阳试点评价结果为"适宜"与"较适宜"的列为可用于示范推广的引进沙棘良种无性系，包括"201301""201303""201304""201305""201306""201307""201308""201309"，共计 9 种。

（三）庆阳

庆阳试点引进沙棘适应性评价重点以主序列评价为主，适当参考副序列评价，最后给出适应性综合评价结论，并将评价为"适宜"和"较适宜"的品种推荐用于推广。

1. 主序列

庆阳试点通过长达 6 年的生产性试验，对各引进沙棘品种的适应性评价结果见表 4-45。

表 4-45　庆阳试点通过生产性试验（2014—2020 年）确定的引进沙棘适应性等级

品种编号	生长（种植第 6 年）			结实（种植第 6 年）		树势（种植第 6 年）	结论
	树高/cm	地径/cm	冠幅/cm	株产/kg	单产/（kg/亩）		
201301	220.6	5.1	184.9	少	少	强	不适宜
201302	208.7	3.8	83.7	少	少	强	适宜
201303	170.3	4.6	77.4	0.530	58.83	强	较适宜
201304	206.8	4.0	91.2	0.334	37.74	强	适宜
201305	201.0	4.7	66.8	0.665	74.37	强	适宜
201306	121.0	2.3	50.5	—	—	中	较适宜
201307	193.2	4.3	153.7	少	少	强	适宜
201308	205.4	3.8	103.9	少	少	强	适宜
201309	159.0	3.2	118.8	少	少	中	较适宜
201310	171.60	3.64	118.8	少	少	中	一般
201311	202.00	3.26	109.5	少	少	中	一般

注：表中"201301"生长数值为 2018 年测定，2019 年年初已因病死亡。

从表 4-43 可以看出，庆阳试点引进沙棘品种按适应性高低依次可分为 4 类：

适宜：有 5 种，包括"201302""201304""201305""201307""201308"。

较适宜：有 3 种，包括"201303""201306""201309"。

一般：有 2 种，包括"201310""201311"。

不适宜有 1 种，"201301"（2019 年年初病亡）。

需要指出的是，"201301"从 2014 年栽植到 2018 年，保存率和生长状况较好。虽然试验期间每年也出现个别植株或枝条叶片发黄、枯萎现象，但直至 2018 年 7—8 月，这段时间降雨量较多，8 月 5 日出现严重的落叶现象，到 8 月 25 日基本全部落完，且枝干发白；2019 年春季，"201301"便出现大量由枝干枯萎病引起的植株或枝条枯萎死亡，患病枝干截开后有一圈黑色物质，少数存活植株也出现部分枝条死亡现象，且长势较弱，当年年底全部死亡。因此这一品种不予推荐，但与适宜性无关。"201310"和"201311"这两种主要是抗盐碱性能差，因此适应性评价为"一般"。

同时，从 2017 年以来数次在庆阳建园开展的生产性试验也基本上选用了上述评价为"适宜"的一些品种。

2. 副序列

庆阳试点用主序列前期表现较好的部分引进沙棘开展苗木繁育，分别于 2017 年、2018 年、2019 年建立副序列生产性试验林，对参试引进沙棘适应性的初步评价结果见表 4-46。

表 4-46　庆阳试点引进沙棘生产性试验（2017—2020 年）适宜性初步评价

品种编号	定植年份	2020 年树高/cm	2020 年地径/cm	2020 年树势	初步结论
201312	2017 年	175.3	3.7	中	较适宜
201320	2017 年	227.0	3.9	强	适宜
201301	2018 年	122.5	2.1	强	适宜
201302	2018 年	133.4	2.3	强	适宜
201303	2018 年	116.5	1.5	中	较适宜
201304	2018 年	150.2	2.1	强	适宜
201305	2018 年	146.5	2.5	强	适宜
201306	2018 年	129.5	2.4	强	适宜
201307	2018 年	129.2	1.8	强	适宜
201308	2018 年	122.4	1.9	强	适宜
201301	2019 年	79.0	1.2	中	较适宜
201303	2019 年	94.1	1.1	强	适宜
201301*	2019 年	79.3	2.0	强	适宜
201302*	2019 年	96.8	2.3	强	适宜
201303*	2019 年	81.4	1.7	强	适宜
201304*	2019 年	91.7	2.1	强	适宜
201305*	2019 年	77.1	1.7	强	适宜
201306*	2019 年	79.1	2.1	强	适宜
201307*	2019 年	97.7	1.9	强	适宜
201308*	2019 年	95.0	2.2	强	适宜
201309*	2019 年	57.0	1.2	中	较适宜
201310*	2019 年	71.0	1.4	强	适宜
201311*	2019 年	63.7	1.2	中	较适宜

注：表中*代表种植在董志塬，其余均种植在南小河沟。

庆阳试点副序列生产性试验林包括了 2017 年、2018 年和 2019 年 3 次定植的林分，2020 年依据树势及树高、地径，初步对参试沙棘适应性评价结果为：

适宜：包括"201301""201302""201303""201304""201305""201306""201307""201308""201310""201320"。

较适宜：包括"201309""201311""201312"（南小河沟、董志塬两个点都有的品种，按南小河沟的适宜性确定；同在南小河沟，按定植时间早的确定）。

结合主序列、副序列适应性综合评价结果，将庆阳试点评价结果为"适宜"与"较适宜"的列为可用于示范推广的引进沙棘良种无性系，包括"201301""201302""201303""201304""201305""201306""201307""201308""201309""201310""201311""201312""201320"共计 13 种。

（四）额敏

额敏试点引进沙棘适应性评价重点以主序列评价为主，适当参考副序列评价，最后给出适应性综合评价结论，并将评价为"适宜"和"较适宜"的品种推荐用于推广。

1．主序列

额敏试点通过长达 6 年的生产性试验，对各引进沙棘品种的适应性评价结果详见表4-47。

表 4-47　额敏试点通过生产性试验（2014—2020 年）确定的引进沙棘适应性等级

品种编号	生长（种植第 6 年）			结实（种植第 6 年）		树势（种植第 6 年）	结论
	树高/cm	地径/cm	冠幅/cm	株产/kg	单产/（kg/亩）		
201301	179.8	8.1	233.5	5.8	646.5	强	适宜
201302	188.1	7.3	209.2	6.1	682.4	强	适宜
201303	137.7	5.7	176.4	0.4	47.1	中	一般
201304	143.4	5.4	152.4	4.3	479.5	强	适宜
201305	123.5	4.7	130.6	6.3	702.1	强	适宜
201306	181.3	6.3	194.2	—	—	强	适宜
201307	188.6	7.2	150.3	6.8	755.2	强	适宜
201308	163.8	5.3	157.4	4.4	489.5	强	适宜
201309	114.3	4.5	124.1	6.0	666.0	强	适宜
201310	130.0	4.3	107.3	0.9	94.8	中	一般
201311	176.9	5.5	166.1	4.8	532.8	强	适宜
201312	164.0	5.7	158.3	11.3	1 258.7	强	适宜
201313	126.7	4.0	145.7	0.5	55.5	中	一般
201314	117.2	4.0	107.4	1.8	202.0	中	较适宜
201315	135.0	4.4	143.9	0.2	27.3	中	一般
201316	172.8	7.3	165.6	4.7	521.5	强	适宜
201317	107.8	4.1	129.4	1.9	209.8	中	较适宜
201318	137.5	4.5	143.3	2.9	321.9	强	适宜
201319	151.9	4.7	123.1	3.8	416.3	强	适宜
201320	201.0	7.5	226.5	1.8	195.4	强	适宜
201321	142.1	4.8	120.1	2.3	255.3	强	适宜
201322	128.6	4.3	125.8	5.2	579.4	中	适宜

从表4-44 中可以看出，额敏试点引进沙棘品种按适应性高低依次可分为 3 类：

适宜：有 16 种，包括"201301""201302""201304""201305""201306""201307""201308""201309""201311""201312""201316""201318""201319""201320""201321""201322"。

较适宜有 2 种，包括 "201314" "201317"。

一般有 4 种，为 "201303" "201310" "201313" "201315"。

同时，从 2019 年起在额敏试点建园开展的生产性试验结果也基本上选用了上述评价为 "适宜" 的一些品种。

2. 副序列

额敏试点用主序列前期表现较好的部分引进沙棘开展苗木繁育，于 2019 年建立副序列生产性试验林，对参试引进沙棘适应性的初步评价结果见表 4-48。

表 4-48　额敏试点引进沙棘生产性试验（2019—2020 年）适宜性初步评价

品种编号	种植第 2 年生长指标		树势（种植第 2 年）	初步结论
	树高/cm	地径/cm		
201301	85.4	2.19	强	适宜
201302	112.7	2.65	强	适宜
201303	107.6	2.50	强	适宜
201306	96.0	2.25	强	适宜
201307	101.9	2.40	强	适宜
201308	94.5	2.11	强	适宜
201312	106.9	2.87	强	适宜
201319	102.8	2.30	强	适宜
201320	119.7	2.75	强	适宜
201322	124.0	2.63	强	适宜

额敏试点 2020 年（种植第 2 年）的平均树高达到 105.2 cm，平均地径达到 2.5 cm。依据树势及树高、地径初步对参试沙棘适应性评价结果为：

适宜：包括 "201301" "201302" "201303" "201306" "201307" "201308" "201312" "201319" "201320" "201322"。

结合主序列、副序列适应性综合评价结果，将额敏试点评价结果为 "适宜" 与 "较适宜" 的列为可用于示范推广的引进沙棘良种无性系，包括 "201301" "201302" "201303" "201304" "201305" "201306" "201307" "201308" "201309" "201310" "201311" "201312" "201313" "201314" "201315" "201316" "201317" "201318" "201319" "201320" "201321" "201322"，共计 22 种。

（五）大通

大通试点引进沙棘适应性评价重点以主序列评价为主，适当参考副序列评价，最后给出适应性综合评价结论，并将评价为 "适宜" 和 "较适宜" 的品种推荐用于推广。

1. 主序列

由于 2017 年年底大通试点各参试引进沙棘全部患枯萎病死亡，没有进入到生产性试验的后期阶段，只能借用 2017 年底对各引进沙棘品种的适应性初步评价结果，见表 4-49。

表 4-49   大通试点通过生产性试验（2014—2017 年）确定的引进沙棘适应性等级

品种编号	生长（种植第 4 年）			结实（种植第 4 年）		树势（种植第 4 年）	结论
	树高/m	地径/cm	冠幅/m	株产/kg	单产/(kg/亩)		
201301	1.24	3.1	1.16	少	少	强	适宜
201302	1.08	2.5	0.88	少	少	强	适宜
201303	1.08	2.6	0.92	少	少	中	适宜
201304	1.28	2.4	0.72	少	少	强	适宜
201305	1.06	2.6	0.90	少	少	强	适宜
201306	0.97	2.0	0.40	—	—	中	较适宜
201307	1.28	2.7	0.86	少	少	强	适宜
201308	1.14	2.6	0.65	少	少	强	适宜
201309	0.77	2.1	0.79	无	无	中	一般
201310	0.79	1.6	0.46	无	无	中	一般
201311	0.84	1.5	0.52	无	无	中	较适宜
201312	0.97	1.3	0.58	无	无	中	较适宜
201313	1.07	2.5	0.51	无	无	中	较适宜
201314	—	—	—	—	—	—	不适宜（病亡）
201316	—	—	—	—	—	—	不适宜（病亡）
201317	1.01	1.7	0.48	无	无	中	较适宜
201318	0.96	2.3	0.44	无	无	中	较适宜
201319	—	—	—	—	—	—	不适宜（病亡）
201321	0.54	1.5	0.21	无	无	中	一般

从表 4-45 可以看出，大通试点引进沙棘品种按适应性高低初步分为 4 类：

适宜：有 7 种，包括"201301""201302""201303""201304""201305""201307""201308"。

较适宜：有 6 种，包括"201306""201311""201312""201313""201317""201318"。

一般：有 3 种，包括"201309""201310""201321"。

不适宜：有 3 种，包括"201314""201316""201319"。这 3 种全是在 2015 年年底已经染病死亡的品种。

同时，2019 年在大通重新建园开展的生产性试验结果也基本上选用了评价为"适宜"的一些品种。

2. 副序列

大通试点用主序列前期表现较好的部分引进沙棘开展苗木繁育，于 2019 年建立副序列生产性试验林，对参试引进沙棘适应性的初步评价结果见表 4-50。

表 4-50　大通试点引进沙棘生产性试验（2019—2020 年）适宜性初步评价

品种编号	种植第 2 年生长指标		树势（种植第 2 年）	初步结论
	树高/cm	地径/cm		
201301	92.5	1.6	强	适宜
201302	76.0	1.5	中	较适宜
201303	83.0	1.3	中	较适宜
201304	88.5	1.7	强	适宜
201305	84.0	1.6	强	适宜
201306	82.5	1.7	强	适宜
201307	90.0	1.5	强	适宜
201308	86.5	1.5	强	适宜
201309	72.0	1.4	中	较适宜
201310	78.5	1.5	中	较适宜
201319	84.5	1.7	强	适宜
201321	92.0	1.7	强	适宜

大通试点 2020 年（种植第 2 年）的平均树高达到 84.1 cm，平均地径达到 1.6 cm。依据树势及树高、地径初步对参试沙棘适应性评价结果为：

适宜：包括"201301""201304""201305""201306""201307""201308""201319""201321"。

较适宜：包括"201302""201303""201309""201310"。

结合主序列、副序列适应性综合评价结果，将大通试点评价结果为"适宜"与"较适宜"的列为可用于试验性示范的引进沙棘良种无性系，包括"201301""201302""201303""201304""201305""201306""201307""201308""201309""201310""201311""201312""201313""201317""201318""201319""201321"，共计 17 种。

二、各副点引进沙棘适应性

下面重点是对 2017 年、2019 年这两年，先后在各主点毗邻地区所建一些副点的沙棘生产性试验林的适应性所进行的初步分析。对比时重点以长势为主要指标，结合生长量和初果产量来确定其适应性。

（一）2017 年所建试点

2017 年所建吉林东辽、内蒙古磴口、新疆吉木萨尔、新疆青河 4 个副点，于 2017 年育苗，2018 年定植。后 3 个试点于 2019 年（种植第 2 年）定植当年就有部分品种挂果，2020 年挂果的品种增加，结实量也增加。吉林东辽 2019 年未挂果，不排除无雄株授粉的因素；2020 年春采取人工授粉，当年发现有"201307"等 5 种结实。这 4 个副点引进沙棘适应性主要用树势和结实（或生长量）两个指标衡量，并坚持树势为主，产量（或生长量）为辅的原则评价。

1. 吉林东辽

东辽试点 2020 年虽然采用人工授粉，但结实品种数量较少，只能借用树高加以初步评判，见表 4-51。

表 4-51　东辽试点引进沙棘生产性试验（2018—2020 年）适应性初步评价

品种编号	种植第 3 年树高/cm	树势（种植第 3 年）	初步结论
201301	199.9	强	适宜
201302	198.5	强	适宜
201303	189.6	强	适宜
201304	195.9	强	适宜
201305	165.3	中	较适宜
201307	199.8	强	适宜
201309	182.8	中	适宜
201312	178.9	中	较适宜
201313	197.5	强	适宜
201315	183.2	中	适宜
201317	168.1	中	较适宜
201318	167.2	中	较适宜
201320	191.4	强	适宜

依据树高及树势，初步对参试沙棘适应性评价结果为：

适宜：包括"201301""201302""201303""201304""201307""201309""201313""201315""201320"。

较适宜：包括"201305""201312""201317""201318"。

2. 内蒙古磴口

磴口试点 2020 年有 20 个品种挂果，产量平均为 50.1 kg/亩，见表 4-52。

表 4-52　硿口试点引进沙棘生产性试验（2018—2020 年）适应性初步评价

品种编号	种植第 3 年单产/（kg/亩）	树势（种植第 3 年）	初步结论
201301	87	强	适宜
201303	21	中	较适宜
201304	82	强	适宜
201305	57	强	适宜
201306	87	强	适宜
201307	130	强	适宜
201308	586	强	适宜
201309	12	中	较适宜
201310	50	强	适宜
201311	98	强	适宜
201312	15	中	较适宜
201313	21	中	较适宜
201314	20	中	较适宜
201315	40	中	较适宜
201316	27	中	较适宜
201317	44	强	适宜
201318	24	中	较适宜
201319	35	中	较适宜
201320	45	强	适宜
201322	50	强	适宜

依据产量及树势，初步对参试沙棘适应性评价结果为：

适宜：有 11 种，包括"201301""201304""201305""201306""201307""201308""201310""201311""201317""201320""201322"。

较适宜：有 9 种，包括"201303""201309""201312""201313""201314""201315""201316""201318""201319"。

3．新疆吉木萨尔

吉木萨尔试点 2020 年（种植第 3 年）14 个参试品种全部挂果，平均单产为 118.4 kg/亩，见表 4-53。

依据产量及树势，初步对吉木萨尔试点参试沙棘适应性评价结果为：全部 14 个品种均为适宜。

表 4-53　吉木萨尔试点引进沙棘生产性试验（2018—2020 年）适应性初步评价

品种编号	种植第 3 年单产/（kg/亩）	树势（种植第 3 年）	初步评价
201301	130	强	适宜
201302	123	强	适宜
201303	158	中	适宜
201304	100	强	适宜
201305	105	强	适宜
201307	110	强	适宜
201308	120	强	适宜
201311	134	强	适宜
201312	145	强	适宜
201313	115	中	适宜
201314	139	中	适宜
201318	90	强	适宜
201320	85	强	适宜
201321	104	强	适宜

4．新疆青河

青河试点 2020 年（种植第 3 年）13 个参试品种全部挂果，平均单产为 139.1 kg/亩，见表 4-54。

表 4-54　青河试点引进沙棘生产性试验（2018—2020 年）适应性初步评价

品种编号	种植第 3 年单产/（kg/亩）	树势（种植第 3 年）	初步评价
201302	123	强	适宜
201303	116	中	适宜
201304	128	强	适宜
201305	130	强	适宜
201307	156	强	适宜
201308	187	强	适宜
201309	165	强	适宜
201311	120	强	适宜
201312	158	强	适宜
201314	134	中	适宜
201318	112	强	适宜
201320	134	强	适宜
201321	145	强	适宜

依据产量及树势，初步对青河试点参试沙棘适应性评价结果为：全部 13 个品种均为适宜。

（二）2019年所建试点

2019年，辽宁铁岭、山西岚县和甘肃天水又新建了3个副点，引进沙棘定植后营养生长表现不错，目前尚未进入盛果期，因此，这3个副点沙棘适应性主要用树势这一指标来衡量，生长量（包括树高、地径）只作为辅助指标。

1. 辽宁铁岭

2020年10月，通过现场调研得到的铁岭试点沙棘生长量、树势及适应性评价初步结论见表4-55。

表4-55　铁岭试点引进沙棘生产性试验（2019—2020年）适应性初步评价

品种编号	种植第2年生长量		树势	初步结论
	树高/cm	地径/cm	（种植第2年）	
201301	83.4	1.34	中	适宜
201302	121.3	1.68	强	适宜
201303	120.0	1.51	强	适宜
201304	120.3	1.56	强	适宜
201305	106.2	1.60	强	适宜
201307	131.1	1.93	强	适宜
201308	118.1	1.69	强	适宜
201309	110.0	1.80	强	适宜
201310	109.9	1.99	强	适宜
201311	125.2	1.71	强	适宜
201319	100.8	1.51	强	适宜
201321	108.6	1.41	强	适宜
201322	121.8	1.68	强	适宜

铁岭试点2020年（种植第2年）的平均树高达到113.6 cm，平均地径达到1.65 cm。依据树势及树高、地径初步对参试沙棘适应性评价结果为：全部参试品种均为适宜。

2. 山西岚县

2020年10月，通过现场调研所得到的岚县试点沙棘生长量、树势及适应性评价初步结论见表4-56。

表 4-56   岚县试点引进沙棘生产性试验（2019—2020 年）适应性初步评价

品种编号	种植第 2 年生长量		树势（种植第 2 年）	初步结论
	树高/cm	地径/cm		
201301	90.0	2.3	强	适宜
201302	100.2	1.9	强	适宜
201307	130.0	2.4	强	适宜
201308	115.0	2.1	强	适宜
201312	110.4	2.0	强	适宜
201314	91.2	1.7	中	适宜
201315	90.8	2.3	强	适宜
201317	94.8	1.6	中	适宜

岚县试点 2020 年（种植第 2 年）的平均树高达到 102.8 cm，平均地径达到 2.0 cm。依据树势及树高、地径初步对参试沙棘适应性评价结果为：

适宜：包括"201301""201302""201307""201308""201312""201314""201315""201317"。

3. 甘肃天水

2020 年 10 月，通过现场调研所得到的天水试点沙棘生长量、树势及适应性评价结论详见表 4-57。

表 4-57   天水试点引进沙棘生产性试验（2019—2020 年）适应性初步评价

地点	品种编号	种植第 2 年生长量		树势（种植第 2 年）	初步结论
		树高/cm	地径/cm		
梁家坪	201301	100.3	1.3	中	较适宜
	201302	91.1	1.3	中	较适宜
	201303	91.0	1.1	中	较适宜
	201304	78.5	0.9	中	较适宜
	201305	68.8	1.1	中	较适宜
	201307	76.9	1.0	中	较适宜
龙王沟	201301	108.4	2.4	强	适宜
	201302	136.7	2.7	强	适宜
	201303	110.7	2.2	强	适宜
	201304	134.4	2.5	强	适宜
	201305	119.2	3.0	强	适宜
	201306	103.5	2.4	强	适宜
	201307	125.5	2.7	强	适宜
	201308	127.7	2.5	强	适宜
	201309	89.6	1.9	强	适宜
	201310	110.5	2.0	强	适宜
	201311	172.1	2.4	强	适宜

天水试点 2020 年（种植第 2 年）的平均树高达到 108.5 cm，平均地径达到 2.0 cm。依据树高、地径及树势初步对参试沙棘适应性评价结果为：龙王沟（川水地）定植的 11 个品种均为适宜；梁家坪（坡地梯田）定植的 6 个品种均为较适宜。

适宜与较适宜的区别只受制于立地条件好坏，与品种无关。在条件好、且为川水地的龙王沟，各品种表现均适宜，且 "201304" 有初果现象出现；而条件较差、且为坡地梯田的梁家坪，各品种表现均为较适宜。总体来看，天水试点引进的 11 个品种初步结果是成功的。

第四节　常规栽培措施下引进沙棘经营成本及效益估算

俄罗斯第三代沙棘新品种的引进，通过 "交叉式" 三阶段试验后，可筛选出优良沙棘品种直接服务于我国生产实践；同时，可以为我国开展新的沙棘杂交育种和实生良种选育提供新的育种材料。这两种途径都可以实现我国沙棘资源建设良种化，进而提高沙棘产品品质，产生丰厚的生态经济效益。

一、经营成本核定

对 5 个主点 2014 年主序列定植沙棘种植园、2017 年以来副序列定植沙棘种植园，以及 7 个副点定植沙棘种植园的各方面成本、收益等进行综合评判，需要选用最符合当地条件的材料、技术和管理措施，优选用工、用料方式，压缩成本，才能分别确定建园和生长周期内的年度维护成本。

为了便于参考使用，经营成本按单位面积（亩）来计算。

（一）建园成本

这项成本是沙棘种植园的第一项支出成本，包括整地及土壤消毒、施用底肥，调运优质苗木及苗木处理（化学药品浸泡、修根、蘸浆等），定植及伴同发生的浇灌定苗水、补植等。对于地处戈壁滩的新疆额敏试点，其种植前购买和铺设滴灌设施的费用是一笔很大的开支。

表 4-58 是对 5 个主点核定的建园诸方面成本。建园成本按单位面积（亩）核定。

表 4-58　不同试点引进沙棘建园成本核定

主要试点	株行距/m	定植株数/(株/亩)	整地 方式	整地 单价/(元/个)	整地 工程数量/(个/亩)	整地 小计/(元/亩)	苗木 类别	苗木单价/(元/株)	苗木费用/(元/亩)	处理材料费用/(元/株)	处理人工费/(元/株)	前两项处理费用小计/(元/亩)	苗木 小计/(元/亩)	灌水 材料(含水)费/(元/亩)	灌水 人工费/(元/亩)	灌水 小计/(元/亩)	施肥费用/(元/亩)	栽植 人工费用/(元/亩)	栽植 小计/(元/亩)	补植 费用/(元/亩)	建园成本 本合计/(元/亩)	建园成本平摊到整个更新周期/[元/(亩·年)]	劳务费用平摊到整个更新周期/[元/(亩·年)]
黑龙江绥棱	2×3	111	穴状	1.50	111	166.50	扦插苗	1.50	166.50	0.6	0.4	111	277.50	—	—	—	40	45	85	36.25	565.25	40.38	19.79
辽宁朝阳	2×3	111	穴状	1.50	111	166.50	扦插苗	1.50	166.50	0.6	0.4	111	277.5	10	10	20	50	45	95	37.25	596.25	49.69	23.92
甘肃庆阳	2×3	111	穴状	1.40	111	155.40	扦插苗	1.40	155.40	0.6	0.4	111	266.4	—	—	—	50	45	95	36.14	552.94	55.29	26.48
青海大通	2×3	111	穴状	1.40	111	155.40	扦插苗	1.40	155.40	0.6	0.4	111	266.4	10	10	20	50	45	95	36.14	572.94	57.29	27.48
新疆额敏	2×3	111	穴状	1.60	111	177.60	扦插苗	1.45	160.95	0.6	0.4	111	271.95	1170	10	1180	40	50	90	36.20	1 755.75	117.05	20.28
备注	—	—	整地规格全为0.4 m×0.4 m×0.5 m，费用全为人工				处理材料指修根、生根粉蘸根等							包含水费			—			补植按苗木和栽植费用之和的10%计	—	—	—

从表 4-58 可以看出，5 个主点的建园成本是不同的。如前所述，额敏试点的灌水设施成本很大（约占 2/3），朝阳、大通两试点有较少的灌水用费，其余各项各点间相差不大。建园总成本及平摊到整个更新周期的成本均以额敏试点最高，达 117.05 元/（亩·年）为其他 4 个试点的 2.0～2.9 倍。

建园成本最后平摊到了整个更新周期的每年，以便最后效益核算时能知道平摊至每年的所有成本和效益。

在建园成本计算中，由于劳务费的特殊性质，将其也单独列了出来，因为其一方面对种植园主来说是劳务费用，另一方面对务工人员来说也是劳务收入。

（二）年度维护成本

年度维护成本事实上发生在引进沙棘从定植至更新的整个周期，包括常规的田间土肥水管理、除草、病虫害防护、遮阳防鸟，特别是结实期的采果成本。年度维护成本仍按单位面积（亩）核定。

在匡算成本时除额敏试点灌水成本按整个更新周期每年有支出外，将其余各点进入结实期之前数年的维护成本不计（事实上投入很少）。进入结实期的成本，包括额敏试点的灌水成本，朝阳、大通小笔的灌水支出，庆阳、大通小笔的防鸟网支出，而最主要的支出是结实期的采果费用，结实多的绥棱、额敏在这方面的支出费用最大，分别达 7 260 元/亩、8 880 元/亩，占结实期维护总成本的 90.6% 和 80.1%。

表 4-59 是对 5 个主点核定的以采果为主要目的的年度维护诸方面成本，表 4-60 是对 5 个主点核定的以采叶为目的的年度维护诸方面成本。

年度维护成本最后亦平摊到了整个更新周期的每年，以便最后效益核算时能知道平摊至每年的所有成本和效益。可以看出，以采果为主要目的的沙棘种植，5 个主点之间平摊至更新周期的年度维护成本相差较大，如最高的额敏试点为 734.67 元/（亩·年），相当于庆阳试点［150.00 元/（亩·年）］的 4.9 倍。而以采叶为主要目的的沙棘种植，5 个主点之间平摊至更新周期的年度维护成本相差就不太大了，如最高的朝阳试点为 232.00 元/（亩·年），相当于庆阳试点［156.00 元/（亩·年）］的 1.5 倍。

如同建园成本计算时一样，由于劳务费的特殊性质，年度维护成本计算时也将其单独列了出来。

表4-59　不同试点引进沙棘（采果）年度维护成本核定

主要试点	施肥			灌水			除草			病虫害防治			其他			采果			结实期维护成本合计/(元/亩)	结实期维护成本平摊到整个更新周期/[元/(亩·年)]	劳务费费用平摊到整个更新周期/[元/(亩·年)]
	年数/年	单价/[元/(亩·年)]	小计/(元/亩)	年数/年	单价/[元/(亩·年)]	小计/(元/亩)	年数/年	单价/[元/(亩·年)]	小计/(元/亩)	年数/年	单价/[元/(亩·年)]	小计/(元/亩)	年数/年	单价/[元/(亩·年)]	小计/(元/亩)	年数/年	单价/[元/(亩·年)]	小计/(元/亩)			
黑龙江绥棱	12	40	480	—	—	—	11	10	110	11	15	165	—	—	—	11	660	7260	8015.00	572.50	526.43
辽宁朝阳	9	50	450	8	40	320	8	10	80	8	15	120	—	—	—	8	240	1920	2890.00	240.83	166.67
甘肃庆阳	6	50	300	—	—	—	5	10	50	5	15	75	5	15	75	5	200	1000	1500.00	150.00	105.00
青海大通	6	50	300	5	40	200	5	10	50	5	15	75	5	15	75	5	200	1000	1700.00	170.00	105.00
新疆额敏	13	40	520	15	100	1500	—	—	—	12	10	120	—	—	—	12	740	8880	11020.00	734.67	592.00
备注	盛果期+1			盛果期			人工费			—			如遮阳网等			人工费			—	—	—

表4-60　不同试点引进沙棘（采叶）年度维护成本核定

主要试点	施肥			灌水			除草			病虫害防治			采叶			产叶期维护成本合计/(元/亩)	产叶期维护成本平均摊到整个更新周期/[元/(亩·年)]	劳务费用平均摊到整个更新周期/[元/(亩·年)]
	年数/年	单价/[元/(亩·年)]	小计/(元/亩)	年数/年	单价/[元/(亩·年)]	小计/(元/亩)	年数/年	单价/[元/(亩·年)]	小计/(元/亩)	年数/年	单价/[元/(亩·年)]	小计/(元/亩)	年数/年	单价/[元/(亩·年)]	小计/(元/亩)			
黑龙江绥棱	12	40	480	—	—	—	12	10	120	12	15	180	12	150	1 800	2 580.00	172.00	137.14
辽宁朝阳	12	50	600	12	40	480	12	10	120	12	15	180	12	175	2 100	3 480.00	232.00	185.00
甘肃庆阳	12	50	600	—	—	—	12	10	120	12	15	180	12	120	1 440	2 340.00	156.00	156.00
青海大通	12	50	600	12	40	480	12	10	120	12	15	180	12	110	1 320	2 700.00	180.00	144.00
新疆额敏	12	40	480	15	100	1 500	—	10	120	12	10	120	12	150	1 800	3 900.00	260.00	120.00
备注	盛果期+1	—	—	盛果期	—	—	人工费	—	—	—	—	—	人工费	—	—	—	—	—

二、经济效益计算

引进沙棘主要利用的资源是果实，不过随着其叶成分被逐渐揭示出含有很高的黄酮、油等成分，用于茶叶等保健品和饲用方面的叶原料需求不断增长。因此，下面对沙棘果实、叶分别计算成本与产出。经济效益仍按单位面积（亩）计算。

（一）果实产出计算

对引进沙棘定植后的常年观察记载中，截至目前发现有幼年期、结果初期（初果期）、结果盛期（盛果期），根据常识，其后应该还有结果后期（衰果期）和衰老期。事实上，当结果后期产量明显下降时，就应该及时更新沙棘种植园，不应等进入衰老期才更新。

从 5 个主点的观察记载资料来看，绥棱、额敏 2 个试点在种植第 1 年为幼年期，第 2～3 年为初果期，而从第 4～14（或 15）年为盛果期；朝阳试点种植第 1～2 年为幼年期，第 3～4 年为初果期，第 5～12 年为盛果期；庆阳、大通 2 个试点在种植 1～2 为幼年期，第 3～5 年为初果期，第 6～10 年为盛果期；各点在盛果期后即进入结果后期，此时应立即进行更新。上述情况统一汇于表 4-61 中。

表 4-61　引进沙棘在 5 个主点的生育时期

主要试点	幼龄期/年	初果期/年	盛果期/年	衰果期	盛果期持续时间/年	更新周期/年
黑龙江绥棱	1	2～3	4～14	14 年之后	11	14
辽宁朝阳	1～2	3～4	5～12	12 年之后	8	12
甘肃庆阳	1～2	3～5	6～10	10 年之后	5	10
青海大通	1～2	3～5	6～10	10 年之后	5	10
新疆额敏	1	2～3	4～15	15 年之后	12	15

在计算引进沙棘果实产量时，抛除初果期的产量，只计盛果期的产量，其中，绥棱、额敏 2 个试点以目前实测的连续 3 年盛果期平均产量为基础稍加调整计。表 4-62 为引进沙棘在 5 个主点的果实产量及收入情况。

表中显示出平摊到整个更新周期的采果纯收入平均为 885.97 元/（亩·年），其中，绥棱试点为 1 720.70 元/（亩·年），朝阳试点为 429.48 元/（亩·年），庆阳试点为 244.71 元/（亩·年），大通试点为 222.71 元/（亩·年），额敏试点为 1 812.28 元/（亩·年）。

表 4-62　引进沙棘在 5 个主点的采果收入计算

主要试点	进入盛果期年龄/年	盛果期持续时间/年	更新年限(或更新周期长度)/年	产品	产量/[kg/(亩·年)]	单价/(元/kg)	采果毛收入/[元/(亩·年)]	平摊到整个更新周期采果毛收入[元/(亩·年)]	平摊到整个更新周期采果纯收入[元/(亩·年)]	平摊到整个更新周期劳务收入[元/(亩·年)]	平摊到整个更新周期采果纯收入＋劳务收入[元/(亩·年)]
黑龙江绥棱	4	11	14	鲜果	330	10	2 970	2 333.57	1 720.70	546.21	2 266.91
辽宁朝阳	5	8	12	鲜果	120	10	1 080	720.00	429.48	190.58	620.06
甘肃庆阳	6	5	10	鲜果	100	10	900	450.00	244.71	131.48	376.18
青海大通	6	5	10	鲜果	100	10	900	450.00	222.71	132.48	355.18
新疆额敏	4	12	15	鲜果	370	10	3 330	2 664.00	1 812.28	612.28	2 424.56
备注	—	—	—	—	3 年均产	—	按 0.9 采果率计	—	—	—	—

如前文所述，由于劳务费的特殊性质，将平摊至整个更新周期的采果劳务收入在表 4-55 中也单独列了出来。在前面费用部分计算中，用劳反映在劳务费用方面，在效益计算中则属于劳务收入。表中显示出与采果有关的劳务收入平均为 322.61 元/（亩·年），其中，绥棱试点为 546.21 元/（亩·年），朝阳试点为 190.58 元/（亩·年），庆阳试点为 131.48 元/（亩·年），大通试点为 132.48 元/（亩·年），额敏试点为 612.28 元/（亩·年）。对于种植园主来说，这部分支出属于劳务费，但对务工者来说，这部分就是劳务收入。

而这正是劳务费的特殊性质，不能简单地在成本中扣除即可，它已转化为劳动者的纯收入，是其脱贫致富的重要组成部分。因此，表 4-55 最后一列为采果收入和采果务工收入两部分之和，一定程度上反映了种植园主和务工人员的总收入，平均达 1 208.58 元/（亩·年），其中，绥棱试点为 2 266.91 元/（亩·年），朝阳试点为 620.06 元/（亩·年），庆阳试点为 376.18 元/（亩·年），大通试点为 355.18 元/（亩·年），额敏试点为 2 424.56 元/（亩·年）。

引进沙棘无性系优良雌株品种与同步引进作为对照的、已经实践检验表现最好的"201305"相比，果实平均产量间相差很小。这表明引进总体与原引进最好的单个品种相比不相上下，说明从大概率上来看，新引进优良品种有近一半的果实单产高于对照，另一半低于对照。用果实产量及收入来总体衡量，大部分引进品种均引种成功，引进效果相当喜人。

（二）叶产出估算

引进沙棘中有一个品种"201306"，它是唯一的雄株，在沙棘建园后既起授粉作用，也可采叶用于茶叶等保健品以及饲料开发利用。同时，其余引进沙棘的雌株根据结实情况，也可选择部分植株采收一定数量的叶用于开发利用。

叶的投入方面实际上是与果实绑在一起的，建园成本完全相同，年度维护费用大部分与果实相同，只是采摘费用上有所区别，因此涉及这方面的劳务费用或劳务收入不同。

前面有关部分已指出，引进沙棘鲜叶亩产量平均为 300～400 kg。目前沙棘叶作为资源可加工茶叶、生产饲料添加剂，特别是沙棘叶中黄酮、油等有效成分的提取，使其开发前景看好。目前沙棘鲜叶在市场上的单价，以制茶为例（新疆青河），从早春的 8～10 元/kg 变动到晚秋的 5 元/kg 的情况。表 4-63 为引进沙棘在 5 个主点的叶产量及收入情况，平均单价暂按 5 元/kg 计。

表 4-63 引进沙棘在 5 个主点的采叶收入计算

主要试点	进入采叶期年龄/年	更新周期长度/年	采叶年限/年	产品	产量/[kg/(亩·年)]	单价/(元/kg)	采叶毛收入/[元/(亩·年)]	平摊到整个更新周期采叶毛收入/[元/(亩·年)]	平摊到整个更新周期采叶纯收入/[元/(亩·年)]	平摊到整个更新周期劳务收入/[元/(亩·年)]	平摊到整个更新周期采叶纯收入+劳务收入/[元/(亩·年)]
黑龙江绥棱	4	15	12	鲜叶	300	5	1 200.00	960.00	788.00	156.93	944.93
辽宁朝阳	4	15	12	鲜叶	350	5	1 400.00	1 120.00	888.00	208.92	1 096.92
甘肃庆阳	4	15	12	鲜叶	240	5	960.00	768.00	612.00	182.48	794.48
青海大通	4	15	12	鲜叶	220	5	880.00	704.00	524.00	171.48	695.48
新疆额敏	4	15	12	鲜叶	300	5	1 200.00	960.00	700.00	140.28	840.28
备注	—	—	—	—	—	—	按 0.8 采叶率计	—	—	—	—

表中显示出平摊到整个更新周期的采叶纯收入平均为 702.40 元/（亩·年），其中，绥棱试点为 788.00 元/（亩·年），朝阳试点为 888.00 元/（亩·年），庆阳试点为 612.00 元/（亩·年），大通试点为 524.00 元/（亩·年），额敏试点为 700.00 元/（亩·年）。

在前面采叶费用部分计算中，用劳反映在劳务费用方面，而在效益计算中则属于采叶劳务收入。表中显示出与采叶有关的劳务收入平均为 172.02 元/（亩·年），其中，绥棱试点为 156.93 元/（亩·年），朝阳试点为 208.92 元/（亩·年），庆阳试点为 182.48 元/（亩·年），大通试点为 171.48 元/（亩·年），额敏试点为 140.28 元/（亩·年）。对于种植园主来说，这部分支出属于劳务费，但对务工者来说，这部分就是劳务收入。

劳务费的性质及有关情况采果部分已有叙述，在此不再赘述了。表 4-56 最后一列为采叶收入和采叶务工收入两部分之和，一定程度上反映了种植园主和务工人员的总收入。

引进沙棘无性系优良品种与同步引进作为对照的、已经实践检验表现最好的对照"201305"（CK）相比，叶平均产量基本是一致的。表明引进总体与原引进最好的单个品种相比不相上下，说明新引进优良品种有近一半左右的叶单产高于对照，另一半低于对照。从总体来看，用叶衡量的各引进品种大部分是成功的，引进效果相当突出。

三、生态效益匡算

常见的生态效益主要衡量指标包括涵养水源、保育土壤、固碳制氧、净化大气环境、物种保育、森林游憩、提供负离子等类别。考察到引进沙棘资源的特殊性，下面只对前 3 项即涵养水源、保育土壤、固碳制氧进行效益估算。生态效益按 1 万 hm^2 面积匡算，见表 4-64。

表 4-64   常规生态效益 3 个类别的评估公式及参数说明

类别	指标		计算公式	参数说明
涵养水源	调节水量		$G_{调}=10A(P-E-C)$	$G_{调}$ 为林分调节水量功能，单位：m^3/a；P 为降水量，单位：mm/a；E 为林分蒸散量，单位：mm/a；C 为地表径流量，单位：mm/a；A 为林分面积，单位：hm^2
保育土壤	固土		$G_{固土}=A(X_2-X_1)$	$G_{固土}$ 为林分年固土量，单位：t/a；X_1 为林地土壤侵蚀模数，单位：$t/(hm^2 \cdot a)$；X_2 为无林地土壤侵蚀模数，单位：$t/(hm^2 \cdot a)$；A 为林分面积，单位：hm^2
	保肥		$G_N=AN(X_2-X_1)$	G_N 为减少的氮流失量：t/a；N 为土壤含氮量，单位：%
			$G_P=AN(X_2-X_1)$	G_P 为减少的磷流失量：t/a；P 为土壤含磷量，单位：%
			$G_K=AN(X_2-X_1)$	G_K 为减少的钾流失量：t/a；K 为土壤含钾量，单位：%
固碳释氧	固碳	植被固碳	$G_{植被固碳}=1.63R_{碳}AB_{年}$	$G_{植被固碳}$ 为植被年固碳量，单位：t/a；$R_{碳}$ 为 CO_2 中碳的含量，为 27.27；$B_{年}$ 为林分净生产力，单位：$t/(hm^2 \cdot a)$；A 为林分面积，单位：hm^2
		土壤固碳	$G_{土壤固碳}=AF_{土壤}$	$G_{土壤固碳}$ 为土壤年固碳量，单位：t/a；$F_{土壤}$ 为单位面积林分土壤年固碳量，单位：$t/(hm^2 \cdot a)$；A 为林分面积，单位：hm^2
	释氧		$G_{氧气}=1.19AB_{年}$	$G_{氧气}$ 为林分年释氧量，单位：t/a；$B_{年}$ 为林分净生产力，单位：$t/(hm^2 \cdot a)$；A 为林分面积，单位：hm^2

引进沙棘涵养水源、保育土壤、固碳制氧的有关参数及取值见表 4-65。

表 4-65　引进沙棘 3 个类别生态效益计算的参数及取值

参数名称	林分面积/hm²	区域平均降水量/mm	蒸散与径流量占降水量的比例/%	无林地土壤侵蚀模数/[t/(hm²·a)]	土壤含氮量/%	土壤含磷量/%	土壤含钾量/%	林分年净生产力/[t/(hm²·a)]
绥棱	10 000	570.6	12	1 500	0.199	0.089	1.76	2.8
朝阳	10 000	450	10	3 000	0.067	0.063	2.3	3.0
庆阳	10 000	562	10	3 500	0.046	0.125	1.985	2.4
大通	10 000	510	10	3 200	0.24	0.11	2.46	2.2
额敏	10 000	200	0.1	100	0.02	0.07	2.07	2.6
平均	10 000	523.15	10.5	2 800	0.14	0.1	2.13	2.6

估算面积按 1 万 hm² 计。引进沙棘涵养水源、保育土壤、固碳制氧的计算值见表 4-66。

表 4-66　引进沙棘 3 个类别生态效益（按 1 万 hm² 计）的计算结果

类别	涵养水源	保育土壤				固碳释氧		
指标	调节水量/万 m³	固土/万 t	保肥/t			固碳/万 t		释氧/万 t
			氮	磷	钾	植被固碳	土壤固碳	
绥棱	4 017.0	10.2	162.4	72.6	1 436.2	0.996	1.593	2.666
朝阳	3 240.0	20.4	109.3	102.8	3 753.6	1.067	1.707	2.856
庆阳	4 046.4	23.8	87.6	238.0	3 779.4	0.853	1.366	2.285
大通	3 672.0	21.76	417.8	191.5	4 282.4	0.782	1.252	2.094
额敏	1 598.4	0.68	1.1	4.0	112.6	0.925	1.479	2.475
平均	3 314.8	15.4	155.6	121.8	2 672.8	0.9	1.5	2.5

经计算而得的生态效益 3 个类别的一些计算值（按引进沙棘种植面积 1 万 hm² 计）如下。

涵养水源：每年可调节水量 3 314.8 万 m³。5 个试点的计算值见表 4-66。

保育土壤：每年可固土 15.4 万 t；可保肥 2 950.3 t，其中氮肥 155.6 t，磷肥 121.8 t，钾肥 2 672.8 t。5 个试点的计算值见表 4-66。

固碳释氧：每年可固碳 2.4 万 t，其中植被固碳 0.9 万 t，土壤（含枯落物）固碳 1.5 万 t；释氧 2.5 万 t。5 个试点的计算值见表 4-66。

四、社会效益简述

社会效益一般更多地体现在间接效益上，其值一般不会低于直接用货币体现的经济效益。下面只对引进大果沙棘种植的社会效益进行描述性评价，包括人口素质、生活质量和社会进步 3 个领域。社会效益评价对象是对 5 个主点所在地区的一般性描述，即以下 3 大方面在 5 个主点所在地区都同样存在。

（一）人口素质

人口素质这一领域的具体指标主要包括参加培训次数、培训满足需要程度、培训效果、对家庭剩余劳动力的利用等。

在实施引进沙棘种植过程中，育苗、种植、采收、更新复壮等环节的技术含量很高，必须通过培训才能教会当地农民掌握这些技术，明白其道理，增加其参与能力，特别是具有触类旁通，举一反三的效果，以及意想不到的特殊效果。同时，沙棘种植与开发过程中必然需要消耗一些劳动力，这样就会促进农村剩余劳力转移，不至于导致精壮劳力全涌到城市去，也让农村留守人员有用武之地，有效促进农村土地利用结构及产业结构的合理调整，增加环境容量，缓解人地矛盾，提高劳动生产率，促进经济良性循环，加大脱贫致富奔小康的步伐。

（二）生活质量

生活质量这一领域的具体指标主要包括生活满意情况、基础设施建设情况、对家庭贫困状况的影响、农村养老保险参加情况、农村合作医疗保险参加情况、住房面积、住房建筑材料、对周边生态环境改善和对农田的保护、野生动物种类和野生动物数量等。

种植沙棘可以有效保护当地土地不遭受沟蚀、石漠化、沙化等多种水土流失形式的干扰破坏，有助于减轻就地风蚀沙埋危害和面源污染等，特别是还能减轻下游洪涝、泥沙危害及决堤等重大自然灾害，上下游之间和睦相处，共同创建一个安静祥和的社会环境。

种植沙棘可增加就地务工机会，增加收入，解决许多诸如家庭基础建设、养老保险、合作医疗等方面的费用，提高生活水平，沙棘种植区农民的幸福指数会与日俱增。

（三）社会进步

社会进步这一领域的具体指标主要包括生态环保观念、市场观念、民主法治观念、农村妇女收入、邻里关系变化情况、干群关系情况、参与社会活动情况、关心村内事务及国内外大事情况、社会治安情况、社会风气情况、政府对"三农"问题的重视程度和政府对生态工程的支持程度等。

作为一项引进沙棘种植示范工程，看似事小，实则意义重大。实施和维护沙棘种植工程的过程，既是传授科技知识、教会操作技能的过程，更是培养各种观念的难得机会，还是宣贯民主法制的重要场所，利用好了，社会风气会得到有效净化，邻里关系会得到逐步改善，各种公益活动会得到响应和有力执行，"三农"问题将以较快的速度得以解决。

第五节　可用于推广的引进沙棘良种无性系推荐

引进俄罗斯第三代沙棘优良无性系品种，其目的在于供我国"三北"地区建设工业原料林利用。从目前的试验结果、各地区生产实践的需要和实践等来看，新疆、黑龙江无疑是最适合引进沙棘种植的地区，可作为重点地区对其可适宜推广的引进沙棘品种加以推荐；其他地区亦可开展适度推广。

由于引种主序列（于 2014 年定植的 5 个主点所有参试沙棘品种）生产性试验（2014—2020 年）与区域性试验（2014—2018 年）同时起步，只推迟 2 年结束，意味着在这一过程中除自然选择造成一些品种被淘汰外，无法人为剔除不适宜品种。根据这一情况，从 2017 年起课题组淘汰了一些不适宜品种，在各主点陆续补充设置了一系列长短不一的副序列沙棘生产性试验林，同时新增了一些副点开展生产性试验。虽然时间不长，但仍通过类比再次验证了这些引进沙棘品种的生产力和适应性。因此，结合各主点主序列和副序列，以及各副点生产性试验成果，对进入推广的引进沙棘名录补进了一些新增试点或原主点补充试验中表现不错的品种，继续剔除了结实差、树势弱的品种，并据此对一些试点所在省区适宜的沙棘良种无性系做出了推荐。

一、引进成功沙棘品种的综合评价与分类

如前文所述，从俄罗斯引进的 22 个沙棘良种无性系，在 5 个主点、7 个副点进行生产性试验后发现，有些品种在多个试点是成功的，有些品种在部分试点是成功的，截至目前没有发现 1 种不适应所有参试点的品种。说明引种工作总体来看是成功的。

对这些引进的大果沙棘，通过树体形质指标、果实参数等，可以进行一定的分类。由于绥棱、额敏 2 个试点拥有所有 22 个引进沙棘品种（绥棱中期死掉 1 种），而其余 3 个试点品种较少，因此分类时重点运用绥棱、额敏 2 个试点的有关资料，其他各主点、副点有关信息作为参考资料来利用。

（一）引进沙棘雌株品种分类

根据对沙棘树体生长、结实等的仔细观察，果实营养成分资料的分析，特别是响应

生产实践提出的要求，课题组认为可将引进大果沙棘雌株初步划分为以下9个类型："大果型""高产型""高油型""高黄酮型""高胡萝卜素型""高白雀木醇型""矮生型""早熟型"和"红果型"等，可为生产实践中分类种植、开发利用提供科学依据。

1. 大果型

我国科学家对土生土长的中国沙棘选优时，定的百果重门槛为：半干旱区 23 g，半湿润区 28 g。因为中国沙棘有许多野生类型的百果重在 10 g 以下，大一些的为 10～20 g，超过 20 g 的很少，超过 23 g 甚至 28 g 达到选优标准的少之又少。

开展俄罗斯大果沙棘引进区域性试验以来，课题组每年都对果实大小、生长节律进行记载，发现早期结实期的 2015 年、2016 年果实很大，而进入盛果期的 2017 年起果实大小就变小且基本稳定了下来，因此下面列出了绥棱、额敏 2 个试点 2017 年参试各沙棘品种的百果重测定记录（表 4-67）。

表 4-67　绥棱、额敏 2 个试验主点 2017 年参试沙棘的百果重　　　　单位：g

品种编号	绥棱	额敏	平均
201309	76.7	91.7	84.2
201308	75.7	91.5	83.6
201302	—	81.3	81.3
201319	80.5	58.24	69.4
201314	74.3	63.7	69.0
201311	53.1	81.9	67.5
201303	63.0	63.7	63.4
201304	58.6	64.1	61.3
201316	70.9	45.5	58.2
201305	61.7	54.6	58.2
201307	39.1	72.8	56.0
201317	52.5	55.9	54.2
201322	42.7	63.8	53.2
201318	51.3	54.6	52.9
201301	49.3	54.6	51.9
201310	53.6	48.8	51.2
201321	45.3	54.6	49.9
201315	69.0	30.9	49.9
201313	62.7	31.9	47.3
201312	49.0	45.5	47.2
201320	47.8	45.2	46.5
平均	58.8	59.8	59.8

"大果型"是果实较大的沙棘品种，具体反应在纵径、横径，特别是百果重方面。根据对试验期间各地果实测定结果的分析，课题组认为引进沙棘"大果型"以百果重 55 g 以上为宜。

引进的 22 个沙棘品种有 11 种可以达到 55 g，正好占到一半以上。这 11 个品种在表 4-62 中位于前 11 行，百果重为 56.0~84.2 g。据此，引进大果沙棘中真正归"大果型"的沙棘品种，按果实从大到小依次排列为："201309""201308""201302""201319""201314""201311""201303""201304""201316""201305"、"201307"。

2. 高产型

高产体现在果实单产方面，在我国就是亩产。由于试验地用的统一株行距为 2 m×3 m，故单产可用株产来衡量。绥棱、额敏 2 个试点沙棘在种植第 4 年（2017 年）起即进入盛果期，故采用连续 3 年（2017—2019 年）株产实测值的平均值，并将同一品种 2 个试点的值继续平均供划分使用（表 4-68）。

表 4-68　绥棱、额敏 2 个试验主点 2017—2019 年沙棘果实的平均株产　　　　单位：kg

品种编号	绥棱	额敏	平均
201312	4.674	9.323	6.998
201302	—	5.685	5.685
201307	4.091	6.028	5.060
201309	3.498	5.665	4.581
201301	3.434	5.213	4.323
201320	5.972	2.028	4.000
201305	2.194	5.629	3.911
201304	2.344	4.378	3.361
201316	2.882	3.734	3.308
201308	2.910	3.572	3.241
201322	1.855	4.292	3.073
201315	5.890	0.199	3.045
201319	3.063	2.762	2.913
201311	1.496	4.049	2.773
201318	2.716	2.685	2.701
201317	3.233	1.841	2.537
201314	2.725	1.193	1.959
201321	0.887	2.733	1.810
201313	2.916	0.358	1.637
201310	2.396	0.513	1.454
201303	1.104	0.354	0.729
平均	3.636	5.298	4.581

经分析比对认为株产 3 kg（也就是亩产 333 kg）作为划分界限比较合理。据此，引进的 22 个沙棘品种中有 12 个品种进入"高产型"名单，其株产范围为 3.045～6.998 kg，占 55%。

据此，引进大果沙棘中属于"高产型"的品种被筛选了出来，按株产从大到小依次排列为："201312""201302""201307""201309""201301""201320""201305""201304""201316""201308""201322""201315"。

3．高油型

高油意味着果实含油率高。沙棘油在国内市场有果油（果肉油）、籽油（种子油）之分，即分别从果肉、种子中提取出来的油脂。国外如俄罗斯多用全果油，认为这种油成分更为全面。

在课题实施过程中，果肉油、籽油和全果油的含量分别被测定了出来，其中全果油的含量用干全果含油率来反映。参试的 21 个沙棘雌株的干全果含油率见表 4-69。

表 4-69　绥棱、额敏 2 个试验主点 2017 年参试沙棘的干全果食油率　　　单位：%

品种编号	绥棱	额敏	平均
201322	27.0	29.3	28.2
201313	25.8	30.2	28.0
201314	33.3	18.5	25.9
201315	17.5	34.1	25.8
201321	34.1	16.6	25.4
201302	—	25.0	25.0
201312	29.8	18.6	24.2
201311	21.8	25.6	23.7
201308	16.4	28.6	22.5
201304	29.0	15.7	22.4
201318	29.3	13.5	21.4
201301	15.5	26.9	21.2
201317	25.1	16.3	20.7
201303	25.9	14.1	20.0
201319	25.0	14.7	19.9
201310	21.0	15.8	18.4
201305	19.6	16.1	17.9
201320	12.2	22.1	17.2
201309	24.0	10.1	17.1
201316	—	15.0	15.0
201307	9.8	14.2	12.0
平均	25.8	20.1	22.7

我国常用高含油率油料的标准为 30%。作为一种保健品，标准似应适度降低，故课题组将"高油型"沙棘的门槛定为 25%。据此，有 6 种沙棘品种被列入"高油型"名单，其干全果含油率范围为 25.0%～28.2%，按干全果含油率从大到小依次排列为："201322""201313""201314""201315""201321""201302"。

4. 高黄酮型

"高黄酮型"品种即沙棘果实黄酮含量高的品种。进入盛果期第 1 年（2017 年），绥棱、额敏两地各参试沙棘品种干全果的总黄酮测定结果见表 4-70。

表 4-70　绥棱、额敏 2 个试验主点 2017 年参试沙棘干全果总黄酮含量一览　　　　单位：%

品种编号	绥棱	额敏	平均
201319	0.289	0.343	0.316
201301	0.284	0.276	0.280
201317	0.372	0.164	0.268
201316	—	0.208	0.208
201308	0.217	0.186	0.201
201318	0.172	0.222	0.197
201311	0.202	0.177	0.190
201315	0.208	0.139	0.173
201320	0.195	0.150	0.172
201322	0.061	0.269	0.165
201305	0.212	0.109	0.161
201307	0.194	0.120	0.157
201312	0.112	0.191	0.151
201314	0.166	0.134	0.150
201321	0.144	0.142	0.143
201303	0.106	0.165	0.135
201304	0.124	0.138	0.131
201310	0.141	0.104	0.122
201309	0.128	0.114	0.121
201313	0.017	0.205	0.111
201302	—	0.105	0.105
平均	0.176	0.174	0.174

划分"高黄酮型"沙棘时，以干全果总黄酮含量 0.2%作为门槛。从表 4-70 可以看出，进入"高黄酮型"名单的引进沙棘品种有 5 个，总黄酮含量范围为 0.201%～0.316%，包括"201319""201301""201317""201316""201308"，占总引进品种（22 个）的 22.7%。

5. 高胡萝卜素型

"高胡萝卜素型"是指果实所含β-胡萝卜素含量比较高的沙棘品种。β-胡萝卜素是一种橘黄色的脂溶性化合物，它是自然界中最普遍存在也是最稳定的天然色素，在进入机体后，在肝脏及小肠黏膜内经过酶的作用，其中约一半变成维生素 A，有补肝明目的作用，可治疗夜盲症，利膈宽肠。绥棱、额敏 2 个试点参试沙棘干全果的β-胡萝卜素含量，详见表 4-71。

表 4-71　绥棱、额敏 2 个试验主点 2017 年参试沙棘的干全果β-胡萝卜素含量　　单位：mg/100 g

品种编号	绥棱	额敏	平均
201322	82.396	47.547	64.971
201320	30.235	89.754	59.994
201321	85.733	23.785	54.759
201318	55.469	36.633	46.051
201312	42.606	41.978	42.292
201310	28.548	48.287	38.418
201314	45.855	25.161	35.508
201303	35.496	33.878	34.687
201304	45.134	22.081	33.607
201305	29.465	34.018	31.741
201307	18.569	39.278	28.923
201311	29.905	25.089	27.497
201313	14.495	37.707	26.101
201302	—	25.955	25.955
201315	27.407	20.272	23.839
201317	19.520	22.568	21.044
201319	11.357	30.330	20.843
201316	—	20.783	20.783
201309	22.347	16.947	19.647
201308	23.958	11.361	17.659
201301	11.757	13.493	12.625
平均	34.750	31.757	32.712

表中以干全果β-胡萝卜素含量 30 mg/100 g 为门槛，据此进入高β-胡萝卜素含量名单的引进沙棘品种有 10 个，β-胡萝卜素含量范围为 31.741～64.971 mg/100 g。"高β-胡萝卜素型"引进沙棘包括"201322""201320""201321""201318""201312""201310""201314""201303""201304""201305"，占总引进品种（22 个）的 45%。

　　沙棘曾经以富含维生素 C 而闻名于世，不过 VC 在常温下极易分解，一般在运送途中前一两天就能分解近一半成分。课题实施中多次取样测定，发现果实中 VC 数值均很低，就是这个原因所致。后来采用液氮罐现场取样、专车拉至异地分析室测定 VC 含量，才保证了果实 VC 不在运送途中分解。从生产实践的采摘、输送环节来看，原料到工厂意味着 VC 已经分解殆尽。因此沙棘 VC 含量虽然较高，但在目前条件下很难取得高 VC 原料，课题组未就高 VC 型对沙棘品种进行划分。

6. 高白雀木醇型

　　"高白雀木醇型"指果实白雀木醇含量较高的沙棘品种。白雀木醇是一种肌醇的甲醚衍生物，具有抗氧化、维持渗透压、降血糖、抗癌及治疗胃损伤的作用，是一种极具利用价值的天然活性成分。试验期间课题组测定了绥棱、额敏 2 个试点参试沙棘干全果的白雀木醇含量，见表 4-72。

表 4-72　绥棱、额敏 2 个试验主点 2017 年参试沙棘的干全果白雀木醇含量　　　　单位：mg/100 g

品种编号	绥棱	额敏	平均
201307	861.774	583.665	722.719
201301	436.690	784.102	610.396
201320	369.968	605.396	487.682
201319	381.524	556.357	468.941
201318	465.027	439.646	452.337
201309	346.731	528.884	437.808
201321	443.838	380.295	412.066
201315	460.166	349.505	404.835
201304	337.693	432.565	385.129
201302	—	375.380	375.380
201310	376.349	355.160	365.754
201308	451.322	246.955	349.138
201316	—	347.807	347.807
201317	380.598	307.782	344.190
201303	151.608	487.870	319.739
201311	219.994	392.856	306.425
201305	255.014	347.478	301.246
201312	247.444	354.986	301.215
201322	344.189	238.434	291.312
201313	210.012	337.544	273.778
201314	192.820	320.964	256.892
平均	364.882	417.792	391.180

表中以干全果白雀木醇含量 400 mg/100 g 为门槛，据此进入高白雀木醇含量名单的引进沙棘品种有 8 个，含量范围为 404.835～722.719 mg/100 g。"高白雀木醇型"引进沙棘包括"201307""201301""201320""201319""201318""201309""201321""201315"，占总引进品种数（22 个）的 36%。

7．矮生型

"矮生型"指引进沙棘中树高较小、产量较高的类型。这种低矮，不是不适应的表现，而是由于遗传性。绥棱、额敏 2 个试点参试沙棘树高最小的 10 个品种及其树高值见表 4-73。

表 4-73　绥棱、额敏 2 个试验主点 2017 年参试沙棘树高和株产一览

品种编号	树高/cm			平均株产/kg
	绥棱	额敏	平均	
201321	181.7	150.9	166.3	1.810
201313	198.1	132.5	165.3	1.637
201322	189.0	138.1	163.6	3.073
201303	176.6	148.9	162.8	0.729
201309	185.6	130.9	158.3	4.581
201315	176.2	138.3	157.2	3.045
201318	186.5	124.8	155.7	2.701
201317	171.8	132.4	152.1	2.537
201305	162.8	129.6	146.2	3.911
201314	163.7	117.5	140.6	1.959
平均	179.2	134.4	156.8	2.598

表 4-73 中这 10 个沙棘低矮品种的树高为 140.6～166.3 cm（4 年生）。当然通过树势可以判断低矮的成因到底是遗传原因，还是长势不好。不过，在低矮的这些品种中，利用株产一样可以加以判定。因此，表 4-73 中最右边加了一栏——平均株产。

前面对达到"高产型"定的标准为株产 3 kg。不过既然为"矮生型"，树冠的体积较小，株产不会太高。因此将"矮生型"的株产标准稍为降低，定为 2.5 kg，作为"矮生型"的门槛。这样就可得出真正属于"矮生型"的品种有 6 个："201305""201317""201318""201315""201309""201322"，它们树高虽然较低（146.2～163.6 cm），但株产却并不低（2.537～4.581 kg）。

"矮生型"是一种适合于机械化采收的沙棘品种，随着我国沙棘采收机械化水平的不断提高，这些品种会大有用处。

8．早熟型

一般来说，果实越早熟越有益，因为可以先上市，获得高价格。所以俄罗斯一直在

致力于进行早熟沙棘品种的选育，因此引进的 21 个大果沙棘雌株品种全为"早熟型"。

中国沙棘一般在 10 月前后成熟，以此为中熟品种的界定线，可以将 7—8 月成熟的沙棘品种定为"早熟型"，9—10 月成熟的沙棘品种定为"中熟型"，而 11 月之后成熟的品种定为"晚熟型"。

目前国内所知的"晚熟型"沙棘品种有"深秋红"，而"早熟型"品种全为来自俄罗斯的大果沙棘品种。

引入的 22 个沙棘良种无性系，除了 1 个为雄株（"201306"）外，其余 21 个品种均为"早熟型"，果熟期为 7 月（如朝阳、庆阳、额敏）到 8 月（如绥棱、青河），其中"201308"较其他品种成熟约晚半个月。

9. 红果型

不论沙棘为自然品种还是人工品种，其一般呈橙色、黄色，而红色较少，因此"红果型"成了育种选择甚至企业采购的一种需求。

引进的 21 个沙棘雌株品种也是这种情况，多呈橙黄色或黄色，红色或近似品种虽然不多，但仍然有 6 个品种："201304"（橘红色）、"201307"（红色或橘红色）、"201312"（浅橘红色或橙红色）、"201320"（橙红色）、"201321"（橙红色）和"201322"（橙红色）。

"红果型"既是果汁加工企业的所爱，也是田园美化的需要，可以很好地点缀种植园甚至园林绿地、森林公园等。

需要指出的是，即使是同一品种，在我国东部的黑龙江绥棱，果色可能较西部的新疆额敏要偏红一些。

下面将这些引进沙棘类型及所对应的沙棘品种均列入表内（表 4-74），以方便查阅。

表 4-74 引进俄罗斯大果沙棘（雌株）根据不同用途的分类

品种编号	大果型	高产型	高油型	高黄酮型	高胡萝卜素型	高白雀木醇型	矮生型	早熟型	红果型	合计（类）
201301		✓		✓		✓		✓		4
201302	✓	✓	✓					✓		4
201303										3
201304										5
201305										5
201307										5
201308										4
201309										5
201310										2
201311										2

品种编号	大果型	高产型	高油型	高黄酮型	高胡萝卜素型	高白雀木醇型	矮生型	早熟型	红果型	合计（类）
201312										4
201313										2
201314										4
201315										5
201316										4
201317										3
201318										4
201319										4
201320										5
201321										5
201322										6
合计（种）	11	12	6	5	10	8	6	21	6	85

　　从表 4-74 可以看出，21 个引进沙棘（雌株）根据功用可以分为 9 类，而对每一具体品种来说，最少的品种可归入到 2 类中去，如"201310"为"高胡萝卜素型"和"早熟型"，"201311"为"大果型"和"早熟型"，"201313"为"高油型"和"早熟型"；最多的可归入到 6 类中去，如"201322"为"高产型""高油型""高胡萝卜素型""矮生型""早熟型""红果型"。

　　如果纵着看，11 个品种属"大果型"，12 个品种属"高产型"，6 个品种属"高油型"，5 个品种属"高黄酮型"，10 个品种属"高胡萝卜素型"，8 个品种属"高白雀木醇型"，6 个品种属"矮生型"，全部 21 个雌株品种属"早熟型"，6 个品种属"红果型"。

（二）新分类与俄罗斯提供分类的对比

　　俄罗斯提供的资料表明，21 个沙棘优良雌株品种，根据其特性可分为 7 个类型（这些内容在第一章中曾经谈及）；根据引进品种在所选 5 个主点的生长发育表现及分析测定情况，上节课题组已经将引进沙棘划分为 9 个类型。

1. 俄罗斯提供引进沙棘分类

　　俄罗斯提供的资料表明，所供给的大果沙棘归属 7 个类型：

　　"大果型"沙棘：新培育的"201308""201314""201305""201319"等在俄罗斯的性状表现非常突出，百果重为 80～110 g，果实株产为 8～15 kg，单产为 14～24 t/hm^2。

　　"红果型"沙棘：如"201307""201312""201320""201321"等，果实通红，观赏价值大。

　　"甜果型"沙棘：如"201303"，含糖量为 7.4%～9.3%，可口性好。

　　"高胡萝卜素型"沙棘：如"201320"，胡萝卜素含量为 40～50 mg/100 g。

　　"果实易脱粒型"沙棘：如"201301""201304""201312"，果实脱粒应力只有 110 g 左右，较现有的任何品种都要小。

"晚熟型"沙棘：如"201308"，9—10月成熟。

"矮生型"沙棘：如"201322"，高度不超过 2 m，非常适合于良种种植园种植和管理，更适合于人工和机械果实采收。

2.新建分类与俄罗斯分类的异同点

根据引进沙棘在 5 个主要试点的生长发育情况，如前文所述，课题组将引入的 21 个雌株分为 9 类，有些类型与俄罗斯提供类型是相同的，但也有出入。

"大果型"：俄罗斯资料表明，"201308""201314""201305""201319"的百果重很高，达 80～110 g；可在我国绥棱、额敏的试验表明，4 个品种的百果重分别为 83.6 g、69.0 g、58.2 g、69.4 g，百果重范围为 58.2～83.6 g，我国的高限基本上是俄罗斯的低限。不过这在引种工作中是很正常的。

"红果型"：俄罗斯提供资料表明，"201307""201312""201320""201321"为红果，在我国种植后基本上为红色果，但在绥棱种植后发现"201322"也是红果类型。另外，绥棱试点结实与俄罗斯提供果色相差不大，但在额敏试点，一些红果类品种却呈橙黄色。

"晚熟型"："201308"在引进品种中相对来说比较晚熟，在俄罗斯于 9—10 月成熟，但在我国只比其他品种晚熟半月至 20 天左右，时间上还处在 8 月前后，基本上属于我国的"早熟型"。

其他如"高胡萝卜素型"和"矮生型"几个类型，所提供资料与这些品种在我国种植后的表现基本上是吻合的。

俄罗斯提供的"果实易脱粒型"沙棘类型是适应采收特别是机械化采收的沙棘类型。我国目前尚无采果设备，相信随着这项工作的开展，"201301""201304""201312"等果实脱粒应力在 110 g 以下的优良类型会大有用处。

二、引进成功沙棘无性系介绍

引进成功的 22 个沙棘无性系中，雄株只有 1 个，而雌株多达 21 个。

（一）雄株类型

"201306"：引入名"Gnom"，中文译名"格诺姆"（图 4-2）。成年树高为 180～190 cm，地径为 5.5～6.5 cm，枝条无刺（庆阳实测）。干叶亩产量为 100 kg，风干叶（含水量为 5.5%）的营养物质含量分别为：总黄酮含量为 2.2%，总多酚含量为 1.7%，多糖含量为 7.3%，生物碱含量为 116 mg/100 g，粗蛋白含量为 16.5%，粗脂肪含量为 6.7%，粗纤维含量为 7.5%，总灰分含量为 5.5%，无氮浸出物含量为 63.8%。为"保健型""茶用型""饲料型"（3 星）沙棘良种。

种植第 4 年（黑龙江绥棱）　　　　　　　　　　　　种植第 4 年（辽宁朝阳）

种植第 4 年（新疆额敏）

图 4-2　201306（格诺姆）

（二）雌株类型

引进雌株类型共 21 个。

"201301"：引入名"Klavdiya"，中文译名"克拉维迪亚"（图 4-3）。成年树高为 180～
220 cm，地径为 6.5～8.2 cm，枝条少刺（庆阳实测为 1 个/10 cm）。果实橙黄色，圆柱体，
酸甜，从庆阳、朝阳的 6 月底 7 月初至绥棱的 7 月底 8 月初进入成熟期，成熟期约持续两周
时间，果纵径为 1.2～1.6 cm，横径为 0.9～1.0 cm，果柄长为 2～4 mm，百果重为 55～73 g，
盛果期鲜果亩产为 360～510 kg。干全果含油率为 23.9%，干果肉含油率为 25.3%，干籽含油
率为 18.2%，干全果总黄酮含量为 235.02 mg/100 g，干全果 β-胡萝卜素含量为 21.99 mg/100 g，
干全果 VE 含量为 263.59 mg/100 g，干全果葡萄糖含量为 7 312.90 mg/100 g，干全果果糖

含量为 1 620.22 mg/100 g，干全果苹果酸含量为 2 235.73 mg/100 g，干全果白雀木醇含量为 670.39 mg/100 g。为"高产型""高黄酮型""高白雀木醇型""早熟型"（4 星）沙棘良种。

种植第 4 年（黑龙江绥棱）

种植第 4 年（辽宁朝阳）

种植第 4 年（新疆额敏）

图 4-3 201301（克拉维迪亚）

　　"201302"：引入名"Elizaveta"，中文译名"伊丽莎白"（图 4-4）。成年树高为 190～210 cm，地径为 4.6～7.4 cm，枝条少刺（庆阳实测为 1 个/10 cm）。果实橙黄色，圆柱体，酸甜，从庆阳的 6 月中旬至绥棱的 8 月初进入成熟期，成熟期约持续两周时间，果纵径为 1.4～1.8 cm，横径为 0.9～1.1 cm，果柄长为 4～5 mm，百果重为 66～90 g，盛果期鲜果亩产为 280～550 kg。干全果含油率为 22.9%，干果肉含油率为 22.2%，干籽含油率为 22.7%，干全果总黄酮含量为 149.58 mg/100 g，干全果 β-胡萝卜素含量为 25.35 mg/100 g，干全果 VE 含量为 249.39 mg/100 g，干全果葡萄糖含量为 6 076.00 mg/100 g，干全果果糖含量为 635.92 mg/100 g，干全果苹果酸含量为 2 419.05 mg/100 g，干全果白雀木醇含量为 527.26 mg/100 g。为"大果型""高产型""高油型""早熟型"（4 星）沙棘良种。

种植第 4 年（黑龙江绥棱）

种植第 4 年（辽宁朝阳）　　　　　　　　　　种植第 5 年（甘肃庆阳）

种植第 4 年（新疆额敏）

图 4-4 201302（伊丽莎白）

"201303"：引入名"Altaiskaya"，中文译名"阿尔泰"（图 4-5）。成年树高为 140～210 cm，地径为 4.8～5.8 cm，无刺（庆阳实测）。果实黄色，椭球体，酸甜，从庆阳的 6 月底至绥棱的 8 月初进入成熟期，成熟期约持续两周时间，果纵径为 1.0～1.6 cm，横径为 0.7～1.0 cm，果柄长为 4～5 mm，百果重为 48～70 g，盛果期鲜果亩产为 100～120 kg。干全果含油率为 19.7%，干果肉含油率为 23.0%，干籽含油率为 8.8%，干全果总黄酮含量为 105.25 mg/100 g，干全果β-胡萝卜素含量为 32.34 mg/100 g，干全果 VE 含量为 370.96 mg/100 g，干全果葡萄糖含量为 2 699.59 mg/100 g，干全果果糖含量为 1 143.29 mg/100 g，干全果苹果酸含量为 710.80 mg/100 g，干全果白雀木醇含量为 325.96 mg/100 g。为"大果型""高胡萝卜型""早熟型"（3 星）沙棘良种。

种植第 4 年（黑龙江绥棱）

种植第 4 年（新疆额敏）

图 4-5 201303（阿尔泰）

"201304"：引入名"Inya"，中文译名"伊尼亚"（图 4-6）。成年树高为 150～210 cm，地径为 4.0～5.4 cm，枝条少刺（庆阳实测为 1 个/10 cm）。果实橘红色，圆柱体，酸，从庆阳的 6 月底至绥棱的 7 月底进入成熟期，成熟期约持续两周时间，果纵径为 1.2～1.4 cm，横径为 0.9～1.0 cm，果柄长为 3～4 mm，百果重为 57～70 g，盛果期鲜果亩产为 250～430 kg。干全果含油率为 23.5%，干果肉含油率为 23.5%，干籽含油率为 21.0%，干全果总黄酮含量为 129.40 mg/100 g，干全果 β-胡萝卜素含量为 40.32 mg/100 g，干全果 VE 含量为 387.80 mg/100 g，干全果葡萄糖含量为 3 801.24 mg/100 g，干全果果糖含量为 383.04 mg/100 g，干全果苹果酸含量为 2 666.84 mg/100 g，干全果白雀木醇含量为 464.86 mg/100 g。为"大果型""高产型""高胡萝卜型""早熟型""红果型"（5 星）沙棘良种。

种植第 4 年（黑龙江绥棱）

种植第 5 年（辽宁朝阳）　　　　　　　种植第 5 年（甘肃庆阳）

种植第 4 年（新疆额敏）

图 4-6　201304（伊尼亚）

"201305"：引入名"Chuyskaya"，中文译名"丘伊斯克"（图 4-7）。成年树高为 130～180 cm，地径为 4.4～4.8 cm，无刺（庆阳实测）。果实橘黄色，长圆柱体，酸甜，从庆阳的 6 月底至绥棱的 8 月初进入成熟期，成熟期约持续两周时间，果纵径为 1.4～1.5 cm，横径为 0.9～1.0 cm，果柄长为 3～4 mm，百果重为 60～72 g，盛果期鲜果亩产为 270～550 kg。干全果含油率为 28.8%，干果肉含油率为 28.8%，干籽含油率为 17.0%，干全果总黄酮含量为 195.32 mg/100 g，干全果β-胡萝卜素含量为 28.11 mg/100 g，干全果 VE 含量为 325.73 mg/100 g，干全果葡萄糖含量为 4 886.62 mg/100 g，干全果果糖含量为 950.87 mg/100 g，干全果苹果酸含量为 1 977.59 mg/100 g，干全果白雀木醇含量为 362.81 mg/100 g。为"大果型""高产型""高胡萝卜型""矮生型""早熟型"（5 星）沙棘良种。

种植第 4 年（黑龙江绥棱）

种植第 5 年（辽宁朝阳）

种植第 4 年（新疆额敏）

图 4-7　201305（丘伊斯克）

"201307"：引入名"Etna"，中文译名"埃特纳"（图 4-8）。成年树高为 190～240 cm，地径为 6.4～7.2 cm，枝条少刺（庆阳实测为 0.5 个/10 cm）。果实红色，椭球体，酸甜，从庆阳的 6 月底至绥棱的 7 月底进入成熟期，成熟期约持续两周时间，果纵径为 1.1～1.4 cm，横径为 0.7～1.2 cm，果柄长为 2～4 mm，百果重为 53～80 g，盛果期鲜果亩产为 440～590 kg。干全果含油率为 15.0%，干果肉含油率为 16.3%，干籽含油率为 10.9%，干全果总黄酮含量为 134.42 mg/100 g，干全果 β-胡萝卜素含量为 34.7 mg/100 g，干全果 VE 含量为 291.61 mg/100 g，干全果葡萄糖含量为 8 630.28 mg/100 g，干全果果糖含量为 1 817.25 mg/100 g，干全果苹果酸含量为 2 857.48 mg/100 g，干全果白雀木醇含量为 730.05 mg/100 g。为"大果型""高产型""高白雀木醇型""早熟型""红果型"（5 星）沙棘良种。

种植第 4 年（黑龙江绥棱）

种植第 5 年（辽宁朝阳）

种植第 4 年（新疆额敏）

图 4-8　201307（埃特纳）

"201308"：引入名"125-90-3"，中文定名"金黄皇"（图 4-9）。成年树高为 170～250 cm，地径为 5.4～5.5 cm，无刺（庆阳实测）。果实黄色，椭球体，酸，从庆阳的 7 月下旬至绥棱的 8 月中旬进入成熟期，成熟期约持续两周时间，果纵径为 1.3～1.7 cm，横径为 1.1～1.3 cm，果柄长为 4～5 mm，百果重为 77～100 g，盛果期鲜果亩产为 320～350 kg。干全果含油率为 30.8%，干果肉含油率为 29.6%，干籽含油率为 32.9%，干全果总黄酮含量为 318.80 mg/100 g，干全果 β-胡萝卜素含量为 22.72 mg/100 g，干全果 VE 含量为 338.47 mg/100 g，干全果葡萄糖含量为 3 317.02 mg/100 g，干全果果糖含量为 660.09 mg/100 g，干全果苹果酸含量为 2 199.90 mg/100 g，干全果白雀木醇含量为 373.44 mg/100 g。为"大果型""高产型""高黄酮型"（3 星）沙棘优良类型。

种植第 4 年（黑龙江绥棱）

种植第 5 年（辽宁朝阳）

种植第 5 年（新疆额敏）

图 4-9 201308（金黄皇）

"201309"：引入名"Jessel"，中文译名"杰塞尔"（图 4-10）。成年树高为 120～210 cm，地径为 4.4～4.6 cm，无刺（庆阳实测）。果实橘黄色，圆锥体，酸甜，从庆阳的 6 月底至绥棱的 8 月初进入成熟期，成熟期约持续两周时间，果纵径为 1.4～1.6 cm，横径为 0.9～1.1 cm，果柄长为 4～5 mm，百果重为 75～100 g，盛果期鲜果亩产为 340～550 kg。干全果含油率为 16.9%，干果肉含油率为 18.5%，干籽含油率为 10.5%，干全果总黄酮含量为 171.23 mg/100 g，干全果β-胡萝卜素含量为 22.94 mg/100 g，干全果 VE 含量为 341.09 mg/100 g，干全果葡萄糖含量为 6 735.15 mg/100 g，干全果果糖含量为 1 812.43 mg/100 g，干全果苹果酸含量为 3 750.44 mg/100 g，干全果白雀木醇含量为 515.28 mg/100 g。为 "大果型""高产型"
"高白雀木醇型""矮生型""早熟型"（5 星）沙棘良种。

种植第 4 年（黑龙江绥棱）

种植第 4 年（新疆额敏）

图 4-10　201309（杰塞尔）

"201310"：引入名 "Sudarushka"，中文译名 "苏达鲁斯卡"（图 4-11）。成年树高为
130～220 cm，地径为 5.2～5.8 cm，无刺（庆阳实测）。果实橙黄色，圆锥体，酸甜，额
敏、绥棱分别从 7 月底、8 月初进入成熟期，成熟期约持续两周时间（此后诸品种仅在额
敏、绥棱有定植并有结实），果纵径为 1.3～1.4 cm，横径为 0.9～1.0 cm，果柄长为 4～5 mm，
百果重为 53～70 g，盛果期鲜果亩产为 200～250 kg。干全果含油率为 18.4%，干果肉含
油率为 16.6%，干籽含油率为 22.5%，干全果总黄酮含量为 122.47 mg/100 g，干全果β-

胡萝卜素含量为 38.42 mg/100 g，干全果 VE 含量为 238.68 mg/100 g，干全果葡萄糖含量为 7 713.14 mg/100 g，干全果果糖含量为 676.48 mg/100 g，干全果苹果酸含量为 1 743.27 mg/100 g，干全果白雀木醇含量为 365.75 mg/100 g。为 "高胡萝卜型"和"早熟型"（2 星）沙棘良种。

种植第 4 年（黑龙江绥棱）

种植第 4 年（新疆额敏）

图 4-11 201310（苏达鲁斯卡）

"201311"：引入名"Zhemchuzhnica"，中文译名"热姆丘任娜"（图 4-12）。成年树高为 180～190 cm，地径为 4.4～5.8 cm，无刺（庆阳实测）。果实橙黄色，椭球体，酸，额敏、绥棱分别从 7 月中旬、7 月底进入成熟期，成熟期约持续两周时间，果纵径为 1.2～1.7 cm，横径为 1.0～1.1 cm，果柄长为 4～6 mm，百果重为 67～90 g，盛果期鲜果亩产为 200～400 kg。干全果含油率为 23.7%，干果肉含油率为 24.5%，干籽含油率为 20.7%，干全果总黄酮含量为 189.60 mg/100 g，干全果 β-胡萝卜素含量为 27.50 mg/100 g，干全果 VE 含量为 257.47 mg/100 g，干全果葡萄糖含量为 7 162.86 mg/100 g，干全果果糖含量为

1 008.90 mg/100 g，干全果苹果酸含量为 1 002.99 mg/100 g，干全果白雀木醇含量为
306.43 mg/100 g。为"大果型"和"早熟型"（2 星）沙棘良种。

种植第 4 年（黑龙江绥棱）

种植第 4 年（新疆额敏）

图 4-12   201311（热姆丘任娜）

"201312"：引入名"4-93-7"，中文定名"朱丹红"（图 4-13）。成年树高为 170～210 cm,
地径为 5.5～6.7 cm，枝条少刺（庆阳实测为 0.5 个/10 cm）。果实橙红色，椭球体，酸甜，额
敏、绥棱分别从 7 月上中旬、7 月底进入成熟期，成熟期约持续两周时间，果纵径为 1.2～
1.3 cm，横径为 0.8～0.9 cm，果柄长为 3～4 mm，百果重为 50～58 g，盛果期鲜果亩产为 420～
910 kg。干全果含油率为 24.2%，干果肉含油率为 24.9%，干籽含油率为 20.9%，干全果总
黄酮含量为 151.25 mg/100 g，干全果β-胡萝卜素含量为 42.29 mg/100 g，干全果 VE 含量
为 313.21 mg/100 g，干全果葡萄糖含量为 6 294.99 mg/100 g，干全果果糖含量为

1 203.87 mg/100 g，干全果苹果酸含量为 1 091.55 mg/100 g，干全果白雀木醇含量为 301.22 mg/100 g。为"高产型""高胡萝卜型""早熟型"和"红果型"（4 星）沙棘优良类型。

种植第 4 年（黑龙江绥棱）

种植第 4 年（新疆额敏）

图 4-13　201312（朱丹红）

　　"201313"：引入名"12-96-6"，中文定名"小香蕉"（图 4-14）。成年树高为 130～220 cm，地径为 4.8～5.9 cm。果实黄色，短圆柱体，酸，额敏、绥棱分别从 7 月中旬、8 月初进入成熟期，成熟期约持续两周时间，果纵径为 1.1～1.5 cm，横径为 0.8～0.9 cm，果柄长为 4～5 mm，百果重为 35～79 g，盛果期鲜果亩产为 200～270 kg。干全果含油率为 28.0%，干果肉含油率为 28.2%，干籽含油率为 27.0%，干全果总黄酮含量为 110.64 mg/100 g，干全果β-胡萝卜素含量为 26.10 mg/100 g，干全果 VE 含量为 168.55 mg/100 g，干全果葡萄糖含量为 3 395.06 mg/100 g，干全果果糖含量为 828.36 mg/100 g，干全果苹果酸含量为 638.34 mg/100 g，干全果白雀木醇含量为 273.78 mg/100 g。为"高油型"和"早熟型"（2 星）沙棘优良类型。

种植第 4 年（黑龙江绥棱）

种植第 5 年（新疆额敏）

图 4-14　201313（小香蕉）

"201314"：引入名"13-95-2"，中文定名"黄冠"（图 4-15）。成年树高为 120～170 cm，地径为 4.0～4.1 cm。果实黄色，椭球体，酸，额敏、绥棱分别从 7 月中旬、8 月初进入成熟期，成熟期约持续两周时间，果纵径为 1.3～1.5 cm，横径为 1.0～1.1 cm，果柄长为 4～5 mm，百果重为 70～85 g，盛果期鲜果亩产为 120～240 kg。干全果含油率为 30.9%，干果肉含油率为 31.3%，干籽含油率为 28.5%，干全果总黄酮含量为 150.05 mg/100 g，干全果β-胡萝卜素含量为 35.51 mg/100 g，干全果 VE 含量为 330.10 mg/100 g，干全果葡萄糖含量为 3 367.12 mg/100 g，干全果果糖含量为 619.13 mg/100 g，干全果苹果酸含量为 1 217.42 mg/100 g，干全果白雀木醇含量为 256.89 mg/100 g。为"大果型""高油型""高胡萝卜型""红果型"（4 星）沙棘优良类型。

种植第 4 年（黑龙江绥棱）

种植第 4 年（新疆额敏）

图 4-15 201314（黄冠）

"201315"：引入名"49-96-1"，中文定名"黄妃 1 号"（图 4-16）。成年树高为 140～210 cm，地径为 4.7～5.0 cm。果实橙黄色，圆锥体，酸，额敏、绥棱分别从 7 月中旬、8 月初进入成熟期，成熟期约持续两周时间，果纵径为 1.1～1.3 cm，横径为 0.8～1.0 cm，果柄长为 3～4 mm，百果重为 34～78 g，盛果期鲜果亩产为 260～560 kg。干全果含油率为 25.8%，干果肉含油率为 24.9%，干籽含油率为 29.0%，干全果总黄酮含量为 173.48 mg/100 g，干全果 β-胡萝卜素含量为 23.84 mg/100 g，干全果 VE 含量为 240.51 mg/100 g，干全果葡萄糖含量为 5 372.60 mg/100 g，干全果果糖含量为 1 521.73 mg/100 g，干全果苹果酸含量为 1 718.26 mg/100 g，干全果白雀木醇含量为 404.84 mg/100 g。为"高产型""高油型""高白雀木醇型""矮生型""早熟型"（5 星）

沙棘优良类型。

种植第 4 年（黑龙江绥棱）

种植第 4 年（新疆额敏）

图 4-16　201315（黄妃 1 号）

"201316"：引入名"64-97-3"，中文定名"夕照"（图 4-17）。成年树高为 180～200 cm，地径为 5.1～7.4 cm。果实橙黄色，椭球体，酸，额敏、绥棱分别从 7 月中旬、8 月初进入成熟期，成熟期约持续两周时间，果纵径为 1.1～1.2 cm，横径为 1.0 cm，果柄长为 4 mm，百果重为 50～64 g，盛果期鲜果亩产为 320～370 kg。干全果含油率为 15.0%，干果肉含油率为 11.0%，干籽含油率为 27.2%，干全果总黄酮含量为 208.20 mg/100 g，干全果 β-胡萝卜素含量为 20.78 mg/100 g，干全果 VE 含量为 175.47 mg/100 g，干全果葡萄糖含量

为　4 418.80 mg/100 g，干全果果糖含量为　581.45 mg/100 g，干全果苹果酸含量为
1 491.10 mg/100 g，干全果白雀木醇含量为 347.81 mg/100 g。为"大果型""高产型""高
黄酮型""早熟型"（4 星）沙棘优良类型。

种植第 4 年（黑龙江绥棱）

种植第 4 年（新疆额敏）

图 4-17　201316（夕照）

"201317"：引入名"70-96-4"，中文定名"黄妃 2 号"（图 4-18）。成年树高为 110～
190 cm，地径为 4.1～5.4 cm。果实黄色，椭球体，酸，额敏、绥棱分别从 7 月中旬、8 月初
进入成熟期，成熟期约持续两周时间，果纵径为 1.1～1.6 cm，横径为 1.0 cm，果柄长为 4～
5 mm，百果重为 60～64 g，盛果期鲜果亩产为 200～320 kg。干全果含油率为 20.7%，干
果肉含油率为 19.5%，干籽含油率为 22.5%，干全果总黄酮含量为 268.24 mg/100 g，干全
果β-胡萝卜素含量为 21.04 mg/100 g，干全果 VE 含量为 259.85 mg/100 g，干全果葡萄糖
含量为　4 825.16 mg/100 g，干全果果糖含量为　1 145.18 mg/100 g，干全果苹果酸含量为

1 840.10 mg/100 g，干全果白雀木醇含量为 344.19 mg/100 g。为 "高黄酮型""矮生型"
"早熟型"（3 星）沙棘优良类型。

种植第 4 年（黑龙江绥棱）

种植第 4 年（新疆额敏）

图 4-18　201317（黄妃 2 号）

　　"201318"：引入名"76-96-1"，中文定名"赛枸杞"（图 4-19）。成年树高为 140～220 cm，
地径为 4.5～4.6 cm。果实橙黄色，圆锥体，酸，额敏、绥棱分别从 7 月中旬、8 月初进
入成熟期，成熟期约持续两周时间，果纵径为 1.4～1.5 cm，横径为 0.9 cm，果柄长为 4～
5 mm，百果重为 60～62 g，盛果期鲜果亩产为 250～260 kg。干全果含油率为 21.4%，干
果肉含油率为 21.6%，干籽含油率为 21.5%，干全果总黄酮含量为 197.32 mg/100 g，干全
果 β-胡萝卜素含量为 46.05 mg/100 g，干全果 VE 含量为 284.90 mg/100 g，干全果葡萄糖
含量为 5 103.75 mg/100 g，干全果果糖含量为 306.36 mg/100 g，干全果苹果酸含量为

2 286.46 mg/100 g，干全果白雀木醇含量为 452.34 mg/100 g。为 "高胡萝卜型""高白雀木醇型""矮生型""早熟型"（4 星）沙棘优良类型。

种植第 4 年（黑龙江绥棱）

种植第 4 年（新疆额敏）

图 4-19　201318（赛枸杞）

"201319"：引入名"722-96-1"，中文定名"黄妃 3 号"（图 4-20）。成年树高为 160～230 cm，地径为 5.0～5.7 cm。果实黄色，圆锥体，酸甜，额敏、绥棱分别从 7 月上中旬、8 月初进入成熟期，成熟期约持续两周时间，果纵径为 1.2～1.3 cm，横径为 1.0 cm，果柄长为 4 mm，百果重为 62～64 g，盛果期鲜果亩产为 270～340 kg。干全果含油率为 19.9%，干果肉含油率为 16.5%，干籽含油率为 29.6%，干全果总黄酮含量为 315.79 mg/100 g，干全果 β-胡萝卜素含量为 20.84 mg/100 g，干全果 VE 含量为 208.97 mg/100 g，干全果葡萄糖含量为 8 742.97 mg/100 g，干全果果糖含量为 929.28 mg/100 g，干全果苹果酸含量为 1 700.15 mg/100 g，干全果白雀木醇含量为 468.94 mg/100 g。为"大果型""高黄酮型"

"高白雀木醇型""早熟型"（4 星）沙棘优良类型。

种植第 4 年（黑龙江绥棱）

种植第 4 年（新疆额敏）

图 4-20   201319（黄妃 3 号）

"201320"：引入名"779-81-5"，中文定名"丹棒"（图 4-21）。成年树高为 210～290 cm，地径为 7.6～8.4 cm，枝条少刺（庆阳实测为 0.5 个/10 cm）。果实橙红色，圆球体，酸，额敏、绥棱分别从 7 月上中旬、8 月初进入成熟期，成熟期约持续两周时间，果纵径为 1.0～1.1 cm，横径为 1.0 cm，果柄长为 4～5 mm，百果重为 50～53 g，盛果期鲜果亩产为 200～560 kg。干全果含油率为 17.2%，干果肉含油率为 18.1%，干籽含油率为 13.4%，干全果总黄酮含量为 172.38 mg/100 g，干全果β-胡萝卜素含量为 59.99 mg/100 g，干全果 VE 含量为 581.73 mg/100 g，干全果葡萄糖含量为 7 748.74 mg/100 g，干全果果糖含量为 871.11 mg/100 g，干全果苹果酸含量为 2 411.33 mg/100 g，干全果白雀木醇含量为 487.68 mg/100 g。为 "高产型""高胡萝卜型""高白雀木醇型""早熟型""红果型"（5

星）沙棘优良类型。

种植第 4 年（黑龙江绥棱）

种植第 4 年（新疆额敏）

图 4-21 201320（丹棒）

"201321"：引入名 "989-88-1"，中文定名 "橙棒"（图 4-22）。成年树高为 140～150 cm，地径为 4.6～4.8 cm。果实橙红色，椭球体，酸，额敏、绥棱分别从 7 月中旬、8 月初进入成熟期，成熟期约持续两周时间，果纵径为 0.9～1.5 cm，横径为 0.7～1.0 cm，果柄长为 3～4 mm，百果重为 40～60 g，盛果期鲜果亩产为 130～260 kg。干全果含油率为 25.3%，干果肉含油率为 23.2%，干籽含油率为 31.5%，干全果总黄酮含量为 143.31 mg/100 g，干全果 β-胡萝卜素含量为 54.76 mg/100 g，干全果 VE 含量为 402.56 mg/100 g，干全果葡萄糖含量为 8 214.83 mg/100 g，干全果果糖含量为 1 005.19 mg/100 g，干全果苹果酸含量为 1 179.79 mg/100 g，干全果白雀木醇含量为 412.07 mg/100 g。为 "高油型""高胡萝卜型""高白雀木醇型""早熟型""红果型"（5 星）沙棘优良类型。

种植第 4 年（黑龙江绥棱）

种植第 4 年（新疆额敏）

图 4-22 201321（橙棒）

　　"201322"：引入名"1428-85-1"，中文定名"红苞米"（图 4-23）。成年树高为 130～200 cm，地径为 4.9～5.2 cm。果实橙红色，椭球体，酸，额敏、绥棱分别从 7 月上中旬、8 月初进入成熟期，成熟期约持续两周时间，果纵径为 1.2～1.5 cm，横径为 0.9～1.1 cm，果柄长为 4～5 mm，百果重为 52～70 g，盛果期鲜果亩产为 180～420 kg。干全果含油率为 28.2%，干果肉含油率为 31.5%，干籽含油率为 16.7%，干全果总黄酮含量为 165.29 mg/100 g，干全果 β-胡萝卜素含量为 64.97 mg/100 g，干全果 VE 含量为 439.06 mg/100 g，干全果葡萄糖含量为 5 331.46 mg/100 g，干全果果糖含量为 240.20 mg/100 g，干全果苹果酸含量为 2 029.04 mg/100 g，干全果白雀木醇含量为 291.31 mg/100 g。为 "高产型""高油型""高胡萝卜型""矮生型""早熟型""红果型"（6星）沙棘优良类型。

种植第4年（黑龙江绥棱）

种植第4年（新疆额敏）

图4-23　201322（红苞米）

三、不同区域适宜种植的引进沙棘良种无性系

引进沙棘良种无性系以新疆和黑龙江2个地区分配到的试验品种最多，生长表现也最好，证明课题组早期预估是正确的——给适宜地区分配了更多的试验品种；而其他地区分配到的试验品种较少，生长表现相对新疆和黑龙江较差，引种成功的品种也相对较少。下面根据适宜性评价结果，提出新疆、黑龙江等一些沙棘种植大省近中期适宜种植的引进沙棘无性系方案。

（一）新疆

新疆额敏从 2014 年起已经通过了主序列连续 7 年的生产性试验，从 2019 年起又通过重新建园开展了副序列补充生产性试验；新疆吉木萨尔、青河从 2017 年起也开展了连续 3 年的副序列生产性试验，试验沙棘均已进入盛果期，因此可以提出新疆适宜规模推广的引进沙棘无性系。

新疆可在生态条件与额敏（包括吉木萨尔、青河）相似的地区进行重点推广的沙棘无性系为全部 22 个引进沙棘品种，包括"201301"、"201302"、"201303"、"201304"、"201305"、"201306"（雄株）、"201307"、"201308"、"201309"、"201310"、"201311"、"201312"、"201313"、"201314"、"201315"、"201316"、"201317"、"201318"、"201319"、"201320"、"201321"、"201322"。

甘肃河西走廊地区可参照上述引进沙棘无性系推广名单进行推广。

（二）黑龙江

试验主点从 2014 年起已经通过了主序列连续 7 年的生产性试验，从 2019 年起重新建园开展副序列补充生产性试验，因此可以提出适宜规模推广的引进沙棘无性系。

黑龙江可在生态条件与绥棱相似的地区进行重点推广的沙棘无性系有 19 个，包括"201301"、"201303"、"201304"、"201305"、"201306"（雄株）、"201307"、"201308"、"201309"、"201310"、"201312"、"201313"、"201314"、"201315"、"201316"、"201317"、"201318"、"201319"、"201320"、"201322"。

在黑龙江范围内，需要继续进行试验再视情况推广的包括 3 个引进沙棘无性系："201302""201311""201321"。

吉林、辽宁中北部地区可参照上述引进沙棘无性系推广名单进行推广。

（三）其他

指从 2014 年起就开展主序列生产性试验的辽宁朝阳、甘肃庆阳、青海大通 3 个主点，以及 2017 年以来陆续建点开展副序列生产性试验的内蒙古磴口等副点，已经可以（初步）推荐适宜推广的（或试验性）引进沙棘无性系。

1. 辽宁

辽宁朝阳从 2014 年起已经通过了连续 7 年的生产性试验，从 2018 年起又选地重新种植，开展了补充生产性试验；辽宁铁岭从 2019 年起开展了 2 年生产性试验。目前有较大把握在辽宁西部适度推广的引进沙棘品种有 8 个："201301"、"201303"、"201304"、"201305"、"201306"（雄株）、"201307"、"201308"、"201309"；需要继续进行试验再视情况推广的包括 14 个引进沙棘无性系："201302""201310""201311""201312""201313""201314""201315""201316""201317""201318""201319""201320""201321""201322"。

与辽西条件相似的冀北、内蒙古赤峰等地区可以参照上述引进沙棘无性系推广名单进行推广。

2．甘肃

甘肃庆阳从 2014 年起已经开展了连续 7 年的生产性试验，又分别于 2017 年、2018 年、2019 年起择地开展补充生产性试验；甘肃天水于 2019 年起在山、川两种生境开展生产性试验。目前从综合试验结果来看，目前可在甘肃（黄土高原地区）小范围试验性推广的引进沙棘无性系有 13 个："201301"、"201302"、"201303"、"201304"、"201305"、"201306"（雄株）、"201307"、"201308"、"201309"、"201310"、"201311"、"201312"、"201320"；需要继续进行试验再视情况推广的包括 9 个引进沙棘无性系："201313""201314""201315""201316""201317""201318""201319""201321""201322"。

同为黄土高原区内的山西、陕西、宁夏等地区可参照甘肃上述引进沙棘无性系名单进行试验性推广。

3．青海

青海大通地处祁连山南麓高寒地区，与黄土高原区条件不尽相同（这也是建点的主要原因），虽然 2014—2017 年开展了连续 4 年的生产性试验，但 2017 年年底因患枯萎病造成园地全面毁灭后，于 2019 年择地补充开展生产性试验。目前根据综合试验结果，可在青海东部地区小范围试验性推广的引进沙棘无性系有 13 个："201301""201302""201303""201304""201305""201306""201307""201308""201311""201312""201313""201317""201318"；需要继续进行试验再视情况推广的包括 9 个引进沙棘无性系："201309""201310""201314""201315""201316""201319""201320""201321""201322"。

4．内蒙古

虽然内蒙古磴口只是于 2017 年起开展了生产性试验，但已于 2019 年进入结实期，2020 年进入盛果期。因此可在内蒙古河套（前套、后套）地区适宜推广的引进沙棘无性系有 14 个："201301"、"201303"、"201305"、"201306"（雄株）、"201307"、"201308"、"201309"、"201311"、"201312"、"201313"、"201315"、"201316"、"201320"、"201322"；需要继续进行试验再视情况推广的包括 8 个引进沙棘无性系："201302""201304""201310""201314""201317""201318""201319""201321"。

宁夏河套（西套）地区可参照上述引进沙棘无性系推广名单进行推广。

第五章　引进沙棘种植区划与推广

上一章是对引进俄罗斯沙棘无性系生产性试验工作的总结，随着这项工作的结束，引种试验到此全部结束。引进沙棘在经过初选试验、区域性试验和生产性试验 3 个阶段后，需要确定其适宜推广范围，采取有效措施加以推广。

第一节　引进沙棘种植区划

引进沙棘的种植，既要杜绝不切实际地大面积推广，也要防止随着引种试验结束而结束，没有下文。沙棘引种工作的后续开展，必须在科学区划的基础上，坚持适地适树适种的原则有序推进，可持续发展。

一、区划原则

我国引进沙棘的区划，以满足生产需要为前提，以推动生产发展为准绳，并高度重视以下 3 个基本原则：一是大体相似的水分条件；二是基本相同的种植技术；三是完全连通闭合的地理区域。

（一）大体相似的水分条件

多年来的沙棘有关研究表明，沙棘主要种植、推广于我国三北地区，且生长发育状况与水分条件密切相关。

在我国年等降水量地图上，可以明显看到 3 条鲜明的等降水量线，代表了我国特别的地理意义：

800 mm 年等降水量线：沿秦岭—淮河一线向西折向青藏高原东南边缘一线，此线以南为湿润地区，以北为半湿润地区。它的地理意义是：传统意义上南方与北方分界线；北方旱地与南方水田的分界线；水稻、小麦种植分界线；亚热带季风气候与温带季风气候的分界线；热带亚热带常绿阔叶林与温带落叶阔叶林分界线；河流结冰与不结冰的分界线等。

400 mm 年等降水量线：沿大兴安岭—张家口—兰州—拉萨—喜马拉雅山脉东端一线，它同时也是我国的半湿润和半干旱区的分界线。这条降水量线把我国大致分为东南与西北两大半壁。它的地理意义是：森林植被与草原植被的分界线；东部季风区与西部干旱半干旱区大陆性气候的分界线；农耕文明与游牧文明的分界线。

200 mm 年等降水量线：从内蒙古自治区西部经甘肃河西走廊西部以及藏北高原一线，此线是干旱地区与半干旱地区分界线，也是我国沙漠区与非沙漠区的分界线。

根据这 3 条等降水量线，我国干湿地区划分情况，见表 5-1。

表 5-1　我国干湿地区划分与分布特点

地区类别	降水量/mm	干湿状况	主要分布地区	气候	植被
湿润区	>800	降水量>蒸发量	东南大部分地区、东北的东北部	湿润	森林
半湿润区	400~800	降水量>蒸发量	东北平原、华北平原、黄土高原南部和青藏高原东南部	较湿润	森林草原
半干旱区	200~400	降水量<蒸发量	内蒙古高原、黄土高原和青藏高原大部分地区	较干旱	主要为草原
干旱区	<200	降水量<蒸发量	新疆、内蒙古高原西部、青藏高原西北	干旱	主要为荒漠

在上述 4 大干湿地区中，从自然情况来看，位于南方的湿润区温度过高，降水过大，沙棘种植后生长纤细，分枝性能差，多不能结实；从经济情况来看，当地可种植的经果植物很多，再增加一种植物的需要不是十分迫切。综合分析结果认为，该区不适合种植沙棘。

在半湿润区，温度、降水等生态条件可以完全满足沙棘生长发育所需，自然条件最为适宜沙棘种植。

在半干旱区，温度适宜，降水不足，需要在雨季采用集流措施聚集雨水，方能基本满足沙棘生长发育所需。

在干旱区，温度适宜，降水严重缺乏，必须在生长季节经常保持灌溉，才能大体满足沙棘生长发育所需。

据此，可根据干湿地区类别，先划分出沙棘种植气候带，气候带与半湿润、半干旱、干旱这些类型相对应；在带的基础上，根据地理位置等实际情况，再划分出分区来。这样，才能保证区划有一个基本相同的气候条件，特别是影响最大的干湿条件。

（二）基本相同的种植技术

沙棘种植技术包括苗木繁育、整地、栽植、管护以及资源采收等方面。在区划中，不管一级区还是二级区，区内应该在良种选育、苗木培育、整地和栽植技术、资源采摘手段等方面尽量保持基本相同,以实现标准化管理。

从多年来的实践来看,不同的地理区域有着不同的自然条件,一般也有较为一致的种植技术。所以,这一条件与前一条件所涉及区域基本上也是吻合或出入不大的。

(三)完全连通闭合的地理区域

作为一种区划,不论是一级区还是二级区,地理区域必须完全连通闭全。

根据 3 条等降水量线划分的一级区域显然是闭合的;二级区域,由于区域内开展沙棘种植的条件所限,只就目前现状列出近中期适宜发展的分区。分区也是闭合的,只是有一些分区由于各方面原因不具备实施条件,暂不区划。

二、区划成果

根据沙棘的生物学生态学特性等具体情况,区划时没有直接按前述等降水量线,而是根据降水量、蒸发量、地理位置等情况,将分区降水量线适当加以调整,即按 250 mm 等降水量线,将半干旱、干旱两个区域加以划分;按 500 mm 等降水量线,将半干旱、半湿润两个区域加以划分。

依据区划原则,涉及沙棘种植区划分的因素主要有:①气候类型,包括半湿润、半干旱和干旱;②种植类型,包括"自然型""集流型"和"灌溉型";③地理类型,包括东北北部、华北北部、黄土高原中部、河套、河西走廊和新疆(又分为北疆、南疆)。其中地理类型只代表目前适宜种植的一些地区,还有一些地区如黄土高原南部等,以及区外的西藏、西南地区等暂未区划,在条件成熟时可参照执行。

区划命名时,1级区主要用气候类型+种植类型来划分;2级区主要用地理位置+种植类型来划分。据此,引进沙棘种植区划分为 3 个 1 级区、7 个 2 级区,见图 5-1。

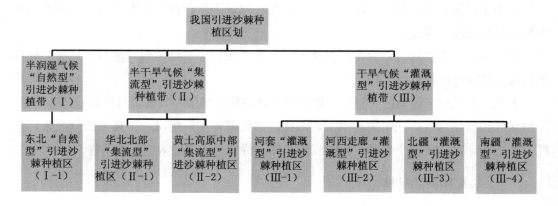

图 5-1 我国引进沙棘种植区划

　　1级区：共3个，包括半润湿气候"自然型"引进沙棘种植带（Ⅰ）、半干旱气候"集流型"引进沙棘种植带（Ⅱ）、干旱气候"灌溉型"引进沙棘种植带（Ⅲ）。

　　2级区：每个1级区下，按现阶段适宜种植的范围划出2级区，共计7个。半润湿气候"自然型"引进沙棘种植带（Ⅰ）下划分为东北"自然型"引进沙棘种植区（Ⅰ-1）。本带下其他地区因条件不具备，目前暂不区划。半干旱"集流型"气候引进沙棘种植带（Ⅱ）下划分为华北北部"集流型"引进沙棘种植区（Ⅱ-1）、黄土高原中部"集流型"引进沙棘种植区（Ⅱ-2）。干旱气候"灌溉型"引进沙棘种植带（Ⅲ）下划分为河套"灌溉型"引进沙棘种植区（Ⅲ-1）、河西走廊"灌溉型"引进沙棘种植区（Ⅲ-2）、北疆"灌溉型"引进沙棘种植区（Ⅲ-3）、南疆"灌溉型"引进沙棘种植区（Ⅲ-4）。

　　3个一级区从气温来看全部适宜种植沙棘，不过从降水及地表水、地下水情况来看，半湿润气候引进沙棘种植带（Ⅰ）仅靠自然降水就足以满足沙棘种植需求；半干旱气候引进沙棘种植带（Ⅱ）需要采取工程整地措施，实现集流补水才能满足种植需求；而干旱气候引进沙棘种植带（Ⅲ）如果没有地表水、地下水资源，根本不能种植沙棘，种植沙棘只能建立在当地取水许可条件下的灌溉种植。

　　从半润湿气候引进沙棘种植带（Ⅰ）来看，气温、降水完全符合沙棘种植，但由于区内土地属性、自然资源特别是植物资源特性以及种植习惯等制约，引进沙棘在黄土高原南部、西南地区目前并不适合种植，在条件成熟时可参照执行。因此，该区只重点划分出东北这一个区域，规划用于近中期"自然型"引进沙棘资源建设。

　　从半干旱气候引进沙棘种植带（Ⅱ）来看，气温适宜，一般降水不足，需要通过集流补水。因此，从种植传统、企业布局等通盘考虑，该区只重点划分出华北北部、黄土高原中部这两个区域，规划用于近中期"集流型"引进沙棘资源建设。

　　从干旱气候引进沙棘种植带（Ⅲ）来看，气温适宜，降水一般极为稀少，只有进行灌溉方能适度种植引进沙棘。因此，从种植传统及地面水资源量等统筹考虑，该区只重点划分出河套、河西走廊、北疆、南疆这4个区域，规划用于近中期"灌溉型"引进沙棘资源建设。西藏等地因条件不具备暂未区划，在条件成熟时可参照执行。

第二节　引进沙棘分区推广论述

　　以东北黑龙江为代表的引进沙棘资源建设区，降水丰沛，土壤肥沃，可以开展"自然型"沙棘种植。以辽西、冀北、黄土高原中部地区为代表的引进沙棘资源建设区，山丘区土壤干旱，河滩地地下水位低，多数年份降水资源不足，河流断流，应该开展"集流型"沙棘种植，即通过开展水土保持工程整地，充分集蓄利用地表径流，以种植较低密度沙棘为宜。以河套、河西走廊和新疆（包括北疆、南疆）为代表的引进沙棘资源建设区，虽然区内气候干旱，但沙棘种植区却选在地表水较为丰沛或有丰富地下水资源的地段，可以开展"灌溉型"沙棘种植。

分区推广的引进沙棘无性系主要依据前一章生产性试验对各参试无性系的评价结果来选择。

一、半润湿气候"自然型"引进沙棘种植带

本带（Ⅰ）面积约 300 万 km²。从自然条件来看，东北地区降水较为充沛，蒸发量较小，为"雨养农业"，仅凭自然降水就可满足沙棘生长发育的需要，引进沙棘资源建设比较容易。

本带区划种植引进沙棘 7 万亩，其中第一阶段（2021—2025 年）4 万亩，第二阶段（2026—2030 年）3 万亩。

（一）东北"自然型"引进沙棘种植区

本区面积约 6.22 万 km²，涉及黑龙江省孙吴、五大连池、克山、克东、北安、拜泉、明水、青冈、海伦、绥棱、望奎、北林、庆安、铁力、巴彦、呼兰、木兰、宾县、通河、方正、延寿、依兰、桦南、林口、海林、穆棱、麻山等地区。

本区区划种植引进沙棘 7 万亩，其中第一阶段（2021—2025 年）4 万亩，第二阶段（2026—2030 年）3 万亩。

适宜推广种植的引进沙棘无性系有 19 个："201301""201303""201304""201305""201306""201307""201308""201309""201310""201312""201313""201314""201315""201316""201317""201318""201319""201320""201322"。

（二）其他

在黄土高原南部为传统林果种植区，适宜种植树种较多，不安排引进沙棘种植；而四川西部、云南西北部、藏南等地区沙棘属植物自然分布或人工种植较多，条件适宜引进沙棘种植，目前可小规模试验后再确定种植方案。

二、半干旱气候"集流型"引进沙棘种植带

本带（Ⅱ）面积约 227 万 km²。从自然条件来看，本带降水不多，蒸发较大，为我国"十年九旱"地区，引进沙棘资源建设必须满足集流聚水条件，用于解决因降水不足所造成的一系列问题。二级区只列出了近中期可以开展建设的华北北部和黄土高原中部 2 个区。

本带区划种植引进沙棘 6 万亩，其中第一阶段（2021—2025 年）3 万亩，第二阶段（2026—2030 年）3 万亩。

（一）华北北部"集流型"引进沙棘种植区

从行政区域上来看，本区应为东北地区，但从地理角度来看，实为华北北部。本区面积约 4.88 万 km²，涉及辽宁省阜蒙、海州、北票、建平、朝阳、双塔、龙城、喀左等；内蒙古自治区库伦、奈曼、敖汉、喀喇沁、宁城、元宝山等；河北省平泉、围场、丰宁、隆化、赤城、双滦等地区。

本区区划种植引进沙棘 4 万亩，其中第一阶段（2021—2025 年）2 万亩，第二阶段（2026—2030 年）2 万亩。

适宜推广种植的引进沙棘无性系有 8 个："201301""201303""201304""201305""201306""201307""201308""201309"。

（二）黄土高原中部"集流型"引进沙棘种植区

本区面积约 10.15 万 km²。涉及山西省大同、广灵、浑源、怀仁、应县、繁峙、灵丘、左云、右玉、山阴、代县、朔城、平鲁、原平、偏关、神池、宁武、河曲、五寨、保德、岢岚、岚县、静乐、兴县、娄烦、临县、方山、清徐、交城、离石、柳林、中阳、石楼、永和等；陕西省神池、府谷、佳县、米脂、吴堡、子洲、绥德、子长、清涧、延川、延长、宝塔、安塞、靖边、吴起、志丹、定边等；甘肃省环县、华池、庆城、镇原、崆峒、会宁、静宁、通渭、安定、陇西、渭源、秦安、北道、秦城、甘谷、武山、漳县、岷县、礼县等；宁夏回族自治区原州、彭阳、西吉、海原、隆德、泾源等地区。

本区区划种植引进沙棘 2 万亩，其中第一阶段（2021—2025 年）1 万亩，第二阶段（2026—2030 年）1 万亩。

适宜推广种植的引进沙棘无性系有 13 个："201301""201302""201303""201304""201305""201306""201307""201308""201309""201310""201311""201312""201320"。

三、干旱气候"灌溉型"引进沙棘种植带

本带（Ⅲ）面积最大，约 474 万 km²。从自然条件来看，本带降水稀少，蒸发量巨大，引进沙棘种植必须满足灌溉条件，方能作为资源种植经营，否则单凭自然降水，引进沙棘种植后根本不能成活。目前适宜种植的有黄河干流途经的宁夏平原（西套）和内蒙古河套地区（后套），祁连山融雪水灌溉的甘肃河西走廊，地表径流环伺的北疆准噶尔盆地周边地区（不包括东侧），以及南疆塔里木盆地周边地区。因此，二级区主要列出了

近中期可以开展沙棘工业原料林建设的河套、河西走廊和北疆、南疆 4 个区。

本带区划种植引进沙棘 13 万亩，其中第一阶段（2021—2025 年）7 万亩，第二阶段（2026—2030 年）6 万亩。

（一）河套"灌溉型"引进沙棘种植区

本区面积约 2.91 万 km²。涉及后套的内蒙古自治区乌拉特前、乌拉特中、乌拉特后、五原、杭锦、杭锦后、临河、磴口、乌海等；西套的宁夏回族自治区惠农、大武口、平罗、贺兰、兴庆、金凤、西夏、永宁、青铜峡、利通、中宁、沙坡头等地区。

本区区划种植引进沙棘 2 万亩，其中第一阶段（2021—2025 年）1 万亩，第二阶段（2026—2030 年）1 万亩。

适宜推广种植的引进沙棘无性系有 14 个："201301""201303""201305""201306""201307""201308""201309""201311""201312""201313""201315""201316""201320""201322"。

（二）河西走廊"灌溉型"引进沙棘种植区

本区面积约 1.80 万 km²。涉及甘肃省景泰、古浪、凉州、永昌、金昌、山丹、民乐、甘州、临泽、肃南、高台、金塔等，以及内蒙古自治区的阿拉善右旗等地区。

本区区划种植引进沙棘 2 万亩，其中第一阶段（2021—2025 年）1 万亩，第二阶段（2026—2030 年）1 万亩。

适宜（试验性）推广种植的引进沙棘无性系有 22 个："201301""201302""201303""201304""201305""201306""201307""201308""201309""201310""201311""201312""201313""201314""201315""201316""201317""201318""201319""201320""201321""201322"。

（三）北疆"灌溉型"引进沙棘种植区

本区面积约 5.20 万 km²。涉及新疆维吾尔自治区青河、富蕴、福海、阿勒泰、布尔津、哈巴河、吉木乃、和布克赛尔、额敏、托里、克拉玛依、温泉、博乐、精河、乌苏、奎屯、沙湾、石河子、玛纳斯、呼图壁等地区。

本区区划种植引进沙棘 4 万亩，其中第一阶段（2021—2025 年）2 万亩，第二阶段（2026—2030 年）2 万亩。

适宜推广种植的引进沙棘无性系有 22 个："201301""201302""201303""201304""201305""201306""201307""201308""201309""201310""201311""201312""201313""201314""201315""201316""201317""201318""201319""201320"

"201321""201322"。

（四）南疆"灌溉型"引进沙棘种植区

本区面积约 4.80 万 km^2。涉及新疆维吾尔自治区温宿、乌什、柯坪、阿合奇、阿图什、乌恰、疏附、阿克陶、英吉沙、莎车、泽普、叶城、皮山、墨玉、和田、洛浦、策勒、于田等地区。

本区区划种植引进沙棘 5 万亩，其中第一阶段（2021—2025 年）3 万亩，第二阶段（2026—2030 年）2 万亩。

适宜推广种植的引进沙棘无性系有 22 个："201301""201302""201303""201304""201305""201306""201307""201308""201309""201310""201311""201312""201313""201314""201315""201316""201317""201318""201319""201320""201321""201322"。

需要说明的是，分区图所涉及县、市、区、旗只是从目前来看具备自然、经济、社会等条件的地区。其实分区外的毗邻地区条件具备的，也可先行参照试验后再执行。例如，西藏除东南部较为湿润地区外，阿里等大部分位于干旱或半干旱的地区，也可采用"灌溉型"技术先试验后实施。

如上所述，全国区划种植引进沙棘 26 万亩，其中第一阶段（2021—2025 年）14 万亩，第二阶段（2026—2030 年）12 万亩。

第三节　引进沙棘分区适用栽培技术

沙棘无性系引种试验成功后，必须要有相应的繁殖手段来配套沙棘资源建设的需求。

引进沙棘适用的配套技术按技术标准格式提出，主要包括苗木繁育和种植两大方面，按东北"自然型"引进沙棘种植区、华北北部"集流型"引进沙棘种植区、黄土高原中部"集流型"引进沙棘种植区、北疆/南疆"灌溉型"引进沙棘种植区 4 大典型地区分别叙述，相似地区可参照执行。

一、引进沙棘分区苗木繁育技术

引进沙棘为已知雌雄性的优良无性系，苗木繁育采用能保持其优良性状的扦插育苗技术。

扦插育苗指从植物母体上切取茎或根的一部分，在适宜的环境条件下培育成独立新植株的方法。一般包括硬枝和嫩枝两种方法。硬枝扦插于冬春季采用完全木质化的枝条作插穗进行扦插繁殖,更加适用于气温较低的地区。嫩枝扦插于夏季采用当年生半木质化带叶枝条进行扦插繁殖,适用于气温较高或有温室条件的地区。

(一)东北"自然型"引进沙棘种植区

本区生长期短,沙棘苗木繁育一般适合采用硬枝扦插技术,不过有温室条件的也可以采用嫩枝扦插技术。

下面列出了东北"自然型"引进沙棘种植区引进沙棘硬枝扦插的生产技术操作要求。适用于黑龙江省各地区沙棘良种苗木硬枝扦插繁育,辽宁省中北部、吉林省和内蒙古东部地区可参照执行。

1. 园地选择

园地应选择在地势平坦、靠近水源、交通方便的地块(图 5-2)。

图 5-2　整地后的沙棘苗圃地(黑龙江绥棱)

2. 采条及贮藏

采条应在沙棘树体的休眠期进行。东北黑土区一般在秋季 10 月中下旬至次年春季 3—4 月。

沙棘插条以一年生枝条为主,二年生枝条为辅,粗度控制在 0.3～1.0 cm。枝条应无病虫害,无机械损伤。

插条采集后,去除无用的枝杈及棘刺,打为 100 条/捆,及时进行沙藏。沙藏应采用细河沙,一层插条,一层河沙,至顶部河沙相对厚些,然后于顶部喷洒透水,覆盖秸秆。

3. 育秧盘及基质准备

育秧盘规格为 50 穴,口径为 4.5～5.0 cm,长×宽×高为 54.5 cm×28.0 cm×5 cm,准备

数量依插穗数量而定。

扦插基质为无除草剂残留的田土，配以腐熟的农家肥和珍珠岩，配比为 4：1：1，充分拌匀（图 5-3）。按要求铺设给水设备。

图 5-3　基质配制和装盘（黑龙江绥棱）

4．插穗的剪切及处理

春季 4 月下旬，将贮藏的沙棘插条随取随剪。插穗剪切长度为 8 cm，剪口平齐，50～100 穗/捆，倒置埋于湿沙中（图 5-4）。扦插前，将插穗采用生根粉进行处理。

图 5-4　沙棘穗条处理（黑龙江绥棱）

5．装盘及扦插

平铺育秧盘，将调配好的基质装入穴盘，抹平压实，摆放整齐，进行喷灌至基质湿润。沙棘扦插时间为 4 月末至 5 月初。扦插时，边打孔，边将处理的沙棘插穗垂直扦插于育秧盘的穴孔中，扦插深度为 4.5～5.0 cm（图 5-5）。

图 5-5　育秧盘扦插（黑龙江绥棱）

6．扦插后管理

每天早晚喷灌 1～2 次。保持基质湿润，移栽前（一般扦插 1 个半月后）1～2 天停止喷水（图 5-6）。

图 5-6　育秧盘扦插后喷灌（黑龙江绥棱）

分别于沙棘扦插后 20 天、40 天，选择无风的早晨或傍晚，采用植物营养液或速效氮肥进行叶面追肥。

沙棘扦插 35～40 天后如发现卷叶蛾灾情，可使用"高效氯氰菊酯"进行叶面喷施，防治卷叶蛾危害。

7．移栽及抚育

沙棘扦插 1 个半月以后进行苗木移栽（图 5-7）。采用大田开沟移栽，开沟深度为 8～10 cm，株距为 5 cm。将育秧盘穴孔中的扦插苗同基质一并取出，垂直摆放于移植沟内，培土踏实，栽后浇水或在雨前移栽。

图 5-7　育秧盘苗木移栽大田（黑龙江绥棱）

沙棘苗木在大田移栽 7 天后进行抹芽。选留一健壮无病直立的枝芽发育成苗，对扦插苗多余的枝芽进行抹除。

根据沙棘苗圃生草情况，进行中耕除草 2～3 次，并结合中耕除草追施速效氮肥 1～2 次；采用"高效氯氰菊酯"进行卷叶蛾防治 1～2 次。

8. 苗木出圃

当年秋季沙棘苗木高度大于 50 cm（图 5-8）即可出圃种植、假植或留圃供来年春季挖苗造林。

图 5-8　当年大田移栽苗（黑龙江绥棱）

如前所述，沙棘苗木生产全过程建立健全的生产记录档案，包括园地选择、采条及贮藏、育秧盘及基质准备、给水设备的安装调试、插穗的剪切及处理、装盘及扦插、扦插后管理、移栽及抚育、苗木出圃等。记录保存期限不得少于 3 年。

（二）华北北部"集流型"引进沙棘种植区

本区适于采用硬枝和嫩枝 2 种方法进行扦插育苗，以嫩枝扦插为主、硬枝扦插为辅。下面列出了华北北部"集流型"引进沙棘种植区引进沙棘硬枝扦插和嫩枝扦插的具体方法，以及起苗、假植和包装运输等技术操作要求。适用于辽宁省西部山地丘陵区沙棘苗木培育，冀北、内蒙古赤峰等地区可参照执行。

1. 硬枝扦插育苗

包括插条选择、采条时间、插穗剪取、储藏、处理和田间管理等步骤。

（1）插条选择

在沙棘良种采穗圃或已结实的人工林中选择生长健壮、无病虫害的植株，在树冠的中下部采集发育充实的 1～2 年生的营养枝作为插条，插条直径一般应在 0.5～1.5 cm。

（2）采条时间

可在入冬前沙棘落叶后至早春树液流动前进行采条。辽西地区一般在 3 月之前。

（3）插穗剪取

沙棘插条采回后，将同一插条的基部芽欠饱满与梢部木质化程度不足的部分剪除，选择中间部分剪成长度 7～12 cm 的枝条作为插穗。剪穗时要在室内或庇荫背风处进行，不同品种及雌雄株分别剪取和存放，上端平剪，剪口距离芽 1.0～1.5 cm，下端斜剪，剪口成马耳形。将剪好的插穗 50 根或 100 根捆为 1 捆备用。

（4）插穗储藏

入冬时采集的沙棘插穗可挖沟储藏，也可在地窖中储藏，储藏沟地点应选择圃地附近排水良好、背风向阳处，规格为宽 1.0～1.5 m、深 50 cm，长度根据插条数量确定。先在沟底铺一层湿沙，将插穗直立倒置，一层插条一层湿沙（沙子的湿度以手握成团为宜），表层覆盖 15～20 cm 湿沙。地窖中储藏时地面也要先铺一层湿沙，其他步骤与方法同上。春季采集的插穗可直接用湿沙掩盖临时储藏。

（5）插穗处理

扦插前将沙棘插穗从储藏沟取出，用"多菌灵"500 倍液浸泡 10 min 或用 0.2%高锰酸钾浸泡 5 min 进行消毒，然后放入清水中浸泡 24～48 h。

除消毒外，还应进行生根处理。将浸泡后的沙棘插穗用有关药品浸泡基部 3～5 cm，具体要求为：吲哚丁酸 150 ppm 浸泡 2 h；"ABT 生根粉 2 号"200 ppm 浸泡 2 h；"根宝 3 号"原液浸泡 1～2 h。上述 3 种方式均可选用。

（6）扦插

4 月中上旬进行扦插。扦插采用垄作或床作，垄作适宜培育大苗。垄作垄底宽为 60 cm，高为 15～20 cm，垄面宽为 25～30 cm。床作苗床宽为 1.0～1.2 m，步道宽为 40～50 cm。采用机械或人工起垄、做床，亩施腐熟的农家肥 10 m³，床面或垄面用"多菌灵"或 0.1%～0.5%高锰酸钾进行土壤消毒，插前浇足底水。垄作采用直插方式，每垄插 2 行，行距为 15～20 cm，株距为 8～10 cm。床作采用横排方式，扦插株行距为 8 cm×10 cm，扦插深度为 3～5 cm。

（7）田间管理

视土壤墒情适时灌水，保持土壤湿润，及时除草松土和防治病虫害。

当沙棘幼苗高长至 10 cm 时，应及时抹除侧芽，每穗留 1 个直立、健壮的新枝；苗高达到 20 cm 时追肥，追施磷酸二铵 450 kg/hm², 分 2 次施入。

2．嫩枝扦插育苗

选择水源电源较近、地势平坦、背风向阳、排水良好、土壤为沙壤土的地方，修建沙床或裸地土床。

（1）沙床构建

在全光照自动间歇式喷雾装置的支持下进行。

苗床一般高 50 cm。床底铺垫 25 cm 厚的河卵石，然后用粗粒河沙垫平（厚 5 cm），上面再铺 15～20 cm 鲜细河沙。

对于裸地土床首先应进行整地，深翻 20 cm，第 1 年扦插结合整地掺入细河沙（土沙比 1：3）改良土壤。整平耙细后，将腐熟农家肥均匀地铺撒在地表，施肥量为 200 t/hm²。土粪搅拌均匀后，修成高床，高 20 cm，宽 1.4 m，长 15～20 m，床面铺 5 cm 厚的细鲜河沙。利用相邻两床的间隔铺设作业道（宽 40～50 m），床周边修排水沟，根据沙棘扦插苗木的数量确定苗床数量。

（2）苗床消毒

沙棘扦插前用 0.2% 的高锰酸钾喷洒床面消毒，用药量为 3 g/m²，24 h 后冲洗。

（3）插穗采制

在阴天或早晚时从沙棘母株上剪取直径为 0.3 cm 以上的半木质化枝条，在室内或背阴处快速制穗，穗长 12～15 cm，插穗顶部保留叶片 5～10 片，下切口平滑，每 100 根为 1 捆，生根处理前暂时浸泡在清水中。

（4）生根处理

用生根剂浸泡插穗基部 3～5 cm，其中，"ABT 生根粉 2 号" 100 ppm 浸泡 2 h；吲哚丁酸 100 ppm 浸泡 2 h；"根宝 3 号" 原液浸泡 5 min。上述 3 种材料及方式均可选用。

（5）扦插

沙棘的扦插时间选择在每天日落之后或阴天集中进行。沙床扦插前喷透水，将沙子翻松后扦插；裸地土床喷透水后直接扦插。扦插深度为 3～5 cm，株间距为 4～5 cm，密度为 400～600 株/m²。

（6）苗床管理

沙棘扦插结束后，床面用 500 倍液 "多菌灵" 全面灭菌 1 次，以后每 7 天灭菌 1 次，共 3～4 次。

根据养分需要，用 0.3% 尿素水溶液喷洒插床，或用 0.2% 磷酸二氢钾喷洒，用量为

$0.25 \ kg/m^2$。

沙棘扦插 7 d 后，在床面上均匀施磷酸二铵，单次用肥量 60 g/m^2，施肥后立即喷水。年内共追肥 2~3 次。

除草要本着"除早、除小、除了"的原则，一般年内除草 5~7 次。

沙棘扦插初期至根系形成前，利用水分控制仪进行频繁喷雾，少量多次，使叶面始终保持一层水膜；扦插 5~7 天后，晚 9 时至凌晨 4 时，无风天气可停止喷水；待形成幼根时（10 天左右）逐渐减少喷水；大量根系形成之后（25 天左右），喷水多量少次，保持基质湿润；扦插苗木全部生根后基质水分不足 60%时，及时喷水，保持基质湿润。

3. 起苗

沙棘起苗时间分秋季和春季。秋季起苗后用于秋季造林或假植。春季起苗后直接用于造林。

沙棘起苗 2~3 天前浇 1 次水，人工或机械起苗均可，保证主侧根完好。

根据沙棘苗高、地径、根系、机械损伤等情况进行苗木分级。分级时在背风阴湿处进行，避免沙棘苗木失水。同时对沙棘苗木根系进行适当修剪，剪去过长（保留 25 cm 长度根系）的根系和受伤部分。合格苗用作造林，不合格苗第 2 年春季进行归圃移栽培育成合格苗或剪成硬枝插条用于育苗。苗木分级标准见表 5-2。

表 5-2　沙棘苗木分级标准

等级	苗龄/a	类别	苗木标准				
			苗高/cm	地径/cm	主根长/cm	侧根数/条	病虫害及机械损伤
Ⅰ级	0.5	嫩枝扦插苗	≥30	≥0.4	≥25	≥4	无
	1	硬枝扦插苗、归圃苗	≥60	≥0.8	≥25	≥5	无
Ⅱ级	0.5	嫩枝扦插苗	≥20	≥0.3	≥20	≥3	无
	1	硬枝扦插苗、归圃苗	≥40	≥0.5	≥20	≥4	无

4. 苗木假植

分为临时假植和越冬假植两类。

临时假植指秋季或春季造林前的短时间假植，根据沙棘苗木大小，按 50 株或 100 株捆为 1 捆，倾斜放入假植沟内，假植沟深约 30 cm，长、宽根据苗木数量而定，摆一排苗木培一层土，埋土厚度以苗根全覆盖为宜，用脚踩实，边缘部分埋土稍厚些，灌透水。经常检查，及时补水，防止苗木失水。

越冬假植沟深 1.2 m，长、宽根据苗木数量而定。起苗后直接将苗木倾斜放入假植沟内，每排摆放的苗木不要过厚，摆一排苗木培一层土，顶层埋土至苗高的 2/3，大水灌透；11 月下旬，第 2 次覆土，以顶层苗梢似露非露为宜。

5. 苗木包装运输

运距较近、时间较短（不足 1 天）的苗木采用简易包装运输。将运输车底铺垫塑料布，苗木蘸好泥浆，根对根分层堆积，周边用塑料布围好，苫布封顶。

运距较远、时间较长（1 天以上）的苗木采用精包装运输。采取沾泥浆、喷洒保湿剂、填充湿锯末等根部保湿措施，利用草袋、蒲包、编织袋、聚乙烯塑料袋等包装材料，按捆打成小包装装车运输。长途运输时要经常检查，及时补水，预防苗木发热。

（三）黄土高原中部"集流型"引进沙棘种植区

本区适于采用硬枝和嫩枝 2 种方法进行扦插育苗，以嫩枝扦插为主、硬枝扦插为辅。

下面列出了黄土高原中部"集流型"引进沙棘种植区引进沙棘硬枝扦插、嫩枝扦插的技术操作要求。适用于甘肃省中东部地区沙棘良种苗木扦插繁育，陕西、宁夏、青海、山西等省区可参照使用。

1. 硬枝扦插

沙棘硬枝扦插育苗方法包括塑料大棚（温室）育苗、塑料小拱棚硬枝扦插育苗、覆地膜硬枝扦插育苗等。

（1）插条选择与储藏

在沙棘良种采穗圃中选择生长健壮、无病虫害的植株，在树冠的中下部采集发育充实的 1～2 年生的营养枝作为插条。也可采取幼龄树的枝条或母树基部的萌蘖条作为插穗。

沙棘采条一般在秋季落叶后到春季树液开始流动前的休眠期。黄土高塬沟壑区一般在 11 月中旬、2 月下旬至 3 月上旬。

秋季沙棘插条采回后，将插条的基部芽欠饱满与梢部木质化程度不足的部分剪除，选择中间部分剪取直径 0.5～1.5 cm，每段枝条长 35 cm 左右，上下端均剪成平剪口。50 根或 100 根绑成一捆，选择圃地附近排水良好、背风向阳处，挖一个宽为 1.0～1.5 m、深为 1 m 能放入全部枝条的长方形坑，放入插条，用沙子覆盖，一层枝条一层沙，浇水后用秸秆或干草覆盖。

春季沙棘插条采回后，选择阴凉潮湿的地方，挖一个能放入全部枝条的长方形坑，用湿土覆盖，湿土以用手捏不散为宜，一层枝条一层土，四周及中间插上树枝或草秆，以利透气。

（2）插穗制作

扦插前进行沙棘插穗制作，将存放的枝条取出带到室内或庇荫背风处，不同品种和雌雄株分别剪取和存放，剪成长度为 9～12 cm 的枝条作为插穗，上端平剪，剪口距离芽 1.0～1.5 cm，下端斜剪，剪口成马耳形。剪好的插穗 50 根或 100 根捆为 1 捆。

将剪好的沙棘插穗，一捆一捆整齐摆放入大盆中，用 25%"多菌灵"可湿性粉剂 500

倍液浸泡 10 min，或用 0.2%高锰酸钾浸泡 5 min 进行消毒处理。然后放入清水中浸泡 2 h。

将浸泡后的沙棘插穗用"ABT 生根粉 2 号"200 ppm 浸泡基部 3～5 cm，浸泡用时 8 h，用于生根处理。

（3）扦插时间和方法

对于小拱棚营养盘育苗，可于 4 月上旬，先配好营养土。即先从树林下收集腐殖质，准备腐熟的马粪、河沙、珍珠岩等，将杂质筛掉后按 6：2：1：1 的比例均匀混合，喷洒 25% "多菌灵"可湿性粉剂 500 倍溶液，用铁锨边翻边喷，尽量多翻动几次，使营养土充分消毒，4 月 10 日以后即可用于扦插。

沙棘扦插时，先在营养盘每个杯体中装入 1/3 的土，将浸泡好的插穗放入营养盘杯体中间，再从四周装土，边装土边用手按压，直到营养盘全部装满后，用手抹平压实，一个盘装好后移到一边，再装下一个盘，用标识牌将不同的品种分开。将装好的营养盘摆放在坑内，放入 4 排中间隔 40 cm 的步道，依次排列，按坑长方向放入 3 行中间隔 30 cm 的步道，一个坑全部摆满后（图 5-9），用洒壶洒水直到浇透水。

图 5-9　小拱棚营养盘沙棘育苗（甘肃庆阳）

对于覆地膜育苗，可于 4 月中旬，先将整好的苗圃地用厚度为 0.01 mm、宽 70 cm 的地膜覆盖，用浸泡好的插穗条在铺好的地膜（宽 70 cm）两侧进行扦插，株行距均为 10 cm。扦插时先用长 15 cm 的木棍打孔，再将插穗插入土中压实，透过地膜对每个插穗浇透水，用土将露在地上的枝条封住。

（4）插后管理

对拱棚沙棘扦插苗，要进行棚膜覆盖、浇水、喷药、除草等作业。白天将拱棚两端塑料棚膜揭开通风，晚上全部覆盖保温保湿。1～2 天浇水一次，温度高时每天浇水一次。每隔 5 天喷 1 次 25%"多菌灵"可湿性粉剂 500 倍液，插穗生根后可适当减少喷药次数。扦插 2 个月后慢慢揭掉棚膜，先是晚间不用覆盖棚膜，再选择阴天不覆盖棚膜，最后直接不用盖棚膜，避免炎热天气揭掉棚膜，造成刚长出的新芽遭太阳暴晒而萎蔫，使扦插枝条生根率降低。

对覆地膜扦插枝条，要进行放苗、浇水、除草等作业。沙棘插条长出新芽后及时刨开覆土，根据土壤墒情、杂草情况进行适时浇水、除草。

（5）苗木移栽

对于拱棚营养盘沙棘苗，于 7 月中上旬将苗盘搬至大田，从营养盘中取出已生根的苗，取时带土拿出，直接移至大田。注意要在阴天或下午 6 点以后移栽，以防太阳暴晒影响成活率。

对于塑料膜覆盖大田沙棘苗，于 7—9 月上旬均可移栽，以雨天或阴天移栽为宜，栽植后浇透水。

沙棘苗木移栽大田后应加强土肥水管理，培育大苗壮苗，用于当年秋季造林或留圃用于来年春季造林。

2. 嫩枝扦插

沙棘嫩枝扦插可选用全光喷雾扦插育苗，或微喷系统扦插育苗。

全光喷雾扦插育苗是在露地全光照情况下，通过喷雾使沙棘插穗表面常保持有一层水膜，确保插穗在生根前相当时间内不至于因失水而干死，这就大大增加了沙棘插穗生根的可能性。插穗表面水分的蒸发，可以有效地降低插穗及周围环境的温度，这样一来即使是在夏季扦插幼嫩插穗也不会灼伤，相反强光照对插穗的生根成苗是十分有益的。所以，采用全光照喷雾扦插育苗技术，不仅生根迅速容易，成活率高，苗床周转快，繁殖指数高，插条来源丰富，还可以实现沙棘育苗扦插生根过程的全自动管理，节省大量人力，减少工人的劳动强度，降低育苗成本。

微喷管道系统用于沙棘扦插育苗，具有技术先进、节水、省工、高效、安装方便、不受地形限制、插床面积可大可小等优点。其主要结构包括水源、水泵或电磁阀、控制仪、阀门、过滤器、主管道、支管道、微喷头、毛管、接件等。

以下为嫩枝扦插的 7 大技术环节。

（1）苗圃选址

沙棘苗圃应建立在光照充足、地势平坦、通风良好、排水方便的地方，最好是塬地、梯田、台地等平地。土壤以沙土或沙壤土为宜，多风地区要选择在避风处或在风口设置挡风障，圃地要靠近水源和电源，修建苗床应根据不同喷雾设备的具体要求而定。

（2）有关设施设备准备

根据沙棘育苗需要，建设全光照喷雾育苗床、塑料大棚、温室、小拱棚以及各类生产用具，如 LK-100 型微喷灌智能控制仪、电磁阀、水管、剪枝剪刀、绳子、标识牌等，以及林业有害生物防治器械和相应的库房等。

（3）苗床制作

沙棘扦插基质应选用疏松透水、不含杂菌的材料。通常用作扦插基质的材料有河沙、石英砂、珍珠岩、蛭石、锯末、泥炭土等，此外炉灰渣、草炭土、腐殖质等均可用作扦插基质，在选择扦插基质时应因地制宜地选用一些廉价而易得到的材料。几种基质混合使用有时比单独使用效果好，如经常使用的泥炭土∶珍珠岩∶沙为 1∶1∶1，生产上可获得较为理想的结果。另外，有时将两种基质分层使用亦能获得较好的效果。

对于全光照喷雾沙棘嫩枝扦插育苗，育苗床主要类型为圆形（图 5-10）。直径 14.4 m，面积约 163 m^2，四周为两砖宽、50 cm 高的围墙，底部每隔 1 m 左右留一排水孔，床中心打一圆柱形水泥基座用于固定全光喷雾装置，喷雾设备的双旋臂离床面的高度为 50 cm。苗床底层铺 20 cm 厚的炉灰渣，上层铺 20 cm 厚的青沙，床面铺成中间高、外缘略低的斜坡状，以利于排水。水源为机井，正常情况下由控制仪控制电磁阀进行自动喷雾，当停电时，使用手动闸阀人工控制喷雾。

图 5-10　全光照喷雾沙棘嫩枝扦插育苗盘和控制设备（甘肃庆阳）

对于塑料大棚（温室）育苗，需要建设钢框架结构的塑料大棚（温室），用塑料棚膜覆盖，天气炎热时塑料膜上用遮阳网覆盖。采用高床育苗，育苗床做成顺棚长方向，要高出步道 30～40 cm，床宽 1～1.5 m；床长与大棚的长度相同。

（4）插条采集与制作

黄土高塬沟壑区一般在 7 月 1—10 日进行。过晚扦插沙棘苗木生长不良，木质化程度差，根系发育较弱，容易造成冻害，越冬成活率低。采条应在阴天或早上露水未干时进行，一般在早晨 6—8 时完成，尽量减少枝条失水。剪取时，对无病虫害且生长健壮的母树，剪取当年生长的半木质化枝条，粗度为 0.2～0.4 cm，在穗材较多的情况下，尽量剪取树冠中下部枝条，将各个品种和雌雄株分别放入盛水水箱或水桶中，并用湿毛巾盖住，插上标签，以免造成品种或雌雄混淆，带到室内或室外阴凉的地方准备制穗，切忌日晒枝条，要始终把待修剪的嫩枝浸泡在水中，以防失水。

制穗要在室内进行。找一个宽敞明亮的空房间，选择质量好、锋利的剪刀剪穗。穗径在 0.25～0.35 cm，穗长为 15 cm 左右，下端平剪，剪口平滑，防止劈裂，尽量保留顶梢，保留 5～7 个上部叶片，剪去插穗下部的叶片和棘刺，先泡在清水盆中，每 50 根或 100 根绑成一捆，将插穗立放在平底水盆中，先用消毒液消毒后再用生根剂浸泡。见图 5-11。

采条

剪条

激素浸泡

图 5-11　沙棘插条采集与制作（甘肃庆阳）

插穗杀菌处理一般采用"波尔多液""多菌灵""苯来特""托布津""百菌清"等。处理方法采用基部浸泡，以避免叶片药害。

对沙棘穗条进行植物生长激素处理，可以有效地提高扦插生根率，缩短生根时间和增加发根数量，目前生产中应用的生长激素种类较多，可选择"ABT 生根粉"、"高效生根诱导素"、"生根盘根壮苗剂"等，它们的浸泡时间长短是不同的，如用"高效生根诱导素"的浸泡时间长，"ABT1 号生根粉"的浸泡时间较长，"生根盘根壮苗剂"的浸泡时间较短。

（5）扦插

每年 7 月 1—10 日，沙棘采条后立即进行嫩枝扦插，扦插宜选在下午 6 时以后集中进行。扦插前先将沙盘喷透水，然后用扦插器具按 7 cm×7 cm 的密度在床面上成排扎孔，再将处理好的插穗放入或轻插入插孔中，扦插深度为 3～5 cm。在扦插的过程中要一边放入一边轻轻地用手将插穗基部压实并使插穗竖立，同时每隔一段时间暂停扦插，用喷雾装置喷 1 次水，以确保插穗与沙子充分接触及插穗叶面湿润。全部插完后再喷 1 次透水（图 5-12）。

打孔　　　　　　　　　　　扦插

边插边喷灌　　　　　　　　扦插后的苗床

图 5-12　沙棘嫩枝扦插（甘肃庆阳）

（6）插后管理

主要包括水分管理、养分管理以及病害防治（图5-13）。

图 5-13　苗木喷药预防病虫害

水分管理由全光照自动喷雾装置的控制仪控制。扦插后的水分管理是育苗成败的关键，要根据日光强度、温度、风力大小、仪器的雾化指标、不同生理阶段等调整喷雾频率。一般情况下白天频率大一些，阴天和晚间小一些；有风或日光强时大一些，反之小一些。

在大部分沙棘插穗生根前，始终保持插穗叶面有一层水膜，插床湿度和空气湿度达到 80%～90%，基质温度不超过 30℃。大部分沙棘插条生根后，应严格控制喷水量，保持基质表面湿润即可，并逐渐延长喷雾间隔时间和增加喷水圈数。

一般根据扦插后、愈伤组织形成后、长出幼根和生根后等几个生理阶段，水分管理分为 6 个阶段设定喷雾间隔时间，以甘肃庆阳为例来说明。

第一阶段，插后 1～7 天，温度超过 30℃，要求叶面经常保持一层水膜。一般上午 9 时至下午 7 时左右，每隔 3 min 喷 5 圈，下午 7 时左右至第二天上午 9 时，每隔 10 min 喷 4 圈。

第二阶段，插后 8～14 天，温度在 26℃左右，插穗基部愈伤组织形成后，适当延长喷雾间隔时间，待叶片上水膜蒸发减少到 1/3 时开始喷雾。在白天每隔 15 min 喷 4 圈，晚上每隔 30 min 喷 4 圈。

第三阶段，插后 15～21 天，多数插穗开始吐白芽、插穗基部长出幼根后，应待叶片上水膜蒸发完后再进行喷雾。一般白天每隔 20 min 喷 4 圈，晚上每隔 1 h 喷 4 圈。

第四阶段，插后 22～40 天，大量根系形成，喷水间隔时间应逐渐延长，待扦插基质表面发白后再进行喷雾。每次喷水圈数要适当增加，以锻炼和提高根系对水分的吸收、输送能力，使根系下扎。要求白天每隔 30 min 喷 4 圈，晚上每隔 1 h 喷 4 圈。同时还要根据天气情况作出相应的变动，在阴雨天尽量少喷或不喷；中午阳光照射强烈时，适当缩短间隔时间。

第五阶段，插后41～60天，白天每隔1 h喷4圈，夜间每隔2 h喷4圈。

第六阶段，扦插61天以后，温度降低到15～20℃，白天应间隔2～4 h喷一次，晚上停止喷水，直到11月初苗木停止生长，叶子全部落完。

由于沙棘嫩枝扦插时处于高温季节，频繁喷水造成苗床湿度较大，插穗易受病菌侵害，影响扦插成活，因此要求扦插后每隔5天喷1次25%"多菌灵"可湿性粉剂500～800倍液，在插穗生根后可适当减少喷药次数。扦插1个月后，应喷叶面肥2～3次（如磷酸二氢钾）。

（7）出圃假植

对于越冬假植，可从沙盘挖出沙棘苗木（图5-14），按100株绑成一捆，然后在避风向阳处挖一个80 cm深能放全部苗木的长方形坑，将地面整平，按行距30 cm开沟，沟深20 cm，将捆好的苗竖立整齐摆放在沟内，埋土踏实，全部苗木埋好后浇透水。在冬季地封冻前浇透水，上覆一层玉米秸秆，并随时观察坑内苗木越冬状况。春季大地解冻前浇水1次，天气十分干旱时多浇水1～2次，以防止苗木失水。

图5-14　当年秋季苗木叶子和根系状况

基于3月上旬黄土高塬沟壑区土壤还不能完全解冻，故在前一年将沙棘苗假植在背风向阳的地段。为了防止栽植前苗木发芽，提前要将假植苗从假植坑取出，在阴凉潮湿的地方开沟，按100株的捆，倾斜放入假植沟内，假植沟深约30 cm，长、宽根据苗木数量而定。摆一排苗木培一层土，埋土厚度以苗根全覆盖为宜，用脚踩实，边缘部分埋土稍厚些，灌透水。经常检查，及时补水，防止苗木失水。

经过假植的苗木，于3月下旬至4月上旬以假植沟取出，一捆一捆整齐放入包装袋运至田间地头，挖30 cm深的沟，将沙棘头向上摆放到沟内，埋土浇水，边栽边取，防止苗木失水。

（四）北疆/南疆"灌溉型"引进沙棘种植区

本区适于采用硬枝和嫩枝 2 种方法进行扦插育苗，在北疆以硬枝扦插为主，在南疆可选用硬枝、嫩枝两类扦插方法。

下面列出了新疆北疆/南疆地区引进沙棘硬枝扦插、嫩枝扦插两类技术操作要求。适用于新疆戈壁滩沙棘苗木培育，河套、河西走廊以及西藏阿里等地区可参照执行。

1. 硬枝扦插

在新疆戈壁滩，与嫩枝扦插育苗比较，硬枝扦插育苗又有 3 个方面的突破：一是硬枝温室大棚育苗扦插是 1—2 月进行（露地扦插育苗 3—4 月进行），比起嫩枝扦插从 6—7 月开始，多了 3～4 个月，苗木生长健壮、质量好、一级苗多；二是硬枝扦插育苗是在农闲季节，而嫩枝扦插正当农忙时；三是硬枝贮存营养丰富，成苗壮实。硬枝扦插育苗的诸多优越性，解决了大面积种植沙棘所需优质苗木的关键问题。

（1）扦插基质的配置

在建造的温室大棚（占地宽 9 m，长 80 m）内深翻土地 50 cm 深，拣去大石块后，用 5 m^3 经腐熟过的羊粪和细沙土一起堆放，接着使用杀虫剂（"敌百虫"50%可湿性粉剂或"阿维菌素"0.12%可湿性粉剂）、杀菌剂（"百菌清"75%可湿性粉剂或"多菌灵"50%可湿性粉剂），先 10 倍混土后，撒在羊粪和筛过石块的细沙土堆上，然后搅拌均匀，摊平在温室土地上，最上边铺上 10 cm 厚的细沙，再次喷施前述杀虫剂、杀菌剂（"百菌清"75%可湿性粉剂 500 倍液或"多菌灵"50%可湿性粉剂 500 倍液），要求均匀喷雾消毒，以备扦插使用。

（2）插条选择和采条

供硬枝扦插的沙棘插条要在沙棘休眠期采集，采条母树越年轻或枝条越位于基部，插条生根率会越好。采条应选择无病虫害的健壮植株，剪取 1～2 年生的直径大于 5 mm 的粗壮枝条。

（3）插条的沙藏处理

冬季采条后应将沙棘插穗妥善贮藏。用 0.1%高锰酸钾溶液冲洗消毒的粗沙，铺成稍湿润的疏松沙层，将插条捆基部朝下，中下部埋入沙层，在 1～3℃的气温条件下贮藏 1～2 个月。

（4）其他有关准备

准备沙棘扦插的前 1 周，在建好的温室大棚上，压盖上摊平的薄棉被（夜间蒙盖，白天卷起），并在靠后墙架好火炉，安装上长铁烟筒，点燃火炉，升高棚内温度。与此同时在整好的床面上铺设两排滴管带，间距 3.5 m，滴管带距地边 1.75 m，沿带每隔 3.0 m 插上装有喷距半径 2 m 喷头的插干，喷湿插床；然后在大棚密闭的状态下，在棚内摆放 1 kg 熏蒸杀虫剂和杀菌剂，点燃熏蒸，持续 5～7 天，做好沙棘扦插前的一切准备工作。

（5）插条处理

扦插前对沙棘插条进行水浸或生根剂处理，有利于提高生根率。把刚采回来或贮藏的沙棘枝条，剪成 8～10 cm 长的插穗，上边有 7～8 个芽眼，每 30 根捆成一捆，根部整齐捆好，先用 0.02%的高锰酸钾水溶液浸泡 30 min，捞出用清水冲洗后再进行水浸处理。即先将沙棘插条的 2/3（基部）放入水中浸泡 2 天，每天多次换水，捞出后用生根剂进行处理。制备 100 ppm 的"ABT 生根粉"溶液，将插条下端 3～5 cm 浸入溶液中，浸泡 8 h。"根宝"可直接蘸根处理，不用兑水，速蘸时只要浸到插穗根部以上 3～4 cm 即可。

（6）扦插

沙棘插穗处理后紧接着就进行扦插。扦插时先打孔，再插入插穗，以免皮层受损。扦插密度分两种，一种是用于秋季直接造林的，株行距为 10 cm×10 cm，每孔插 1 株，亩扦插量为 4 万～5 万株；另一种是用于培育移植苗的（次年 5 月上中旬移到大田培育），株行距为 10 cm×10 cm，每孔插 2 株，亩扦插量为 8 万～10 万株。扦插时都是插穗基部插进(占总长 2/3)，露出地面部分插穗要有 2～3 个芽或芽眼。扦插时，每当扦插 10～15 min 就需要喷洒 1 次水，保持棚内湿度 70%～80%为宜。一般在春节前后扦插完毕。

（7）抚育管理

沙棘扦插完后，大棚内就应不断间歇喷水，保持插穗叶片上始终有露珠，15～20 天后，插穗就可长出嫩根、新芽或新枝。之后可逐渐延长喷雾间隔期，但始终保持棚内土壤湿度适宜。

对温度的控制，白天保持温度 20～28℃，一般不超过 30℃；夜间保持 14～18℃，一般不低于 13℃。因春节前刚扦插完毕，是最冷的季节，盖棉被的时间要长，一般只在中午卷起一会棉被，放一会风，增加阳光照射，交换氧气。过了春节，气候渐暖，温度升高，卷被时间上午可逐渐提前，下午放被时间可逐渐延后。至 4 月中下旬，温度升高，可去掉火炉，棚膜中午打开天窗放风。6 月初可完全撤去棉被和棚膜。

温室硬枝扦插 10～15 天插穗开始发芽，1 个月后应开始拔草并追施氮肥，其用量应前期少施，随苗长大逐渐增加，见图 5-15。

图 5-15 温室内的沙棘硬枝扦插苗木（新疆额敏）

（8）出圃

新疆大气十分干燥，沙棘起苗要提前灌好水，以便起苗时墒情适宜，不伤害须根，并节约劳力。

要求挖出的沙棘苗木根系比较完整，根盘直径要在 30 cm 以上，并通过在苗木根部培土以保护苗根不失水。

苗木外运时，一定要蘸好泥浆，并用塑料布包扎，以防失水。

苗木运到目的地后要进行假植。假植时要灌足水，用湿土封住。覆土深度较苗木原土痕处深 30 cm，可以防止根系受到风吹日晒，有利于根系快速恢复。

2. 嫩枝扦插

包括苗床准备、插穗采制、激素处理、扦插、苗床管理、苗木移栽和出圃等技术环节。

（1）苗床准备

沙棘嫩枝扦插育苗可在每年的 6—7 月气温升高、采穗圃沙棘长出了许多嫩枝时，在露天条件下或塑料拱棚内进行，也可在冬季育苗、开春移出苗木后的大棚内进行。

在露天条件下及塑料拱棚内进行，采用全自动喷雾装置或微喷装置，苗床底层铺设 10 cm 厚的鹅卵石，中层铺 10 cm 粗沙，上层再铺 10～15 cm 的河沙，扦插前要用 0.1%～0.2%的高锰酸钾溶液或"地菌净"等农药消毒插床，注意通透性和保水性协调统一。

在冬季育苗、开春移出苗木后的大棚内进行，要施"敌百虫"50%可湿性粉剂或"阿维菌素"0.12%可湿性粉剂进行基质消毒。

（2）插穗采制

采穗在 6 月中下旬沙棘梢处于半木质化阶段，采穗母树的适宜树龄为 5 年以下，采穗在树体中下部合适部位，插穗长度通常为 10～20 cm，剪插穗时，将下部的 1～2 个叶片横向掰下，然后每 50 根或 100 根捆成 1 捆，经 0.1%的高锰酸钾溶液消毒冲洗后，待蘸生根剂，见图 5-16。

图 5-16　插穗处理（新疆温宿）

（3）激素处理

沙棘嫩枝扦插只要条件合适、方法得当，并经激素类物质处理，就会达到理想效果。一般用"ABT1 号生根粉"100 ppm 浸泡 0.5～1 h，很大程度上可提高扦插生根率。

（4）扦插

苗床平整细碎，扦插前要喷透水，并做好苗床消毒工作。

扦插宜在凌晨或傍晚进行，随采穗、剪穗连贯进行。扦插前先在苗床打孔。制穗和扦插时每隔数分钟即要在插穗上喷雾，保持其湿润、新鲜状态。如当地风大需要设防风帐，以减少蒸发。见图 5-17。

图 5-17　扦插（新疆温宿）

（5）苗床管理

安装旋转喷雾装置，待整个苗床扦插完毕后，按有关要求喷雾，使叶面始终保持有一层水膜。水源来自井水和自来水，水温控制在 20～25℃。深水水温比较低可加设水箱、晒水池以及延长喷雾管通道等措施来提高水温。扦插苗床上铺设薄膜也有良好保温效果。苗木应适当喷施氮肥和复合肥。因温度条件控制喷雾间隔，每周杀菌，苗床除草。

（6）苗木移栽

通常沙棘扦插半月就可生根，1 个半月到 2 个月根系发育完备，能独立从苗床上吸取水分和养分，即可移栽至大田，进行正常的田间土肥水管理。

起苗后立即将苗根置于稀泥浆内，再将根舒展地植于移栽穴或移栽沟内，切忌窝根。同时，注意用细碎土壤将树穴填满轻压，然后及时灌水，使土壤和根系紧密接触。注意防高温和保湿，避免风干。

（7）苗木出圃

扦插苗一般可在第二年春季出圃造林。

二、引进沙棘分区种植技术

引进沙棘的种植应造管结合，"三分造、七分管"，但每个环节都十分重要。引进沙棘的种植技术，按东北"自然型"引进沙棘种植区、华北北部"集流型"引进沙棘种植区、黄土高原中部"集流型"引进沙棘种植区、北疆/南疆"灌溉型"引进沙棘种植区 4大典型地区分别述叙。

（一）东北"自然型"引进沙棘种植区

下面列出了东北漫川漫岗区引进沙棘的种植技术操作要求，包括沙棘生产的选择、品种选择、选地及整地、苗木准备、栽植建园、园地管理、果实采收等。

这套技术适用于黑龙江省各地区引进沙棘的种植技术操作要求，辽宁中北部、吉林和内蒙古东部地区可参照执行。

1. 品种选择

选择抗病优质、易采果、管理方便、经济价值高的 1 年生沙棘硬枝扦插或 1.5～2 年生嫩枝扦插无性系苗木定植建园。大面积建园时最好选择 8～10 个不同成熟期的品种，且必须要有 1 个雄株品种。

2. 选地及整地

人工沙棘园宜建在排水良好的平坦地或 1°～3°的缓坡地、地势较平缓的河滩地和地下水位较高的沙地等。土壤以轻质、通透性好、养分丰富和水分条件较好的沙质土、砂壤土、壤土为宜，忌黏重、积水土壤。以 pH 为 6.0～9.0、含盐量小于 1.0%的中性土壤为宜，土层厚度大于 60 cm。

在当年秋季深翻 30 cm 以上，打碎土块，耙平土表，同时施用腐熟农家肥 1 500～2 000 kg/亩备用。

3. 苗木准备

准备一年生硬枝扦插苗或 1.5～2 年生的嫩枝扦插苗。要求苗木粗壮，地径大于 0.45 cm，无病虫害及机械损伤，根系发达，根数大于 2 条，根长大于 20 cm，多须根。

沙棘苗木最好随起随栽，如要做较长距离的运输，根部要蘸泥浆或黏上湿锯末，并用塑料布包裹，塑料布应留有透气孔。不同品种、雌雄株要分开包装，不能混杂。每包苗木上都要有标签，到栽植现场分开栽植。

4. 栽植建园

在春季 4—5 月上旬，土壤解冻 18～25 cm 时，对沙棘苗木随起苗随栽植；秋季在 10月中下旬至 11 月上旬，土壤冻结前 20～40 天内进行栽植。

根据品种特性及立地条件，一般沙棘定植株行距为 2 m×3 m 或 2 m×4 m。

　　授粉树宜选择生长势强、花芽发达紧凑、花粉量大、授粉期长、无刺或少刺、无病虫害的雄株品种 2 个左右，如"阿列伊"和"无刺雄"等。雌雄株比例一般为 8：1，其配置方式分行列式和中心式（图 5-18）。

行列式 1　　　　　　　行列式 2　　　　　　　中心式

图 5-18　沙棘种植园雌雄株定植模式

　　挖栽植穴。黑龙江省多在秋季进行，也可以在春季 4 月上旬开始挖穴。栽植穴规格为（30 cm×30 cm×30 cm 或 40 m×40 cm×30 cm），并将心土、表土分开堆放。每株准备腐熟农家肥 5～10 kg，拌匀表土回填。

　　栽植时，先将沙棘苗木简单修根，剪留长度 15 cm，一人将苗木扶直，一人分层回填混入有机肥的表土，并随时把苗木向上微提，使根系充分舒展，最后在上层回填心土，并围高 10～15 cm 的土埂作为树盘，立刻浇透水，待水渗后，在其表面覆盖一层松散的细土。如若大面积建园，采取早春顶浆栽植，此时土壤墒情良好，可不必浇水。

5．园地管理

　　前期沙棘幼龄园采用机械浅耕除草。除草深度一般为 5～7 cm，每年进行 3～4 次。4年后，可采用人工除草（图 5-19）。

机械锄草　　　　　　　　　　　　　人工锄草

图 5-19　沙棘种植园区锄草（黑龙江绥棱）

　　沙棘园每 3～5 年结合树盘管理施一次腐熟农家肥，施肥量为 1 500～2 000 kg/亩。多在秋季气温偏高、雨量充沛时，采用环状施肥、放射状施肥和穴状施肥等方法施入。

　　沙棘苗木栽植后，可对单茎植株略加短截定干，定干高度为 50～60 cm，定干时要求剪口下 10～15 cm 范围有 6 个以上的饱满芽。当新梢长至 20～30 cm 时，除选留 3～4 个不同方位生长的主枝外，其余新梢都摘心。冬季修剪选定 3～4 个主枝，剪留长度 30～40 cm。第 2 年和第 3 年修剪采用强枝缓放、弱枝短截的方法，侧枝多留斜平枝，不留背斜枝。疏除重叠、交叉、直立及影响主侧枝生长的枝，同时要及时疏除或在夏季抹除基生枝。

　　在沙棘结果初期，应调整主干枝生长势，继续培养主侧枝骨架。对主枝上生长势过强的侧枝，采取疏除、缓放等方法控制树势，对弱主枝上的侧枝短截。在骨干枝两侧培养大、中型枝组，枝组的配置要大、中、小相间，交错排列，见图 5-20。

图 5-20　沙棘种植园冬剪（黑龙江林口）

　　在沙棘盛果期，应利用修剪技术均衡营养生长和生殖生长，按比例选留营养枝和结果枝。一般营养枝和结果枝的比例为 2：3，即对 2/5 的结果枝采取中、重短截或回缩，培养成营养枝组，选留 3/5 的结果枝结果，第二年春季再对上一年的结果枝按比例进行短截或回缩，培养营养枝组。

　　在沙棘衰老期，对地力条件好地块的沙棘植株，可以进行结果枝组和骨干枝的更新复壮，培养新的枝组。对地力条件较差的自根苗沙棘园进行全园平茬，萌生新枝后留最靠下部的 1～2 个枝条，培土促发新根，实现萌蘖更新。沙棘园结果树衰老前 3 年，每株沙棘旁留 1 根蘖苗，并切断根蘖苗与母树之间的连生根，加强水肥管理，3 年后根蘖苗结果，将老树砍除。

　　沙棘病虫害防治要遵循"预防为主、综合防治"的原则，做好预测预报，及时发现病虫害，以农业防治、物理防治和生物防治为主，化学防治为辅开展防治。

对于沙棘干缩病，应防止沙棘的根系和地上部分受到严重的机械损伤，杜绝病原菌的入侵途径；加强栽培管理，定期松土，增加土壤通气性，增强植株抗病能力；选育和使用抗病的沙棘品种；发现病株后及时清除烧毁，以防止其传染其他植株。

对沙棘蛀干害虫柳蝙蛾，应用稀释的酒精或清水灌注虫道，迫使幼虫爬出捕杀；在幼虫或蛹期（6—8月），用细铁丝沿虫道插入，直接触杀。要加强园地的田间管理，及时翻树盘，铲除杂草，破坏越冬卵的生存环境，发现虫源后及时捕杀。

6.果实采收

早中熟的沙棘品种，其果实的成熟期一般在8月初至9月中上旬，此时即可根据需要适时采收。晚熟的沙棘品种，其果实成熟期一般在9月中旬以后，而且果实在树上经冬不凋，可在冬季采收。

早中熟沙棘品种如"丘伊斯克"等，在8月初以后陆续成熟，一般以人工采摘果实为主。采用遮阳网、塑料布铺垫树下，手持盛果容器，实施人工采摘。

晚熟沙棘品种如"深秋红"等，一般在冬季12月前后，当气温降低到–20℃以下时，开始采收果实。采用遮阳网铺垫树下，敲击震荡结果枝，采收果实。

采摘后的沙棘果实，应拣除枯枝、落叶及破损果实。

沙棘果实生产全过程，要建立质量追溯体系，健全生产记录档案，包括产地环境等。记录保存期限不得少于3年。

（二）华北北部"集流型"引进沙棘种植区

下面列出了辽西山地丘陵区引进沙棘的种植技术操作要求。适用于辽西地区，冀北、内蒙古赤峰等地区可参照执行。

1.苗木选择

以具有优质、丰产、抗逆性强的1年生硬枝或嫩枝扦插无性系优良沙棘苗木为主。

2.造林密度确定

根据沙棘品种特性、立地条件等因子综合考虑沙棘园适宜的栽植密度，一般株距为1.5～2.5 m，行距为2.5～3 m。

3.雌雄株配置

沙棘雌雄株比例按8∶1配置。配置方法是隔2行雌株栽植1行雌雄混栽行，在混栽行内每隔2株雌株栽植1株雄株。

4.整地方式

穴状整地适宜各种立地条件，采用圆形或方形穴坑，整地规格为40 cm×40 cm×40 cm，把心土、表土分开堆放。

沟状整地适宜干旱立地条件，可采取机械形式挖沟（图5-21），在沟内再按一定株距挖栽植坑，并较长时期保持行沟。

图 5-21　机械开沟整地（辽宁朝阳）

5. 种植

春季或秋季栽植沙棘。春季在 4 月上中旬开始；秋季在 10 月下旬开始，土壤结冻前结束。应随起苗随栽植，见图 5-22。

栽植前每穴施入腐熟的优质农家肥 8～10 kg。栽植时做到栽正扶直，根系舒展，按先表土后心土顺序回填。穴状整地栽植需在地表做树盘，然后浇透水，水渗后封穴。

沙棘秋季造林后要及时覆土防寒，即用表土在苗木根茎部四周培一土堆，土堆高度为 15～20 cm，直径为 20 cm，以避免新植苗木在越冬过程中出现生理干旱，以及被鼠、兔啃食。防寒土堆在早春土壤化冻后撤除。

图 5-22　沙棘种植（辽宁朝阳）

6. 田间管理

沙棘种植园每年应中耕除草 3～5 次，同时清除根蘖苗。

行间可间作紫花苜蓿等，8 月上旬人工割除后就地覆盖树盘。还可采用杂草、秸秆、绿肥等材料覆盖树盘，覆盖厚度为 5～10 cm。

从栽植第 3 年开始，每隔 2 年追施 1 次农家肥，施肥量每株 10～15 kg。春季沙棘枝条放叶后至新梢速生期以追施氮肥为主，生长后期以追施磷钾肥为主。盛果期沙棘园年追施磷酸二铵 200 kg/hm²、五氧化二磷 200 kg/hm²、氢氧化钾 300 kg/hm²，采用穴施或沟施，分 2 次施入，见图 5-23。

图 5-23   朝阳试点对沙棘试验田开沟施肥

有条件时可进行叶面喷肥，在枝条速生期喷 0.3%～0.5%的尿素水溶液；果实迅速膨大期喷 0.2%～0.3%的磷酸二氢钾水溶液。喷肥时间在上午 10 时前或下午 4 时后，喷后 2 h 内遇雨应补喷。

有灌溉条件的，可在萌芽前、开花前、果实膨大期和上冻前 4 个时期及时灌水。采用移动管灌溉或沟灌均可，也可采用喷灌、滴灌等节水灌溉方法。

对于病虫害防治，应贯彻"预防为主、综合防治"的方针，采取农业措施防治和药物防治相结合的方法，做到有病虫不成灾。见图 5-24。

图 5-24   朝阳试点病虫害防治

辽宁朝阳沙棘主要病虫害防治方法，归纳于表 5-3。

表 5-3 辽宁朝阳沙棘主要病虫害防治方法

防治对象	防治时期		防治类别	防治方法
沙棘病害	沙棘枝干枯萎病	4 月下旬开始	农业措施	1. 选用抗病品种 2. 定期松土，少施氮肥，适量撒施石灰、磷钾肥及微肥 3. 严格控制病原菌的进入途径，防止根茎机械损伤 4. 加强管理，增强树势，发生时清除病枝、病树，加以控制
			药物	4 月下旬，病害出现症状以前，开穴浇灌 40%多菌灵胶悬剂 500 倍液，或甲基托布津 600 倍液，每月 1 次，连续 3～5 次
沙棘虫害	沙棘象	7—9 月	农业措施	1. 利用成虫的假死性，敲打树木后进行人工捕捉，集中消灭 2. 禁止带虫种子引进或外调
			药物	用熏蒸剂熏蒸种子，杀死幼虫
	沙棘木蠹蛾	四季	农业措施	冬季伐除被害沙棘树，集中烧毁，或成虫期用灯光诱杀成虫
			药物	40%乐果乳油 1 500 倍液喷雾杀灭初孵幼虫，或 80%敌敌畏 100～500 倍液、20%杀灭菊酯乳油 100～300 倍液注射虫孔；50%辛硫磷配成 5 倍药液注射防治
	沙棘蚜虫	四季	农业措施	1. 在冬季伐除着卵枝或刮除枝干上的越冬卵 2. 保护七星瓢虫、食蚜蝇、草蛉等捕食蚜虫的天敌
			药物	在若虫发生期可用 80%敌敌畏乳油 1 000 倍液，或喷洒 40%氧化乐果 800～1 000 倍液喷杀若虫

7. 整形修剪

引进沙棘适宜树形主要有自然丛状形、自然圆头形、多主枝开心形等。主要修剪技术按不同生长时期实施。

（1）幼树期修剪

对 1 年生的沙棘幼树，按不同立地、不同树形要求定干；2～3 年生对骨干侧枝进行短截，使其萌发分枝，培育结果枝组。

（2）结果期修剪

主要技术包括疏剪、短剪、摘心等。

疏剪可将重叠枝、交叉枝、过密、弱枯、干焦、病虫和交叉枝条等剪掉，以改善树冠内通风透光条件，增强母枝生长势，积蓄养分。

短截只剪去 1 年生枝梢的一部分，以促进抽枝，抑制徒长，实现早结果。

摘心指将新梢的顶牙摘除，抑制生长，积蓄养分，促进枝条的加粗生长和分枝，提高坐果率。

（3）衰老期修剪

地力条件好、水肥充足地块的沙棘衰老树，可以进行结果枝组和骨干枝的更新复壮，培养新的枝组，延长树体寿命和结果年限。对衰弱的主侧枝进行重剪或回缩，恢复长势。

地力较差地块的衰老树，可以进行全园高截干，时间在树木休眠期最好是春季树枝萌动之前进行，萌生新枝后选留直立、生长健壮的枝条培育新的植株。

休眠期修剪在发芽前进行；生长期修剪从萌芽抽枝开始至停止生长前进行。

8．果实采收

沙棘栽植后第 2 年开始结果，第 3 年进入盛果期，盛果期可维持 10 年左右。

引进沙棘在果实成熟后及时采收。采用手工采摘或剪果枝方法。

（三）黄土高原中部"集流型"引进沙棘种植区

下面列出了甘肃省黄土高塬沟壑地区引进沙棘的种植技术操作要求，适用于位于甘肃东部地区，陕西、宁夏、青海和山西等省区可参照执行。

1．苗木选择

以优质、丰产、适应性强的 1 年生硬枝或嫩枝优良无性系沙棘苗木为宜。

2．造林设计

按黄土高塬沟壑区不同地形地貌进行栽植密度、雌雄比例、整地方式等设计。

（1）栽植密度

根据沙棘品种特性、立地条件因子综合考虑确定，适宜的栽植密度为：株距 2 m、行距 3 m。

（2）雌雄株配置

雌雄株比例按 8：1 配置。雄株品种以 2 个左右为宜。

（3）整地方式

沙棘种植前清理有碍于苗木生长的杂草杂灌或采伐枯树等，结合蓄水保墒需要，修建有集水功能的水平阶、水平沟、鱼鳞坑等，并耕翻土壤，准备栽植穴。

穴状整地适用于各种立地条件，尤其是塬地、坝地、坡地梯田和山地陡坡地带的沙棘造林地整地。穴状整地采用圆形或方形坑穴，大小因苗木规格和立地条件而定，一般穴径和穴深 30 cm 左右即可。

带状整地适用于山地缓坡沙棘的造林整地。应沿等高线进行，其形式有水平阶、水平沟、反坡梯田等。

鱼鳞坑整地适用于黄土高塬沟壑区的塬坡和沟坡地沙棘造林整地，鱼鳞坑为近似半月形的坑穴，外高内低，长径 1 m，沿等高线方向展开，短径略小于长径，0.8 m。

在上年秋季或造林 1 个月前进行整地，也可随整随栽。

3．种植

沙棘种植前每穴施入腐熟的优质农家肥（羊粪等）10～15 kg，或氮磷钾复合肥 0.25 kg。栽植时做到栽正扶直，根系舒展，按先表土后心土回填并在树周做树盘，然后浇透水，水渗后封穴。如果是早春边整地边造林，由于当地气候较为干旱，可以先填较为湿润的心土，后填表土。

（1）种植方法

栽植时应保持苗木直立，栽植深度适宜，苗木根系伸展充分，并有利于排水、蓄水保墒。主要栽植方法有穴植和沟植 2 类。

穴植法：用于栽植沙棘裸根苗，穴的大小应略大于苗木根系。苗干应扶直，根系应舒展，深浅应适当，填土一半后提苗踩实，再填土踩实，最后覆上虚土，也叫"三埋两踩一提苗"。

沟植法：主要用于塬地、梯田等地势平坦、机械或畜力拉犁整地的 1 年生沙棘苗木造林地。将苗木按设计的株距摆放在开好的沟里，再扶正、覆土、压实后灌水。

（2）种植季节

在春季土壤解冻后苗木未萌动前，应及时进行沙棘造林。

沙棘雨季造林，要掌握好雨情，以下过一场或两场透雨、出现连阴雨时为宜。

秋季造林可在沙棘落叶后至土壤冻结前进行，一般在 11 月上旬。

硬枝扦插容器苗可在土壤结冻期以外的各季节种植。4 月硬枝扦插的苗，7 月即可定植在大田，选择阴天或 18 时以后栽植，随栽随浇水，防止太阳暴晒，以免造成沙棘苗木失水而影响成活率。

4．抚育管护

根据沙棘造林后生长发育状况、立地条件、天气状况等确定抚育时间、抚育措施和抚育次数。一般每年可抚育 4～5 次。定植后的抚育管护主要包括密度调整、除草、土肥水管理等内容。

（1）密度调整

植苗造林后一个生长季内，应根据沙棘造林地上的苗木成活状况及时补植；对密植沙棘地块进行间苗。间苗和补植均应在造林季节进行。对密度大的沙棘苗木挖出补在缺苗地块，或另选地块进行栽植。

对萌蘖能力较强的沙棘，因干旱、冻害、机械损伤以及病虫害造成生长不良的，可采用高截干措施复壮，截干高度在 0.5～1 m。

（2）灌水

沙棘造林后应根据天气状况、土壤墒情、苗木生长发育状况等适时浇水。

采用节水浇灌技术，用水管浇灌栽植坑或安装滴灌设施。限制采用漫灌方式。

（3）施肥

土壤贫瘠的沙棘造林地，可施用基肥改良土壤。基肥应采用充分腐熟的有机肥和氮磷钾复合肥。基肥在栽植前结合整地施入栽植穴，每穴施入腐熟的优质农家肥 10～15 kg，或复合肥 0.25 kg。

沙棘工业原料林应进行追肥。追肥宜采用复合肥，在定植后的第 3 年开始施用。从栽植第 3 年开始，每隔 2 年追施 1 次农家肥，施肥量为每株 10～15 kg。

春季枝条放叶后至新梢速生期以追施磷酸二胺为主，生长后期和盛果期沙棘园以追施氮磷钾复合肥为主，磷酸二胺和复合肥年施入量均为 200 kg/hm^2，采用穴施或沟施，分 2 次施入。

还可进行叶面喷肥，果实迅速膨大期喷 0.2%～0.3%的磷酸二氢钾水溶液。喷肥时间在上午 10 时前或下午 4 时后，注意听天气预报，防止喷肥后降水造成损失。

（4）松土

因土壤板结等严重影响幼树生长甚至成活时，应及时松土。松土应在苗木周围 50 cm 范围内进行，采用机械与人工相结合的方法，行间用微型旋耕机旋耕，苗木四周进行人工锄地，并做到里浅外深，不伤及苗木根系。

（5）除草

杂灌杂草影响苗木生长发育时，应采用机械与人工相结合的方法清灌除草（图 5-25）。先用人工将杂灌挖出清理，再用微型旋耕机旋耕行间杂草，苗木四周的杂草进行人工除草。对根系生长旺盛的冰草、芦苇等杂草，采用化学药剂除草与人工除草相结合的方法，喷施除草剂时应将树体茎干用塑料袋套住，喷施药剂时喷雾器喷头用专用罩罩上，尽量压低，以防药物喷到树体上。沙棘造林地不宜使用根吸型除草剂，使用杀茎叶型除草剂时应严格控制用量，注意混合、交替使用除草剂，注意不在水源区和下雨前使用。

图 5-25　庆阳试点人工与机械结合除草

5. 病虫害防治

贯彻"预防为主、综合防治"的方针，采取农业措施防治和药物防治相结合的方法，避免采用单一的化学防治方法。

（1）病害防治

当地每年 6—9 月均发生卷叶病，刚开始只有个别枝条梢上的叶片发生卷曲，慢慢发展到多棵树一个枝条或多个枝条卷曲成一团。发现后即要进行喷洒农药"高效氟氯氰菊酯"乳油和"多菌灵"粉剂，用每 100 L 水中加 2.5%"高效氟氯氰菊酯"乳油 50～66.7 mL 和 40%"多菌灵"可湿性粉剂的方法对每株沙棘进行均匀喷雾，分开喷洒。每 7 天喷药 1 次，连续喷 3 次。10 月下旬将发病枝条全部剪下来焚烧，防效较好。

枝干枯萎病的症状是个别植株部分枝条的叶子发黄、脱落，枝条逐渐枯萎，全株生长不良，果实也开始干瘪，直至有些植株最后死亡。对初期感染、症状轻的植株剪掉病枝，挖出死亡植株，并对剪下的枝条和死亡植株集中烧毁。同时用"吗胍·乙酸铜"稀释 500～600 倍液进行喷雾，每隔 7 天 1 次，共喷洒 3 次，沙棘顶梢开始长出新芽，病情可得到一定的控制。

此外，每年 11 月底用石硫合剂对沙棘树干进行涂涮，防止病菌入侵。

（2）虫害防治

蚜虫、白粉虱、叶蝉等害虫在沙棘生长期经常出现，每年 5 月开始发生，可用 3%"啶虫脒"乳油兑水 2 000～2 500 倍液对沙棘植株均匀喷雾。

金龟子可用化学药剂喷洒、糖醋液诱杀、人工捕捉、杂草清除、行间覆膜等方法防治。用 40%"辛硫磷"乳油 800 倍液，喷洒沙棘植株包括地面的土壤表面和周围附近的杂草，每 7 天喷 1 次，连续喷洒 2 次。糖醋液诱杀成虫，防止其产卵，否则幼虫对根茎危害严重；糖醋液按糖 6 份、酒 1 份、醋 3 份，水 10 份的比例配制，将配好的诱液放在塑料盒内，保持 3 cm 深，放在沙棘行间，设置密度为 1 盒/360 m²，连续诱虫 15 天。组织人员每天早上 11 时成虫大量出现时开始对每棵树进行捕捉，下午 4 时以后再捉 1 次，连续 15 天。及时清除杂草并在沙棘行间覆盖黑地膜，防止其在杂草上产卵，致使幼虫危害根茎。

总的来说，对于病虫害防治，一是加强田间管理，及时中耕除草，适时施肥，使沙棘植株生长旺盛，枝深叶茂，增强植株抗病虫能力，减少病虫害发生。在害虫产卵期增加松土除草次数，将卵、蛹暴露在外，使虫卵、虫蛹得不到孵化而死亡。二是清理引种地及周边杂草，将引种地内、地边及周边的杂草、枯枝落叶清除焚烧，减少病菌和害虫寄生。三是用灭菌杀虫药进行杀虫灭菌。每年 4 月上旬和 8 月上旬分别用"辛硫磷" 3%颗粒和"多菌灵" 50%可湿性粉剂开沟撒入试验田中，并用 65%"代森锌"可湿性粉剂 500 倍液和 25%"三唑酮"可湿性粉剂 800 倍液均匀喷洒植株，可起到较好的杀虫灭菌作用。

图 5-26　沙棘林地喷药

（3）鸟兽害防控

兽害防控可采取在沙棘基干部涂（刷）白、涂抹泥沙等措施，也可在苗木基部捆扎塑料布、干草耙、芦苇等材料，或设置金属围网等防护物，还可对苗木进行预防性处理，如施用防啃剂、驱避剂等。

沙棘的枝、花、叶和果实被多种鸟兽所食用，防治时间以入冬至初春时期为主，主要采用物理机械清除杂草和枯枝落叶，保持沙棘引种地内整洁，同时可以结合人为捕杀、诱杀等措施，还可在引种地内撒上拌有硼砂的小麦和玉米粒，防治野兔、松鼠等啃咬树干和树枝。

6 月底果实开始成熟时在结果的沙棘树上搭建防鸟网，防止鸟兽危害沙棘果实。

（4）自然灾害防控

冰雹危害严重的地区，应在种植园上面使用防护网和支撑材料，可在一定程度上减轻冰雹危害，同时防止沙棘果实被鸟啄食。

在盐碱含量较高且洪涝灾害易发生地段，设置排水（盐碱）沟，提高造林地的抗涝能力，防止树木受淹及盐碱危害。

黄土高原风大、干燥、严寒，冬季可采取根际覆土、行间盖草（秸秆）等防风防寒措施。

（四）北疆/南疆"灌溉型"引进沙棘种植区

下面列出了新疆戈壁滩引进沙棘种植技术的操作要求。适用于新疆南北疆戈壁滩地区，河西走廊、河套以及西藏阿里等地区可参照执行。

1. 地块选择及整理

选择土层深厚、大石块较少、土壤 pH 为 7～8、通透性良好的沙壤土、沙土或砾质沙土作为园地。

条田规划面积为 15～20 hm²，定植沟方向平行于等高线（东西向开沟）。

园内实行林路结合，路宽 6 m，形成环形运输道路。

2. 整地

整地是沙棘栽培中重要的环节，是提高造林成活率的主要措施。整地要求深翻不少于 30 cm，打碎土块，耙平土表，以秋季整地为宜，便于蓄存积雪。

对于没有沙壤土选择的条件，就要尽量避开山洪冲刷和盐碱过重地段。由于土地坚硬、干燥，需要先机械开沟，接着滴灌后再挖坑植树。这样省工且因湿土封根，沙棘造林后成活率高。

3. 苗木选择与处理

使用沙棘苗木应选择无病态特征、主干和根部无损伤的 1 年生硬枝扦插或 2 年生嫩枝扦插无性系苗。随起随载，保持苗根新鲜，并使根系上的根瘤尽量保持完整。

有条件的情况下，用 50 mg/kg 的"ABT 生根粉"浸泡 2～4 h，对于有些失水的苗木要用清水浸泡 4～6 h，然后定植。

4. 种植

一般株行距为（1.5～2 m）×（3～4 m）。为了机械化采摘，平坦地区可以做到株行距为 2 m×4 m。

主栽与授粉品种的比例为 8：1，可用"梅花桩式"配置，即 2 行雌株夹 1 行雌雄皆有行，雌雄皆有行为每两雌株夹一雄株；或用"行列式"配置，即每 8 行雌株，隔 1 行雄株。

栽植应在春季发芽或晚秋土壤结冻前 10～20 天内进行。栽时要"三踏二提"，注意栽正扶直，使根系舒展。

5. 整形修剪

沙棘定植后到结果前，树冠一般不修剪，只对单茎植株进行短截。由于目前尚没有沙棘机械采摘机，结果初期，对于灌丛状的植株，只对下部修剪，使林地通风透光；对于主干型植株的修剪，主要是调整主干枝生长势，可以培养 2～3 层主枝（类似于疏散分层型），除去死枝、病枝、断枝和枯枝。

修剪时间一般在 10 月上旬即落叶后进行，剪除过密、徒长枝，采用三主枝自由扇形整形，每隔 40 cm 培养 1 个主枝。定植第 3 年，通过摘心促发副梢，留基部副梢重点培养之后，继续延长生长，在其后依次继续培养结果枝组，直到树体丰满为止。

经多年生长已过结果盛期、明显衰退的沙棘园，要对老树进行"高截干更新技术"复壮（图 5-27）。具体办法是将植株地上 0.8 m 以上部分完全剪除，这要根据具体情况而定，主要是在主干上留 3～5 个侧枝，以便更新后能够很快成型。剪枝和疏花可在生长期进行。主干和主枝上的花应该除去，这些花结果后不便于采摘，浪费树的营养。剪枝着重于除去衰弱枝、徒长枝和过多的营养枝。

图 5-27　沙棘老树高截干更新（新疆额敏）

6. 水肥管理

灌水实行"前促、后控、中间足"的原则，4—5 月是营养生长高峰期，6—7 月是生殖高峰期，要在 7 月底前尽量满足供水、供肥需要，促进沙棘植株生长和结果。9 月上旬停水，控制生长，促进新梢成熟老化，增强沙棘植株越冬抗寒性。在新疆，沙棘生育期内有 5 个关键水，应注意管理好。

一是萌芽水。开春后立即浇 1 次水，预防枝条抽干，促进萌芽。

二是营养生长水。萌芽后即展叶、开花以及新梢迅速生长，需要大量的水分，应及时浇水。一般在 4 月上旬和 5 月中旬左右各浇 1 次水。

三是果实生长水。因沙棘不同品种果膨大期不同，早熟品种在 5—6 月，晚熟品种在 7—8 月，果实快速生长时及时浇水。因戈壁滩坚硬，沙棘根系浅，容易干旱，全年需灌水 10～12 次。果实生长后期，即在果实变色至成熟期浇 1 次水，保证果实正常成熟。全年用水量在 150～200 m³。

四是果实采后水。引进品种多为早熟型，7 月采收。果实采后结合秋施基肥浇 1 次水，促进养分转化和根系吸收。

五是越冬水。入冬前 10 月底浇 1 次水，水量要大，以保证度过漫长而干旱的冬季。

施肥时，应坚持以有机肥为主、化肥为辅、微肥调节的原则，在营养诊断的基础上，进行测土配方施肥或平衡施肥。

成龄沙棘每年需要 3 次施肥。核心技术是水肥耦合使用，即滴灌时肥料装入施肥罐，随水滴入，省力、均匀、节约，每次每亩施肥 10 kg 左右，亩年施肥量 30 kg 左右，每株 200～300 g。在施肥时间与各种肥料配备上，开花前以追施氮肥、磷肥为主；果实膨大期和果实变色期以磷肥、钾肥为主。微量元素缺乏的产区，依据缺素症的症状确定追肥的种类以及是否要根外追肥。

7. 病虫害防治

随着戈壁地种植沙棘的开发利用，荒漠害虫也侵入林地。目前危害严重的主要有弧目大蚕蛾、蚜虫等，应以农业防治为基础，提倡生物防治，按照病虫害的发生规律科学使用化学防治技术。化学防治应按国家规定用药，对症下药，适时用药；注重药剂的轮换使用和合理混用；按照规定的浓度、每年使用次数和安全间隔期的要求使用。

在开展沙棘种植较早的北疆荒漠地区，危害沙棘树体的主要害虫是弧目大蚕蛾。弧目大蚕蛾对沙棘的危害时期是在 5 月中上旬，主要是幼虫危害树叶。通过试验运用喷洒"阿维灭幼脲"、5%"敌百虫"粉剂、"苏云金杆菌"可湿性粉剂，均取得了较好效果。具体操作是在 5 月中旬，使用安二型飞机装药"阿维灭幼脲"进行喷雾（图 5-28），因融合了"阿维菌素"以及"灭幼脲"两种农药的优点，防治获得了良好效果。

图 5-28　新疆飞机喷雾防治弧目大蚕蛾

三、引进沙棘困难立地创新种植技术

我国"三北"以及西藏等地区都是较为适宜种植引进沙棘的地区。但是这些地区普遍立地条件较差，特别是有一些沙地、戈壁、砒砂岩等地区，沙棘种植难度很大，在试验研究过程中，通过创新种植技术，才取得了种植成功，得以开展有关试验研究。

（一）砒砂岩区坚硬地表种植工具创新技术

为了解决砒砂岩地区地表坚硬、难以整地以及整地后引进沙棘苗木顺坡下溜等问题，课题组成功研究了专用整地和种植工具，并成功申报了 2 个国家实用新型专利"一种砒砂岩植树锹"（ZL 2018 2 0244263.0）、"一种砒砂岩植树锹头"（ZL 2018 2 0244 365.2），见图 5-29。

图 5-29　两个砒砂岩区整地专利

砒砂岩是一种松散岩层，岩性为砾岩、砂岩及泥岩，交错层理发育，且颜色混杂，通常以紫色、粉红色、黄色、灰绿色、灰白色互层相间而存在，形同"五花肉"。由于其成岩程度低、沙粒间胶结程度差、结构强度低，遇水如泥、遇风成砂，水土流失非常严重，也由于这种岩层自身物理性质、化学性质和当地特殊的自然环境、人文环境，该岩层极易发生风化剥蚀，群众深受其害，视害毒如砒霜，故称其为"砒砂岩"。以往裸露砒砂岩区造林不易成功的原因之一就是栽植深度问题，栽植浅了，苗木容易随碎屑层向坡下滑落。试验表明，栽植深度在 30 cm 以上，让苗木根系处于砒砂岩碎屑层以下的坚硬岩层中，栽种效果非常理想。但是，由于栽种季节的砒砂岩十分坚硬，用一般铁锹和镢头很难挖开。因此，这成为多年来影响砒砂岩地区造林不成林的主要原因。

"一种砒砂岩植树锹"具有在砒砂岩坡面修路、打孔、夯击等多种功用，适用于沙棘等多种树种，较常规工具效率大大提高，种植成活率也随之提升。砒砂岩植树锹包括安装杆、固定连接在安装杆一端的开穴杆以及固定安装在安装杆远离开穴杆一端的开挖板；

开挖板垂直固定连接在安装杆的周向且开挖板与安装杆的端部具有间距，间距形成圆柱状的砸实头；开穴杆呈一端打成尖头的尖杆，开穴杆打成尖头的另一端固定连接在安装杆上，且开穴杆与安装杆形成直线状，安装杆上固设有外螺纹，外螺纹上螺纹连接有防护套。在组成配件中，开穴杆能进行开穴松土，开挖板能够将松散的土挖出，砸实头能够在种植完毕后对土进行砸实，开穴杆上套设有防护套，使得开穴杆不容易划伤人和物品。

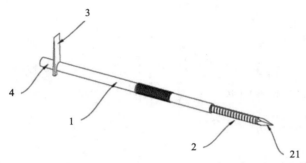

1. 安装杆；2. 开穴杆；21. 尖头；3. 开挖板；4. 砸实头

图 5-30 砒砂岩植树锹结构示意

同时，配套使用实用新型专利申报成功的"锹头"，包括安装杆、固定连接在安装杆一端的开穴杆以及安装在安装杆远离开穴杆一端的开挖板和砸实块；安装杆连接尖杆的另一端开有内螺纹，砸实块为块状螺纹连接在安装杆上，开挖板中部开有让位孔，开挖板套设在砸实块上且通过砸实块与安装杆压紧。开穴杆能进行开穴松土，开挖板能够将松散的土挖出，开挖板可拆卸，便于有效砸实。

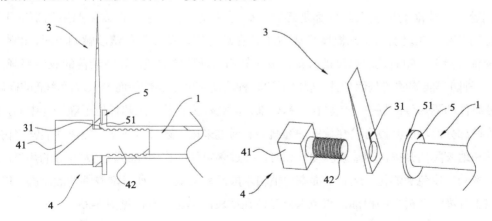

用于体现开挖板的安装剖视图   用于体现限位槽的爆炸图

1. 安装杆；3. 开挖板；31. 限位槽；4. 砸实块；41. 四方块；42. 圆柱块；5. 限位板；51. 限位杆

图 5-31 砒砂岩植树锹头结构示意

（二）戈壁滩、沙地防高温灼伤幼苗防护技术

为了解决戈壁滩、沙地两类荒漠化土地在引进沙棘种植后，由于地表温度过高而对土表接触处的沙棘幼茎造成灼伤，课题组研究成功了 2 项国家实用新型专利"一种防旱防灼的树基保护件"（ZL 2018 2 0244325.8）、"一种沙区树基防护纸"（ZL 2018 2 0244086.6），如图 5-32 所示。

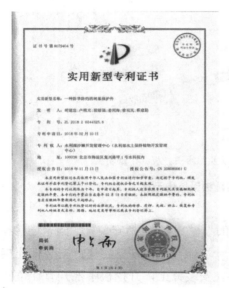

图 5-32　戈壁滩及沙地防止地表灼伤沙棘幼苗的两个专利

戈壁滩、沙地的地表大部分都是碎岩、碎砾层或者沙土层，在太阳照射的情况下温度会急剧升高，在夏季时最高温度可达 70℃。在这种立地条件下种植沙棘幼苗时，幼苗会与地表直接接触，随着地表温度的升高，极容易灼伤幼苗的树皮，导致幼苗的成活率降低。

"一种防旱防灼的树基保护件"解决了沙区种植幼苗因地表灼伤而导致成活率低的问题，包含灌溉件和隔热件；隔热件包裹在树基外部，灌溉件为管状，隔热件位于灌溉件中间，灌溉件管壁部分沿轴向开设有贯穿管壁的灌溉腔。通过采用上述技术方案，隔热件能够将树木的树基和地表隔离开来，当地表温度升高时，通过隔热件的作用能够隔绝大部分的热量，以保护树木的树皮免被灼伤，达到了提高种植树木成活率的效果；通过灌溉件的灌溉腔，能够直接将水分灌溉至树木的根部，避免水分停留在地表而迅速蒸发，见图 5-33。

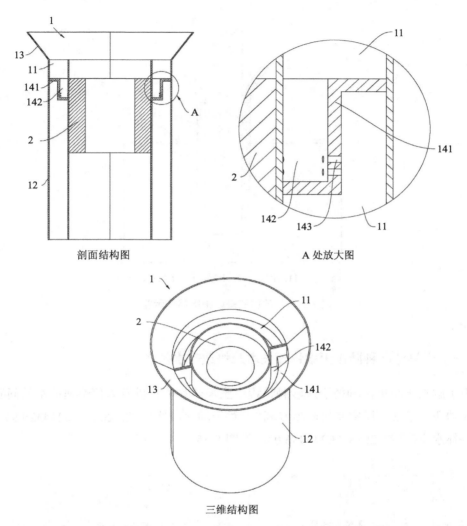

剖面结构图　　　　　　　　　　　　　　A 处放大图

三维结构图

1. 灌溉件；11. 灌溉腔；12. 子灌溉件；13. 雨水收集板；141. 挡板；142. 溢流槽；143. 溢流孔；2. 隔热件

图 5-33　防旱防灼的树基保护件结构示意

　　"一种沙区树基防护纸"实用新型专利，即将树基防灼纸包裹在沙区树木的树基处，用于保护沙区树木的树基，包含可降解的隔热层。隔热层包括从上往下依次设置的上层和中层，上层和中层互相平行且平齐，上层和中层的吸水保湿性能依次升高。通过采用上述技术方案，隔热层能够将树木的树基和地表隔离开来，当地表温度升高时，通过隔热层的作用能够隔绝大部分的热量，以保护树木的树皮免被灼伤；在下雨时，中层能够吸收一部分雨水，供蒸发降温使用，进一步降低树木树基处的温度，防止被灼伤；同时，使用可降解材料制成的隔热层，在树木长大的同时也会降解，不会限制和影响树木的生长，见图 5-34。

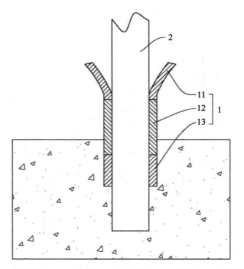

1. 隔热层；11. 上层；12. 中层；13. 下层；2. 树木

图 5-34　沙区树基防护纸结构示意

（三）干旱地区种防止土壤快速失水及快速补水技术

为了解决干旱地区种植引进沙棘过程中土壤容易失水以及如何快速补水的问题，课题组成功研究了 2 个国家实用新型专利"一种土壤盛放器"（ZL 2018 2 0244329.9）和"一种自动补水盒"（ZL 2018 2 0243936.0），见图 5-35。

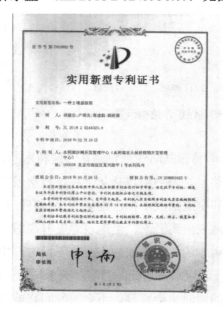

图 5-35　干旱地区防止苗木失水和快速补水的两个专利

传统的整地造林技术强调两个方面，一是提前一年秋季整地，二是当年"表土还原"。其中"表土还原"即将肥力较好的表土回填于根系周遭；而将肥力较差的心土覆于植物根际上面的地表层，以便进一步熟化。就"表土还原"来看，在黄土高原地区，由于黄土的均一性，表土、心土的肥力之间相差不大，肥力对造林的影响不大，反而水分才是位列第一的首要因素。事实上，心土层的土壤含水量一般比表土层高出 5 个百分点以上。将干燥的表土堆于植物根际，是黄土高原地区造林成活率低的重要原因之一，同时人为将表土和心土区分开的方式较为烦琐，影响工程效率。

针对现有技术存在的不足，"一种土壤盛放器"就是提供一种土壤盛放箱，能够自动将表土和心土区分开，将土壤含水率高的心土及时回填至根际，而将较干的表土继续放置于上层，即"原土归位"。土壤盛放箱包括箱体，所述箱体内设置有隔板，隔板竖直设置且将所述箱体分隔为第一腔室和第二腔室，隔板高度低于箱体高度，箱体上部设置有导板，导板一端与箱体远离第二腔室一侧的侧板顶端固定连接，另一端位于第二腔室上方，箱体与隔板相接的两侧壁分别与导板两侧边固定连接。箱体远离第二腔室一侧设置有出料口，所述出料口上设置有封闭门。采用上述技术方案进行种植挖坑时将土壤倒入土壤盛放箱内，先挖出的表土在导板的导向下滑入第二腔室内，当第二腔室填满时继续倒入的土壤（心土）会自第二腔室上端滑落至第一腔室内，通过此种方法可方便地将表土和心土区分开；回填时，可分别从箱体上方和出料口倒出第一腔室和第二腔室内的土壤。土壤盛放箱具有结构简单、表土和心土区分方便的优点，适用于实际应用，见图 5-36。

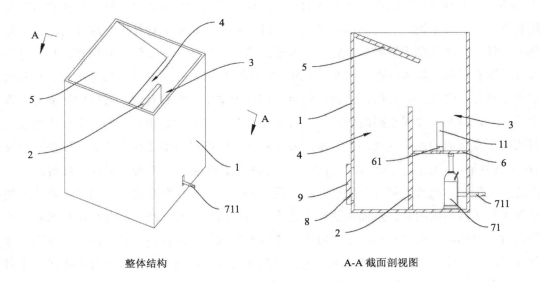

整体结构　　　　　　　　　　　　　　A-A 截面剖视图

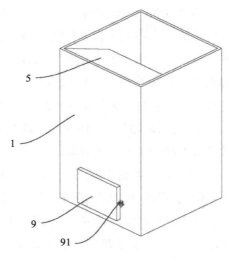

封闭门的结构示意图

1. 箱体；11. 滑槽；2. 隔板；3. 第一腔室；4. 第二腔室；5. 导板；6. 调整板；61. 滑块；

71. 手动液压缸；711. 操作杆；8. 出料口；9. 封闭门；91. 插销

图 5-36   土壤盛放器结构示意

　　针对沙棘种植根际周围土壤环境的水分不足，容易导致幼苗缺水干枯，同时一些地区环境较为恶劣，设置浇水设施和人为浇水都较为困难，常出现幼苗种植后无法进行补水的情况，易导致沙棘幼苗成活率低的情况，课题组成功研制的"一种自动补水盒"实用新型专利，在于提供一种幼苗保护装置，能够自动对幼苗进行补水。这种自动补水盒包括盒体，盒体底部设置有导水管，导水管远离一端封闭，导水管上开设有针孔，盒体上端设置有顶盖，盒体内灌注有水，水面距离顶盖 3～5 cm。采用上述技术方案，盒体内的水可自导水管的针孔处缓慢渗透至幼苗周围的土壤中，起到对幼苗进行持续浇灌的作用，并且，将水面设置在距离顶盖 3～5 cm 的位置，当外界温度较高时，盒体内的空气膨胀挤压盒体内的水，从而加快补水速度，防止高温情况下幼苗缺水枯萎；顶盖下侧设置有弹性挡片，顶盖位于挡片上方的位置开设有气压平衡孔，当外界温度较高时，盒体内的空气膨胀，挡片可挡住气压平衡孔，避免空气自气压平衡孔逸出。同时，盒体内的空气可挤压盒体内的水，从而加快补水速度；当自动补水盒在经过高温快速补水后气温降低时，盒体内的空气收缩，压力减小，空气可自气压平衡孔进入盒体内，从而平衡盒体内气压，防止盒内气压较低导致导水管不易排出水分；顶盖上方设置有承接环，当自动补水盒放置区域出现降雨时，承接环可起到承接雨水、将雨水汇聚至顶盖上方的作用，顶盖上方的雨水可自气压平衡孔进入盒体内部补充盒体内的水量，见图 5-37。

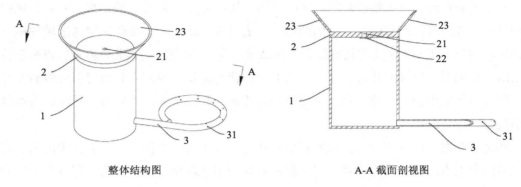

整体结构图 　　　　　　　　　　　　 A-A 截面剖视图

1. 盒体；2. 顶盖；21. 气压平衡孔；22. 挡片；23. 承接环；3. 导水管；31. 针孔

图 5-37　自动补水盒结构示意

第四节　引进沙棘推广应用前景分析

虽然我国适宜中国沙棘种植的区域很广，但是适合于俄罗斯引进沙棘品种的种植区域却是较为有限的。通过多年来多次沙棘引种后的试验成果来看，内蒙古—辽宁应该是其适宜种植的南界，以北水分条件较好的地区是引进沙棘无性系的重点推广区域。

一、引种区域分析

结合我国多年来开展的不同阶段、不同区域的沙棘引进试验结果，从推广应用前景来看，目前全国适宜种植引进沙棘的地区可以分为 4 大类型：

一是最有前途引种大果沙棘的地区：新疆。从引种 3 个阶段试验结果来看，该区引进沙棘适应性最强，产量最高，品质最好，口味独特，可结合当地退耕还林工程、产业结构调整（如压缩枣等种植面积）等开展实施。引种试验地主要位于河滩地，但一些阶地也应是其适宜地类。新疆南、北疆应尽快扩大引进沙棘规模化良种繁育基地，生产大量的优质苗木，用于区域内沙棘工业原料林基地建设。甘肃河西走廊、内蒙古和宁夏河套地区可参照执行。西藏具备灌溉条件的河滩地等可以借鉴试验后，再小规模推广。

二是很有前途引种大果沙棘的地区：黑龙江。从引种 3 个阶段试验结果来看，该区引进沙棘适应性强，产量高，可结合小流域综合治理工程、退耕还林工程、森工产业结构调整等组织实施。引种试验地位于平原，可能更适宜在缓坡丘陵岗地区栽培（尚需要试验）。黑龙江应尽快扩大引进沙棘规模化良种繁育基地，生产大量的优质苗木，用于区域内沙棘工业原料林基地建设。吉林、辽宁中北部可参照执行。

　　三是较有前途引种大果沙棘的地区：辽西。从引种 3 个阶段试验结果来看，该区引进沙棘适应性较强，产量较高，可因地制宜，通过建立地区龙头企业来拉动区域种植。引种试验地位于川地，可能也适宜低丘地区栽培（尚需要试验）。冀北、内蒙古赤峰条件与辽西十分相似，可参照执行。辽西、冀北、内蒙古赤峰等地应充分利用引进沙棘无性系，同时积极运用当地选择育种、杂交育种的优良品种或类型，共同服务于区域内沙棘资源建设。

　　四是需要继续研究探讨的大果沙棘引种地区：黄土高原中部地区。从甘肃庆阳、青海大通两个主点的试验结果来看，引进沙棘表现均不太理想，但两个点又有各自不同的原因。需要选择更多的立地条件、采用更加适宜的手段继续开展试验探索。甘肃庆阳试验地位于坝地，可能更适于塬地栽培（已经开始种植试验）。但总体来看，在黄土高原地区直接利用引进大果沙棘无性系进行资源建设的面积是十分有限的，应在引种基础上重点开展沙棘的良种选育和杂交育种工作，进一步选育出适合这些地区的新品种来，用于区域内工业原料林基地建设。

二、资源供需分析

　　从全球来看，作为一项成熟产业的植物资源面积，其种植规模基本上都是较为稳定的。因为种植面积过大，往往会物贱伤农，甚至毁掉整个产业。引进沙棘的种植面积亦如此。

　　一是沙棘资源面积。全国区划种植引进俄罗斯"第三代"大果沙棘 26 万亩，约占全国沙棘工业原料林规划总种植面积（120 万亩）的 22%，其中第一阶段（2021—2025 年）种植 14 万亩，第二阶段（2026—2030 年）种植 12 万亩。在其后的 20 年间（2030—2050 年），这一面积要保持动态平衡，即通过老龄林抚育或更新的"以新换老"措施，保持总面积基本不变。

　　二是沙棘果实资源量。在未来 10 年（2021—2030 年）全国种植引进俄罗斯"第三代"大果沙棘 26 万亩，年平均可生产沙棘纯鲜果 10 万 t，占全国沙棘工业原料林规划总产量（30 万 t）的 1/3。10 万 t 沙棘果实资源的去向，主要包括单一沙棘综合开发（2 万 t）、沙棘与其他果品的复合果汁开发（2 万 t）、沙棘果鲜食（3 万 t）和沙棘冻果出口（3 万 t）4 个方面。

　　三是沙棘叶资源量。粗略匡算，全国引进俄罗斯"第三代"大果沙棘种植面积 26 万亩，按"201306"（雄株）的推广面积 3 万亩计，年可提供鲜叶 2 万 t，其中用于茶叶等保健品开发和饲料开发的原料各占一半比例。

　　适度的资源面积（26 万亩）、稳定的产量（10 万 t 果实、2 万 t 叶）、优质的原料（富含油脂和黄酮等）等，将有效缓解我国许多沙棘企业面临的原料难问题，增加沙棘企业的活力，创造出可观的绿色 GDP，同时可提供全新食材，让口感好的引进沙棘走向超市、餐桌，服务于社会大众需求，丰富人民群众生活，共同致力于我国生态文明建设事业。

※※※※※※※※※※※※※※※※※※※※※※※※※※※※※※※※※

　　沙棘引种是一项科学性、系统性很强的工作。为了避免盲目性，提高成功率，引种试验研究采取长期试验、逐步推广的原则，遵循引种—初选试验—区域性试验—生产性试验—验收（成果评价）的程序，开展了整整 8 年（2013—2020 年）工作，下一步品种审定后将在全国适宜区域推广种植。虽然大部分引进沙棘无性系在大部分试点开展了系统的试验工作，但部分引进品种还需要在一些试点继续开展试验工作，以确保科学试验成果的可靠性。不过，随着时间的推移，国际社会新的沙棘品种又会陆续产生，旧的品种将逐渐被淘汰，新一轮的沙棘引种工作又会重新开始，周而复始。沙棘引种工作依然是未来解决我国沙棘优质资源缺乏或更新换代的重要举措，意义重大。

参考文献

崔静宇，关小康，杨明达，等. 基于主成分分析的玉米萌发期抗旱性综合评定[J]. 玉米科学. 2019，27
（5）：62-72.

单金友，丁健，吴雨蹊. 东北黑土区俄罗斯第三代沙棘良种适应性初步评价[J]. 国际沙棘研究与开发，
2014，12（4）：5-9.

国际沙棘协会秘书处（ISA），水利部沙棘开发管理中心. 国际沙棘研发新进展—ISA-2018 论文集[M]. 北
京：中国水利水电出版社，2020.

国际沙棘研究培训中心，水利部黄委沙棘办公室. 世界沙棘研究与开发[M]. 北京：中国科学技术出版社，
1997.

国家外国专家局培训中心.大果沙棘引种与栽培（第 2 版）[M]. 北京·广州·上海·西安：世界图书出
版公司，2000.

胡标林，余守武，万勇，等. 东乡普通野生稻全生育期抗旱性鉴定[J]. 作物学报，2007，33（3）：425-432.

胡建忠. 良种沙棘抗逆性的田间评判方法[J]. 国际沙棘研究与开发，2013，11（1）：11-12，20.

胡建忠. 良种沙棘引种后的田间物候期观测[J]. 国际沙棘研究与开发，2012，10（4）：12-14.

胡建忠. 沙棘的生态经济价值及综合开发利用技术[M]. 郑州：黄河水利出版社，2000.

胡建忠. 沙棘工业原料林资源建设与开发利用[M]. 北京：中国环境科学出版集团，2019.

胡建忠. 沙棘引种的三个试验阶段[J]. 国际沙棘研究与开发，2012，10（1）：28-31.

胡建忠. 沙棘引种试验地选择与布局[J]. 国际沙棘研究与开发，2012，10（4）：29-31.

胡建忠. 我国沙棘工业原料林品种介绍[J]. 中国水土保持，2019（1）：彩插及封底（共 5 页）.

胡建忠. 植物引种栽培试验研究方法[M]. 郑州：黄河水利出版社，2002.

胡建忠，金争平，单金有，等. 俄罗斯沙棘良种实生子代适应性初步分析[J]. 国际沙棘研究与开发，2014，
12（4）：1-4.

胡建忠，邸源临，李永海，等. 砒砂岩区沙棘生态控制系统工程及产业化开发[M]. 北京：中国水利水电
出版社，2015.

胡树平，苏治军，于晓芳，等. 玉米自交系抗旱相关性状的主成分分析与模糊聚类[J]. 干旱地区农业研
究. 2016，34（6）：81-88.

黄铨，于倬德. 沙棘研究[M]. 北京：科学出版社，2006.

黄铨. 沙棘育种与栽培[M]. 北京：科学出版社，2007.

焦蓉，刘好宝，刘贯山，等. 论脯氨酸积累与植物抗渗透胁迫[J]. 中国农学通报，2011，27（7）：216-221.

金燕平. 青河县引种大果沙棘气候条件分析[J]. 沙漠与绿洲气象，2012，6（3）：66-69.

李广敏，关军峰. 作物抗旱生理与节水技术研究[M]. 北京：气象出版社，2001.

李霞，阎秀峰，于涛. 水分胁迫对黄檗幼苗保护酶活性及脂质过氧化作用的影响[J]. 应用生态学报，2005，16（12）：2353-2356.

李忠武，蔡强国，唐政洪，等. 作物生产力模型及其应用研究[J]. 应用生态学报，2002，9：1174-1178.

廉永善. 沙棘属植物生物学和化学[M]. 兰州：甘肃科学技术出版社，2000.

罗亚勇，赵学勇，黄迎新，等. 植物水分利用效率及其测定方法研究进展[J]. 中国沙漠，2009，4：648-655.

潘志刚，游应天，等. 中国主要外来树种引种栽培[M]. 北京：北京科学技术出版社，1994.

水利部沙棘开发管理中心. 我国第二阶段一期沙棘育种工作草案（2011—2015年）[J]. 国际沙棘研究与开发，2011，9（1）：8-11.

唐克，单金友，吴雨蹊，等. 引进的沙棘品种实生苗和果实性状研究[J]. 黑龙江农业科学，2018（2）：60-62.

唐克，单金友，吴雨蹊，等. 植物生长调节剂对沙棘硬枝扦插成活率的影响[J]. 黑龙江农业科学，2017（12）：51-52.

唐克. 不同温度条件下沙棘雄株花粉储存时间研究[J]. 中国水土保持，2019（9）：56-57，69.

万里. 植物对水分胁迫的响应[J]. 植物生理学通讯，1981，（5）：55-64.

王宝山. 植物生理学[M]. 北京：科学出版社，2003.

王东健，张伟，张献辉. 荒漠害虫弧目大蚕蛾侵入沙棘林地的初步调查与防治[J]. 国际沙棘研究与开发，2014，12（4）：30-31.

王建华，刘鸿先. 超氧化物歧化酶在植物逆境和衰老生理中的作用[J]. 植物生理学通讯，1989（1）：1-7.

吴雨蹊. 俄罗斯沙棘良种在东北黑土区引种试验[J]. 黑龙江农业科学，2018（3）：69-72.

谢贤健，兰代萍，白景文. 三种野生岩生草本植物的抗旱性综合评价[J]. 草业学报，2009，18（4）：75-80.

徐云刚，詹亚光. 植物抗旱机理及相关基因研究进展[J]. 生物技术通报，2009（2）：11-17.

闫晓玲，胡建忠. 黄土高原沟壑区良种沙棘嫩枝扦插技术试验[J]. 中国水土保持，2018（10）：42-44.

闫晓玲，李垚林，孙耀胜. 黄土高原沟壑区国外沙棘优质资源引种初报[J]. 国际沙棘研究与开发，2014，12（4）：13-16.

闫晓玲，孙耀胜，刘海燕，等. 黄土高原沟壑区俄罗斯第三代沙棘良种适宜性初步评价[J]. 现代农业科技，2015（13）：193-194.

杨伞伞，丁健，阮成江，等. 不同沙棘种质叶和茎的5-羟色胺和香豆素含量比较分析[J]. 黑龙江农业科学，2018（9）：72-75.

弋良朋，马健，李彦. 盐胁迫对3种荒漠盐生植物苗期根系特征及活力的影响[J]. 中国科学，2006，36

（增刊 11）：86-94.

云建英，杨甲定，赵哈林. 干旱和高温对植物光合作用的影响机制研究进展[J]. 西北植物学报，2006，26（3）：641-648.

张东为，戈素芬，豆玉娟，等. 辽宁半干旱区俄罗斯沙棘优质资源引种初步试验[J]. 国际沙棘研究与开发，2014，12（4）：10-12.

张东为，戈素芬，胡建忠，等. 辽西引进俄罗斯大果沙棘适宜性初步评价[J]. 中国水土保持，2019，（11）：69-71.

张东为，王洪江，张海旺. 辽西地区大果沙棘优化繁殖及栽培技术[J]. 水土保持应用技术，2019（6）：14-18.

张莉，续九如. 水分胁迫下刺槐不同无性系生理生化反应的研究[J]. 林业科学，2003，39（4）：162-166.

张林，罗天祥. 植物叶寿命及其相关叶性状的生态学研究进展[J]. 植物生态学报，2004，28（6）：844-852.

赵越，向前胜，孙富林，等. 西宁地区第三代俄罗斯沙棘良种无性系引种初步总结[J]. 国际沙棘研究与开发，2014，12（4）：17-21.

Bray E A. Plant responses to water deficit [J]. Trends Plant Sci.，1997（2）：48-54.

Farquhar G D，O'Leary M H，Berry J A. On the Relationship between Carbon Isotope Discrimination and the Intercellular Carbon Dioxide Concentration in Leaves [J]. Functional Plant Biology，1982（9）：121-137.

Morgan J M. Osmo regulation and water stress in higher plants [J]. Annu. Rev. Plant Physiol.，1984（35）：299-319.

Ogaya R，Peuelas J. Comparative field study of Quercus ilex and Phillyrea latifolia: Photosynthetic response to experimental drought conditions [J]. Environmental and Experimental Botany，2003（50）：137-148.

Padwick G W，Azmatullah K. Notes on Indian fungi Ⅱ [J]. Mycological Papers. 1945（12）：10-11.

Reich P B，Walters M B，Ellsworth D S. Leaf life-span in relation to leaf，plant，and stand characteristics among diverse ecosystems [J]. Ecological Monographs，1992，62（3）：365-392.

Soliman W S，Fujimori M，Tase K，et al. Oxidative stress and physiological damage under prolonged heat stress in C3 grass [J]. Grassland Sci.，2011（57）：101-106.

Szabados L，Savouré A. Proline: a multifunctional amino acid [J]. Trends in Plant Science，2010，15（2）：89-97.

Wright I J，Westoby M. Leaves at low versus high rainfall: coordination of structure，lifespan and physiology [J]. New Phytologist，2002（155）：403-416.

附表

附表 1-1 引进沙棘果实含油率和含籽率（种植第 3 年）

取样地点	品种编号	含水率	鲜果含油率	干果含油率	鲜果含籽率
辽宁朝阳	201301	81.5	0.9	5.0	8.9
辽宁朝阳	201302	70.4	1.1	3.8	8.2
辽宁朝阳	201304	67.6	1.0	3.2	11.9
辽宁朝阳	201305	75.3	1.6	6.6	8.6
辽宁朝阳	201308	76.1	1.4	5.7	5.4
辽宁朝阳	201309	79.6	1.0	5.0	7.7
新疆额敏	201301	76.1	1.3	5.3	6.5
新疆额敏	201302	68.9	1.1	3.4	6.2
新疆额敏	201303	71.6	2.1	7.5	7.5
新疆额敏	201304	75.7	2.6	10.6	7.7
新疆额敏	201305	76.8	2.8	12.0	7.3
新疆额敏	201307	80.2	0.7	3.5	6.5
新疆额敏	201308	80.6	2.8	14.5	5.4
新疆额敏	201309	69.6	1.2	4.0	5.7
新疆额敏	201311	78.7	2.3	10.9	5.7
新疆额敏	201312	77.7	2.2	10.0	8.6
新疆额敏	201314	73.2	2.5	9.5	7.9
新疆额敏	201316	78.0	3.6	16.5	7.6

取样地点	品种编号	含水率	鲜果含油率	干果含油率	鲜果含籽率
新疆额敏	201317	79.1	3.4	16.4	7.4
新疆额敏	201318	78.5	3.3	15.5	8.2
新疆额敏	201320	80.4	3.2	16.2	7.6
新疆额敏	201321	80.8	1.9	9.9	7.8
新疆额敏	201322	82.3	4.4	25.0	6.5
黑龙江绥棱	201301	79.8	1.6	7.9	8.2
黑龙江绥棱	201302	80.0	2.0	9.8	8.1
黑龙江绥棱	201303	81.9	3.0	16.5	11.2
黑龙江绥棱	201304	83.0	2.1	12.2	9.2
黑龙江绥棱	201305	78.7	2.1	9.9	8.4
黑龙江绥棱	201307	70.8	1.3	4.6	8.9
黑龙江绥棱	201308	80.8	2.5	12.8	6.9
黑龙江绥棱	201309	81.6	1.6	8.9	7.6
黑龙江绥棱	201310	82.5	1.8	10.2	8.4
黑龙江绥棱	201311	83.5	2.7	16.1	8.9
黑龙江绥棱	201312	84.5	2.2	13.9	7.5
黑龙江绥棱	201313	80.3	2.0	10.1	10.3
黑龙江绥棱	201314	81.8	2.4	13.0	7.7
黑龙江绥棱	201315	82.8	1.8	10.3	8.0
黑龙江绥棱	201316	79.6	1.6	7.6	10.0
黑龙江绥棱	201317	83.5	2.8	16.8	8.2
黑龙江绥棱	201318	81.5	2.3	12.3	8.8
黑龙江绥棱	201319	77.1	1.1	5.0	9.3
黑龙江绥棱	201320	82.0	2.8	15.3	9.8
黑龙江绥棱	201321	82.5	3.0	17.0	8.4
黑龙江绥棱	201322	81.6	3.3	18.0	9.5

附表 1-2　引进沙棘鲜全果中黄酮化合物含量（种植第 3 年）

单位：mg/100 g

取样地点	品种编号	异鼠李素 3-O-葡萄糖苷-7-O-鼠李糖苷	槲皮素 3-O-芸香糖苷	槲皮素 3-O-葡萄糖苷	异鼠李素 3-O-芸香糖苷	异鼠李素 3-O-葡萄糖苷	槲皮素	异鼠李素
辽宁朝阳	201301	99.9	138.5	69.3	303.9	118.4	24.6	33.2
辽宁朝阳	201302	105.6	218.2	221.4	781.9	246.6	10.5	22.5
辽宁朝阳	201304	125	13.6	68.4	24.4	158.2	91.3	230.2
辽宁朝阳	201305	63.7	2.5	58.8	5.2	128.7	35.4	82.5
辽宁朝阳	201308	46.8	30.7	59.2	62.1	66.3	127.1	220.5
辽宁朝阳	201309	47.7	13.6	65.5	7.1	50.1	73.4	68.5
新疆额敏	201301	64.6	542.1	267.4	863.9	168.8	31.9	52.3
新疆额敏	201302	62.2	160.8	239.2	542.6	333.9	13.9	76.8
新疆额敏	201303	72.7	2.1	48.7	3.2	145.1	47.9	182.4
新疆额敏	201304	93.4	1.5	35.3	3.2	119.3	34.7	118.3
新疆额敏	201305	133.1	22.1	125.8	83.4	310.3	23.4	141.9
新疆额敏	201307	75.8	2.1	76.1	2.8	180.6	108.4	280.6
新疆额敏	201308	49.3	4.2	37.5	4.3	87.6	43.3	70.6
新疆额敏	201309	38.1	19.5	20.6	1.4	46.5	54.9	93
新疆额敏	201311	36.7	2.3	55.4	1.1	122.5	54.3	98.1
新疆额敏	201312	64.3	2.2	33.1	1.1	70.6	63.4	148.5
新疆额敏	201314	52.5	0.9	27.5	2.1	114.3	21.2	99.7
新疆额敏	201316	121.8	379.2	236.7	897.3	259.1	131.8	198.6
新疆额敏	201317	83.9	1.3	28.7	3	138.1	153.3	414.2
新疆额敏	201318	55.4	28	60.3	2.6	39.1	60.6	61.2
新疆额敏	201320	16.8	14.7	11.9	14.9	15.9	24.7	39
新疆额敏	201321	43.5	33.2	44.9	9.8	35.9	77.9	66.9

取样地点	品种编号	异鼠李素 3-O-葡萄糖苷-7-O-鼠李糖苷	槲皮素 3-O-芸香糖苷	槲皮素 3-O-葡萄糖苷	异鼠李素 3-O-芸香糖苷	异鼠李素 3-O-葡萄糖苷	槲皮素	异鼠李素
新疆额敏	201322	46.5	16.1	150.3	14.8	247.3	106.9	260
黑龙江绥棱	201301	50.2	3.1	77.2	2.7	91.9	323.7	351.2
黑龙江绥棱	201302	79.6	4.8	42.7	1.1	81.9	159.6	148.3
黑龙江绥棱	201303	42.6	4.9	16.9	8.3	54.8	85.9	145
黑龙江绥棱	201304	113.8	3.6	102.4	5.2	229.8	146.3	297.3
黑龙江绥棱	201305	82.3	2.9	56	4.3	155.7	236.5	379.9
黑龙江绥棱	201307	81.1	4.6	75.3	5.1	148.8	152.5	181
黑龙江绥棱	201308	68.6	4.8	102.6	9	130.3	229.1	328.6
黑龙江绥棱	201309	51.2	2.5	71	2.4	47.2	131.3	120.3
黑龙江绥棱	201310	169.2	2.6	28.7	3	91.2	75	113.5
黑龙江绥棱	201311	113.9	5.6	52.7	6.9	69.4	167.3	148.2
黑龙江绥棱	201312	168.6	1.7	86.1	1.5	243.8	105.5	302.3
黑龙江绥棱	201313	83.5	5.4	32.7	6.2	69.3	106	218.6
黑龙江绥棱	201314	84	48.7	127.4	179.8	181.9	70.8	260.1
黑龙江绥棱	201315	42.6	6.5	96.3	3.3	186.4	142.1	359.3
黑龙江绥棱	201316	84.5	7.2	66.7	6.4	98.4	119.1	207.1
黑龙江绥棱	201317	104.9	4.7	113.3	6	117.2	246.4	336.9
黑龙江绥棱	201318	230.6	26	131.4	36.4	70.2	50.3	72.5
黑龙江绥棱	201319	88.9	2.4	170.4	3.8	341.8	162.7	279
黑龙江绥棱	201320	40.2	2.6	92.7	2.7	63.9	380.8	319.8
黑龙江绥棱	201321	128.1	1.9	64.2	3.2	170.9	120.3	395
黑龙江绥棱	201322	65.6	5.7	41.1	7	83.3	100.4	33.2

附表 1-3　引进沙棘鲜果果肉中黄酮化合物含量（种植第 3 年）

单位：mg/100 g

取样地点	品种编号	异鼠李素 3-O-葡萄糖苷-7-O-鼠李糖苷	槲皮素 3-O-芸香糖苷	槲皮素 3-O-葡萄糖苷	异鼠李素 3-O-芸香糖苷	异鼠李素 3-O-葡萄糖苷	槲皮素	异鼠李素
辽宁朝阳	201301	55.7	134.4	71.2	306.4	121.2	23.5	34.0
辽宁朝阳	201302	97.1	223.5	228.5	807.7	254.7	10.0	23.4
辽宁朝阳	201304	114.7	9.9	70.6	20.8	164.7	95.4	241.3
辽宁朝阳	201305	48.9	—	60.3	—	132.1	36.3	85.1
辽宁朝阳	201308	39.3	29.7	60.2	61.3	65.9	129.9	225.5
辽宁朝阳	201309	38.4	12.5	67.4	6.3	51.5	75.8	70.7
新疆额敏	201301	53.4	546.7	271.0	873.1	171.8	31.7	53.8
新疆额敏	201302	50.9	162.0	244.5	552.7	341.7	13.6	78.7
新疆额敏	201303	66.6	—	49.9	—	149.4	49.3	188.5
新疆额敏	201304	90.8	—	35.9	—	122.4	35.5	122.2
新疆额敏	201305	132.2	21.5	128.9	82.5	318.8	23.7	146.2
新疆额敏	201307	67.5	—	77.7	—	185.4	110.8	288.3
新疆额敏	201308	29.7	—	37.6	—	89.1	43.4	72.0
新疆额敏	201309	33.0	18.9	20.6	—	47.3	56.1	95.1
新疆额敏	201311	28.1	—	56.7	—	125.2	55.3	100.4
新疆额敏	201312	56.0	—	33.7	—	72.7	65.3	153.2
新疆额敏	201314	50.8	—	28.0	—	117.6	21.7	103.0
新疆额敏	201316	121.9	389.5	243.8	922.9	266.9	136.0	205.2
新疆额敏	201317	79.6	—	28.5	—	140.9	157.6	425.4
新疆额敏	201318	50.2	26.0	61.9	—	40.2	62.1	63.4
新疆额敏	201320	12.7	14.0	11.8	13.9	16.2	25.3	39.8
新疆额敏	201321	35.5	29.7	45.4	5.3	36.7	79.6	69.1

取样地点	品种编号	异鼠李素 3-O-葡萄糖苷-7-O-鼠李糖苷	槲皮素 3-O-芸香糖苷	槲皮素 3-O-葡萄糖苷	异鼠李素 3-O-芸香糖苷	异鼠李素 3-O-葡萄糖苷	槲皮素	异鼠李素
新疆额敏	201322	41.3	14.3	153.4	10.9	253.3	109.7	267.1
黑龙江绥棱	201301	42.1	—	79.3	—	95.0	335.5	364.3
黑龙江绥棱	201302	52.9	—	43.7	—	84.4	164.3	153.0
黑龙江绥棱	201303	17.8	—	15.7	—	55.2	89.2	149.9
黑龙江绥棱	201304	106.9	—	105.0	—	236.7	151.5	307.5
黑龙江绥棱	201305	70.2	—	57.7	—	160.4	244.7	392.9
黑龙江绥棱	201307	60.9	—	78.1	—	154.2	157.9	188.6
黑龙江绥棱	201308	42.9	—	105.0	—	133.3	234.6	337.4
黑龙江绥棱	201309	36.4	—	73.1	—	48.9	135.4	124.2
黑龙江绥棱	201310	160.4	—	28.9	—	93.9	76.5	116.8
黑龙江绥棱	201311	89.2	—	52.9	—	71.4	171.5	152.8
黑龙江绥棱	201312	167.0	—	88.2	—	250.5	107.9	310.6
黑龙江绥棱	201313	58.5	—	33.8	—	71.8	109.1	227.9
黑龙江绥棱	201314	67.8	45.8	131.4	181.5	187.6	72.2	268.8
黑龙江绥棱	201315	11.1	—	99.4	—	192.4	145.2	371.6
黑龙江绥棱	201316	58.4	—	68.4	—	101.3	121.9	214.5
黑龙江绥棱	201317	91.9	—	116.3	—	120.6	253.9	347.7
黑龙江绥棱	201318	227.1	24.5	136.2	37.8	70.3	51.1	75.4
黑龙江绥棱	201319	80.9	—	176.2	—	354.2	168.7	289.4
黑龙江绥棱	201320	29.2	—	96.0	—	66.6	395.7	332.6
黑龙江绥棱	201321	120.9	—	65.9	—	176.3	123.5	407.8
黑龙江绥棱	201322	27.4	—	42.7	—	86.0	102.1	142.8

附表 1-4 引进沙棘鲜籽中黄酮化合物含量（种植第 3 年）

单位：mg/100 g

取样地点	品种编号	异鼠李素 3-O-葡萄糖糖苷-7-O-鼠李糖苷	槲皮素 3-O-芸香糖苷	槲皮素 3-O-葡萄糖苷	异鼠李素 3-O-芸香糖苷	异鼠李素 3-O-葡萄糖苷	槲皮素	异鼠李素
辽宁朝阳	201301	1219.8	243.3	20.3	240.5	47.5	52.0	13.0
辽宁朝阳	201302	328.4	77.6	34.3	101.5	32.8	23.8	—
辽宁朝阳	201304	336.6	90.2	21.9	98.9	23.5	6.8	—
辽宁朝阳	201305	492.4	75.9	14.9	155.1	29.7	9.1	9.3
辽宁朝阳	201308	369.5	71.8	16.9	96.2	80.5	10.3	7.1
辽宁朝阳	201309	309.2	46.0	11.6	32.2	11.0	8.2	6.6
新疆额敏	201301	464.0	379.0	137.8	538.8	61.8	39.1	—
新疆额敏	201302	505.4	112.4	32.3	144.3	25.3	25.1	—
新疆额敏	201303	254.3	64.0	12.9	100.0	18.7	8.3	—
新疆额敏	201304	172.6	47.4	17.5	101.8	26.8	11.3	—
新疆额敏	201305	163.9	44.2	23.5	115.3	27.7	13.1	—
新疆额敏	201307	359.6	74.2	22.4	96.6	18.1	26.0	18.1
新疆额敏	201308	888.3	185.0	33.5	187.1	21.5	39.4	10.8
新疆额敏	201309	235.9	41.7	20.6	55.1	14.3	8.6	10.4
新疆额敏	201311	398.8	100.6	—	47.1	9.3	11.5	—
新疆额敏	201312	284.6	59.8	17.6	30.9	13.8	12.4	21.4
新疆额敏	201314	106.0	28.7	13.0	65.1	14.6	6.6	—
新疆额敏	201316	118.5	69.5	22.4	123.2	21.2	7.4	—
新疆额敏	201317	229.8	46.2	37.6	103.8	46.3	6.5	36.2
新疆额敏	201318	199.7	83.0	16.7	75.6	6.9	17.6	—
新疆额敏	201320	146.9	35.5	17.7	46.6	6.5	6.1	14.5
新疆额敏	201321	282.6	136.9	31.3	143.1	13.8	27.0	—

取样地点	品种编号	异鼠李素 3-O-葡萄糖苷-7-O-鼠李糖苷	槲皮素 3-O-芸香糖苷	槲皮素 3-O-葡萄糖苷	异鼠李素 3-O-芸香糖苷	异鼠李素 3-O-葡萄糖苷	槲皮素	异鼠李素
新疆额敏	201322	230.6	78.9	39.7	151.7	37.2	9.1	7.9
黑龙江绥棱	201301	258.8	83.9	21.9	72.3	11.1	17.2	10.7
黑龙江绥棱	201302	831.6	140.4	16.3	33.3	11.8	27.7	17.1
黑龙江绥棱	201303	564.2	107.7	41.6	183.1	46.8	17.4	41.1
黑龙江绥棱	201304	297.0	100.2	33.7	144.0	48.1	10.7	25.0
黑龙江绥棱	201305	415.9	84.1	11.1	123.2	26.1	11.5	23.5
黑龙江绥棱	201307	560.7	113.6	9.4	125.4	21.8	25.2	—
黑龙江绥棱	201308	1004.7	180.0	14.6	338.0	20.3	27.9	10.2
黑龙江绥棱	201309	473.4	73.6	11.1	70.1	—	15.5	9.3
黑龙江绥棱	201310	429.7	79.7	22.1	91.1	10.2	29.9	15.8
黑龙江绥棱	201311	800.1	161.4	45.1	197.4	16.1	48.4	20.7
黑龙江绥棱	201312	224.7	59.6	18.5	50.5	22.8	25.6	24.8
黑龙江绥棱	201313	630.7	122.7	9.9	142.7	13.5	38.0	15.5
黑龙江绥棱	201314	545.2	130.8	15.7	133.4	19.7	29.2	13.7
黑龙江绥棱	201315	942.1	191.0	6.5	97.6	14.7	54.5	8.9
黑龙江绥棱	201316	732.0	186.2	25.6	164.7	24.3	50.3	24.2
黑龙江绥棱	201317	485.0	142.7	24.7	181.4	15.5	25.3	22.4
黑龙江绥棱	201318	317.0	64.4	11.2	—	68.2	28.3	—
黑龙江绥棱	201319	291.9	64.9	21.9	101.7	26.7	9.2	11.9
黑龙江绥棱	201320	307.7	66.0	12.7	68.8	—	20.3	8.5
黑龙江绥棱	201321	337.1	56.3	13.9	95.6	15.5	27.0	28.3
黑龙江绥棱	201322	1034.3	151.0	—	185.4	14.1	58.6	41.3

附表 1-5　引进沙棘鲜全果中糖酸醇等化合物含量（种植第 3 年）

单位：mg/100 g

取样地点	品种编号	蔗糖	葡萄糖	果糖	苹果酸	柠檬酸	奎宁酸	白雀木醇	甲基肌醇	肌醇
辽宁朝阳	201301	14.4	1 588.9	877.6	534.5	4.9	1 174.7	80.5	10.0	7.2
辽宁朝阳	201302	5.0	2 308.8	967.4	580.5	8.3	2 162.8	212.3	28.0	22.4
辽宁朝阳	201304	14.1	1 880.7	666.1	1 030.0	13.4	2 872.5	179.9	44.8	42.0
辽宁朝阳	201305	20.0	1 733.5	1 006.1	838.1	19.1	1 424.5	112.1	24.5	32.3
辽宁朝阳	201308	3.4	605.3	168.7	506.2	4.9	2 004.4	79.8	26.6	14.0
辽宁朝阳	201309	2.9	1 925.7	1 221.3	929.3	14.3	1 390.9	109.4	33.0	27.4
新疆额敏	201301	17.2	2 601.1	1 343.9	337.0	8.2	701.3	124.5	10.0	14.7
新疆额敏	201302	8.9	3 059.3	545.7	227.4	—	783.6	85.1	17.0	20.4
新疆额敏	201303	10.5	2 416.3	571.0	550.0	10.0	1 185.5	96.6	33.3	25.2
新疆额敏	201304	10.3	2 776.7	716.4	626.9	16.4	1 414.0	135.3	43.3	34.7
新疆额敏	201305	6.9	2 945.8	953.0	759.2	18.5	1 133.1	123.9	33.5	34.2
新疆额敏	201307	4.2	3 457.3	1 811.6	373.3	23.8	1 213.7	150.0	20.4	18.8
新疆额敏	201308	13.6	3 675.6	574.5	275.4	12.0	960.7	107.4	24.2	28.7
新疆额敏	201309	7.6	2 876.4	1 479.2	481.0	25.7	973.9	130.9	34.5	32.7
新疆额敏	201311	4.5	3 568.5	537.2	278.8	5.9	1 013.5	146.8	22.8	26.0
新疆额敏	201312	14.6	3 131.3	493.4	480.2	5.7	1 201.7	183.4	43.9	17.8
新疆额敏	201314	2.4	2 348.9	1 136.9	877.7	16.2	790.4	153.0	25.2	30.8
新疆额敏	201316	3.5	1 703.0	296.8	741.3	8.4	1 406.3	154.3	18.2	17.7
新疆额敏	201317	4.3	2 701.8	1 212.7	788.4	17.5	875.5	118.1	26.8	37.7
新疆额敏	201318	2.5	2 989.5	581.5	970.0	14.0	1 396.9	163.3	25.4	51.3
新疆额敏	201320	10.1	2 405.4	733.7	595.8	5.9	1 297.5	141.3	36.0	21.4
新疆额敏	201321	12.3	2 539.3	643.7	790.6	22.4	1 254.3	136.0	23.0	46.0

取样地点	品种编号	蔗糖	葡萄糖	果糖	苹果酸	柠檬酸	奎宁酸	白雀木醇	甲基肌醇	肌醇
新疆额敏	201322	6.0	2 066.2	169.0	692.4	1.8	1 342.8	75.3	18.9	33.6
黑龙江绥棱	201301	3.0	1 897.9	1 016.5	786.7	21.0	1 551.1	126.1	14.3	15.3
黑龙江绥棱	201302	5.8	1 541.6	522.8	448.8	14.0	1 903.1	104.6	22.3	27.2
黑龙江绥棱	201303	12.1	1 190.3	997.5	668.4	14.5	852.4	94.6	29.5	12.2
黑龙江绥棱	201304	5.9	1 824.6	558.3	742.3	15.8	2 521.2	120.2	31.0	32.7
黑龙江绥棱	201305	7.0	1 376.7	731.2	669.1	13.4	1 203.8	71.0	16.5	24.5
黑龙江绥棱	201307	7.6	2 382.9	1 290.6	709.4	17.7	1 651.3	119.1	18.7	13.5
黑龙江绥棱	201308	11.7	689.7	276.0	761.4	5.0	2 671.0	132.5	26.2	15.8
黑龙江绥棱	201309	5.8	1 781.4	1 281.7	1 081.7	11.5	1 409.9	117.2	39.5	27.5
黑龙江绥棱	201310	1.7	2 234.6	690.6	938.8	6.7	1 309.0	140.1	13.4	24.2
黑龙江绥棱	201311	8.7	1 787.1	1 482.6	585.7	23.5	1 158.3	81.9	15.7	21.9
黑龙江绥棱	201312	0.4	2 566.4	844.4	520.8	7.9	1 852.3	98.2	21.0	30.5
黑龙江绥棱	201313	14.4	1 411.1	268.1	584.3	9.8	2 438.3	96.4	16.6	47.2
黑龙江绥棱	201314	19.2	724.3	162.5	802.2	2.4	2 127.2	58.3	11.6	19.0
黑龙江绥棱	201315	8.5	1 624.5	1 168.9	807.7	9.8	2 522.5	85.9	18.5	34.7
黑龙江绥棱	201316	31.5	1 186.7	366.9	941.8	3.8	2 408.6	84.6	18.4	18.1
黑龙江绥棱	201317	14.1	1 372.4	402.2	791.9	7.3	2 206.2	87.9	17.4	39.0
黑龙江绥棱	201318	21.5	1 784.7	624.0	1 484.8	8.9	1 972.0	107.9	21.7	45.2
黑龙江绥棱	201319	5.7	2 306.2	517.5	1 014.3	6.1	1 484.5	114.9	18.1	28.1
黑龙江绥棱	201320	9.0	1 931.8	695.6	665.1	6.5	1 748.9	103.5	31.2	13.4
黑龙江绥棱	201321	11.9	1 851.5	307.6	434.4	7.3	1 639.5	83.9	16.3	37.8
黑龙江绥棱	201322	26.6	1 391.5	348.7	778.8	4.9	1 174.4	110.2	18.2	38.9

附表 1-6　引进沙棘鲜果果肉中糖酸醇等化合物含量（种植第 3 年）

单位：mg/100 g

取样地点	品种编号	葡萄糖	果糖	苹果酸	柠檬酸	奎宁酸	白雀木醇	甲基肌醇	肌醇
辽宁朝阳	201301	1 642.2	906.3	552.9	5.1	1 214.8	82.3	10.0	6.9
辽宁朝阳	201302	2 391.6	1 001.4	601.1	8.6	2 240.4	219.3	28.9	23.0
辽宁朝阳	201304	1 962.8	692.6	1 074.9	14.0	3 000.9	186.7	46.2	43.2
辽宁朝阳	201305	1 787.8	1 035.8	863.9	19.8	1 468.6	114.7	24.8	32.5
辽宁朝阳	201308	618.9	172.2	517.6	5.0	2 050.0	81.4	27.0	14.2
辽宁朝阳	201309	1 992.5	1 264.0	961.8	14.8	1 439.8	113.0	34.0	28.2
新疆额敏	201301	2 642.9	1 364.5	341.6	8.4	712.2	124.1	9.7	14.0
新疆额敏	201302	3 132.9	558.2	232.6	—	802.2	86.7	17.3	20.7
新疆额敏	201303	2 491.7	587.4	566.8	10.3	1 222.3	98.7	33.8	25.5
新疆额敏	201304	2 860.4	736.5	645.2	16.9	1 456.5	138.5	44.1	35.2
新疆额敏	201305	3 030.4	979.4	780.5	19.1	1 165.4	126.8	34.0	34.8
新疆额敏	201307	3 556.7	1 863.2	383.8	24.5	1 248.6	154.1	20.8	19.2
新疆额敏	201308	3 757.8	586.6	281.3	12.3	982.0	109.1	24.4	29.0
新疆额敏	201309	2 947.5	1 515.0	492.6	26.4	997.9	133.6	35.0	33.2
新疆额敏	201311	3 651.6	549.3	285.1	6.0	1 036.9	150.0	23.2	26.5
新疆额敏	201312	3 243.8	509.2	497.1	5.9	1 244.9	189.1	45.1	17.6
新疆额敏	201314	2 424.6	1 173.3	905.8	16.7	815.9	157.8	24.7	31.7
新疆额敏	201316	1 755.4	305.0	763.5	8.7	1 449.8	158.6	18.6	18.0
新疆额敏	201317	2 778.7	1 246.6	810.6	18.0	900.5	121.2	27.5	38.6
新疆额敏	201318	3 093.3	601.3	1 003.5	14.5	1 445.4	168.8	26.2	53.0
新疆额敏	201320	2 471.1	752.3	611.8	6.1	1 333.7	144.5	36.4	21.1
新疆额敏	201321	2 618.3	662.8	815.3	23.2	1 293.5	139.3	23.4	47.0

取样地点	品种编号	葡萄糖	果糖	苹果酸	柠檬酸	奎宁酸	白雀木醇	甲基肌醇	肌醇
新疆额敏	201322	2 120.9	172.9	710.4	1.9	1 378.3	77.1	19.3	34.3
黑龙江绥棱	201301	1 969.7	1 054.9	816.3	21.8	1 609.7	130.7	14.7	15.7
黑龙江绥棱	201302	1 595.6	540.7	464.5	14.5	1 969.9	108.0	22.9	27.9
黑龙江绥棱	201303	1 242.2	1 041.7	698.1	15.2	889.9	98.3	30.4	12.4
黑龙江绥棱	201304	1 889.9	577.8	768.5	16.4	2 611.5	124.1	31.9	33.6
黑龙江绥棱	201305	1 425.2	756.4	692.5	13.9	1 246.2	73.3	16.9	25.1
黑龙江绥棱	201307	2 481.2	1 343.1	738.5	18.4	1 719.4	123.6	19.2	13.8
黑龙江绥棱	201308	707.4	282.6	781.3	5.1	2 741.8	135.3	26.4	15.8
黑龙江绥棱	201309	1 843.7	1 326.3	1 119.5	11.9	1 459.2	121.0	40.6	28.2
黑龙江绥棱	201310	2 308.9	713.5	970.3	6.9	1 352.9	144.6	13.8	24.9
黑龙江绥棱	201311	1 849.3	1 533.6	606.0	24.3	1 198.5	84.1	15.9	22.3
黑龙江绥棱	201312	2 643.0	869.6	536.3	8.1	1 907.6	101.1	21.5	31.4
黑龙江绥棱	201313	1 471.7	277.8	609.3	10.3	2 545.2	99.8	16.8	48.6
黑龙江绥棱	201314	747.5	166.4	828.5	2.5	2 197.7	59.8	11.6	18.9
黑龙江绥棱	201315	1 680.7	1 209.0	835.5	10.1	2 609.7	88.3	18.9	35.6
黑龙江绥棱	201316	1 228.8	378.2	975.2	4.0	2 494.7	86.4	18.2	17.4
黑龙江绥棱	201317	1 416.8	414.3	817.3	7.5	2 278.0	90.3	17.7	39.8
黑龙江绥棱	201318	1 854.2	646.6	1 542.8	9.3	2 048.9	111.4	22.1	46.2
黑龙江绥棱	201319	2 394.1	536.6	1 052.7	6.3	1 540.7	119.0	18.6	28.9
黑龙江绥棱	201320	2 009.3	722.5	691.4	6.8	1 819.1	107.1	32.1	13.4
黑龙江绥棱	201321	1 911.6	316.0	448.3	7.6	1 693.1	86.2	16.6	38.5
黑龙江绥棱	201322	1 443.4	360.2	807.7	5.1	1 218.0	113.3	18.3	39.5

附表 1-7 引进沙棘鲜籽中糖酸醇等化合物含量（种植第 3 年）

单位：mg/100 g

取样地点	品种编号	蔗糖	葡萄糖	果糖	苹果酸	奎宁酸	白雀木醇	甲基肌醇	肌醇
辽宁朝阳	201301	378.1	238.6	152.3	68.9	159.5	34.2	9.5	14.8
辽宁朝阳	201302	137.0	122.2	70.1	36.8	113.1	27.1	5.4	5.7
辽宁朝阳	201304	304.9	185.0	118.3	103.7	221.5	38.9	16.2	18.0
辽宁朝阳	201305	597.7	167.2	148.7	94.5	151.8	35.9	15.8	25.9
辽宁朝阳	201308	147.4	25.3	21.2	19.6	57.9	11.8	11.1	5.0
辽宁朝阳	201309	84.5	49.6	22.6	18.1	17.6	7.2	5.5	4.6
新疆额敏	201301	626.8	1 115.7	614.4	174.1	315.4	138.6	22.1	39.5
新疆额敏	201302	358.4	164.1	54.4	21.7	51.3	23.0	6.6	9.6
新疆额敏	201303	326.5	158.4	80.0	47.6	83.4	34.7	17.6	16.1
新疆额敏	201304	323.5	237.5	107.9	70.6	123.9	37.3	19.6	19.2
新疆额敏	201305	236.0	133.4	76.6	49.9	59.8	26.0	15.5	14.8
新疆额敏	201307	145.9	67.7	54.1	14.6	25.0	11.7	5.4	6.7
新疆额敏	201308	598.5	150.5	57.5	22.5	47.9	34.8	16.0	17.7
新疆额敏	201309	302.0	124.9	94.8	33.7	46.5	25.7	15.4	13.1
新疆额敏	201311	195.0	55.4	23.5	12.4	22.0	13.6	5.5	6.5
新疆额敏	201312	405.6	128.1	72.6	28.9	49.4	31.0	11.0	23.6
新疆额敏	201314	74.6	44.4	29.2	21.4	14.4	7.3	38.9	3.6
新疆额敏	201316	110.9	116.4	49.7	70.4	90.5	23.9	4.6	9.1
新疆额敏	201317	149.2	98.4	64.1	35.5	28.9	13.4	4.6	7.9
新疆额敏	201318	71.9	65.8	22.6	26.0	30.2	9.2	2.5	3.9
新疆额敏	201320	331.9	308.4	140.5	84.2	144.5	40.2	23.6	30.1
新疆额敏	201321	379.9	188.0	74.8	56.5	87.9	37.8	10.9	15.2

取样地点	品种编号	蔗糖	葡萄糖	果糖	苹果酸	奎宁酸	白雀木醇	甲基肌醇	肌醇
新疆额敏	201322	220.8	125.1	32.2	52.4	81.0	13.2	5.5	9.4
黑龙江绥棱	201301	81.5	35.6	20.3	17.9	29.6	7.2	3.7	4.9
黑龙江绥棱	201302	169.8	22.0	18.8	7.2	21.3	8.2	4.0	6.2
黑龙江绥棱	201303	267.6	98.7	67.4	43.1	63.1	15.9	11.0	8.8
黑龙江绥棱	201304	162.0	97.2	43.2	47.5	129.4	18.2	8.2	9.6
黑龙江绥棱	201305	200.1	43.5	39.0	25.7	36.8	8.9	5.2	7.8
黑龙江绥棱	201307	187.4	53.7	45.9	19.5	38.2	12.9	5.7	7.2
黑龙江绥棱	201308	437.5	47.5	36.0	38.1	101.6	32.2	19.9	14.5
黑龙江绥棱	201309	170.3	11.8	14.9	8.5	9.9	8.7	7.7	6.6
黑龙江绥棱	201310	52.9	36.1	12.5	7.5	10.5	5.6	1.8	2.0
黑龙江绥棱	201311	250.5	56.8	62.5	21.8	39.3	19.8	9.8	9.4
黑龙江绥棱	201312	14.9	10.7	4.7	2.7	5.7	1.5	3.8	0.7
黑龙江绥棱	201313	327.9	88.8	56.6	39.2	104.6	23.0	11.2	16.4
黑龙江绥棱	201314	565.9	65.9	52.2	55.6	124.1	15.6	12.5	21.6
黑龙江绥棱	201315	252.2	17.3	22.0	12.0	31.1	18.1	8.1	9.1
黑龙江绥棱	201316	812.8	144.5	85.9	114.2	274.7	41.2	22.4	35.3
黑龙江绥棱	201317	423.2	80.3	49.1	53.6	115.5	16.9	9.7	16.5
黑龙江绥棱	201318	553.5	63.0	63.4	48.3	65.8	22.1	12.8	19.2
黑龙江绥棱	201319	150.6	61.6	31.1	34.1	49.0	11.5	5.4	8.2
黑龙江绥棱	201320	225.9	56.1	44.6	28.0	51.8	15.8	10.4	12.5
黑龙江绥棱	201321	352.8	121.6	64.6	33.2	97.2	18.5	8.0	16.6
黑龙江绥棱	201322	699.6	77.9	57.5	47.1	70.7	31.2	16.8	24.0

附表 1-8 引进沙棘干全果中黄酮化合物含量（种植第 3 年）

单位：mg/100 g

取样地点	品种编号	异鼠李素 3-O-葡萄糖苷-7-O-鼠李糖苷	槲皮素 3-O-芸香糖苷	槲皮素 3-O-葡萄糖苷	异鼠李素 3-O-芸香糖苷	异鼠李素 3-O-葡萄糖苷	槲皮素	异鼠李素
辽宁朝阳	201301	5.385	7.466	3.736	16.383	6.383	1.326	1.790
辽宁朝阳	201302	3.564	7.364	7.472	26.389	8.323	0.354	0.759
辽宁朝阳	201304	3.857	0.420	2.110	0.753	4.881	2.817	7.103
辽宁朝阳	201305	2.575	0.101	2.377	0.210	5.202	1.431	3.335
辽宁朝阳	201308	1.955	1.282	2.473	2.594	2.769	5.309	9.211
辽宁朝阳	201309	2.338	0.667	3.211	0.348	2.456	3.598	3.358
新疆额敏	201301	2.707	22.720	11.207	36.207	7.075	1.337	2.192
新疆额敏	201302	1.999	5.169	7.689	17.441	10.733	0.447	2.469
新疆额敏	201303	2.563	0.074	1.717	0.113	5.115	1.688	6.429
新疆额敏	201304	3.844	0.062	1.453	0.132	4.909	1.428	4.868
新疆额敏	201305	5.732	0.952	5.418	3.592	13.363	1.008	6.111
新疆额敏	201307	3.826	0.106	3.841	0.141	9.117	5.472	14.165
新疆额敏	201308	2.544	0.217	1.935	0.222	4.520	2.234	3.643
新疆额敏	201309	1.255	0.642	0.679	0.046	1.532	1.808	3.063
新疆额敏	201311	1.725	0.108	2.603	0.052	5.757	2.552	4.610
新疆额敏	201312	2.885	0.099	1.485	0.049	3.167	2.844	6.662
新疆额敏	201314	1.958	0.034	1.026	0.078	4.263	0.791	3.719
新疆额敏	201316	5.544	17.260	10.774	40.842	11.793	5.999	9.040
新疆额敏	201317	4.012	0.062	1.373	0.143	6.604	7.331	19.809
新疆额敏	201318	2.579	1.304	2.807	0.121	1.820	2.821	2.849
新疆额敏	201320	0.857	0.750	0.607	0.760	0.811	1.260	1.990
新疆额敏	201321	2.266	1.729	2.339	0.510	1.870	4.057	3.484

取样地点	品种编号	异鼠李素 3-O-葡萄糖苷-7-O-鼠李糖苷	槲皮素 3-O-芸香糖苷	槲皮素 3-O-葡萄糖苷	异鼠李素 3-O-芸香糖苷	异鼠李素 3-O-葡萄糖苷	槲皮素	异鼠李素
新疆额敏	201322	2.629	0.910	8.496	0.837	13.980	6.043	14.698
黑龙江绥棱	201301	2.480	0.153	3.814	0.133	4.541	15.993	17.352
黑龙江绥棱	201302	3.970	0.239	2.130	0.055	4.085	7.960	7.397
黑龙江绥棱	201303	2.356	0.271	0.935	0.459	3.031	4.751	8.020
黑龙江绥棱	201304	6.694	0.212	6.024	0.306	13.518	8.606	17.488
黑龙江绥棱	201305	3.869	0.136	2.633	0.202	7.320	11.119	17.861
黑龙江绥棱	201307	2.779	0.158	2.581	0.175	5.099	5.226	6.203
黑龙江绥棱	201308	3.569	0.250	5.338	0.468	6.779	11.920	17.097
黑龙江绥棱	201309	2.780	0.136	3.855	0.130	2.562	7.128	6.531
黑龙江绥棱	201310	9.658	0.148	1.638	0.171	5.205	4.281	6.478
黑龙江绥棱	201311	6.882	0.338	3.184	0.417	4.193	10.109	8.955
黑龙江绥棱	201312	10.849	0.109	5.541	0.097	15.689	6.789	19.453
黑龙江绥棱	201313	4.236	0.274	1.659	0.315	3.516	5.378	11.091
黑龙江绥棱	201314	4.605	2.670	6.985	9.857	9.973	3.882	14.260
黑龙江绥棱	201315	2.481	0.379	5.609	0.192	10.856	8.276	20.926
黑龙江绥棱	201316	4.142	0.353	3.270	0.314	4.824	5.838	10.152
黑龙江绥棱	201317	6.338	0.284	6.846	0.363	7.082	14.888	20.356
黑龙江绥棱	201318	12.465	1.405	7.103	1.968	3.795	2.719	3.919
黑龙江绥棱	201319	3.882	0.105	7.441	0.166	14.926	7.105	12.183
黑龙江绥棱	201320	2.227	0.144	5.136	0.150	3.540	21.097	17.717
黑龙江绥棱	201321	7.303	0.108	3.660	0.182	9.743	6.859	22.520
黑龙江绥棱	201322	3.567	0.310	2.235	0.381	4.530	5.459	1.805

附表 1-9　引进沙棘干全果中糖酸醇等化合物含量（种植第 3 年）

单位：mg/100 g

取样地点	品种编号	蔗糖	葡萄糖	果糖	苹果酸	柠檬酸	奎宁酸	白雀木醇	甲基肌醇	肌醇
辽宁朝阳	201301	0.776	85.655	47.310	28.814	0.264	63.326	4.340	0.539	0.388
辽宁朝阳	201302	0.169	77.921	32.649	19.592	0.280	72.994	7.165	0.945	0.756
辽宁朝阳	201304	0.435	58.028	20.552	31.780	0.413	88.630	5.551	1.382	1.296
辽宁朝阳	201305	0.808	70.069	40.667	33.876	0.772	57.579	4.531	0.990	1.306
辽宁朝阳	201308	0.142	25.284	7.047	21.145	0.205	83.726	3.333	1.111	0.585
辽宁朝阳	201309	0.142	94.397	59.868	45.554	0.701	68.181	5.363	1.618	1.343
新疆额敏	201301	0.721	109.015	56.324	14.124	0.344	29.392	5.218	0.419	0.616
新疆额敏	201302	0.286	98.338	17.541	7.310	—	25.188	2.735	0.546	0.656
新疆额敏	201303	0.370	85.171	20.127	19.387	0.352	41.787	3.405	1.174	0.888
新疆额敏	201304	0.424	114.267	29.481	25.798	0.675	58.189	5.568	1.782	1.428
新疆额敏	201305	0.297	126.865	41.042	32.696	0.797	48.798	5.336	1.443	1.473
新疆额敏	201307	0.212	174.523	91.449	18.844	1.201	61.267	7.572	1.030	0.949
新疆额敏	201308	0.702	189.659	29.644	14.211	0.619	49.572	5.542	1.249	1.481
新疆额敏	201309	0.250	94.743	48.722	15.843	0.847	32.078	4.312	1.136	1.077
新疆额敏	201311	0.211	167.693	25.244	13.102	0.277	47.627	6.898	1.071	1.222
新疆额敏	201312	0.655	140.480	22.135	21.543	0.256	53.912	8.228	1.969	0.799
新疆额敏	201314	0.090	87.613	42.406	32.738	0.604	29.482	5.707	0.940	1.149
新疆额敏	201316	0.159	77.515	13.509	33.741	0.382	64.010	7.023	0.828	0.806
新疆额敏	201317	0.206	129.211	57.996	37.704	0.837	41.870	5.648	1.282	1.803
新疆额敏	201318	0.116	139.176	27.072	45.158	0.652	65.033	7.602	1.182	2.388
新疆额敏	201320	0.515	122.724	37.434	30.398	0.301	66.199	7.209	1.837	1.092
新疆额敏	201321	0.641	132.255	33.526	41.177	1.167	65.328	7.083	1.198	2.396

取样地点	品种编号	蔗糖	葡萄糖	果糖	苹果酸	柠檬酸	奎宁酸	白雀木醇	甲基肌醇	肌醇
新疆额敏	201322	0.339	116.800	9.553	39.141	0.102	75.907	4.257	1.068	1.899
黑龙江绥棱	201301	0.148	93.770	50.222	38.869	1.038	76.635	6.230	0.707	0.756
黑龙江绥棱	201302	0.289	76.888	26.075	22.384	0.698	94.918	5.217	1.112	1.357
黑龙江绥棱	201303	0.669	65.835	55.171	36.969	0.802	47.146	5.232	1.632	0.675
黑龙江绥棱	201304	0.347	107.329	32.841	43.665	0.929	148.306	7.071	1.824	1.924
黑龙江绥棱	201305	0.329	64.725	34.377	31.457	0.630	56.596	3.338	0.776	1.152
黑龙江绥棱	201307	0.260	81.662	44.229	24.311	0.607	56.590	4.082	0.641	0.463
黑龙江绥棱	201308	0.609	35.884	14.360	39.615	0.260	138.970	6.894	1.363	0.822
黑龙江绥棱	201309	0.315	96.710	69.582	58.724	0.624	76.542	6.363	2.144	1.493
黑龙江绥棱	201310	0.097	127.546	39.418	53.584	0.382	74.715	7.997	0.765	1.381
黑龙江绥棱	201311	0.526	107.982	89.583	35.390	1.420	69.988	4.949	0.949	1.323
黑龙江绥棱	201312	0.026	165.148	54.337	33.514	0.508	119.196	6.319	1.351	1.963
黑龙江绥棱	201313	0.731	71.593	13.602	29.645	0.497	123.709	4.891	0.842	2.395
黑龙江绥棱	201314	1.053	39.709	8.909	43.980	0.132	116.623	3.196	0.636	1.042
黑龙江绥棱	201315	0.495	94.613	68.078	47.041	0.571	146.913	5.003	1.077	2.021
黑龙江绥棱	201316	1.544	58.172	17.985	46.167	0.186	118.069	4.147	0.902	0.887
黑龙江绥棱	201317	0.852	82.924	24.302	47.849	0.441	133.305	5.311	1.051	2.356
黑龙江绥棱	201318	1.162	96.470	33.730	80.259	0.481	106.595	5.832	1.173	2.443
黑龙江绥棱	201319	0.249	100.707	22.598	44.293	0.266	64.825	5.017	0.790	1.227
黑龙江绥棱	201320	0.499	107.025	38.537	36.848	0.360	96.892	5.734	1.729	0.742
黑龙江绥棱	201321	0.678	105.559	17.537	24.766	0.416	93.472	4.783	0.929	2.155
黑龙江绥棱	201322	1.446	75.666	18.961	42.349	0.266	63.861	5.992	0.990	2.115

附表 1-10　引进沙棘果油脂肪酸构成（种植第 3 年）

单位：%

取样地点	品种编号	豆蔻酸（C14：0）	棕榈酸（C16：0）	棕榈一烯酸（C16：1）	硬脂酸（C18：0）	油酸（C18：1）	亚油酸（C18：2）	亚麻酸（C18：3）	花生酸（C18：4）	其他脂肪酸
辽宁朝阳	201301	0.26	23.90	22.41	1.44	15.27	21.62	14.25	0.31	0.54
辽宁朝阳	201302	0.23	34.02	31.21	1.45	12.11	14.30	5.83	0.23	0.62
辽宁朝阳	201304	0.20	27.66	27.90	1.52	14.12	17.71	10.15	0.23	0.52
辽宁朝阳	201305	0.35	35.86	27.91	1.57	13.46	14.86	5.21	0.28	0.51
辽宁朝阳	201308	0.17	31.92	34.11	1.19	17.06	10.33	4.18	0.61	0.44
辽宁朝阳	201309	0.23	28.15	25.17	1.74	14.44	20.07	9.16	0.28	0.74
新疆额敏	201301	0.23	35.07	29.67	1.41	13.03	15.20	4.68	0.11	0.60
新疆额敏	201302	0.27	32.78	25.57	2.08	14.08	18.03	6.09	0.52	0.57
新疆额敏	201303	0.30	35.43	32.12	1.33	11.23	14.90	3.26	0.32	1.10
新疆额敏	201304	0.33	37.17	33.50	1.31	10.78	13.32	1.95	0.60	1.04
新疆额敏	201305	0.35	37.56	31.02	1.53	12.74	13.77	1.95	0.30	0.79
新疆额敏	201307	0.53	29.58	27.06	1.42	13.86	20.55	5.68	0.41	0.91
新疆额敏	201308	0.34	36.11	29.48	2.15	13.16	14.80	3.14	0.13	0.69
新疆额敏	201309	0.35	32.67	27.63	1.85	12.99	18.53	4.74	0.19	1.04
新疆额敏	201311	0.35	37.56	30.06	2.26	12.04	14.08	2.46	0.36	0.82
新疆额敏	201312	0.31	34.65	27.06	1.48	16.61	15.32	3.71	0.31	0.55
新疆额敏	201314	0.55	38.61	29.52	1.59	12.53	14.32	1.97	0.22	0.55
新疆额敏	201316	0.15	33.52	28.44	2.76	17.23	15.43	1.49	0.42	0.55
新疆额敏	201317	0.47	37.49	29.68	1.58	13.35	14.50	1.97	0.33	0.63
新疆额敏	201318	0.23	31.09	37.10	1.27	13.53	13.36	1.99	0.25	1.19
新疆额敏	201320	0.18	31.02	31.64	1.32	17.27	15.41	2.38	0.03	0.74

取样地点	品种编号	豆蔻酸（C14：0）	棕榈酸（C16：0）	棕榈一烯酸（C16：1）	硬脂酸（C18：0）	油酸（C18：1）	亚油酸（C18：2）	亚麻酸（C18：3）	花生酸（C18：4）	其他脂肪酸
新疆额敏	201321	0.26	31.00	35.41	1.32	13.23	14.44	3.02	0.15	1.17
新疆额敏	201322	0.13	33.76	23.66	2.67	22.76	14.50	1.85	0.42	0.25
黑龙江绥棱	201301	0.26	31.28	36.62	1.04	12.91	12.58	4.27	0.27	0.76
黑龙江绥棱	201302	0.23	33.45	30.80	1.40	13.25	13.77	6.38	0.18	0.54
黑龙江绥棱	201303	0.17	34.63	34.18	1.06	14.29	11.41	3.60	0.22	0.44
黑龙江绥棱	201304	0.26	31.28	36.62	1.04	12.91	12.58	4.27	0.27	0.76
黑龙江绥棱	201305	0.30	36.47	32.36	1.21	13.02	12.43	3.49	0.20	0.53
黑龙江绥棱	201307	0.31	25.84	27.26	1.30	15.64	17.62	10.98	0.51	0.54
黑龙江绥棱	201308	0.12	32.43	34.19	1.03	16.64	10.64	4.30	0.20	0.44
黑龙江绥棱	201309	0.23	30.50	28.86	1.42	13.24	17.94	6.70	0.24	0.87
黑龙江绥棱	201310	0.17	32.23	29.37	1.31	14.10	17.01	4.70	0.31	0.80
黑龙江绥棱	201311	0.17	32.23	29.37	1.31	14.10	17.01	4.70	0.31	0.80
黑龙江绥棱	201312	0.31	32.62	33.64	0.94	13.66	13.03	4.97	0.22	0.61
黑龙江绥棱	201313	0.24	33.34	33.87	1.03	12.46	12.89	5.37	0.16	0.64
黑龙江绥棱	201314	0.14	34.06	26.52	1.80	18.56	14.07	4.18	0.33	0.34
黑龙江绥棱	201315	0.32	28.10	26.26	1.75	17.35	18.45	6.74	0.47	0.54
黑龙江绥棱	201316	0.16	30.18	26.31	1.75	17.53	17.31	5.86	0.41	0.48
黑龙江绥棱	201317	0.15	32.04	29.83	1.87	16.92	14.36	4.09	0.19	0.56
黑龙江绥棱	201318	0.13	28.09	36.45	1.08	13.75	13.89	5.50	0.16	0.94
黑龙江绥棱	201319	0.16	23.59	26.91	1.62	19.40	20.30	7.85	0.17	—
黑龙江绥棱	201320	0.12	28.47	33.04	1.14	16.24	13.98	5.58	0.65	0.77
黑龙江绥棱	201321	0.24	35.68	36.81	0.94	10.55	9.96	4.39	0.60	0.83
黑龙江绥棱	201322	0.30	31.77	40.74	0.82	9.94	10.52	4.43	0.27	1.22

附表 2-1 引进沙棘果实油脂含量（种植第 4 年）

单位：%

品种编号	取样地点	含水率	鲜全果含油率	干全果含油率	鲜果肉含水率	鲜果肉含油率	干果肉含油率	鲜籽含水率	鲜籽含油率	干籽含油率
201304	甘肃庆阳	81.8	4.8	26.3	86.4	4.4	32.2	5.0	7.4	7.8
201305	甘肃庆阳	81.7	4.1	22.5	86.3	3.4	24.8	5.1	11.3	11.9
201301	黑龙江绥棱	81.4	2.9	15.5	85.3	2.1	14.1	4.8	21.1	22.1
201303	黑龙江绥棱	83.8	4.2	25.9	88.3	3.7	31.6	4.1	7.5	7.8
201304	黑龙江绥棱	81.4	5.4	29.0	84.2	4.3	27.2	5.4	31.5	33.4
201305	黑龙江绥棱	81.9	2.8	19.6	85.1	2.5	19.8	5.6	10.0	13.4
201307	黑龙江绥棱	83.4	1.6	9.8	86.2	1.3	9.0	5.3	11.7	12.4
201308	黑龙江绥棱	85.7	1.9	16.4	86.6	1.7	16.4	15.9	10.9	13.0
201309	黑龙江绥棱	83.9	3.9	24.0	87.6	3.4	27.4	5.8	9.6	10.2
201310	黑龙江绥棱	83.0	3.6	21.0	87.3	2.2	17.1	5.6	28.4	30.0
201311	黑龙江绥棱	83.2	3.7	21.8	89.1	2.7	24.8	4.6	10.7	11.2
201312	黑龙江绥棱	80.0	6.0	29.8	85.8	4.2	29.6	6.2	28.4	30.3
201313	黑龙江绥棱	83.4	4.3	25.8	86.1	3.5	25.0	4.1	26.2	27.3
201314	黑龙江绥棱	81.9	5.9	33.3	85.7	5.6	34.9	3.8	22.3	32.0
201315	黑龙江绥棱	85.5	2.5	17.5	89.5	1.6	14.7	3.6	26.7	27.7
201317	黑龙江绥棱	83.1	4.2	25.1	86.2	3.1	22.4	4.6	28.9	30.3
201318	黑龙江绥棱	81.2	5.5	29.3	85.2	4.5	30.5	5.6	25.1	26.6
201319	黑龙江绥棱	84.5	3.9	25.0	88.2	2.3	19.5	4.2	36.4	38.0

品种编号	取样地点	含水率	鲜全果含油率	干全果含油率	鲜果肉含水率	鲜果肉含油率	干果肉含油率	鲜籽含水率	鲜籽含油率	干籽含油率
201320	黑龙江绥棱	84.2	1.9	12.2	87.5	1.6	12.7	4.0	10.2	10.6
201321	黑龙江绥棱	81.4	6.4	34.1	86.0	4.2	30.2	6.1	31.5	34.1
201322	黑龙江绥棱	78.9	5.7	27.0	82.1	5.3	29.5	5.7	21.2	22.5
201301	辽宁朝阳	85.4	1.5	10.1	89.6	1.0	9.2	3.9	14.0	14.5
201302	辽宁朝阳	83.8	4.1	25.1	87.5	3.6	28.9	6.7	10.4	11.1
201303	辽宁朝阳	83.7	3.1	19.2	87.7	2.9	23.2	4.2	4.9	5.1
201304	辽宁朝阳	78.4	5.0	23.2	85.1	2.7	18.0	13.7	30.1	34.8
201305	辽宁朝阳	83.8	4.1	25.5	86.9	3.7	28.5	5.5	11.5	12.2
201307	辽宁朝阳	84.5	3.2	20.9	89.1	2.7	24.6	5.9	9.4	9.9
201308	辽宁朝阳	88.6	3.8	33.3	93.2	2.4	36.0	4.0	16.7	17.4
201309	辽宁朝阳	85.7	2.4	16.5	90.3	1.8	18.4	5.4	9.5	10.0
201301	青海大通	79.9	7.7	33.0	84.4	6.7	36.4	12.7	12.6	14.4
201302	青海大通	81.7	3.4	18.6	85.9	2.1	14.8	4.2	24.7	25.7
201304	青海大通	81.0	4.4	23.1	83.9	3.7	22.7	4.6	23.2	24.4
201305	青海大通	79.1	4.1	19.6	83.7	3.4	20.6	5.2	16.1	17.0
201308	青海大通	81.0	5.2	27.2	85.1	3.5	23.4	4.4	28.5	29.9
201301	新疆额敏	78.1	5.9	26.9	82.8	4.9	28.4	4.1	21.0	21.9
201302	新疆额敏	79.9	5.1	25.0	83.6	3.8	23.0	6.0	29.5	31.4
201303	新疆额敏	77.3	3.2	14.1	81.0	2.7	14.2	4.3	13.0	13.6
201304	新疆额敏	81.6	2.9	15.7	85.4	2.6	17.7	6.2	4.5	4.8

品种编号	取样地点	含水率	鲜全果含油率	干全果含油率	鲜果肉含水率	鲜果肉含油率	干果肉含油率	鲜籽含水率	鲜籽含油率	干籽含油率
201305	新疆额敏	81.9	2.9	16.1	85.6	2.3	15.9	4.3	16.2	17.0
201307	新疆额敏	83.5	2.4	14.2	87.3	2.0	15.3	4.6	10.0	10.4
201308	新疆额敏	81.5	5.3	28.6	85.9	3.4	24.0	3.6	33.1	34.7
201309	新疆额敏	81.7	1.8	10.1	86.4	1.3	9.8	4.3	10.9	11.4
201310	新疆额敏	81.2	3.0	15.8	85.9	2.3	16.0	5.1	14.2	15.0
201311	新疆额敏	79.8	5.2	25.6	83.7	4.0	24.2	3.4	29.2	30.2
201312	新疆额敏	81.6	3.4	18.6	84.9	3.1	20.2	5.6	10.9	11.5
201313	新疆额敏	76.1	7.2	30.2	81.1	5.9	31.4	5.5	25.2	26.6
201314	新疆额敏	79.6	3.8	18.5	84.3	3.1	19.7	5.2	12.3	13.0
201315	新疆额敏	73.6	9.0	34.1	78.3	7.6	35.2	5.6	28.7	30.4
201316	新疆额敏	78.7	3.2	15.0	82.7	1.9	11.0	3.7	26.2	27.2
201317	新疆额敏	79.7	3.3	16.3	82.5	2.9	16.6	5.9	13.8	14.7
201318	新疆额敏	79.9	2.7	13.5	80.3	2.5	12.7	3.6	15.8	16.4
201319	新疆额敏	83.3	2.5	14.7	88.0	1.6	13.5	5.0	20.1	21.2
201320	新疆额敏	79.3	4.6	22.1	83.9	3.8	23.5	4.2	15.5	16.1
201321	新疆额敏	81.7	3.0	16.6	81.4	3.0	16.1	4.8	18.0	18.9
201322	新疆额敏	80.4	5.8	29.3	85.1	5.0	33.6	4.7	10.4	10.9

附表 2-2　引进沙棘鲜全果黄酮化合物含量（种植第 4 年）

单位：mg/100 g

品种编号	取样地点	总黄酮	异鼠李素	槲皮素	槲皮素 3-O-芸香糖苷	槲皮素 3-O-葡萄糖苷	异鼠李素 3-O-芸香糖苷	异鼠李素 3-O-葡萄糖苷
201301	辽宁朝阳	14.23	0.89	1.75	0.61	1.29	1.59	2.32
201302	辽宁朝阳	28.99	0.26	0.49	1.72	1.62	7.99	3.52
201303	辽宁朝阳	7.36	0.17	0.15	0.71	0.87	3.54	2.05
201304	辽宁朝阳	19.50	0.29	0.40	2.92	0.54	6.78	1.10
201305	辽宁朝阳	36.27	0.46	0.51	4.30	2.04	14.34	3.94
201307	辽宁朝阳	13.88	0.66	1.57	0.82	0.23	2.18	1.73
201308	辽宁朝阳	36.27	0.28	0.46	6.66	1.10	12.98	1.53
201309	辽宁朝阳	38.82	0.16	0.49	3.92	1.15	7.34	0.96
201304	甘肃庆阳	25.95	0.82	1.38	1.21	1.82	4.00	7.34
201305	甘肃庆阳	36.87	3.09	2.77	1.22	0.98	4.11	4.96
201301	黑龙江绥棱	52.89	0.11	0.20	14.33	3.49	17.36	3.40
201303	黑龙江绥棱	17.19	0.40	0.22	1.39	1.69	7.03	4.19
201304	黑龙江绥棱	23.11	0.60	0.67	1.61	1.50	7.24	4.70
201305	黑龙江绥棱	38.51	0.20	0.18	4.25	2.51	14.73	6.42
201307	黑龙江绥棱	32.24	0.07	0.29	4.74	1.31	10.37	5.55
201308	黑龙江绥棱	30.97	0.07	0.18	5.59	1.96	13.75	1.48
201309	黑龙江绥棱	20.56	0.14	0.33	3.49	1.84	5.45	1.26
201310	黑龙江绥棱	23.92	0.08	0.16	2.17	0.83	10.92	3.85

品种编号	取样地点	总黄酮	异鼠李素	槲皮素	槲皮素 3-O-芸香糖苷	槲皮素 3-O-葡萄糖苷	异鼠李素 3-O-芸香糖苷	异鼠李素 3-O-葡萄糖苷
201311	黑龙江绥棱	33.81	0.47	0.77	2.94	2.61	8.52	3.78
201312	黑龙江绥棱	22.33	0.07	0.19	3.02	1.39	8.28	3.46
201313	黑龙江绥棱	2.77	0.11	0.24	0.31	0.26	1.54	0.45
201314	黑龙江绥棱	30.16	0.11	0.16	3.72	2.60	11.25	4.76
201315	黑龙江绥棱	30.09	0.20	0.27	2.53	2.04	12.42	3.47
201317	黑龙江绥棱	62.89	0.08	0.13	11.88	2.93	21.86	4.33
201318	黑龙江绥棱	32.39	0.10	0.48	8.93	2.26	8.86	1.19
201319	黑龙江绥棱	44.90	0.12	0.23	5.32	3.42	16.74	7.19
201320	黑龙江绥棱	30.68	0.09	0.38	7.27	2.04	8.27	1.77
201321	黑龙江绥棱	26.88	0.38	0.54	2.37	1.73	7.52	3.80
201322	黑龙江绥棱	12.95	0.17	0.37	1.43	0.87	4.51	1.52
201301	青海大通	56.99	0.15	0.71	13.00	3.77	13.90	3.08
201302	青海大通	30.16	0.29	0.24	2.49	1.43	8.90	2.09
201304	青海大通	28.95	0.51	1.33	3.08	1.67	7.81	3.47
201305	青海大通	47.86	0.59	0.98	4.53	2.31	17.09	6.06
201308	青海大通	105.26	0.22	0.42	18.35	4.93	37.61	8.75
201301	新疆额敏	60.28	—	0.17	14.57	2.80	19.42	2.76
201302	新疆额敏	21.10	—	0.24	1.62	1.57	6.07	2.84
201303	新疆额敏	37.44	—	0.15	3.69	3.23	15.05	6.97
201304	新疆额敏	25.38	—	0.27	2.75	1.01	9.25	4.21

品种编号	取样地点	总黄酮	异鼠李素	槲皮素	槲皮素 3-O-芸香糖苷	槲皮素 3-O-葡萄糖苷	异鼠李素 3-O-芸香糖苷	异鼠李素 3-O-葡萄糖苷
201305	新疆额敏	19.84	—	0.21	2.83	1.16	7.11	2.21
201307	新疆额敏	19.74	—	0.42	2.58	1.03	6.57	3.32
201308	新疆额敏	34.43	—	0.17	6.13	1.25	16.26	1.28
201309	新疆额敏	20.84	—	0.17	3.32	2.82	5.25	1.85
201310	新疆额敏	19.61	—	0.14	2.62	1.37	7.02	1.87
201311	新疆额敏	35.85	—	0.18	3.65	3.67	10.41	5.97
201312	新疆额敏	35.20	—	0.23	4.07	2.89	12.13	5.35
201313	新疆额敏	48.99	—	0.15	5.23	4.41	19.53	5.70
201314	新疆额敏	27.32	0.20	0.27	2.69	1.20	13.82	3.21
201315	新疆额敏	36.73	—	0.16	3.50	2.94	14.86	6.60
201316	新疆额敏	44.43	—	0.15	8.42	2.19	16.09	1.85
201317	新疆额敏	33.30	—	0.23	4.42	2.32	19.51	3.24
201318	新疆额敏	44.61	—	0.20	11.41	2.87	11.77	1.06
201319	新疆额敏	57.22	—	0.18	6.05	5.35	21.03	9.07
201320	新疆额敏	31.10	—	0.22	6.17	3.32	6.81	1.50
201321	新疆额敏	26.06	—	0.15	2.97	2.33	8.52	2.01
201322	新疆额敏	52.78	—	0.34	5.03	3.59	19.98	5.26

附表 2-3　引进沙棘鲜全果全维生素糖酸醇等化合物含量（种植第 4 年）

单位：mg/100 g

品种编号	取样地点	β-胡萝卜素	VE	蔗糖	葡萄糖	果糖	苹果酸	柠檬酸	奎宁酸	白雀木醇	肌醇	甲基肌醇
201301	辽宁朝阳	7.049	49.495	2.447	1 125.055	156.472	336.207	6.144	370.996	109.435	6.295	7.370
201302	辽宁朝阳	3.940	47.969	1.450	1 002.091	156.061	633.844	3.351	1 263.455	131.040	19.436	20.093
201303	辽宁朝阳	4.515	62.016	0.380	403.510	164.604	162.083	1.615	181.736	55.297	2.821	9.722
201304	辽宁朝阳	10.630	82.593	0.107	636.420	80.729	865.727	5.047	1 233.270	229.270	14.485	21.806
201305	辽宁朝阳	5.113	67.223	0.352	933.542	257.617	555.376	14.908	1 014.238	109.268	11.792	12.469
201307	辽宁朝阳	7.165	49.508	0.646	1 402.728	293.436	661.065	25.041	994.606	115.357	9.740	15.550
201308	辽宁朝阳	4.331	64.581	0.231	292.124	26.285	147.204	1.315	482.882	28.229	3.590	8.623
201309	辽宁朝阳	4.220	70.616	1.239	827.568	243.663	931.349	12.280	1 026.150	95.775	13.407	26.871
201304	甘肃庆阳	10.722	61.701	0.689	372.341	59.872	600.044	6.238	1 520.440	130.931	18.332	19.154
201305	甘肃庆阳	5.336	58.415	2.860	638.552	168.078	328.024	10.055	751.154	50.588	16.900	14.345
201301	黑龙江绥棱	2.188	33.545	3.795	1 665.292	379.108	261.160	6.891	859.005	81.268	6.746	7.532
201303	黑龙江绥棱	5.761	67.108	0.814	421.843	132.708	115.970	1.410	170.859	24.606	1.431	7.985
201304	黑龙江绥棱	8.413	109.106	0.940	634.236	62.938	297.393	3.045	806.120	62.946	10.345	12.507
201305	黑龙江绥棱	5.342	43.432	1.056	827.390	159.071	232.175	3.265	456.669	46.234	8.093	7.307
201307	黑龙江绥棱	3.088	40.274	0.539	1 521.897	317.006	366.016	6.672	861.798	143.313	4.560	8.163
201308	黑龙江绥棱	3.426	52.785	15.603	1 031.525	262.820	432.041	1.615	472.784	215.180	9.230	16.528
201309	黑龙江绥棱	3.589	44.819	0.539	930.030	235.386	511.938	7.139	738.146	55.685	7.284	18.563
201310	黑龙江绥棱	4.856	26.273	0.535	1 110.013	128.682	387.247	2.064	519.593	64.017	9.525	4.724

品种编号	取样地点	β-胡萝卜素	VE	蔗糖	葡萄糖	果糖	苹果酸	柠檬酸	奎宁酸	白雀木醇	肌醇	甲基肌醇
201311	黑龙江绥棱	5.012	53.259	0.737	868.015	216.078	208.520	6.034	406.755	36.871	7.759	6.521
201312	黑龙江绥棱	8.517	54.000	0.917	1 036.319	393.835	252.062	5.422	500.624	49.464	8.375	8.116
201313	黑龙江绥棱	2.412	21.889	1.503	665.899	94.931	155.776	1.740	584.631	34.946	4.132	4.943
201314	黑龙江绥棱	8.309	54.240	0.580	334.606	23.269	142.381	0.820	599.796	34.939	7.614	9.141
201315	黑龙江绥棱	3.963	54.046	3.121	1 032.479	210.313	445.448	6.229	1 302.678	66.540	13.632	14.953
201317	黑龙江绥棱	3.297	32.173	9.105	958.985	190.624	410.508	5.588	1 228.623	64.283	13.448	14.315
201318	黑龙江绥棱	10.417	43.562	0.612	756.093	41.988	584.284	5.133	1 737.394	87.332	23.802	15.833
201319	黑龙江绥棱	1.766	28.089	3.298	992.396	69.192	409.069	3.130	838.404	59.327	14.591	8.522
201320	黑龙江绥棱	4.765	56.843	0.436	1 084.621	90.580	467.128	2.059	952.122	58.307	11.026	12.308
201321	黑龙江绥棱	15.972	88.348	0.647	1 864.682	72.853	190.642	0.949	917.529	82.687	17.145	8.566
201322	黑龙江绥棱	17.369	90.859	0.666	838.857	57.843	493.042	2.538	691.589	72.555	12.560	14.069
201301	青海大通	2.935	46.940	0.905	988.841	307.374	805.123	2.277	1 198.392	194.840	5.333	4.233
201302	青海大通	4.709	43.282	0.823	421.592	24.608	457.371	4.099	923.051	72.624	5.782	6.676
201304	青海大通	5.017	74.398	4.456	409.661	48.987	489.590	2.573	778.400	56.857	7.642	7.004
201305	青海大通	3.416	68.604	0.603	503.328	133.064	497.272	1.995	917.246	54.395	5.963	2.790
201308	青海大通	3.333	36.250	1.389	403.615	63.459	726.156	6.589	1 958.404	104.000	3.386	11.363
201301	新疆额敏	2.951	66.278	0.715	1 686.486	404.316	272.293	4.048	763.714	171.483	12.905	12.926
201302	新疆额敏	5.230	43.357	3.311	1 961.542	163.161	169.488	1.627	594.437	119.130	13.964	15.832
201303	新疆额敏	7.697	72.676	3.916	688.451	364.618	96.767	1.897	286.870	110.844	12.565	17.943
201304	新疆额敏	4.054	44.380	7.346	1 553.347	113.429	342.342	2.245	825.812	79.419	16.779	26.566

品种编号	取样地点	β-胡萝卜素	VE	蔗糖	葡萄糖	果糖	苹果酸	柠檬酸	奎宁酸	白雀木醇	肌醇	甲基肌醇
201305	新疆额敏	6.164	59.106	5.945	1 486.881	132.403	181.904	1.081	560.374	62.963	9.223	14.572
201307	新疆额敏	6.473	51.589	9.583	1 266.263	272.111	346.708	4.655	764.348	96.188	5.429	10.138
201308	新疆额敏	2.104	42.019	8.663	252.698	43.988	122.613	0.816	603.798	193.020	6.010	13.326
201309	新疆额敏	3.098	45.708	13.846	1 576.327	414.316	282.642	5.072	519.669	96.680	17.331	21.470
201310	新疆额敏	9.078	60.705	1.968	1 673.317	112.132	227.471	1.605	783.804	66.770	8.230	15.836
201311	新疆额敏	5.068	39.828	5.923	1 847.620	147.169	153.889	1.595	409.114	226.830	15.052	13.431
201312	新疆额敏	7.745	65.733	2.699	1 366.367	80.735	170.139	2.533	464.958	—	8.697	12.637
201313	新疆额敏	9.027	49.210	6.847	667.525	260.040	81.524	0.885	189.603	254.590	6.697	14.047
201314	新疆额敏	5.143	73.759	2.344	999.031	226.853	337.071	3.211	500.704	—	15.091	10.296
201315	新疆额敏	5.362	28.372	0.610	953.514	420.291	94.154	1.605	245.577	292.790	7.539	17.217
201316	新疆额敏	4.435	37.446	70.348	942.972	124.081	318.201	1.034	676.311	163.770	13.605	12.269
201317	新疆额敏	4.579	66.796	7.135	806.017	235.715	253.570	2.977	382.053	269.400	9.783	10.891
201318	新疆额敏	7.356	67.840	3.621	1 241.233	78.139	293.514	3.580	681.464	88.281	24.592	11.608
201319	新疆额敏	5.062	39.605	4.824	1 853.252	235.928	128.450	7.174	1 307.151	92.856	18.243	19.191
201320	新疆额敏	18.597	166.337	22.545	1 785.106	241.902	385.113	3.962	1 002.341	125.438	17.238	32.954
201321	新疆额敏	4.355	60.587	5.537	1 175.617	296.501	244.673	5.958	354.407	69.632	14.168	9.359
201322	新疆额敏	9.324	87.676	0.966	1 310.639	40.397	337.129	2.252	1 176.526	46.757	23.810	13.545

附表 2-4　引进沙棘干全果黄酮化合物含量（种植第 4 年）

单位：mg/100 g

品种编号	取样地点	总黄酮	异鼠李素	槲皮素	槲皮素 3-O-芸香糖苷	槲皮素 3-O-葡萄糖苷	异鼠李素 3-O-芸香糖苷	异鼠李素 3-O-葡萄糖苷
201301	辽宁朝阳	97.13	6.075	11.945	4.164	8.805	10.853	15.836
201302	辽宁朝阳	178.95	1.605	3.025	10.617	10.000	49.321	21.728
201303	辽宁朝阳	45.04	1.040	0.918	4.345	5.324	21.665	12.546
201304	辽宁朝阳	90.36	1.344	1.854	13.531	2.502	31.418	5.097
201305	辽宁朝阳	223.89	2.840	3.148	26.543	12.593	88.519	24.321
201307	辽宁朝阳	89.61	4.261	10.136	5.294	1.485	14.074	11.168
201308	辽宁朝阳	318.44	2.458	4.039	58.472	9.658	113.960	13.433
201309	辽宁朝阳	271.66	1.120	3.429	27.432	8.048	51.365	6.718
201304	甘肃庆阳	142.27	4.496	7.566	6.634	9.978	21.930	40.241
201305	甘肃庆阳	201.48	16.885	15.137	6.667	5.355	22.459	27.104
201301	黑龙江绥棱	284.20	0.591	1.075	77.002	18.753	93.283	18.270
201303	黑龙江绥棱	105.91	2.465	1.356	8.564	10.413	43.315	25.816
201304	黑龙江绥棱	123.98	3.219	3.594	8.637	8.047	38.841	25.215
201305	黑龙江绥棱	212.41	1.103	0.993	23.442	13.844	81.247	35.411
201307	黑龙江绥棱	193.87	0.421	1.744	28.503	7.877	62.357	33.373
201308	黑龙江绥棱	216.57	0.490	1.259	39.091	13.706	96.154	10.350
201309	黑龙江绥棱	128.02	0.872	2.055	21.731	11.457	33.935	7.846
201310	黑龙江绥棱	140.62	0.470	0.941	12.757	4.879	64.198	22.634

品种编号	取样地点	总黄酮	异鼠李素	槲皮素	槲皮素 3-O-芸香糖苷	槲皮素 3-O-葡萄糖苷	异鼠李素 3-O-芸香糖苷	异鼠李素 3-O-葡萄糖苷
201311	黑龙江绥棱	201.73	2.804	4.594	17.542	15.573	50.835	22.554
201312	黑龙江绥棱	111.71	0.350	0.950	15.108	6.953	41.421	17.309
201313	黑龙江绥棱	16.65	0.661	1.442	1.863	1.563	9.255	2.704
201314	黑龙江绥棱	166.45	0.607	0.883	20.530	14.349	62.086	26.269
201315	黑龙江绥棱	208.09	1.383	1.867	17.497	14.108	85.892	23.997
201317	黑龙江绥棱	372.35	0.474	0.770	70.337	17.348	129.426	25.636
201318	黑龙江绥棱	172.47	0.532	2.556	47.551	12.034	47.178	6.337
201319	黑龙江绥棱	288.75	0.772	1.479	34.212	21.994	107.653	46.238
201320	黑龙江绥棱	194.67	0.571	2.411	46.129	12.944	52.475	11.231
201321	黑龙江绥棱	144.28	2.040	2.899	12.721	9.286	40.365	20.397
201322	黑龙江绥棱	61.43	0.806	1.755	6.784	4.127	21.395	7.211
201301	青海大通	283.11	0.745	3.527	64.580	18.728	69.051	15.301
201302	青海大通	165.08	1.587	1.314	13.629	7.827	48.714	11.440
201304	青海大通	152.13	2.680	6.989	16.185	8.776	41.040	18.234
201305	青海大通	229.32	2.827	4.696	21.706	11.069	81.888	29.037
201308	青海大通	554.29	1.159	2.212	—	25.961	198.052	46.077
201301	新疆额敏	275.63	—	0.777	66.621	12.803	88.797	12.620
201302	新疆额敏	104.71	—	1.191	8.040	7.792	30.124	14.094
201303	新疆额敏	164.79	—	0.660	16.241	14.217	66.241	30.678
201304	新疆额敏	138.24	1.471	14.978	5.501	50.381	22.930	

品种编号	取样地点	总黄酮	异鼠李素	槲皮素	槲皮素 3-O-芸香糖苷	槲皮素 3-O-葡萄糖苷	异鼠李素 3-O-芸香糖苷	异鼠李素 3-O-葡萄糖苷
201305	新疆额敏	109.49	——	1.159	15.618	6.402	39.238	12.196
201307	新疆额敏	119.78	——	2.549	15.655	6.250	39.867	20.146
201308	新疆额敏	185.91	——	0.918	33.099	6.749	87.797	6.911
201309	新疆额敏	114.00	——	0.930	18.162	15.427	28.720	10.120
201310	新疆额敏	104.31	——	0.745	13.936	7.287	37.340	9.947
201311	新疆额敏	177.48	——	0.891	18.069	18.168	51.535	29.554
201312	新疆额敏	190.79	——	1.247	22.060	15.664	65.745	28.997
201313	新疆额敏	204.64	——	0.627	21.846	18.421	81.579	23.810
201314	新疆额敏	133.66	0.978	1.321	13.160	5.871	67.613	15.705
201315	新疆额敏	138.87	——	0.605	13.233	11.115	56.181	24.953
201316	新疆额敏	208.20	——	0.703	39.456	10.262	75.398	8.669
201317	新疆额敏	164.12	——	1.134	21.784	11.434	96.156	15.968
201318	新疆额敏	222.16	——	0.996	56.823	14.293	58.616	5.279
201319	新疆额敏	342.84	——	1.078	36.249	32.055	126.004	54.344
201320	新疆额敏	150.10	——	1.062	29.778	16.023	32.867	7.239
201321	新疆额敏	142.33	——	0.819	16.221	12.725	46.532	10.978
201322	新疆额敏	269.15	——	1.734	25.650	18.307	101.887	26.823

附表 2-5　引进沙棘干全果维生素糖酸醇等化合物含量（种植第 4 年）

单位：mg/100 g

品种编号	取样地点	β-胡萝卜素	VE	蔗糖	葡萄糖	果糖	苹果酸	柠檬酸	奎宁酸	白雀木醇	肌醇	甲基肌醇
201301	辽宁朝阳	48.116	337.850	16.700	7 679.556	1 068.070	2 294.928	41.938	2 532.395	746.997	42.969	50.308
201302	辽宁朝阳	24.321	296.105	8.953	6 185.747	963.342	3 912.617	20.686	7 799.104	808.889	119.975	124.031
201303	辽宁朝阳	27.632	379.535	2.326	2 469.461	1 007.367	991.940	9.883	1 112.215	338.415	17.264	59.498
201304	辽宁朝阳	49.259	382.729	0.494	2 949.120	374.091	4 011.710	23.385	5 714.873	537.451	67.122	101.049
201305	辽宁朝阳	31.562	414.957	2.174	5 762.605	1 590.231	3 428.247	92.027	6 260.728	674.494	72.790	76.969
201307	辽宁朝阳	46.256	319.613	4.172	9 055.700	1 894.359	4 267.689	161.659	6 420.957	744.719	62.879	100.386
201308	辽宁朝阳	38.025	566.997	2.031	2 564.741	230.776	1 292.397	11.549	4 239.525	247.840	31.519	75.704
201309	辽宁朝阳	29.531	494.164	8.669	5 791.239	1 705.126	6 517.488	85.936	7 180.893	670.224	93.821	188.042
201304	甘肃庆阳	58.783	338.273	3.777	2 041.343	328.246	3 289.715	34.202	8 335.747	717.823	100.504	105.010
201305	甘肃庆阳	29.158	319.208	15.627	3 489.355	918.457	1 792.481	54.945	4 104.667	276.437	92.350	78.390
201301	黑龙江绥棱	11.757	180.253	20.391	8 948.372	2 037.120	1 403.332	37.030	4 615.826	436.690	36.249	40.472
201303	黑龙江绥棱	35.496	413.481	5.017	2 599.156	817.674	714.541	8.688	1 052.737	151.608	8.817	49.200
201304	黑龙江绥棱	45.134	585.333	5.041	3 402.554	337.653	1 595.456	16.338	4 324.678	337.693	55.499	67.098
201305	黑龙江绥棱	29.465	239.559	5.825	4 563.651	877.391	1 280.612	18.006	2 518.857	255.014	44.639	40.301
201307	黑龙江绥棱	18.569	242.177	3.239	9 151.515	1 906.230	2 200.938	40.121	5 182.187	861.774	27.420	49.088
201308	黑龙江绥棱	23.958	369.126	109.115	7 213.462	1 837.900	3 021.266	11.296	3 306.181	451.322	64.545	115.582
201309	黑龙江绥棱	22.347	279.072	3.357	5 790.971	1 465.669	3 187.659	44.452	4 596.178	346.731	45.355	115.588
201310	黑龙江绥棱	28.548	154.456	3.148	6 525.650	756.508	2 276.584	12.133	3 054.633	376.349	55.996	27.773

品种编号	取样地点	β-胡萝卜素	VE	蔗糖	葡萄糖	果糖	苹果酸	柠檬酸	奎宁酸	白雀木醇	肌醇	甲基肌醇
201311	黑龙江绥棱	29.905	317.774	4.400	5 179.087	1 289.246	1 244.153	36.000	2 426.942	219.994	46.295	38.910
201312	黑龙江绥棱	42.606	270.135	4.586	5 184.187	1 970.159	1 260.940	27.124	2 504.373	247.444	41.896	40.599
201313	黑龙江绥棱	14.495	131.544	9.031	4 001.797	570.501	936.154	10.454	3 513.405	210.012	24.832	29.707
201314	黑龙江绥棱	45.855	299.338	3.199	1 846.611	128.415	785.767	4.524	3 310.132	192.820	42.020	50.448
201315	黑龙江绥棱	27.407	373.762	21.584	7 140.242	1 454.450	3 080.553	43.080	9 008.836	460.166	94.274	103.412
201317	黑龙江绥棱	19.520	190.485	53.909	5 677.827	1 128.621	2 430.480	33.085	7 274.264	380.598	79.621	84.755
201318	黑龙江绥棱	55.469	231.960	3.260	4 026.054	223.577	3 111.203	27.332	9 251.301	465.027	126.741	84.308
201319	黑龙江绥棱	11.357	180.637	21.210	6 381.968	444.966	2 630.669	20.129	5 391.663	381.524	93.833	54.802
201320	黑龙江绥棱	30.235	360.679	2.766	6 882.113	574.747	2 964.010	13.064	6 041.386	369.968	69.962	78.095
201321	黑龙江绥棱	85.733	474.224	3.475	10 009.028	391.051	1 023.306	5.095	4 925.008	443.838	92.029	45.979
201322	黑龙江绥棱	82.396	431.020	3.158	3 979.398	274.400	2 338.909	12.041	3 280.782	344.189	59.583	66.743
201301	青海大通	14.580	233.184	4.496	4 912.275	1 526.947	3 999.617	11.313	5 953.261	713.756	26.493	21.029
201302	青海大通	25.774	236.902	4.507	2 307.564	134.691	2 503.399	22.438	5 052.279	397.504	31.648	36.541
201304	青海大通	26.364	390.951	23.414	2 152.712	257.418	2 572.727	13.520	4 090.382	298.776	40.158	36.803
201305	青海大通	16.368	328.721	2.891	2 411.730	637.585	2 382.712	9.561	4 395.047	260.637	28.572	13.370
201308	青海大通	17.551	190.890	7.312	2 125.408	334.168	3 823.886	34.700	10 312.819	547.657	17.830	59.835
201301	新疆额敏	13.493	303.054	3.268	7 711.413	1 848.724	1 245.053	18.510	3 492.062	784.102	59.008	59.105
201302	新疆额敏	25.955	215.171	16.431	9 734.700	809.733	841.132	8.076	2 950.062	375.380	69.300	78.572
201303	新疆额敏	33.878	319.877	17.238	3 030.154	1 604.833	425.911	8.349	1 262.631	487.870	55.304	78.973
201304	新疆额敏	22.081	241.721	40.012	8 460.496	617.803	1 864.608	12.228	4 497.884	432.565	91.389	144.694

品种编号	取样地点	β-胡萝卜素	VE	蔗糖	葡萄糖	果糖	苹果酸	柠檬酸	奎宁酸	白雀木醇	肌醇	甲基肌醇
201305	新疆额敏	34.018	326.192	32.806	8 205.745	730.700	1 003.885	5.967	3 092.573	347.478	50.900	80.419
201307	新疆额敏	39.278	313.040	58.147	7 683.635	1 651.160	2 103.811	28.245	4 638.033	583.665	32.943	61.515
201308	新疆额敏	11.361	226.884	46.777	1 364.460	237.514	662.057	4.404	3 260.248	246.955	32.451	71.954
201309	新疆额敏	16.947	250.044	75.742	8 623.233	2 266.496	1 546.182	27.749	2 842.829	528.884	94.809	117.449
201310	新疆额敏	48.287	322.899	10.466	8 900.622	596.444	1 209.952	8.537	4 169.168	355.160	43.777	84.232
201311	新疆额敏	25.089	197.168	29.324	9 146.634	728.560	761.827	7.897	2 025.315	392.856	74.515	66.488
201312	新疆额敏	41.978	356.276	14.627	7 405.783	437.586	922.163	13.730	2 520.098	354.986	47.138	68.495
201313	新疆额敏	37.707	205.556	28.600	2 788.325	1 086.214	340.535	3.698	791.991	337.544	27.974	58.675
201314	新疆额敏	25.161	360.856	11.466	4 887.627	1 109.849	1 649.075	15.708	2 449.630	320.964	73.831	50.373
201315	新疆额敏	20.272	107.267	2.307	3 604.968	1 589.001	355.970	6.067	928.456	349.505	28.503	65.091
201316	新疆额敏	20.783	175.473	329.651	4 418.800	581.446	1 491.101	4.844	3 169.218	347.807	63.754	57.494
201317	新疆额敏	22.568	329.207	35.165	3 972.484	1 161.731	1 249.729	14.673	1 882.964	307.782	48.216	53.679
201318	新疆额敏	36.633	337.849	18.035	6 181.439	389.138	1 461.723	17.826	3 393.745	439.646	122.470	57.810
201319	新疆额敏	30.330	237.298	28.904	11 103.966	1 413.589	769.623	42.984	7 831.939	556.357	109.305	114.984
201320	新疆额敏	89.754	802.785	108.807	8 615.376	1 167.482	1 858.653	19.123	4 837.555	605.396	83.195	159.043
201321	新疆额敏	23.785	330.896	30.238	6 420.628	1 619.337	1 336.281	32.538	1 935.591	380.295	77.378	51.116
201322	新疆额敏	47.547	447.098	4.926	6 683.524	206.003	1 719.169	11.483	5 999.621	238.434	121.418	69.073

附表 3-1　引进沙棘和中国沙棘（CK）叶片营养成分测定（种植第 5 年　辽宁朝阳）

品种编号	含水率/%	多酚/%	黄酮/%	多糖/%	生物碱/%	粗蛋白/%	粗脂肪/%	粗纤维/%	总灰分/%	无氮浸出物/%	无机盐/%	取样时间
201301	5.5	1.998	2.862	9.7	0.114	14.3	3.9	7.6	6.1	68.0	3.5	2018-5-23
201303	5.5	1.975	2.753	9.9	0.112	17.7	5.2	5.4	4.7	67.0	3.7	
201305	5.4	1.991	2.908	8.7	0.110	17.2	4.3	6.7	6.5	65.3	3.5	2018-5-24
201306	6.9	2.005	2.705	7.2	0.103	18.0	4.1	7.6	6.8	63.5	4.7	
中国沙棘（雌株）	6.8	2.077	2.905	5.9	0.094	18.9	3.9	7.2	4.3	65.7	3.5	2018-5-25
中国沙棘（雄株）	6.2	2.032	2.541	4.3	0.102	17.6	5.9	9.6	4.9	62.0	3.0	
201301	6.1	1.976	2.139	5.6	0.182	15.6	5.1	6.1	5.5	67.8	3.3	
201303	5.9	1.980	3.254	10.1	0.189	16.3	5.2	6.9	4.8	66.9	3.9	2018-6-21
201305	5.7	1.944	2.655	8.1	0.175	17.8	5.1	7.5	5.3	64.4	3.5	
201306	5.8	1.977	3.535	7.2	0.179	13.4	5.4	8.4	5.8	67.1	3.0	
中国沙棘（雌株）	6.6	1.980	2.800	6.2	0.179	15.1	4.5	6.7	5.8	67.9	4.6	2018-6-25
中国沙棘（雄株）	6.2	1.991	2.807	7.0	0.185	15.2	5.6	6.4	5.4	67.3	4.5	
201301	5.3	1.953	2.557	6.1	0.135	19.2	5.0	8.8	5.2	61.7	5.0	2018-7-11
201303	4.8	1.896	3.575	7.6	0.144	17.8	5.5	7.8	7.0	61.9	4.5	
201305	5.2	1.982	2.674	7.0	0.150	15.2	4.0	7.4	5.4	68.0	3.5	
201306	5.0	1.965	3.038	11.6	0.131	15.1	5.4	8.2	4.4	66.9	3.9	
中国沙棘（雌株）	5.3	1.925	2.843	8.3	0.138	13.1	3.9	5.9	4.8	72.3	2.8	2018-7-14
中国沙棘（雄株）	4.9	1.951	2.751	5.8	0.132	14.2	4.9	6.6	4.4	69.9	5.2	

品种编号	含水率/%	多酚/%	黄酮/%	多糖/%	生物碱/%	粗蛋白/%	粗脂肪/%	粗纤维/%	总灰分/%	无氮浸出物/%	无机盐/%	取样时间
201301	4.9	1.430	1.231	5.8	0.105	17.9	5.6	6.9	7.5	62.1	5.6	2018-8-1
201303	4.9	1.489	1.645	6.5	0.062	19.1	8.2	7.4	7.4	57.9	5.4	
201305	4.9	1.440	1.351	7.6	0.076	18.2	5.6	7.5	7.0	61.6	5.5	
201306	4.0	1.397	1.207	5.6	0.107	17.9	8.1	7.9	7.4	58.8	5.2	
中国沙棘（雌株）	3.9	1.504	2.049	13.8	0.054	18.2	5.4	6.5	6.0	63.9	5.9	2018-8-2
中国沙棘（雄株）	4.8	1.439	1.268	6.8	0.089	17.9	4.9	6.8	6.1	64.4	6.3	
201301	3.9	0.980	0.904	4.5	0.084	16.9	6.4	9.4	5.7	61.6	5.9	2018-8-21
201303	3.8	1.475	1.382	10.3	0.046	14.9	7.6	6.8	7.5	63.2	5.6	
201305	4.6	1.446	1.825	12.6	0.062	14.0	5.9	7.4	6.1	66.6	5.6	
201306	4.5	1.143	0.929	5.1	0.045	14.7	6.3	7.9	5.9	65.2	5.9	
中国沙棘（雌株）	4.9	1.455	1.627	9.1	0.079	16.3	6.6	9.5	6.0	61.5	5.0	2018-8-22
中国沙棘（雄株）	3.2	1.370	1.206	5.7	0.093	16.8	6.3	9.3	6.0	61.6	5.2	
201301	4.9	0.680	0.701	3.3	0.086	17.4	5.2	7.8	5.8	63.8	5.4	2018-9-10
201303	4.2	1.381	1.267	7.1	0.060	16.9	7.1	6.2	6.9	62.9	6.1	
201305	3.6	1.418	1.204	9.5	0.086	15.0	4.4	7.6	7.0	66.0	6.3	
201306	4.6	1.459	1.785	12.4	0.046	14.5	8.3	5.9	5.4	65.9	5.9	
中国沙棘（雌株）	4.5	1.514	1.853	14.7	0.151	16.9	16.4	8.5	6.7	51.5	5.4	2018-9-11
中国沙棘（雄株）	4.8	1.352	1.183	7.2	0.076	17.5	11.0	8.1	6.0	57.4	5.6	

表 3-2　引进沙棘和中国沙棘（CK）叶片营养成分测定（种植第 5 年　甘肃庆阳）

品种编号	含水率/%	多酚/%	黄酮/%	多糖/%	生物碱/%	粗蛋白/%	粗脂肪/%	粗纤维/%	总灰分/%	无氮浸出物/%	无机盐/%	取样时间
201301	5.8	1.586	3.408	8.1	0.065	12.9	3.6	6.8	4.9	71.9	2.4	
201302	5.7	1.628	3.277	6.2	0.069	13.7	5.1	7.3	4.3	69.6	2.2	
201303	5.8	1.724	3.852	6.4	0.074	16.1	3.5	7.2	4.6	68.6	2.2	2018-5-30
201306	5.7	1.740	2.703	8.1	0.076	17.6	4.3	7.6	5.0	65.5	2.8	
中国沙棘（雌株）	5.8	1.724	2.833	6.7	0.060	18.9	3.1	5.1	4.6	68.2	2.2	
中国沙棘（雄株）	5.4	1.546	2.292	7.1	0.050	16.9	3.5	8.4	4.3	66.9	2.2	
201301	5.4	1.370	2.511	7.5	0.136	17.3	4.1	6.8	5.8	66.0	2.6	
201302	5.7	1.399	2.218	6.4	0.088	18.3	4.4	7.8	6.4	63.1	3.0	
201303	5.8	1.215	2.729	7.2	0.169	14.3	3.0	6.4	6.6	69.6	3.1	2018-6-15
201306	6.0	1.645	2.362	7.1	0.167	17.0	4.1	5.9	6.0	67.1	3.0	
中国沙棘（雌株）	6.0	1.608	1.890	2.3	0.157	15.3	3.5	7.6	6.4	67.3	3.3	
中国沙棘（雄株）	5.8	1.724	2.308	6.4	0.147	15.3	2.7	8.5	6.9	66.6	3.0	
201301	8.7	2.082	2.603	5.1	0.192	18.2	5.6	6.2	5.6	64.4	3.5	2018-6-30
201302	8.3	2.042	2.240	2.3	0.200	15.5	5.7	7.9	4.8	66.1	3.3	
201303	8.9	2.091	2.434	3.2	0.162	14.2	6.4	8.3	5.0	66.1	3.7	

品种编号	含水率/%	多酚/%	黄酮/%	多糖/%	生物碱/%	粗蛋白/%	粗脂肪/%	粗纤维/%	总灰分/%	无氮浸出物/%	无机盐/%	取样时间
201306	8.5	2.109	2.361	3.1	0.193	18.0	6.7	6.4	4.6	64.4	3.5	2018-6-30
中国沙棘（雌株）	8.8	2.078	2.844	7.1	0.186	13.1	10.6	8.4	4.9	63.0	3.2	
中国沙棘（雄株）	9.2	2.101	1.916	4.8	0.188	14.2	8.8	6.9	4.9	65.2	3.5	
201301	8.9	2.031	2.394	7.3	0.164	15.9	7.0	7.4	5.8	63.9	3.2	
201302	8.5	2.014	1.744	6.6	0.171	14.4	9.1	8.5	6.1	61.9	3.3	
201303	8.6	2.056	2.929	7.4	0.174	16.7	6.6	5.9	4.8	66.0	2.6	
201306	8.2	2.066	2.289	6.4	0.164	16.9	9.4	7.3	5.2	61.2	2.8	
中国沙棘（雌株）	6.9	2.004	2.430	5.6	0.163	18.1	12.5	6.4	7.1	56.0	2.8	2018-7-20
中国沙棘（雄株）	6.9	2.043	2.675	7.2	0.162	16.4	7.2	9.7	5.8	61.0	2.6	
201301	3.6	1.237	1.332	5.5	0.134	17.5	5.1	5.5	5.4	66.6	5.2	
201302	4.1	1.377	1.385	7.2	0.041	17.2	8.0	6.3	5.8	62.7	4.4	
201303	3.9	1.370	1.690	5.5	0.036	18.3	10.3	5.7	5.9	59.8	4.8	
201306	4.0	1.392	1.428	6.5	0.085	15.3	11.1	7.5	5.9	60.2	5.5	
中国沙棘（雌株）	4.2	1.418	2.290	8.1	0.157	19.2	6.6	6.5	5.7	62.0	5.2	2018-8-10
中国沙棘（雄株）	3.4	1.403	2.163	7.4	0.128	19.7	9.3	7.1	5.6	58.4	4.8	

品种编号	含水率/%	多酚/%	黄酮/%	多糖/%	生物碱/%	粗蛋白/%	粗脂肪/%	粗纤维/%	总灰分/%	无氮浸出物/%	无机盐/%	取样时间
201301	3.5	1.187	1.395	4.5	0.093	17.8	7.7	8.6	5.8	60.0	4.5	
201302	3.7	1.299	1.435	5.7	0.068	18.6	4.8	7.6	6.0	63.0	4.8	
201303	3.4	1.288	1.608	6.2	0.074	18.9	4.1	8.4	5.9	62.7	4.5	2018-8-25
201306	3.3	1.359	1.722	7.8	0.098	19.1	6.8	9.3	5.3	59.6	4.8	
中国沙棘（雌株）	3.5	0.689	1.057	3.8	0.048	18.2	1.7	8.4	6.0	65.7	4.6	
中国沙棘（雄株）	3.7	1.406	2.350	10.4	0.128	17.0	5.2	8.2	6.4	63.2	4.8	
201202	4.2	1.324	2.066	9.3	0.157	15.9	4.5	9.1	6.1	64.4	4.3	
201303	4.0	1.293	1.810	7.6	0.100	18.1	6.7	8.8	5.7	60.7	5.0	
中国沙棘（雌株）	3.6	1.422	1.997	8.2	0.092	18.4	3.5	8.3	6.5	63.3	5.0	2018-9-10
中国沙棘（雄株）	4.0	1.339	1.333	9.9	0.125	19.0	4.4	7.9	6.5	62.2	5.2	

附表 4-1 引进沙棘和中国沙棘（CK）叶片药食两用主要营养成分测定（种植第6年）

取样地点	品种编号	含水率/%	黄酮/%	多酚/%	多糖/%	蔗糖/%	葡萄糖/%	甘露糖/%	肌糖/%	半乳糖/%	木糖/%	白雀木醇/%	生物碱/%	取样时间
辽宁朝阳	201301	5.2	6.558	13.447	5.748	2.982	0.130	0.146	—	0.080	0.118	5.408	0.008	2019-7-1
	201306	5.2	6.342	13.078	6.951	5.037	0.246	0.471	—	0.325	0.305	6.137	0.008	
甘肃庆阳	201302	4.9	6.484	12.294	7.188	2.954	0.352	1.343	0.268	0.946	0.647	4.359	0.011	2019-7-2
	201306	5.4	6.412	12.620	7.972	1.125	0.347	2.844	0.337	2.135	1.559	4.300	0.008	
中国沙棘（雄株）		6.0	6.277	12.485	9.289	1.214	0.662	2.428	0.336	1.851	0.735	5.639	0.012	

附表 4-2 引进沙棘和中国沙棘（CK）叶片饲用主要营养成分测定（种植第6年）

取样地点	品种编号	含水率/%	粗蛋白/%	粗脂肪/%	粗纤维/%	无氮浸出物/%	总灰分/%	无机盐/%	钙/(mg/g)	磷/(mg/g)	钾/(mg/g)	钠/(mg/g)	镁/(mg/g)	铁/(mg/g)	取样时间
辽宁朝阳	201301	5.2	13.4	8.4	8.4	63.4	6.4	3.0	3.397	0.122	1.952	0.539	0.672	0.135	2019-7-1
	201306	5.2	14.2	9.7	6.6	62.5	7.0	3.0	3.584	0.094	2.849	0.527	0.880	0.144	
甘肃庆阳	201302	4.9	15.5	8.2	7.5	60.1	8.6	2.4	4.952	0.103	6.221	0.388	1.143	0.192	2019-7-2
	201306	5.4	16.4	9.1	8.4	60.0	6.1	2.0	2.968	0.164	4.616	0.398	0.906	0.120	
中国沙棘（雄株）		6.0	13.3	11.9	7.6	61.3	5.9	2.8	2.785	0.099	4.243	1.199	0.967	0.286	

附表 5　引进沙棘主要性状

品种编号	引入名	中文定名	树高/cm	地径/cm	百果重/g	株产/kg	干全果含油率/%	干全果总黄酮含量/%	果汁糖度/%	果汁酸度/%
201301	Klavdija	克拉维迪亚	179.8~216.5	6.23~8.10	54.0~58.4	3.434~5.795	15.5~26.9	0.276~0.284	10	1.65
201302	Elizaveta	伊丽莎白	188.1~202.0	4.58~7.30	81.0~81.1	6.300	25.0	0.11	—	—
201303	Altaiskaya	阿尔泰	137.7~205.5	4.74~5.73	53.1~63.0	0.396~1.104	14.1~25.9	0.106~0.165	8.63	1.29
201304	Inya	伊尼亚	143.4~208.5	3.94~5.38	52.5~63.0	2.344~4.810	15.7~29.0	0.124~0.138	8.77	1.74
201305	Chujskaja	丘伊斯克	123.5~170.0	4.35~4.70	54.0~56.8	2.194~6.261	16.1~19.6	0.109~0.212	8.53	1.29
201306	Gnom	格诺姆	181.3~187.0	5.36~6.34	—	—	—	—	—	—
201307	Etna	埃特纳	188.6~239.5	6.39~7.19	54.2~72.0	4.091~6.709	9.8~14.2	0.120~0.194	8.57	1.09
201308	125-90-3	金黄后	163.8~246.5	5.38~5.49	90.0~98.4	2.910~4.013	16.4~28.6	0.186~0.217	6.83	2.60
201309	Jessel	杰塞尔	114.3~208.0	4.37~4.60	75.7~90.0	3.498~6.265	10.1~24.0	0.114~0.128	8.33	1.81
201310	Sudarushka	苏达鲁斯卡	130.0~213.5	5.20~5.74	47.7~68.0	0.598~2.396	15.8~21.0	0.104~0.141	9.17	2.05
201311	Zhemchuzhnica	热姆丘任娜	176.9~188.0	4.35~5.75	51.2~81.0	1.496~4.529	21.8~25.6	0.177~0.202	10.10	1.10
201312	4-93-7	朱丹红	164.0~202.5	5.49~6.70	45.0~53.5	4.674~10.457	18.6~29.8	0.112~0.191	9.03	1.48
201313	12-96-6	小香蕉	126.7~212.6	4.73~5.86	51.5~73.3	0.408~2.916	25.8~30.2	0.117~0.205	6.87	1.25
201314	13-95-2	黄冠	117.2~167.5	3.95~4.00	56.8~63.0	1.375~2.725	18.5~33.3	0.134~0.166	—	—
201315	49-96-1	黄妃1号	135.0~201.0	4.69~4.93	30.6~73.2	0.224~5.890	17.5~34.1	0.139~0.208	10.10	2.75
201316	64-97-3	夕照	172.8~195.0	5.04~7.32	45.0~56.4	2.882~4.204	15.0	0.210	7.23	2.33
201317	70-96-4	黄妃2号	107.8~183.0	4.09~5.34	46.8~54.0	2.030~3.233	16.3~25.1	0.164~0.372	10.07	2.04
201318	76-96-1	赛枸杞	137.5~212.5	4.44~4.53	54.0~67.9	2.716~2.975	13.5~29.3	0.172~0.222	8.60	1.50
201319	722-96-1	黄妃3号	151.9~230.0	5.00~5.61	57.6~70.2	3.063~3.137	14.7~25.0	0.289~0.343	8.73	2.12
201320	779-81-5	丹棒	202.0~282.0	7.54~8.40	45.0~48.3	2.204~5.972	12.2~22.1	0.150~0.195	7.20	1.31
201321	989-88-1	橙棒	140.0~142.1	4.58~4.76	54.0~49.2	0.887~2.963	16.6~34.1	0.142~0.144	—	—
201322	1428-85-1	红芭米	128.6~197.5	4.81~5.15	53.4~63.0	1.855~4.814	27.0~29.3	0.161~0.269	7.60	1.64

注: 1. 除糖度、酸度为缓棱试点测定值外，其余值均为缓棱、额敏 2 个试点的测定结果综合值。
2. 糖度使用糖酸测定仪测定，糖度以果汁白利度（Brix）值表示，酸度以果汁苹果酸值计。